JN301014

化学マスター講座

有機化学

大嶌 幸一郎　大塚 浩二　川﨑 昌博　木村 俊作
田中 一義　田中 勝久　中條 善樹　編

大嶌 幸一郎　富岡 清　水野 一彦　著

丸善株式会社

化学マスター講座
発刊にあたって

　本講座は，化学系を中心に広く理科系(理・工・農・薬)の大学・高専の学生を対象とした基礎的な教科書・参考書として編みました．"基礎"と"応用"の二部構成となっています．"基礎"は一般化学，物理化学，有機化学，無機化学，無機材料化学，分析化学，生体物質関連化学，高分子化学―合成編，高分子化学―物性編の9巻から構成されています．1～3年次で学んでいただければと考えています．一般化学は理工系他学科の学生を対象に化学への入門書として工業化学概論ともいうべき内容についてまとめました．化学の重要性・面白さを伝えるとともに，社会において化学が必要な学問であることを知ってもらいたいという意図です．これ以外の6教科の教科書については読みごたえのある本格的な内容とし，講義が終わってからも何度も読み返したくなるような教科書をめざしました．

　一方，"応用"は，分子のための量子化学・計算化学，化学で使う化学数学，電気化学，触媒化学，有機金属化学，環境化学，安全化学，工学倫理，バイオテクノロジー，ナノテクノロジーの10巻から構成されています．こちらは半年の講義に対応する内容で3～4年次で学ぶことを想定しています．

　各巻の記述にあたっては，対象読者にとってできるだけ平易な内容とし，懇切でしかも緻密さを失わないよう配慮しました．しっかりと基礎が身につき，卒業した後にも手許において役立つ教科書になるよう心掛けました．そして学生諸君が苦手とし，つまづきやすいところでは例題をあげて理解を助けるようにしました．また各章のはじめに，その章で

学ぶことをまとめました．さらに"基礎"編では章末に，練習問題を載せ巻末に解答をつけました．

　おもな読者対象としては学部学生を想定していますが，企業で化学にかかわる仕事に取り組むようになった研究者・技術者にとっても役立つものと考えています．このシリーズが多くの読者にとって化学の指南書になることを願っています．

　　2009年　錦秋

編者を代表して
大　嶌　幸一郎

はじめに

　有機化学はわれわれの生活と密接なかかわりをもっています．われわれの身体を構成しているタンパク質，炭水化物，脂質，核酸，酵素などは有機物質であり有機化学を学ばずに生命現象を理解することは不可能です．一方，われわれの身のまわりには，自動車用ガソリン，タイヤ，衣類，医薬品，プラスチック製品などの有機化学物質があふれています．生命現象の科学的見地からの理解が深まり，さらに社会が必要とする高機能材料が次々と生み出されている現在，有機化学とのかかわりは日々，より強くなってきています．こうした背景から，将来有機化学を学び，望みの構造をもつ物質を合成しようとする化学者だけでなく，生物学，医学，薬学，農学などの分野へ進もうとする学生諸君にとっても有機化学は不可欠な学問となっています．

　本書は，知識を詰め込む暗記の学問として有機化学をとらえるのではなく，理解し，応用できるようになることを目標として執筆したものです．単純な分子や反応から非常に複雑な分子や反応に至るまで，有機化学は広い裾野をもっています．数百にのぼる人名反応を英単語のように暗記しても意味がないし，楽しくもありません．そうではなく，なぜこの反応が進行するのに，もう一つの反応は進行しないのかを自分の頭で考えながら有機化学の基本を学んでほしいと心から思っています．そうすれば有機化学の面白さ，奥の深さを認識することができ有機化学を楽しむことができます．

　有機化学を学ぶうえで，具体的に重要な点を一つあげます．それは電子の流れを示す矢印をていねいに書きながら一つひとつの反応を理解してほしいということです．電子の流れを考えることが，その反応がなぜ

はじめに

起こるのか，その反応の駆動力がどこにあるかを認識することになります．有機化学を理解する鍵です．さらに，本書では，理解を助けるために例題と章末問題を数多くあげました．学んだ情報を頭のなかで整理し，理解を確実なものとするためには多くの練習問題を解くことが必要です．問題を解くことによって学んだことを応用できる実際的な能力を身に付けることができます．

　有機化学を学ぶことは大変なことと思われている学生諸君も，ぜひ本書を手にとって軽い気持ちで読んでいただきたい．本書によって有機化学の基礎を理解し，応用力を身に付けることができるものと確信しています．

　最後に，本書で用いている命名法について簡単にふれておきます．新しいIUPAC命名法(1993年)では官能基の直前に位置番号を挿入することとなりました．これに従うと1-ブテン(1-butene)はブタ-1-エン(but-1-ene)となります．日本語名称ではbutのように子音で切れる主鎖名にaを補って字訳することになりますが，これでは主鎖がわかりにくくなってしまいます．そのため本書では原則として，世界最大のデータベースであるChemical Abstract (CAS)の命名法に従い，位置番号を主鎖の名称の前につける方式を採用しました．しかしアミンなど一部の名称については，明確さを重視し新しいIUPAC命名法を採用しています．

　本書の出版にあたり，企画，編集，校正でご尽力いただいた丸善株式会社出版事業部の糠塚さやか氏，松野尾倫子氏，熊谷現氏に謝意を表します．

2010年10月

著者を代表して

大嶌　幸一郎

編集委員一覧

編集委員長

　　大　嶌　幸一郎　　京都大学名誉教授

編 集 委 員

　　大　塚　浩　二　　京都大学大学院工学研究科材料化学専攻
　　川　﨑　昌　博　　総合地球環境学研究所
　　木　村　俊　作　　京都大学大学院工学研究科材料化学専攻
　　田　中　一　義　　京都大学大学院工学研究科分子工学専攻
　　田　中　勝　久　　京都大学大学院工学研究科材料化学専攻
　　中　條　善　樹　　京都大学大学院工学研究科高分子化学専攻

（五十音順，2010年10月現在）

執筆者一覧

大嶌 幸一郎　京都大学名誉教授
富岡　　清　同志社女子大学薬学部
水野 一彦　大阪府立大学大学院工学研究科

（五十音順，2010年10月現在）

略 語 表

AIBN	アゾビスイソブチロニトリル (azobisisobutyronitrile)
Ar	アリール，芳香族基 (aryl)
Boc	*tert*-ブトキシカルボニル (*tert*-butoxycarbonyl)　$(CH_3)_3C-O-CO-$
Bu	ブチル (butyl)　$CH_3CH_2CH_2CH_2-$
i-Bu	*iso*-ブチル (*iso*-butyl)　$(CH_3)_2CHCH_2-$
t-Bu	*tert*-ブチル (*tert*-butyl)　$(CH_3)_3C-$
CAN	セリウムジアンモニウムヘキサナイトラート [cerium (IV) ammonium nitrate]
DCC	ジシクロヘキシルカルボジイミド (dicyclohexylcarbodiimide)
DIBAH	水素化イソブチルアルミニウム (diisobutylaluminium hydride)
DMF	ジメチルホルムアミド (*N*, *N*–dimethylformamide)
DMSO	ジメチルスルホキシド (dimethyl sulfoxide)
DNA	デオキシリボ核酸 (deoxyribonucleic acid)
E	求電子剤 (electrophile)
E1	一分子脱離 (unimolecular elimination)
E2	二分子脱離 (bimolecular elimination)
ee	エナンチオマー過剰率 (enantiomeric excess)
Et	エチル (ethyl)　CH_3CH_2-
gem-	ジェミナル (geminal)
IR	赤外スペクトル (infrared spectrum)
IUPAC	国際純正応用化学連合 (International Union of Pure and Applied Chemistry)
K_a	酸性度定数 (acidity constant)
L	脱離基 (leaving group)

略語表

LDA	リチウムジイソプロピルアミド(lithium diisopropylamide)
M	金属元素(metal)
$m-$	メタ(meta)
MCPBA	m-クロロ過安息香酸(m-chloroperbenzoic acid)
Me	メチル(methyl)　CH_3-
MS	質量スペクトル(mass spectrum)
NBS	N-ブロモスクシンイミド(N-bromosuccinimide)
NMR	核磁気共鳴(nuclear magnetic resonance)
Nu	求核剤(nucleophile)
$o-$	オルト(ortho)
$p-$	パラ(para)
PCC	クロロクロム酸ピリジニウム(pyridinium chlorochromate)
Ph	フェニル(phenyl)　C_6H_5-
pH	水素イオン指数(hydrogen ion exponent)
pI	等電点(isoelectric point)
Pr	プロピル(propyl)　$CH_3CH_2CH_2-$
i-Pr	イソプロピル(isopropyl)　$(CH_3)_2CH-$
RNA	リボ核酸(ribonucleic acid)
S_N1	一分子求核置換(unimolecular nucleophilic substitution)
S_N2	二分子求核置換(bimolecular nucleophilic substitution)
TEMPO	2,2,6,6,-テトラメチル-1-ピペリジニルオキシラジカル (2,2,6,6,-tetramethylpiperidin-1-oxyl)
THF	テトラヒドロフラン(tetrahydrofuran)
TMS	テトラメチルシラン(tetramethylsilane)
UV	紫外スペクトル(ultraviolet spectrum)
VSEPR法	原子価殻電子対反発法(valence shell electron pair repulsion method)
X	ハロゲン元素(halogen)

目 次

1 有機化合物の構造 ……………………………………… 1

1・1 原子における電子の配置──価電子　*1*

1・2 イオン結合ならびに共有結合と8電子則　*5*

1・3 ルイス構造式と形式電荷　*6*

1・4 元素の電気陰性度と分極した共有結合　*10*

1・5 共 鳴 構 造 式　*11*

1・6 分 子 軌 道　*16*

1・7 メタンならびにエタンの構造──sp^3混成軌道　*18*

1・8 エチレンの構造──sp^2混成軌道　*20*

1・9 アセチレンの構造──sp混成軌道　*21*

練習問題　*23*

2 有機化合物の種類・官能基 …………………………… 25

2・1 分子骨格による有機化合物の分類　*25*

 2・1・1 分子骨格による炭化水素の分類　*25*

 2・1・2 ヘテロ原子を含む有機化合物の分子骨格による分類　*25*

2・2 官能基による有機化合物の分類　*27*

 2・2・1 ハロアルカン　*29*

 2・2・2 アルコールとエーテル　*30*

 2・2・3 カルボニル化合物　*32*

 2・2・4 ア ミ ン　*34*

 2・2・5 チオールとチオエーテル　*35*

2・3 極性をもった分子　*36*

2・4 分子間にはたらく力　*39*

　　　　2・4・1　イオン間力　40
　　　　2・4・2　双極子-双極子間力　41
　　　　2・4・3　水素結合　41
　　　　2・4・4　ファンデルワールス力　42
　2・5　溶媒の種類と溶媒効果　43
　練習問題　45

3　有機反応——酸と塩基 …………………………………… 47

　3・1　反応の種類　47
　3・2　酸と塩基　48
　　　　3・2・1　ブレンステッドとローリーによる酸・塩基の定義　49
　　　　3・2・2　ルイスによる酸・塩基の定義　49
　　　　3・2・3　酸と塩基の強さ：K_a と pK_a　50
　　　　3・2・4　周期表での位置と酸性度の関係　52
　　　　3・2・5　酸・塩基反応の結果の予測　54
　3・3　反応の速度論および熱力学　55
　3・4　反応の選択性　60
　3・5　反応中間体　61
　3・6　同位体効果　63
　練習問題　66

4　化合物の命名法とアルカンの性質 …………………………… 67

　4・1　アルカン，アルケン，ハロアルカンならびにアルコールの
　　　　IUPAC命名法　67
　　　　4・1・1　直鎖アルカンとその一価基の命名法　68
　　　　4・1・2　分岐アルカンの命名法　69
　　　　4・1・3　分岐アルキル鎖の命名法　70
　　　　4・1・4　シクロアルカンの命名法　72
　　　　4・1・5　アルケンの命名法　73
　　　　4・1・6　ハロアルカンならびにアルコールの命名法　76
　4・2　アルカンおよびシクロアルカンの性質　78

目　次　xi

4・3　配座異性体　*81*
4・4　シクロヘキサンの立体配座　*83*
練習問題　*87*

5　有機化合物の立体構造　…… *89*

5・1　立体異性体の分類　*89*
5・2　シス-トランス異性体および *E,Z* 異性体　*90*
5・3　エナンチオマー(鏡像異性体)とキラル分子　*92*
5・4　エナンチオマーの性質，光学活性　*94*
5・5　絶対配置: *R–S* 表示法　*96*
5・6　立体構造の表示法　*98*
5・7　ジアステレオマー　*104*
5・8　光学活性化合物の合成──光学分割と不斉合成　*106*
　　　5・8・1　ラセミ体　*106*
　　　5・8・2　光学分割法による光学活性化合物の合成　*107*
　　　5・8・3　不斉合成による光学活性化合物の合成　*109*
練習問題　*114*

6　IR と NMR　…… *117*

6・1　赤外(IR)分光法　*117*
6・2　核磁気共鳴(NMR)分光法　*124*
　　　6・2・1　NMR 分光法の原理　*124*
　　　6・2・2　^{1}H NMR の化学シフト　*125*
　　　6・2・3　ピーク面積　*128*
　　　6・2・4　スピン-スピン分裂　*129*
　　　6・2・5　^{13}C NMR　*133*
練習問題　*138*

7 ハロアルカンの反応　$S_N1, S_N2, E1, E2$ 反応 …………… 141

7・1　ハロアルカンの種類と命名法　141
7・2　ハロアルカンの性質　142
7・3　ハロアルカンの合成　143
7・4　ハロアルカンの反応　143
　　　7・4・1　二分子求核置換反応(S_N2 反応)　144
　　　7・4・2　一分子求核置換反応(S_N1 反応)　145
　　　7・4・3　脱離反応　147
練習問題　151

8 アルケンとアルキンの合成 …………………………… 153

8・1　アルケンとアルキンの命名法　153
8・2　アルケンの合成　154
　　　8・2・1　ハロアルカンの脱ハロゲン化水素　154
　　　8・2・2　酸触媒によるアルコールの脱水反応　155
　　　8・2・3　隣接二ハロゲン化物の脱ハロゲン化　157
　　　8・2・4　ウィッティヒ反応　157
　　　8・2・5　アルキンへの付加反応　158
　　　8・2・6　ディールス–アルダー反応　158
　　　8・2・7　アリル化反応　159
　　　8・2・8　エステルの熱分解：シュガエフ脱離反応　159
　　　8・2・9　ホフマン分解　160
　　　8・2・10　スルホキシドおよびセレノキシドの熱分解　160
　　　8・2・11　アルキンの還元　161
　　　8・2・12　転位反応を利用するアルケンの合成：コープ転位，クライゼン転位　161
　　　8・2・13　異性化　162
8・3　アルキンの合成　163
　　　8・3・1　脱離反応　163
　　　8・3・2　アルキニル基の置換反応　163
　　　8・3・3　酸化的カップリング反応　164

　　　　8・3・4　アルキニル基の付加反応　*164*
練習問題　*166*

⑨ アルケンとアルキンの反応 …………………………… *167*

9・1　ハロゲン化水素のアルケンへの求電子付加反応　*167*

9・2　水およびアルコールのアルケンへの付加　*168*

9・3　ハロゲン分子のアルケンへの付加　*169*

9・4　オキシ水銀化　*170*

9・5　ヒドロホウ素化　*171*

9・6　ラジカル開始剤を用いるアルケンへの臭化水素の付加反応　*171*

9・7　アリル位の臭素化　*172*

9・8　エポキシ化　*173*

9・9　オスミウム酸化　*173*

9・10　オゾン分解　*174*

9・11　水　素　化　*175*

9・12　シクロプロパン化　*175*

9・13　共役ジエンの反応　*176*

　　　　9・13・1　臭化水素の付加　*176*

　　　　9・13・2　ディールス-アルダー反応　*176*

9・14　アルキンの水素化　*177*

9・15　アルキンへのハロゲンの付加　*177*

9・16　アルキンへのハロゲン化水素の付加　*178*

9・17　アセチレンへの水の付加　*178*

9・18　アセチリドの生成　*178*

練習問題　*180*

⑩ 芳香族化合物の反応 ………………………………… *181*

10・1　ベンゼンの構造と芳香族性　*181*

10・2　芳香族化合物の命名法　183
10・3　芳香族化合物の反応　185
　　　10・3・1　芳香族求電子置換反応　185
　　　10・3・2　芳香族化合物の求核置換反応　195
　　　10・3・3　芳香族化合物の酸化と還元　196
　　　10・3・4　芳香環同士の炭素-炭素結合形成　198
練習問題　199

11　ラジカル反応　201

11・1　ラジカルの発生法──結合のホモリティック開裂　202
11・2　結合解離エネルギーとラジカルの相対安定性　205
11・3　アルカンとハロゲン分子の反応──ハロアルカンの生成　207
11・4　ハロアルカンのスズヒドリドによる還元　211
11・5　シクロヘキサンの光ニトロソ化反応──東レ法　214
11・6　アルカンの熱分解(ナフサのクラッキング)　215
11・7　エチレンのラジカル重合　217
11・8　クメンヒドロペルオキシドの合成──フェノール合成　219
11・9　アルケンに対するHBrのラジカル付加──逆マルコフニコフ付加反応　220
練習問題　222

12　アルコールとエーテル　223

12・1　アルコールの命名法　223
12・2　アルコールの構造と物理的性質　225
12・3　アルコールの合成と反応　226
　　　12・3・1　アルケンへの付加反応　227
　　　12・3・2　カルボニル基へのヒドリドの付加反応　228
　　　12・3・3　アルコールの酸化　230
　　　12・3・4　アルコールの置換反応　231

  12・3・5 アルコールの脱水反応 *232*
  12・3・6 アルコールの保護 *233*
12・4 エーテルの構造と物理的性質ならびに命名法 *234*
12・5 エーテルの合成と反応 *234*
  12・5・1 ウィリアムソンエーテル合成 *234*
  12・5・2 環状エーテルの合成 *235*
  12・5・3 クラウンエーテル *235*
  12・5・4 エーテルの反応 *236*
練習問題 *240*

13 アルデヒドとケトン(求核付加反応) ……… *241*

13・1 アルデヒドとケトンの命名 *241*
13・2 アルデヒドおよびケトンの合成法 *243*
  13・2・1 アルデヒドの合成 *243*
  13・2・2 ケトンの合成 *246*
13・3 カルボニル化合物の反応性 *248*
  13・3・1 アルコールの付加——ヘミアセタールおよび
     アセタールの生成 *248*
  13・3・2 水の付加——アルデヒドとケトンの水和反応 *250*
  13・3・3 シアン化水素の付加——シアノヒドリンの生成 *250*
  13・3・4 金属水素化物による還元 *250*
  13・3・5 カルボニル基のメチレン基への還元——クレメンゼン還元と
     ウォルフ-キシュナー還元 *251*
13・4 グリニャール反応剤のカルボニル化合物への付加反応 *251*
13・5 ウィッティヒ反応によるアルケンの合成 *253*
13・6 バイヤー-ビリガー酸化によるエステルの生成 *254*
練習問題 *255*

14 アルデヒドとケトン(エノラート) ……… *257*

14・1 ケト-エノール互変異性 *258*
14・2 アルデヒド,ケトンのハロゲン化とハロホルム反応 *261*

14・3　アルデヒドおよびケトンのアルキル化　262
14・4　アルドール反応　264
14・5　交差アルドール反応——2種類のアルデヒド間のアルドール反応　265
14・6　分子内アルドール反応　266
14・7　エノラートイオンの共役付加反応——マイケル付加およびロビンソン環化　268
14・8　エステル2分子の反応——クライゼン縮合　270
練習問題　273

15　カルボン酸とその誘導体　275

15・1　カルボン酸　275
　　15・1・1　カルボン酸の命名法　275
　　15・1・2　カルボン酸の酸性度と物理的性質　276
　　15・1・3　カルボン酸の合成　277
　　15・1・4　カルボン酸の反応　278
練習問題　285

16　β-ジカルボニル化合物の合成と反応　287

16・1　β-ジカルボニル化合物の合成　287
　　16・1・1　クライゼン縮合反応——β-ケトエステルの合成　287
　　16・1・2　混合クライゼン縮合反応　289
　　16・1・3　ディークマン縮合——分子内クライゼン縮合　289
　　16・1・4　ケトンとエステル間の混合クライゼン縮合反応　289
16・2　β-ジカルボニル化合物の反応　292
　　16・2・1　アセト酢酸エステル合成——メチルケトン誘導体の合成　292
　　16・2・2　マロン酸エステル合成——カルボン酸誘導体の合成　294
　　16・2・3　マイケル付加反応　295
　　16・2・4　ロビンソン環化　296
練習問題　298

17 フェノールとハロゲン化アリール ……… 301

- 17・1 フェノール類およびハロゲン化アリールの命名法　*301*
- 17・2 フェノールの構造と物理的性質　*303*
- 17・3 フェノールの互変異性体　*304*
- 17・4 フェノールの合成　*305*
  - 17・4・1 クメン法　*305*
  - 17・4・2 ダウ法　*306*
  - 17・4・3 ジアゾニウム塩の分解　*306*
  - 17・4・4 ベンゼンスルホン酸塩の分解　*306*
- 17・5 フェノール類の反応　*307*
  - 17・5・1 酸化によるキノンの生成　*307*
  - 17・5・2 芳香族エーテル　*307*
  - 17・5・3 求電子置換反応　*308*
- 17・6 ハロゲン化アリールの合成　*309*
  - 17・6・1 芳香族炭化水素のハロゲン化　*309*
  - 17・6・2 ガッターマン–コッホ反応　*310*
- 17・7 ハロゲン化アリールの反応性　*311*
  - 17・7・1 ベンザインの生成　*311*
  - 17・7・2 有機金属化合物との反応　*312*
- 練習問題　*315*

18 アミン ……… 317

- 18・1 アミンの分類　*317*
- 18・2 アミンの命名法　*318*
- 18・3 アミンの物理化学的性質　*319*
- 18・4 アミンの塩基性　*320*
- 18・5 塩基性度　*320*
  - 18・5・1 脂肪族アミン　*320*
  - 18・5・2 芳香族アミン　*321*

18・5・3 複素環アミン　322
18・5・4 アミド　322
18・6 アミンの合成　322
18・6・1 還元　322
18・6・2 アミンのアルキル化　323
18・7 アミドの生成　325
18・8 芳香族アミンと亜硝酸の反応　326
18・9 置換反応　326
18・10 カップリング反応　327
練習問題　328

19 脂質 …………………………………… 331

19・1 脂質の分類　331
19・2 ろう　331
19・3 脂肪酸　332
19・4 飽和脂肪酸と不飽和脂肪酸　332
19・5 油脂　334
19・6 セッケン　335
19・7 リン脂質　337
19・8 ビタミン A, D, E, K　339
19・9 ステロイド　339
練習問題　340

20 炭水化物 ………………………………… 341

20・1 炭水化物の表記法　341
20・1・1 単糖類の D, L 表記法　342
20・2 炭水化物の分類　342
20・2・1 アルドースの構造　342
20・2・2 ケトースの構造　344

20・3　単糖の還元と酸化　*345*

20・4　キリアニ-フィッシャー合成による炭素鎖の伸長　*346*

20・5　環状ヘミアセタール　*347*

20・6　ハワース投影式　*348*

20・7　グリコシドの生成　*349*

20・8　二　　　糖　*351*

20・9　多　　　糖　*352*

20・10　細胞表層の炭水化物　*352*

練 習 問 題　*355*

21　アミノ酸とタンパク質 …………………………… *357*

21・1　アミノ酸　*357*

  21・1・1　アミノ酸の構造　*357*

  21・1・2　双性イオン　*359*

  21・1・3　等 電 点　*360*

21・2　アミノ酸の反応　*362*

  21・2・1　アミノ酸とニンヒドリンの反応　*362*

  21・2・2　アミノ酸と塩化ダンシルの反応　*362*

  21・2・3　アミノ酸のカップリング――ペプチド結合の生成　*363*

21・3　ペプチドの表現　*365*

21・4　ペプチド結合の構造　*366*

21・5　タンパク質やペプチド中のアミノ酸残基間の相互作用　*366*

  21・5・1　α-ヘリックス　*366*

  21・5・2　β-プリーツシート　*367*

  21・5・3　タンパク質の三次構造　*367*

  21・5・4　タンパク質の四次構造　*368*

練 習 問 題　*369*

22　核酸とタンパク質合成 …………………………… *371*

22・1　核　　　酸　*371*

xx　目　次

　　　　22・1・1　核酸の構造　*371*
　　　　22・1・2　ヌクレオシド　*373*
　　　　22・1・3　ヌクレオチド　*373*
22・2　一次構造　*375*
22・3　DNAの二重らせん　*375*
22・4　安定なDNA，切れやすいRNA　*376*
22・5　DNAの複製　*377*
22・6　RNAおよびタンパク質の生合成　*378*
練習問題　*381*

23　合成高分子　*383*

23・1　高分子化合物　*383*
23・2　高分子の合成法　*383*
23・3　連鎖重合の活性種　*384*
　　　　23・3・1　ラジカル重合　*385*
　　　　23・3・2　カチオン重合　*387*
　　　　23・3・3　アニオン重合　*388*
　　　　23・3・4　開環重合　*389*
23・4　立体化学　*390*
23・5　チーグラー–ナッタ触媒　*390*
23・6　共重合　*392*
23・7　逐次重合　*392*
練習問題　*394*

練習問題解答　*397*
索　引　*421*

有機化合物の構造 1

　　有機化学を学ぶ最終目標は分子の構造と反応の関係を理解することである．本章では，分子の構造を理解するために，まず分子を構成する原子のまわりの電子の配置を学ぶ．原子が集まって分子を形成するのに二つの結合様式がある．イオン結合と共有結合である．前者は異符号をもった二つのイオンの静電的な引き合いによって形成されるもので，後者は電子を共有することによって形成される．いずれも 8 電子則が基礎となっている．さらに分子の構造の表記法を会得するとともに原子軌道，分子軌道，混成軌道の概念を学ぶ．

1・1　原子における電子の配置——価電子

　有機反応を理解するためにもっとも重要なことは，反応に伴う電子の流れを追うことである．本節では，まず，原子のまわりの電子の配置について学ぶ．

　原子は，その質量の大部分を占める原子核とそのまわりを回る電子からなっている．さらに原子核は，正の電荷をもった陽子と電気的に中性な中性子からなっている．水素は唯一の例外でその原子核は 1 個の陽子のみでできている．陽子の数と電子の数は等しく，原子は全体として中性である．元素の原子番号は原子核に含まれる陽子の数ならびに電子の数に等しい．一方，原子量は原子核に含まれる陽子の数と中性子の数の和に等しい．電子の重さは陽子や中性子に比べて無視できるくらい軽い．

a.　電子殻

　原子のもつ電子について考える．ある原子がほかの原子と反応して新たな分子を生成するために重要な鍵となっているのが電子の数と配置である．原子核のまわりを回転する電子の存在する確率の高い特定の空間領域は軌道とよばれる．この空間は連続的なものでなく，いくつかの層をなしており，これを電子殻とよぶ．エネルギーの一番低い 1 番目の電子殻 (K 殻) には 1s 軌道 (後述) が一つだけ存在し，2 電子が収容される．2 番目の電子殻 (L 殻) には四つの軌道 (2s 軌道一つと 2p 軌道三つ) が存在し，

1 有機化合物の構造

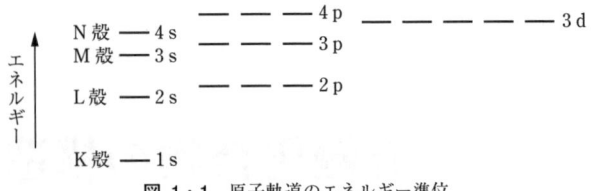

```
         N殻 ── 4s   ─── ─── ─── 4p   ─── ─── ─── ─── ─── 3d
エ        M殻 ── 3s   ─── ─── ─── 3p
ネ
ル        L殻 ── 2s   ─── ─── ─── 2p
ギ
ー        K殻 ── 1s
```

図 1・1　原子軌道のエネルギー準位

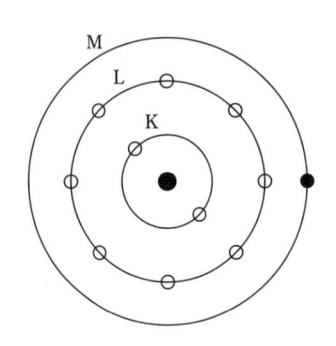

図 1・2　ナトリウム原子の電子構造
原子核のまわりを，K殻，L殻，M殻と順番にとりまいている電子殻に，電子が2個，8個，1個と詰まっている．外側の軌道ほど電子のエネルギーが高い（図1・1参照）．

8電子を収容できる．さらに3番目の電子殻(M殻)には九つの軌道(3s軌道一つと3p軌道三つと3d軌道五つ)があり，18電子まで収容できる(図1・1)．一つの軌道は最大2個の電子を収容できる．原子核に近いものからK, L, M, N, ……の順に広がっている(図1・2)．原子核のまわりの電子は，原子核に近いほど原子核に強く引きつけられて安定した状態にあるので，一つの原子のなかの電子は，原則として原子核に近いK殻から順に入っていく．

すなわち，水素原子の1個の電子，ヘリウム原子の2個の電子は，いずれもK殻に入り，2個の電子でK殻はいっぱいになる．リチウム原子からは，原子番号が大きくなるとともにL殻の電子の数がしだいに増していき，ネオン原子ではK殻に2個，L殻に8個の電子が入り，K殻，L殻ともにいっぱいとなる．このように電子がいっぱいまで詰まっている電子殻を閉殻という．閉殻になった電子殻は安定である．

b.　原子軌道

一つの電子と一つの陽子からなる水素原子の原子軌道の形は球対称で1s軌道とよばれる．数字の1は最低のエネルギー単位であることを示す．1s軌道についで高いエネルギーをもつ軌道も同じく球状をしており2s軌道とよばれる．さらに2s軌道に続いてエネルギーの等しい三つのp軌道が存在する($2p_x, 2p_y, 2p_z$)．このように等しいエネルギーをもつ場合は縮重しているという．p軌道は二つのローブ(電子の存

(a) 1s 軌道 (b) 2s 軌道

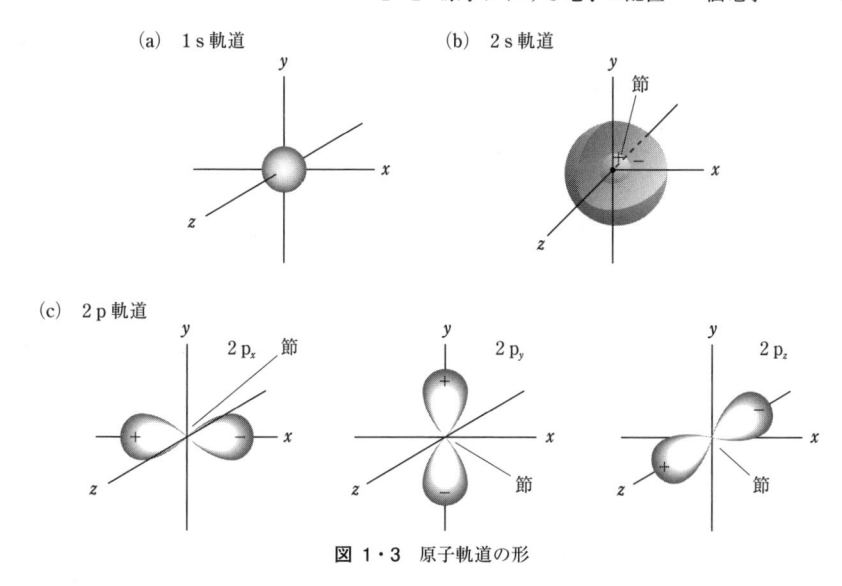

(c) 2p 軌道

図 1・3 原子軌道の形

在する確率の高い空間領域の形)からなり，数字の 8 に似た形をしている．節とよばれるくびれた部分は電子密度がゼロで，この部分に電子の存在する確率はゼロである．この節を境にして＋と－の異なる符号をもっている．なお，この＋と－の符号は軌道を数学的な関数で表現したときに生じる符号であって，正の電荷，負の電荷を表すものではない．三つの軌道は互いに直交しており，それぞれを x 軸，y 軸，z 軸方向にあてて p_x, p_y, p_z 軌道として区別する(図 1・3)．

電子は次の三つの規則に従ってこれらの軌道に収容される．

規則 1 電子はエネルギーの低い軌道から順に収容される．なお軌道のエネルギー準位は必ずしも電子殻の順番どおりではなく，1s, 2s, 2p, 3s, 3p, 4s, 3d, 4p, 5s, ……の順となっている(図 1・1 参照)．

規則 2 一つの軌道には最大 2 個までしか電子を収容できない．また，同じ軌道に電子が 2 個入る場合には二つの電子は必ずそのスピンの向きを逆向きにして入る．

規則 3 同じエネルギーをもつ軌道，たとえば $2p_x$, $2p_y$, $2p_z$ に電子が収容されるときには，まず同じ方向のスピンをもった三つの電子が縮重した三つの p 軌道に一つずつ入る．その後，逆方向のスピンをもった三つの電子がそれぞれ電子対をつくるように入っていく．これは p 軌道に 3 個の電子が入るとき p_x 軌道に 2 個，p_y 軌道に 1 個入るよりも p_x, p_y, p_z 軌道に 1 個ずつ入るほうがエネルギー的に有利であるこ

とを示している．

これらの規則から，炭素，窒素，酸素，フッ素元素の電子配置は図1・4のようになる．

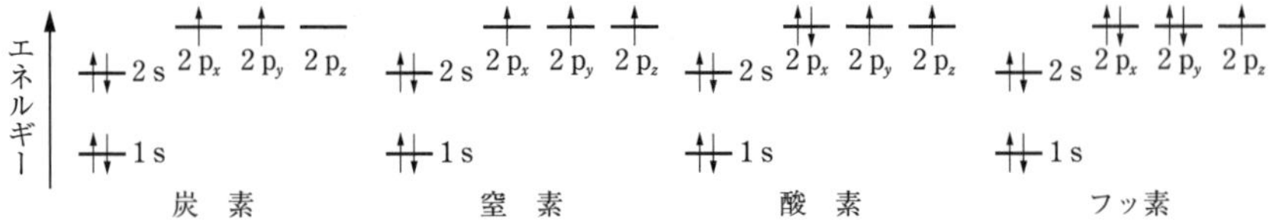

図1・4　炭素，窒素，酸素，フッ素の電子配置

例題 1・1

問題　図1・4にならってリンと硫黄の電子配置を書け．

解答

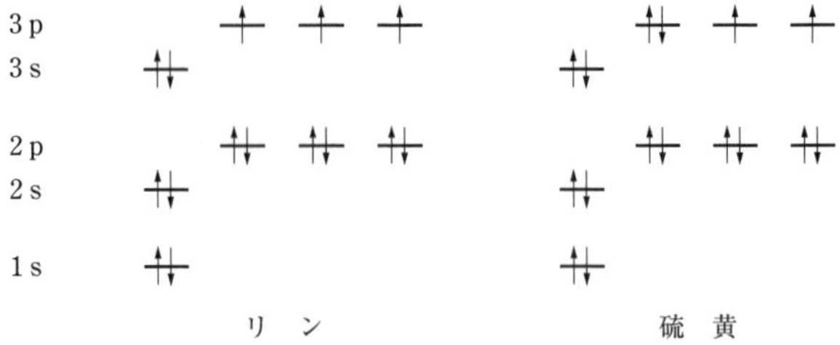

（リン，硫黄の電子配置）

ヘリウムおよびそれより大きいすべての元素において第1殻(K殻)は満たされている．また第2殻(L殻)はネオンおよびそれよりも大きいすべての元素では満たされている．これら電子で満たされた殻は化学結合の形成にはほとんど何の役割もしない．これに対して，希ガス類以外の水素，炭素，窒素，酸素などの元素は最外殻(第2殻)に8個より少ない電子しか収容していない．原子の最外殻に入っていて原子がイオンになったり原子同士が結合するときに重要なはたらきをする1〜7個の電子を価電子とよぶ(図1・5)．

有機化合物は主として水素，炭素，窒素，酸素から構成されており，これら第2周期までの元素に対する価電子数を知っているだけで十分である．第3周期以降の元素については，リンと硫黄ならびにハロゲン元素(Cl, Br, I)がしばしば登場するが，リン，硫黄元素は，窒素，酸素と同様に，それらの価電子はそれぞれ5と6であり，ハロゲン元素は，フッ素と同様に，価電子は7である．

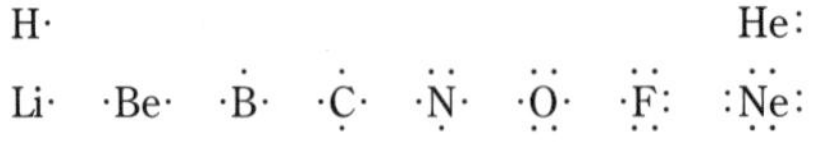

図1・5　各元素の価電子

1・2 イオン結合ならびに共有結合と8電子則

化学結合には価電子だけが関係する．最外殻が閉殻になると安定であるため，水素はヘリウム型の電子配置を，一方，炭素，窒素，酸素はいずれもネオン型の電子配置をとって，最外殻に8電子を収容して安定化しようとする（8電子則）．

有機分子の結合様式には原子間相互作用の仕方に基づく極限的な二つの様式がある．一つは電子を共有することで形成される共有結合であり，もう一つは一方の原子からもう一方の原子へ，一つあるいは複数の電子が移動してイオン対ができることによって形成されるイオン結合である．多くの原子はこれら二つの極限の中間的な様式で炭素と結合している．つまり，実際の結合は共有結合の性質とイオン結合の性質をともにもっており，それぞれの割合が化合物によって異なっている．

a. イオン結合

ナトリウム金属は，塩素ガスと容易に反応して安定な物質である塩化ナトリウムを生成する（図 1・6）．$1s^2 2s^2 2p^6 3s^2 3p^5$ の電子配置をもつ塩素が $1s^2 2s^2 2p^6 3s^1$ の電子配置をもつナトリウムから 1 電子もらうことによって，金属とハロゲン原子が互いに希ガスの電子配置をとることができる．このために反応がうまく進行する．1 電子移動によってそれぞれの原子はアニオン Cl^- とカチオン Na^+ になり，これらのイオン間にはたらく静電的な力によって引き合う．こうしてできる結合がイオン結合である．イオン結合を形成するには，一方の原子が電子を放出しやすく他方の原子は電子を受け取りやすいことが条件となる．そのため NaCl の場合のように，互いに周期表の両端に位置する元素の組合せがよい．なお，ナトリウムをイオン化するには 498 kJ mol^{-1} のエネルギーの投入が必要であり，一方，塩素原子が 1 電子獲得して Cl^- になる反応は 347 kJ mol^{-1} の発熱反応である．したがってこれら両者の反応を起こさせるには，151 kJ mol^{-1} のエネルギーを投入しなければならない．しかしながら生成した Na^+ と Cl^- の間にはたらく静電的な引力によって，これを補ってあまりある 502 kJ mol^{-1} のエネルギーが獲得されるため，ナトリウム金属と塩素ガスの反応が

$$Na + Cl \longrightarrow Na^+ Cl^-$$

$$Na \xrightarrow{-1e} Na^+ [1s^2 2s^2 2p^6] \quad\quad 498 \text{ kJ mol}^{-1}$$

$$Cl \xrightarrow{+1e} Cl^- [1s^2 2s^2 2p^6 3s^2 3p^6] \quad -347 \text{ kJ mol}^{-1}$$

$$\quad\quad\quad\quad\quad\quad\quad\quad\quad\quad\quad\quad\quad 151 \text{ kJ mol}^{-1}$$

図 1・6 電子移動によるイオン結合の生成

容易に進行する(図1・6).

b. 共有結合

一方,周期表の中央付近に位置する元素同士の間では多数の電子のやりとりが必要となり,イオン結合の形成はエネルギー的に不利である.有機化合物の中心元素である炭素(価電子数4)がイオンとなって安定な電子配置をとろうとすると,4個の電子を受け取るかあるいは放出しなければならない.これには非常に大きなエネルギーが必要であり,イオン結合はつくれない.これに代わって,炭素はほかの原子と電子を共有することによって,最外殻に8個の電子を集め安定な電子配置をとろうとする.メタン分子を例にとると,炭素原子は自分の最外殻電子(価電子)1個と水素の価電子1個合わせて2個の電子を水素との間で共有することによって共有単結合を形成する.あと三つの水素とも同様の結合をつくり,合計で四つの単結合によって8電子構造を確保する.窒素は5個の価電子をもっているので,三つの水素と電子を共有することによってアンモニア分子を形成する.また酸素は6個の価電子をもつので二つの水素と電子を共有して水分子をつくる(図1・7).

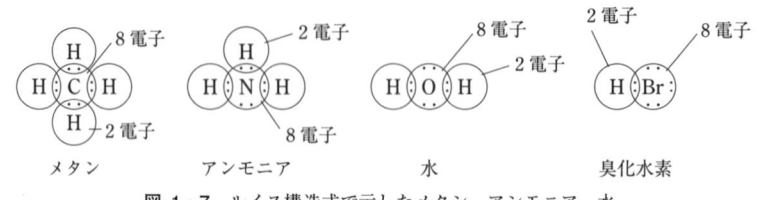

図1・7 ルイス構造式で示したメタン,アンモニア,水,ならびに臭化水素

1・3 ルイス構造式と形式電荷

価電子を・印で表す構造式をルイス構造式とよぶ.すでに図1・7で使用した.ルイス構造式は次の規則に従って表記する.まず分子の骨格を書き,次に,できるだけ多くの原子がそれぞれのまわりに八つの電子を配置するように(8電子則),構成原子おのおのがもつ価電子を並べる.一つの共有結合は二つの共有された電子で形成する.自分のまわりに二つの電子だけを必要とするHは例外である.周期表の右側に位置する元素,たとえば酸素や窒素には非共有電子対(孤立電子対ともいう)をもつものがある.これらは結合に関与しない電子対である.臭化水素を例にとってみる.水素から1電子,臭素から1電子出し合って共有電子対を形成する.そして水素のまわりには2電子,一方臭素のまわりには8電子が存在する電子配置をとる.臭素は3組の非

共有電子対をもっている．これに対してメタンの場合には，すべての電子が結合に関与している．4個の水素がそれぞれ1電子，合計4電子を，炭素が4電子を出し，4個のC−H結合を形成する．4個の水素のまわりには，それぞれ2電子ずつ，そして炭素原子のまわりには8電子が存在する(図1・8)．

H:Br: 3組の非共有電子対
共有電子対

H:C:H
  H
4組の共有電子対

図1・8 臭化水素とメタンのルイス構造式

単結合は二つの原子の間で2個の電子を共有しているが，二重結合や三重結合では，2組の共有電子対(4電子)あるいは3組の共有電子対(6電子)を共有している．窒素分子 N_2 について考えてみる(図1・9)．窒素の価電子は5個で，2個の窒素原子からなる窒素分子では価電子が合計で10個存在する．NとNの間を単結合とすると，二つの窒素原子のまわりには，電子がそれぞれ6個となり8電子則を満たさない．またNとNの間を二重結合とすると，窒素分子の一方の窒素だけが8電子則を満たし，もう一方の窒素のまわりには6電子しかない．これに対してNとNの間を三重結合にすると，両方の窒素原子がともに8電子則を満たすことができる．したがって窒素分子では二つの窒素原子が三重結合でつながっている．

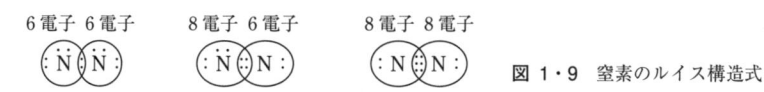

6電子 6電子　　8電子 6電子　　8電子 8電子
(:N N:)　　(:N::N)　　(:N:::N:)

図1・9 窒素のルイス構造式

エチレン(エテン)，アセチレン(エチン)，ホルムアルデヒドのルイス構造式は図1・10のようになる．なお，非共有電子対は結合には関与しないが8電子則を考えるときにはこれらも含まれる．

H   H
 :C::C:
H   H
エチレン

H:C:::C:H
アセチレン

H
 :C::O:
H
ホルムアルデヒド

図1・10 エチレン，アセチレン，ホルムアルデヒドのルイス構造式

次に電荷をもった化合物を取りあげる．例としてオキソニウムイオンのルイス構造式を考える(図1・11)．オキソニウムイオンは水分子にプロトンが付加したものである．ここでオキソニウムイオン全体で1個分の正電荷を帯びているが，形式的にどの原子が電荷を保持しているかを考える．三つの水素原子のまわりには，酸素との結合

H:O:H　+　H$^+$　⟶　H:O:H
                        H
水　　プロトン　　オキソニウムイオン

図1・11 オキソニウムイオンの生成

に用いられている共有電子が2個ずつ存在する．したがってオキソニウムイオンにおける3個の水素それぞれの価電子数は，共有結合に使用されている電子2個のうち半分，すなわちそれぞれ1で，この1という数字は結合をつくる前に遊離の水素原子がもっていた電子数と同じなので水素原子の電荷は0である．一方，オキソニウムイオンにおける酸素の価電子数は5(非共有電子2個と三つの水素との結合に使われている共有電子6個のうちの半分3個)である．この数は酸素原子が元来もっている価電子数6よりも一つ少ない．したがって酸素原子は＋1の電荷をもっていることになる．すなわち，オキソニウムイオンでは正の電荷が酸素上に存在することになる．形式電荷を求めるには，各原子について，その原子上にある非共有電子数はそのすべてを自分が所有していると考え，他方，共有電子についてはその半分だけを所有していると考える．次に中性原子の価電子数から上で求めた電子数を差し引けばよい．下式のように表される．

(形式電荷)＝(中性原子における価電子数)－(非共有電子の数＋共有電子の半分)

8電子則に従った構造を書くと，全体として中性である分子中の原子が電荷をもつことが起こる．例として硝酸をあげることができる．図1・12に示すように硝酸分子には三つの窒素–酸素結合が存在するが，そのうちの一つでは窒素原子から提供された電子対を窒素原子と酸素原子で共有していると考えられる．これは配位結合とよばれる．窒素はあたかも価電子を一つ失い，酸素が価電子を一つ多くもっているかのような配置になるので，窒素上に正電荷，酸素上に負電荷を書く．

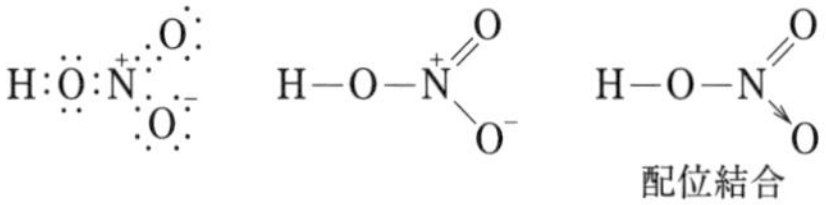

図1・12 硝酸の3通りの構造式

ルイス構造式を書くのはかなり面倒である．大きな分子ではとてもできない．そこで共有単結合を1本の直線で，二重結合を2本線，三重結合を3本線で表現する方法がとられる．非共有電子対を小さな点で書き加えた構造式はケクレ(Kekulé)構造式とよばれる．1-プロパノール，2-ブロモプロパンならびに2-プロパノン(アセトン)のケクレ構造式を下に示す(図1・13)．

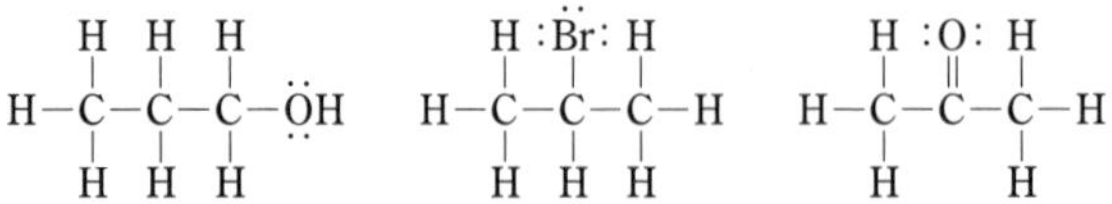

図1・13 1-プロパノール，2-ブロモプロパン，アセトンのケクレ構造式

さらに簡単な表記法として大部分の単結合と非共有電子対を省略した式がよく使われる．図 1・13 の三つの化合物をこの方法で表すと次のようになる．本書ではできるだけこの表記法を用いるようにした（図 1・14）．

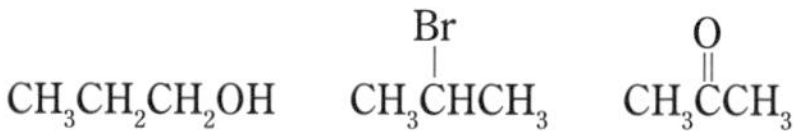

$$\text{CH}_3\text{CH}_2\text{CH}_2\text{OH} \quad \text{CH}_3\overset{\text{Br}}{\text{CH}}\text{CH}_3 \quad \text{CH}_3\overset{\text{O}}{\overset{\|}{\text{C}}}\text{CH}_3$$

図 1・14　ケクレ構造式の簡単な表記法

もっと簡略化した表記法は，水素原子を省略し，炭素骨格だけをジグザグの直線で書く方法である．各末端はメチル基であることを表し，各頂点は炭素原子を表す（図 1・15）．

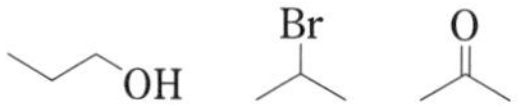

図 1・15　より簡略化した表記法

はじめのうちはケクレ構造式を用いて，反応における電子の流れをしっかりと追いながら反応式を書くようにしてほしい．そして慣れてくればこのケクレ構造式を少し簡略化した式（図 1・14 の表記法）を用いてもよい．図 1・15 の構造式はできるだけ使わないほうがよい．なお三次元的構造式については 5 章で述べる．

例題 1・2

問題　次の分子のルイス構造式を書け．
(a) HCl　(b) CH₃NH₂　(c) CO₂　(d) CH₃OCH₃

解答　(a) H:Cl:　(b) H:C̈:N:H　(c) Ö::C::Ö
　　　　　　　　　　　　H H
(d) H:C̈:O:C̈:H
　　　H H

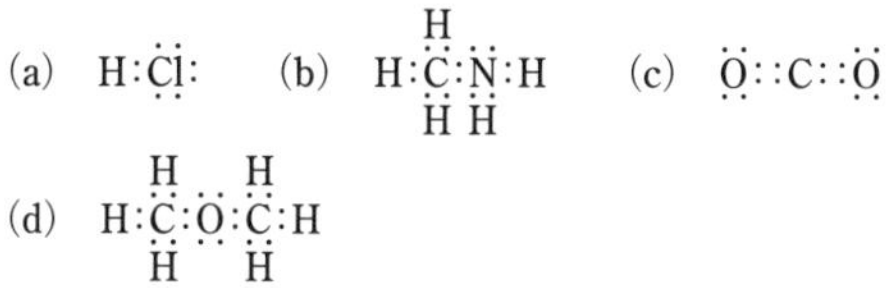

例題 1・3

問題　電荷をもった次の分子のルイス構造式を書け．またどの原子が電荷をもっているかを示せ．
(a) CN⁻　(b) OH⁻　(c) BF₄⁻　(d) (CH₃OH₂)⁺

解答　(a) :C::N:　(b) :Ö:H　(c) :F̈:B̈:F̈:　(d) H:C̈:Ö:H
　　　　　　　　　　　　　　　　　:F̈:　　　　H H

例題 1・4

問題　一酸化炭素 CO のルイス構造式を書け．

解答 炭素の価電子4個と酸素の価電子6個．合計10個の電子を炭素と酸素のまわりに配置すればよい．下の左側の式だと酸素のまわりには8電子あるが炭素のまわりには6電子しかない．一方下の右側の式では炭素，酸素いずれの原子のまわりにも8電子存在し，このほうがよい．ただし炭素はマイナスを，そして酸素はプラスの形式電荷を帯びている．

$$:\!\ddot{\mathrm{C}}\!::\!\ddot{\mathrm{O}}\!: \qquad :\!\ddot{\mathrm{C}}^{-}\!::\!\ddot{\mathrm{O}}^{+}\!:$$

1・4　元素の電気陰性度と分極した共有結合

　共有結合は同じ種類の原子間(H–H, C–C)だけでなく異種の原子間(C–H, C–Cl)でも電気陰性度にあまり大きな差がない場合に形成される．共有結合は，二つの原子が互いに1電子ずつ出し合って二つの電子を共有することによって形成されている．これら二つの電子は結合をつくっている二つの原子の間で均等に保持されるだろうか．水素分子のH–H結合やエタンCH_3–CH_3のC–C結合のように同じ原子同士の結合では，二つの電子が二つの原子の間で均等に保持される．たとえば水素分子の場合には，二つの水素原子のうち一方が他方より多くの電子を引っぱり込むことはない．もともと自分が出した1個分の電子に見合う量の電子を，結合をつくった後も均等に保持している．これに対してC–O結合やC–N結合のように異なる二つの原子が結合をつくった場合には，共有している電子に偏りが生じる．この偏り（分極という）の原因は，原子の種類によって電子を引きつける力が異なることにある．原子が電子を引きつけるこの力を電気陰性度という．電気陰性度の値が大きければ大きいほどその原子が電子を引きつける力は強くなる．すなわち，電気陰性度の大きな元素は陰性が強く，電気陰性度の小さな元素は陽性が強い．数人の化学者によって，異なった方法で測定された電気陰性度の値が報告されている．もっともよく使われているL. Paulingによって提案された電気陰性度の値を表1・1に示す．第5周期以降は省略した．いくつか特徴的な傾向がみられる．まず，すべての金属元素の電気陰性度は炭

表1・1　ポーリングの電気陰性度

H 2.2																	He —
Li 1.0	Be 1.5											B 2.0	C 2.5	N 3.0	O 3.5	F 4.0	Ne —
Na 0.9	Mg 1.2											Al 1.5	Si 1.8	P 2.1	S 2.5	Cl 3.0	Ar —
K 0.8	Ca 1.0	Sc 1.3	Ti 1.5	V 1.6	Cr 1.6	Mn 1.5	Fe 1.8	Co 1.9	Ni 1.8	Cu 1.9	Zn 1.6	Ga 1.6	Ge 1.8	As 2.0	Se 2.4	Br 2.8	Kr —

素の電気陰性度よりも小さい．したがってメチルリチウム(CH$_3$Li)のような有機金属化合物(炭素-金属結合をもつ化合物)の炭素-金属結合では炭素のほうが電子を引きつける力が強いため電子は炭素のほうに偏っている($C^{\delta-}-M^{\delta+}$, M は金属)．同族元素(周期表の縦方向に並んでいる元素)の間では，原子半径が小さいほど，すなわち周期表の上にあるものほど電気陰性度が大きい．たとえばハロゲン元素では，上から順に，F(4.0)，Cl(3.0)，Br(2.8)，I(2.5)となっており，フッ素の電気陰性度がもっとも大きい．なお，フッ素の電気陰性度はすべての元素のうちでもっとも大きい．また同周期(周期表の同じ行)の元素の間では，原子番号が大きくなるほど，すなわち周期表で右に進むほど電気陰性度は大きくなる．たとえば，C(2.5)＜N(3.0)＜O(3.5)である．有機化学を学ぶうえでこの三つの元素と H(2.2)の値の関係だけはしっかり頭に入れておいてほしい．何も細かい数字まで覚える必要はない．索引から電気陰性度の表 1・1 にたどりつけば数字はいつでも確認できる．重要なのは窒素や酸素は炭素に比べて電気陰性度が大きいということと，炭素と水素とでは炭素のほうが電気陰性度が大きいということだけである．とにかく，できるだけ覚えることは少なくしたほうがよい．

　さて，結合が分極しているということは，結合において電子密度の中心がより電気陰性度の大きい原子のほうへ偏っていることを意味する．このことを表すのに，部分的な正の電荷 $\delta+$ を電気陰性度の小さい原子の肩に，そして部分的な負の電荷 $\delta-$ を電気陰性度の大きい原子の肩に添える(図 1・16)．

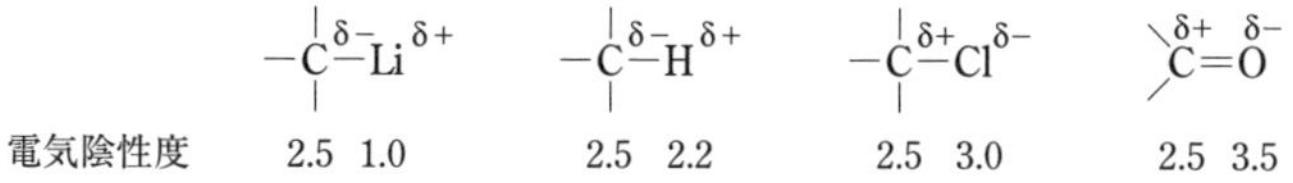

$$-\overset{|}{\underset{|}{C}}{}^{\delta-}-Li^{\delta+} \quad -\overset{|}{\underset{|}{C}}{}^{\delta-}-H^{\delta+} \quad -\overset{|}{\underset{|}{C}}{}^{\delta+}-Cl^{\delta-} \quad \overset{\delta+}{C}=\overset{\delta-}{O}$$

電気陰性度　　　 2.5 1.0　　　　 2.5 2.2　　　　 2.5 3.0　　　 2.5 3.5

図 1・16　結合の分極

カルボニル基(C=O)において炭素と酸素の電気陰性度(炭素が 2.5，酸素が 3.5)を考慮すると，酸素は炭素に比べて電子を受け入れやすく電子を引っぱる性質がある．したがってカルボニル基では，炭素は部分的に正の電荷をもち，酸素は部分的に負の電荷をもつ．

1・5　共　鳴　構　造　式

a.　ベンゼンの共鳴構造式

　高校時代に"ベンゼン環は正六角形の平面構造をしていてベンゼン環の二重構造は特定の炭素間に固定されているのではなく，6 個の炭素原子間に均等に分布している．

このことからベンゼン環は図 1・17(c) のように書かれることがある."と習った人も多いと思う．

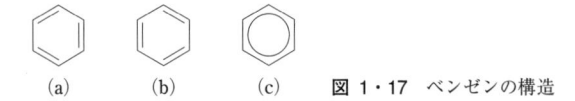

(a)　　(b)　　(c)　　図 1・17　ベンゼンの構造

ここではベンゼンを共鳴構造式として取り扱う．図 1・17(a), (b) をルイス構造式で示すと図 1・18(a) と (b) のようになる．すべての炭素が 8 電子則を満たし，6 個の水素のまわりにはいずれも 2 電子ずつ存在している．

(a)　　(b)　　図 1・18　ベンゼンのルイス構造式

このように二つの正しい構造式 (a) と (b) が書ける．これらの構造式においては炭素–炭素二重結合と炭素–炭素単結合とが交互に存在する．そうすると一方の結合が他方より短いことが予想されるが，実際は 6 組の C—C 結合の長さは同じで正六角形の構造をもっている．こうしたときにこれら二つの構造式は等価であり互いに共鳴構造であるという．各共鳴構造間には両頭の矢印↔を記し，全体を角かっこ [ ] で囲む．反応を示す→や平衡を示す⇄とはしっかり区別しなければいけない．これらの構造の特徴は，分子中の原子の相対的な位置を変えないで，電子対だけを動かすことによって相互に変換できるという点にある．ベンゼンにおいて左側の構造式を右の構造式に変換するには 3 組の電子対を動かせばよい．この電子の動きは"電子の押し出し"とよばれ，曲がった矢印で示される (図 1・19)．

ベンゼンの共鳴構造式　　ベンゼンの共鳴混成体　　図 1・19　ベンゼンの共鳴構造式

二つの共鳴構造は分子の真の姿に対して均等な寄与をしているが，いずれもそれ単独では分子を正確に表すことができない．すなわち，分子の真の構造に対して部分的な寄与をしており分子構造のある一面を表現しているにすぎない．くどいようだが，あるときは左側の形で，次の瞬間には右側の形で存在するというように，二つの共鳴構造の間を相互に行き来するのではない．すべての C—C 結合が 1.5 重結合性をもっ

た共鳴混成体とよばれる単一不変の構造をもっている．たとえると，共鳴混成体を交配によって生まれた雑種だと考えればよい．イノシシとブタを交配して生まれたイノブタが，ある時はイノシシになり，またある時はブタになることはない．しかし，この雑種はイノシシ，ブタの両者のある一面をもっている．すなわちイノシシとブタをみることによって雑種イノブタの姿，性格を想像することができる．

b. 酢酸イオンの共鳴構造式

次に酢酸イオンの共鳴構造について述べる．酢酸イオン CH_3COO^- のルイス構造式では，次のように正しい構造が二つ書ける（図 1・20）．

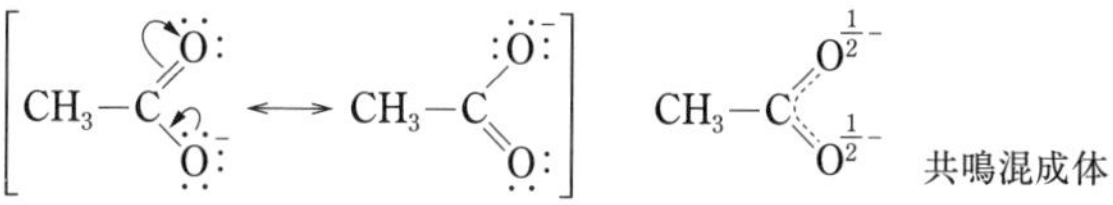

図 1・20 酢酸イオンの共鳴構造式

左の構造式では上の酸素原子が炭素原子と二重結合を形成し，負電荷は下の酸素原子上に局所的に存在（局在）している．一方，右の構造式では反対に下の酸素原子が炭素原子と二重結合を形成し，上の酸素原子上に負電荷が局在している．これら二つの構造式は等価であり，互いに共鳴構造である．

酢酸イオンの二つの構造式においては炭素‒酸素二重結合と炭素‒酸素単結合が存在する．そのために一方の結合（C=O）のほうが他方（C—O）よりも短いことが予想されるが，実際はそうではない．二つの結合は等しい長さをもっており，二つの酸素原子上の負電荷も等しく $-1/2$ ずつである．このように実際の化合物では電荷は一つの酸素上に局在しているのではなく，二つの酸素上に分散され非局在化している．化合物の真の構造は共鳴混成体とよばれる二つの共鳴構造の複合体である．酢酸イオンの場合は共鳴構造式の右側に示したものが共鳴混成体である．共鳴混成体のほかの例とし

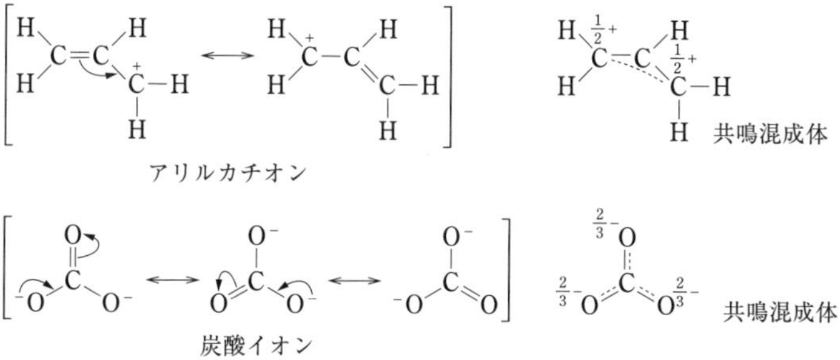

図 1・21 アリルカチオンと炭酸イオンの共鳴構造式

てアリルカチオンや炭酸イオンを図1・21に示す．炭酸イオンでは三つの共鳴構造式が書ける．

c. 互いに等価でない共鳴構造式

これまでに述べた酢酸イオン，アリルカチオンならびに炭酸イオンでは共鳴構造式はすべて等価であった．これに対して互いに等価でない共鳴構造式によって表される分子も多数存在する．この場合寄与の大きな共鳴構造式がどれであるかを知っておくことは重要である．その決定の方法は，次の指針を順に追っていけばよい．

① 8電子則を満たす原子の数が最大となる構造の寄与が大きい．
② 電荷が電気陰性度の大きさに従って分布している構造の寄与が大きい．
③ 電荷の分離が最小となる構造式が有利である．

一つずつ例をあげて説明する．ニトロシルカチオン NO^+ では二つのルイス構造式が書ける（図1・22）．左の構造式では窒素，酸素がともに8電子則を満たしているのに対し，右の構造式では酸素は8電子則を満たしているが，窒素原子のまわりには6電子しかない．したがって左の共鳴構造式のほうが寄与が大きく，窒素と酸素の間の結合は三重結合に近い．

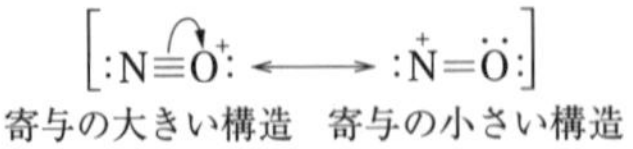

$$[:N{\equiv}\overset{+}{O}: \longleftrightarrow :\overset{+}{N}{=}\overset{..}{\overset{..}{O}}:]$$
寄与の大きい構造　寄与の小さい構造　　**図 1・22** ニトロシルカチオンの共鳴構造式

次に②の例としてエノラートイオンとジアゾメタンをあげる（図1・23）．エノラートイオンでは負電荷が酸素原子上にあるものと，負電荷が炭素原子上にあるものとが書ける．図の左の負電荷が電気陰性度のより大きい酸素上にある構造のほうが寄与の大きな構造である．またジアゾメタンの場合も左のほうが寄与の大きな構造である．正電荷はいずれの共鳴構造式においても真ん中の窒素上にあるので，負電荷だけ考えればよい．左の構造式では炭素に比べてより電気陰性度の大きい窒素上に負電荷があり，こちらの寄与が大きい．

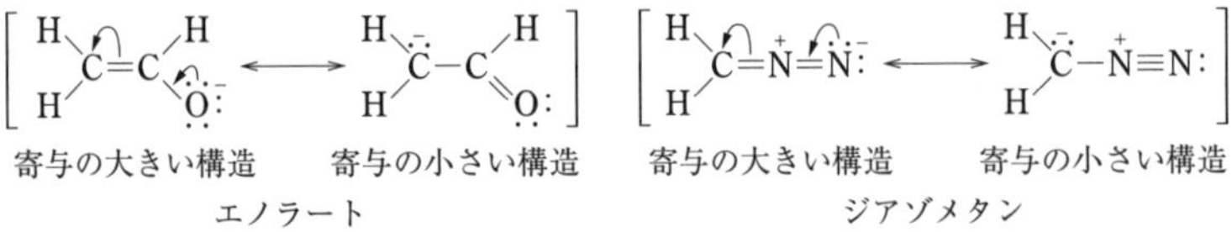

$$\left[\begin{array}{c}H\\H\end{array}\!\!{>}C{=}C{<}\!\!\begin{array}{c}H\\\overset{..}{\underset{..}{O}}{:}^{-}\end{array}\longleftrightarrow \begin{array}{c}H\\H\end{array}\!\!{>}\overset{-}{C}{-}C{<}\!\!\begin{array}{c}H\\\overset{..}{\underset{..}{O}}{:}\end{array}\right]\quad\left[\begin{array}{c}H\\H\end{array}\!\!{>}C{=}\overset{+}{N}{=}\overset{..}{\underset{..}{N}}{:}^{-}\longleftrightarrow \begin{array}{c}H\\H\end{array}\!\!{>}\overset{-}{C}{-}\overset{+}{N}{\equiv}N{:}\right]$$

寄与の大きい構造　　寄与の小さい構造　　　　寄与の大きい構造　　寄与の小さい構造
　　　　エノラート　　　　　　　　　　　　　　　　ジアゾメタン
図 1・23 エノラートとジアゾメタンの共鳴構造式

③の例として酢酸の共鳴構造式をあげる（図1・24）．二つのルイス構造式が書け，左右両方の構造式中のいずれの原子も8電子則を満たしている．しかし，全体として

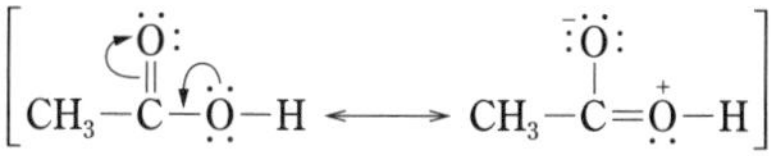

1・5 共鳴構造式

$$\left[\begin{array}{c} \ddot{\mathrm{O}}: \\ \| \\ \mathrm{CH_3-C-\ddot{O}-H} \end{array} \longleftrightarrow \begin{array}{c} :\ddot{\mathrm{O}}:^- \\ | \\ \mathrm{CH_3-C=\overset{+}{\mathrm{O}}-H} \end{array} \right]$$

寄与の大きい構造　　寄与の小さい構造　　図 1・24 酢酸の共鳴構造式

中性である分子の場合は電荷の分離が最小となる共鳴構造のほうが寄与が大きい．電荷を分離するにはエネルギーが必要なので中性の構造のほうが電荷の分離した構造よりも有利である．

もう一つの例として，ケトンの共鳴構造式をあげることができる(図1・25)．[ ] 内のケトンの右の構造式は，電荷の分離があり，しかも炭素原子のまわりには6電子しかなく8電子則を満たしていない．したがってこの共鳴構造の寄与は小さい．一方，左の構造式は中性で電荷の分離もなく，炭素，酸素ともに8電子則を満たしている．そこでケトンは $R_2C=O$ と表示するのが一般的である．しかし C^+-O^- という共鳴構造の寄与を考えることによってケトンの双極子モーメントの向きが理解でき，カルボニル基の反応性も理解することができる．電荷の偏りが電気陰性度の大小と逆になった[ ]の外の共鳴構造式の寄与はない．

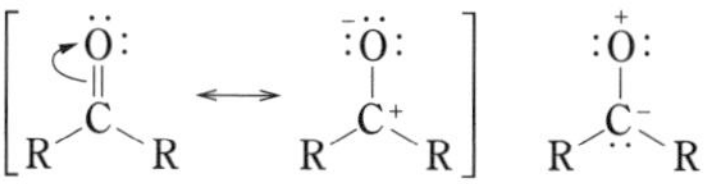

$$\left[\begin{array}{c} :\ddot{\mathrm{O}}: \\ \| \\ \mathrm{R-C-R} \end{array} \longleftrightarrow \begin{array}{c} :\ddot{\mathrm{O}}:^- \\ | \\ \mathrm{R-\overset{+}{C}-R} \end{array} \right] \quad \begin{array}{c} :\overset{+}{\mathrm{O}}: \\ | \\ \mathrm{R-\overset{-}{C}-R} \end{array}$$

図 1・25 ケトンの共鳴構造式

8電子則に従った構造式を書くために電荷を分離してよい場合もある．すなわち8電子則のほうが電荷分離よりも優先する．例題1・4で取りあげた一酸化炭素がその例である．左の構造式では電荷が分離しているが炭素，酸素ともに8電子則を満たしている．一方，右の構造式では分子は中性であるが炭素原子のまわりには6電子しかない．したがって一酸化炭素の場合には左の寄与のほうが大きい(図1・26)．

$$[:\bar{\mathrm{C}}\equiv\overset{+}{\mathrm{O}}: \longleftrightarrow :\mathrm{C}=\ddot{\mathrm{O}}:]$$

図 1・26 一酸化炭素の共鳴構造式

例題 1・5

問題　次の構造式において 1 と 2 は互いに共鳴構造式であるが 3 は共鳴構造式ではない．理由を説明せよ．

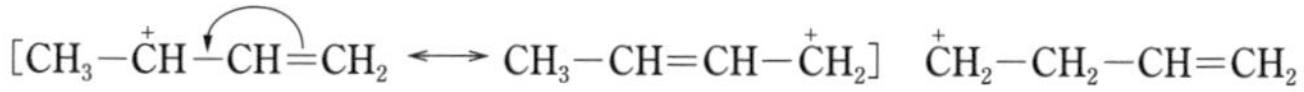

$$[\mathrm{CH_3-\overset{+}{C}H-CH=CH_2} \longleftrightarrow \mathrm{CH_3-CH=CH-\overset{+}{C}H_2}] \quad \overset{+}{\mathrm{C}}\mathrm{H_2-CH_2-CH=CH_2}$$
$$\qquad\qquad 1 \qquad\qquad\qquad\qquad 2 \qquad\qquad\qquad 3$$

解答　1 や 2 から 3 を得るには水素原子を動かさなければならないため．共鳴構造式を書くには分子中の原子の相対的な位置は変えずに電子対だけを動かさねばならない．

例題 1・6

問題 次の分子あるいはイオンそれぞれについて共鳴構造式を書け．また，それぞれの共鳴構造式について寄与が等価か異なるかを示し，寄与が異なる場合にはその大小も示せ．
(a) $CH_2=CHCH_2^-$ (b) OCN^- (c) O_3 (d) NO_3^-

解答
(a) $[\mathrm{CH_2=CH-CH_2} \longleftrightarrow \mathrm{{}^-CH_2-CH=CH_2}]$ 等価

(b) $[:\ddot{O}=C=\ddot{N}:^- \longleftrightarrow :\ddot{O}-C\equiv N:]$ 寄与大

(c) $[\overset{+}{\underset{:\ddot{O}}{O}}\overset{}{\underset{}{\diagup}}\overset{}{\underset{\ddot{O}:^-}{}} \longleftrightarrow {}^-:\ddot{O}\diagdown O \diagup \ddot{O}:]$ 等価

(d) 三つの共鳴構造式（等価）

1・6 分子軌道

　水素分子を例にとって水素原子間の結合がどのようにして形成されるかを考える．ルイス構造式では二つの水素原子が電子を一つずつ出し合って二つの電子を共有することでそれぞれの水素原子がヘリウムの電子配置をとっている．そして共有された電子対が共有結合を形成している．

　分子の生成を軌道に注目してみると，結合は原子軌道の重なりによって形成されるということになる．水素分子の場合，二つの水素原子のもつ原子軌道(1s軌道)が重なり合って分子軌道を形成し，この軌道に共有される二つの電子によって原子間に結合が形成されると考える(図1・27)．原子軌道は＋と－の符号をもっている(もう一

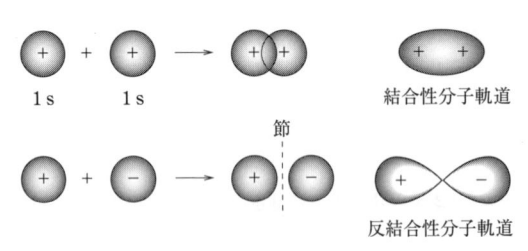

図1・27　水素1s原子軌道の重なりによる分子軌道の生成

1・6 分子軌道

度繰返すが，この＋と－は単に数学的なもので，正電荷，負電荷を表すものではない）．同じ符号同士の1s軌道が重なり合ってできる軌道を結合性分子軌道という．結合性分子軌道では二つの原子軌道が重なった空間，すなわち二つの原子核の中央付近で電子の存在する確率がより高くなる．一方，重なりが小さい空間では電子の存在確率はそれほど変化しない．その結果，軌道の形は二つの原子核で挟まれた空間に電子が存在する確率の高い卵形となる．この確率が大きいことが強固な結合をつくるのに必要である．結合性分子軌道に電子が収容されると系全体のエネルギーは安定化される．

一方，異符号同士が重なり合うと不安定化された反結合性分子軌道とよばれる軌道が生成する．この軌道では二つの原子に挟まれた空間において電子の存在確率がゼロ，すなわち二つの原子核の中央に電子が存在しない節をもつ．電子の存在確率は二つの核から遠いところで最大となる．

水素の二つの1s軌道が相互作用すると二つの分子軌道が生成する（図1・28）．一つは結合性分子軌道で，もう一つは反結合性分子軌道であり，結合性分子軌道のほうがエネルギーが低い．水素原子はそれぞれ1個の価電子をもっており，水素分子のもっている電子の数は2個である．各分子軌道には原子軌道の場合と同様に電子が2個まで収容できるので，二つの電子はエネルギー準位の低い結合性分子軌道に互いのスピンを逆向きにして入る．反結合性分子軌道は空である．その結果，水素分子のもつエネルギーは二つの水素原子のもつエネルギーの和よりも減少し，分子形成によって安定化することになる．これ以降の分子軌道についての話では，結合性分子軌道だけを取りあげる．

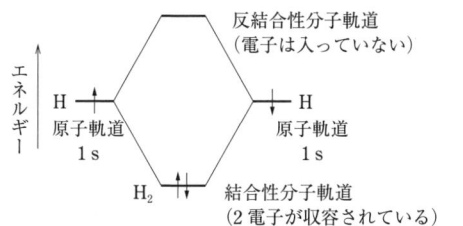

図 1・28 水素の分子軌道の生成

原子軌道の重なりは水素原子の1s軌道に限ったものではなく，1sと2pの間の重なりなどほかの原子軌道間にも適用でき，それぞれ結合を形成する（図1・29）．球状の1s軌道同士の重なりは二つの原子軌道が二つの核を結ぶ軸に沿って並ぶことによって生成する．原子核と原子核を結ぶ直線を中心に円筒状の対称性をもっており，この結合をσ（シグマ）結合とよぶ．s軌道とp軌道の重なりもσ結合を生成する．これに対してp軌道同士の重なりの場合には2種類の結合様式がある．一つはσ結合で，

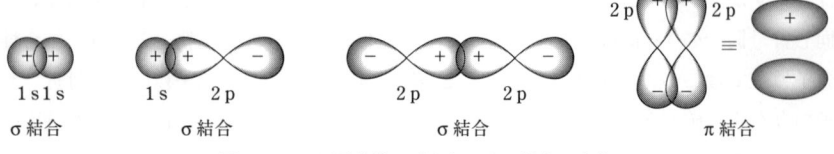

もう一つは二つの核を結ぶ軸に対して二つの原子軌道が垂直に並ぶ様式のものである．後者の結合をπ(パイ)結合という．この場合，電子雲(電子の存在確率を示す空間)の広がりは上下に二つの核にまたがって結合の軸をとりかこんでいる．炭素-炭素単結合はすべてσ結合である．これに対して二重結合や三重結合はπ結合をも含んでいる．

1・7　メタンならびにエタンの構造――sp^3混成軌道

　一つの原子の原子軌道をほかの原子の原子軌道と混ぜ合わせると分子軌道ができるのと同様に，同一原子上のいくつかの原子軌道を混ぜ合わせると混成軌道ができる．
　メタンCH_4の結合生成について考える．炭素原子は1s軌道に2電子，2s軌道に2電子，$2p_x$軌道に1電子，さらに$2p_y$軌道に1電子と合計6電子をもっている．そのうち結合に利用される価電子(最外殻にある電子)は$2s, 2p_x, 2p_y$の四つの電子である．$2p_x$と$2p_y$軌道に入っている不対電子である二つの電子と水素原子の間で結合が形成されるとすると，:CH_2という分子が予測されるが，このような化学種(カルベン)は安定ではない．炭素のまわりには6電子しかなく8電子則を満たしていない．メタンは正四面体構造をしていることが明らかにされている．それでは，このメタンの生成はどのように考えればよいのだろうか．
　炭素原子の2s軌道にある二つの電子のうちの一つを，三つあるp軌道(p_x, p_y, p_z)のうちまだ電子の入っていない空の$2p_z$軌道にあげればよい(図1・30)．こうすれば電子配置は$1s^2, 2s^1, 2p_x^1, 2p_y^1, 2p_z^1$となり，結合に利用できる1電子だけ入った軌道が

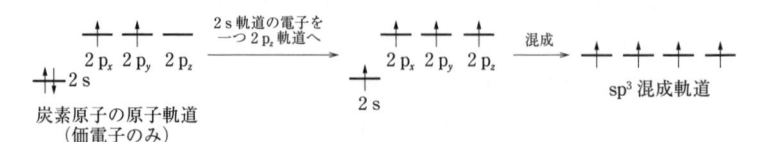

図1・30　sp^3混成軌道の生成

1・7 メタンならびにエタンの構造——sp³ 混成軌道

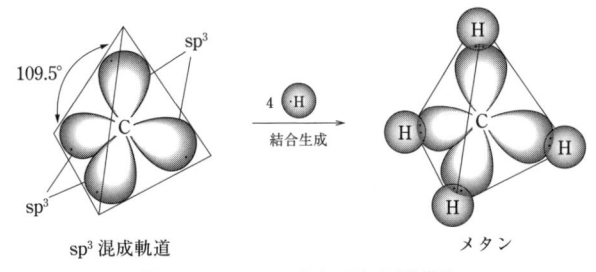

図 1・31 メタン分子の正四面体構造

四つできる．2s 軌道の一つの電子を 2p 軌道にあげるのに必要なエネルギーはそれほど大きくない．あとで水素四つと結合を形成することで獲得するエネルギーのほうがずっと大きい．しかし，2s 軌道の電子の一つを 2p 軌道に昇位させただけでは，メタンの四つの等価な結合を理解することは難しい．なぜなら 2s 軌道を用いる一つの結合は 2p 軌道を用いるほかの三つの結合と確実に異なったものになるはずだからである．この問題を解決するために量子化学は軌道の混成という概念を導入した．すなわち 2s 軌道と三つの 2p 軌道とを混成して新たに四つの等価な sp³ 混成軌道をつくった．この四つの軌道にそれぞれ 1 電子ずつが収容される．

四つの軌道はこれらに収容されている電子同士が反発するので互いにできるだけ遠ざかろうとする．電子の反発を最小にする空間的配列が正四面体構造であり，その結果，各軌道は正四面体の中心から各頂点に向かう形をとり，軌道の軸のなす角は $109.5°$ である．一つの sp³ 混成軌道は，大きな前方のローブとその裏側の小さなローブからなっており，前方のローブ（＋符号）と後方のローブ（－符号）は逆の符号をもっている．図が紛らわしくなるので一般に後方のローブは書かない．四つの水素の 1s 軌道（＋符号）と重なり合うことによって等価な C－H 結合（σ 結合）を四つもったメタン分子が生成する（図 1・31）．

二つの sp³ 混成軌道をもつ炭素原子と 6 個の水素原子からエタン分子が得られる（図 1・32）．このエタン分子の C－C 結合は sp³ 混成軌道同士の重なりによって生成する σ 結合である．また C－H 結合もメタンの場合と同様，炭素の sp³ 混成軌道と水素の s 軌道の重なりによって生成した σ 結合である．σ 結合は先に述べたように核と核を結ぶ直線を中心に円筒状の対称性をもっており，この σ 単結合によって結合しているグループ同士の間の回転障壁は小さい．したがって，エタンの場合には二つのメチル基同士は互いに自由に回転できる．

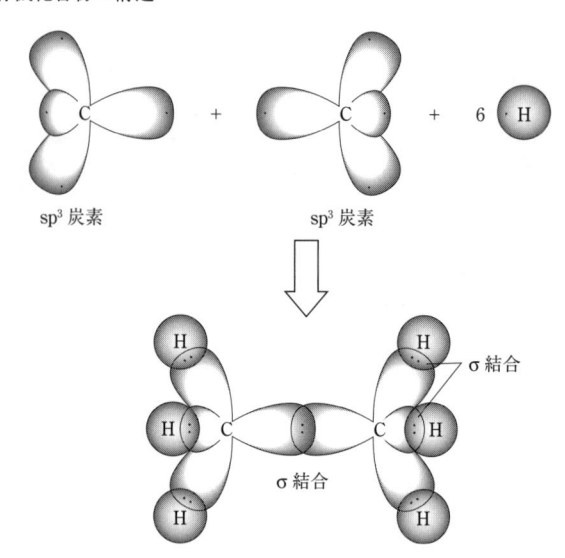

図 1・32 エタン分子の構造

1・8 エチレンの構造——sp^2 混成軌道

次にエチレン分子について考える(図 1・33)．エチレンは平面構造をとっており，二つの H—C—C ならびに H—C—H の結合角はいずれも 120°である．この構造は sp^2 混成軌道を考えることによって説明できる．まず先ほど sp^3 混成軌道をつくった場合と同様に 2 s 軌道の電子を一つ 2 p$_z$ 軌道へ移す．こうすると 1 電子ずつ収容された 2 s 軌道と三つの 2 p 軌道 (p$_x$, p$_y$, p$_z$) ができるわけであるが，ここでこれら四つの軌道をすべて混成するのではなく，2 s 軌道と二つの 2 p 軌道から等価な三つの sp^2 混成軌道をつくる．これら三つの軌道はできるだけ遠ざかる．そのため平面三方形をとり，同一平面上 120°の角度で 3 方向に向かっている．3 番目の 2 p 軌道は使用しない．この軌道は sp^2 軌道平面に対して垂直であり，もとのままの形で残っている．したがって軌道の総数は 4 で混成する前と変わらない．三つの sp^2 混成軌道のうち二つが 2 個の水素と σ 結合をつくる (C sp^2—H 1s)．残りの sp^2 混成軌道がもう一つの sp^2 混成した炭素原子と σ 結合をつくる (C sp^2—C sp^2)．混成に加わらなかった p 軌道はもう一つの炭素原子上の同じく混成に加わらなかった p 軌道と重なり合って π 結合をつく

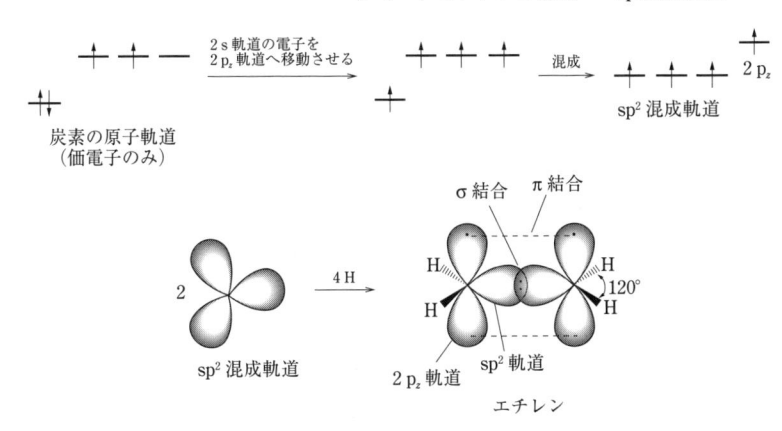

図 1・33 sp² 混成軌道とエチレンの構造

る．C＝C 二重結合は σ 結合と π 結合からできている（図1・33）．
　カルボニル基の二重結合も C＝C 二重結合と同様に一つの σ 結合と一つの π 結合から構成されている（図1・34）．炭素，酸素ともに sp² 混成しており，エチレンの場合の二つの炭素のうちの一つを酸素に置き換えた形を考えればよい．したがってカルボニル基と残り二つの置換基はともに同一平面上に存在し，その結合角はエチレンの場合と同様に 120° である．そしてこの平面に対して垂直に上下に π 結合がある．違いは，酸素原子上には 2 組の非共有電子対があり，これらが結合を形成することなく sp² 混成軌道のつくる平面上に存在していることである．

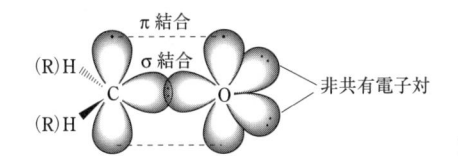

図 1・34 カルボニル化合物の構造

1・9　アセチレンの構造——sp 混成軌道

　アセチレンは直線状の構造をもっているが，これも混成軌道で説明することができる．メタンやエチレンの場合と同様に 2s 軌道の電子を一つ 2p_z 軌道へ上げて 1 電子ずつ収容された四つの軌道をつくる．このうちから 2s 軌道と 2p 軌道一つずつを混ぜ合わせる．こうすると原子核から直線上を反対方向に伸びた二つの sp 混成軌道が

形成される．一つは水素との結合に，そしてもう一つは炭素との結合に使われる．炭素-炭素 σ 結合は二つの炭素それぞれの sp 軌道同士の重なりによって形成される．sp 混成ではそれぞれの炭素上に一つしか電子をもたない互いに直交した p 軌道が二つずつ残っている．これらの間で二つの π 結合が形成される．したがって三重結合は一つの σ 結合と二つの π 結合からなっている（図 1・35）．

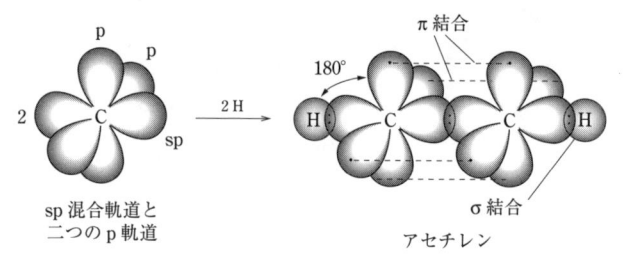

図 1・35　sp 混成軌道とアセチレンの構造

コラム

曲がった矢印の使い方

　有機化学では曲がった矢印が電子対の移動を示すのに広く用いられる．曲がった矢印は共有結合または非共有電子対（電子密度の高いところ）から電子不足の場所に向かって書かれる．例を下に示す．水分子が塩化水素分子と反応すると水分子の酸素原子の非共有電子対のうちの一対が HCl の水素と結合をつくる．同時に HCl の水素-塩素結合が切れて塩素は水素との結合に使われていた電子対を取り込んで離れていく．塩素に向けて矢印の先を書くことによって，結合電子対が塩化物イオンのほうに移って切れていくことを示している．矢印の起点は 2 電子で，矢印の先はそこに 2 電子が移動することを示すことをしっかり意識して矢印を書くよう心掛けてほしい．有機反応を理解するのにもっとも重要なポイントである．

まとめ

- 原子同士の結合には価電子が重要なはたらきをする.
- イオン結合では電子の移動によって8電子則が満たされる.
- 共有結合では電子を共有することによって8電子則が満たされる.
- 二つの原子間で4電子あるいは6電子を共有すると二重結合あるいは三重結合が形成される.
- 異なる電気陰性度をもつ原子間で形成されている共有結合は分極している.
- 原子軌道の重なりによって分子軌道が形成され, σ結合とπ結合が生じる.
- エチレンやアセチレンはπ結合をもつ.
- 一つの原子がもつ数個の原子軌道を混ぜ合わせると混成軌道ができる.
- メタンの炭素はsp^3混成軌道, エチレンの炭素はsp^2混成軌道, アセチレンの炭素はsp混成軌道をもつ.

練習問題

1・1 次の化合物の構造式を書け. 単結合は直線で, 非共有電子対があれば・印を用いて示せ.

(a) CH_3Br (b) C_3H_8 (c) C_2H_5I (d) C_2H_5OH
(e) CH_3NHCH_3 (f) CH_3CHO

1・2 次の簡略化された構造式を, すべての炭素上に正しい数の水素を示す構造式に書き改めよ.

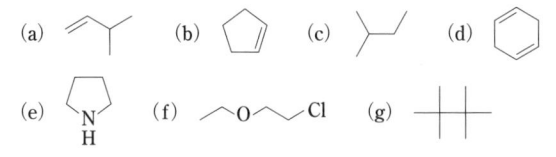

1・3 次の分子種のルイス構造式を書け.

(a) 亜硝酸 HONO (b) 硝酸 $HONO_2$
(c) 過酸化水素 H_2O_2 (d) シアニドイオン CN^-
(e) アンモニウムイオン NH_4^+ (f) アセトアルデヒド CH_3CHO

1・4 次に示した炭素種のうち, 炭素上に形式電荷があるものを選び出してそれを示せ.

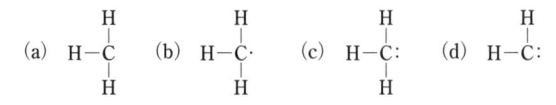

1・5 アジドイオン N_3^- の共鳴構造式を書け.

1・6 NO_2^+ の共鳴構造式を書け.

1・7 次の分子が直線であるか曲がっているかがわかるようにルイス構造式を記しその理由を簡単に述べよ.

　　(a) NH_3　　(b) O_3　　(c) HNCO　　(d) H_2O

有機化合物の種類・官能基 2

官能基は反応を決定する単位である．ハロアルカンやアルコール，エーテルなど代表的な官能基について簡単に紹介する．さらに分子の構造と物理的性質を関係づける分子間にはたらく力ならびに溶媒の種類についても本章で取りあげる．

炭素原子は炭素原子あるいはほかの原子ときわめて多様な結合を形成する．したがって存在可能な有機化合物の数は無限である．現在知られている有機化合物の数は200万種に及び，その数は日々増加している．これら膨大な数の有機分子を分類整理する方法には2通りある．分子骨格の特徴による分類法と骨格に結合している官能基によって分類する方法である．

2・1 分子骨格による有機化合物の分類

2・1・1 分子骨格による炭化水素の分類

炭素原子同士が鎖のようにつながった構造のものを鎖式炭化水素あるいは脂肪族炭化水素とよび，環のようにつながった構造を含むものを環式炭化水素とよぶ．一方，炭素-炭素結合がすべて単結合でできているものを飽和炭化水素，二重結合，三重結合を含むものを不飽和炭化水素，ベンゼン環をもつものを芳香族炭化水素とよぶ．これらをまとめると表2・1のようになる．

2・1・2 ヘテロ原子を含む有機化合物の分子骨格による分類

一般の有機化合物の分子骨格はおもに次の3種類に分類される．

a. 非環式化合物

炭素原子同士が鎖のように線状につながり，環構造を含まないものを非環式化合物とよぶ．この炭素鎖には枝分かれのないものとあるものが存在する．代表的な非環式

表 2・1　炭化水素の分類

	鎖式炭化水素	環式炭化水素
飽和炭化水素	アルカン CH_4, C_2H_6, CH_3CHCH_3 (with CH_3 branch)	シクロアルカン
不飽和炭化水素	アルケン $CH_2=CH_2$, $CH_3CH=CH_2$ アルキン $HC\equiv CH$, $CH_3C\equiv CCH_3$	シクロアルケン
芳香族炭化水素		

ゲラニオール　　　　ヘプタン　　　　3-ペンタノン

図 2・1　代表的な非環式化合物

化合物を図2・1に示す．

b. **炭素環式化合物**

　炭素原子だけからつくられた環をもつ化合物である．きわめて多くの種類の大きさと形式をもっている．一番小さい環は三員環である．炭素環には炭素鎖が結合していることもあり，多重結合が含まれていることもある．五員環と六員環がもっとも一般的である．環の員数によって表2・2のように分類されている．代表的な炭素環式化合物を図2・2に示す．

c. **複素(ヘテロ)環式化合物**

　これに属する有機化合物の数がもっとも多い．環内に最低1個のヘテロ原子(炭素

表 2・2　炭素環式化合物の分類

三員環，四員環	小員環
五員環，六員環，七員環	普通環
八員環〜十一員環	中員環
十二員環以上	大員環

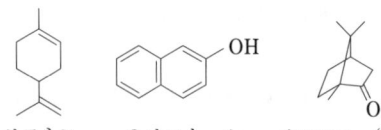

リモネン　　　2-ナフトール　　　カンファー(樟脳)

図 2・2　代表的な炭素環式化合物

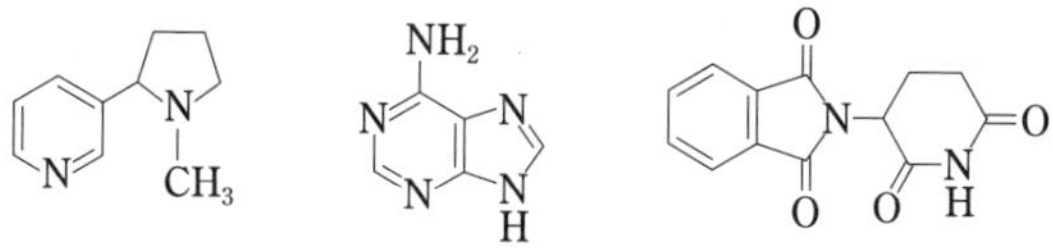

ニコチン　　　　アデニン　　　　サリドマイド

図 2・3　代表的な複素環式化合物

でない原子)を含んでいるものである．一般的なヘテロ原子は酸素，窒素，ならびに硫黄であるが，これ以外のヘテロ原子を含むヘテロ環式化合物も多数知られている．

2・2　官能基による有機化合物の分類

　有機化合物の性質や反応性は分子の炭素骨格が異なっていても，ある部分(原子団)が共通しているときわめて似てくる．この分子の性質を特徴付ける構造部分を官能基とよぶ．たとえばヒドロキシ基(−OH，水酸基)は官能基の一例であり，この基を含む化合物はアルコールとよばれる．エタノールとシクロヘキサノールでは鎖式と環式の相違はあるが，金属ナトリウムを加えるとどちらも水素ガスを発生する．

$$CH_3CH_2OH + Na \longrightarrow CH_3CH_2ONa + \frac{1}{2}H_2$$

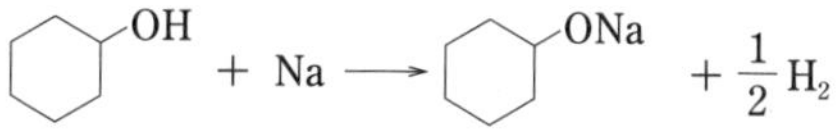

$$C_6H_{11}OH + Na \longrightarrow C_6H_{11}ONa + \frac{1}{2}H_2$$

　有機反応では，ある化学反応が官能基上で起こっても，その分子の残りの部分は何ら影響を受けずに，もとの構造を保持しているのが一般的である．したがってわれわれが有機化合物の反応を学ぶ際，官能基の反応にだけ注目すればよいことになる．すなわち官能基の化学を勉強すればよいことになり有機化学の学習が非常に容易になる．本書で学ぶおもな官能基とそれらを含む代表的な化合物を表 2・3 に示す．これらの官能基をもつ化合物群についてはあとの各章で詳しく述べるがここでもごく簡単に触れておく．

例題 2・1

問題　次の化合物の構造式を示せ．
(a)　アルコール　$C_4H_{10}O$　　(b)　エーテル　C_3H_8O
(c)　アルデヒド　C_3H_6O　　(d)　ケトン　C_4H_8O
(e)　カルボン酸　$C_4H_8O_2$　　(f)　エステル　$C_5H_{10}O_2$

表 2・3 主要な官能基

構造	分類	例	化合物名	用途
炭素骨格を構成する官能基				
$-C-C-$	アルカン（官能基ではない）	CH_3-CH_3	エタン	天然ガスの成分
$>C=C<$	アルケン	$CH_3CH=CH_2$	プロペン	ポリプロピレンの原料
$-C\equiv C-$	アルキン	$HC\equiv CH$	アセチレン	溶接用
◯	芳香族化合物	◯	ベンゼン	スチレンやフェノールの原料
酸素原子を含む官能基				
$-C-OH$	アルコール	CH_3CH_2-OH	エタノール	ビール，ワインおよび酒類
$-C-O-C$	エーテル	$CH_3CH_2-O-CH_2CH_3$	ジエチルエーテル	麻酔剤
$H{>}C=O$	アルデヒド	$CH_3\!\!>\!\!C=O$, H	アセトアルデヒド	プラスチックや可塑剤の原料
$>C=O$	ケトン	$CH_3\!\!>\!\!C=O$, CH_3	2-プロパノン	接着剤の溶剤
$-\overset{O}{\underset{\|}{C}}-OH$	カルボン酸	$CH_3-\overset{O}{\underset{\|}{C}}-OH$	酢酸	食酢の成分
$-\overset{O}{\underset{\|}{C}}-O-$	エステル	$CH_3-\overset{O}{\underset{\|}{C}}-O-CH_2CH_3$	酢酸エチル	塗料の溶剤
$-\overset{O}{\underset{\|}{C}}-O-\overset{O}{\underset{\|}{C}}-$	酸無水物	$(CH_3-\overset{O}{\underset{\|}{C}})_2O$	無水酢酸	酢酸セルロースの原料
窒素原子を含む官能基				
$-C-NH_2$	アミン	$H_2N(CH_2)_6NH_2$	ヘキサメチレンジアミン	ナイロン66の原料
$-C\equiv N$	ニトリル	$CH_2=CH-C\equiv N$	アクリロニトリル	ポリアクリロニトリルの原料
酸素原子と窒素原子を含む官能基				
$-\overset{O}{\underset{\|}{C}}-NH_2$	アミド	$H-\overset{O}{\underset{\|}{C}}-NH_2$	ホルムアミド	紙の可塑剤
ハロゲン原子を含む官能基				
$-C-X$	ハロゲン化アルキル	CH_3-Cl	クロロメタン	アルキル化剤
$-\overset{O}{\underset{\|}{C}}-X$	酸ハロゲン化物	$CH_3-\overset{O}{\underset{\|}{C}}-Cl$	塩化アセチル	アセチル化剤
硫黄原子を含む官能基				
$-C-SH$	チオール	C_6H_5SH	チオフェノール	還元剤
$-C-S-C-$	チオエーテル	$(CH_2=CHCH_2)_2S$	ジアリルスルフィド	ニンニク臭

解答

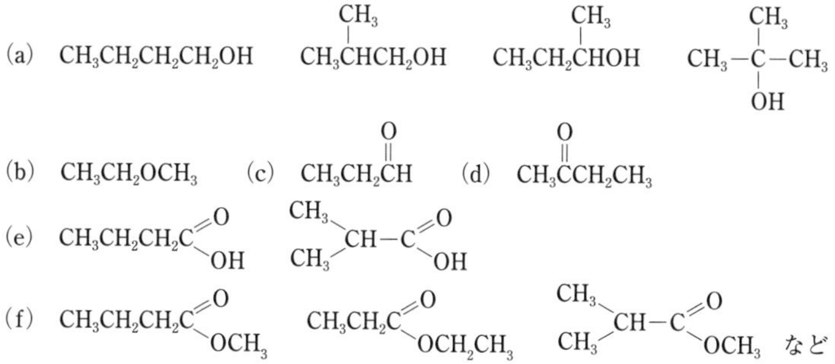

(a) $CH_3CH_2CH_2CH_2OH$ CH_3CHCH_2OH CH_3CH_2CHOH $CH_3-\underset{OH}{\overset{CH_3}{\underset{|}{C}}}-CH_3$
                                $\underset{}{\overset{|}{CH_3}}$ $\underset{}{\overset{|}{CH_3}}$

(b) $CH_3CH_2OCH_3$ (c) $CH_3CH_2\overset{O}{\overset{\|}{C}}H$ (d) $CH_3\overset{O}{\overset{\|}{C}}CH_2CH_3$

(e) $CH_3CH_2CH_2\overset{O}{\overset{\|}{C}}OH$ $\underset{CH_3}{\overset{CH_3}{\underset{|}{CH}}}-\overset{O}{\overset{\|}{C}}OH$

(f) $CH_3CH_2CH_2\overset{O}{\overset{\|}{C}}OCH_3$ $CH_3CH_2\overset{O}{\overset{\|}{C}}OCH_3$ $\underset{CH_3}{\overset{CH_3}{\underset{|}{CH}}}-\overset{O}{\overset{\|}{C}}OCH_3$ など

2・2・1 ハロアルカン

アルカン R−H の水素をハロゲン原子で置き換えた化合物 R−X をハロアルカンとよぶ．ハロゲン原子には F, Cl, Br, I の 4 種がある．IUPAC 命名法では，ハロゲンはアルカンの置換基として取扱う．ハロゲンは接頭語となり，それぞれフルオロ，クロロ，ブロモ，ヨードとなる．一方，慣用名はハロゲン化アルキルという用語に基づいている．代表的な例を図 2・4 に示す．（ ）内はそれぞれの化合物に対する慣用名である．

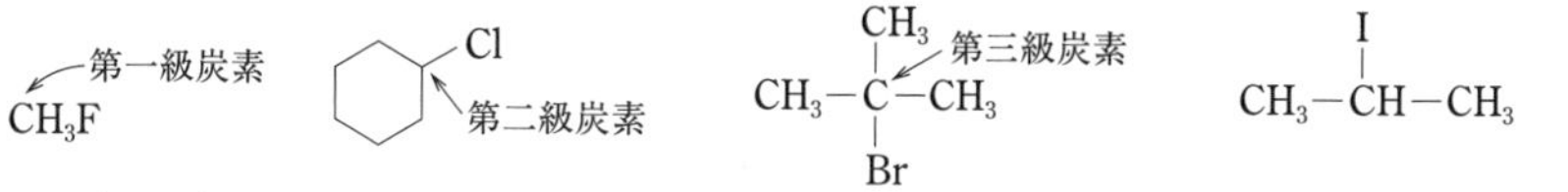

$\underset{\substack{\text{フルオロメタン}\\\text{（フッ化メチル）}}}{\overset{\overset{\text{第一級炭素}}{\diagdown}}{CH_3F}}$ $\underset{\substack{\text{クロロシクロヘキサン}\\\text{（塩化シクロヘキシル）}}}{\overset{\overset{Cl}{|}\;\text{第二級炭素}}{\bigcirc}}$ $\underset{\substack{\text{2-ブロモ-2-メチルプロパン}\\\text{（臭化-}tert\text{-ブチル）}}}{CH_3-\underset{Br}{\overset{CH_3}{\underset{|}{\overset{|}{C}}}}-CH_3\;\text{第三級炭素}}$ $\underset{\substack{\text{2-ヨードプロパン}\\\text{（ヨウ化イソプロピル）}}}{CH_3-\underset{}{\overset{I}{\underset{}{\overset{|}{CH}}}}-CH_3}$

図 2・4 代表的なハロアルカン

第一級炭素にハロゲン原子が結合したハロアルカンを第一級ハロアルカンとよぶ．また，第二級炭素ならびに第三級炭素にハロゲン原子が結合したハロアルカンをそれぞれ第二級ハロアルカン，第三級ハロアルカンとよぶ．なお第一級炭素，第二級炭素，第三級炭素については 4・1・3 項を参照されたい．

天然とくに海洋生物から有機ハロゲン化物が多数見つかっている．海水中の NaCl, NaBr, NaI から取り込んだものである．これに対してハロゲン化物が人工的に合成されるようになったのは食塩の電気分解によって NaOH（カセイソーダ）と塩素の大量製造が行われるようになってからのことである．大量に安価に入手できるようになった塩素の利用が盛んに研究され，DDT や BHC などが開発された（図 2・5）．DDT はカやハエ，ノミに対する有効な殺虫剤として使われた．しかしこれら DDT や BHC はその安定性が逆に災いして自然環境や生態系の汚染の原因となった．現在では各国で

アプリシン
(アメフラシより単離)　　DDT　　BHC β 異性体

図 2・5　ハロゲン原子を含む天然ならびに人工の有機化合物

使用禁止となっており，途上国でのマラリア予防にのみ限定的に使用される．

2・2・2　アルコールとエーテル

a.　アルコール

　アルコールはヒドロキシ基($-OH$)をもった化合物で，水分子の水素の一つをアルキル基で置き換えた形 $R-OH$ をしているので水の誘導体とみることもできる．さらにもう一つの水素をアルキル基に置換するとエーテル ROR となる．アルコールについても，ハロアルカンと同様にヒドロキシ基の結合している炭素が第一級炭素か，第二級炭素か，あるいは第三級炭素かに応じて第一級アルコール RCH_2OH，第二級アルコール R_2CHOH，第三級アルコール R_3COH に分類される．なお，アルコールのIUPAC命名法については12章でもう一度とりあげるがここでも簡単に述べておく．母体となるアルカンの語尾の"ン($-ne$)"を"ノール($-nol$)"に置き換えればよい．たとえば，メタン(methane) CH_4 からはメタノール(methanol) CH_3OH，シクロヘキサン(cyclohexane)からはシクロヘキサノール(cyclohexanol)というようになる．枝分かれ

1-プロパノール
(プロピルアルコール)
第一級アルコール

2-プロパノール
(イソプロピルアルコール)
第二級アルコール

シクロヘキサノール
(シクロヘキシルアルコール)
第二級アルコール

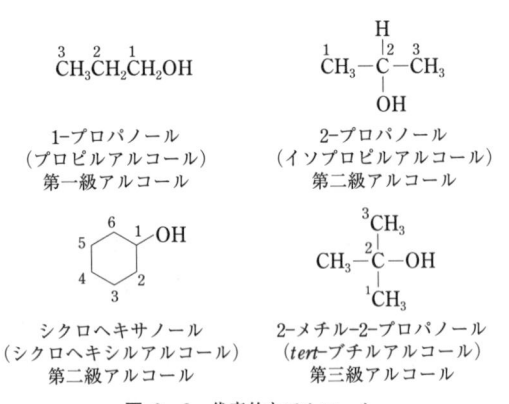

2-メチル-2-プロパノール
(*tert*-ブチルアルコール)
第三級アルコール

図 2・6　代表的なアルコール

をもつ化合物では OH 置換基を含む最長の炭素鎖を主鎖に選び，OH にもっとも近い末端の炭素に番号 1 を付ける．環状のアルコールであるシクロアルカノールでは OH 基をもつ炭素の位置番号が自動的に 1 となる．図 2・6 に代表的なアルコールの IUPAC 名と慣用名[( )内]を示す．

一方，水の一つの水素原子をベンゼン環で置換した構造をもつ化合物はフェノールとよばれる．なおフェノールは石炭の乾留によって得られるので石炭酸ともよばれている（図 2・7）．

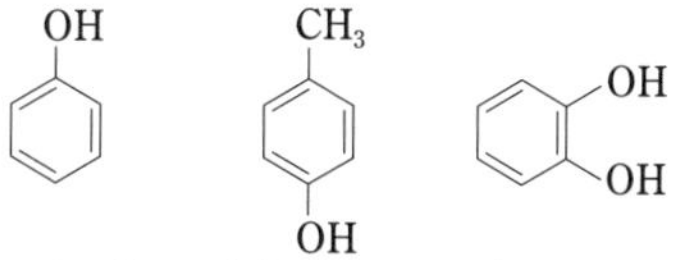

フェノール　　　クレゾール　　　カテコール
（殺菌剤）　　　（消毒薬）　　　（防腐剤）　　図 2・7　代表的なフェノール

b. **エーテル**

エーテルは水の H−O−H の二つの水素をアルキル基，アルケニル基，アリール基などで置き換えた化合物である．IUPAC 命名法ではアルコキシ基 OR を置換基としてもつアルカンとして命名する．非対称エーテル R^1-O-R^2 の場合，二つのアルキル基のうち小さい基のほうをアルコキシ基とし，大きいほうが主鎖となる．一方，慣用名では，二つのアルキル基の名称の後ろにエーテルという語をつける．図 2・8 に代表的なエーテルの IUPAC 名と慣用名［( )内］を示す．ただし，慣用名が広く使われており IUPAC 名はほとんど使われない．

CH_3OCH_3　　　$CH_3OCH_2CH_3$　　　$CH_3CH_2OCH_2CH_3$　　　CH_3O-
メトキシメタン　　メトキシエタン　　　エトキシエタン　　　　メトキシベンゼン
（ジメチルエーテル）（エチルメチルエーテル）（ジエチルエーテル）（メチルフェニルエーテル）

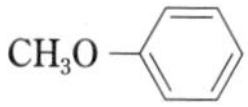

図 2・8　代表的なエーテル

環状エーテルの IUPAC 名はオキサシクロアルカンを基本とするもので，接頭語のオキサはシクロアルカンの環内の炭素を酸素で置き換えたことを意味している．三員環はオキサシクロプロパン，四員環はオキサシクロブタンとなる．位置番号は酸素が 1 となる．エーテル類は一般に反応性が低く，有機反応の溶媒としてよく利用されている．ジエチルエーテルや環状エーテルのオキサシクロペンタン，1,4-ジオキサシクロヘキサンなどがその代表的なものである．

オキサシクロプロパン
（エチレンオキシド）

オキサシクロペンタン
（テトラヒドロフラン）

1,4-ジオキサシクロヘキサン
（1,4-ジオキサン）

図 2・9　代表的な環状エーテル

例題 2・2

問題　分子式 $C_4H_{10}O$ で表されるアルコールが四つある。それらの構造を示し、第一級、第二級ならびに第三級アルコールに分類せよ。

解答

$CH_3CH_2CH_2CH_2OH$　　$CH_3CH_2CHCH_3$　　CH_3-CHCH_2OH　　CH_3-C-CH_3
　　　　　　　　　　　　　　　　　　OH　　　　　　　　　　　　　　　　　　　　OH

第一級　　　　　　第二級　　　　　　第一級　　　　　　第三級

2・2・3　カルボニル化合物

カルボニル化合物とはカルボニル基（C=O）をもつ化合物群の総称である。アルデヒド RCHO，ケトン $R^1R^2C=O$，カルボン酸 RCOOH，エステル R^1COOR^2 などがある。それぞれ代表的な化合物を図 2・10 に示す［上段は IUPAC 名，（　）内は慣用名］。（　）で示した慣用名が圧倒的に使われており，本書でも慣用名を用いている。CHO 基はホルミル基とよばれ，アルデヒドはホルミル基にアルキル基 R あるいはアリール基（フェニル基やその誘導体である o-メチルフェニル基，m-メトキシフェニル基など芳香環から水素を 1 個除いたもの。Ar と略記する）が結合したものである。もっとも簡単なアルデヒドはホルムアルデヒド H-CHO で，その水溶液はホルマリンとして知られている。R がメチル基である CH_3CHO はアセトアルデヒドで飲酒後，酒の成分

アルデヒド

エタナール
（アセトアルデヒド）

ベンゼンカルボアルデヒド
（ベンズアルデヒド）

シクロヘキサン
カルボアルデヒド

ケトン

2-プロパノン
（アセトン）

1-フェニルエタノン
（アセトフェノン）

シクロヘキサノン

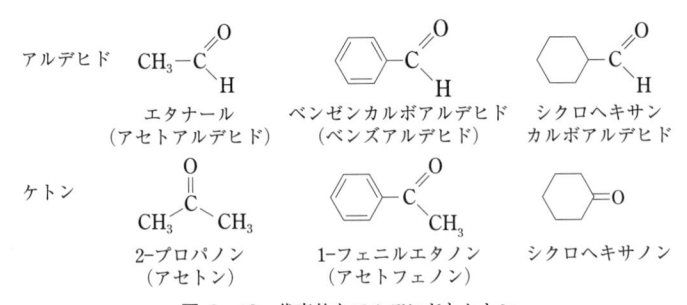

図 2・10　代表的なアルデヒドとケトン

であるエタノールが酢酸へと酸化分解される途中に生成する．これは二日酔いの原因となる化合物である．ホルミル基にフェニル基($-C_6H_5$，Ph と略記する)が結合したものはベンズアルデヒド PhCHO とよばれる．香料として多用に用いられており，クヘントウ(苦扁桃)，モモ，アンズなどの精油中に存在する．

　二つのアルキル基あるいはアリール基がカルボニル基に結合したものがケトンである．ケトンでは 2-プロパノン CH_3COCH_3(慣用名はアセトン)がもっとも簡単な構造のものであり，溶剤として広く利用されている．フェニル基とメチル基の結合したもの $PhCOCH_3$ は 1-フェニルエタノン(アセトフェノン)とよばれる．

　カルボン酸はカルボキシ基($-COOH$)を有する化合物であり，このカルボキシ基はカルボニル基にヒドロキシ基が結合した官能基である．IUPAC 命名法ではアルカンのあとに"酸(acid)"を接尾語として付ける．またカルボキシ基は必ず分子の末端に位置するため，カルボキシ基の炭素に位置番号の 1 を付ける．環状のカルボン酸の場合にはシクロアルカンカルボン酸と命名する．芳香族カルボン酸はベンゼンカルボン酸を基本にして命名する(図 2・11)．ただ，メタン酸，エタン酸などの IUPAC 名はほとんど使われていない．

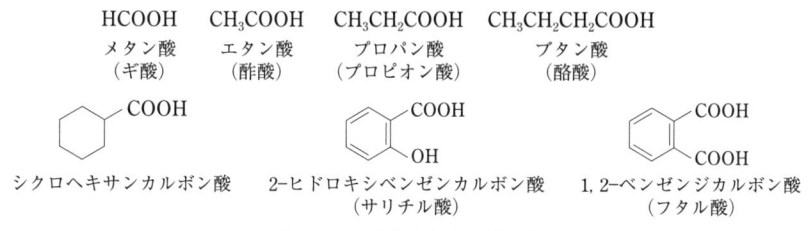

HCOOH　　　CH_3COOH　　　CH_3CH_2COOH　　　$CH_3CH_2CH_2COOH$
メタン酸　　　エタン酸　　　プロパン酸　　　ブタン酸
(ギ酸)　　　(酢酸)　　　(プロピオン酸)　　　(酪酸)

シクロヘキサンカルボン酸　　　2-ヒドロキシベンゼンカルボン酸　　　1,2-ベンゼンジカルボン酸
　　　　　　　　　　　　　　　　(サリチル酸)　　　　　　　　　　　(フタル酸)

図 2・11　代表的なカルボン酸

　カルボン酸は天然に広く存在するが，工業的にも重要な化合物である．カルボン酸は慣用名でよばれることが多い．その多くはそれらの化合物が最初に単離された天然物の名前を起源としている．たとえば，ギ酸はアリ(蟻)から初めて見出されたもので，酢酸も食酢に由来している．また酪酸は動物の乳脂中に含まれている．

　カルボン酸のカルボキシ基($-COOH$)のヒドロキシ基部分をほかの官能基に置換した化合物に酸ハロゲン化物，酸無水物，エステル，アミドなどがある．酸ハロゲン化物はヒドロキシ基をハロゲン原子で，酸無水物はアルカノアート RCOO で，さらにエステル，アミドは RO，R_2N でそれぞれ置換したものである．酸ハロゲン化物の命名は，ハロゲン化アルカノイルとなる．酸無水物については，接尾語としてカルボン酸のうしろに酸無水物をつける．ただし，酢酸，コハク酸，フタル酸の無水物の場合に

34   2 有機化合物の種類・官能基

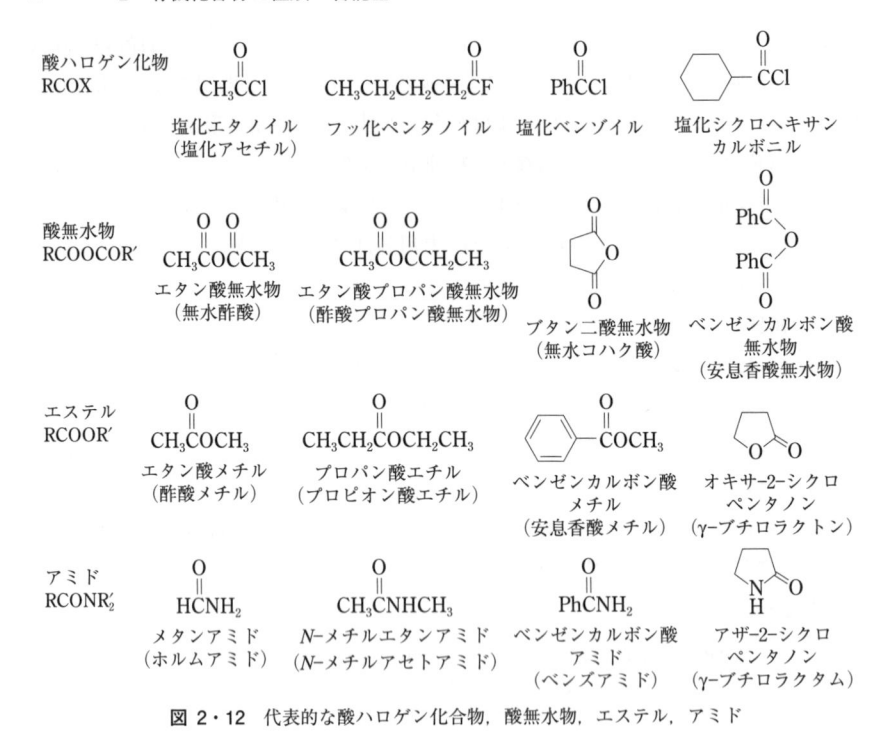

酸ハロゲン化物
RCOX

$\underset{\text{CH}_3\text{CCl}}{\overset{\text{O}}{\|}}$ $\underset{\text{CH}_3\text{CH}_2\text{CH}_2\text{CF}}{\overset{\text{O}}{\|}}$ $\underset{\text{PhCCl}}{\overset{\text{O}}{\|}}$ シクロヘキシル-$\underset{\text{CCl}}{\overset{\text{O}}{\|}}$

塩化エタノイル　　フッ化ペンタノイル　塩化ベンゾイル　塩化シクロヘキサン
（塩化アセチル）　　　　　　　　　　　　　　　　　　　　　カルボニル

酸無水物
RCOOCOR'

$\underset{\text{CH}_3\text{COCCH}_3}{\overset{\text{O\ \ O}}{\|\ \ \|}}$ $\underset{\text{CH}_3\text{COCCH}_2\text{CH}_3}{\overset{\text{O\ \ O}}{\|\ \ \|}}$ （コハク酸無水物環） $\underset{\text{PhC}}{\overset{\text{O}}{\|}}\text{O}\underset{\text{PhC}}{\overset{\text{O}}{\|}}$

エタン酸無水物　エタン酸プロパン酸無水物　ブタン二酸無水物　ベンゼンカルボン酸
（無水酢酸）　　（酢酸プロパン酸無水物）　（無水コハク酸）　　無水物
　　　　　　　　　　　　　　　　　　　　　　　　　　　　　　（安息香酸無水物）

エステル
RCOOR'

$\underset{\text{CH}_3\text{COCH}_3}{\overset{\text{O}}{\|}}$ $\underset{\text{CH}_3\text{CH}_2\text{COCH}_2\text{CH}_3}{\overset{\text{O}}{\|}}$ $\underset{\text{COCH}_3}{\overset{\text{O}}{\|}}$Ph   （γ-ブチロラクトン環）

エタン酸メチル　　プロパン酸エチル　　ベンゼンカルボン酸　オキサ-2-シクロ
（酢酸メチル）　　（プロピオン酸エチル）　　メチル　　　　　　ペンタノン
　　　　　　　　　　　　　　　　　　　（安息香酸メチル）　（γ-ブチロラクトン）

アミド
RCONR'₂

$\underset{\text{HCNH}_2}{\overset{\text{O}}{\|}}$ $\underset{\text{CH}_3\text{CNHCH}_3}{\overset{\text{O}}{\|}}$ $\underset{\text{PhCNH}_2}{\overset{\text{O}}{\|}}$ （γ-ブチロラクタム環）

メタンアミド　　N-メチルエタンアミド　ベンゼンカルボン酸　アザ-2-シクロ
（ホルムアミド）（N-メチルアセトアミド）　　アミド　　　　　ペンタノン
　　　　　　　　　　　　　　　　　　（ベンズアミド）　（γ-ブチロラクタム）

図 2・12　代表的な酸ハロゲン化合物，酸無水物，エステル，アミド

は無水酢酸，無水コハク酸，無水フタル酸という慣用名が認められている．エステルではカルボン酸のうしろにアルコール部分のアルキル基名をつける．アミドの場合には，カルボン酸に対応するアルカンの名称に接尾語のアミドをつける(図2・12)．

2・2・4 ア ミ ン

アミンはアンモニア NH_3 の誘導体で，その水素一つがアルキル基やアリール基で置換されたもの(RNH_2, 第一級アミン)，二つ置換されたもの(R_2NH, 第二級アミン)，三つとも置換されたもの(R_3N, 第三級アミン)に分類される．アルコール ROH では，R 基の種類によって第一級，第二級，第三級を定義しているが，アミンの場合には窒素上の R の数によって分類される．IUPAC 命名法によると，脂肪族アミンは主鎖のアルカンの名称の語尾に "アミン(amine)" を付け加えてアルカンアミンと命名する．アミノ官能基の付いている位置は，アルコールの場合と同様にその官能基が結合している炭素の番号で表し，接頭語として示す．第二級，第三級アミンでは窒素上のもっ

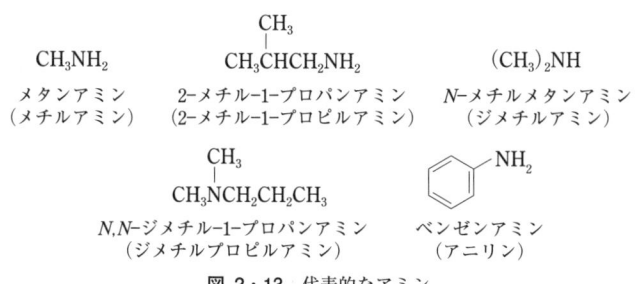

2・2 官能基による有機化合物の分類   35

CH_3NH_2 $CH_3CHCH_2NH_2$ (with CH_3 branch) $(CH_3)_2NH$
メタンアミン   2-メチル-1-プロパンアミン N-メチルメタンアミン
（メチルアミン）   （2-メチル-1-プロピルアミン）   （ジメチルアミン）

$CH_3NCH_2CH_3$ (with CH_3 branch on N)   ベンゼン環-NH_2
N,N-ジメチル-1-プロパンアミン   ベンゼンアミン
（ジメチルプロピルアミン）   （アニリン）

図 2・13 代表的なアミン

とも長いアルキル基をアルカンアミンの主鎖とし，ほかの置換基は N-という文字の後ろにその置換基の名称を付けて表す．アルキルアミンという慣用名のほうがより一般的に用いられている．図 2・13 に代表的なアミンの IUPAC 名と慣用名［（ ）内］を示す．

2・2・5 チオールとチオエーテル

アルコールおよびフェノールのヒドロキシ基の酸素原子を硫黄原子で置き換えたものがチオールおよびチオフェノールである（図 2・14）．チオール類は猛烈な悪臭をもっており，スカンクの悪臭のもともチオールである．また，そのにおいがガス漏れの警告になるように都市ガスのなかには微量のエタンチオールがまぜられている．硫黄原子は酸素原子に比べて電気陰性度が小さいので，アルコールの O–H 結合に比べて S–H 結合の分極が小さく，水素結合も弱くなるので，水に溶けにくくなり沸点も低くなる．

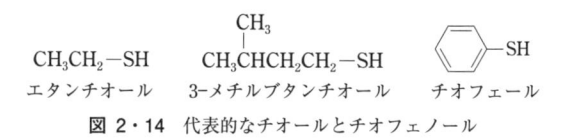

CH_3CH_2–SH $CH_3CHCH_2CH_2$–SH (with CH_3 branch)   ベンゼン環–SH
エタンチオール   3-メチルブタンチオール   チオフェール

図 2・14 代表的なチオールとチオフェノール

エーテルの酸素原子が硫黄原子で置き換わった化合物をスルフィドあるいはチオエーテルとよぶ（図 2・15）．

$CH_3CH_2SCH_2CH_3$ PhSCH$_3$ HO–（シクロヘキサン環）–SCH$_3$
ジエチルスルフィド   メチルフェニルスルフィド   4-メチルチオシクロヘキサノール

図 2・15 代表的なスルフィド

例題 2・3

問題 次の化合物中にある官能基を丸で囲み，その官能基名を示せ．

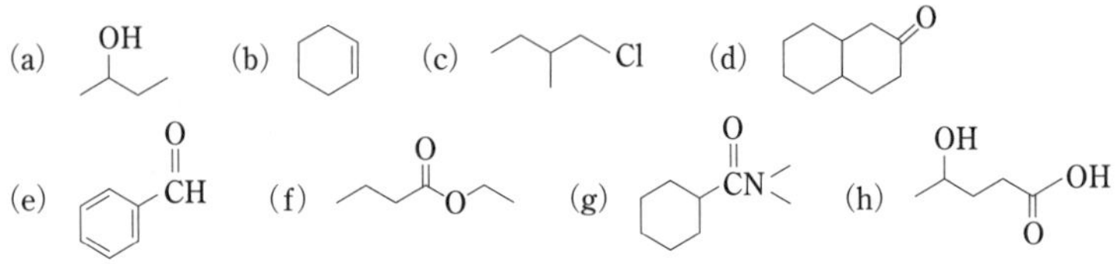

(a) OH の構造　(b) シクロヘキセン　(c) Cl を含む分枝アルカン　(d) デカロン構造

(e) ベンズアルデヒド　(f) エステル　(g) シクロヘキシルアミド　(h) OH と COOH をもつ化合物

解答

(a) アルコール　(b) アルケン　(c) ハロゲン化アルキル　(d) ケトン

(e) アルデヒド　(f) エステル　(g) アミド　(h) アルコール　カルボン酸

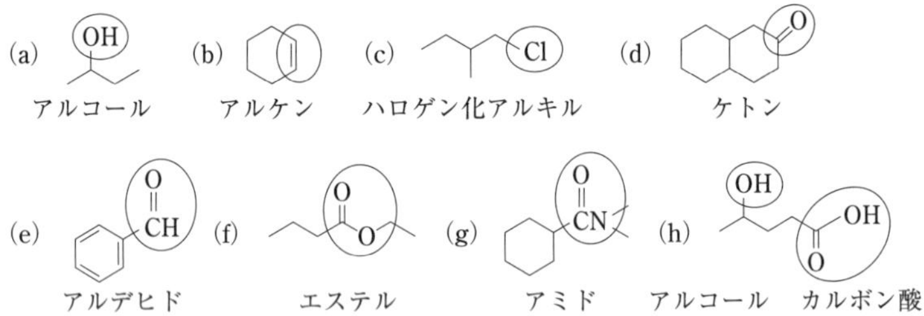

2・3 極性をもった分子

1・4節で分極した共有結合について述べたが，ここでもう一度取りあげる．塩化水素分子について考えてみる．塩化水素分子は分極した共有結合の一例である．表1・1からわかるように塩素原子の電気陰性度(3.0)は水素原子のそれ(2.2)より大きいが，HとClの結合はイオン結合というよりも共有結合である．しかしこの共有結合に用いられている電子対は不均等に共有されており，より塩素のほうへ引きつけられている．そのため塩素は水素に比べて多少の負電荷を帯びている．この分極を1・4節では$\delta+$と$\delta-$で表したが，矢印を用いる方法もある．尾のほうに縦線をもつ正から負の方向へ向かう矢印(┼──➤)による表示法である(図2・16)．なお異符号の電荷の分離は電気的双極子とよばれる．

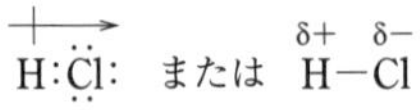

$$\overset{\longrightarrow}{\text{H}:\ddot{\text{Cl}}:} \quad \text{または} \quad \overset{\delta+\ \ \delta-}{\text{H}-\text{Cl}}$$

図 2・16 塩化水素分子の分極

ハロゲンは炭素に比べて電気的に陰性である．したがってハロアルカンのC−X結合に用いられている共有電子対はXのほうに偏る．その結果ハロゲンはいくぶん負

の電荷を帯び($\delta-$)炭素はいくぶん正の電荷($\delta+$)をもつことになる．分極した共有結合のどちらの末端が正または負の電荷を帯びるかについては一般的に周期表の族によって決まる．同一周期においては，左から右へ進むにつれて原子番号が増大し原子核上の正電荷が増加するため価電子をより強く引きつける．したがって右へ進むほど電気陰性度の値は大きくなる．一方，同一族においては周期表の上から下へ進むにつれて価電子を原子核から遮へいしている内殻電子の数が増加するので元素の電気陰性度は減少する．なお炭素と水素の電気陰性度はほぼ等しいので，C–H 結合はほぼ完全な共有結合と考えてよい．

HF，HCl や CH_3F にみられるように分極した結合をもつ分子は，全体として極性をもっている．しかしながら，分子が対称性をもつ場合には個々の結合の分極が相殺されるので，全体として分子は極性をもたない．CO_2 や CCl_4（図 $2 \cdot 17$）がこの例にあてはまる．分子全体の極性は各結合の双極子のスペクトルの総和によって決定されるので，分子が極性をもつかどうかを知るためには，分子の形を知らねばならない．簡単な分子の双極子モーメントの大きさを表 $2 \cdot 4$ に示す．その大きさは実験的に測定

$\mu = 1.87\,\mathrm{D}$

$\mu = 0\,\mathrm{D}$

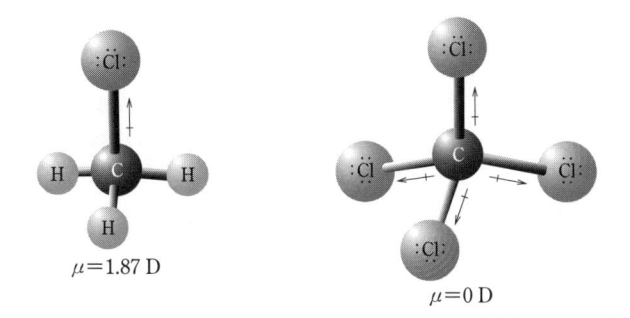

図 $2 \cdot 17$ クロロメタンならびにテトラクロロメタンの双極子モーメント

表 $2 \cdot 4$ 簡単な分子の双極子モーメント

分子	μ/D	分子	μ/D
H_2	0	CH_4	0
Cl_2	0	CH_3Cl	1.87
HF	0	CH_2Cl_2	1.55
HCl	1.83	$CHCl_3$	1.02
HBr	1.08	CCl_4	0
HI	0.08	NH_3	1.47
BF_3	0.42	NF_3	0.24
CO_2	0	H_2O	1.85

でき，次式で定義される．

双極子モーメント(μ) ＝ 電荷/esu × 原子間距離/cm

esu: electrostatic unit

便宜上 1×10^{-18} esu cm を 1 デバイ(D)と定義し，これを単位として表されている．

　分子は電子の反発が最小となる形をとる．H_2 や LiH のような二原子分子では，2原子間にただ1組の結合電子対があるだけで，2原子の配列の仕方も1通りしかない．それでは3原子からなる分子であるフッ化ベリリウム(BeF_2)ではどうだろうか．分子は折れ曲がっているだろうか．それとも直線状だろうか．結合電子と非共有電子対が180°離れた状態のとき，すなわち3原子が直線(linear)構造をとるとき，互いの電子がもっとも離れており，電子の反発は最小となる(図2・18)．

　三塩化ホウ素では，ホウ素の三つの価電子と三つの塩素原子の電子との間で三つの共有結合が形成されており，電子反発のためにきれいな三方形(trigonal)の配列をとる．すなわち，三つのハロゲン原子が正三角形の頂点を占め，ホウ素が中心に位置している．そして三つの塩素原子とそれぞれの結合電子対は，互いの距離がもっとも離れた状態，すなわち120°離れた位置を占めている．ホウ素のほかの誘導体ならびに周期表の同じ列のほかの元素の類縁化合物も，同じような三方形構造をとる．

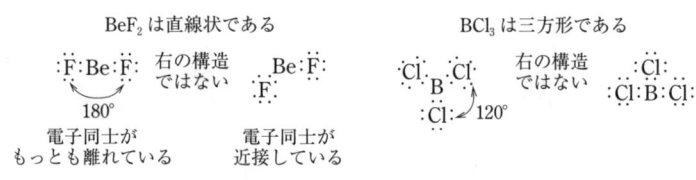

図 2・18　BeF_2 と BCl_3 分子の形

　同様の原理で炭素化合物を考えると，メタン(CH_4)でみられるように四面体(tetrahedral)構造となる．四つの結合を四面体の頂点に向かって置くのが，電子の反発を最小にする配置である．

　電子の反発を最小にすることによって分子の形を決定するこの方法を，原子価殻電子対反発法(valence shell electron pair repulsion method，VSEPR法)とよぶ．

例題 2・4

問題　*trans*-1, 2-ジクロロエテンは双極子モーメントをもたない($\mu = 0$ D)のに対し *cis*-1, 2-ジクロロエテンは $\mu = 1.35$ D の双極子モーメントをもつ．理由を説明せよ(化合物の構造は 4・1・5 項参照)．

解答 トランス体では二つの C—Cl 結合の分極が相殺されるのに対しシス体では相殺されずに残るため．

例題 2・5

問題 CO_2 の双極子モーメントが 0 であるのに対し SO_2 は $\mu=1.63\,\mathrm{D}$ の双極子モーメントをもっている．このことから SO_2 の分子の形を推定せよ．

解答 S 上の非共有電子対を考慮すると，四面体構造に近い形をとると考えられる．

2・4 分子間にはたらく力

　ある特定の物質が固体であるか液体であるか，気体であるかという物理的な性質と分子の構造にはどんな関係があるのだろうか．原子と原子が結合して分子ができあがるが，その分子同士の間にも引き合う力が存在する．いくつかの種類の力があり，それらによって化合物の融点，沸点，溶解度などが決まる．

　こうした物理的性質は有機化合物を同定したり単離したりするときに利用することができる．たとえば，室温で液体であることがあらかじめわかっている化合物の合成を行う場合，そのものの沸点がわかればどういう条件のもとで蒸留すれば目的物を単離できるか予測することができる．また生成物が固体の場合には，その融点と種々の溶媒に対する溶解度を知ることで結晶化を容易に行うことが可能となる．これに対して合成した化合物が新規化合物である場合には，その化合物をうまく単離できるかどうかは化合物の融点，沸点や溶解度を予測できるかどうかにかかってくる．このような物理的性質を予測するにはその化合物の構造と，分子やイオン間にはたらく力を知っていることが重要になる．

　ここではこれらの分子間にはたらく力について述べる．なお参考のために本章であげた種々の官能基をもつ化合物の融点ならびに沸点を表 2・5 に示す．

表 2・5 種々の有機化合物の物理的性質

化合物	構造	融点/°C	沸点/°C(1気圧)
methane(メタン)	CH_4	−182.6	−162
ethane(エタン)	CH_3CH_3	−183	−88.2
ethylene(エチレン)	$CH_2=CH_2$	−169	−102
acetylene(アセチレン)	$HC≡CH$	−82	−74 昇華
benzene(ベンゼン)	C_6H_6	5.5	80.1
chloromethane(クロロメタン)	CH_3Cl	−97	−23.7
chloroethane(クロロエタン)	CH_3CH_2Cl	−138.7	13.1
ethyl alcohol(エチルアルコール)	CH_3CH_2OH	−115	78.5
diethyl ether(ジエチルエーテル)	$(CH_3CH_2)_2O$	−116	34.6
acetaldehyde(アセトアルデヒド)	CH_3CHO	−121	20
acetic acid(酢酸)	CH_3CO_2H	16.6	118
ethyl acetate(酢酸エチル)	$CH_3CO_2CH_2CH_3$	−84	77
acetamide(アセトアミド)	CH_3CONH_2	80	222
ethylamine(エチルアミン)	$CH_3CH_2NH_2$	−80	17
ethanethiol(エタンチオール)	CH_3CH_2SH	−145	34.7

2・4・1 イオン間力

1・2節で述べた塩化ナトリウム NaCl のようなイオン結合からなるイオン性の化合物の場合,正と負のイオン間にはたらく強い静電的なイオン間力によって強固な結晶構造が保たれている(図2・19).各ナトリウムイオン Na^+ は負に荷電した塩化物イオン Cl^- に囲まれ,各 Cl^- イオンは正の Na^+ イオンで囲まれている.そのため規則正しく配列した結晶構造を壊して比較的自由な構造をもつ液体にするには,多量の熱が必要である.このため NaCl が融ける温度は非常に高く 801°C である.沸点はさらに高く 1413°C である.

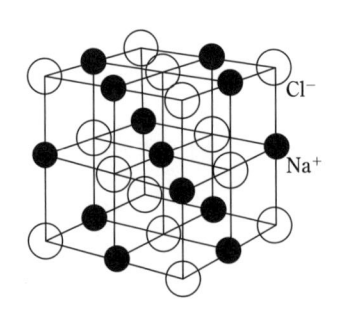

図 2・19 塩化ナトリウム(食塩)の結晶構造

2・4・2 双極子-双極子間力

多くの有機化合物は完全なイオンにはなっていない。2・3節で述べたように分極した共有結合をもつ分子は結合電子の不均等な分布によって生じる双極子モーメントをもっている。アセトンやアセトアルデヒドも分極したカルボニル基をもつため塩化水素分子と同様に双極子をもつ分子である。これらの化合物では分子は双極子-双極子間力によってその分子の正の末端がほかの分子の負の末端のほうに引きつけられるように配列する(図2・20)。

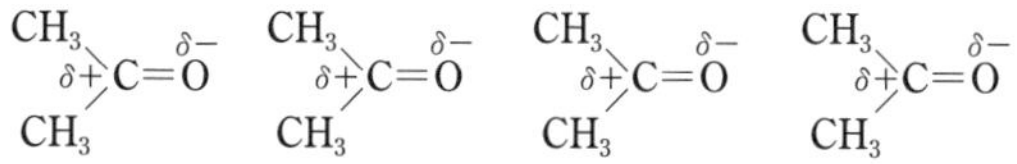

$$\begin{array}{c}CH_3\\{}_{\delta+}C=O^{\delta-}\\CH_3\end{array} \quad \begin{array}{c}CH_3\\{}_{\delta+}C=O^{\delta-}\\CH_3\end{array} \quad \begin{array}{c}CH_3\\{}_{\delta+}C=O^{\delta-}\\CH_3\end{array} \quad \begin{array}{c}CH_3\\{}_{\delta+}C=O^{\delta-}\\CH_3\end{array}$$

図 2・20 アセトン分子の配列

2・4・3 水 素 結 合

水は酸素原子と水素原子からなる小さな分子であるが、きわめて特徴的な化学的性質をもっている。その大きな要因の一つが O と H の結合の分極によって生じる電荷の偏りに伴う分子間の非結合性相互作用である。酸素の電気陰性度(3.5)は水素のそれ(2.2)に比べて大きいため O−H 結合の電子は O のほうに偏っている。水分子の酸素原子は $\delta-$ で逆に水素原子は $\delta+$ となる。すると一つの分子の酸素原子は近くに存在する別の水分子の水素原子と静電気的な相互作用をもつことになり、この非結合性相互作用を水素結合とよぶ(図2・21)。水素結合はその結合解離エネルギーが約 4~38 kJ mol^{-1} で通常の共有結合より弱いが、双極子-双極子相互作用よりはずっと強い。

水が低分子量であるにもかかわらず沸点(100 ℃)が高いのは、分子間水素結合のためである。さらにエタノールとジメチルエーテルが同じ分子量であるにもかかわらずエタノールの沸点(78.5 ℃)がジメチルエーテル(−24.9 ℃)よりもずっと高いことも水素結合の有無によって説明される。

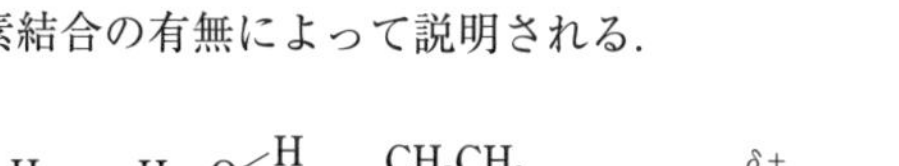

図 2・21 水分子ならびにエタノール分子の水素結合

2・4・4　ファンデルワールス力

　メタンのような無極性な有機分子の間でも引き合う力がはたらく．この力をファンデルワールス(van der Waals)力とよぶ．アルカンの分子量が増加するにつれて融点や沸点が規則正しく高くなるのはこの力のためである．この力についての正確な説明には量子力学が必要である．しかし次のように考えると一応理解できる．一つのアルカン分子がもう一つのアルカン分子に近づくと，二つの分子の電子同士が互いに反発しあうので互いの動きを規制し始める．電子が動くと，その分子に結合の分極が一時的に生じる．するとこの動きに呼応してもう一方の分子の電子が動いて逆方向の分極が生じる．その結果，二つの分子の間に引力が生まれる．直鎖アルカンの融点と沸点を図2・22に示す．なお奇数個の炭素数をもつ直鎖アルカンが偶数個の炭素数をもつ直鎖アルカンに比べて，予想されるよりも少し低い融点を示すが，これは結晶状態における充塡密度の違いによるものである．

　分枝アルカンは，対応する直鎖アルカン異性体に比べて表面積が小さい．そのため，直鎖アルカンよりもファンデルワールス力が小さく融点や沸点は低くなる．2,2,3,3-テトラメチルブタンの沸点とオクタンの沸点を比較すると，オクタンの沸点(126℃)のほうが前者のそれ(106℃)よりも高い．これは球状をした2,2,3,3-テトラメチルブタンよりもオクタンのほうがより大きな表面積をもっているためである．

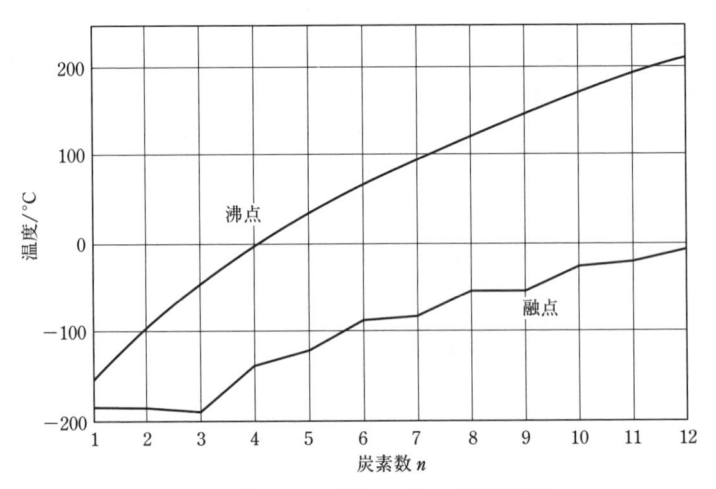

図 2・22　直鎖アルカンの融点と沸点

2・5　溶媒の種類と溶媒効果

　分子間力は物質の溶解度の説明にも非常に重要である．固体が液体に溶解し，溶液になると，固体の規則的な結晶構造が壊され，溶液中では分子（またはイオン）の配列が不規則になる．溶解の過程においては，さらに分子（またはイオン）は離れ離れにならなければならない．したがって，溶液を得るには，これらの変化に対してエネルギーが供給されなければならない．実際，格子間力と分子間力およびイオン間力に打ち勝つだけのエネルギーは，溶液中の溶質と溶媒との間の新しい引力によって供給される．

　例としてイオン性化合物の溶解を考えてみよう．この場合結晶状態のイオン間力は大きい．水とごく限られた極性溶媒だけがイオン性化合物を溶解することができる．これらの溶媒はイオンに水和(hydration)または溶媒和(solvation)することによってイオン性化合物を溶解する．

　水分子は非常に小さく緻密な形をしており，しかも大きな極性をもつために，結晶格子からイオンが離れてくると，これを有効にとりかこむことができる．正のイオンは水分子の双極子の負の末端が正のイオンのほうを向くようにしてとりかこまれ，負のイオンは逆の形で溶媒和される．水は極性が非常に大きく，強い水素結合をつくり得るために，双極子-イオン間引力も非常に大きくなる．このような引力によって供給されるエネルギーは非常に大きいので，結晶の格子間力とイオン間引力の双方に打ち勝つ．

　溶解性を予測する経験則として"似たものは似たものを溶かす"というものがある．極性化合物やイオン性化合物は，極性溶媒に溶ける傾向がある．極性の溶媒同士は互いにどんな割合でもまじり合う．無極性の固体は無極性の溶媒に溶けるのが普通である．一方，無極性の固体は極性溶媒には溶解しない．無極性の溶媒は通常相互に溶解するが，無極性の液体と極性の液体とは"水と油のように"まじり合わない．

　同程度の極性の物質を混合するときに生じる"新しい"分子間力は，それぞれの物質同士の分子間力にほぼ等しいということが理解できれば，上の規則が納得できる．たとえば，無極性の四塩化炭素と無極性の炭化水素とは容易にまじり合う．一方，非常に極性の大きい水分子はアルカン分子に極性を誘起し，その力はアルカン分子との間で引力を生じさせるに十分と考えられる．しかし，水とアルカンとはまじり合わない．アルカンが水に溶けるためには，水分子間の強い引力に逆らって水分子を相互に引き離さねばならないからである．

これに対して，エタノールと水とはどんな割合でもまじり合う．この場合，両方の分子が極性であり，新しい分子間引力は元の分子間力と同じくらい強い．さらに，この場合両化合物は強い水素結合をつくることができる．

しかし，アルコールの炭素鎖が長くなると，水に溶けにくくなる．デシルアルコール（図 2・23）は 10 個の炭素鎖からなり，水にはほとんど溶けない．デシルアルコールは水よりもアルカンに似ている．デシルアルコールの長い炭素鎖は疎水性[hydrophobic（*hydro*，水；*phobic*，恐れるまたは避ける—"水を避ける"）]であり，分子中の小さな一部分にすぎないヒドロキシ基だけが親水性[hydrophilic（*philic*，愛する，求める—"水を求める"）]である．デシルアルコールは無極性溶媒によく溶ける．

$$\underbrace{CH_3CH_2CH_2CH_2CH_2CH_2CH_2CH_2CH_2}_{\text{疎水性部分}}\overset{\text{親水性基}}{CH_2OH}$$

図 2・23　デシルアルコール

次に，反応溶媒について考える．ラジカル反応（11 章参照）は，反応溶媒にあまり影響されない．これに対し，イオン反応においては，反応溶媒の果たす役割は大変大きい．それは，イオン反応中間体や求核試薬が溶媒との相互作用[溶媒効果（solvent effect）または溶媒和]によってその安定性が大きく変化するからである．溶媒の極性は比誘電率（dielectric constant）が目安になり，値が大きいほど極性が高くなる．ヘキサンやベンゼンは無極性溶媒（nonpolar solvent）の代表的な例である．一方，極性溶媒（polar solvent）は比誘電率の大きさにより多種多様であるが，ヒドロキシ基をもつプロトン性極性溶媒（protic polar solvent，水，アルコール，カルボン酸など）と，ヒドロキシ基をもたない非プロトン性極性溶媒[aprotic polar solvent，ジメチルスルホキシド（dimethyl sulfoxide：DMSO），アセトニトリル，*N*,*N*–ジメチルホルムアミド（*N*,*N*–dimethyl formamide：DMF）など]の二つに大別できる（表 2・6）．

種々の溶媒中におけるヨードメタンと塩化物イオンの S_N2 反応（7・4・1 項参照）の相対反応速度は表 2・7 のとおりである．

表 2・6　溶媒の種類[（　）内は比誘電率]

無極性溶媒
　ヘキサン（1.9），ベンゼン（2.3）
極性溶媒
　プロトン性極性溶媒
　　水（79），ギ酸（58），メタノール（33），酢酸（6）
　非プロトン性極性溶媒
　　ジメチルスルホキシド（45），アセトニトリル（38），
　　ジメチルホルムアミド（37），アセトン（23）

$$CH_3I + Cl^- \longrightarrow CH_3Cl + I^-$$

表 2・7　ヨードメタンと塩化物イオンの相対反応速度

溶　媒	相対反応速度
メタノール	1
ホルムアミド	12.5
N,N-ジメチルホルムアミド	1 200 000

例題 2・6

問題　分子式 C_3H_7NO をもつアミドが四つある．(a) それらの構造を示せ．(b) 四つのうち一つはほかの三つに比べてかなり低い融点と沸点をもつ．どの化合物かを示しその理由を述べよ．

解答　(a)

$$CH_3CH_2-\overset{O}{\underset{}{C}}-NH_2 \quad CH_3-\overset{O}{\underset{}{C}}-\underset{H}{N}-CH_3 \quad HC-\overset{O}{\underset{}{}}-\underset{CH_3}{N}-CH_3 \quad HC-\overset{O}{\underset{}{}}-\underset{H}{N}-CH_2CH_3$$

(b) $HC-\overset{O}{\underset{}{}}-\underset{CH_3}{N}-CH_3$　水素結合ができないため．

ま と め

- 炭化水素には鎖式炭化水素と環式炭化水素がある．
- 二重結合，三重結合をもつものは不飽和炭化水素，ベンゼン環をもつものは芳香族炭化水素とよぶ．
- 官能基は有機分子の反応性を決定する．
- 分子の分極の度合いは双極子モーメントによって表される．
- 電子反発が分子の形を制御する．
- 分子間にはたらく力には，イオン間力，双極子-双極子間力，水素結合，ファンデルワールス力の四つがある．
- 溶媒は無極性溶媒と極性溶媒に分類され，さらに極性溶媒にはプロトン性極性溶媒と非プロトン性極性溶媒がある．

練 習 問 題

2・1　次の化合物の構造式を示せ．
(a)　分子式 $C_4H_{10}O$ で表される三つのエーテル

(b) 分子式 $C_5H_{10}O$ で表される三つのアルデヒド
(c) 分子式 $C_5H_{10}O$ で表される三つのケトン
(d) 分子式 $C_5H_{11}Cl$ で表される四つの第一級ハロアルカン
(e) 分子式 $C_5H_{11}Cl$ で表される三つの第二級ハロアルカン
(f) 分子式 $C_5H_{11}Cl$ で表される一つの第三級ハロアルカン

2・2 次の溶媒のうちイオン性の化合物を溶解するものはどれか.
(a) 液体 SO_2　　(b) 液体 NH_3　　(c) ベンゼン　　(d) 四塩化炭素

2・3 分子式 $C_4H_{10}O$ で表される七つの化合物をあげ，官能基に従って分類せよ.

2・4 分子式 $C_4H_8O_2$ で表される 15 の化合物の構造式を示し官能基に従って分類せよ.

2・5 分子式 C_3H_6O で表される六つの化合物の構造を示し，官能基名を述べよ.

2・6 次の化合物(a)〜(d)を沸点の低いものから順に並べよ.
(a) 2-メチルヘキサン　　(b) ヘプタン　　(c) 2,2-ジメチルペンタン
(d) 2,2,3-トリメチルブタン

2・7 アンモニア分子(NH_3)は三角形ではなく，107.3°の結合角をもったピラミッド型構造をしている．水分子(H_2O)は直線状ではなく，104.5°に折れ曲がっている．なぜか（ヒント：非共有電子対の影響を考えよ）.

2・8 三次元式を用いて CH_3OH の双極子モーメントの方向を示せ.

2・9 次の各組において二つの化合物はほぼ同じ分子量をもっている．沸点の高いのはどちらの化合物か．理由もあわせて述べよ.
(a) $CH_3CH_2CH_2OH$　と　$CH_3CH_2OCH_3$
(b) $(CH_3)_3N$　と　$CH_3CH_2CH_2NH_2$
(c) $CH_3CH_2CH_2OH$　と　$HOCH_2CH_2OH$

3 有機反応——酸と塩基

> 本章では，反応の四つの種類(置換，付加，脱離，転位)を紹介した後，酸と塩基について詳しく解説する．まず酸・塩基の定義とともに酸・塩基の強さについて学ぶ．酸の強さは pK_a で表され，pK_a が小さいほど強い酸である．次に反応のエネルギー図を用いて，速度論と熱力学について言及する．さらに反応の選択性ならびに反応中間体について説明し，最後に同位体効果について学ぶ．

　有機化合物の種類が多様なように，その反応も多種多様である．出発物が生成物に至る過程は反応機構とよばれる．1 段階で直接生成物に至る反応もあれば途中にいくつもの中間体を経由する反応もある．これらの過程すなわち反応機構を学ぶのが大学での有機化学の講義である．高校では反応の出発物と生成物をただ暗記するだけであったが，反応機構をつねに頭に浮かべながら有機反応を考えることが重要となる．

3・1 反応の種類

　すべての有機化学反応は四つの種類に分類される．置換，付加，脱離そして転位の四つである．置換反応は，一つの基がほかの基に置き換わる反応である．代表例としてハロゲン化アルキルや芳香族化合物の反応を示す．先の反応では Cl が OH に置き換わり，あとの反応では H が Br に置き換わっている．

置換反応　　$CH_3-Cl + Na^+OH^- \longrightarrow CH_3-OH + Na^+Cl^-$ 　　(3・1)

$$\text{C}_6\text{H}_6 + Br_2 \xrightarrow{AlBr_3} \text{C}_6\text{H}_5\text{Br} + HBr \quad (3 \cdot 2)$$

　付加反応は多重結合をもった化合物に特徴的な反応である．エチレンに対する臭素

分子の付加ならびにベンズアルデヒドに対するメチルリチウムの付加反応の例をあげる．

付加反応

$$\underset{H}{\overset{H}{>}}C=C\underset{H}{\overset{H}{<}} + Br_2 \longrightarrow H-\underset{Br}{\overset{H}{C}}-\underset{Br}{\overset{H}{C}}-H \quad (3\cdot3)$$

$$\underset{H}{\overset{Ph}{>}}C=O + CH_3Li \longrightarrow H-\underset{H_3C}{\overset{Ph}{C}}-\underset{Li}{\overset{O}{|}} \quad (3\cdot4)$$

脱離反応は付加反応の逆反応である．一つの分子から二つの分子が生成する．二重結合や三重結合をもった化合物の合成法となる．ハロゲン化アルキルからの脱 HX によるアルケンの生成を例にあげる．

脱離反応

$$\text{(シクロヘキサン-Br,H)} \xrightarrow{\text{塩基}} \text{(シクロヘキセン)} + H-Br \quad (3\cdot5)$$

転位反応は，分子が構造の再配列を起こす反応である．1,5-ジエンの熱転位反応を例にあげる．二重結合の位置が変わっている．

転位反応

$$\text{(1,5-ジエン with CH}_3\text{)} \xrightarrow{\text{加熱}} \text{(転位生成物)} \quad (3\cdot6)$$

3・2 酸と塩基

化学反応について学ぶ際に酸-塩基反応から始めるのが一番わかりやすいだろう．塩酸と水酸化ナトリウム水溶液をまぜると中和反応が起こり，水と塩化ナトリウムが生成する．代表的な酸と塩基による反応である．もっと単純にいえばプラスとマイナスの反応である．塩酸の H^+ と水酸化ナトリウムの OH^- がくっつき水が生成すると考えればよい．

$$H^+Cl^- + Na^+OH^- \longrightarrow H-OH + Na^+Cl^- \quad (3\cdot7)$$

有機反応もプラスとマイナスがくっつく反応である．そしてその多くは酸-塩基反応そのものである．7 章以下で多くの反応について学ぶ際にそのことを感じとってほしい．本節ではまず酸と塩基の定義から話を始める．

3・2・1 ブレンステッドとローリーによる酸・塩基の定義

ブレンステッドとローリー(Brønsted–Lowry)の説によると酸(acid)とはプロトン(H^+)を与えることのできる物質であり,塩基(base)とはプロトンを受け取ることのできる物質である.塩化水素ガスが水に溶けるときに起こる反応を例にとる.

$$H-Cl + H_2O \longrightarrow H_3O^+ + Cl^- \quad (3・8)$$

酸　　　　　塩基　　　　　水の　　　　HClの
（プロトン供与体）（プロトン受容体）　共役酸　　　　共役塩基

塩化水素は非常に強い酸で,プロトンを水に与える.水は塩基としてはたらきプロトンを受け取る.酸がプロトンを失ってできた Cl^- はその共役塩基とよばれる.一方プロトンを受け取ってできた分子 H_3O^+ は水の共役酸とよばれる.共役というのは互いに関連しているということである.式(3・8)において Cl^- を主役としてこれを塩基とよぶと,これに対して HCl は共役酸ということになる.

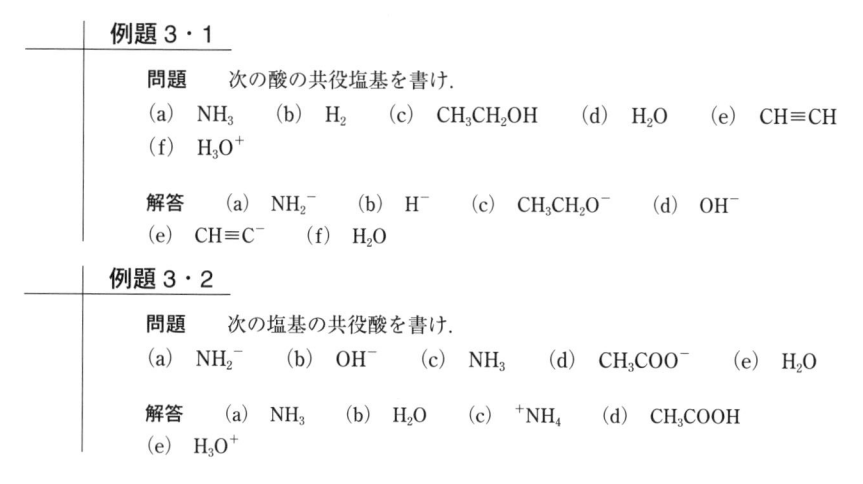

例題 3・1

問題　次の酸の共役塩基を書け.
(a) NH_3　(b) H_2　(c) CH_3CH_2OH　(d) H_2O　(e) $CH \equiv CH$
(f) H_3O^+

解答　(a) NH_2^-　(b) H^-　(c) $CH_3CH_2O^-$　(d) OH^-
(e) $CH \equiv C^-$　(f) H_2O

例題 3・2

問題　次の塩基の共役酸を書け.
(a) NH_2^-　(b) OH^-　(c) NH_3　(d) CH_3COO^-　(e) H_2O

解答　(a) NH_3　(b) H_2O　(c) $^+NH_4$　(d) CH_3COOH
(e) H_3O^+

3・2・2 ルイスによる酸・塩基の定義

Lewis は従来の酸・塩基説に対して,酸とは電子対の受容体であり,塩基とは電子対の供与体であるという定義を提唱した.この定義によるとプロトンだけが酸ではなく,ほかの多くの化学種も酸となる.たとえば塩化アルミニウムはアンモニアの電子対を受け取ることができるのでルイス(Lewis)酸ということになる.塩化アルミニウムの中心元素であるアルミニウムは自分のまわりに電子を 6 個しかもたず,アンモニ

アからの2電子を受け取り8電子則を満たすことで安定化する．このようにLewisの定義によって酸の種類は大きく広がった．ホウ素やアルミニウムのような13族元素を含む化合物のほか，有機反応にしばしば用いられる$ZnCl_2$や$FeCl_3$などもルイス酸である．一方塩基についてはブレンステッド-ローリーの定義とルイスの定義による差はほとんどない．ブレンステッド-ローリー説においても塩基はプロトンを受け取るために電子対をもっていなければならないためである．

$$Cl-Al\underset{Cl}{\overset{Cl}{\diagdown}} + :NH_3 \longrightarrow Cl-\overset{Cl}{\underset{Cl}{|}}Al-\overset{+}{N}H_3 \quad (3・9)$$

例題 3・3

問題 次の反応でどれがルイス酸でどれがルイス塩基であるかを示せ．

(a) $CH_3CH_2Br + AlBr_3 \longrightarrow CH_3CH_2-\overset{+}{Br}-\overset{Br}{\underset{Br}{|}}Al-Br$

(b) $CH_3OCH_3 + BF_3 \longrightarrow CH_3\overset{+}{O}-\overset{F}{\underset{F}{|}}B-F$
$\qquad\qquad\qquad\qquad\quad H_3C$

(c) $(CH_3)_2NH + BH_3 \longrightarrow (CH_3)_2\overset{H}{\underset{H}{\overset{+}{N}}}-\overset{H}{\underset{H}{|}}B-H$

(d) $(CH_3)_3C^+ + H_2O \longrightarrow (CH_3)_3C-\overset{+}{\underset{H}{O}}-H$

解答 (a) CH_3CH_2Br + $AlBr_3$ 　(b) CH_3OCH_3 + BF_3
　　　　　ルイス塩基　ルイス酸　　　　　ルイス塩基　ルイス酸
(c) $(CH_3)_2NH$ + BH_3 　(d) $(CH_3)_3C^+$ + H_2O
　　ルイス塩基　ルイス酸　　　　ルイス酸　ルイス塩基

3・2・3　酸と塩基の強さ：K_aとpK_a

酢酸を水に溶かしたときの反応は，平衡定数を使った次の反応式で表すことができる．

$$\text{CH}_3-\underset{\text{OH}}{\overset{\text{O}}{\text{C}}} + \text{H}_2\text{O} \rightleftharpoons \text{CH}_3-\underset{\text{O}^-}{\overset{\text{O}}{\text{C}}} + \text{H}_3\text{O}^+ \qquad (3\cdot10)$$

$$K_{eq} = \frac{[\text{CH}_3\text{COO}^-][\text{H}_3\text{O}^+]}{[\text{CH}_3\text{COOH}][\text{H}_2\text{O}]}$$

希薄水溶液中では水の濃度はほぼ一定(約 55.5 mol L^{-1})なので,酸性度定数とよばれる新しい定数 K_a を使って書き直すことができる.25 °C における酢酸の酸性度定数は 1.76×10^{-5} である.

$$K_a = K_{eq}[\text{H}_2\text{O}] = \frac{[\text{CH}_3\text{COO}^-][\text{H}_3\text{O}^+]}{[\text{CH}_3\text{COOH}]} \qquad (3\cdot11)$$

一般の酸 HA の酸性度定数の式は次のようになる.

$$\text{HA} + \text{H}_2\text{O} \rightleftharpoons \text{H}_3\text{O}^+ + \text{A}^- \quad K_a = \frac{[\text{H}_3\text{O}^+][\text{A}^-]}{[\text{HA}]} \qquad (3\cdot12)$$

この一般式において,プロトン移動後の生成物のモル濃度が分子に,非解離の酸の濃度が分母になる.したがって K_a の値が大きいとその酸は強酸ということになり,一方,K_a 値が小さいと弱酸ということになる.

ここで K_a の負の対数(対数の値に -1 を掛けたもの)を pK_a と定義すると

$$pK_a = -\log K_a \qquad (3\cdot13)$$

酢酸の pK_a は 4.75 となる.

$$pK_a = -\log\ (1.76\times10^{-5}) = -(-4.75) = 4.75 \qquad (3\cdot14)$$

pK_a の大きさと酸の強さとの関係は K_a と酸の強さの関係とは逆になる.すなわち pK_a の値が大きいほどその酸は弱いということになる.たとえば酢酸(pK_a=4.75)はトリフルオロ酢酸(pK_a=0.18)よりも弱い酸である.

塩酸や硫酸のように pK_a の値が 1 より小さい酸を強酸とよび,4 より大きい値をもつものを弱酸とよぶ.よく用いられる酸の酸性度を表 3・1 にまとめる.

酸の強さは pK_a で表され,pK_a の値が小さいほど強い酸である.これに対してこれらの酸から生じる共役塩基の塩基としての強さはどうだろうか.pK_a のより大きな酸の共役塩基はより強い塩基である.いいかえるとその共役酸の pK_a のもっとも大きな塩基がもっとも強い塩基である.表 3・1 のなかではエチルアニオンの共役酸であるエタンの pK_a が 50 ともっとも大きく,エチルアニオンがもっとも強い塩基ということになる.エタンは非常にプロトンを失いにくい(非常に弱い酸).ところが,無理やりこのプロトンをはぎ取られて生成したエチルアニオンはプロトンを奪い返そうとする能力が高い(強塩基).もう一度まとめると,強酸から生じる共役塩基は弱い塩基で

表 3・1 種々の酸の強さ （pK_a）

酸	共役塩基	pK_a	酸	共役塩基	pK_a
HI	I$^-$	-10	H_2O	HO$^-$	15.7
H_2SO_4	HSO_4^-	-9	CH_3CH_2OH	$CH_3CH_2O^-$	16
HBr	Br$^-$	-9	$(CH_3)_3COH$	$(CH_3)_3CO^-$	18
HCl	Cl$^-$	-7	CH_3COCH_3	$^-CH_2COCH_3$	20
H_3O^+	H_2O	-1.74	RCH_2COOR	$RCHCOOR$	24.5
HNO_3	NO_3^-	-1.4	HC≡CH	$^-$C≡CH	25
HF	F$^-$	3.2	$RCONH_2$	$RCONH$	25
CH_3COOH	CH_3COO^-	4.75	H_2	H$^-$	35
C_6H_5OH	$C_6H_5O^-$	9.9	NH_3	$^-NH_2$	38
$CH_3\overset{O}{\overset{\|}{C}}CH_2\overset{O}{\overset{\|}{C}}OR$	$CH_3\overset{O}{\overset{\|}{C}}CHCOR$ (両O)	11	$CH_2=CH_2$	$^-CH=CH_2$	44
$RO\overset{O}{\overset{\|}{C}}CH_2\overset{O}{\overset{\|}{C}}OR$	$RO\overset{O}{\overset{\|}{C}}CHCOR$	11～12	CH_3CH_3	$^-CH_2CH_3$	50

(左端: 酸として強い ↓) (右端: 塩基として強い ↓)

あり，弱酸から生成する共役塩基は強塩基であるということになる．表 3・1 で酸は左上から右下へと移るにつれて弱くなるが，共役塩基のほうは逆に下にいくほど強くなる．少しくどく述べたが，この表は非常に重要であり，かつ有機反応を理解するうえで有用である．すべての数値を覚える必要はないが，よく用いる酸や塩基の強さのおよその順序を知っておくことは重要である．この表をたえず見返してほしい．

| 例題 3・4

問題 次にあげる酸を酸性度が大きいものから小さいものへ順に並べよ．
(a) HC≡CH, H_2O, CH_3COOH, $CH_3\overset{O}{\overset{\|}{C}}CH_3$
(b) F_3CCOOH, CH_3COOH, $ClCH_2COOH$, Cl_3CCOOH

解答
(a) （大） CH_3COOH > H_2O > $CH_3\overset{O}{\overset{\|}{C}}CH_3$ > HC≡CH （小）
(b) （大） F_3CCOOH > Cl_3CCOOH > $ClCH_2COOH$ > CH_3COOH （小）
A$^-$ の中に電気陰性度の大きい原子が存在すると HA の酸性度は大きくなる．

3・2・4　周期表での位置と酸性度の関係

周期表の縦の列すなわち同族においては列を下がるにつれて酸性度は上昇する．ハロゲン化水素のなかでは H–F がもっとも弱い酸で，H–I がもっとも強い酸である．H–X 結合の強さが大きな要因であり，この結合が強いほど酸として弱いということになる．すなわち H–F 結合がもっとも強く，H–I 結合がもっとも弱い．

	H–F	H–Cl	H–Br	H–I
pK_a	3.2	−7	−9	−10

周期表のほかの族でも同様の傾向がみられる．

$$H_2O, H_2S, H_2Se \xrightarrow{\text{酸性度増大}}$$

一方，周期表の横の列すなわち同周期で比較すると，右へ行くほど酸性度が高くなる．結合の強さはほぼ同じなので，水素の結合している原子の電気陰性度が大きい影響を及ぼす．

	H_3C-H	H_2N-H	HO–H	F–H
pK_a	48	38	15.7	3.2

軌道の混成状態によっても酸性度は影響をうける．エタン，エチレンならびにアセチレンの酸性度と比べると，アセチレンの酸性度がもっとも高く，これについでエチレン，エタンの順になっている．

	HC≡CH	H₂C=CH₂	H₃C–CH₃
pK_a	25	44	50

2s の軌道の電子は 2p 軌道の電子より平均的に核に近い．そのためエネルギーが低い混成軌道においても s 性の強いものほどアニオンの電子はエネルギーが低く，そのアニオンは安定である．アセチレンの C–H 結合の sp 混成軌道は，1 個の s 軌道と 1 個の p 軌道による混成でできているので s 性は 50％ である．同様に考えてエチレンの sp^2 混成軌道の s 性は 33.3％，エタンの sp^3 混成軌道では 25％ である．結果として，アセチレンの sp 炭素原子はエチレンの sp^2 炭素やエタンの sp^3 炭素と比べてもっとも電気陰性度が大きいことが予測できる．

例題 3・5

問題 次にあげる塩基を強いものから弱いものの順に並べよ．

(a) CH_3NH_2, $CH_3\overset{+}{N}H_3$, CH_3NH^-
(b) CH_3O^-, CH_3NH^-, $CH_3CH_2^-$
(c) $CH_2=CH^-$, $CH_3CH_2^-$, $HC≡C^-$

解答 (a) (強) CH_3NH^- > CH_3NH_2 > $CH_3\overset{+}{N}H_3$ (弱)
(b) (強) $CH_3CH_2^-$ > CH_3NH^- > CH_3O^- (弱)
(c) (強) $CH_3CH_2^-$ > $CH_2=CH^-$ > $HC≡C^-$ (弱)

3・2・5 酸・塩基反応の結果の予測

酸性度の相対的な尺度からある酸とある塩基が与えられた場合に，それら両者の間で酸・塩基反応が実際に起こるかどうかを予想することができる．その一般則は酸・塩基反応ではつねにより弱い酸とより弱い塩基が生成するように反応が進むというものである．より弱い酸や塩基はより強い酸や塩基よりポテンシャルエネルギーが低く安定であるというのがその理由である．

カルボン酸と NaOH 水溶液の反応は次のように予想できる．より弱い酸とより弱い塩基が生成する．

$$RC(=O)-OH + Na^+OH^- \longrightarrow RCO^-Na^+ + H_2O \quad (3・15)$$

より強い酸　　より強い塩基　　　より弱い塩基　より弱い酸
$pK_a=3\sim5$ 　　　　　　　　　　　　　　　　　$pK_a=15.7$

2種の酸の pK_a (15.7 と 3〜5)に大きな差があるのでその平衡位置は生成物側の方へ大きく偏る．このような場合には反応は平衡であるが，片方の矢印(→)で示し，逆反応を示す矢印は省略される．

次にあげた例は 14 章で述べるクライゼン縮合によるアセト酢酸エチルの製法の第 3 段階の反応である．この反応も 2 種の酸の pK_a に大きな差があるので右側へ大きく偏ることが予想される．

$$CH_3CCH_2COEt + Na^{+-}OEt \longrightarrow CH_3CCHCOEt\ Na^+ + H-OEt \quad (3・16)$$
$$\overset{\|}{O}\ \overset{\|}{O} \qquad\qquad\qquad\qquad \overset{\|}{O}\ \overset{\|}{O}$$

より強い酸　　より強い塩基　　　より弱い塩基　　　　より弱い酸
$pK_a=11$ 　　　　　　　　　　　　　　　　　　　　　$pK_a=16$

例題 3・6

問題 $pK_a=20$ の酸 HA と $pK_a=15$ の酸 HB がある．
(a) どちらが強い酸か．
(b) NaA を HB に加えると，次の反応 NaA + HB ⇌ NaB + HA は右に傾くだろうか．

解答 (a) HB のほうが強い酸．
(b) 右に傾く．より弱い酸とより弱い塩基が生成するため．

3・3　反応の速度論および熱力学

　反応の進行とそれに伴うエネルギー変化をグラフにして，反応機構を議論するとその特徴が明確になる．このグラフは反応のエネルギー図とよばれ，その典型的な形を図3・1と図3・2に示す．図3・1は1段階で進行する反応のエネルギー図である．反応が進行するためには，エネルギー障壁をこえなければならない．この障壁は活性化エネルギー(activation energy)とよばれ，これが大きくなると反応速度は減少し，逆に小さくなると増大する．エネルギーが最大となる点は遷移状態(transition state)とよばれる．この状態は単離することはおろか，物理的に観察することもできない．現在では計算機化学のシミュレーションによってその構造を理論的に推測することが行われている．

　反応が1段階で完結するのではなく，途中にカチオンやアニオンあるいはラジカルといった不安定で短寿命の化学種が生成する場合もある．このような化学種は反応中間体(reaction intermediate)とよばれ，図3・2におけるエネルギー図の二つの山の途中に現れる谷底に位置する．この中間体は遷移状態とは異なり，不安定ではあるが工夫すれば単離することができる．

　実際の1段階の反応例としてメタンの燃焼について考える．もっとも簡単なアルカンであるメタンが酸素と反応して二酸化炭素と液体の水を与える燃焼反応は891 kJ mol^{-1}の発熱反応である(図3・3)．このようにアルカンは燃焼によって大量のエネルギーを放出するので燃料として用いられている．なお，分子を燃やすときに放

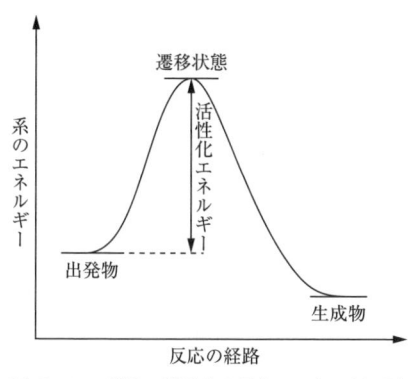

図3・1　1段階で進行する反応のエネルギー図 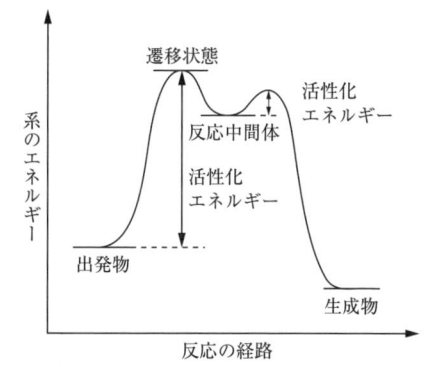　　図3・2　多段階で進行する反応のエネルギー図

図 3・3 メタンの燃焼反応のエネルギー

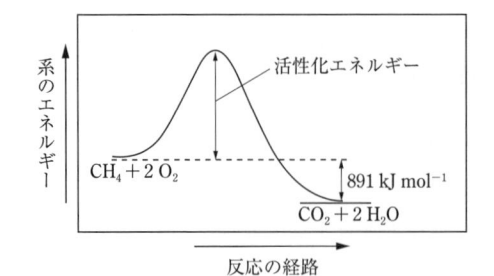

メタンの燃焼反応
$$CH_4 + 2O_2 \longrightarrow CO_2 + 2H_2O$$
$$\Delta H° = -891 \text{ kJ mol}^{-1}$$

出される熱を燃焼熱($\Delta H°$)という．$\Delta H°$はエンタルピー変化量であり，°は標準状態(25℃, 1気圧)を表す．反応の進行によって切断される結合の強さの総和から生成する結合の総和を差引くことによって求められる．生成する結合が切断される結合よりも強ければ$\Delta H°$の値は負となり反応は発熱反応となり，逆に$\Delta H°$が正の場合には吸熱反応となる．

メタンの燃焼熱(測定値)891 kJ mol^{-1}を$\Delta H°$値から実際に計算した値と比べてみよう．そのために必要な結合解離エネルギー(11章参照)の値はCH$_3$-H：440 kJ mol^{-1}, O=O：498 kJ mol^{-1}, C=O：774 kJ mol^{-1}, O-H：499 kJ mol^{-1}である．

まず切断される結合のエネルギーの総和は

$$
\begin{array}{lll}
CH_4 \longrightarrow \cdot\overset{\cdot}{C}\cdot + 4H\cdot & 4 \times 440 = 1760 \\
2O_2 \longrightarrow 4O\colon & 2 \times 498 = 996 \\
\hline
& \text{合計} \quad 2756 \text{ kJ}
\end{array}
$$

である．一方，生成する結合のエネルギーの総和は次のとおりである．

$$
\begin{array}{lll}
\cdot\overset{\cdot}{C}\cdot + 2O\colon \longrightarrow CO_2 & 2 \times 774 = 1548 \\
2O\colon + 4H\cdot \longrightarrow 2H_2O & 4 \times 499 = 1996 \\
\hline
& \text{合計} \quad 3544 \text{ kJ}
\end{array}
$$

したがって$\Delta H°$の値は(切断される結合の強さの総和)−(生成する結合の強さの総和)=2756−3544=−788 kJ mol^{-1}となり，実測値にほぼ近い値となる．

メタンガスやプロパンガスがよく燃えて良好な燃料となることは身近でよく目にすることであるが，これらのガスをただ空気中に放置しておいても自然に燃え出すことはない．熱力学的に非常に有利な反応がなぜ起こらないのだろうか．それは，この燃焼反応の活性化エネルギーが大きいためである．反応速度は活性化エネルギーによって支配されている．マッチの火を近付けるとかライターのように石をこすって火花を

とばすといったことが必要である．こうして外部から活性化エネルギーの山をこえるだけのエネルギーを与えないと反応は起こらない．有機化合物でできているわれわれの身体が空気中で燃えて二酸化炭素と水になってなくなってしまわないのも，この活性化エネルギーの障壁があるためである．

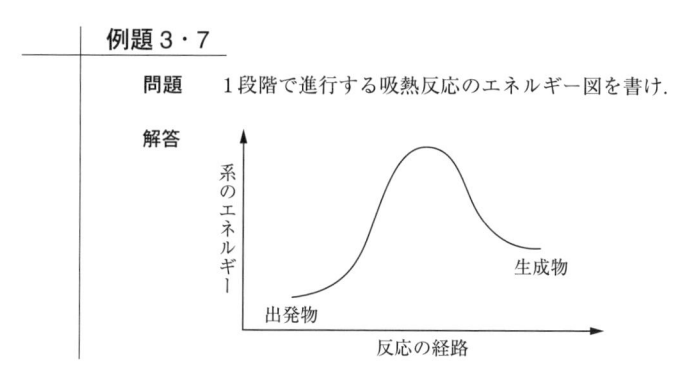

例題 3・7

問題 1段階で進行する吸熱反応のエネルギー図を書け．

解答

(エネルギー図：縦軸「系のエネルギー」，横軸「反応の経路」，出発物から山をこえて生成物に至る曲線．生成物は出発物より高い位置にある．)

化学反応を制御する基本的な原理が二つある．熱力学と速度論である．熱力学は，化学反応が起こる際のエネルギー変化を取扱う．すなわち反応がどの程度まで進行するかを論じるものである．これに対して，速度論は反応物質と生成物の濃度が変化する速度を取扱う．反応が完結に向かって進行する速度を論じるものである．

反応の完結と反応速度という二つの現象は，しばしば互いに関係している．熱力学的に非常に有利な反応は，熱力学的に不利な反応よりも速く進行することが多い．これとは反対に，相対的に不安定な生成物を与えるような熱力学的により不利な反応であっても，より速く進行する場合もある．もっとも安定な生成物を与える反応を，熱力学支配(thermodynamic control)による反応という．いくつかの生成物の生成が可能なとき，それぞれの生成物が出発物質に対してどれくらいエネルギー的に有利かによって反応の生成物は決まる．一方，得られる生成物がもっとも速く生成する化合物であるような反応は，速度論支配(kinetic control)による反応であると定義される．

ある反応で一つの出発物質Rから二つの生成物AとBが生成し得る場合を取りあげ，速度論支配と熱力学支配についてもう少し詳しくみてみよう．

まず，どちらが優先的に生成するかという選択性(AとBの生成比)がそれぞれの生成物の安定性，すなわちギブズエネルギーの差 ΔG だけで決まる場合がある．これを熱力学支配という．一方，この比がAとBとが生成する速さだけによって決まる場合がある．これを速度論支配とよぶ．エネルギー図をもとに考えてみよう．

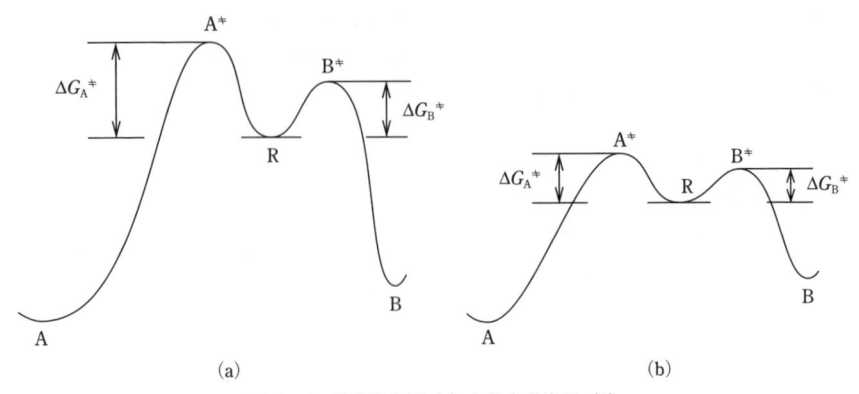

図 3・4 速度論支配 (a) と熱力学支配 (b)
上付の‡は遷移状態であることを表す記号.

まず，図3・4(a)をみてほしい．出発物質RからAとBとに至る反応の遷移状態の高さがそれぞれ $\Delta G_A^‡$，$\Delta G_B^‡$ であるとしよう．そして，AとBとはそれぞれ出発物質Rに比べてエネルギー的にはるかに安定で，反応後はRに戻ってこないとしよう(逆反応を無視)．するとAとBのどちらがエネルギー的により安定かということにかかわらず，山の低いほうすなわち $B^‡$ を通って反応が進行することになる．この例ではエネルギー的に不利なBが優先的に生成する．これが速度論支配による反応である．

次に図3・4(b)をみてほしい．出発物質から低い山をこえてBになっても，逆反応すなわちBからRへ戻ることが可能な条件であれば，いったん生成したBはRへもどる．そして，反応条件を少し厳しくすると，Aに至る左の高い山をもこえるようになる．そうすれば A ⇌ R ⇌ B の間に平衡が成立し，最終的にはエネルギー的に安定なAが優先して得られることになる．これが熱力学支配の反応である．

実例として2-メチルシクロヘキサノンから二つのシリルエノラートをつくり分ける反応をあげることができる．14章の練習問題 14・5 を参照されたい．

すべての反応は出発物質と生成物との間の平衡で表される．どちらの側に傾いているかは平衡定数の大きさによって決まる．平衡定数 K は反応式の右辺の成分の濃度の積を，左辺の成分の濃度の積で割ることによって求められる．濃度はリットルあたりの物質量 (mol L^{-1}) で表される．$K=1$ であれば出発物質と生成物は同じ量だけ存在する．

$$A \xrightleftharpoons{K} B \quad K = \frac{[B]}{[A]} \qquad (3・17)$$

$$A + B \xrightleftharpoons{K} C + D \qquad K = \frac{[C][D]}{[A][B]} \qquad (3\cdot 18)$$

$A \rightleftarrows B$ の平衡で $K=10$ のとき A と B の百分率をみると，A は 9.1%，B は 90.9% となる．さらに，$K=1000$ であれば A は 0.1%，B は 99.9% となる．このように K の値が大きいと反応は完結する．

平衡定数すなわち平衡の位置は平衡時における標準ギブズエネルギーの変化 ($\Delta G°$) によって決まるが，反応におけるこのギブズエネルギー変化はエンタルピー変化 ($\Delta H°$) とエントロピー変化 ($\Delta S°$) によって決定される．

$\Delta G°$(標準ギブズエネルギー変化) $= \Delta H° - T\Delta S°$　　　T：絶対温度(単位：K)

エンタルピー変化は先に述べたように結合の強さの変化に依存する．一方エントロピー変化は出発物質と生成物の間の無秩序さの差に依存する．反応によって分子の数が増えると運動の自由度が増大する．すなわち系の無秩序さが増すことになる．1 分子から 1 分子が生成する反応や 2 分子から新たな 2 分子が生成する反応ではこのエントロピー項は大きい影響を及ぼさない．

これに対して平衡に到達するまでの時間すなわち反応速度は出発物質の濃度と出発物質と生成物を隔てる活性化エネルギーの大きさと，さらに温度によって決定される．温度を上げると反応速度は速くなる．分子が熱せられると，その分子の運動エネルギーが増大し，より多くの分子が活性化障壁をこえるのに十分なエネルギーをもつことになる．反応温度を 10 ℃ 上げると反応速度は 2 倍あるいは 3 倍になる．

例題 3・8

問題　次の反応の平衡定数を求めよ．なお酢酸ならびにエタノールの K_a はそれぞれ 1.76×10^{-5}，1×10^{-16} である．

$$\begin{array}{cccc}
\text{CH}_3\text{COOH} + {}^-\text{OEt} & \rightleftharpoons & \text{CH}_3\text{COO}^- + \text{HOEt} \\
\text{酸} \quad\quad \text{塩基} & & \text{共役塩基} \quad\quad \text{共役酸}
\end{array}$$

解答

$$K_{eq} = \frac{[\text{CH}_3\text{COO}^-][\text{HOEt}]}{[\text{CH}_3\text{COOH}][{}^-\text{OEt}]} = \frac{K_a(\text{酢酸})}{K_a(\text{エタノール})} = \frac{1.76 \times 10^{-5}}{1 \times 10^{-16}} \approx 10^{11}$$

$$\text{CH}_3\text{COOH} + \text{H}_2\text{O} \rightleftharpoons \text{CH}_3\text{COO}^- + \text{H}_3\text{O}^+ \qquad K_a(\text{酢酸}) = \frac{[\text{CH}_3\text{COO}^-][\text{H}_3\text{O}^+]}{[\text{CH}_3\text{COOH}]}$$

$$\text{EtOH} + \text{H}_2\text{O} \rightleftharpoons \text{EtO}^- + \text{H}_3\text{O}^+ \qquad K_a(\text{エタノール}) = \frac{[\text{EtO}^-][\text{H}_3\text{O}^+]}{[\text{EtOH}]}$$

3・4 反応の選択性

　ある反応において複数の生成物の生成が可能な場合にそれらの生成物がどのような割合で生成するのか，すなわちどのような選択性で得られるのかがしばしば問題となる．選択性のある反応とは，ある反応において二つまたはそれ以上の生成物が生成可能なとき，そのうち一方が他方よりも多く生じるものをいう．そして二つの生成物が40：60のような比で生成する反応は選択性の低い反応とよび，99：1のように偏った比で生成する反応は，選択性の高い反応であるという．

　有機反応にみられる選択性には四つある．位置選択性，官能基選択性，立体選択性，ならびにエナンチオ選択性である．

　まず位置選択性について述べる．1-オクテンに対するHClの付加やヒドロホウ素化がその代表例である．HClの付加では水素が末端炭素に結合し，塩素が2位の炭素と結合した生成物だけが選択的に得られる．逆に水素が内部オレフィン炭素に結合し，塩素が末端炭素に結合した生成物は得られない．

$$n\text{-}C_6H_{13}CH=CH_2 + HCl \longrightarrow n\text{-}C_6H_{13}\underset{Cl}{C}H-\underset{H}{C}H_2 + n\text{-}C_6H_{13}\underset{H}{C}H-\underset{Cl}{C}H_2$$

$$100 : 0 \qquad (3\cdot19)$$

　ヒドロホウ素化反応では水素が内部オレフィン炭素に，そしてホウ素が末端炭素に結合したものだけが生成する．これも位置選択性の高い反応である．

$$3\,n\text{-}C_6H_{13}CH=CH_2 + BH_3 \longrightarrow (n\text{-}C_6H_{13}CH_2-CH_2)_3B \qquad (3\cdot20)$$

　これに対して官能基選択性のある反応とは，ある基質が2種類以上の官能基を含んでいるとき，その一つだけが選択的に反応する場合をいう．官能基選択性は化学選択性ともよばれる．たとえばケトンとエステルという二つの官能基をもつアセト酢酸エチルのNaBH$_4$による還元ではケト基は還元をうけアルコールとなるが，エステル基は還元されずにそのまま残る．官能基選択性の高い反応である．

$$CH_3\overset{O}{\underset{}{C}}CH_2\overset{O}{\underset{}{C}}OCH_2CH_3 \xrightarrow{NaBH_4} CH_3\underset{H}{\overset{OH}{C}}CH_2\overset{O}{\underset{}{C}}OCH_2CH_3 \qquad (3\cdot21)$$

　三つめの選択性である立体選択性のある反応とは，二つ以上の立体異性体の生成が

可能な場合に，一方が他方よりも多く生成する反応をいう．たとえば1,2-ジフェニル-1-クロロエタンの脱塩化水素反応をあげることができる．この反応では cis-スチルベンあるいは trans-スチルベンの二つの立体異性体の生成が可能である．実際，塩基を用いて脱塩化水素の反応を行うと，ほぼ trans-スチルベンだけが選択的に得られる．

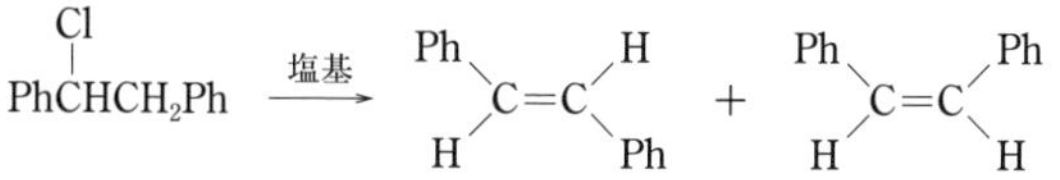

$$\underset{PhCHCH_2Ph}{\overset{Cl}{|}} \xrightarrow{\text{塩基}} \underset{\text{trans-スチルベン}}{\overset{Ph}{\underset{H}{}}C=C\overset{H}{\underset{Ph}{}}} + \underset{\text{cis-スチルベン}}{\overset{Ph}{\underset{H}{}}C=C\overset{Ph}{\underset{H}{}}} \quad (3 \cdot 22)$$

もう一つの選択性はエナンチオ選択性である．炭素に四つの異なる基が結合していると，その炭素はキラリティーをもつ(5章参照)．次式のオレフィンに対する水素の付加反応において，オレフィンのつくる平面の上から水素が付加してできる生成物と下から付加することによって得られる生成物は互いに鏡像体の関係になる．一般的には1：1の比で生成し，選択性は全く認められないが，不斉な環境のもとで反応を行うと一方だけを選択的に得ることができる．以下に不斉水素化反応の例を示す．

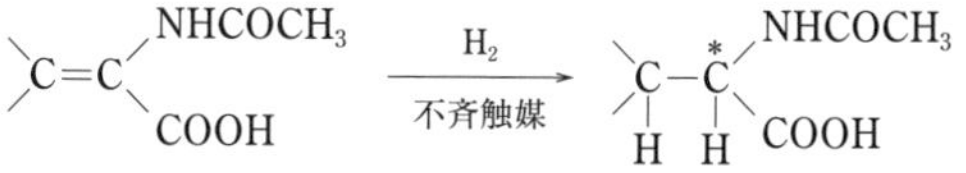

$$\overset{}{\underset{}{}}C=C\overset{NHCOCH_3}{\underset{COOH}{}} \xrightarrow[\text{不斉触媒}]{H_2} \overset{}{\underset{H}{}}C-\overset{*}{\underset{H}{C}}\overset{NHCOCH_3}{\underset{COOH}{}} \quad (3 \cdot 23)$$

3・5 反応中間体

3・3節で述べたように有機反応は1段階で進む場合もあるが，図3・2で示したように中間体を経由して多段階で進行することも多い．このような中間体には安定で単離できるものから，反応の途中に低濃度で生成し，短寿命ですぐに反応し消滅してしまうものまである．ここでは不安定中間体としてアニオン，カチオン，ラジカルならびにカルベンの四つの化学種を取りあげ簡単に説明を加える．

R_3C^-，R_2N^-やRO^-などが典型的なアニオンである．なかでも有機合成で重要な役割を果たしているアルキルリチウム種(RLi)やグリニャール(Grignard)反応剤(RMgX)のアルキルアニオン(R^-)は炭素アニオンの代表である．しかしながらこれらの有機金属化合物の炭素–金属結合はかなりの共有結合性をもっている．Pauling の電気陰性度(炭素 2.5，カリウム 0.8，セシウム 0.7)から考えると，イオン性が高いと思われるアルキルカリウムやアルキルセシウムでさえ，それらのイオン性はたかだか50％程度と見積もられる．したがって自由な炭素アニオンというイメージからはほど

遠く, これらのカルボアニオンの反応性を論ずる場合には, 対カチオンの効果や会合状態, 溶媒和などに注意する必要がある. アルキルリチウムやハロゲン化アルキルマグネシウムなどはいろんな種類のものが溶液として市販されており, 冷蔵庫で保存が可能なくらい安定である.

これに対してカチオンには R_3C^+ や R_4N^+, R_3O^+ などがある. さまざまな酸性条件下での有機反応において主役を占める化学種である. 1960 年代に G.A.Olah によって超強酸(100%硫酸よりも強い酸性度をもつ酸)の化学が研究され, 第三級ブチルカチオン[$(CH_3)_3C^+$]やイソプロピルカチオン[$(CH_3)_2CH^+$]の存在が NMR で確認された.

三つの共有結合と一つの不対電子から構成される炭素ラジカル(11 章参照)は, カルボアニオンやカルボカチオンに比べてきわめて反応性に富んでいる. 共有結合の均一開裂(ホモリシス)によって発生するが, その容易さは開裂する結合の結合解離エネルギーの大小に依存する. 電荷をもたない中性の化学種であるため溶媒和をほとんどうけない. したがってラジカル反応は溶媒の種類にあまり影響をうけない.

$$-\overset{|}{\underset{|}{C}}-X \longrightarrow -\overset{|}{\underset{|}{C}}\cdot + \cdot X \quad (3\cdot24)$$

カルベンは二価の炭素化学種である. 不安定で単離はできないが, 短命種としての実在は証明されており重要な活性種の一つである. 二価の炭素は, その原子軌道が 2 個だけしか結合形成に使われていない. 非結合性軌道に電子が一つずつ入っていると, 不対電子 2 個の分子種となる. これは三重項カルベンとよばれ[図 3・5(a)], ビラジカルとして挙動する. これに対して, 一方の非結合性軌道に電子が 2 個入ってもう一方は空軌道のままのものは一重項カルベンとよばれ[図 3・5(b)]イオン的な反応種である. :CX_2(X=Br, Cl) や :CHCOOR は代表的な一重項カルベンであり, 求電子性をもちオレフィンと反応してシクロプロパンを与える.

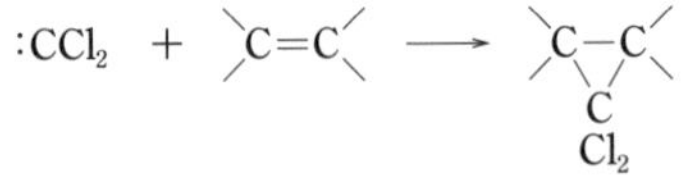

$$:CCl_2 + \overset{}{\underset{}{>}}C=C\overset{}{\underset{}{<}} \longrightarrow \overset{}{\underset{}{>}}\underset{\underset{Cl_2}{C}}{C-C}\overset{}{\underset{}{<}} \quad (3\cdot25)$$

$$\begin{array}{cc} X-\overset{\uparrow}{\underset{\uparrow}{C}}-Y & X-\overset{\uparrow\downarrow}{\underset{\bigcirc}{C}}-Y \\ (a) & (b) \end{array}$$

図 3・5 三重項カルベン (a) と一重項カルベン (b)

3・6 同位体効果

　分子の構成原子をその同位体で置き換えたときに，反応速度や平衡に及ぼす影響を同位体効果とよぶ．種々の置換基を基質分子に導入して反応性の変化を調べることが有機反応機構の研究のうえでよく用いられる手法である．しかしながらこの場合には導入された置換基によって反応そのものがもとの反応とは変わってしまうこともある．これに対し同位体による置換であれば反応エネルギー図には実質的に変化を及ぼさない．原子核の質量にかかわる性質，すなわち化学結合の生成，切断に要するエネルギーの変化だけが現れることになる．この変化は同位体の相対質量に依存するので水素の同位体$H(^1H)$，重水素$D(^2H)$，トリチウム$T(^3H)$についてもっとも顕著に表れる．そこで入手しやすい重水素置換体が反応機構についての情報を得るためにもっともよく用いられる．

　C−H 結合と C−D 結合の結合解離エネルギーを比べると，C−D 結合のほうが強いことがわかる．したがって一般に C−H 結合のほうが対応する C−D 結合より速く切断される．ある反応においてその反応の速度定数を k_H とし，対応する重水素置換体の速度定数を k_D とする．注目している反応において C−H 結合と C−D 結合が切断される場合には，この比 k_H/k_D は反応の性質によって大きく異なり，この違いが反応機構の解明に役立つ．すなわちこの C−D 結合の切断が律速段階（反応全体の反応速度を決定する段階）であればこの比は大きいが，そうでない場合には k_H/k_D の値は小さくほとんど 1 に近い．

　たとえば$(CH_3)_2CHOH$ と $(CH_3)_2CDOH$ を CrO_3 で酸化したときの反応速度比は $k_H/k_D=7.7$ である．この反応は 2 段階で進行する．まずクロム酸とアルコールからクロム酸エステルが生成し，次にクロム酸エステルが分解してケトンを与える．7.7 という大きな同位体効果の値から律速段階が 2 段目の水素引抜き過程であることがわかる．

$$(3・26)$$

コラム

触　媒

　熱力学的には進行可能だが，現実には反応がきわめて遅い系に加えることにより，反応速度を増し，あるいは特定の反応のみを促進する作用をもつ物質．その作用を触媒作用という．不均一触媒反応ではこれを接触作用とよぶことがある．触媒の使用量は反応系全体の量に比べてきわめて少なく，また反応系についての化学量論的な反応式の中に含まれないため，反応の前後での存在量は変わらず，反応系の平衡位置にほとんど影響しない．したがって触媒の作用により正反応および逆反応がともに促進される．触媒のほかの重要な機能としては反応促進が選択的であることで，たとえばアルコールはアルミナ触媒により脱水されてアルケンを生じるが，遷移金属触媒では脱水素化されてアルデヒドを生じる．この機能がもっとも特異的に現れているのが酵素である．下に酵素アミノアシラーゼによる N-アセチルアラニンの光学分割の例を示す．ラセミ体の N-アセチルアラニンにブタの腎臓のアシラーゼを作用させると(＋)体のほうだけが加水分解をうけアラニンに変換される．一方(−)体のほうは加水分解をうけずもとのまま回収される．

$$\begin{array}{c}
\text{COOH} \\
| \\
\text{H–C–NHCCH}_3 \\
| \quad\quad \parallel \\
\text{CH}_3 \quad \text{O}
\end{array}
\;+\;
\begin{array}{c}
\text{COOH} \\
| \\
\text{CH}_3\text{CNH–C–H} \\
\parallel \quad\quad | \\
\text{O} \quad \text{CH}_3
\end{array}$$

$$\xrightarrow{\text{豚の腎臓のアシラーゼ}}$$

$$\begin{array}{c}
\text{COOH} \\
| \\
\text{H–C–NHCCH}_3 \\
| \quad\quad \parallel \\
\text{CH}_3 \quad \text{O} \\
N\text{-アセチル} \\
(-)\text{-アラニン}
\end{array}
\;+\;
\begin{array}{c}
\text{COOH} \\
| \\
\text{H}_2\text{N–C–H} \\
| \\
\text{CH}_3 \\
(+)\text{アラニン}
\end{array}$$

　現在触媒として広く利用されている物質は主として遷移金属元素の単体およびその化合物である．溶媒に溶けない不均一系触媒と反応溶媒に可溶な均一系触媒に分類される．

　前者は，反応後の除去，回収再使用が簡便であるという利点をもっているが，反応の中間体の構造の解明は困難である．炭素–炭素多重結合の水素化は工業的なスケールで行われている．実際には白金，パラジウム，ロジウム，ルテニウム，およびニッケルなどの遷移金属類を粉末状にしたものや，活性炭，アルミナ，硫酸バリウムのような担体に保持さ

せたものが反応に利用されている．一方ウィルキンソン(Wilkinson)触媒 $RhCl(PPh_3)_3$ に代表される後者の均一系触媒は反応性の再現性や選択性もよく，単結晶として X 線結晶解析も可能なことから反応機構が考察しやすいという利点をもっている．

例題 3・9

問題 ベンゼンのニトロ化は下に示すように 2 段階で進行する．

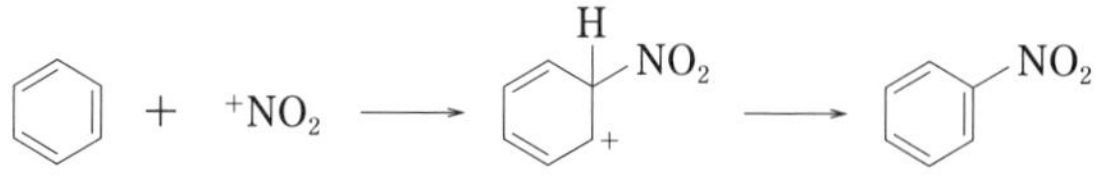

$$\bigcirc + {}^+NO_2 \longrightarrow \overset{H \quad NO_2}{\underset{+}{\bigcirc}} \longrightarrow \bigcirc\!\!-\!NO_2$$

ベンゼンと重ベンゼン(C_6D_6)の反応速度比(k_H/k_D)はほぼ 1 である．1 段階目と 2 段階目のどちらが律速段階か．

解答 C–H 結合ならびに C–D 結合の切断が律速段階でないことが，k_H/k_D の値から明らかであり，1 段階目の反応が遅く，2 段階目は速いと考えられる．

ま と め

- 有機反応は置換，付加，脱離，転位の四つの種類に分類される．
- 塩・塩基の定義にはブレンステッド–ローリーによるものとルイスによるものがある．
- 酸の強さは酸性度定数 K_a とその負の対数である pK_a によって表される．
- pK_a の値が 1 より小さい酸を強酸とよび，4 より大きい値をもつものを弱酸とよぶ．
- 酸と塩基の相対的な強さは予測することができる．
- 酸と塩基の反応はより弱い酸とより弱い塩基が生成するように進行する．
- 反応の速度は活性化エネルギーの大きさで決まる．
- 平衡は化学変化の熱力学によって制御される．
- 反応の不安定中間体には，アニオン，カチオン，ラジカルならびにカルベンの四つがある．
- 反応の選択性には位置選択性，官能基選択性，立体選択性，エナンチオ選択性の四つがある．
- 同位体効果の検討は反応機構の解明に役立つ．

練 習 問 題

3・1 曲がった矢印を使って次の反応を完成せよ.

(a) $CH_3C(=O)O-H$ + ^-OEt ⟶ $CH_3C(=O)O^-$ + HOEt

(b) CH_3O^- + CH_3-I ⟶ CH_3-O-CH_3 + I^-

(c) $H_2C=CH_2$ + HF ⟶ $H_3C-CH_2^+$ + F^-

(d) CH_3OH + HI ⟶ $CH_3\overset{+}{O}H_2$ + I^-

3・2 水素の代わりに重水素(D)をもつ化合物は反応の機構を研究するために便利である. 次の反応は重水素を導入するのに用いられるものである. これらの酸・塩基反応を完成せよ.

(a) $HC\equiv CH$ + NaH ⟶ $HC\equiv C^-$ $\xrightarrow{D_2O}$

(b) CH_3CH_2Li + D_2O ⟶

(c) $CH_3C\equiv CH$ + $NaNH_2$ ⟶ $CH_3C\equiv C^-$ $\xrightarrow{D_2O}$

3・3 (a) ギ酸の K_a は 1.77×10^{-4} である. pK_a はいくらか.

(b) pK_a が 13 である酸の K_a はいくらか.

3・4 第一級アルコール RCH_2OH の K_a はおよそ 10^{-16} であり, 第三級アルコール $R^1R^2R^3COH$ の K_a は 10^{-18} である. これらのアルコールの pK_a はそれぞれいくらか. どちらがより強い酸か. また次の反応はどちらに偏っているか. 左から右へ進む反応の平衡定数 K を求めよ.

$$RCH_2OH + R^1R^2R^3CO^- \rightleftharpoons RCH_2O^- + R^1R^2R^3COH$$

3・5 次の式においていずれの化学種がブレンステッド酸あるいはブレンステッド塩基として作用するのかを示し, かつ平衡は左へ偏るのか右へ偏るのかを示せ.

(a) H_2O + HCN ⇌ H_3O^+ + CN^-

(b) HF + CH_3COO^- ⇌ F^- + CH_3COOH

(c) CH_3^- + NH_3 ⇌ CH_4 + $^-NH_2$

(d) H_3O^+ + Cl^- ⇌ H_2O + HCl

3・6 次の六つの化学種をルイス酸三つルイス塩基三つに分類し, それらの化学種から3組のルイス酸-ルイス塩基の反応式をつくり, 曲がった矢印で電子対の動きを示せ.

CN^-　CH_3OH　$(CH_3)_2CH^+$　$MgBr_2$　CH_3BH_2　CH_3S^-

4 化合物の命名法とアルカンの性質

　本章では，アルカン類の命名法と，アルカンの末端炭素原子に結合する水素原子を一つ除いてできる一価基（アルキル基）の命名法，アルケンならびにアルキンの命名法，ハロアルカン，アルコールの命名法について述べる．つづいてアルカンの沸点や融点などの物理的性質，そしてアルカンの構造の変化のしやすさについて述べる．単結合まわりではすべて自由回転できるため，エタンは立体配座（コンホメーション）とよばれる無数の空間配列をとる．最後にシクロヘキサンの立体配座について考える．

　炭素-炭素結合様式と置換基の結合様式の多様性によって膨大な数の有機分子が存在する．これらの化合物をどのように系統的に区別して命名するかという問題は有機化学発展の当初からの問題であった．これに対し IUPAC (International Union of Pure and Applied Chemistry, 国際純正応用化学連合) は体系的な命名法を確立した．

4・1　アルカン，アルケン，ハロアルカンならびにアルコールの IUPAC 命名法

　化合物の命名法が統一されていないと，化学者の間で情報を正確に伝達することができない．そのため IUPAC によって化合物の命名法が定められている．有機化学が発展し始めた初期には化合物名がさまざまな方法で付けられた．たとえば発見者の名前がそのまま化合物名として使われたり，その化合物が取り出された天然物の名前や取り出された地名などが化合物名として使われたりした．これらの一部は慣用名としていまでも広く使用されている．これに対して現在では，化合物の名称がその構造を

一義的に示すような体系的な命名法が IUPAC によって確立され，世界中で用いられている．

アルカンに対する IUPAC の命名法はそんなに難しくない．そしてアルカンの命名法において学んだ原則は，そのまま種々の官能基をもつ化合物に対しても応用することができる．そこで本節では，まずアルカンの命名法について学び，つづいてアルケン，ハロアルカンならびにアルコールの命名法にも言及したい．

4・1・1 直鎖アルカンとその一価基の命名法

アルカンは，直線構造をもつ直鎖アルカンと，一つあるいはいくつかの分枝をもつ炭素鎖からなる分岐アルカン，さらにシクロアルカンとよばれる環状アルカンに分類される（図 4・1）．

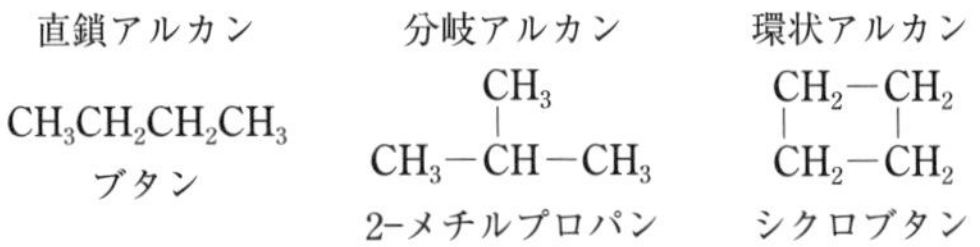

直鎖アルカン　　　　分岐アルカン　　　　環状アルカン
$CH_3CH_2CH_2CH_3$　　　　　　CH_3　　　　　CH_2-CH_2
　　ブタン　　　　　　　　　|　　　　　　　　|　　　　|
　　　　　　　　　　$CH_3-CH-CH_3$　　　CH_2-CH_2
　　　　　　　　　　　2-メチルプロパン　　　　シクロブタン

図 4・1　アルカンの分類

まず最初に直鎖アルカンならびに直鎖アルカンの末端炭素原子に結合する水素原子を一つ除いてできる一価基（直鎖アルキル基）の名称について述べる．表 4・1 に炭素数 1 から 12 までの直鎖アルカンならびに直鎖アルキル基の名称を示す．直鎖アルカンのはじめの四つはメタン(methane)，エタン(ethane)，プロパン(propane)，ブタン(butane)とよばれる．これより長いアルカンの名称は，数を表す術語の末尾の a を

表 4・1　直鎖アルカンならびに直鎖アルキル基の名称

n	アルカンの名称	化学式	沸点(℃)	アルキル基の名称
1	メタン(methane)	CH_4	-162	メチル(methyl)
2	エタン(ethane)	CH_3CH_3	-89	エチル(ethyl)
3	プロパン(propane)	$CH_3CH_2CH_3$	-42	プロピル(propyl)
4	ブタン(butane)	$CH_3(CH_2)_2CH_3$	-1	ブチル(butyl)
5	ペンタン(pentane)	$CH_3(CH_2)_3CH_3$	36	ペンチル(pentyl)
6	ヘキサン(hexane)	$CH_3(CH_2)_4CH_3$	69	ヘキシル(hexyl)
7	ヘプタン(heptane)	$CH_3(CH_2)_5CH_3$	98	ヘプチル(heptyl)
8	オクタン(octane)	$CH_3(CH_2)_6CH_3$	126	オクチル(octyl)
9	ノナン(nonane)	$CH_3(CH_2)_7CH_3$	151	ノニル(nonyl)
10	デカン(decane)	$CH_3(CH_2)_8CH_3$	174	デシル(decyl)
11	ウンデカン(undecane)	$CH_3(CH_2)_9CH_3$	196	ウンデシル(undecyl)
12	ドデカン(dodecane)	$CH_3(CH_2)_{10}CH_3$	216	ドデシル(dodecyl)

4・1 アルカン，アルケン，ハロアルカンならびにアルコールのIUPAC命名法

除いたものに-ane をつけてつくる．たとえば heptane はギリシャ語の 7 を表す術語 hepta から，また decane はラテン語の 10 を示す deca に由来している．これら 12 個の名称は有機分子すべての骨格をなす基本的な名称となるので覚えてほしい．

直鎖アルカンの末端炭素原子上の水素を除いてできる 1 価基はアルカンの名称の末尾-ane を-yl に変えて名称とする．このとき遊離原子価の出ている炭素原子の番号を 1 とする．直鎖状 alkyl あるいは normal alkyl とよぶ．

例： pentyl $\overset{5}{C}H_3\overset{4}{C}H_2\overset{3}{C}H_2\overset{2}{C}H_2\overset{1}{C}H_2-$

　　 dodecyl $\overset{12}{C}H_3(CH_2)_{10}\overset{1}{C}H_2-$

4・1・2　分岐アルカンの命名法

分岐アルカンは直鎖アルカンのメチレン基(CH_2)から水素原子を一つ取り去りアルキル基で置き換えたものである．直鎖アルカンと同じく一般式 C_nH_{2n+2} で表される．もっとも小さな分岐アルカンは 2-メチルプロパンで，ブタンと同じ分子式をもっている．2-メチルプロパンとブタンは分子式が同じで原子のつながり方が異なるので互いに構造異性体とよばれる(5・1 節参照)．異性体の数は n の増加とともに飛躍的に増大する．

分岐アルカンの命名は，IUPAC 命名法の次の規則に従う．

規則 1　分子の中で最長の炭素鎖を選び主鎖として命名する．構造式がいつも最長鎖がわかりやすいようには書かれていないことに注意すること．また長さが等しい異なった炭素鎖がある場合には分岐点の多いほうを主鎖に選ぶ．

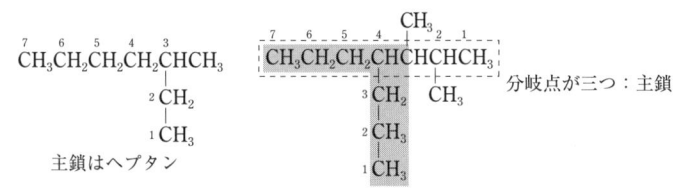

$\overset{7}{C}H_3\overset{6}{C}H_2\overset{5}{C}H_2\overset{4}{C}H_2\overset{3}{C}HCH_3$
　　　　　　　　　$|$
　　　　　　　$\overset{2}{C}H_2$
　　　　　　　　$|$
　　　　　　$\overset{1}{C}H_3$
　　主鎖はヘプタン

　　　　　　　　　　CH_3
　　$\overset{7}{C}H_3\overset{6}{C}H_2\overset{5}{C}H_2\overset{4}{C}H\overset{3}{C}H\overset{2}{C}H\overset{1}{C}H_3$
　　　　　　　　　　　　$|$　　　$|$
　　　　　　　　　　$\overset{3}{C}H_2$　CH_3　　分岐点が三つ：主鎖
　　　　　　　　　　　$|$
　　　　　　　　　　$\overset{2}{C}H_2$
　　　　　　　　　　　$|$
　　　　　　　　　　$\overset{1}{C}H_3$
　　　　　　　分岐点が一つ：主鎖ではない

規則 2　最長炭素鎖の炭素原子に番号を付ける．このとき最初の分岐点にもっとも近い端から番号を付ける．さらに種類の異なる二つの置換基が主鎖の両端から相対的に同じ位置に結合しているときはアルファベット順で先にくる置換基に近いほうから番号を付ける．

$$\underset{4\ 3\ 2\ 1\ \text{ではない}}{\underset{1\ 2\ 3\ 4}{CH_3CHCH_2CH_3}} \quad \underset{\text{メチル(methyl)よりもエチル(ethyl)が優先する}}{\underset{1\ 2\ 3\ 4\ 5\ 6\ 7\ 8}{CH_3CH_2CHCH_2CH_2CHCH_2CH_3}}$$

CH$_3$ 基が上についた構造式（左）と CH$_2$CH$_3$ および CH$_3$ 基（右）

規則3 すべての置換基をアルファベット順に並べ，その前に置換位置を示す炭素番号とハイフンを入れ，次に主鎖の名称を並べる．同じ炭素上に二つの置換基をもつ場合には，その位置番号を2度使う．また分子が同じ置換基を複数個もっているときは重複を表す接頭語ジ(di)，トリ(tri)，テトラ(tetra)などを各置換基の前に入れる．重複を示すこれらの接頭語ならびに *sec*-(secondary) や *tert*-(tertiary) などはアルファベット配列には入れない．

4・1・3 分岐アルキル鎖の命名法

先に述べたようにアルキル置換基の名称はアルカンの語尾(-ane)をイル(-yl)に換えてつくられる．メタン，エタンから水素一つ除いたものはメチル基，エチル基とよばれる．エタンの場合には，6個の水素のうちどの一つを除いても1種類のエチル基しかつくれない．ところがプロパンになると，取り除く水素によって2種類のアルキル基が得られる．逆にいうとプロパンには2種類の水素がある．末端の六つの水素と真ん中の炭素上の二つの水素の2種類である．末端の炭素上の水素を除くとプロピル基が得られ，一方，真ん中の炭素上の水素を引き抜くと，イソプロピル(isopropyl)基または1-メチルエチル(1-methylethyl)基とよばれる基が得られる．なお1-メチルエチル基というのは1位の炭素上にメチル基をもったエチル基という意味である．

$$CH_3CH_2CH_3 \xrightarrow{} \begin{cases} CH_3CH_2CH_2- & \text{プロピル基} \\ \underset{1\ 2}{CH_3CHCH_3} & \text{イソプロピル基あるいは 1-メチルエチル基} \end{cases}$$
プロパン

ブチル基には次の四つがある．

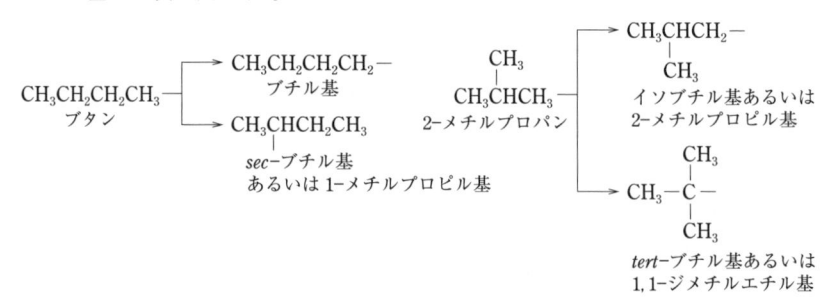

$$CH_3CH_2CH_2CH_3 \xrightarrow{} \begin{cases} CH_3CH_2CH_2CH_2- & \text{ブチル基} \\ CH_3CHCH_2CH_3 & sec\text{-ブチル基} \\ & \text{あるいは 1-メチルプロピル基} \end{cases}$$
ブタン

$$\underset{\text{2-メチルプロパン}}{CH_3CHCH_3 \text{(CH}_3\text{)}} \xrightarrow{} \begin{cases} CH_3CHCH_2- \text{(CH}_3\text{)} & \text{イソブチル基あるいは 2-メチルプロピル基} \\ CH_3-\underset{CH_3}{\overset{CH_3}{C}}- \text{(CH}_3\text{)} & tert\text{-ブチル基あるいは 1,1-ジメチルエチル基} \end{cases}$$

イソプロピル基，イソブチル(isobutyl)基，*sec*-ブチル(*sec*-butyl)基，*tert*-ブチル(*tert*

4・1 アルカン，アルケン，ハロアルカンならびにアルコールの IUPAC 命名法

–butyl)基は現在も広く使われている慣用名である．これらのアルキル基は，第一級アルキル基，第二級アルキル基，第三級アルキル基にそれぞれ分類される．炭素が一つだけ結合した炭素(残りは水素)を第一級炭素といい，この第一級炭素に結合している水素は第一級水素とよぶ．第一級水素を取り去って得られるアルキル基が第一級アルキル基である．第二級アルキル基，第三級アルキル基は，それぞれ第二級炭素(二つのほかの炭素と結合した炭素)に結合した第二級水素を一つ取り除いたもの，あるいは，第三級炭素(三つの他の炭素と結合した炭素)に結合した第三級水素を取り除いたものである．なお四つのアルキル基が結合して水素をもたない炭素は第四級炭素とよぶ(図 4・2)．

図 4・2 結合の度合いに応じた炭素および水素の分類

炭素数が 4 以下のこれらのアルキル基の名称はきわめてよく使われるので必ず覚えてほしい．

イソプロピル基（第二級）　イソブチル基（第一級）　sec-ブチル基（第二級）　tert-ブチル基（第三級）

例題 4・1

問題 分子式 C_7H_{16} で表される化合物には九つの異性体が存在する．それらの構造を示し IUPAC 名で命名せよ．

解答

ヘプタン　2-メチルヘキサン　3-メチルヘキサン

3-エチルペンタン　2,4-ジメチルペンタン　2,3-ジメチルペンタン

2,2-ジメチルペンタン　3,3-ジメチルペンタン　2,2,3-トリメチルブタン

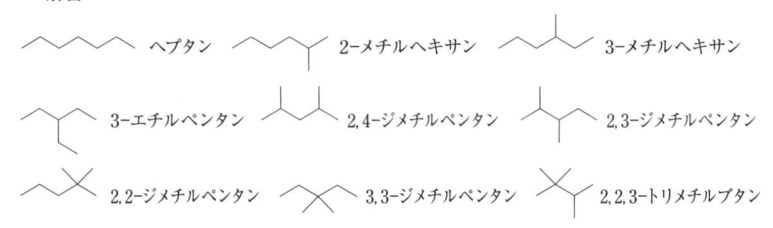

例題 4・2

問題 次の化合物の構造式を書け．

(a) 3-エチル-2-メチルペンタン　(b) 2,3-ジメチルブタン
(c) 4-(1-メチルエチル)ヘプタン　(d) 2-イソプロピル-3-メチルヘキサン

解答

(a)　(b)　(c)　(d)

4・1・4　シクロアルカンの命名法

環をもつ化合物は同じ炭素数をもつアルカンの名称の前に接頭辞のシクロ(cyclo)を付ける(図4・3).

シクロプロパン
(cyclopropane)

シクロペンタン
(cyclopentane)

図4・3　環状アルカン(シクロアルカン)の名称

置換基をもつシクロアルカンについてはアルキルシクロアルカン，ハロシクロアルカンというように命名する．置換基が一つだけの場合にはその位置を示す番号は不要である．二つの置換基をもつシクロアルカンでは，アルファベット順に置換基に番号を付ける．さらに二つめの置換基に小さな番号が付くように番号を付ける．三つ以上の置換基がある場合には位置番号を表す数字の合計がもっとも小さくなるように番号を付ける(図4・4).

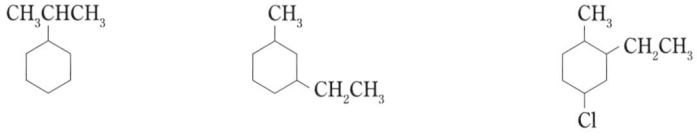

イソプロピルシクロヘキサン
(isopropylcyclohexane)

1-エチル-3-メチルシクロヘキサン
(1-ethyl-3-methylcyclohexane)

4-クロロ-2-エチル-1-メチルシクロヘキサン
(4-chloro-2-ethyl-1-methyl-cyclohexane)

図4・4　置換基をもつシクロアルカンの名称

2個以上の原子を共有している2個の環のみからできている脂肪族飽和炭化水素は同数の直鎖炭化水素名に接頭辞ビシクロ(bicyclo)を付けて名称とする．2個の第三級炭素原子を結んでいる三つの橋それぞれに含まれている炭素原子の数をビシクロと直鎖炭化水素名との間に[　]を付けて大きいものから順に示す(図4・5).

4・1 アルカン,アルケン,ハロアルカンならびにアルコールの IUPAC 命名法　73

```
        CH
   CH₂ /  \ CH₂          ⁷CH₂—¹CH—²CH₂         もっとも長い橋 1, 2, 3, 4, 5
       \  /                    ⁸CH₂  ³CH₂       次に長い橋 5, 6, 7, 1
        CH                ⁶CH₂—⁵CH—⁴CH₂         もっとも短い橋 1, 8, 5
  ビシクロ[1.1.0]ブタン
  bicyclo[1.1.0]butane       ビシクロ[3.2.1]オクタン
                             bicyclo[3.2.1]octane
```

図 4・5　ビシクロアルカンの名称

　番号の付け方は一つの橋頭原子から始めて,一番長い橋を通って第二の橋頭原子に到達し,ついで 2 番目に長い橋に沿って元の橋頭原子に戻る.次に一番短い橋を通って二つめの橋頭原子へと至る.

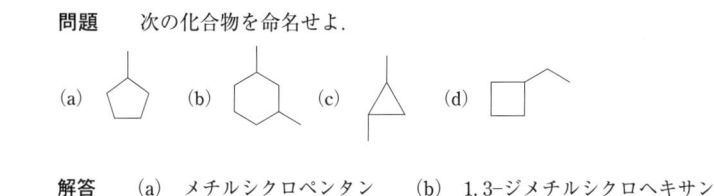

例題 4・3

問題　次の化合物を命名せよ.

(a) 〔シクロペンタン構造〕　(b) 〔シクロヘキサン構造〕　(c) 〔シクロプロパン構造〕　(d) 〔シクロブタン構造〕

解答　(a) メチルシクロペンタン　(b) 1,3-ジメチルシクロヘキサン
(c) 1,2-ジメチルシクロプロパン　(d) エチルシクロブタン

4・1・5　アルケンの命名法

　次にアルケンの命名法について述べる.アルケンは C=C 二重結合をもち,その一般式は C_nH_{2n} でシクロアルカンと同じである.いくつかのアルケン,たとえばエチレンやプロピレンなどは,現在でも慣用名でよばれている.これに対し IUPAC 命名法ではエチレンやプロピレンはエテン(ethene),プロペン(propene)となる.アルカンの語尾アン(-ane)をエン(-ene)と置き換えればよい.アルケンを IUPAC 命名法に従って命名するには,アルカンの命名法に関する規則を少し拡張して適用すればよい.

規則 1　二重結合を含んだもっとも長い炭素鎖を選び出す.これより長い炭素鎖でも二重結合を含まないものは無視する.

```
              CH₃                    CH₂CH₂CH₂CH₃
CH₂=CHCHCH₂CH₃          CH₂=CHCH(CH₂)₄CH₃
 3-メチル-1-ペンテン          3-ブチル-1-オクテン*      *デカンの誘導体として命名してはいけない
 (3-methyl-1-pentene)       (3-butyl-1-octene)
```

規則 2　二重結合に近い端から番号を付ける.二重結合が両端から等しい番号のときは,最初の分岐に近いほうから番号を付ける.シクロアルケンの場合には二重結合

を形成している炭素が1番および2番と決められている.

$$CH_3=CHCH_2CH_2CH_3$$
$$\underset{1}{}\underset{2}{}\underset{3}{}\underset{4}{}\underset{5}{}$$

1-ペンテン
（1-pentene）

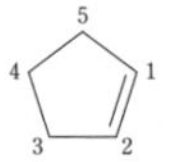

シクロペンテン
（cyclopentene）

規則3 置換基とその位置番号を接頭語としてアルケンの名称の前に付け加える.

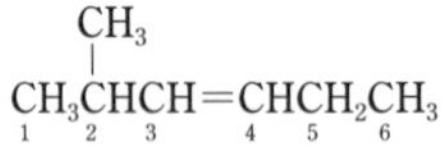

$$CH_3CHCH=CHCH_2CH_3$$

2-メチル-3-ヘキセン
（2-methyl-3-hexene）

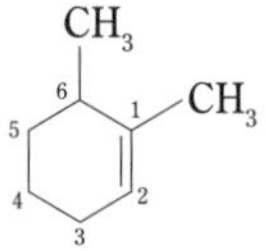

1,6-ジメチルシクロヘキセン
（1,6-dimethylcyclohexene）

規則4 立体異性体を区別する．1,2-二置換エテンの場合には，二つの置換基がともに二重結合の一方の側に位置するものと，互いに反対の側に位置するものがある．前者の立体配置をシス（*cis*）とよび後者をトランス（*trans*）とよぶ．このように同じ分子式をもち立体化学だけが異なる二つのアルケンをシス異性体，トランス異性体とよぶ．

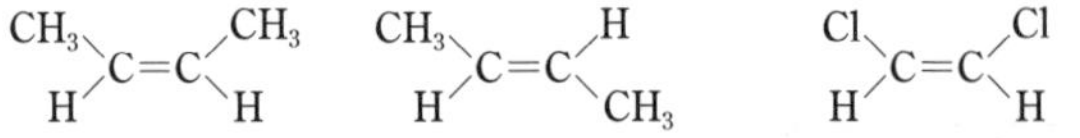

cis-2-ブテン
（*cis*-2-butene）

trans-2-ブテン
（*trans*-2-butene）

cis-1,2-ジクロロエテン
（*cis*-1,2-dichloroethene）

シスとトランスという表現は，二重結合を形成する炭素に三つあるいは四つの異なる置換基がついている場合には適用できない．このような場合にはシス，トランスに代わって E, Z を用いる．優先順位の高い二つの基が二重結合に対して互いに反対側に位置するものを E 体，同じ側にあるものを Z 体とよぶ（図4・6）．図4・6(a)の例では，C1 上で優先順位の高い塩素原子と C2 上で優先順位の高いフッ素原子が二重結合に対して同じ側に位置している．したがってこれは Z 体ということになる．優先順位については，ここでは原子番号の大きな原子のほうが順位が高いと考えておけ

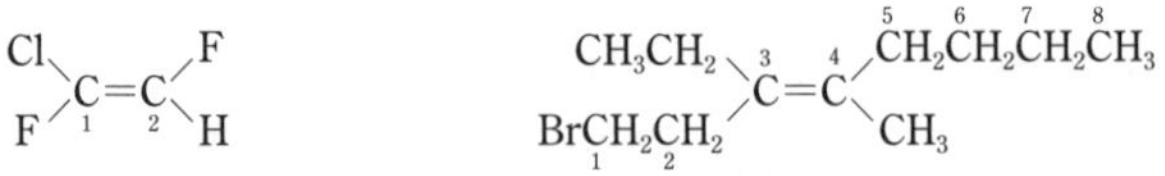

(*Z*)-1-クロロ-1,2-ジフルオロエテン
〔(*Z*)-1-chloro-1,2-difluoroethene〕
(a)

(*E*)-1-ブロモ-3-エチル-4-メチル-3-オクテン
〔(*E*)-1-bromo-3-ethyl-4-methyl-3-octene〕
(b)

図 4・6 E, Z 異性体

ばよい．E, Z 異性体の命名法については 5・2 節でもう少し詳しく述べる．

ここでアルキンの命名法についても簡単に触れる．アセチレンという慣用名が最小のアルキン C_2H_2 に対して用いられている．そのほかのアルキンもジメチルアセチレンやフェニルアセチレンのようにアセチレンの誘導体として命名される（図 4・7）．

一方，IUPAC 名では，語尾に"イン (-yne)"を付ける（図 4・8）．

HC≡CH　　　　CH₃C≡CCH₃　　　C₆H₅C≡CH
アセチレン　　　ジメチルアセチレン　　フェニルアセチレン
(acetylene)　　(dimethyl acetylene)　 (phenyl acetylene)

図 4・7　アルキン（アセチレン）の名称(1)

HC≡CH　　CH₃C≡CCH₃　　C₆H₅C≡CH
エチン　　　2-ブチン　　　　フェニルエチン
(ethyne)　　(2-butyne)　　　(phenyl ethyne)　　図 4・8　アルキンの名称(2)

例題 4・4

問題　次の化合物の構造式を書け．
(a) *cis*-2-ヘキセン　　　　　　(b) 1-メチルシクロヘキセン
(c) 3-メチル-1-ペンテン　　　　(d) 1-ペンテン-4-イン
(e) 3,3-ジメチル-1-ヘキシン　　(f) *trans*-3,4-ジメチル-3-ヘキセン

解答　(a), (b), (c), (d), (e), (f) の構造式

例題 4・5

問題　次の化合物を命名せよ．
(a), (b), (c), (d), (e), (f) の構造式

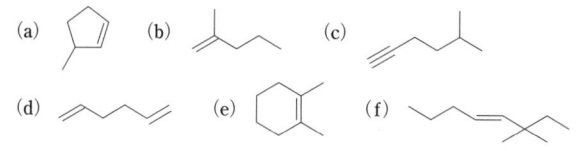

解答　(a) 3-メチルシクロペンテン　(b) 2-メチル-1-ペンテン
(c) 5-メチル-1-ヘキシン　　　　　　(d) 1,5-ヘキサジエン
(e) 1,2-ジメチルシクロヘキセン　　　(f) *trans*-3,3-ジメチル-4-オクテン

4・1・6 ハロアルカンならびにアルコールの命名法

ハロアルカンとアルコールのIUPAC命名法については2章(2・2・1項と2・2・2項)で述べたが，ここでもう一度簡単に触れておく．ハロアルカンの場合，ハロゲン原子を主鎖のアルカン鎖上の置換基として取扱う．ハロゲン置換基には対応するハロゲン元素の語尾の-ineを-oに換えた名称を用いる(図4・9)．

F— Cl— Br— I—
フルオロ クロロ ブロモ ヨード
fluoro chloro bromo iodo

図 4・9 ハロゲン置換基

アルキル基とハロゲンの両方が置換基として存在する場合には，分岐に近いほうから番号を付ける．これまでと同様に置換基は，アルファベット順に並べる(図4・10, 図4・11)．

CH_3CH_2Cl $CH_3CH_2CH_2F$ $CH_3CHBrCH_3$
クロロエタン   1-フルオロプロパン   2-ブロモプロパン
(chloroethane) (1-fluoropropane)   (2-bromopropane)

図 4・10 ハロアルカンの名称(1)

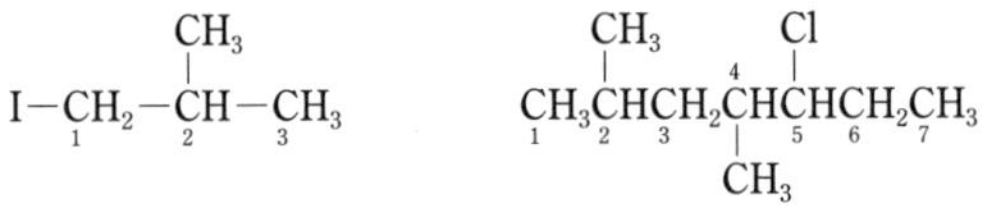

1-ヨード-2-メチルプロパン   5-クロロ-2,4-ジメチルヘプタン
(1-iodo-2-methylpropane)   (5-chloro-2,4-dimethylheptane)

図 4・11 ハロアルカンの名称(2)

慣用名は，フッ化メチル，塩化エチル，臭化プロピル，ヨウ化ブチルなどであるが，現在も広く使われている．英語ではアルキル基の慣用名の後にハロゲン化物イオンの名称を付ける(図4・12)．

CH_3F CH_3CH_2Cl $CH_3CH_2CH_2Br$ $CH_3CH_2CH_2CH_2I$
methyl fluoride ethyl chloride propyl bromide butyl iodide

図 4・12 ハロアルカンの慣用名

アルコールはアルカンの誘導体として扱い，アルカンの語尾"ン(-ne)"を"ノール(-nol)"に置き換える．メタンからはメタノール(methanol)が，エタンからはエタノール(ethanol)が誘導される．枝分かれした化合物ではヒドロキシ基を含む最長の主鎖を選びアルコールの名称を付ける．したがって必ずしもその分子の最長鎖であるとは

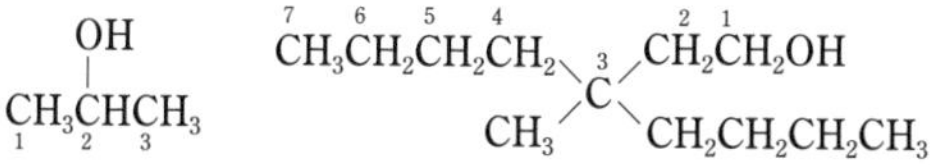

4・1 アルカン，アルケン，ハロアルカンならびにアルコールの IUPAC 命名法

$$\underset{123}{CH_3\underset{|}{\overset{OH}{CH}}CH_3}$$
2-プロパノール
(2-propanol)

$$\underset{7654321}{CH_3CH_2CH_2CH_2\underset{\underset{CH_2CH_2CH_3}{|}}{\overset{CH_3}{\underset{|}{C}}}CH_2OH}$$
3-ブチル-3-メチル-1-ヘプタノール
(3-butyl-3-methyl-1-heptanol)

図 4・13 アルコールの名称

限らない．ヒドロキシ基を含む鎖に番号を付ける際には，ヒドロキシ基の付いている炭素にもっとも小さい数字が付くように付ける（図 4・13）．

簡単なアルコールに対しては慣用名を使用することが IUPAC で認められている．メチルアルコール，エチルアルコール，イソプロピルアルコールなどである．それ以外によく使われるアルコールの慣用名を図 4・14 に示す．

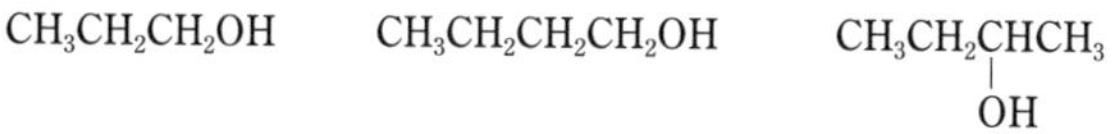

$CH_3CH_2CH_2OH$
プロピルアルコール
(propyl alcohol)

$CH_3CH_2CH_2CH_2OH$
ブチルアルコール
(butyl alcohol)

$CH_3CH_2\underset{|}{\overset{}{CH}}CH_3$
  OH
sec-ブチルアルコール
(sec-butyl alcohol)

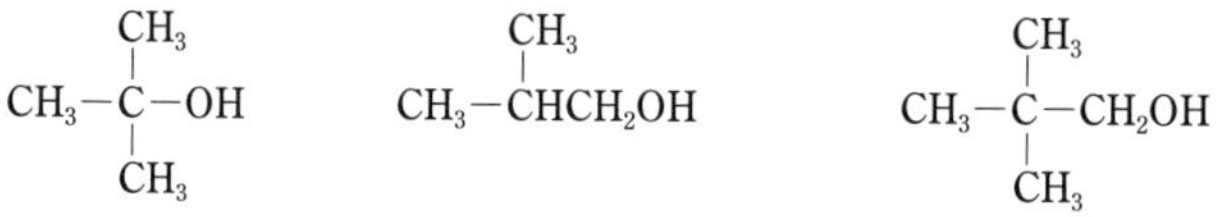

$CH_3-\underset{\underset{CH_3}{|}}{\overset{\overset{CH_3}{|}}{C}}-OH$
tert-ブチルアルコール
(tert-butyl alcohol)

$CH_3-\overset{\overset{CH_3}{|}}{CH}CH_2OH$
イソブチルアルコール
(isobutyl alcohol)

$CH_3-\underset{\underset{CH_3}{|}}{\overset{\overset{CH_3}{|}}{C}}-CH_2OH$
ネオペンチルアルコール
(neopentyl alcohol)

図 4・14 アルコールの慣用名

例題 4・6

問題　次の化合物の構造を書け．
(a) 1-クロロ-4-メチルペンタン　(b) 1,5-ジヨードヘキサン
(c) 1-エチルシクロペンタノール　(d) 2,2,5-トリメチル-3-ヘキサノール
(e) 4-クロロ-2-ペンタノール　(f) 3-ヨードシクロヘキセン

解答

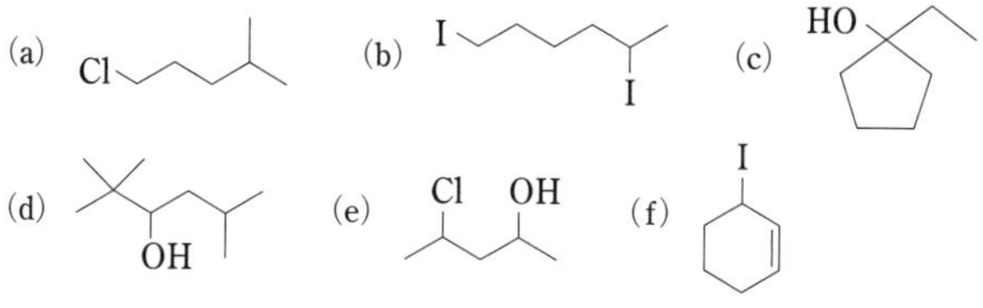

| 例題 4・7

問題 次の化合物を命名せよ.

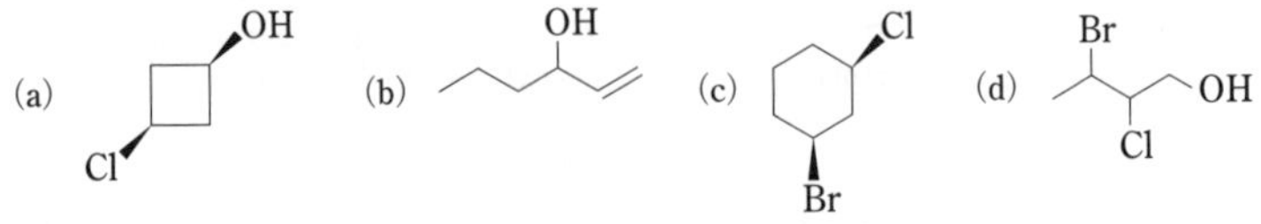

(a) [構造式: cis-3-クロロシクロブタノール] (b) [構造式: 1-ヘキセン-3-オール] (c) [構造式: cis-1-ブロモ-3-クロロシクロヘキサン] (d) [構造式: 3-ブロモ-2-クロロ-1-ブタノール]

解答 (a) *cis*-3-クロロシクロブタノール (b) 1-ヘキセン-3-オール
(c) *cis*-1-ブロモ-3-クロロシクロヘキサン
(d) 3-ブロモ-2-クロロ-1-ブタノール

4・2　アルカンおよびシクロアルカンの性質

　アルカンは官能基をもたない有機化合物である．極性をもたないので水に溶けない．アルキル基は疎水性基〔hydrophobic，ギリシャ語の *hydro*（水），*phobos*（恐れるまたは避ける）が語源．反対は親水性基〕とよばれる．この疎水性基は生物の細胞膜などにおいて重要な役割を担っている．すなわち，細胞膜は長鎖アルキル基を含む物質によって形成されており，細胞の内側の水と外側の水を隔てることができる．

　アルカンの沸点は分子量の増加とともに規則正しく上昇する（図 2・22 参照）．直鎖アルカンでは鎖が一つ増えるごとに沸点は 20〜30 ℃ 高くなる．分子量がちょうど 100 のヘプタンの沸点がおよそ 100 ℃（正確には 98.4 ℃）というのを記憶しておくとよい．沸点が規則正しく上昇することは，分子間力あるいはファンデルワールス（van der Waals）力（2・4・4 項参照）とよばれる電子の相互作用によって説明される．アルカンを電子の雲としてとらえると，一つのアルカン分子がもう一つのアルカン分子に近づいたとき，この二つの分子の電子同士が互いに影響し合い，互いの運動を規制し始める．すなわち，一方の分子中の電子雲がある瞬間に部分的に偏り，一時的な分極が起こると，この分極はもう一つの分子に静電気的な作用を及ぼし，この分子を分極させる．逆符号の部分的電荷が生じるような相互作用が起こるので互いに引き付け合う（図 4・15）．炭素数の増加とともにこの分子間力が増大するので沸点が高くなる．分岐アルカンはその構造が球状に近く直鎖アルカンに比べて表面積が小さいので，分子間力が小さくなり沸点は低い．たとえば，ペンタンの沸点が 36 ℃ であるのに対し，その異性体である分岐アルカンの 2-メチルブタンや 2,2-ジメチルプロパンの沸点はそれぞれ 28 ℃，9.5 ℃ である（図 4・16）．

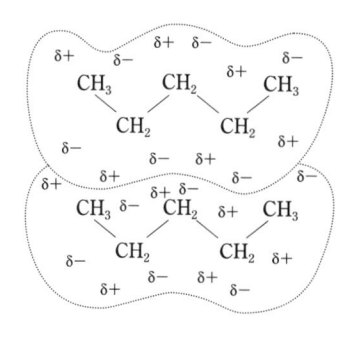

図 4・15 ペンタン分子に作用する分子間力

CH₃CH₂CH₂CH₂CH₃
ペンタン
（沸点 36 ℃）

CH₃CHCH₂CH₃
　　|
　　CH₃
2-メチルブタン
（沸点 28 ℃）

　　　CH₃
　　　|
CH₃−C−CH₃
　　　|
　　　CH₃
2,2-ジメチルプロパン
（沸点 9.5 ℃）

図 4・16 アルカンの沸点

　シクロアルカンの沸点や融点は，対応する直鎖アルカンに比べて高い．たとえばプロパン，ブタン，ペンタン，ヘキサンの沸点が−42 ℃，−0.5 ℃，36 ℃，69 ℃ であるのに対し，対応するシクロプロパン，シクロブタン，シクロペンタン，シクロヘキサンの沸点はそれぞれ−33 ℃，13 ℃，49 ℃，81 ℃ である．この違いはよりしっかりした構造をもち対称性の高い環状化合物のほうが分子間相互作用が大きいためである．

　シクロアルカンの構造上の特徴は，シクロプロパンやシクロブタンなどの小さな環をもつ化合物が環ひずみをもっていることである．市販の分子模型の結合に使われているプラスチックの棒を折らないようにしてシクロプロパンやシクロブタンをつくることは難しい．sp^3 炭素原子は四面体構造をもっており，分子模型の sp^3 炭素はその C−C−C 結合角が 109.5° になるようにつくられている．これに対してシクロプロパンやシクロブタンでは結合角が 60° や 90° であり，109.5° から大きくずれるためプラスチック棒を大きく曲げないと結合がつくれない．このように模型がつくりにくいことから容易に想像されるように，これらの化合物は直鎖のプロパンやブタンよりも不安定である．

　不安定な度合い，すなわち環ひずみの大きさは，燃焼熱（分子を燃やすときに放出される熱）から求めることができる．直鎖アルカンの燃焼熱の値はメチレン(CH_2)炭素が一つ増加するに従って 659 kJ mol^{-1} ずつ規則的に増加する．シクロプロパンでは $3 \times 659 = 1977$ kJ mol^{-1} になるはずであるが，実際に燃焼させて得た実験値は

表 4・2　シクロアルカンのメチレン基1個あたりの燃焼熱(kJ)

n	H_C/n	$H_C/n-659$	n	H_C/n	$H_C/n-659$	n	H_C/n	$H_C/n-659$
3	697	38	7	662	3	11	663	4
4	686	27	8	664	5	12	660	1
5	664	5	9	664.5	5.5	13	660	1
6	659	0	10	664	5	14	659	0

H_C は気体のシクロアルカン1モルあたりの燃焼熱．659 kJ は直鎖アルカンのメチレン基1個あたりの燃焼熱．

2091 kJ mol^{-1} である．この差 114 kJ mol^{-1} が環ひずみの大きさとなる．シクロプロパンのメチレン基1個あたりのひずみの大きさは 114÷3＝38 kJ mol^{-1} となる．シクロブタンでは環ひずみが 110 kJ mol^{-1} となり，メチレン基1個あたりでは 110÷4＝27.5 kJ mol^{-1} である．さらにシクロペンタンではずっと小さくなり，メチレン基1個あたりでは 5.4 kJ mol^{-1} であり，シクロヘキサンではひずみはない．七員環，八員環となると再び環ひずみをもつようになる（シクロペンタンと同じ程度の大きさ）．このひずみは環が14 より大きくなると解消される．分子が直鎖のアルカンと同じような自由度を構造上もつようになるためである．これらの燃焼熱の値（表4・2）をもとにシクロアルカンは次の4種類に分類されている．小員環（三員環および四員環），普通環（五，六，七員環），中員環（八，九，十，十一員環），そして大員環（十二員環以上）である．

　なお，実際にシクロプロパンは C–C 結合を折り曲げ正三角形の外へ張り出した形で結合を形成している．電子雲がバナナのように曲がっているので，バナナ結合とよばれている．混成軌道図を図4・17 に示す．

　シクロブタンは平面形ではなく約 26°折れ曲がった構造をしている（図4・18）．ま

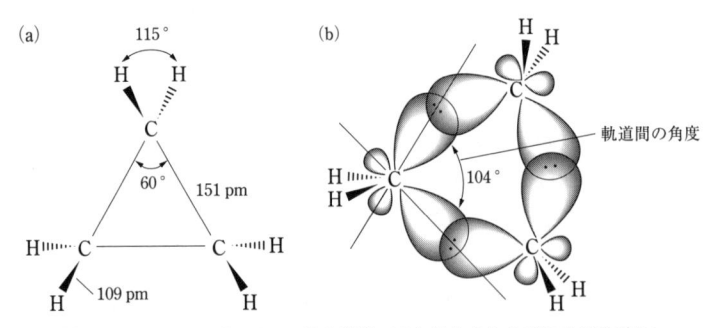

図 4・17　シクロプロパンの結合距離*(a)と結合角ならびに分子軌道(b)

*本書では長さの単位として SI 単位である pm（ピコメートル）を用いる．慣習として用いられている Å（オングストローム）は 1 Å＝100 pm にあたる．

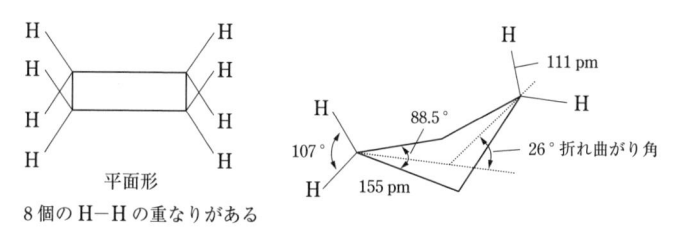

図 4・18 シクロブタンの平面形と折れ曲がり構造(結合距離と結合角)

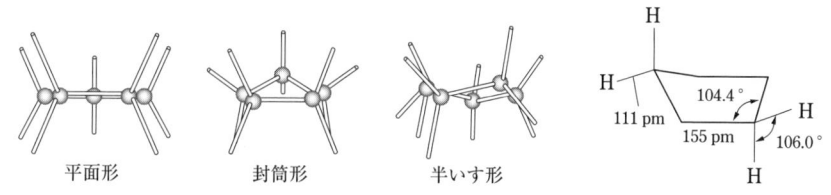

図 4・19 シクロペンタンの分子模型ならびに半いす形の結合距離と結合角

た．シクロペンタンも平面形ではなく封筒形と半いす形とよばれる二つの折れ曲がった配座をとる(図4・19)．いずれも 8 個あるいは 10 個ある H—H の重なりによるひずみを解消するために折れ曲がった形をとる．シクロペンタンの場合，正五角形の角度は 108°で四面体の角度 109.5°に近いので平面形が予想される．しかし，10 個の H—H の重なりによる相互作用を避けるため環は折れ曲がる．環が折れ曲がることによって重なりは解消されるが，逆に結合角のひずみは大きくなる．この両者の兼ね合いによってもっとも安定な立体配座が決まる．その結果，封筒形と半いす形という二つの配座が形成される．

4・3 配座異性体

　二重結合や三重結合をもつエチレンやアセチレン分子は分子がしっかりと固定されており，これらを構成する水素や炭素原子はその存在している場所から動かない．分子模型を組んでみればよくわかるが，C—C 結合まわりの回転ができない．これに対してアルカン分子はもっと柔軟である．

　エタンの分子模型をつくると，二つのメチル基が互いに容易に回転できることがわかる．回転の際，水素同士がすれ違うのに必要な回転障壁エネルギーはわずか 12.5 kJ mol^{-1} である．このため二つのメチル基は互いに自由回転している．一般に単結合のまわりはすべて自由回転できる．

C−C 結合軸のまわりの回転に応じて無数の空間配列が存在するが，これらを配座異性体あるいは回転異性体(コンホーマー)とよぶ．エタン分子をニューマン(Newman)投影式(5・6節参照)でみると二つの極限を示す配座が存在することが明らかとなる．重なり形とねじれ形である．重なり形配座では，手前の炭素上の三つの水素原子が後ろの炭素上の三つの水素と重なっている．この重なり形から C−C 結合のまわりに後方の炭素を 60°回転させるとねじれ形となる．このねじれ形配座では，手前の炭素上の三つの水素原子がそれぞれ後ろの炭素上の二つの水素原子のちょうど真ん中に位置している．さらに 60°回転させると再び重なり形となる(図 4・20)．

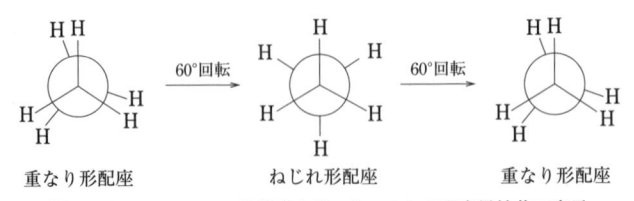

図 4・20　ニューマン投影式を用いたエタンの配座異性体の表示

エタンの2個の炭素上の特定の二つの水素がなす角，すなわち平面 H(1)−C(1)−C(2)と平面 C(1)−C(2)−H(2)のなす角度(二面角という)によって分子のポテンシャルエネルギーが変わる様子を図示すると図 4・21 のようになる．ポテンシャルエネルギー変化は電子の反発に基づくものである．ねじれ形配座から回転して二つのメチル基の水素原子の間の距離が減少し，その結果 C−H 結合の結合電子対同士の反発が大

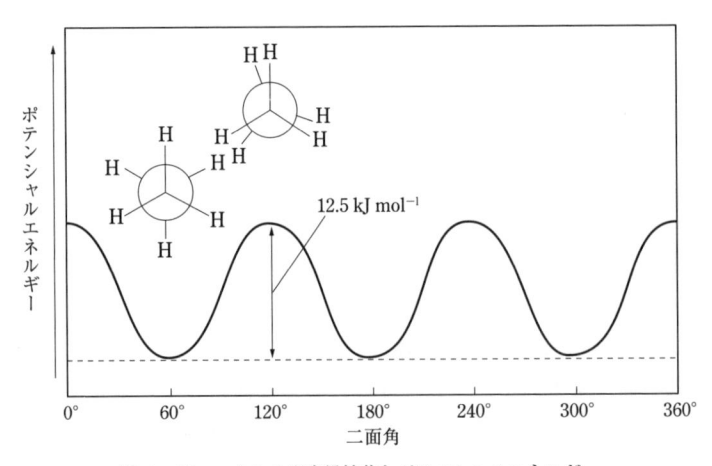

図 4・21　エタンの配座異性体とポテンシャルエネルギー

きくなる．重なり形配座では6組のC–H結合電子対の2組ずつがもっとも近づくため，エタン分子はもっとも高いエネルギーをもつ．もっとも低いエネルギーをもつねじれ形配座との間のエネルギー差は$12.5\,\mathrm{kJ\,mol^{-1}}$でこの値が回転障壁に対応する．

　ブタン分子を中央のC–C結合のまわりに回転させた場合には，ねじれ形ならびに重なり形がそれぞれ2種類ずつある．二つのねじれ形配座のうちメチル基同士がもっとも離れた位置にあるものは，立体障害がもっとも小さいためもっとも安定な配座である．このねじれ形をアンチ形とよぶ．アンチ形配座のニューマン投影式において後方の炭素を時計回りに60°回転させると，2組のメチル基と水素が重なった重なり形配座(1)となる．さらに60°回転させるともう一つのねじれ形となる．このねじれ形では二つのメチル基同士がアンチ形よりも近い距離にある．これをゴーシュ形配座とよぶ．立体障害のためにアンチ形よりも$3.8\,\mathrm{kJ\,mol^{-1}}$エネルギーが高い．もう60°回転させると，今度は二つのメチル基同士が重なり合った重なり形配座(2)となる．二つのかさ高いCH_3置換基が重なり合うのでもっともエネルギーの高い配座である．もう一つの重なり形よりも$3\,\mathrm{kJ\,mol^{-1}}$高く，もっとも安定なアンチ形に比べると$18.9\,\mathrm{kJ\,mol^{-1}}$高い．さらに60°回転させるともう一つのゴーシュ形異性体を与える(図4・22)．

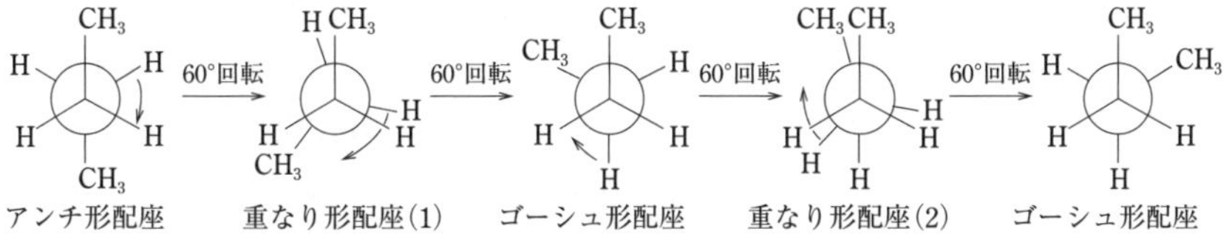

図 4・22　ニューマン投影式を用いたブタンの配座異性体の表示

　全体のポテンシャルエネルギー図は図4・23のようになる．アンチ形からゴーシュ形への変換に必要なエネルギー(回転障壁)は$15.9\,\mathrm{kJ\,mol^{-1}}$，ゴーシュ形からゴーシュ形への変換に対しては$15.1\,\mathrm{kJ\,mol^{-1}}$，さらにゴーシュ形からアンチ形への変換に対する回転障壁は$12.1\,\mathrm{kJ\,mol^{-1}}$である．溶液中ではもっとも安定なアンチ形異性体が80%を占め，残り20%がゴーシュ形異性体である．

4・4　シクロヘキサンの立体配座

　シクロアルカンの中でもっとも重要な化合物であるシクロヘキサンの立体配座について考えてみよう．シクロヘキサンが平面構造をとっているとすると，結合角は120°

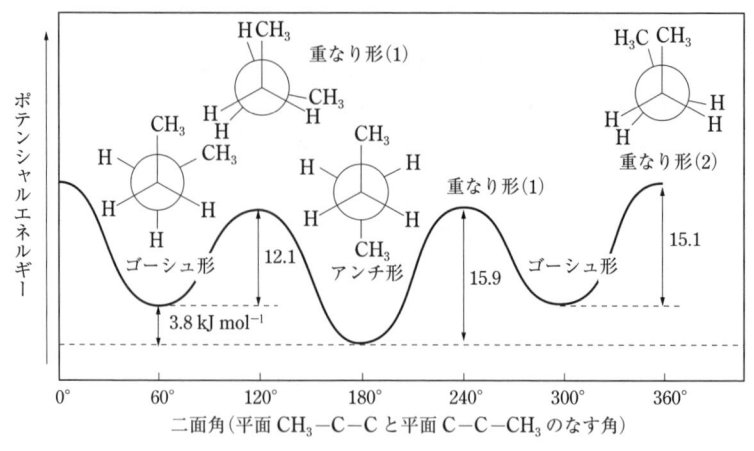

図 4・23 ブタンの配座異性体とポテンシャルエネルギー

でメタンやエタン炭素の四面体角の 109.5°から大きくずれる．そのため大きな結合角ひずみをもつことになる．さらに，平面構造では 12 個すべての水素同士が重なっており，非常に大きなエネルギーをもつことが予想される．ところが実際にはシクロヘキサンは，炭素 1 と炭素 4 を平面から互いに反対の方向に移動させた構造をとっている．この構造がいすの形に似ているので，いす形配座とよばれている（図 4・24）．この形では原子の重なりもなく，結合角も 111.5°と四面体角に近くほとんどひずみがない．C1—C2 結合に沿ってこの分子を眺めてニューマン投影式で示すと，すべての置換基がねじれ形に配置していることがわかる（図 4・25）．

いす形構造には 2 種類の水素が存在する．一つは分子の主軸に平行なものでアキシアル水素とよばれる．アキシアル水素は 6 個ある．残りの 6 個の水素はエクアトリアル水素とよばれ，分子の主軸と垂直である．シクロヘキサン環の配座はそれほど強く

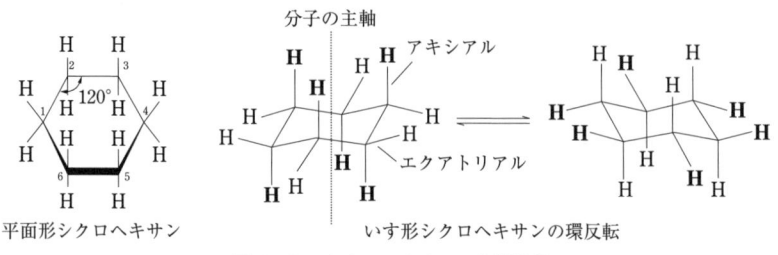

図 4・24 シクロヘキサンの立体配座

4・4 シクロヘキサンの立体配座　85

図 4・25 シクロヘキサンの C1−C2 結合に沿って眺めたときのニューマン投影式

ねじれ形

固定されていない．図 4・24 の一方のいす形配座ともう一方のいす形配座は容易に相互変換できる（障壁は 45 kJ mol^{-1}）．したがってアキシアル水素とエクアトリアル水素も互いに入れ替わって平衡状態となる．この環反転によって，左側のいす形配座のすべてのアキシアル水素（太字で示す）は，反転した右側のいす形配座においては，すべてエクアトリアル位を占める．一方，左側のいす形でエクアトリアル位にあった水素は，反転するとすべてアキシアル位に変換される．

次に置換基をもつシクロヘキサンの立体配座について考える．メチルシクロヘキサンでは，メチル基がエクアトリアル位あるいはアキシアル位を占める二つの立体配座が存在する．二つの配座を比べてみると，エクアトリアル配座ではメチル基が分子の残りの部分から外に突き出している．これに対しアキシアル配座においては，メチル基は分子の同じ面にある二つのアキシアル水素（太字で示す）と近接している．二つの水素との距離は立体反発を生じるくらい短い（約 270 pm）．メチル基の結合している炭素とこれら二つの水素の結合している炭素は 1,3 の位置関係にあるので，1,3-ジアキシアル相互作用とよぶ．1,3-ジアキシアル相互作用のために，アキシアル配座異性体はエクアトリアル配座異性体に比べて 7.1 kJ mol^{-1} だけ不安定となる．そのため 25 ℃ ではアキシアル配座をとるものとエクアトリアル配座をとるものが 5 : 95 の割合で存在する（図 4・26）．

分子の主軸

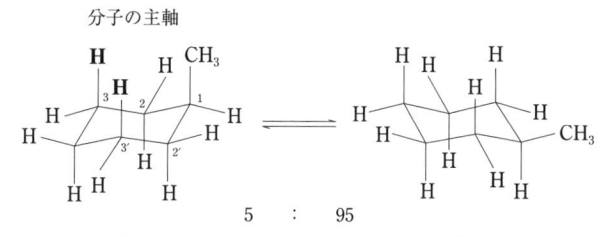

5 : 95

図 4・26 メチルシクロヘキサンの配座異性体

例題 4・8

問題 プロパンの二面角とポテンシャルエネルギーの関係をエタンの場合にならって示せ．

解答

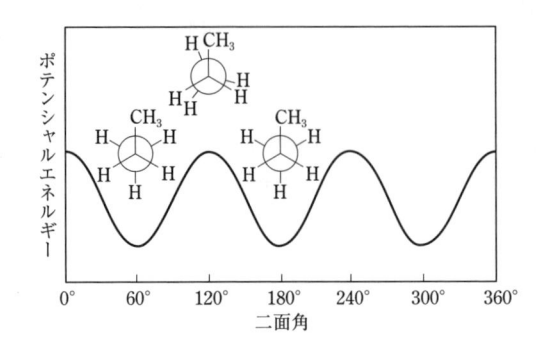

例題 4・9

問題 *trans*-1-*tert*-ブチル-3-メチルシクロヘキサンの二つのいす形を立体配座を示し，どちらが有利であるかを述べよ．

解答

例題 4・10

問題 次の化合物についてそれぞれ二つのいす形立体配座を示し，どちらが有利かを述べよ．
(a) *cis*-1, 2-ジメチルシクロヘキサン
(b) *trans*-1, 2-ジメチルシクロヘキサン
(c) *cis*-1, 3-ジメチルシクロヘキサン
(d) *trans*-1, 3-ジメチルシクロヘキサン

解答

まとめ

- アルカンには直鎖アルカンと分岐アルカンがある．
- 直鎖アルカンの末端炭素原子上の水素を一つ除いてできる一価基をアルキル基とよぶ．
- 分岐アルカンの命名は IUPAC の命名法の規則に従う．
- プロパンからは取り除く水素によって2種のアルキル基(プロピル基とイソプロピル基)が存在する．
- ブチル基には4種類(ブチル基，イソブチル基，sec-ブチル基，tert-ブチル基)が存在する．
- アルカンは規則正しい分子構造と物理的性質をもっている．
- 分子間引力がアルカンの物理的性質を支配する．
- 単結合まわりは自由回転できる．
- エタンにはねじれ形と重なり形の二つの極限の立体配座が存在する．
- シクロヘキサンはいす形の立体配座をとる．

練習問題

4・1 IUPAC 命名法に従って次の分子を命名せよ．

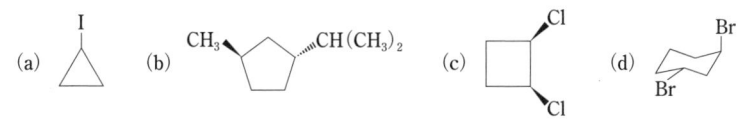

(a), (b), (c), (d)

4・2 IUPAC 命名法に従って次の分子を命名せよ．

(a), (b), (c)

4・3 次の化合物を IUPAC 命名法に従って命名せよ．

(a), (b), (c), (d), (e), (f)

4・4 次の置換シクロヘキサンについてもっとも安定な立体配座ともっとも不安定な立体配座を書け．

(a) シクロヘキサノール　　(b) *trans*-3-メチルシクロヘキサノール
(c) *cis*-1-(*tert*-ブチル)-3-メチルシクロヘキサン
(d) *trans*-1-クロロ-4-(1-メチルエチル)シクロヘキサン

4・5　1,2,3,4,5,6-ヘキサクロロシクロヘキサンには八つの異性体がある．それらすべての構造式を書け．

有機化合物の立体構造 5

本章では，まず偏光を回転させる光学活性な化合物の旋光度について述べ，その光学純度の測定法ならびに表示法を学ぶ．次に立体異性体の絶対配置の決定方法(R, S 表示法)について説明した後，三つの立体構造の表示法すなわち，破線-くさび形表記法，ニューマン投影式，フィッシャー投影式を紹介する．さらにジアステレオマーについて学ぶ．ジアステレオマーは互いに化学的性質，物理的性質が異なる．最後にこれらの性質を利用した光学分割法ならびに不斉合成について学ぶ．

炭素原子に四つの異なる置換基(a, b, c, d)が結合している化合物を鏡の前に置く．この化合物(実像)と鏡像とは重ね合わせることができない．ちょうど右手と左手の関係と同じである．キラル炭素(不斉炭素)をもつこのような化合物の鏡像を以前は対掌体とよんでいた．しかし，この言葉は対称体と音が同じで混乱を招くことから，現在では鏡像異性体(エナンチオマー)とよばれている．不斉炭素を二つもつ化合物には四つの立体異性体が存在する．これら異性体の間の関係には，互いに鏡像の関係にあるエナンチオマーとそれ以外の関係にあるジアステレオマーがある．

5・1 立体異性体の分類

異性体には構造異性体と立体異性体の2種類がある．構造異性体とは，分子式が同じで，個々の原子のつながり方が異なる化合物をいい，立体異性体とは，原子のつながり方が同じで，空間的な配置が異なる化合物をいう．立体異性体にはエナンチオマー，ジアステレオマーがあり，さらに安定なシス-トランス異性体や，すばやい相互変換によって平衡にある配座異性体がある．

また，異性体をエナンチオマーとジアステレオマーの二つに分類することもある．

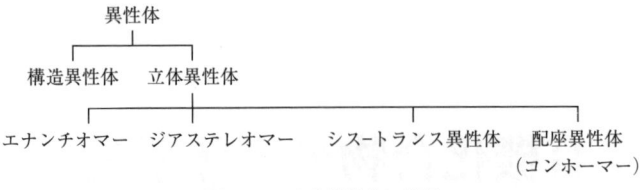

5 有機化合物の立体構造

```
                              異性体
                    ┌───────────┴───────────┐
                構造異性体              立体異性体
                    ┌───────────┬───────────┬───────────┐
              エナンチオマー ジアステレオマー シス-トランス異性体 配座異性体
                                                      (コンホーマー)
```

図 5・1 立体異性体の分類

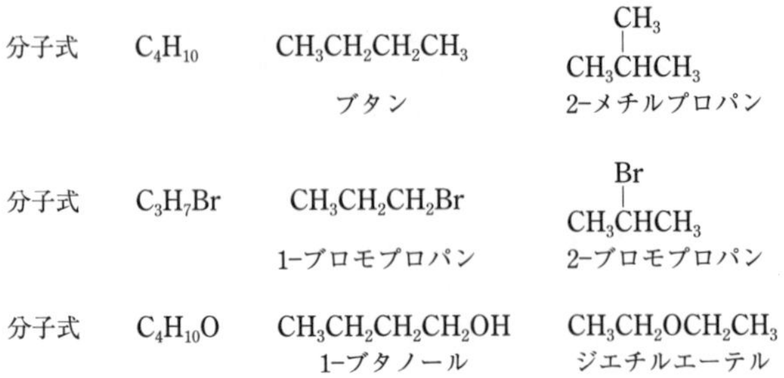

分子式	C_4H_{10}	$CH_3CH_2CH_2CH_3$ ブタン	CH_3CHCH_3 (CH_3) 2-メチルプロパン
分子式	C_3H_7Br	$CH_3CH_2CH_2Br$ 1-ブロモプロパン	CH_3CHCH_3 (Br) 2-ブロモプロパン
分子式	$C_4H_{10}O$	$CH_3CH_2CH_2CH_2OH$ 1-ブタノール	$CH_3CH_2OCH_2CH_3$ ジエチルエーテル

図 5・2 構造異性体の例

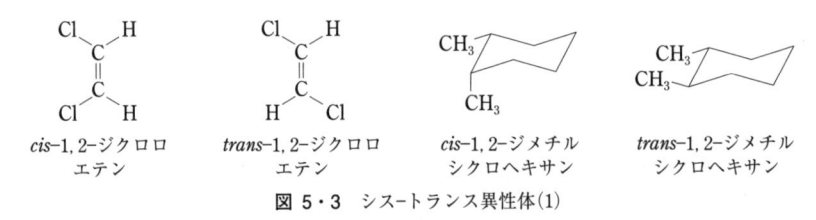

cis-1,2-ジクロロエテン　　trans-1,2-ジクロロエテン　　cis-1,2-ジメチルシクロヘキサン　　trans-1,2-ジメチルシクロヘキサン

図 5・3 シス-トランス異性体(1)

この場合には，互いに重ね合わせることのできない像と鏡像の関係にあるものをエナンチオマーとよび，それ以外の像と鏡像の関係にないすべてのものをジアステレオマーとよぶ．したがってこの分類によると cis(シス)-1,2-ジクロロエテンと trans(トランス)-1,2-ジクロロエテンのシス-トランス異性体は，互いに像と鏡像の関係にはないので，ジアステレオマーということになる．さらに cis-1,2-ジメチルシクロヘキサンとそのトランス体の関係もジアステレオマーとなるが，本書ではジアステレオマーという言葉をもう少し狭い意味で使い(5・7節参照)，図5・1の分類に従ってシス-トランス異性や配座異性と区別して取扱う．

5・2　シス-トランス異性体および E, Z 異性体

アルケンの二重結合まわりの回転障壁は大きい．そのため二つの立体異性体が安定

5・2 シス-トランス異性体および E, Z 異性体

に存在する．二置換アルケン $R^1CH=CHR^2$ では，置換基 R^1 と R^2 が二重結合に対して，同じ側に位置するのか，あるいは反対側に位置するのかによってシス(*cis*, ラテン語の"同じ側")体とトランス(*trans*, ラテン語の"反対側")体を区別する．前ページにあげた *cis*-1, 2-ジクロロエテンと *trans*-1, 2-ジクロロエテンがその例である．

これに対して三置換や四置換アルケンになると，シス，トランスの決定が難しい．この場合には，4・1・5項でも少し触れたように置換基に順位(優先順位)を付けて決定する．

ここで置換基の優先順位について説明しておく．

① 炭素に直接結合している原子のうち原子番号の大きい原子を上位とする．したがってもっとも優先順位が低いのは水素である．また同位体については，質量数の大きいほうが優先順位が高い．たとえば ^{13}C は ^{12}C より高い．

② 直接結合している原子が同じである場合は，この原子に結合している原子を比較する．たとえばメチル基とエチル基で考えてみる．炭素に直接結合しているのはいずれも炭素で同じである．そこでこの炭素に結合している次の原子へと移り，ここで比較する．メチル基の場合には炭素に三つの水素しか置換していないのに対し，エチル基では優先順位の高い炭素原子が結合している．したがってエチル基のほうが上位となる．

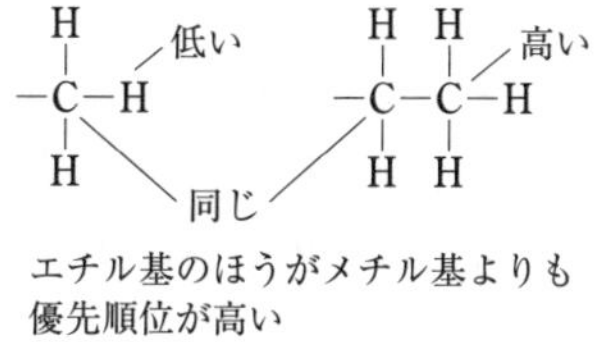

エチル基のほうがメチル基よりも優先順位が高い

図 5・4 メチル基とエチル基の優先順位

③ 二重結合や三重結合は，同じ原子が結合の数だけ付いているものとする．

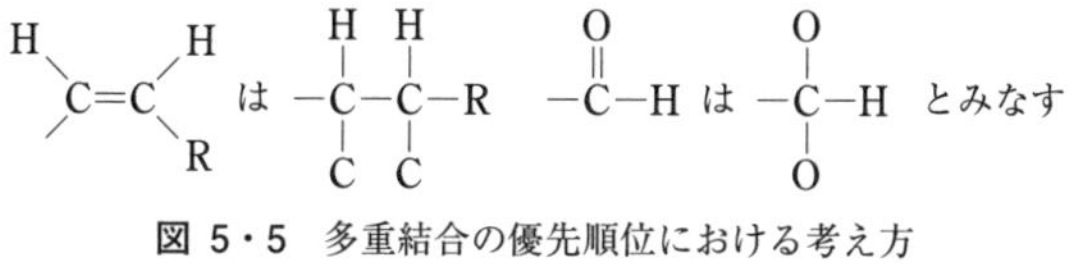

図 5・5 多重結合の優先順位における考え方

例題 5・1

問題 次の置換基を優先順位の高い順に並べよ．
(a) プロピル，イソプロピル，エチル，トリクロロメチル
(b) エチル，1-クロロエチル，1-フルオロエチル，2-ブロモエチル

(c) イソブチル(2-メチルプロピル), シクロペンチル, イソプロピル(1-メチルエチル)

解答 (a) トリクロロメチル ＞ イソプロピル ＞ プロピル ＞ エチル
(b) 1-クロロエチル ＞ 1-フルオロエチル ＞ 2-ブロモエチル ＞ エチル
(c) シクロペンチル ＞ 1-メチルエチル ＞ 2-メチルプロピル

話を元に戻して，2-クロロ-2-ペンテン酸を例にとって考える．二重結合の右の炭素には二つの置換基 Cl と COOH が結合している．これら二つの置換基を比較すると，塩素のほうが順位が高い．一方，左側の二重結合炭素には水素とエチル基が結合しておりここではエチル基のほうが順位が高い．左右二つの二重結合炭素に結合している順位の高いもの同士が二重結合に対して同じ側にあれば Z (zusammen, ドイツ語の"同じ側"), 反対側にあれば E (entgegen, ドイツ語の"反対側")と表す．2-クロロ-2-ペンテン酸の場合には順位の高い置換基である Cl と CH_3CH_2 が同じ側にあるものが Z 体，そして反対側にあるものが E 体となる．

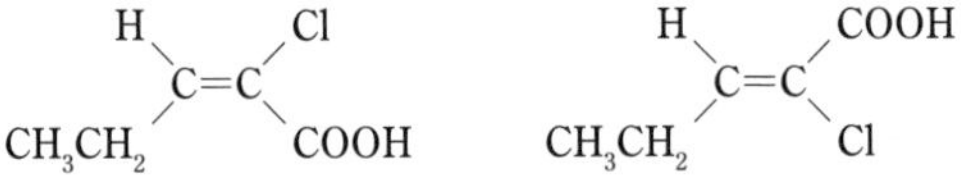

(E)-2-クロロ-2-ペンテン酸   (Z)-2-クロロ-2-ペンテン酸

図 5・6 E, Z 異性体

二つの置換基が異なる炭素についている二置換シクロアルカンにも 2 種類の異性体が存在する．片方の異性体では二つの置換基が環の同じ側にあり，もう一方の異性体では反対側にある．同じ側を向いているものはシス体，反対側を向いているものはトランス体とよぶ．1,3-ジメチルシクロヘキサンの例を下に示す．

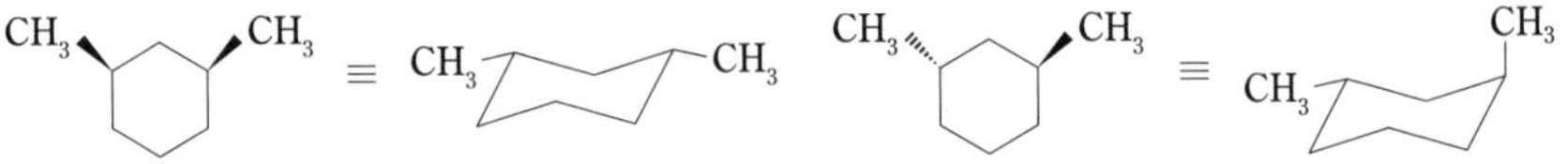

cis-1,3-ジメチルシクロヘキサン   trans-1,3-ジメチルシクロヘキサン

図 5・7 シス-トランス異性体(2)

5・3 エナンチオマー(鏡像異性体)とキラル分子

右手の手のひらを鏡に向け，その像を左手の手のひらと比べてみればほぼ両者は一致する．つまり右手と左手は互いに鏡像の関係にある．多くの有機分子もこの両手の

ように互いに鏡像関係にある二つの形で存在する．片方をもう一方に変換するには，いったん結合を切る必要がある．このような分子はキラルとよばれ，像とその鏡像の関係にあるおのおのの異性体をエナンチオマー(鏡像異性体)とよぶ．なおキラルという言葉はギリシャ語の掌(cheiro)に由来する．靴，革手袋，耳，ねじ，らせん階段などはキラルな物体であるが，これに対してボールや軍手などはキラルではない．アキラルな物体である．アキラルのアは打消しを表し，キラルでないということである．

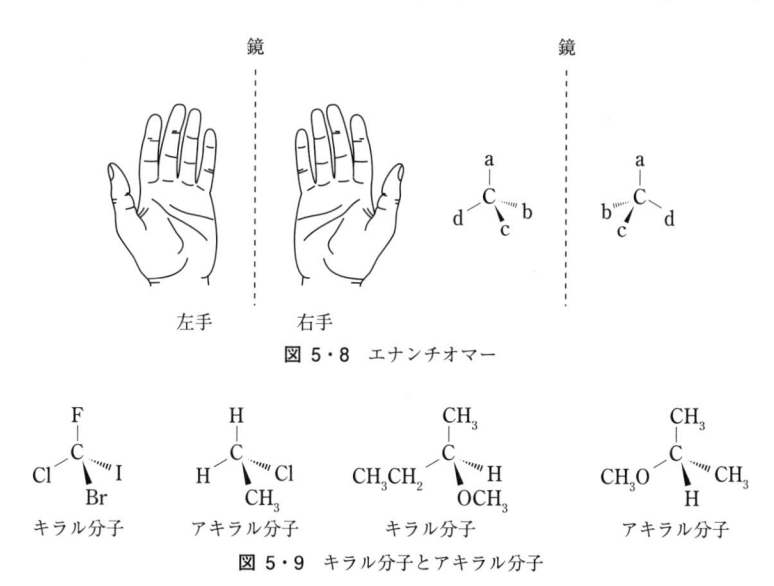

図 5・8 エナンチオマー

図 5・9 キラル分子とアキラル分子

　飽和炭素原子は四面体の頂点の方向に結合をつくるが，炭素上の置換基が a, b, c, d とすべて異なる場合にはその空間的な配置の違いによって二つの立体異性体が生じる．左手型(S 体，5・5 節参照)のグルタミン酸にはうま味があるが，右手型(R 体)にはうま味がない．またテルペンの一つであるリモネンでは S 体と R 体ではにおいがまったく異なる．味やにおいを感じる部分が左手型のアミノ酸から構成されているためである．四つの異なる置換基が結合した炭素は不斉炭素または不斉中心とよばれる．また IUPAC では，このような原子をキラル中心(chirality center)とよぶことを推奨している．なおキラル中心は*印をつけて示されることが多い．

図 5・10 エナンチオマーの例

5・4 エナンチオマーの性質,光学活性

　通常の光は,光の進行方向に対して垂直な面内であらゆる方向に振動している電磁波の束であると考えることができる.通常の光が偏光子とよばれる物質を通過すると,一つの面内で振動する光だけが透過して,残りの光はすべてフィルターにかけられ除かれる.透過した光は,平面偏光とよばれる.光が分子の中を通過するとき,核の周囲の電子やさまざまな結合に関与している電子は光の電場と相互作用する.ここで平面偏光をキラルな物質の中に透過させると,電場はその分子の左半分と右半分で異なる相互作用を起こす.この相互作用のために旋光とよばれる偏光面の回転が起こる.旋光を引き起こす試料は光学活性(optical active)であるといわれる.
　一方のエナンチオマーの試料を平面偏光が通過するとき,偏光面はどちらかの方向(時計回りか反時計回り)に回転する.もう一方のエナンチオマーでは偏光面はまったく同じ大きさだけ,しかも反対の方向に回転する.この回転が右回りのもの(光源に向かって時計回りに回転するもの)を右旋性,左回りのもの(光源に向かって反時計回りに回転するもの)を左旋性といい,それぞれ+,−の符号を付ける.エナンチオマー

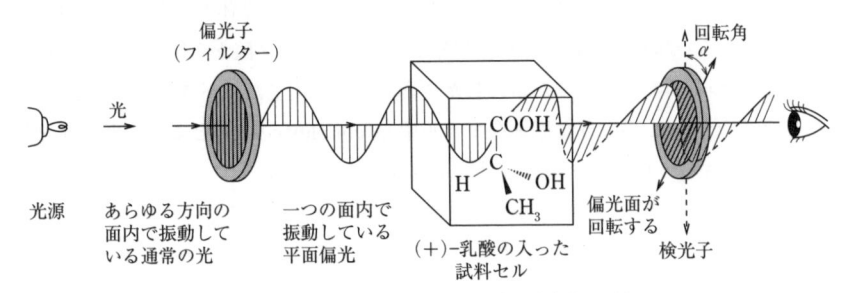

図 5・11 旋光計による(+)-乳酸の旋光度の測定

はしばしば光学異性体ともよばれる．

　測定に用いられる溶液の濃度などの影響を排除した絶対的な回転角の大きさを表すために，その回転角 α を光路長 l と濃度 c で割った値を求め，これを比旋光度とよんでいる．比旋光度の値は測定に用いる温度や光の波長によって変化するので，これらの値も併記しておく必要がある．一般にナトリウムの D 線（波長 589.3 nm）が使われる．乳酸のエナンチオマーの場合には，それぞれ $[\alpha]_D^{25}=+3.8$，$[\alpha]_D^{25}=-3.8$ というように表示する．

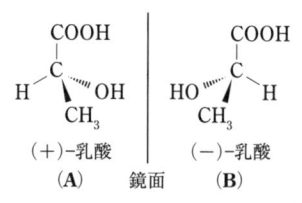

```
       COOH              COOH          比旋光度 [α]_λ^T = α/lc
        C                 C            T：温度（℃）
   H ⫽⫽⫽ OH        HO ⫽⫽⫽ H           λ：入射光の波長
       CH_3              CH_3          α：実測の旋光度
    (＋)-乳酸           (－)-乳酸       l：試料セルの長さ（デシメートル，1 dm=10 cm）
      (A)      鏡面      (B)           c：溶液の濃度（g mL⁻¹）
```

図 5・12　比旋光度

　エナンチオマー同士は互いに平面偏光を同じ大きさだけ逆の方向に回転させる．たとえば 2-ブロモブタンの (－) のエナンチオマーは偏光面を反時計回りに比旋光度として 23.1 回転させ，その鏡像である (＋)-2-ブロモブタンは時計回りに 23.1 回転させる．(＋) と (－) のエナンチオマーを等量ずつ含む混合物は互いに旋光を打消し，旋光性を示さないため，光学不活性である．このような混合物はラセミ体とよばれる．

　エナンチオマーの混合物でも互いの量が異なる場合には光学活性が観測される．そしてその測定した旋光度から混合物の組成を求めることができる．(＋) 体 75％ と (－) 体 25％ からなる混合物について考えてみる．この場合 25％ の (－) エナンチオマーは同じ量の (＋) 体の旋光を打ち消す．50％ の光学純度（75％ －25％）となり，実測の比旋光度は純粋な右旋性エナンチオマーの半分である．

　光学純度とは光学活性の度合を表す値で，次式で表される．

$$\text{光学純度} = \frac{\text{光学活性な分子数}}{\text{全分子数}} \times 100 = x(\%) \tag{5・1}$$

　この光学純度 x とともにエナンチオマー過剰率（％ ee，ee は enantiomeric excess の略）という表し方もよく用いられる．エナンチオマー過剰率は，S 体および R 体の分子数を使って次のように表される．両者の数字は等しい．

$$\text{エナンチオマー過剰率}(\% \text{ ee}) = \frac{S\text{体の分子数}-R\text{体の分子数}}{S\text{体の分子数}+R\text{体の分子数}} \times 100 \tag{5・2}$$

例題 5・2

問題 ジメチルシクロブタンのすべての異性体を書き，それぞれについてキラルかアキラルかを示せ．アキラルなものについては鏡面を示せ．

解答

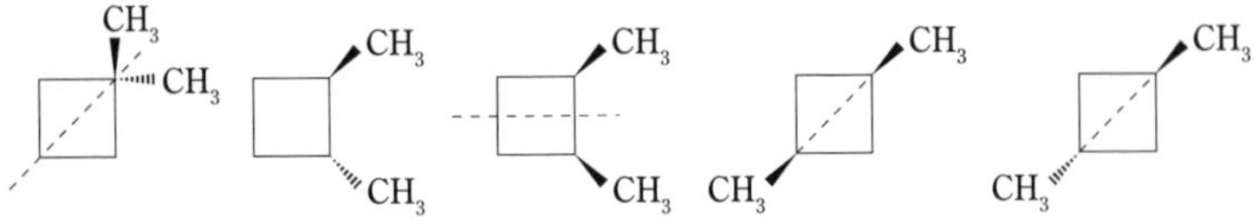

アキラル　キラル　アキラル　アキラル　アキラル

例題 5・3

問題 光学純度が 100% の (−)-2-ブロモブタンの比旋光度は −23.1 である．光学純度が 75% の (+)-2-ブロモブタンの比旋光度はいくらか．また，この試料には (+) と (−) のエナンチオマーがそれぞれ何% ずつ含まれているか．

解答 比旋光度 23.1×0.75＝17.3
(+)体 87.5%　(−)体 12.5%

5・5　絶対配置：R–S 表示法

乳酸のエナンチオマーにおいて，図 5・12 の左の構造の乳酸が正の比旋光度をもち，右の構造の乳酸が負の比旋光度をもつと述べたが，じつはこの置換基の空間的配置(絶対配置)は構造に関するほかの情報に基づいて決められたものである．つまり旋光度の符号と絶対配置の間には何の関係もない．特殊な X 線回折法を用いなければ決定できないものである．X 線回折法を用いるには試料が固体であることがまず必要で，そのほかにも種々の条件があり，この方法で絶対構造を決定できる化合物は数少ない．そこで，ほとんどの光学活性化合物の絶対構造は，X 線回折法で決定された化合物に化学的に変換することによって間接的に決定されている．

絶対配置の違いを表現する方法として R, S 表示法がある．R. Cahn, C. Ingold, V. Prelog の 3 人によって開発された方法である．手順は次のとおりである．
① 不斉炭素に付いている四つの置換基に，5・2 節で述べた優先順位の高いほうから順位 (a, b, c, d. a が一番高く，d が一番低い) を付ける．
② 優先順位のもっとも低い置換基 d を自分からできるだけ遠い位置に置く．こうすると残り三つの置換基の配列の仕方は 2 通りしかない．これら三つの置換基

を手前から眺める．

③　順位の高いほうから a→b→c の順に置換基をたどったとき，それが右回り（時計回り）ならばその不斉炭素の配置は R(*rectus*, ラテン語の"右"）と定義し，逆に左回り（反時計回り）であれば，その不斉炭素は S(*sinister*, ラテン語の"左"）と定義する．R と S の記号は (R)-2-ブロモブタンや (S)-2-ブタノールというように，接頭語としてキラルな化合物の名前の前に（　）に入れて用いる．R, S の記号と比旋光度の符号の間には何の関係もないことをもう一度注意しておく．

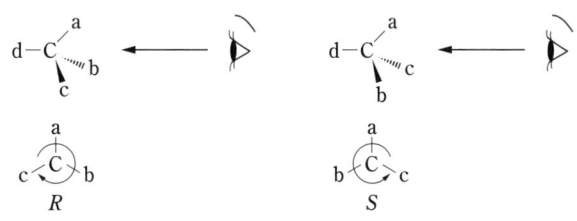

図 5・13　R,S 表示法の手順

乳酸の R, S 表示は次のようになる．(＋)-乳酸の不斉炭素には，H, C, C, O の四つの原子が結合している．手順①によって，まず酸素が最高位であり水素がもっとも低いので，これらはそれぞれ 1 番，4 番と容易に決定できる．次に二つの炭素についてはこれらの炭素それぞれに結合している原子を比較する．-COOH が 2 番，-CH$_3$ 基が 3 番となる．手順②，③に従って，4 番の水素を自分からできるだけ遠いところに置いて，残りの三つの置換基を順位の高いほうから 1→2→3 と眺めると左回りであることがわかる．こうして (＋)-乳酸は S 体であると決定できる．

(＋)-乳酸　　順位を付ける　　4 番の H を遠くに置き
　　　　　　　　　　　　　手前から眺める
　　　　　　　　　　　　　左回り → S 体

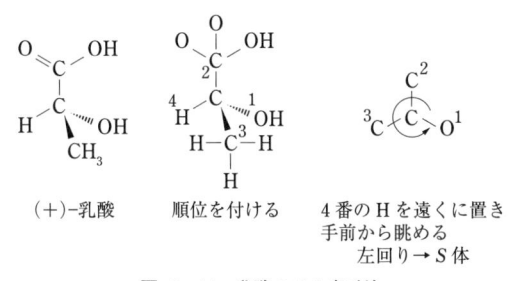

図 5・14　乳酸の R,S 表示法

5・6　立体構造の表示法

　有機化合物の立体構造を考えるには，分子模型を実際に手にとるのがもっともよい．数種類の分子模型が市販されている．しかし他人に立体構造を伝えるのにいつも分子模型を使うわけにはいかない．そこで有機分子の三次元構造を正確に効率よく紙の上で表現する方法がいくつか提案されている．すでにこれまでに使用してきたが，ここでまとめておく．

(1) 破線−くさび形表記法

　ジグザグの直線で主炭素鎖を書く．このとき主鎖は紙面上に横たわっているものとする．次に各炭素原子から線を2本ずつ引く．一つは破線でもう一つはくさび形の線で，いずれも炭素鎖から離れていくように描く．これら2本の線は炭素原子の残りの二つの結合を表し，破線は紙面から裏側に伸びている結合を，そしてくさび形の線は紙面から手前につき出ている結合を示している．置換基はそれが結合している破線あるいはくさび形の線の先端に書く．

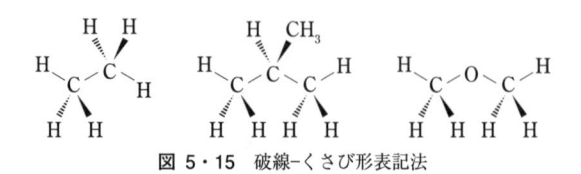

図 5・15　破線−くさび形表記法

(2) ニューマン投影式

　原子の位置を結合の方向からみた図で示す方法で，破線−くさび形表記法を紙面から起こし，C−C 結合に沿って眺めたのがニューマン(Newman)投影式である．この表記法では前方の炭素が後方の炭素を覆い隠すが，二つの炭素から出ている結合ははっきりとみえる．したがって，隣り合った置換基同士の相対的な位置関係がわかりやすい特徴をもっている．前方の炭素は三つの水素との結合の交点として示される．一方，後方の炭素は大きな円で表され，この炭素に結合している水素は大きな円から短い線で結ばれている．

図 5・16 エタンのニューマン投影式

エタンの例を上に示した．エタンの二つのメチル基は互いに容易に回転できる．エタンの二つの炭素間の単結合のまわりは自由回転している．したがってエタンを表すのにねじれ形と重なり形の二つの極限の表現法がある．これらを破線-くさび形表記法とニューマン投影式で表示すると次のようになる．

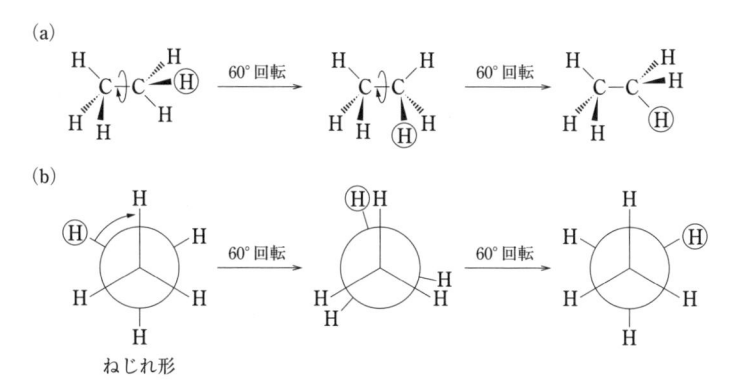

図 5・17 エタンの破線-くさび形表記法(a)とニューマン投影式(b)

なおニューマン投影式における重なり形では，後方の三つの水素原子が見やすいように完全な重なり形の位置から少し回転させた位置に水素原子を書く．

(3) フィッシャー投影式

四面体の炭素原子とその置換基を二次元的に書き表すもので，四面体炭素を2本の交差する線で示す方法である．水平の線は紙面から手前に出ている結合を，垂直の線は紙面の後ろのほうに向かう結合を表す．破線-くさび形表記法をフィッシャー(Fischer)投影式に書き換えるには破線-くさび形をこのような形に動かせばよい．

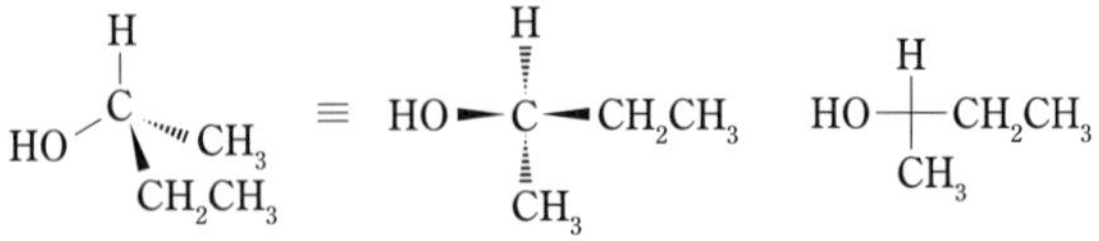

図 5・18 2-ブタノールの破線-くさび形表記法(a)とフィッシャー投影式(b)

フィッシャー投影式で置換基を入れ替えると立体化学が反転する．破線-くさび形で図 5・19 に示した 2-ブロモブタンにおいて，左側の化合物は R 体でその鏡像体である右側の化合物は S 体である．ここで，それぞれ対応するフィッシャー投影式をみて，左の投影式の Br と CH_2CH_3 を入れ替えると右側の投影式になることがわかる．すなわちフィッシャー投影式において四つの置換基のうち二つの置換基を 1 組入れ替えると鏡像体になる．言い換えると R 体の四つの置換基(a, b, c, d)のうち二つ(a と b，a と c，a と d，b と c，b と d あるいは c と d のいずれか 1 組)を入れ替えると S 体となる．

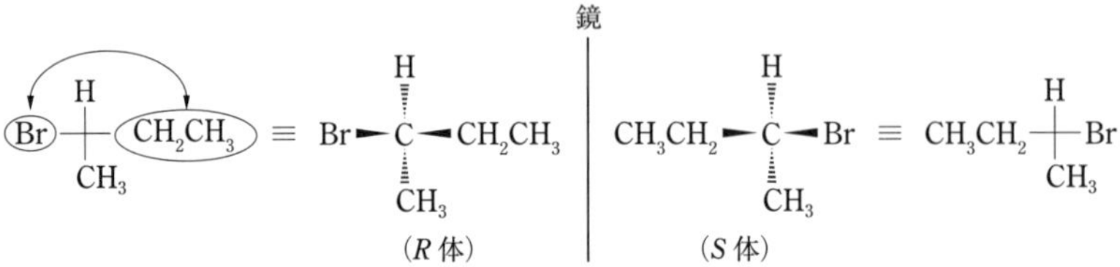

図 5・19 2-ブロモブタンの異性体における破線-くさび形表記法とフィッシャー投影式

フィッシャー投影式を用いると，その化合物の絶対配置を簡単に決定することができる．まず分子をフィッシャー投影式で書き，順位則に従って四つの置換基に順位を付ける(a＞b＞c＞d)．次に順位の一番低い置換基が上に位置するように置換基(a と d)を入れ替える．この際，置換基を 1 回入れ替えると絶対配置が反転する．したがって絶対配置を変えないためにはもう一度(a と b，a と c あるいは b と c のいずれかを)入れ替えなければならない．図 5・20 では a と b を入れ替える．こうして得られたフィッシャー投影式において優先順位の高い順に置換基 a, b, c を眺めたとき，それが時計回りか反時計回りかをみて，それぞれ R 配置か S 配置を決定する．

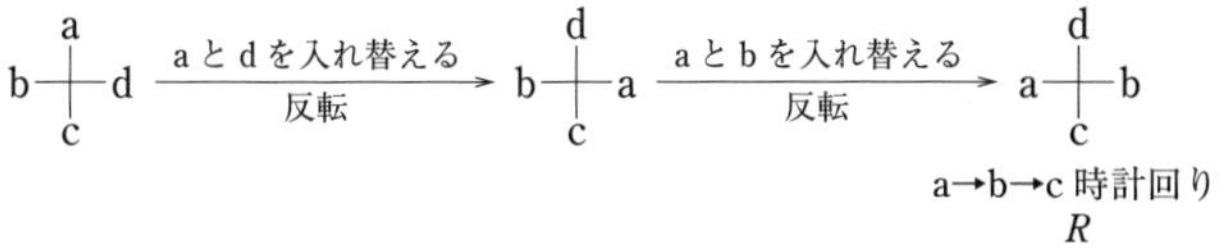

```
        a                          d                          d
    b ──┼── d   aとdを入れ替える   b ──┼── a   aとbを入れ替える   a ──┼── b
        c         反転                c         反転                c
                                                              a→b→c 時計回り
                                                                    R
```

図 5・20 フィッシャー投影式を用いた絶対配置の決定

　それではフィッシャー投影式で示した分子(図5・21A, 2-クロロ-2-ブロモブタン)を例にとって, その R, S を決定してみよう. まず順位則によって順位を付ける. Br が1番, Cl が2番, CH_2CH_3 が3番, CH_3 が4番となる. そこで一番順位の低い CH_3 を上の位置にもってくるために CH_3 と Br を入れ替える. ところがこの1回の入れ替えだけでは絶対配置が反転してしまうので, もう1回入れ替えが必要である. そこで Cl と CH_2CH_3 も入れ替える. こうしてできた化合物 **C** は元の化合物 **A** と同じである. 化合物 **C** をみると置換基 Br, Cl, CH_2CH_3 が時計回りにならんでおり R 配置であると決定できる. したがって化合物 **A** の絶対配置も R である.

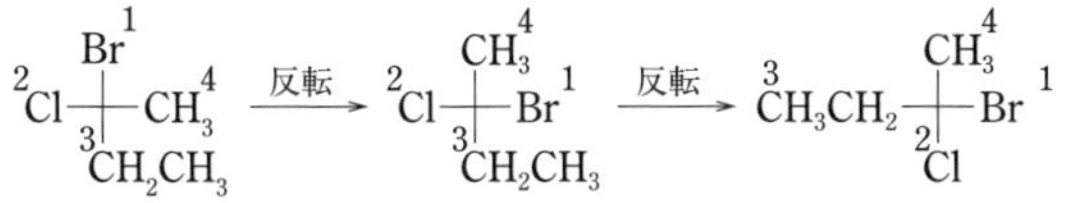

```
         Br¹                      CH₃⁴                     CH₃⁴
    ²Cl ──┼── CH₃⁴   反転    ²Cl ──┼── Br¹    反転   ³CH₃CH₂ ──┼── Br¹
         CH₂CH₃³                  CH₂CH₃³                    Cl²
           A                        B                         C
```

図 5・21 2-クロロ-2-ブロモブタンの絶対配置の決定

例題 5・4

問題　次の分子の絶対配置は R, S のいずれであるか示せ.

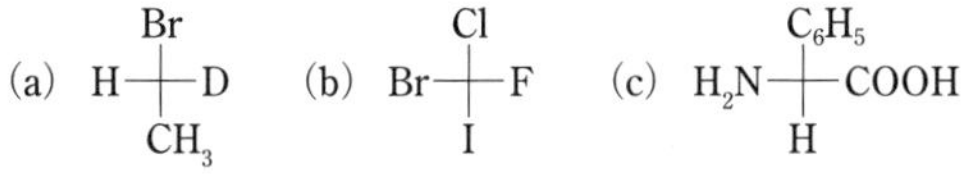

```
         Br              Cl              C₆H₅
    (a) H──┼──D    (b) Br──┼──F    (c) H₂N──┼──COOH
         CH₃             I               H
```

解答　(a) R 体　　(b) S 体　　(c) S 体

例題 5・5

問題　次の化合物の R, S を決定せよ. また, それぞれをフィッシャー投影式に書き直せ.

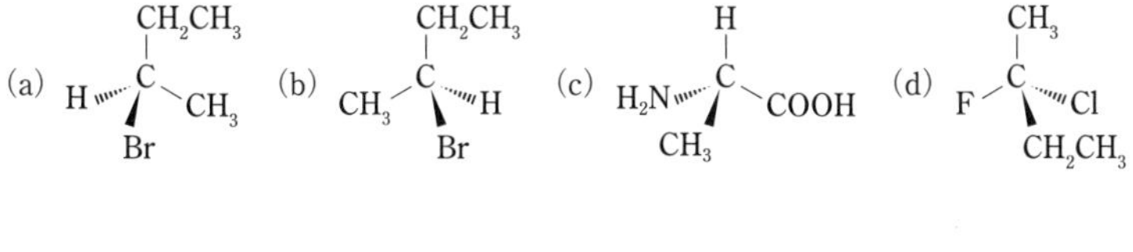

```
          CH₂CH₃              CH₂CH₃                H                  CH₃
         /                   /                     /                  /
  (a) H⋯C―CH₃       (b) CH₃―C⋯H         (c) H₂N⋯C―COOH     (d) F―C⋯Cl
         \                   \                     \                  \
          Br                  Br                    CH₃                CH₂CH₃
```

● コラム ●

立体化学の歴史

　フランスの化学者 Louis Pasteur はブドウ酸（酒石酸のラセミ体）のナトリウムアンモニウム塩を調製し，その水溶液を徐々に蒸発させて大きい結晶を得た．そしてその中に 2 種類の結晶があることに気付き，これらを選び分けた．さらに 2 種類の結晶を別々に水溶液とし，その旋光度を測定し，二つの水溶液は偏光面を反対の方向にそれぞれ等しい角度だけ回転させることを見つけた．この観察結果から Pasteur は，光学活性は光学活性体の分子中の原子が不斉な集団をつくることに基づくものであると考えた．また酒石酸の二つの結晶が偏光を左あるいは右に同じ角度だけ回転させるのは，この二つの物質の分子が互いに実像とその鏡像との関係にあるためだという結論に達した．立体化学の始まりといえる発見である．1848 年のことである．

　ドイツの化学者 Kekulé は，1858 年にすべての有機化合物の炭素は 4 価の原子価をもち，炭素やその他の原子が鎖状に結合し合って複雑な構造を形成することができることを明らかにし，構造有機化学の基礎を築いた．この Kekulé の考えと Pasteur によって発見された"光学活性は分子の不斉に基づく"という概念が結び付いて新しい考えが生まれた．その考えというのは炭素の四つの原子価は三次元空間で四面体の各頂点に向かっているというものである．二人の化学者 van't Hoff と Le Bel によって 1874 年に同時に発表された．一つの炭素原子に結合している四つの原子または原子団が異なる場合には，二つの異なった配列が考えられこれらは重ね合わせることができない．これらは互いに実像と鏡像の関係にある．このうち一つは偏光面をある一方向に回転する異性体に相当し，反対方向に回転させる異性体はもう一つの配列に対応する．炭素の原子価が四面体構造をもっているというこの考えは現在では物理的な測定ならびに量子力学による理論的考察によって証明されている．

　たとえば，乳酸を例にとってみよう．互いに鏡像の関係にある二つの分子のうち一方は偏光面を（＋）方向に回し（右旋性），もう一方は（−）方向に回す（左旋性）．ところが（＋）方向に回転させるものが二つの分子のうちどちらであるかはわからない．X 線回折の技術が開発されるまでキラル分子の絶対配置はわからなかった．ところが 1 世紀も前に Fischer によってキラル分子の立体構造に対する帰属が推測によってなされた．

選ばれた化合物はグリセルアルデヒドであった．右旋性のエナンチオマーは **A** の構造であると仮に決めたのである．そして D-グリセルアルデヒドと名付けた．この化合物の構造を決定することで他のキラル分子について相対的な立体構造が決まった．

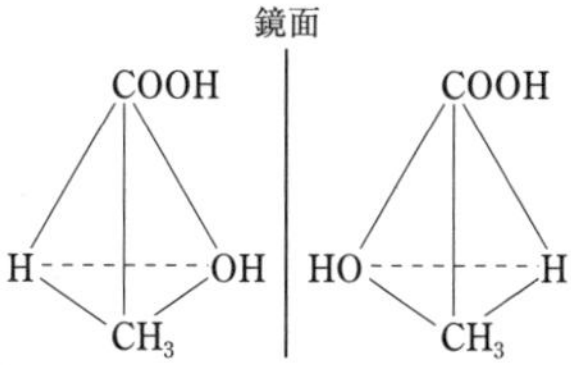

乳酸のエナンチオマー（鏡像異性体）

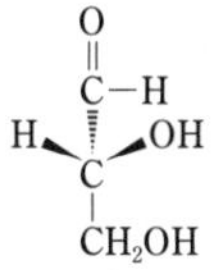

A
(R)-グリセルアルデヒド
あるいは
D-(+)-グリセルアルデヒド

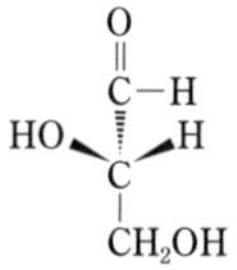

B
(S)-グリセルアルデヒド
あるいは
L-(−)-グリセルアルデヒド

不斉中心上の四つの結合に触れずに D-グリセルアルデヒドに変換できるキラルな化合物はすべて D 配置と決めた．乳酸との関係は次に示すとおりである．1951 年になって X 線回折の進歩によりこれらの化合物の絶対配置が明らかになった．幸いにも，50%の確率であった推測が当たっていたのである．したがって，それまで相対配置であったものがすべて絶対配置でもあるということになった．

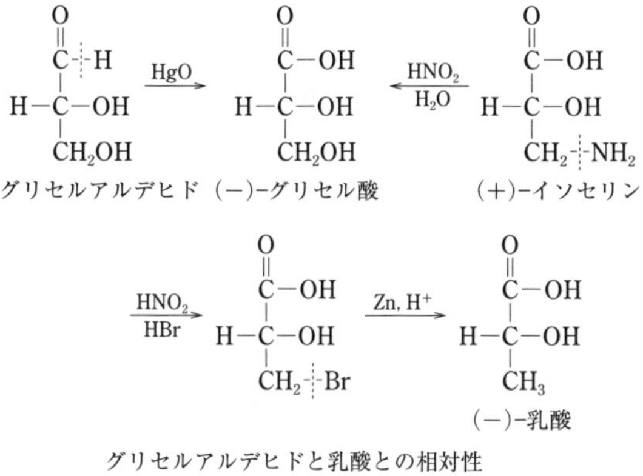

(+)-グリセルアルデヒド　(−)-グリセル酸　　(+)-イソセリン

(−)-乳酸

グリセルアルデヒドと乳酸との相対性

解答

(a) フィッシャー投影式: CH₂CH₃ が上、H—Br (Hが左、Brが右)、CH₃ が下 *R* 体

(b) フィッシャー投影式: CH₂CH₃ が上、Br—H (Brが左、Hが右)、CH₃ が下 *S* 体

(c) フィッシャー投影式: H が上、H₂N—CH₃ (H₂Nが左、CH₃が右)、COOH が下 *S* 体

(d) フィッシャー投影式: CH₃ が上、CH₃CH₂—Cl (CH₃CH₂が左、Clが右)、F が下 *R* 体

フィッシャー投影式はキラルな分子を描くために便利な方法で容易に絶対配置を帰属できるが,次の二つの点に注意が必要である. ① 投影式を紙面内で 180°回転させても元の化合物と同じで問題はないが,90°回転させると元の分子のエナンチオマーの投影式になる. ② 置換基を入れかえる回数が奇数回の場合は絶対配置が反転し,偶数回の場合には元の分子と同じものになる.

5・7 ジアステレオマー

キラル中心を二つもつ化合物 2-ブロモ-3-クロロブタンについて考えてみよう.それぞれの不斉炭素について,先ほどのキラル中心が一つしかなかった場合と同様に絶対配置 *R* または *S* を帰属することができる.おのおのの不斉炭素の配置は *R* または *S* なので,*RR*, *RS*, *SR*, *SS* の四つの異性体が存在し得る.このうち,2*S*, 3*S* 体と 2*R*, 3*R* 体,さらに 2*S*, 3*R* 体と 2*R*, 3*S* 体は互いに鏡像の関係にあるのでエナンチオマーである.これに対し,2*S*, 3*S* 体と 2*S*, 3*R* 体ならびに 2*R*, 3*S* 体の関係,さらに 2*R*, 3*R* 体と 2*R*, 3*S* 体ならびに 2*S*, 3*R* 体の間の関係は,いずれも鏡像の関係にないので,エナンチオマーではない.これらの立体異性体をジアステレオマーまたはジアステレオ異性体(diastereomer,ギリシャ語の"交わって")とよぶ.ジアステレオマーは互いに物理的性質や化学的性質が異なる分子である.そのために蒸留や再結晶あるいはクロマトグラフィーによって互いを分離することができる.構造異性体と同様に融点,沸点,密度さらに比旋光度ももちろん異なる.なお,5・1節で述べたように,最近ジアステレオマーを結合の種類や順序が互いに同じで対応する原子間の距離が異なるものと定義し,アルケンのシス-トランス異性や環状化合物のシス-トランス異性までをジアステレオマーに含めている教科書もあるが,本書ではジアステレオマーはここで述べた狭い範囲にとどめ,アルケンや環状化合物の異性体についてはシス,トランスという用語を用いる.

5・7 ジアステレオマー

```
                        鏡面
        CH₃              |              CH₃
    H ─┼─ Br    エナンチオマー    Br ─┼─ H
    Cl ─┼─ H    ←──────────→    H ─┼─ Cl
        CH₃                            CH₃
      (2S, 3S)                       (2R, 3R)

ジアステレオマー↕   ジアステレオマー   ↕ジアステレオマー

        CH₃                            CH₃
    H ─┼─ Br    エナンチオマー    Br ─┼─ H
    H ─┼─ Cl    ←──────────→    Cl ─┼─ H
        CH₃                            CH₃
      (2S, 3R)                       (2R, 3S)
```

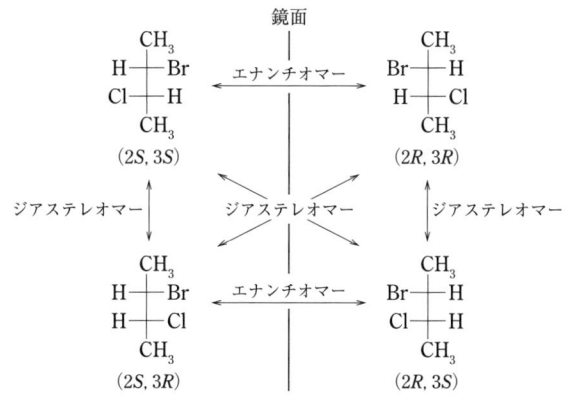

図 5・22 2-ブロモ-3-クロロブタンの4種類の異性体

分子内に不斉炭素が2個あると立体異性体は4個存在し得る．一般に不斉炭素がn個ある分子には2^n個の立体異性体が存在し得る．上で例としてあげた2-ブロモ-3-クロロブタンには，4個の異性体があることを学んだ．それでは，二つの不斉炭素が同じ置換基をもつ酒石酸では立体異性体の数はいくつあるだろうか．

次にあげた四つの異性体のうち，2R, 3R体と2S, 3S体の組は互いに鏡像の関係にあるが，もう一方の2R, 3S体と2S, 3R体の組はじつは同じ化合物である．すなわち，2R, 3S異性体を180°回転させると2S, 3R異性体と重ね合わせることができる．したがってエナンチオマーではない．この化合物は光学不活性で比旋光度は0である．このように二つ以上の不斉炭素をもち，しかも分子内に対称面をもつ化合物はメソ体 (*meso*, ギリシャ語の"真ん中")とよばれている．分子の半分が残り半分の鏡像になるような鏡面をもっている．したがって酒石酸にはキラルなエナンチオマーの対とアキラルなメソ体という三つの立体異性体しか存在しない．

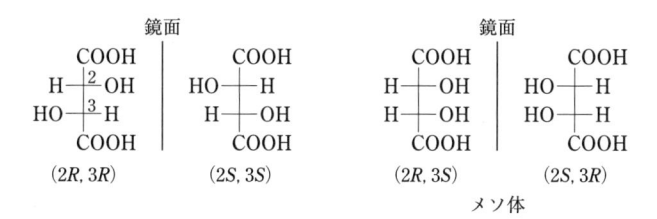

```
             鏡面                           鏡面
       COOH  |  COOH                COOH  |  COOH
    H ─²┼─ OH  HO ─┼─ H          H ─┼─ OH  HO ─┼─ H
   HO ─³┼─ H    H ─┼─ OH          H ─┼─ OH  HO ─┼─ H
       COOH     COOH                COOH     COOH
      (2R, 3R) (2S, 3S)            (2R, 3S) (2S, 3R)
                                            メソ体
```

図 5・23 酒石酸の立体異性体

例題 5・6

問題 次の四つの化合物はどのような立体化学的関係にあるか．同一か，エナンチオマーか，それともジアステレオマーか．またそれぞれの立体中心の絶対配置も帰属せよ．

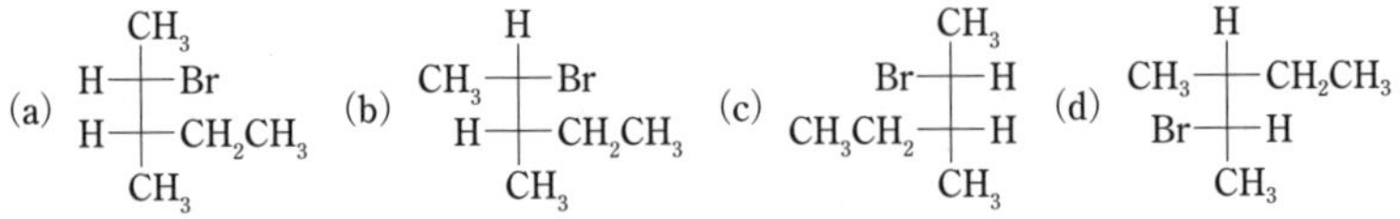

(a) CH₃ / H—Br / H—CH₂CH₃ / CH₃
(b) H / CH₃—Br / H—CH₂CH₃ / CH₃
(c) CH₃ / Br—H / CH₃CH₂—H / CH₃
(d) H / CH₃—CH₂CH₃ / Br—H / CH₃

解答 (a) (2S, 3S) (b) (2R, 3S) (c) (2R, 3R) (d) (2S, 3S)
(a)と(d)は同じ，(a)と(c)はエナンチオマー，(a)と(b)，(b)と(c)はジアステレオマー

例題 5・7

問題 次の化合物は同一か，あるいはエナンチオマーか．

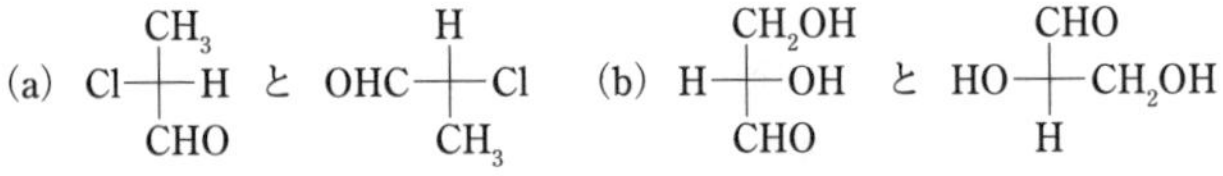

(a) CH₃ / Cl—H / CHO と H / OHC—Cl / CH₃
(b) CH₂OH / H—OH / CHO と CHO / HO—CH₂OH / H

解答 (a) エナンチオマー   (b) エナンチオマー

5・8 光学活性化合物の合成──光学分割と不斉合成

5・8・1 ラセミ体

2-ブタノンにニッケル触媒存在下，水素を作用させるとC＝O二重結合に対して水素が付加し，2-ブタノールが得られる．この際，触媒や溶媒にキラルな環境がなければ水素は2-ブタノンのつくる平面の上からも下からも同じ割合で付加し，その結果2-ブタノールは両エナンチオマーの50：50の混合物として生成する．すなわち(R)-2-ブタノールと(S)-2-ブタノールが等量ずつ生成する．このような R と S の等量混合物をラセミ体とよぶ．

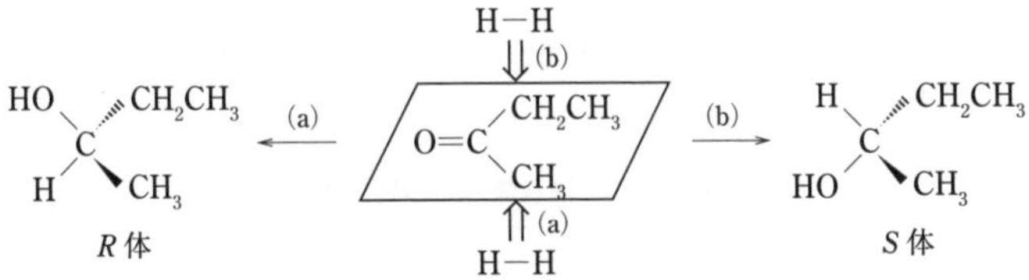

図 5・24 2-ブタノールのラセミ体の生成

5・8・2 光学分割法による光学活性化合物の合成

R 体, S 体の等量混合物であるラセミ体から一方のエナンチオマーを取り出すにはどうすればよいだろうか. エナンチオマー同士は化学的・物理的性質が全く同じなのでそれなりの工夫が必要である. キラルな物質である右手用の革手袋を右手にはめるとうまく機能するが, 左手にはめようとするとうまくフィットしない. つまりエナンチオマーの関係にある右手と左手がキラルな物質である右手用の革手袋を用いると識別できるということである. これと同様に分子の二つのエナンチオマーも別のキラル化合物を用いることで識別し分離することができる. 光学活性アミンを用いるラセミ体の酸の分割を例に示す. まずラセミ体の酸を(−)体の光学活性アミンと反応させて二つのジアステレオマーの塩をつくる. このジアステレオマー混合物を再結晶法で分離する. 両ジアステレオマーの間には溶解度(物理的性質の一つ)に差があるので, 一方のジアステレオマー, たとえば(+)体の酸を含む塩が結晶として析出し, (−)体の酸と(−)体のアミンからなる塩は溶液中に残る. (+)酸と(−)アミンからなるジアステレオマーの結晶を沪別し, この塩を酸の水溶液で処理すると, 解離した(+)体の酸が遊離してくる. 一方, 溶液のほうからは(−)体の酸が得られる.

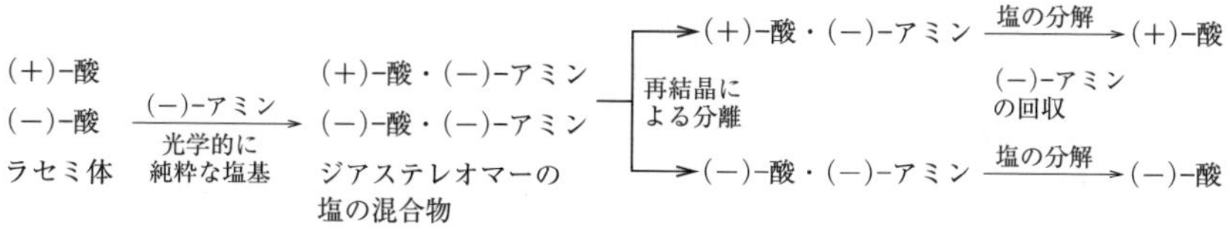

図 5・25 ラセミ体の分割

2-ブタノールを分割するには, まずこのアルコールを無水フタル酸と反応させて酸に変換しておいてから上で述べた方法で塩として分離する.

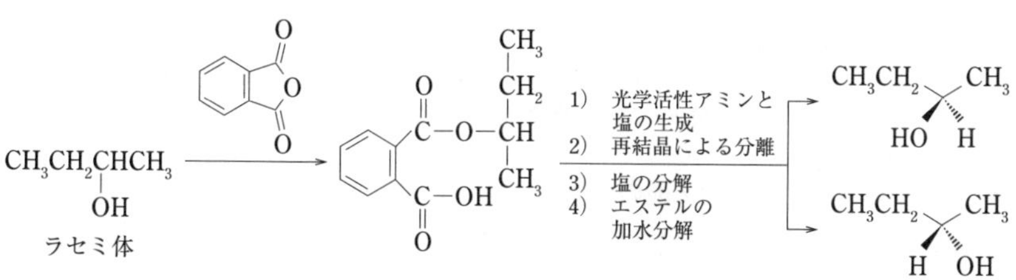

図 5・26 2-ブタノールの光学分割

例題 5・8

問題 (S)-1-フェニルエタンアミン $PhCH(NH_2)CH_3$ を用いて，ラセミ体の 2-ヒドロキシプロパン酸(乳酸)を分離する方法の具体的な手順を示せ．

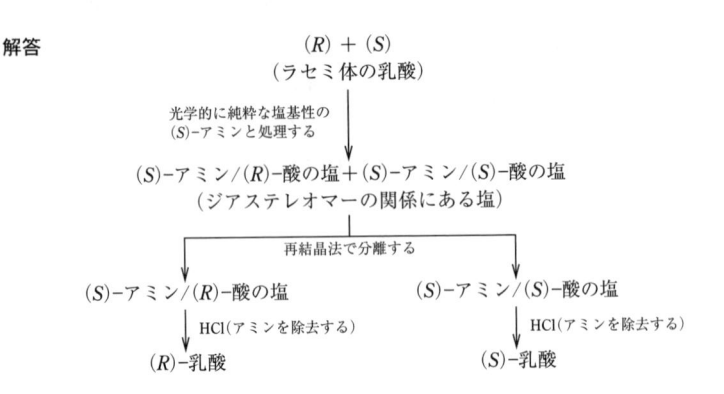

解答

```
              ($R$) + ($S$)
             (ラセミ体の乳酸)
                   │ 光学的に純粋な塩基性の
                   │ ($S$)-アミンと処理する
                   ▼
    ($S$)-アミン/($R$)-酸の塩 + ($S$)-アミン/($S$)-酸の塩
           (ジアステレオマーの関係にある塩)
                   │ 再結晶法で分離する
         ┌─────────┴─────────┐
         ▼                   ▼
 ($S$)-アミン/($R$)-酸の塩    ($S$)-アミン/($S$)-酸の塩
         │ HCl(アミンを除去する)      │ HCl(アミンを除去する)
         ▼                           ▼
      ($R$)-乳酸                  ($S$)-乳酸
```

光学分割では上に述べたようにラセミ体の両エナンチオマーがどちらもジアステレオマー混合物に変換され，ついでこれらのジアステレオマーの化学的性質や物理的性質の違いを利用して分離され，両エナンチオマーへの光学分割が達成される．これに対して，一方のエナンチオマーの官能基だけが優先的に化学的変換をうけることによって起こる光学分割法がある．すなわちある光学活性反応剤によって一方のエナンチオマーだけが反応を起こし，別の分子に変換され，もう一方のエナンチオマーは反応せずにそのまま残るというものである．反応しなかったエナンチオマーが光学活性体として選択的に取り出せることになる．このように両エナンチオマーの反応速度の差を利用した光学分割を速度論的分割とよぶ．酵素を用いる生物学的手法と人工的な光学活性反応剤を用いる化学的手法とがある．

```
   ラセミ体
   (+)エナンチオマー(A)  光学活性反応剤  → 化合物 B
   (−)エナンチオマー(A) ─────────→ → (−)エナンチオマー(A)
```

図 5・27 速度論的分割による光学分割

酵素法は光学活性なアミノ酸の合成に広く用いられている．代表例としてアシラーゼを用いるエステルの加水分解をあげる．アラニンをアシル化したアシルアラニンのラセミ体をブタの腎臓のアシラーゼで処理すると，(+)のエナンチオマーだけが加水分解され(+)-アラニンに変換される．これに対し，もう一方の(−)のエナンチオマー

は反応せずそのまま残る．いずれも光学的に純品として得られる．

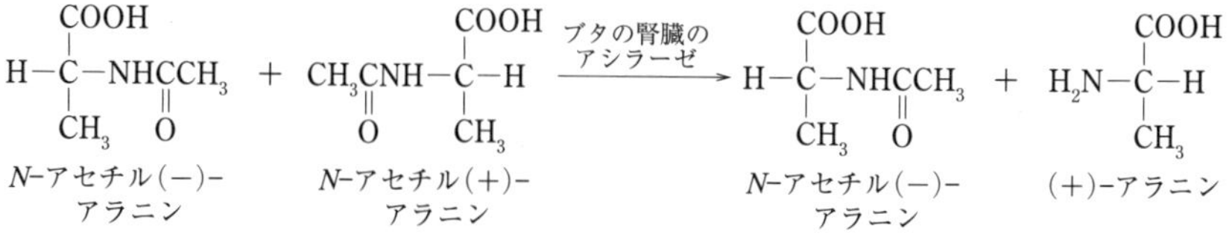

COOH
H−C−NHCCH3
CH3 O
N-アセチル(−)-アラニン
+
CH3CNH−C−H
COOH
O CH3
N-アセチル(+)-アラニン
ブタの腎臓のアシラーゼ
H−C−NHCCH3
N-アセチル(−)-アラニン
H2N−C−H
(+)-アラニン

図 5・28　酵素法による光学分割

次に人工的な化学的方法として香月・Sharplessらによって開発された速度論的不斉エポキシ化反応をあげる．アリルアルコールのラセミ体に Ti(O-*i*-Pr)$_4$ と光学活性酒石酸ジイソプロピルの存在下に酸化剤である *t*-BuOOH を作用させると，*S* 体のアリルアルコールが選択的にエポキシ化され，もう一方の *R* 体のアリルアルコールは未反応のまま回収される．エポキシアルコールと *R* 体のアリルアルコールが，それぞれ 99% ee 以上の光学純度で得られる．

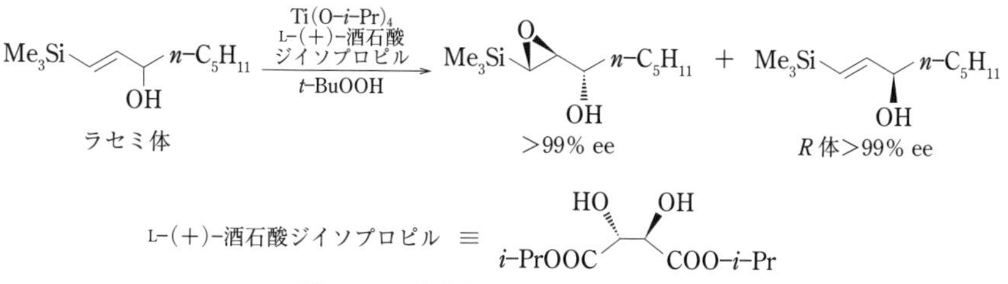

Me3Si
n-C5H11
OH
ラセミ体
Ti(O-i-Pr)4
L-(+)-酒石酸ジイソプロピル
t-BuOOH
O
>99% ee
+
R体>99% ee
L-(+)-酒石酸ジイソプロピル ≡
HO OH
i-PrOOC COO-i-Pr

図 5・29　速度論的不斉エポキシ化反応

5・8・3　不斉合成による光学活性化合物の合成

不斉合成とはその反応によって新しく不斉原子が生成し，しかも生成する二つのエナンチオマーが異なる割合で生成するものをいう．この不斉合成の原理は先に述べた速度論的分割とほぼ同じである．違いははじめから分子内に不斉原子が存在するのか，あるいは反応の途中で不斉原子がつくられるかである．

ラセミ体の光学分割では光学活性な別の化合物の助けを必要としたが，不斉合成においても同じである．たとえばβ-ナフチルアルデヒドに対するシアン化水素の付加を考えてみる．シアノアニオン(CN$^-$)がカルボニル基に対して，このカルボニル基を含む面のどちらから攻撃するかによって *R* 体と *S* 体のシアノヒドリン生成物を生じる可能性がある．カルボニル面の表と裏に名前を付けておくほうが便利である．図5・

30のようにアルデヒドを置いた場合，中央の炭素に結合している三つの原子，酸素，炭素，水素について順位側をあてはめると，この順序のまま酸素(a)＞炭素(b)＞水素(c)となる．ここでa→b→cとたどっていったときに右回りの面を re 面，左回りの面を si 面と名付ける．

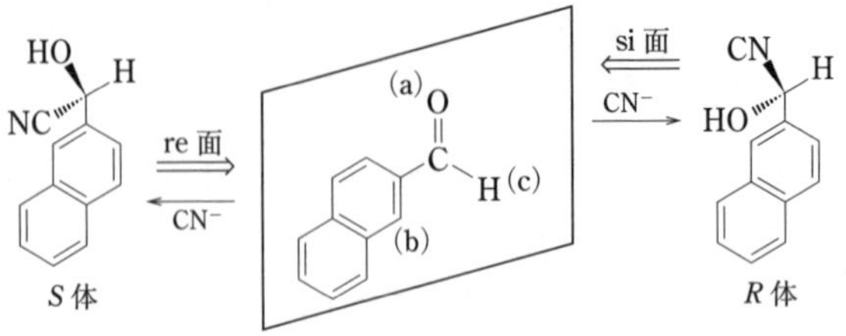

図 5・30 β-ナフチルアルデヒドに対するシアン化水素の不斉付加反応(1)

触媒量の光学活性配位子 A と Ti(OEt)$_4$ を用い，β-ナフチルアルデヒドに対してシアン化水素の付加を行うと，si 面からの攻撃が優先的に起こり，R 体と S 体が生成比 95：5 で得られる．これに対し，光学活性配位子 A を用いずに反応を行うと re 面と si 面からの攻撃が同じ確率で起こるため R 体と S 体が同じ割合，すなわちラセミ体が得られる．

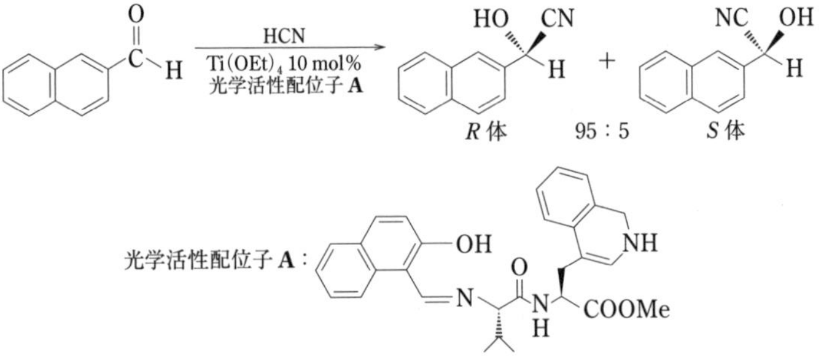

図 5・31 β-ナフチルアルデヒドに対するシアン化水素の不斉付加反応(2)

もう一例あげる．(Z)-2-アセトアミド-3-フェニルプロペン酸の C＝C 二重結合に対する不斉水素化反応である．二重結合炭素に結合している四つの置換基を紙面上に置く．C＝C 二重結合に対する水素の付加はシス付加で進行するが，その際，水素の攻撃は紙面の上側からと下側からの 2 通りが可能である．アキラルな触媒，たとえば RhCl(PPh$_3$)$_3$ を用いて水素の付加反応を行うと，その確率は 50：50 で生成物はラセ

ミ体となる.これに対してロジウム金属に不斉な配位子を結合させたものを用いると,一方からの攻撃だけが選択的に起こる.C=C 二重結合に水素が付加する反応の遷移状態を考えてみると,二重結合の平面に対して不斉な配位子をもったロジウムが,上側から近づいたときと下側から近づいたときの遷移状態は,互いにジアステレオマーの関係にある.

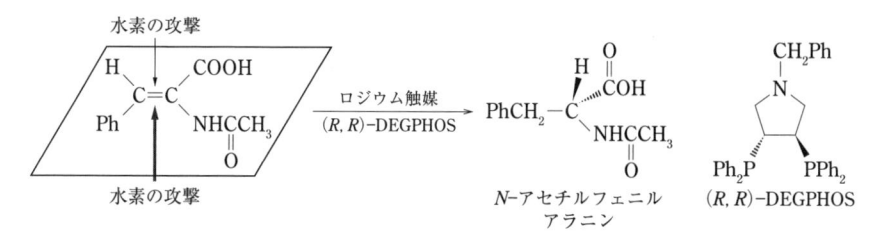

図 5・32 (Z)-2-アセトアミド-3-フェニルプロペン酸の不斉水素化

そのため上側からの攻撃における遷移状態のエネルギーと,下側からの攻撃における遷移状態のエネルギーには差がある.言い換えると(−)体の生成物を与える遷移状態 A に対する活性化エネルギーと,(＋)体を与える遷移状態 B に対する活性化エネルギーには差がある.図 5・33 のような場合には,より低い山のほうを選択的に越えて(＋)体のエナンチオマーが優先的に得られる.これが不斉合成の原理である.

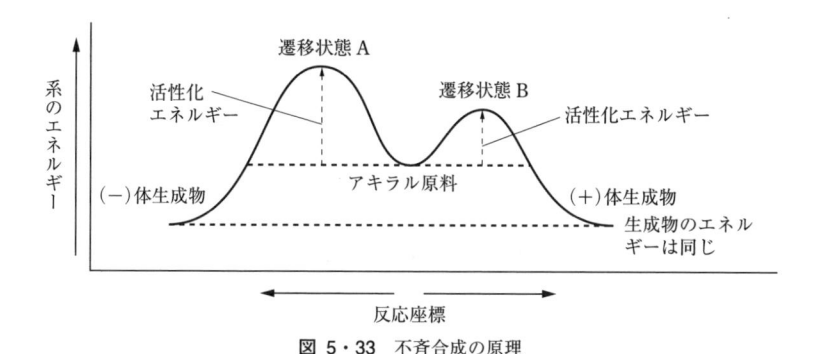

図 5・33 不斉合成の原理

酵素は L-アミノ酸からできているため,一方のエナンチオマーしかつくれない.これに対して金属の上にのせる人工の配位子は,自由に S 体も R 体も合成することができるので,R 体,S 体いずれの生成物をも得ることができる.人工不斉合成の大きな利点である.実際 (R,R)-DEGPHOS という配位子をロジウム上にもった触媒を

用いて水素化すると，S体のフェニルアラニン誘導体が99%以上の選択性で得られる．R, R体のエナンチオマーである(S, S)-DEGPHOS を配位子として用いると，R体のフェニルアラニン誘導体が生成する．なお，こうした不斉触媒を用いる不斉合成反応においては少数の不斉触媒分子を用いて多数の不斉分子を得ることができる．すなわち不斉が増殖されるきわめて効率の高い反応である．そのため最近では光学活性化合物を得る手段の中心的役割を担っている．

工業的に生産されている化合物の例としてL-DOPA(3,4-ジヒドロキシフェニルアラニン)がある．パーキンソン病の薬である．

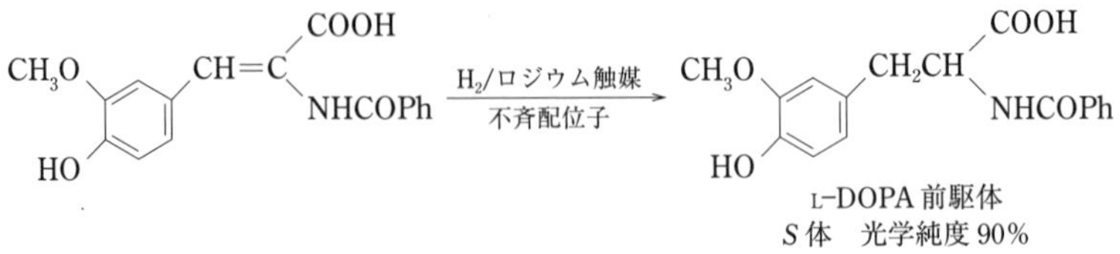

図 5・34 L-DOPA 前駆体の合成

コラム

不斉の起源

生体内で重要な役割を担うタンパク質を構成する天然のα-アミノ酸は一方のエナンチオマーからなっており，すべて左手型のL体である．一方，DNA，RNA を構成する糖はD体である．もし，L体とD体のα-アミノ酸が不規則に混在すると，タンパク質はその立体配座が変化し，酵素作用などが正常に発現しなくなる．また，DNAにD体とL体の糖が不規則に混在すれば遺伝情報を正確に伝達することができなくなる．このようにすべての生体関連有機化合物が単一のきわめて高い不斉をもつことは，きわめて重要な特質である．有機化合物の不斉の起源およびその高い不斉に至ったプロセスを解明することは，生命の起源を考えるうえできわめて重要な意味をもっている．それではアミノ酸や糖などの不斉炭素はどのようにしてつくられたのだろうか．

不斉の起源は，生命の起源，あるいは化学進化の研究においていまだに解明されていない大きな謎の一つである．これまでにいくつもの説が提案されてきたが，どの説をとってみても原始地球上での不斉の起源を説明することは困難である．物理的非対称力を利用して不斉をつくりだす方法としては，円偏光による不斉分解や不斉合成というのがもっとも

5・8 光学活性化合物の合成——光学分割と不斉合成

可能性が大きいとされている．しかし，問題は原始地球上にそのような円偏光が存在しないことである．ところが，宇宙空間に目を移すと，いくつかの円偏光源が存在する．さらに，宇宙空間には生命の材料になり得る有機物が大量に存在する．そうすると，必然的に宇宙で不斉の起源を考えてみようということになる．実際にどのように宇宙空間で不斉な有機化合物が生成したかについては，いまのところ解明されていない．有力な仮説としては分子雲の中でラセミ体であるアミノ酸が偏光による照射を受けて不斉分解（速度論的分割の一種）が起こり，不斉なアミノ酸が生成するというものがある．この仮説を検討するために次のような実験が行われた．絶対温度 10 K でアミノ酸の一種であるトリプトファンのラセミ体に波長 254 nm の円偏光を 50 時間程度照射すると，一方の鏡像体がほんの少し多く分解された．その結果，残った化合物は 2% ee ないし 3% ee の D または L-トリプトファンであることがわかった．したがって，適当な強度の円偏光が有機質星間塵に低温で照射されれば一方のエナンチオマーを過剰にもつアミノ酸ができることが明らかとなった．

宇宙で円偏光によって不斉アミノ酸が生まれ，このものが彗星によって地球に運ばれた可能性が示唆されている．しかし，ここで得られる不斉化合物のエナンチオマー過剰率はきわめて低く，先に述べたようにたかだか 2% ee 程度である．したがって，この低いエナンチオマー過剰率を，天然に存在する有機化合物のきわめて高いエナンチオマー過剰率に関連付けるためには，エナンチオマー過剰率が向上するプロセスを考えなければならない．ごく最近までは光学純度が 100% のものを使わなければ光学純度が 100% の化合物を反応によって得ることはできないと考えられてきた．ところが近年，用いた不斉源の光学純度よりも高い光学純度をもつ生成物を与える反応が見出された．たとえば，ジエチル亜鉛とベンズアルデヒドを触媒量の 15% ee の (S)-キラル触媒の存在下反応させると 95% ee の (S)-アルコールが得られる．すなわちこのように用いる触媒の ee の値よりも生成物の ee の値が高くなるという現象が見出された．

不斉増幅とよばれるこの現象の発見は，初期のごくわずかな不斉の偏りが増殖的に拡大する反応が現実に起こることを実証したものである．より一層，不斉の起源の解明に近付くことが期待されている．

ま と め

- 立体異性体には，エナンチオマー，ジアステレオマー，シス-トランス異性体と配座異性体がある．
- アルケンの E, Z は置換基の優先順位によって決定される．
- キラル炭素をもつ有機分子は像と鏡像の関係にある二つの形で存在する．
- エナンチオマーは互いに偏光を逆の向きに回転（右旋性と左旋性）させるが，これ以外の化学的性質ならびに物理的性質は同じである．
- 光学活性の度合いは光学純度あるいはエナンチオマー過剰率（% ee）で表される．
- 光学活性化合物の絶対配置を表すのに R, S 表示法が用いられる．
- 立体構造の表示法には，破線-くさび形表記法，ニューマン投影式，フィッシャー投影式がある．
- キラル中心を複数個もつ化合物にはエナンチオマーとジアステレオマーが存在する．
- ラセミ体から光学分割法によってエナンチオマーを分離することができる．
- 不斉な環境下で反応を行うとアキラルな化合物からキラルな化合物を合成することができる．

練 習 問 題

5・1 次の化合物のうちキラルな化合物をあげよ．

5・2 次の構造式において二つの化合物が同一物か，エナンチオマーかを示せ．さらにそれぞれの化合物について立体中心が R か S かを帰属せよ．

(a) 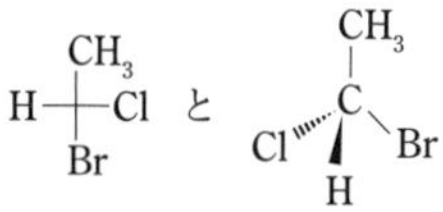 構造式: H—C(CH₃)(Br)—Cl と Cl—C(CH₃)(Br)—H
(b) Cl—C(CH₃)(OCH₃)—CF₃ と F₃C—C(OCH₃)(CH₃)—Cl
(c) H₂N—C(H)(CH(CH₃)₂)—COOH と H—C(NH₂)(CH(CH₃)₂)—COOH

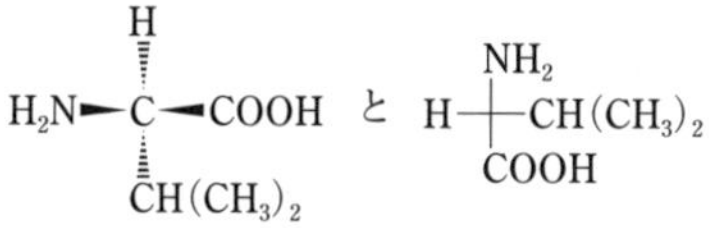

5・3 次の分子をフィッシャー投影式に書き直し，おのおのの立体中心が R か S かを帰属せよ．

(a) 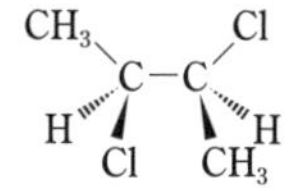 (b) 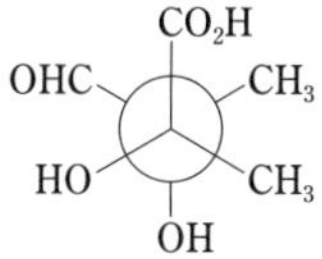 (c) 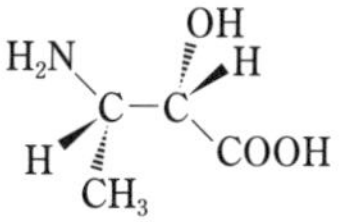 (d)

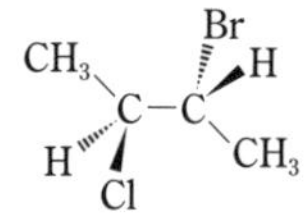

5・4 次の化合物の構造式を書け．ただし，立体中心の立体配置がはっきりわかるように書け．
 (a) (R)-3-クロロ-3-メチルヘキサン　　(b) $(3R, 5S)$-3,5-ジメチルヘプタン
 (c) $(2R, 3S)$-2-ヨード-3-メチルヘキサン　(d) $(2S, 3S)$-ジブロモブタン

5・5 次の化合物のうちキラルな化合物をあげよ．

(a) 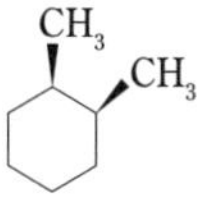 (b) 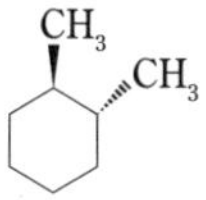 (c) 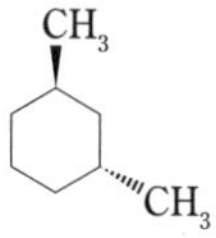 (d)

5・6 次の化合物の立体中心の立体配置が R か S かを示せ．

(a) 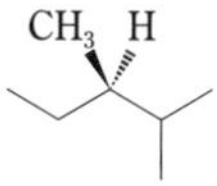 (b) 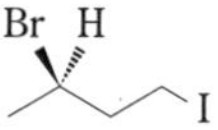 (c) 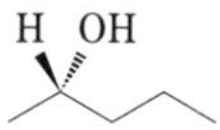 (d)

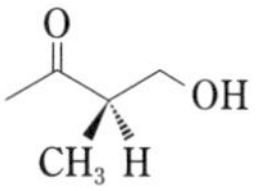

5・7 不斉増殖と不斉増幅の違いについて述べよ．

IR と NMR   6

> IRについては，まずその原理について簡単にふれる．そして伸縮振動と変角振動の2種類の分子の振動について実例をあげながら解説する．一方，NMRについても，IRと同様にまずその原理について述べる．次に，化学シフト，ピーク面積，スピン-スピン分裂を順に取りあげ詳しく説明する．最後に^{13}C NMRについても言及する．

　有機化学の実験・研究の大部分を分析が占めている．ある反応を行った場合，まずその生成物を分離・精製し，次におのおのの純物質の構造の決定ならびに確認がなされる．精製には，クロマトグラフィー，蒸留，再結晶などの方法が用いられる．こうして得られた化合物が既知化合物であれば，融点，沸点あるいはそのほかの物理的性質を既知化合物のデータと比較することによって同定することができる．しかしながら，得られた化合物が未知のものであれば，それらの構造を決定する手段が必要となる．
　いくつかの分光法が用いられている．有機化学に導入された年代順にあげると，紫外スペクトル(ultraviolet spectrum：UV)が1940年頃から，赤外スペクトル(infrared spectrum：IR)が1950年頃から，核磁気共鳴スペクトル(nuclear magnetic resonance spectrum：NMR)が1955年頃から，そして質量スペクトル(mass spectrum：MS)が1960年頃から取り入れられた．そして1970年代後半以降，コンピューター技術の飛躍的進歩によってNMRやMSによる分析法は大きく変化，発展し，一段とその精度，応用範囲が高められている．ここではIRとNMRだけを取りあげ，これらのスペクトルが化合物の構造決定にどのように役立つかをみていこう．

6・1　赤外(IR)分光法

　IR分光法は原子同士をつないでいる結合における原子の振動励起を測定するもの

である．吸収帯の位置は分子内に存在する官能基の種類に依存し，多くの官能基の存在を確認することができ有機化合物の構造決定に非常に有用である．またIRスペクトルは全体としてその個々の物質に対して指紋ともいうべき固有のパターンを示す．そのため同一測定条件下のスペクトルが細部まで重なり合えば，同一物質とみなして差し支えない．

可視光の放射によるエネルギーよりも少し小さいエネルギーを吸収すると，分子の各結合は振動励起とよばれる挙動を起こす．電磁スペクトルのこの部分が赤外の領域である．中赤外領域とよばれる中間の領域が有機化学者にとってもっとも役に立つ．IR吸収帯は吸収光の波長 λ [単位は μm（マイクロメートル），$1\,\mu m = 10^{-6}\,m$，$\lambda \approx 2.5 \sim 16.7\,\mu m$]，あるいは波数とよばれる波長の逆数 $\tilde{\nu}$（単位は cm^{-1}，$\tilde{\nu} = 1/\lambda$）で表される．典型的なIRスペクトル領域は $600 \sim 4000\,cm^{-1}$ であり，この照射領域に対応したエネルギー変化は $4 \sim 42\,kJ\,mol^{-1}$ である．

振動励起は次のように想像できる．二つの原子A，Bをある振動数 ν で伸び縮みするばねで連結された二つのおもりとして考える．図6・1において二つの原子間の振動の振動数は結合の強さとこれら二つの原子の重さの両方に依存する．そして振動数はばねの運動と同じようにフックの法則によって支配されている．

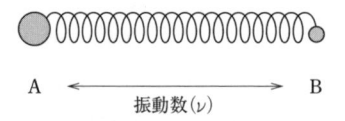

図6・1 結合の振動励起の模型
伸縮する（"振動する"）ばねに重さの等しくない二つのおもりが付いている．

フックの法則と振動励起

$$\tilde{\nu} = k\sqrt{f\frac{(m_1+m_2)}{m_1 m_2}} \qquad (6\cdot1)$$

$\tilde{\nu}$＝波数 (cm^{-1}) で表した振動数
k＝定数＝$\dfrac{1}{2\pi c}$
f＝力の定数，ばね（結合）の強さを示す
m_1, m_2＝おもり（原子）の質量
c＝光速＝$3\times10^{10}\,cm\,s^{-1}$

力の定数 f の値は単結合に対してはおよそ $5\times10^5\,dyn\,cm^{-1}$ であり，二重結合および三重結合に対してはそれぞれほぼこの値の2倍および3倍である．f は，結合の"硬さ"の尺度と考えられ，結合次数や結合強度などの諸性質と関連付けることができる．振動数は力の定数の平方根に直接関連しているので，結合の強度が小さくなるにつれて，結合の振動数は減少することがわかる．

例題 6・1

問題 $f=5\times10^5$ dyn cm^{-1}，さらに C と H の質量としてそれぞれ 2.10×10^{-23} g と 1.67×10^{-24} g を使用して，C−H 伸縮振動の波数を計算せよ．

解答
$$\tilde{\nu}=\frac{1}{2\times3.14\times3\times10^{10}}\left[\frac{5.0\times10^5}{(21.0\times1.67)\times10^{-48}/(21.0+1.67)\times10^{-24}}\right]^{\frac{1}{2}}\approx3032$$

例題 6・2

問題 重水素化による吸収振動数の変動は C−H 伸縮振動の帰属の際によく使用される．C−H と C−D の伸縮振動数比はいくらになるか．

解答 m_1m_2/m_1+m_2 の項は，C−H 伸縮に対しては m_Cm_H/m_C+m_H となるが，$m_C\gg m_H$ なので，この項は近似的に m_Cm_H/m_C すなわち m_H に等しい．一方 C−D 伸縮に対してもこの項は m_D と等しい．したがって C−H と C−D の伸縮振動数比は $\sqrt{2}$ となる．

この振動励起の式をみると，IR スペクトルにおいて分子のおのおのの結合がそれぞれ一つずつ固有の吸収帯を与え，吸収帯の帰属は簡単なように思われる．しかしながら，実際は IR スペクトルを完全に解釈することは難しい．IR スペクトルはあまりにも複雑である．なぜなら分子は赤外光を吸収して伸縮運動をするだけでなく，種々の変角運動(図 6・2)，さらには，この二つの運動を組み合わせた運動をも行うからである．大部分の変角振動の強度は伸縮振動よりも弱く，ほかの吸収と重なり合い，複雑な様相を示す．ところが先にも述べたように次にあげる二つの理由から，IR 分光法は有機化学者にとって十分に役に立つのである．第一の理由は，多くの官能基の振動吸収帯がそれぞれの特徴的な波数領域に現れることである．もう一つの理由は，ある化合物の IR スペクトル全体をみると，細部にわたって固有のパターンがみられ，ほかの物質のスペクトルと区別が可能であるということである．

分子の振動には伸縮および変角という 2 種類の型がある．伸縮振動は原子間の距離が増減するような，化学結合軸に沿った周期的運動である．変角振動は 1 個の共通原子をもった二つの化学結合間の結合角の変化であるか，あるいは一つの原子団に属する原子相互間の運動には無関係に，この原子団全体が分子内の残りの部分に対して行う運動である．たとえば，ひねり振動，ゆれ振動，およびはさみ振動は，分子内に任意に設定した 1 組の座標に関して結合角が変化する振動である．

これらの振動のうちで，分子の双極子モーメントを周期的に変化させるものだけが赤外において観測される．これは一つの振動運動に伴って分子内の電荷分布が変化す

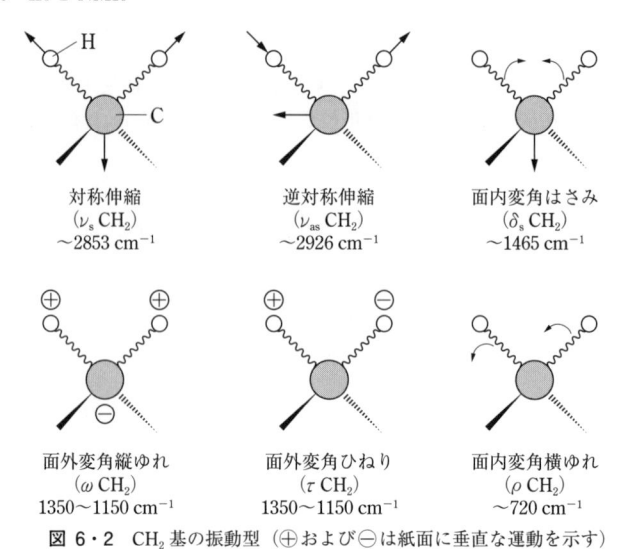

図 6・2 CH$_2$ 基の振動型（⊕ および ⊖ は紙面に垂直な運動を示す）

対称伸縮
(ν_s CH$_2$)
~2853 cm^{-1}

逆対称伸縮
(ν_{as} CH$_2$)
~2926 cm^{-1}

面内変角はさみ
(δ_s CH$_2$)
~1465 cm^{-1}

面外変角縦ゆれ
(ω CH$_2$)
1350~1150 cm^{-1}

面外変角ひねり
(τ CH$_2$)
1350~1150 cm^{-1}

面内変角横ゆれ
(ρ CH$_2$)
~720 cm^{-1}

るために生じる電場(交番電場)が，分子振動を電磁波の振動する電場と結合させるからである．

いくつかの一般的な有機構造単位の結合に対する特徴的な伸縮振動の波数を表 6・1 に示す．ほとんどの吸収が 1500 cm^{-1} より高波数側にみられる．1300~900 cm^{-1} の領域にはとくに複雑なパターンがみられる．この部分は C−C 結合の伸縮運動ならびに C−C および C−H 結合の変角振動による吸収が重なりあって複雑な吸収パターンを示すので指紋領域とよばれる．

表 6・1 有機分子の特徴的な IR 伸縮振動の波数領域

結合あるいは官能基		$\tilde{\nu}$/cm^{-1}	結合あるいは官能基		$\tilde{\nu}$/cm^{-1}
RO−H	（アルコール）	3200~3650	$\underset{\text{RCH, RCR}'}{\overset{\text{O\quad O}}{\|\|\quad\|\|}}$	（アルデヒド，ケトン）	1690~1750
$\underset{\text{RCO−H}}{\overset{\text{O}}{\|\|}}$	（カルボン酸）	2500~3300	$\underset{\text{RCOR}'}{\overset{\text{O}}{\|\|}}$	（エステル）	1735~1750
R$_2$N−H	（アミン）	3250~3500			
RC≡C−H	（アルキンの C−H）	3260~3330	$\underset{\text{RCOH}}{\overset{\text{O}}{\|\|}}$	（カルボン酸）	1710~1760
$\overset{}{\underset{\text{H}}{\text{C=C}}}$	（アルケンの C−H）	3050~3150			
			C=C	（アルケンの C=C）	1620~1680
−C−H	（アルカン）	2840~3000			
			RC−OR$'$	（アルコール，エーテル）	1000~1260
RC≡CH	（アルキンの C≡C）	2100~2260			
RC≡N	（ニトリル）	2220~2260			

指紋領域の前後 4000〜1300, 900〜650 cm^{-1} の吸収は官能基の検出に役立つので特性吸収帯とよばれる. 特性吸収帯の簡略化したチャートを図 6・3 に示す. 特性基に与えられた吸収帯の範囲は, その基を含む多くの化合物についての検討を経て帰属されたものである. この範囲は明確に定められてはいるが, ある特定の基が吸収する正確な振動数または波長は, その基の分子内における環境とその物理状態に依存する.

次に四つの化合物の赤外吸収スペクトル(図 6・4〜図 6・7)をあげる. ドデカン(図 6・4)のような直鎖アルカンでは, C−H 伸縮と C−H 変角によるものがほとんどである. 一方, 1-ドデセン(図 6・5)のようなアルケンではドデカンにみられる吸収に加えてアルケン C−H 伸縮による 3082 cm^{-1}, C=C 伸縮による 1648 cm^{-1}, さらにアルケン C−H 面外変角による 1000 cm^{-1}, 915 cm^{-1} の吸収がみられる. 2-メチル-1-ブタノール(図 6・6)では, O−H の伸縮による強い吸収が 3337 cm^{-1} に, そして C−O 伸縮による吸収が 1054 cm^{-1} にみられる. またアセトフェノン(図 6・7)では, C=O 伸縮による強く鋭い吸収が 1686 cm^{-1} に認められる.

赤外分光法は物質確認のためのスペクトル的方法として最初に実験室へ入ってきた. そのため実力以上に信頼され, 不確実な推論が多くなされてきた傾向がある. 今

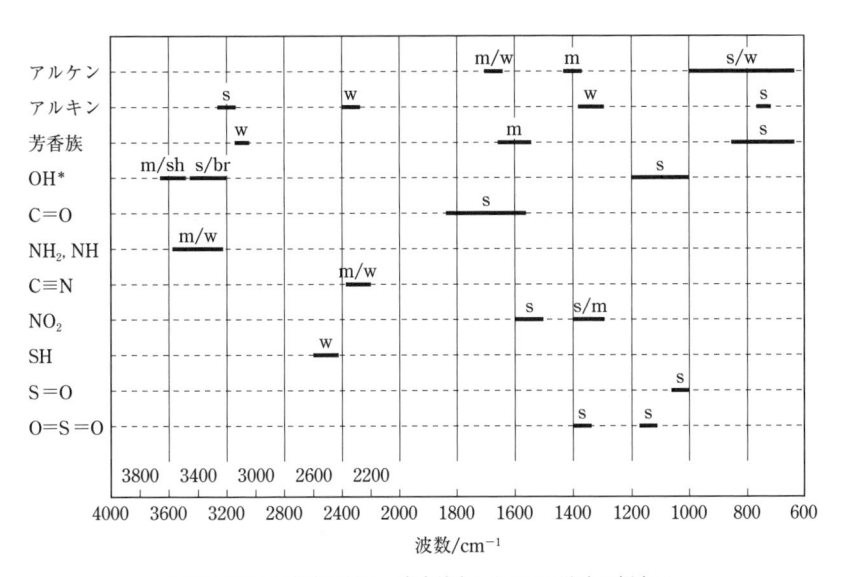

* 遊離 OH：中程度で鋭い, 水素結合した OH：強くて幅広い.

図 6・3 一般的な官能基とその代表的な特性吸収帯を簡略化して表したチャート
s＝強い, m＝中程度, w＝弱い, sh＝鋭い, br＝幅広い

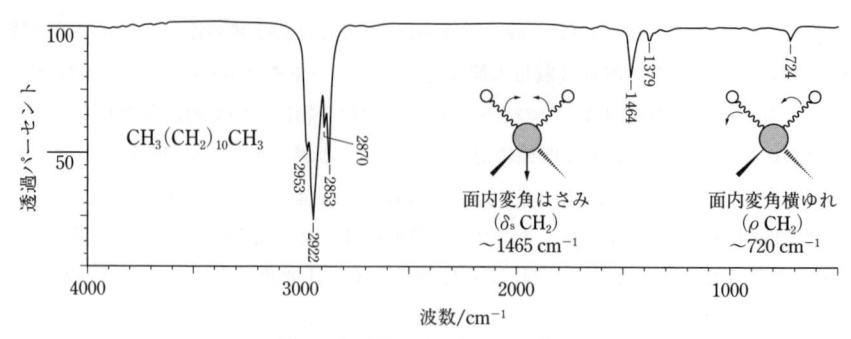

図 6・4 ドデカンの IR スペクトル

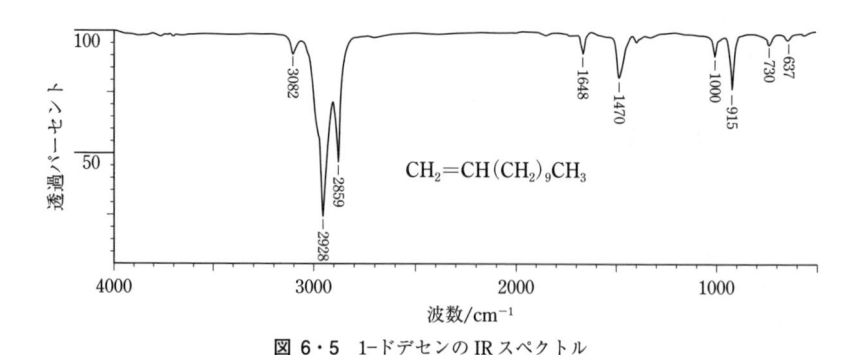

図 6・5 1-ドデセンの IR スペクトル

図 6・6 2-メチル-1-ブタノールの IR スペクトル

6・1 赤外(IR)分光法

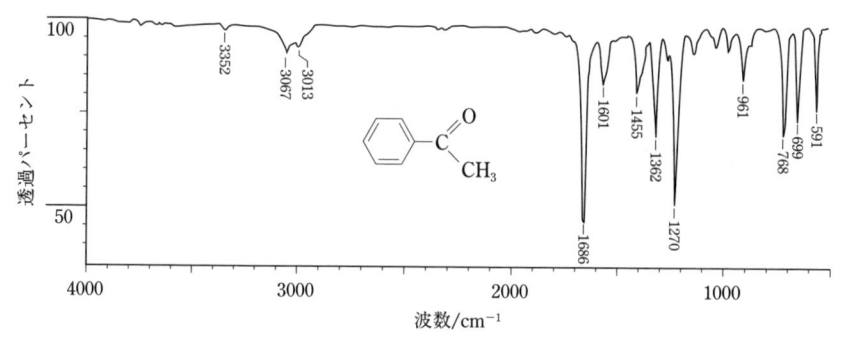

図6・7 アセトフェノンのIRスペクトル

日ではNMRやMSが飛躍的に発達しており，これらのデータとあわせて総合的に判断するほうがはるかに確実な結論を導くことができる．

例題6・3

問題 次の記述に合う化合物の構造を示せ．
(a) $3300\ \mathrm{cm}^{-1}$ と $2150\ \mathrm{cm}^{-1}$ にIR吸収をもつ C_5H_8 の化合物
(b) $1715\ \mathrm{cm}^{-1}$ に強いIR吸収をもつ C_4H_8O の化合物
(c) $3400\ \mathrm{cm}^{-1}$ に強いIR吸収をもつ C_4H_8O の化合物

解答
(a) $CH\equiv C-CH_2CH_2CH_3$ (b) $CH_3\overset{O}{\overset{\|}{C}}CH_2CH_3$
(c) シクロブタノール (OH付きシクロブタン環)

例題6・4

問題 $C_8H_{10}O_2$ の分子式をもつ化合物のIRスペクトルを下に示す．その構造を推定せよ．

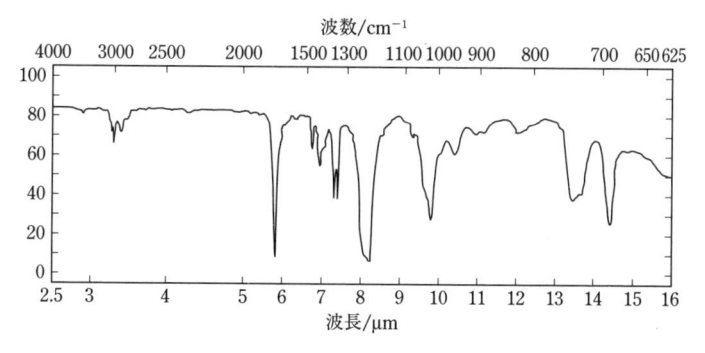

解答 PhCH$_2$OCCH$_3$ (with C=O on the OC)

6・2 核磁気共鳴(NMR)分光法

　有機化合物は多数の水素原子核すなわちプロトンを炭素やそのほかの元素と結合した状態で包含している．そのプロトンの置かれた化学的環境，つまり結合状態はこれをとりかこむ電子雲の状況で決まる．^{1}H NMR つまりプロトン核磁気共鳴(proton nuclear magnetic resonance)はこの状況をグラフで示すものである．有機化合物を構成する等価なプロトンの種類と数だけでなく，相互の配置状態を明示するスペクトルである．現在ではこれに加えて有機化合物中に含まれる ^{13}C の NMR も容易に測定できるようになった．化合物を構成する炭素の数だけのピークを観測して，その種類を判別できる．両者から構造について多くの知見が得られ，物質の確認に大きく寄与している．

6・2・1 NMR 分光法の原理

　^{1}H および ^{13}C を含む多くの核は，軸のまわりを自転しているこまのようにふるまう．核は正電荷をもっているので，自転している核は小さな磁石のような性質をもっている．したがって外部磁場(H_0 で示す)と相互作用する．外部磁場が存在しなければ，磁気核の核スピンはでたらめな方向を向いている．しかし，これらの核を含む試料が強い磁石の両極の間に置かれると，羅針盤の針が地磁気の中で方向を示すように一定の方向を向く．自転している ^{1}H 核や ^{13}C 核はそれ自身の磁場が外部磁場と同じ(平行，α スピン状態)か逆(逆平行，β スピン状態)の方向を向くように配向する．これら二つの配向はエネルギーが同じではなく，等量ずつ存在するのではない．平行に配向した α スピン状態のほうがわずかにエネルギーが低く，このスピン状態が逆平行の配向よりもわずかに多い．

　このように配向した核に適当な振動数の電磁波を照射すると，エネルギーの吸収が起こり，低エネルギー状態から高エネルギー状態に"スピン反転"を起こす．このスピン反転が起こると核は照射している電磁波と共鳴しているといわれる．励起した後，核は緩和されて種々の経路を通って元の状態に戻るが，いずれの経路も吸収したエネルギーを熱として放出する．したがって，共鳴状態では連続的に励起と緩和が起きている．

6・2 核磁気共鳴(NMR)分光法

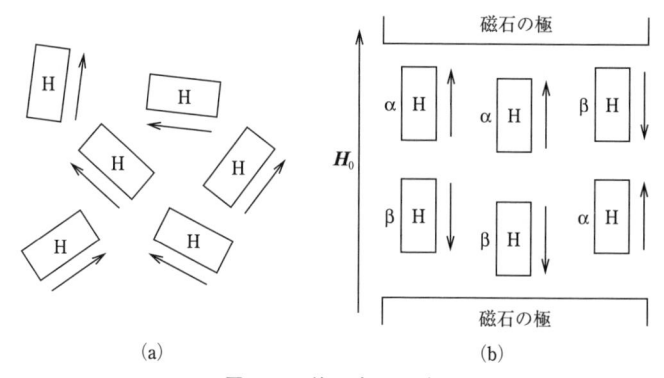

図 6・8 核スピンの配向
(a) 個々のプロトン(H)は小さな棒磁石としてふるまう. 核スピンによって生じる磁場の方向で示した.
(b) 磁場 H_0 内では核スピンは磁場と同じ向き(α)または逆向き(β)に配列する.

共鳴に必要な振動数は外部磁場の強さと核の種類に関係している. 非常に強い磁場にかけると, 二つのスピン状態の間のエネルギー差が大きくなり, より高いエネルギー(より高い振動数)の照射が必要となる. 弱い磁場をかけると, 核スピン状態の間の遷移を行わせるにはより少ないエネルギーで十分である. たとえば 2.62 T(テスラ)の磁場の強さをもつ磁石を使用すると, ^{1}H 核を共鳴させるのに 100 MHz($1 \text{ MHz}=10^6 \text{ Hz}$)程度, ^{13}C 核を共鳴させるのには 25 MHz のラジオ波(rf)エネルギーが必要となる.

6・2・2　^{1}H NMR の化学シフト

まず実際のスペクトルを眺めることから始めよう. 図 6・9 に酢酸メチルの ^{1}H NMR スペクトルを示す. 2 本だけのピークのきわめて簡単なスペクトルである. ピー

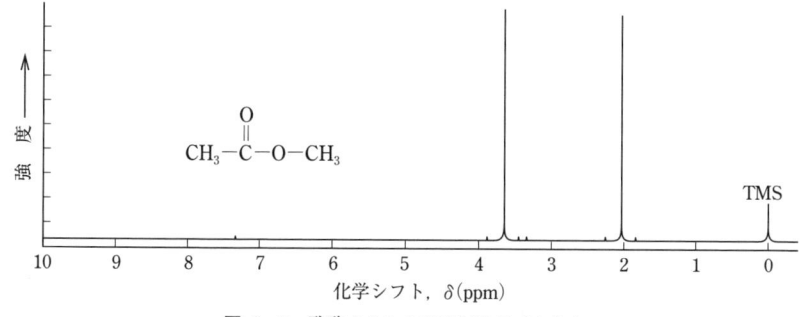

図 6・9 酢酸メチルの ^{1}H NMR スペクトル

クの位置(化学シフト)は基準物質として用いられるテトラメチルシラン(Me₄Si, tetramethylsilane:TMS)のピークからの距離 δ(デルタ)値で示す。TMS が基準物質として使用される理由として ① 鋭い一本線で現われる、② 有機化合物中のほとんどのプロトンよりも高磁場に現われて、ほかのプロトンの観測の邪魔にならない。さらに③ 反応性が低く、ほかの化合物と反応しないことや、④ 沸点が低く(26 ℃)、測定後に除去しやすいなどがあげられる。

化学シフトを表示するには TMS のメチルプロトンのシグナルを基準に選び、外部磁場をどれぐらい減じたところに測定しようとする化合物のシグナルが出るかをはかり、磁場の百万分の一(ppm)を尺度にして示す。ほとんどすべてのプロトンが 10 ppm(十万分の一)のところまでに入ってくる。アルデヒドの水素が 9 ppm 台に出ることは覚えておくとよい。たとえば $\delta=1.00$ とは、TMS のピークから 1 ppm だけ低磁場の位置に共鳴ピークが現われることを意味している。100 MHz (100×10^6 Hz) の装置を用いて測定した場合には TMS から 100 Hz(100 MHz の百万分の一)だけ低磁場側の位置にピークが観測される。化学シフトとよばれるのは、δ 値がその水素原子を取りまく化学的環境の違いによって変化するためである。この化学シフト値は測定装置の違いとは無関係である。すなわち 60 MHz の装置で測定しても 500 MHz の装置で測定しても同じ値である。

$$\text{化学シフト}\quad \delta = \frac{\text{ピークの TMS からの距離 Hz 単位}}{\text{NMR 装置の振動数 Hz 単位}} \text{(ppm)} \qquad (6\cdot2)$$

酢酸メチルのスペクトルに戻る。$\delta=2.05$ と 3.65 にそれぞれ 1 本のピーク(一重線)が現われている。2 種類のメチル基が存在するが、これらに基づく二つの異なる性質をもつ ¹H 核によるピークに相当する。どちらがどちらのメチル基のプロトンによるものか、すなわちプロトンを帰属することが次の問題となる。

NMR ピークのもっとも一般的な帰属方法は、既知の標準物質が示す ¹H 核の δ 値と比較することである。たとえばベンゼンは等価の水素原子を六つもち、¹H NMR スペクトルは 7.24 に一重線(singlet)を示すが、ほかの芳香族化合物でもこの領域にピークが現れる。このことから、芳香環上の水素原子は平均しておよそ $\delta=7$ の化学シフト値をもっていると推察できる。

このように、構造が既知の比較的単純な化合物の ¹H NMR スペクトルを数多く測定することにより、さまざまな化学的環境に置かれた ¹H 核の化学シフト値が求められる。図 6・10 には代表的な ¹H 核種についての化学シフト値を示した。

図 6・10 からカルボニル基の α 位のメチル基の化学シフト値は $\delta=1.9\sim2.8$ であり、

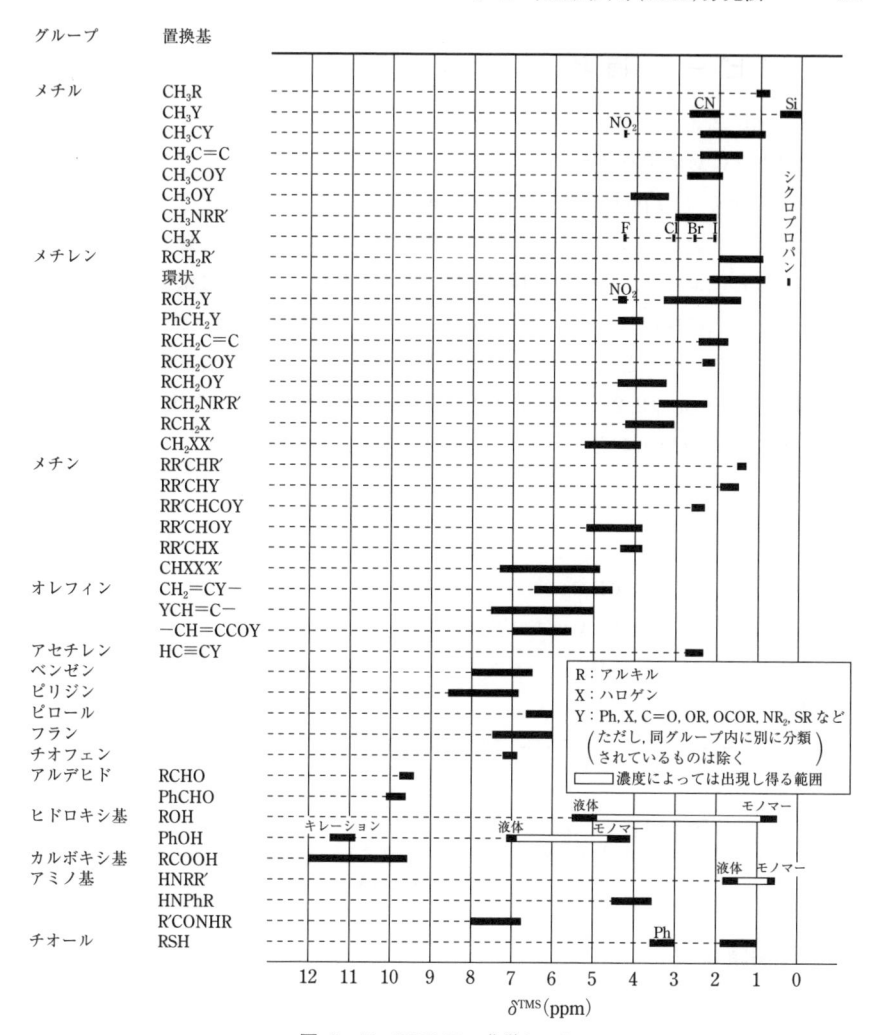

6・2 核磁気共鳴(NMR)分光法　127

図 6・10　¹H NMR の化学シフト
[山川浩司, 鈴木真言, 小倉治夫, 久留正雄, "スペクトルを利用する有機薬品分析", p.31, 講談社サイエンティフィク(1982)]

酸素に直結したメチル基は $\delta=3.3\sim4.2$ 付近に現れることがわかる．したがって酢酸メチルの二つのピーク $\delta=2.05$ と 3.65 はそれぞれ前者がカルボニルの α 位のメチル基，そして後者はメトキシ基のメチル基とに帰属することができる．

6・2・3 ピーク面積

図6・11に2,2-ジメチルプロパン酸メチルの ^1H NMR スペクトルを示した．2種類のプロトンに対応する2本のピークがみられる．そしてこれら2本のピークの大きさは同じでなく，1.2 ppm のピークは3.7 ppm のピークよりも大きい．各ピークの面積はそのピークを与えるプロトンの数に比例する．各ピークの面積を電子式積算計で積分することによって，分子中の種類を異にする各プロトンの相対比を得ることができる．ピーク上に描かれた積分曲線の垂直部分の高さの比が，ピーク面積の比となる．したがってあるピークとほかのピークの大きさを比べるには，定規を使って各段の高さを測ればよい．先の2,2-ジメチルプロパン酸メチルの2本のピーク比は1:3であり，$-OCH_3$ の3個のプロトンと $-C(CH_3)_3$ の9個のプロトンに対応する．

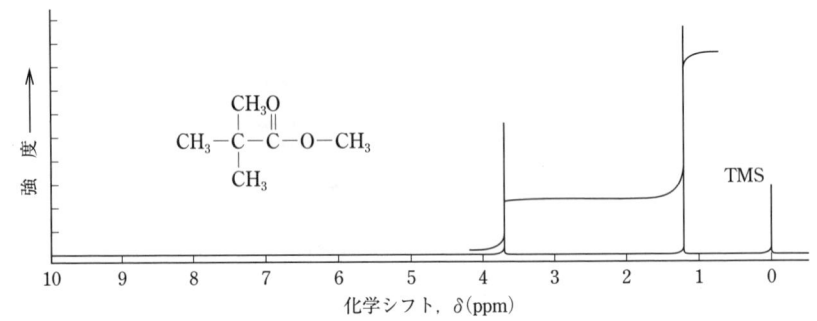

図6・11 2,2-ジメチルプロパン酸メチルの ^1H NMR スペクトル
"階段"式のピーク面積の積分は，これらのピークは1:3の比で，各ピークを与えるプロトン数の比(3:9)に対応していることを示している．

例題6・5

問題　p-ジメチルベンゼン(p-キシレン)の ^1H NMR には何本のピークが現れるか．またそれらのピークの積分比はどうなると予想されるか．さらに図6・10を参考に化学シフトを予想し，おおよそのスペクトルを図示せよ．

解答　二つのメチル基と芳香環上の四つのプロトンはいずれも等価である．したがっていずれも一重線となり，その積分比は6:4である．スペクトル図は次のように予想される．

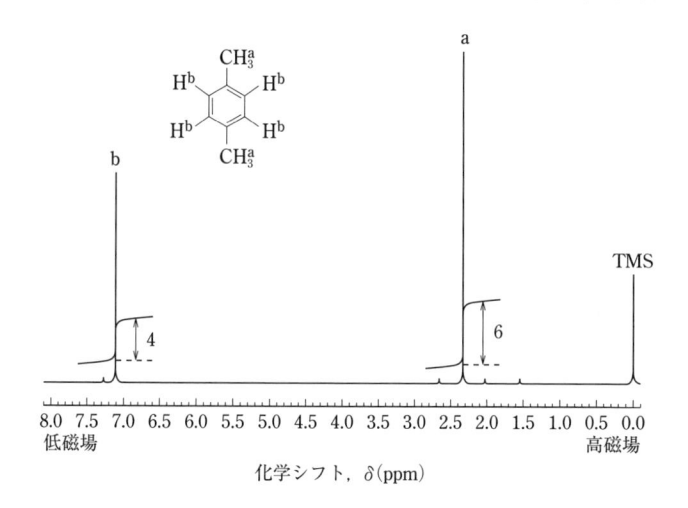

6・2・4 スピン-スピン分裂

これまでみてきた ^{1}H NMR スペクトルでは分子中の種類を異にするプロトンはおのおの一重線のピークとして現れた．これに対してある吸収が何本ものピークすなわち多重線に分裂することがある．図6・12に酢酸エチルの ^{1}H NMR スペクトルを示す．4.1 ppm 付近に四重線，2.0 ppm 付近に一重線，そして 1.2 ppm 付近に三重線が現れている．もう少し詳しくみると $-\text{OCH}_2\text{CH}_3$ のメチル基のシグナルは面積比 1:2:1 の三重線として，一方メチレン基のシグナルは 1:3:3:1 の四重線として現れている．この分裂をスピン-スピン分裂とよぶ．ではこの分裂はどうして起こるのだろうか．

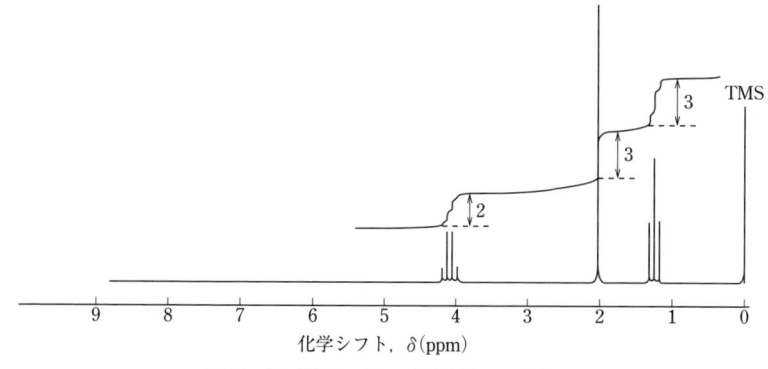

図6・12 酢酸エチルの ^{1}H NMR スペクトル

分子内のプロトン(^{1}H 核)はどれも微小磁石としてのはたらきをもっているので，^{1}H NMR スペクトルの測定条件下での水素原子は，装置の巨大磁場以外にも分子内の近傍水素原子がもつ微小磁場を同時に"感受"している．ところが近傍水素原子の ^{1}H 核もほぼ等しい確率で高エネルギーと低エネルギーの二つの核スピン状態に分かれているため，観測中の ^{1}H 核の磁場はこの近傍水素原子の ^{1}H 核の微小磁場によってわずかながら摂動を受けている．

 たとえば先の酢酸エチルのエチル基について考えてみる．まずメチルプロトンについて見てみよう．メチル基の H^a に対してこれとは非等価な H^b が二つ隣接している．

$$H^a-\underset{H^a}{\overset{H^a}{C}}-\underset{H^b}{\overset{H^b}{C}}-O-$$

 H^a のシグナルの測定中に二つの H^b は次に示す3種類のエネルギー状態をとる(図 6・13)．

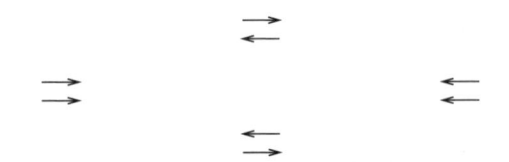

図 6・13 酢酸エチルのエチル基の水素 H^b のエネルギー状態

 すなわち二つとも低エネルギー状態にあるか，または二つとも高エネルギー状態にあるか，一つが高エネルギー状態でもう一つが低エネルギー状態をとる場合であり，これには2通りが存在する．したがって H^a のシグナルは相対面積比が 1:2:1 の三重線になる．一方 H^b のほうは H^a が三つ存在するために 1:3:3:1 の四重線となる．これは，3つの核 H^a がとれるスピン状態の組合せが図 6・14 のようになるためである．

図 6・14 酢酸エチルのエチル基の水素 H^a のエネルギー状態

表 6・2　プロトンのいろいろなスピン結合定数

結合の形と種類		結合定数/Hz
C(H)(H)	通常の飽和メチレン	11〜15
C=C(H)(H)		0〜3.5
CH–CH	自由回転	6〜8
–CH=CH–	トランス	11〜8
	シス	6〜14
C=C(CH–)(H)		4〜10
=CH–CH=		10〜13
CH–CH(=O)		1〜3
CH–C–CH	普通の結合	0〜1
	固定された場合	0〜7
–CH=C–CH	トランスおよびシス	0〜3
CH–C≡CH		2〜3
–CH=C=CH–		5〜6
CH–C=C–CH		0〜3
CH–C≡C–CH		2〜3
CH–C=C=CH		2〜3
ベンゼン環H	オルト	6〜10
	メタ	1〜3
	パラ	0〜1

　相手のシグナルを互いに分裂させるような関係にある ^{1}H 核同士を，互いに結合 (couple) しているという．この結合 (カップリング) の大きさ，すなわちシグナル分裂の幅をヘルツ数 (Hz) で表したものをスピン結合定数 (spin coupling constant, 記号 J で示す) とよんでいる．代表的な結合定数を表 6・2 に示す．スピン-スピン分裂は水素原子間の距離が多くの化学結合で隔てられるにつれて急激に減少する．たとえば，隣接炭素上にある水素原子間のスピン結合定数がかなり大きな値 ($J=6〜8$ Hz) を示すのに対して，さらに隔たった ^{1}H 核間では互いのスピン感受性が低下して結合定数はきわめて小さくなる ($J=0〜1$ Hz)．

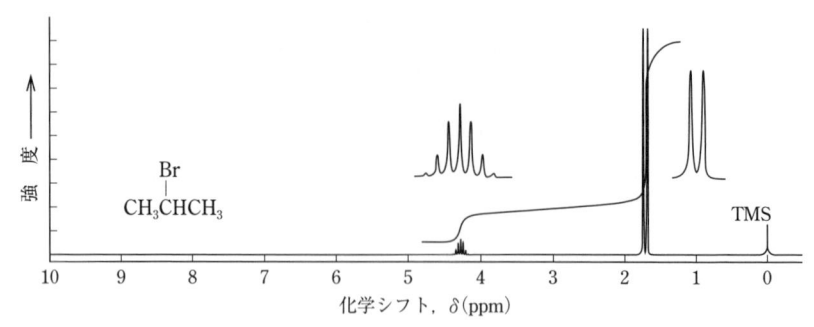

図 6・15　2-ブロモプロパンの ^{1}H NMR スペクトル

スピン分裂によって現れるスペクトルのパターンは $n+1$ 則とよばれる一般則に従う．すなわち n 個の隣り合う等価なプロトンをもつプロトンは $n+1$ 本に分裂する．先の酢酸エチルの $-OCH_2CH_3$ のメチル基は隣接するメチレン基の 2 個のプロトンによって三重線 $(2+1=3)$ に分裂する．図 6・15 に示した 2-ブロモプロパンの場合には，1.71 ppm に二重線，4.28 ppm に七重線が現れる．二重線はメチンプロトン 1 個によって等価な 6 個のプロトンが分裂することによるものであり，一方七重線は，隣接する二つのメチル基上にある等価な 6 個のプロトンによって $-CHBr-$ プロトンのシグナルが分裂するために生じる $(6+1=7)$．

化学的に等価な ^{1}H 核同士はスピン結合しない．たとえば，$BrCH_2CH_2Br$ の四つの水素原子は 1 本の鋭い一重線となって現れるだけである．この分子の水素原子四つは隣接する二つの炭素上にそれぞれ二つずつ存在するが，まったく等しい化学シフトをもつためにスピン結合を起こさない．

次に多重線のそれぞれの強度は，パスカルの三角形で示され，中心対称であり，もっとも強いピークが中心にある（図 6・16）．二重線のピーク強度比は 1：1 であり，三重線，四重線のピーク強度比は，それぞれ 1：2：1，1：3：3：1 である．このような簡単な一次の多重線が観測されるためには，化学シフトの値の差 $\Delta\delta(Hz)$ とカップリ

```
            1
          1   1
        1   2   1
      1   3   3   1
    1   4   6   4   1
  1   5  10  10   5   1
1   6  15  20  15   6   1
```

図 6・16　パスカルの三角形

ング定数 J(Hz)の比が8以上でなければならない．両者が接近するとシグナルが干渉し合ってパスカルの三角形の関係が成立しなくなる．なお J の値は一定であるが，$\Delta\delta$ の値は発振器の周波数と正比例する．したがって 100 Hz の NMR 装置よりも 500 Hz の装置を使って測定したほうがスペクトルの解析は容易となる．

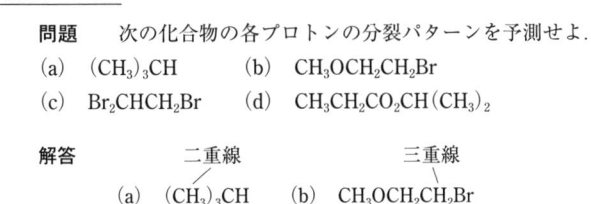

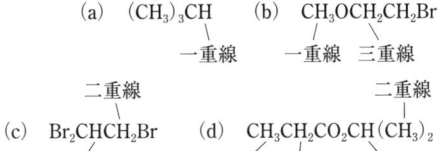

例題 6・6

問題 次の化合物の各プロトンの分裂パターンを予測せよ．
(a)　$(CH_3)_3CH$　　(b)　$CH_3OCH_2CH_2Br$
(c)　Br_2CHCH_2Br　(d)　$CH_3CH_2CO_2CH(CH_3)_2$

解答
　　　　　　　　二重線　　　　　　　　　三重線
(a)　$(CH_3)_3CH$　　(b)　$CH_3OCH_2CH_2Br$
　　　　　　一重線　　　一重線　三重線

　　二重線　　　　　　　　　　　二重線
(c)　Br_2CHCH_2Br　(d)　$CH_3CH_2CO_2CH(CH_3)_2$
　　　三重線　　　　　三重線　四重線　七重線

例題 6・7

問題 次の ^1H NMR スペクトルを示す化合物の構造を示せ．
(a)　分子式が C_2H_6O で一重線を1本だけ示す化合物
(b)　分子式が $C_4H_{10}O$ で三重線一つと四重線一つを示す化合物
(c)　分子式が $C_4H_{10}O$ で一重線を二つ示す化合物
(d)　分子式が $C_4H_8O_2$ で一重線を一つ，三重線を一つ，四重線を一つ示す化合物

解答　(a)　CH_3OCH_3　(b)　$CH_3CH_2OCH_2CH_3$　(c)　$(CH_3)_3COH$
(d)　$CH_3CO_2CH_2CH_3$ と $CH_3CH_2CO_2CH_3$

6・2・5　^{13}C NMR

^{12}C は核スピンをもたないので NMR では観測されない．磁気モーメントをもつ炭素の唯一の天然同位体は ^{13}C であるが，その存在比はわずか1%にすぎない．さらにその感度は ^1H の 1.6% にすぎないので，^{13}C の全体としての感度は ^1H に対して 1/5700 である．この問題はコンピューター技術の発展によって克服され，^{13}C NMR は今日では日常的な構造決定手段として欠かせないものとなっている．

^{13}C NMR の大きな特徴は，そのスペクトルから分子中の炭素の数を数えることができることである．酢酸エチルの ^{13}C NMR スペクトル(図 6・17)で示されるように，分子中に存在する種類が異なる各炭素原子に対して1本ずつの鋭いピークが観測され

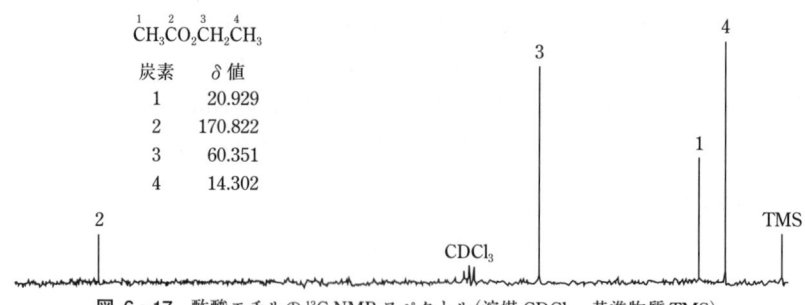

$\overset{1}{CH_3}\overset{2}{CO_2}\overset{3}{CH_2}\overset{4}{CH_3}$

炭素	δ 値
1	20.929
2	170.822
3	60.351
4	14.302

図 6・17 酢酸エチルの ^{13}C NMR スペクトル(溶媒 CDCl$_3$, 基準物質 TMS)

る. すなわち酢酸エチルは非等価な炭素原子を四つもっており 4 本のピークを示す. ^{13}C 核の天然存在比が低いため,分子中で二つの ^{13}C 核が隣り合うことがほとんどない. したがって ^{13}C–^{13}C によるスピンカップリングは起こらない. さらに ^{1}H とはカップリングできるが,プロトンを照射して飽和させ完全にデカップルした条件下で測定を行うことによって ^{13}C–^{1}H スピン結合は消去されている.

^{13}C の共鳴スペクトルの化学シフトの範囲は TMS から約 220 ppm を超える範囲にわたり ^{1}H NMR スペクトルの場合(約 10 ppm)に比べると約 20 倍である. 化学シフトは分子内における炭素の環境に依存している. ^{13}C の化学シフトは ^{1}H の化学シフトとある程度の平行関係にある(図 6・18)が,容易には説明できない食い違いも少しある.

p-ブロモアセトフェノン(図 6・19)について説明する. この分子は 8 個の炭素をもっているが, 6 本の吸収しか観測されない. 分子が対称面をもっており C4 と C4′, C5 と C5′ が等価になっているためである. したがって 6 個の芳香環炭素は 128〜137 ppm の範囲に 4 本の吸収しか示さない. このほかに–CH$_3$ の炭素が 26 ppm に,そしてカルボニル炭素が 197 ppm に吸収を示す.

例題 6・8

問題 次の化合物の ^{13}C NMR スペクトルは何本の共鳴線が観測されるか.

(a) シクロヘキサン (b) メチルシクロペンタン (c) o-キシレン (d) 1-メチルシクロヘキセン

解答 (a) 1 本　(b) 4 本　(c) 4 本　(d) 7 本

6・2 核磁気共鳴(NMR)分光法

	δ_H^{TMS}	10 9 8 7 6 5 4 3 2 1 0
	δ_C^{TMS}	220 200 180 160 140 120 100 80 60 40 20 0 −20

アルカン
　−CH₃
　−CH₂−
　〉CH−
　〉C〈
アルケン
　=CH₂
　=CH−
　=C〈
アルキン
　≡CH
　≡C−
ベンゼン一置換体
　C−X
　オルト
　メタ
　パラ
カルボニル基
　飽和ケトン
　α-ハロケトン
　α,β-不飽和ケトン
　アルデヒド
　カルボン酸
　エステル
　酸無水物
　酸塩化物
　アミド, イミド
ニトリル

メタン　シクロプロパン

F　OH　Cl　Br　I

エチレン

ベンゼン　CN I

アルデヒド

⟷ ¹H 化学シフト
▬ ¹³C 化学シフト

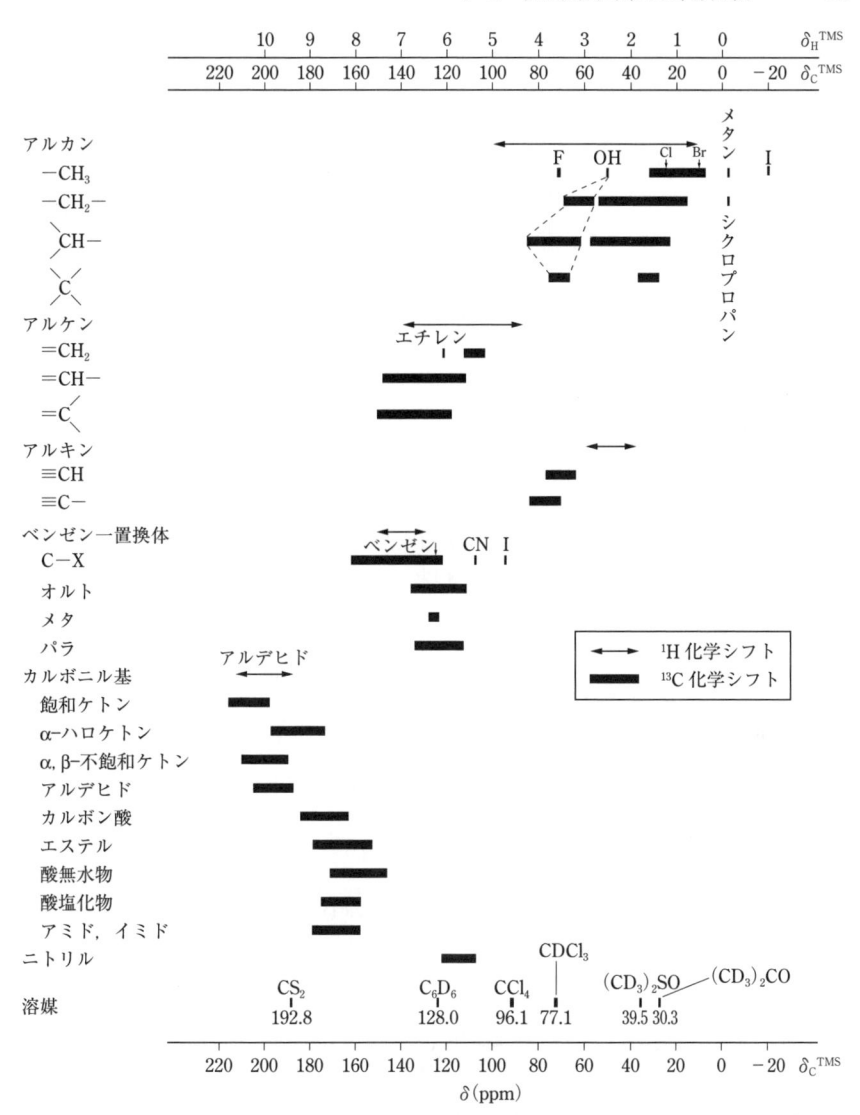

溶媒　CS₂　C₆D₆　CCl₄　CDCl₃　(CD₃)₂SO　(CD₃)₂CO
　　　192.8　128.0　96.1　77.1　39.5　30.3

220 200 180 160 140 120 100 80 60 40 20 0 −20　δ_C^{TMS}
δ(ppm)

図 6・18　¹³C NMR の化学シフト

[山川浩司, 鈴木真言, 小倉治夫, 久留正雄, "スペクトルを利用する有機薬品分析", p.73, 講談社サイエンティフィク(1982)]

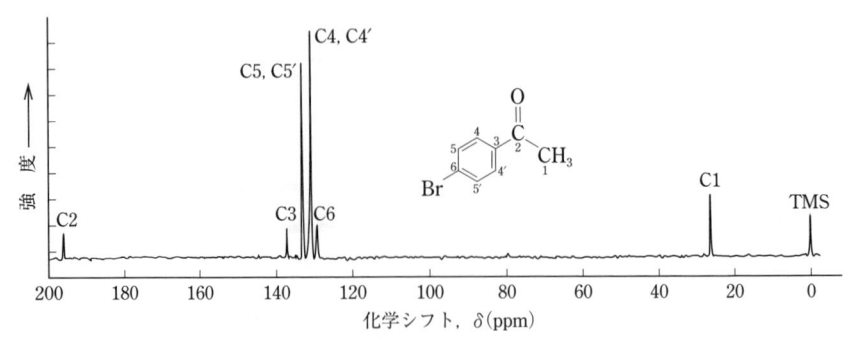

図 6・19 *p*-ブロモアセトフェノンの ^{13}C NMR スペクトル

例題 6・9

問題 次の ^{13}C NMR スペクトルを示す化合物の構造を示せ.
(a) 5本のピークをもつ炭素6個のアルカン
(b) 4本のピークをもつ炭素8個のアルカン
(c) 3本のピークをもつ炭素4個のシクロアルカン

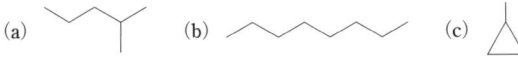

解答
(a) 2-メチルペンタン (b) 3-メチルヘプタン (c) メチルシクロプロパン

例題 6・10

問題 次の各化合物に対して各炭素の化学シフトを予測せよ.
(a) 3-ペンタノン (b) シクロヘキサノン (c) エタノール (d) シクロヘキセン

解答
(a) 210, 35, 8 (b) 210, 42, 27, 25 (c) 63, 25 (d) 127, 25, 22

まとめ

- 赤外光を吸収すると分子は振動を起こす.
- 分子の振動には伸縮振動と変角振動の2種類がある.
- 官能基は特徴的な赤外吸収を起こす.
- 1300〜900 cm^{-1} の領域は複雑な吸収を示し指紋領域とよばれる.
- NMRのシグナルの位置はその核の電子的環境に依存する.

- 化学シフトは NMR ピークの位置を示す．
- 官能基は特徴的な化学シフトをもつ．
- ピークの面積積分によってピークに対応する水素の数がわかる．
- シグナルのスピン-スピン分裂パターンは隣接水素の数に依存し，$n+1$ 則に従う．
- 炭素 NMR は天然存在比の小さい同位体 ^{13}C を利用する．
- 炭素 NMR では水素のデカップリングによってシグナルは単一線となる．

● コラム ●

磁気共鳴イメージング(MRI)

NMR の測定には，試料（数 mg 以下）を適当な溶媒（一般的には重クロロホルム $CDCl_3$）1 mL 程度に溶かした溶液を詰めたガラス管（NMR サンプル管，外径 5 mm，長さ 18 cm）を準備する．次にこのサンプル管を強い磁石の両極の間の狭い（1〜2 cm）隙間に置き，サンプル管を垂直軸のまわりに回転させ測定する．

もっと大きな NMR 装置をつくって，人一人が磁極の間の狭い隙間に入れるようにすれば身体の器官の NMR スペクトルを測定することができる．これが磁気共鳴イメージング(MRI)の装置であり，X 線や放射線を用いるイメージング方法よりも優れているため医学の分野で急速に発達し，今日では非常に重要な診断法となっている．測定に際しては，サンプル管を回転させる NMR とは違って人が回転するのではなく，人が入っている装置のほうが回転する．MRI も NMR と同様に，通常は水素の磁気的性質とそれらの核がラジオ波のエネルギーで励起されたときに出すシグナルを利用している．しかし NMR とは異なり，MRI 装置は強力なコンピューターとデータ処理技術を用いて核の化学的性質ではなく，体内における磁気核の三次元的な分布を調べている．現在使用されているほとんどの MRI 装置は水や脂肪という形で体中のどこにでも豊富に存在する水素を観測している．

たとえば，1 回の鼓動で心臓から出ていく血液の量を測定して，動いている心臓を観察することができる．さらに X 線には写らないような軟らかい組織も明瞭に見ることができるため脳腫瘍や脳卒中などの症状の診断に用いられている．

練習問題

6・1 次の二つの分子の構造を推定せよ.
(a) ^{1}H NMR スペクトル(A), 分子式 C_4H_7Cl
(b) ^{1}H NMR スペクトル(B), 分子式 $C_5H_8O_2$

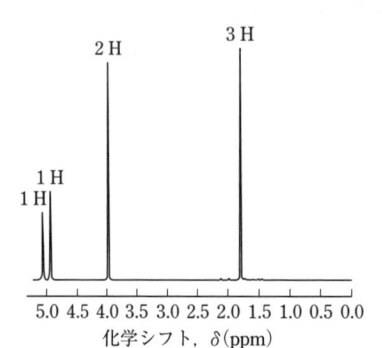

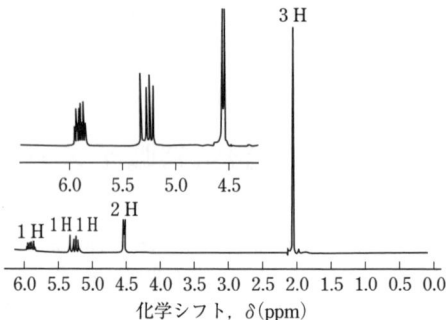

(A) 300 MHz ^{1}H NMR スペクトル

(B) 300 MHz ^{1}H NMR スペクトル

6・2 (a) C_4H_8O の分子式をもつ化合物をすべて示せ. (b) その中から IR で 3400 cm^{-1} に強い吸収をもつ化合物を選べ. また, (c) ^{1}H NMR で二重線と四重線の二つのピークだけを示すものを選べ.

6・3 次の ^{1}H NMR スペクトルを示す化合物の構造を示せ.
(a) $C_6H_{12}O_3$: 3.25 ppm に 6 H, 一重線, 2.25 ppm に 3 H, 一重線, 1.40 ppm に 3 H, 一重線
(b) $C_5H_{10}O$: 2.60 ppm に 1 H, 七重線, 2.15 ppm に 3 H, 一重線, 1.13 ppm に 6 H, 二重線
(c) $C_3H_6O_2$: 8.05 ppm に 1 H, 一重線, 4.25 ppm に 2 H, 四重線, $J=7$ Hz, 1.30 ppm に 3 H, 三重線, $J=7$ Hz

6・4 次の ^{1}H NMR スペクトルを与える分子式 C_4H_8Br の構造を示せ.

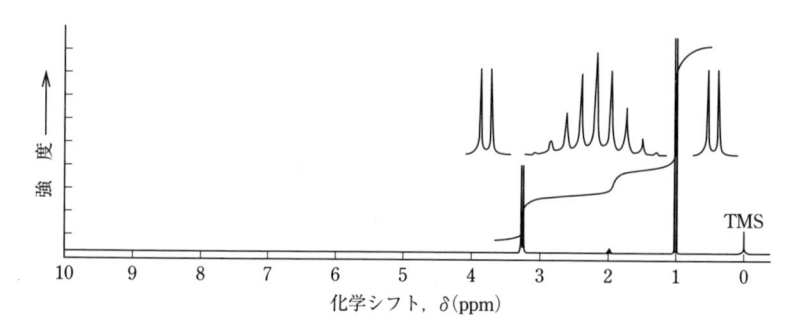

6・5 次の化合物の ^{1}H NMR スペクトルの概略を書け.
 (a) $CH_3CH_2OCH_2Br$ (b) $CH_3CH_2OCH_2CH_3$ (c) CH_3CHCl_2

6・6 次の ^{1}H NMR ならびに ^{13}C NMR スペクトルを与える分子式 $C_7H_{16}O$ の化合物の構造を推定せよ.

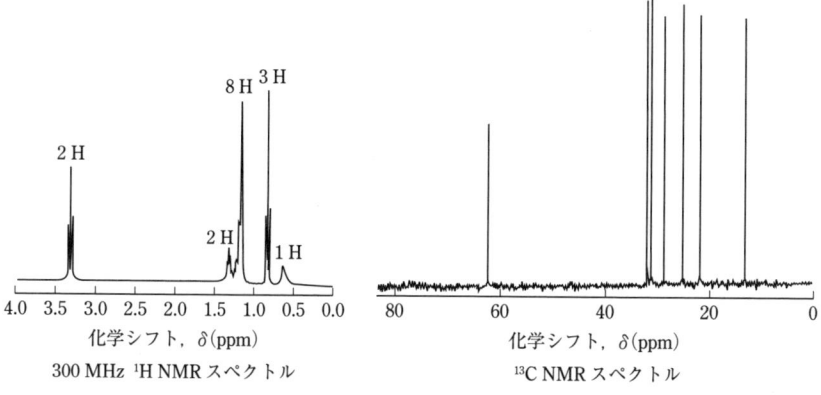

300 MHz ^{1}H NMR スペクトル

^{13}C NMR スペクトル

6・7 次の ^{1}H NMR スペクトルを示す化合物の構造を示せ.
 (a) 分子式 $C_4H_8O_2$：3.7 ppm に一重線のみ
 (b) 分子式 $C_5H_8O_2$：7.0 ppm に 1 H, 多重線, 5.85 ppm に 1 H, 二重線, 3.7 ppm に 3 H, 一重線, 1.90 ppm に 3H, 二重線
 (c) 分子式 $C_{10}H_{12}O$：7.20～7.40 ppm に 5 H, 多重線, 2.88 ppm に 2 H, 三重線, 2.75 ppm に 2 H, 三重線, 2.10 ppm に 3 H, 一重線

7
ハロアルカンの反応
$S_N1, S_N2, E1, E2$ 反応

本章では，まず二分子求核置換反応(S_N2反応)と一分子求核置換反応(S_N1反応)の違いを曲がった矢印を用いて学ぶ．それぞれの反応生成物の立体化学から反応機構の重要性を知る．つづいて，2分子が関与した E2 脱離反応ならびに1分子のみが関与する E1 脱離反応について述べる．

ハロゲン化アルキル(ハロアルカン)のハロゲンは炭素に比べて電気陰性度が大きく，電子求引性をもつので，置換反応および脱離反応を起こす．しかし，ハロゲンの違いによって反応性は大きく異なる．また，同じハロゲン化物でもアルキル置換基の種類によって反応性ならびに反応形式が異なることに注意する必要がある．

7・1 ハロアルカンの種類と命名法

アルカンの水素をハロゲンで置き換えたものをハロアルカンとよぶ．ハロアルカンはハロゲンが直接結合した炭素上のアルキル基の数によってハロメタン，第一級ハロアルカン，第二級ハロアルカン，第三級ハロアルカンに分類される．

ハロゲンにはフッ素(F)，塩素(Cl)，臭素(Br)，ヨウ素(I)の4種類があり，2・2・1項ならびに4・1・6項でも述べたように，IUPAC 命名法ではそれぞれを接頭語としてフルオロ，クロロ，ブロモ，ヨードアルカンとして命名する．ハロゲン化アルキルという慣用名も一般的に使われている(図7・1)．

CH₃CH₂CH₂F   CH₃CHCl   CH₃C-Br   (シクロヘキシル-I)
                     CH₃   CH₃

フルオロプロパン　　2-クロロプロパン　　2-ブロモ-2-メチルプロパン　　ヨードシクロヘキサン
(フッ化プロピル)　　(塩化イソプロピル)　　(臭化 *tert*-ブチル)　　(ヨウ化シクロヘキシル)

図 7・1 ハロアルカンの命名法

例題 7・1

問題　次の化合物を IUPAC 命名法で命名せよ.

(a) CH₃CHCH₂CH₂Cl　　(b) [シクロペンタン環に F と CH₃]　　(c) CH₃CCH₂CH₂-I
      Br   CH₃

解答　(a) 3-ブロモ-1-クロロブタン
(b) 1-フルオロ-3-メチルシクロペンタン　　(c) 1-ヨード-3,3-ジメチルブタン

7・2　ハロアルカンの性質

　炭素原子とハロゲン原子との結合距離はフッ素から塩素,臭素,ヨウ素へと原子番号が大きくなるにつれて長くなり,結合解離エネルギーは逆に小さくなる. CH_3-X 結合の長さと $C-X$ 結合の結合解離エネルギーを表 7・1 に示す.

　ハロゲンは炭素よりも電気陰性度が大きい. したがって, $C-X$ 結合は分極し, 炭素原子が部分的正電荷を, ハロゲン原子は部分的負電荷をもつ双極子とみなすことができるのでハロアルカンは双極子モーメント(dipole moment) μ をもつ(図 7・2).

表 7・1 ハロメタンの結合距離とその結合解離エネルギー

ハロメタン	結合の長さ pm	結合解離エネルギー kJ mol⁻¹
CH_3F (フルオロメタン)	139	460
CH_3Cl (クロロメタン)	178	356
CH_3Br (ブロモメタン)	193	297
CH_3I (ヨードメタン)	214	238

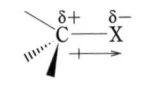

$$\overset{\delta+}{C} — \overset{\delta-}{X}$$

図 7・2 ハロアルカンの双極子モーメント

7・3 ハロアルカンの合成

ハロアルカンはアルカンの直接ハロゲン化やアルケンやアルキンへのハロゲンまたはハロゲン化水素の付加によって合成される．また，アルコールから塩化チオニル($SOCl_2$)や三臭化リン(PBr_3)などを用いて合成することもできる．

$$RCH_2CH_3 + Cl_2 \longrightarrow RCH_2CH_2Cl + RCHCH_3 \atop Cl \qquad (7・1)$$

$$\mathrm{C=C} + HCl \longrightarrow -\underset{Cl}{\overset{H}{\mathrm{C-C}}}- \qquad (7・2)$$

$$\mathrm{C=C} + Br_2 \longrightarrow -\underset{Br}{\overset{Br}{\mathrm{C-C}}}- \qquad (7・3)$$

$$-C\equiv C- + 2\,Br_2 \longrightarrow -\underset{Br\ Br}{\overset{Br\ Br}{\mathrm{C-C}}}- \qquad (7・4)$$

$$R-OH + SOCl_2 \longrightarrow R-Cl + SO_2 + HCl \qquad (7・5)$$

$$3\,R-OH + PBr_3 \longrightarrow 3\,R-Br + H_3PO_3 \qquad (7・6)$$

7・4 ハロアルカンの反応

ハロアルカンの炭素原子は正に，ハロゲンは負に分極している．したがって，ハロアルカンを適当なアニオン種や求核性をもつ中性の化学種と反応させると，これらがハロゲンと置き換わる反応が起こる．この反応を求核置換反応という．この型の置換反応は，反応速度が反応基質ならびに求核剤の濃度にどのように依存するかによって2種類に分類される．ハロアルカンと求核剤の両方の濃度に依存するものを二分子求核置換反応(S_N2反応)とよぶ．一方，ハロアルカンの濃度には依存するが，求核剤の濃度には依存しないものを一分子求核置換反応(S_N1反応)という．

$$Nu^- + R-X \longrightarrow Nu-R + X^- \quad (Nu^-：アニオン種) \qquad (7・7)$$

$$Nu: + R-X \longrightarrow Nu^+-R + X^- \quad (Nu：求核性をもつ中性の化学種) \qquad (7・8)$$

7・4・1 二分子求核置換反応(S_N2反応)

ヨードメタンをナトリウムエトキシドと加熱すると,ヨウ化物イオンがエトキシドと入れ替わってメトキシエタンとヨウ化ナトリウムが生成する.この反応の速度は,基質のヨードメタンと求核剤のエトキシドイオンの両方の濃度に依存する.たとえば,ヨードメタンの濃度を2倍にすると,反応速度は2倍になる.また,エトキシドイオンの濃度を2倍にしても反応速度は2倍になる.両者を2倍にすると反応速度は4倍になる.このように,反応速度が基質と求核剤の両方の濃度に依存する反応を二分子求核置換反応(S_N2反応)という.

$$CH_3I + CH_3CH_2ONa \longrightarrow CH_3OCH_2CH_3 + NaI \qquad (7・9)$$

この反応では,基質と求核剤が1段階で反応する.すなわち,求核剤であるエトキシドイオンがヨードメタンの炭素を攻撃すると同時にヨウ化物イオンが脱離する.このように新たな結合の生成と開裂が同時に起こる反応を協奏反応という.ヨードメタンと求核剤との協奏反応においては,求核剤が脱離基と同じ側(前面)から攻撃するのか,それとも脱離基の反対側(背面)から近づいてくるのかを見分けることはできないが,ヨードメタンの代わりに光学活性な化合物を用いることによって解決できる(図7・3).

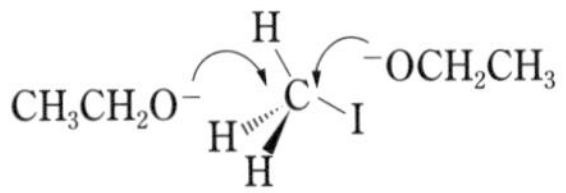

図7・3 求核剤によるヨードメタンに対する攻撃(前面か背面か)

(R)-2-ブロモブタンと水酸化ナトリウムとの反応によって(S)-2-ブタノールが生成する.もし,臭素と同じ側(前面)から水酸化物イオンが近づいたとすれば,(R)-2-ブタノールが生成するはずである.すなわち,この反応では水酸化物イオンは臭素の反対側(背面)から攻撃し,立体配置を完全に反転させていることがわかる.

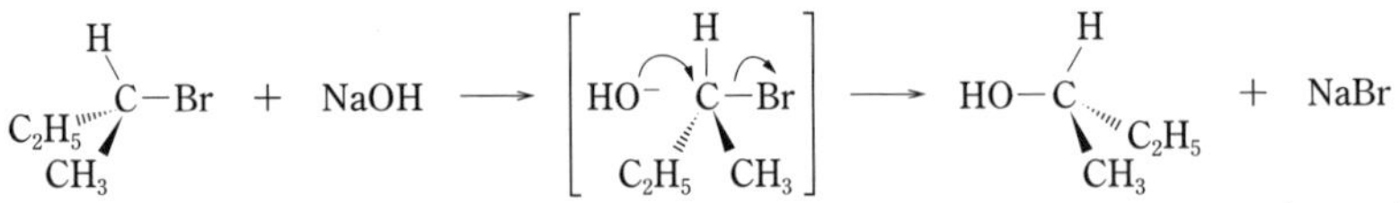

$$(7・10)$$

S_N2反応は求核剤および基質の種類,立体障害,脱離基の種類,溶媒の種類など数々の要因に支配される.ハロゲン化アルキルの反応性はメチル>エチル>イソプロピルの順に低下し,ハロゲン化 *tert*-ブチルは立体障害のため S_N2 反応を起こさない.

S_N2 反応は，反応の速度を決める律速段階(rate determining step)に求核剤とハロアルカンの両者の濃度が含まれる二次反応であり，一般式として次式のように表される．

$$\text{反応速度} = k[\text{ハロアルカン}][\text{Nu}^-] \text{ mol L}^{-1}\text{s}^{-1} \quad (7\cdot11)$$

求核剤 Nu^- は非共有電子対をもっており，基質の炭素－ハロゲン(C－X)結合のハロゲンと反対側から炭素を攻撃して X^- を追い出し，1 段階で反応が完結する．ハロゲン以外にスルホナート(OSO_2R)やカルボナート(OCOR)も用いることができる．これらは脱離基とよばれる．

$$\underset{R^3}{\overset{R^1}{R^{2\text{''''}}}}\text{C－L} + \text{Nu}^- \longrightarrow \left[\text{Nu}^- \cdots \underset{R^2\ R^3}{\overset{R^1}{|}}\text{C} \cdots \text{L}\right] \longrightarrow \text{Nu－}\underset{R^3}{\overset{R^1}{\text{C}}}_{\text{''''}} + \text{L}^-$$

$$\text{L} = \text{Cl, Br, I, OSO}_2\text{R, OCOR} \quad (7\cdot12)$$

例題 7・2

問題 *trans*-1-ブロモ-4-メチルシクロヘキサンとシアン化ナトリウムとの S_N2 反応生成物を示せ．

解答

（シクロヘキサン環に CH_3 と CN が結合した構造）

7・4・2 一分子求核置換反応(S_N1 反応)

2-ブロモ-2-メチルプロパン(臭化 *tert*-ブチル)を水と反応させると，2-メチル-2-プロパノール(*tert*-ブチルアルコール)が生成する．この反応では，水が求核剤として働き，臭化物イオンに置き換わっている．この反応では，反応速度は基質の 2-ブロモ-2-メチルプロパンの濃度に比例するが水の濃度にはまったく依存しない．すなわち，反応速度式が次式のようにハロアルカンの濃度のみで表されるので一分子求核置換反応(S_N1 反応)とよぶ．この反応の機構は次のように考えられている．まず，基質の 2-ブロモ-2-メチルプロパンから臭化物イオンが解離し，*tert*-ブチルカチオンが生成する．このカルボカチオンに水が求核的に攻撃し，つづいてプロトンの脱離が起こって置換生成物が得られる．この反応における律速段階は *tert*-ブチルカチオンの生成であり，カルボカチオンと水との反応ならびに脱プロトン化反応は速いと考えられる．

$$\text{反応速度} = k[\text{ハロアルカン}] \text{ mol L}^{-1}\text{s}^{-1} \quad (7\cdot13)$$

7 ハロアルカンの反応　$S_N1, S_N2, E1, E2$ 反応

図 7・4 に S_N2 反応と S_N1 反応のエネルギー図を示した. S_N2 反応は, 1 段階の協奏反応であり中間体はまったく生成せず, 一つの遷移状態を経て進行する. 一方, S_N1 反応は, tert-ブチルカチオン(中間体①)とオキソニウムカチオン(中間体②)の二つの中間体と三つの遷移状態 I, II, III を経て進行する.

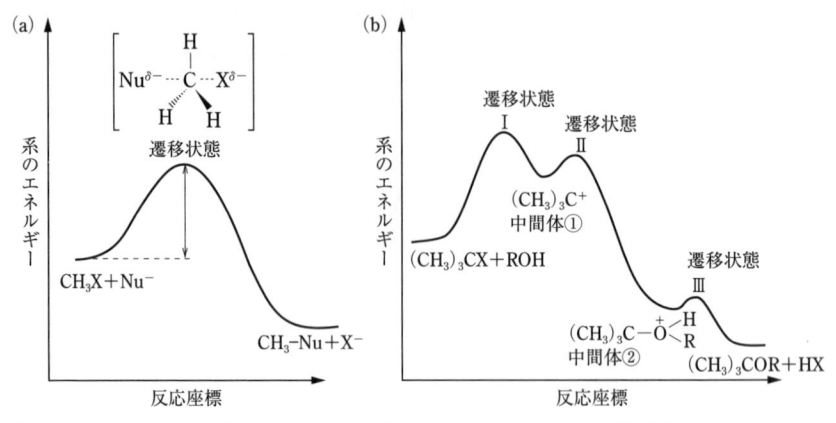

図 7・4 ハロメタンの求核剤による S_N2 反応のポテンシャルエネルギー図(a)と, 2-ハロ-2-メチルプロパンのアルコール(または水)による S_N1 反応のポテンシャルエネルギー図(b)

S_N1 反応ではカルボカチオン中間体を経て反応が進行するため, ハロアルカンの立体化学が失われる. すなわち, 光学活性な基質をハロアルカンとして用いてもラセミ化が起こり, 光学不活性な置換生成物が得られる.

$$n\text{-}C_6H_{13}\overset{H}{\underset{CH_3}{C}}\text{-}Br + H_2O \longrightarrow n\text{-}C_6H_{13}\overset{H}{\underset{CH_3}{C}}\text{-}Br \longrightarrow \left[n\text{-}C_6H_{13}\overset{H}{\underset{CH_3}{C^+}} \right] \xrightarrow{H_2O}$$

$$\left[n\text{-}C_6H_{13}\overset{H}{\underset{CH_3}{C}}\text{-}\overset{+}{O}\overset{H}{\underset{H}{}} + \overset{H}{\underset{H}{}}\overset{+}{O}\text{-}\overset{H}{\underset{CH_3}{C}}\text{-}n\text{-}C_6H_{13} \right]$$

$$\xrightarrow{-H^+} n\text{-}C_6H_{13}\overset{H}{\underset{CH_3}{C}}\text{-}OH + HO\text{-}\overset{H}{\underset{CH_3}{C}}\text{-}n\text{-}C_6H_{13} \quad (7\cdot14)$$

ラセミ体
50 : 50

例題 7・3

問題　次の化合物とナトリウムメトキシドとの反応で得られる主生成物をその立体構造も含めて示せ.

(1)　1–ブロモブタン

(2)　(*S*)–2–ブロモオクタン(S_N2 反応)

(3)　(*R*)–3–ヨード–3–メチルヘキサン　(CH_3OH 中)

解答　(a)　$CH_3CH_2CH_2CH_2OCH_3$

(b)

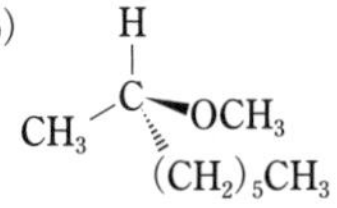

(c)

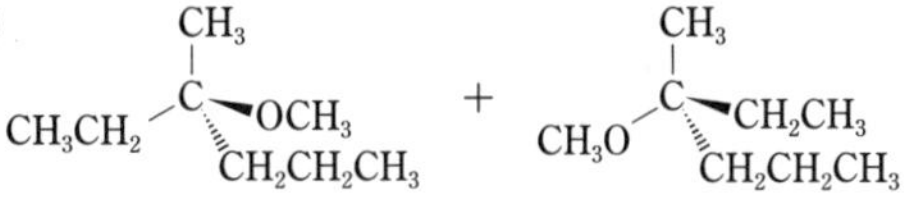

例題 7・4

問題　次のカルボカチオンを安定な順に並べよ.

(a)

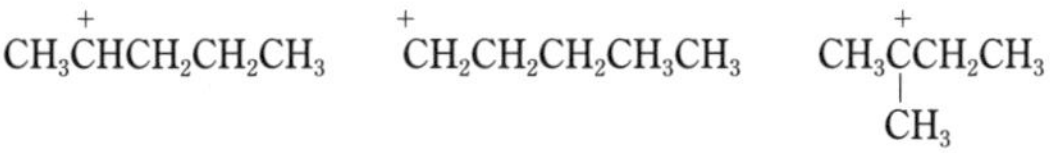

(b)

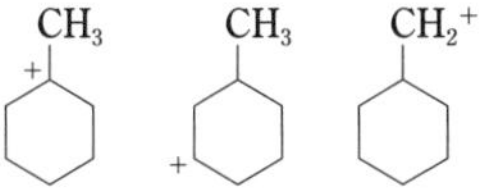

解答

(a)

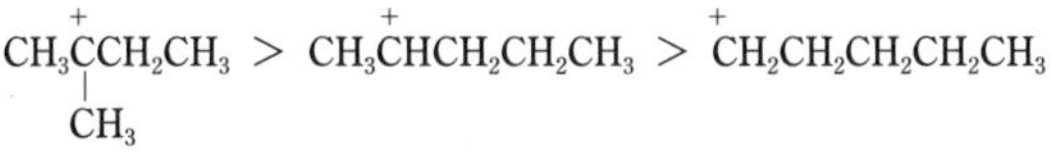

(b)

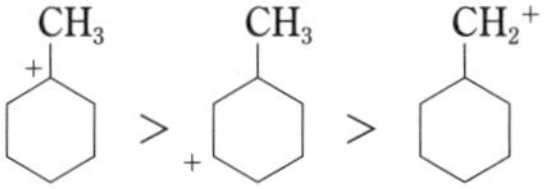

例題 7・5

問題　(*R*)–2–クロロペンタンから(*R*)–$CH_3CH(CN)CH_2CH_2CH_3$ を選択的に得る方法を述べよ.

解答

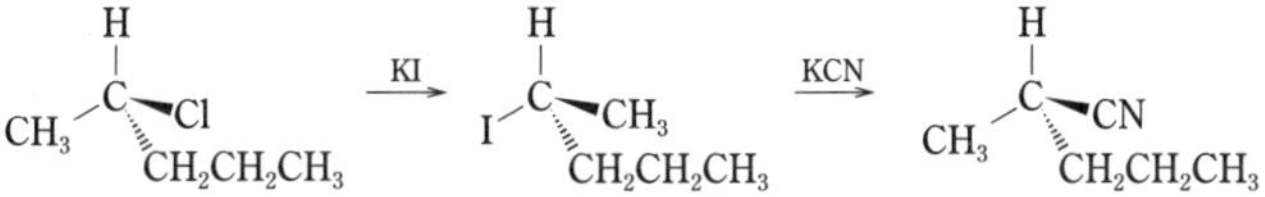

7・4・3　脱離反応

これまでにハロアルカンはその種類や反応条件によって S_N2 反応と S_N1 反応の 2 種類の求核置換反応を起こすことがわかった. これらの反応はハロアルカンをほかの官

能基に変換するもっとも重要な反応であるが，場合によっては求核剤が塩基でもあることを忘れてはならない．すなわち，条件によってはハロアルカンと求核剤との反応によってアルケンが生成し，アルケンの有用な合成法の一つとなっている．ここでは求核剤は塩基としてはたらき，この反応を脱離反応とよぶ．

ハロアルカンと塩基との反応においても二つの反応形式がみられる．すなわち，アルケンの生成速度がハロアルカンの濃度に一次で，塩基の濃度に依存しない一分子脱離反応と，ハロアルカンと塩基の濃度の両方に依存する二分子脱離反応がある．

a. 一分子脱離反応(E1 反応)

2-ブロモ-2-メチルプロパン(臭化 tert-ブチル)を水と反応させると，2-メチル-2-プロパノール(tert-ブチルアルコール)が主として生成するが，同時に2-メチルプロペンが副生する．この反応における 2-メチル-2-プロパノールおよび 2-メチルプロペンの生成速度はいずれも 2-ブロモ-2-メチルプロパンの濃度のみに依存し，水の濃度の影響を受けない．すなわち，反応はいずれも一次で進行し，2-メチル-2-プロパノールの生成は S_N1 反応であり，これに対して 2-メチルプロペンの生成は一分子脱離反応(E1 反応)とよばれる．

反応は次の機構で進行する．まず，2-ブロモ-2-メチルプロパンから臭化物イオンが脱離し，トリメチルカルボカチオンが生成する．このカチオンが水と反応すれば，オキソニウムイオンを経て 2-メチル-2-プロパノールが生成する．一方，水が塩基として作用し，トリメチルカルボカチオンの 9 個の水素のうちの 1 個をプロトンとして引き抜くと，2-メチルプロペンが得られる．

$$(7 \cdot 15)$$

b. 二分子脱離反応(E2 反応)

2-クロロ-2-メチルプロパン(塩化 tert-ブチル)を水酸化ナトリウムのような強塩基と反応させると，2-メチルプロペンが生成する．この反応は 2-クロロ-2-メチルプロパンと水酸化ナトリウムの両者の濃度に比例し，脱離の速度式は二次となる．この反

応過程を二分子脱離反応(E2反応)とよぶ．この反応では，カルボカチオンが生成する前に強塩基がメチル基からプロトンを引き抜き，引き抜くと同時にハロゲン化物イオンの脱離が進行する．強塩基存在下での第三級ハロアルカンの反応では立体障害のため，S_N2反応はまったく起こらず，E2反応のみが進行する．

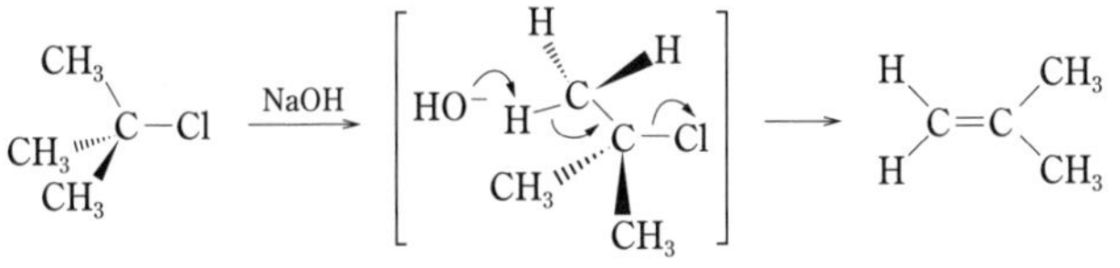

$$\text{(7·16)}$$

第二級や第一級ハロアルカンの場合も，S_N2反応と競争してE2反応が起こる．E2反応では，脱離するハロゲン化物イオンとプロトンの位置関係が重要である．すなわち，脱離に関係するハロゲン-炭素-炭素-水素の4原子が同一平面上にあることが必要となる．ここでシンおよびアンチペリプラナーという二つの立体配座がその条件を満たす(図7·5)．一般にアンチペリプラナーはシンペリプラナーよりも立体障害が少なく，安定であるのでアンチペリプラナーから反応が進行する．これをアンチ脱離という．

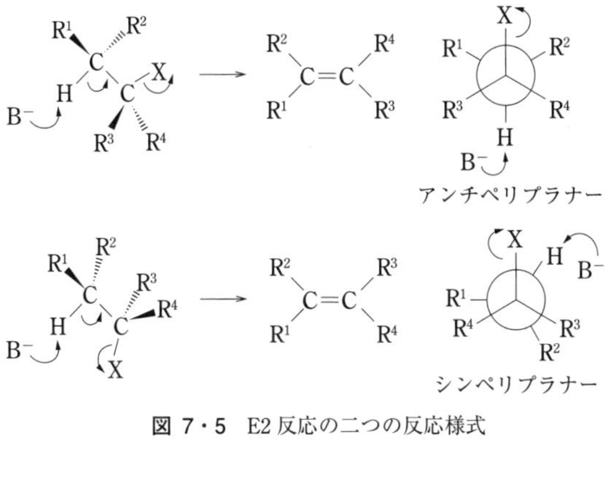

図7·5　E2反応の二つの反応様式

例題7·6

問題　cis-およびtrans-1-ブロモ-4-(1,1-ジメチルエチル)シクロヘキサンと塩基との反応において，シス体は容易にE2反応を起こすが，トランス体の反応はきわめて遅い．それぞれの反応を曲がった矢印で示し，その理由を述べよ．

解答

(反応スキーム: トランス-1-tert-ブチル-4-ブロモシクロヘキサン（ジアキシアル）→ E2協奏的脱離 → 4-tert-ブチルシクロヘキセン)

(反応スキーム: シス体 → カルボカチオン中間体 → アルケン)

シス体はアンチペリプラナーの位置の水素があり，協奏的に脱離するが，トランス体はアンチペリプラナーの位置に水素がないので脱離が起こりにくく，カチオン中間体を経て脱離する．

c. ザイツェフ則とホフマン則

脱離反応において脱離できる水素が 2 種類以上ある場合，2 種類以上のアルケンが生成する可能性がある．E1 反応では，まずカルボカチオンが生成してからアルケンが生成するので熱力学的に安定なより置換基の多いアルケンが生成する．これをザイツェフ(Saytzeff)則という．一方，E2 反応の場合，水酸化ナトリウム，ナトリウムメトキシドのように立体障害の小さな塩基を用いるとザイツェフ則に従うアルケンが生成するが，カリウム tert-ブトキシドやリチウムジイソプロピルアミドのような立体障害の大きな塩基を用いるとより置換基の少ないアルケンが優先して生成する．このような選択性をホフマン(Hofmann)則とよぶ．

$$CH_3CHCH_2CH_2CH_2CH_3 \longrightarrow CH_2=CHCH_2CH_2CH_2CH_3 + CH_3CH=CHCH_2CH_2CH_3$$
$$|$$
$$Br$$

(7・17)

	ホフマン型生成物	ザイツェフ型生成物
CH_3ONa	副生成物	主生成物
$(CH_3)_3COK$	主生成物	副生成物

例題 7・7

問題 次の化合物をカリウム tert-ブトキシドと反応させたときの脱離反応で予想される化合物を示せ．

(a) $CH_3CCH_2CH_2CH_3$ （中心炭素に CH_3 と I が結合）

(b) 2-ブロモ-1-メチルシクロヘキサン

解答　(a) $CH_2=CCH_2CH_2CH_3$ (b) シクロヘキセン-CH₃
　　　　　　　　　$|$
　　　　　　　CH_3

まとめ

- ハロアルカンのハロゲン-炭素結合は電気陰性度の違いで大きく分極しており，ハロゲンが優れた脱離基となる．
- ハロアルカンと求核剤との反応では，二分子求核置換反応（S_N2 反応）または一分子求核置換反応（S_N1 反応）が起こる．
- S_N2 反応は立体化学の反転を伴い，遷移状態を経て1段階で進行する．
- S_N1 反応は脱離基がまず脱離してカルボカチオン中間体が生成し，つぎに求核剤と反応する2段階で進行する．
- S_N2 反応は立体障害の大きなハロアルカンでは進行しにくく，第三級ハロアルカンの場合起こりにくい．一方，S_N1 反応は第一級ハロアルカンでは起こりにくく，第三級ハロアルカンで起こりやすい．
- 脱離反応には二分子脱離反応（E2 反応）と一分子脱離反応（E1 反応）がある．
- E2 反応は脱離する水素と脱離基が同一平面上にあり，かつアンチペリプラナーの立体配座をとるとき起こりやすく，協奏的に進行する．
- E1 反応は S_N1 反応と同様にカルボカチオン中間体を経由して進行する．

練習問題

7・1 次の反応の主生成物を示せ．

(a) ICH_2CH_3 + CH_3CO_2Na ⟶

(b) H, $CH_2CH_2CH_3$ の炭素中心 + CH_3OH ⟶
　　I, CH_3

(c) H, CH_2CH_3 の炭素中心 + $(CH_3)_3COK$ ⟶
　　I, CH_3

7・2 次の S_N2 反応の生成物を示せ．

(a) (S)-3-ブロモオクタンと C_2H_5ONa

(b) 臭化シクロヘキシルと NaCN

(c) (R)-2-ブロモヘプタンと NaI

7・3 1-クロロ-4-ヨードブタンと1当量のナトリウムメトキシドとの反応生成物を示せ．

また，2等量のナトリウムメトキシドを用いるとどうなるか．

7・4 2-ブロモ-2-メチルペンタンを水と反応させた．予想されるすべての生成物の構造を示し，その生成理由を説明せよ．

7・5 (R)-2-ブロモヘキサンをメタノール中で処理して生成する化合物を立体構造がわかるように示せ．

7・6 臭化シクロヘキシルに水酸化物イオンを反応させたとき，予想される生成物を示せ．

7・7 次の脱離反応の生成物をすべて示せ．得られた生成物のうち，主たる生成物はどれか．

(a) ![cyclohexyl]−C(CH₃)(Cl) + KOH $\xrightarrow{C_2H_5OH}$

(b) ![cyclohexyl]−CHBrCH₃ + (CH₃)₃COK $\xrightarrow{(CH_3)_3COH}$

(c) CH₃CH₂CH₂CHBrCHCH₂CH₃ + C₂H₅ONa $\xrightarrow{C_2H_5OH}$
　　　　　　　　　　　|
　　　　　　　　　　CH₃

7・8 次の求核反応剤と(S)-2-ブロモペンタンとの反応生成物を立体化学がわかるように示せ．

(a) CN^-　　(b) Br^-（長時間反応させる）　　(c) N_3^-

8 アルケンとアルキンの合成

本章では，まずアルケンとアルキンの命名法を学び，つづいてそれぞれの合成法について学ぶ．さらに次章でこれらの化合物の反応性について述べる．

C=C 二重結合をもつアルケンは C=O 二重結合をもつカルボニル化合物とともに有機化学を学ぶうえできわめて重要な官能基である．また，C≡C 三重結合をもつアルキンはアルケンと類似した反応性と同時にアルキン独自の反応性をもつ不飽和化合物である．

8・1　アルケンとアルキンの命名法

アルケンおよびアルキンの命名法は基本的にアルカンの命名法に準じるが，これら多重結合の名称や位置を示すための規則がいくつか追加される（図 8・1）．なお，アルケンおよびアルキンの命名法については 4・1・5 項でもすでに述べたが，もう一度簡単にまとめておく．

$CH_3CH_2CH=CHCH_3$
2-ペンテン
(3-ペンテンではない)

$CH_3CH_2CH_2C=CH_2$
$\quad\quad\quad\quad\quad |$
$\quad\quad\quad\quad CH_2CH_2CH_3$
2-プロピル-1-ヘキセン
(4-メチレンオクタンではない)

$CH_3CH_2CH_2C≡CCH_2CH_3$
3-ヘプチン
(4-ヘプチンではない)

$CH_3CH=CH-CH=CH_2$
1,3-ペンタジエン
(2,4-ペンタジエンではない)

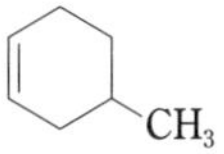

4-メチルシクロヘキセン

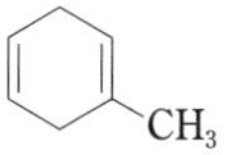

1-メチル-1,4-ヘキサジエン

図 8・1　アルケンおよびアルキンの名称

8 アルケンとアルキンの合成

① 語尾のエン(-ene)はC=C 二重結合を示す．2個以上の二重結合があるときの語尾は，ジエン(-diene)，トリエン(-triene)などとなる．語尾のイン(-yne)はC≡C 三重結合を示す．
② 二重結合または三重結合を形成する2個の炭素を含むように最長鎖を選んで命名する．
③ 多重結合にもっとも近い末端から番号を付け，多重結合の位置はその結合の小さい番号の炭素原子で示す．

例題 8・1

問題 IUPAC 命名法に従って，次の化合物を命名せよ．
(a) $CH_3CH_2CH=CHCH_2CH_2CH_3$ (b) $CH_3C=CHCH_2CH_2CH_3$
                                              $|$
                                         CH_2CH_3
(c) シクロペンテン環に CH_3

(d) $CH_3CH_2CH_2C≡CCH_2Cl$ (e) $CH≡CCH_2CH_2CH_2CH_3$
(f) $CH_2=CHCH_2CH=CHCH_2CH_2CH_3$

解答 (a) 3-オクテン (b) 3-メチル-3-ヘプテン
(c) 3-メチルシクロペンテン (d) 1-クロロ-2-ヘキシン (e) 1-ヘキシン
(f) 1,4-オクタジエン

例題 8・2

問題 次の化合物の構造式を記せ．
(a) 2-クロロ-1,4-ペンタジエン (b) 2-ヘキシン
(c) 2,5-ジメチル-2-ヘキセン (d) 1,3-ジメチルシクロペンテン
(e) 1-クロロシクロブテン

解答 (構造式 (a)〜(e))

8・2 アルケンの合成

8・2・1 ハロアルカンの脱ハロゲン化水素

アルケンのもっとも代表的な合成法は，ハロアルカンの脱ハロゲン化水素ならびにアルコールの脱水による方法である．7・4・3項c.で述べたようにハロアルカンをナ

トリウムメトキシドのような強塩基と反応させると，脱ハロゲン化水素が起こってアルケンが生成する．この脱離反応では一般に内部アルケンが優先的に生成する［ザイツェフ(Saytzeff)則］．一方，カリウム tert-ブトキシドやリチウムジイソプロピルアミド(lithium diisopropyl amide：LDA)のようなかさ高い塩基を用いると，立体障害のため熱力学的に不利な末端アルケンを選択的に与える［ホフマン(Hofmann)則］．これら強塩基による反応は脱プロトン化と同時にハロゲンが脱離する一段階 E2 脱離機構で進行する．

$$(8 \cdot 1)$$

例題 8・3

問題 次の化合物にナトリウムメトキシドおよびカリウム tert-ブトキシドを作用させたとき，主として生成するアルケンを構造式で示せ．
(a) 2-ブロモ-2-メチルヘキサン (b) 1-ブロモ-1-メチルシクロペンタン

解答
(a) CH_3ONa を作用させたとき：

$(CH_3)_3COK$ を作用させたとき：

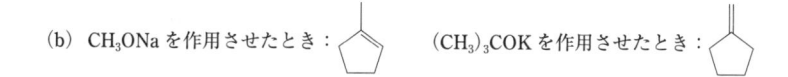

(b) CH_3ONa を作用させたとき： $(CH_3)_3COK$ を作用させたとき：

8・2・2 酸触媒によるアルコールの脱水反応

第二級または第三級アルコールを希硫酸のような酸と反応させると，脱水反応が起こってアルケンが生成する．反応はカルボカチオンを経由する E1 脱離機構で進行し，求核性の小さな HSO_4^- による置換反応は起こらない．たとえば，2-メチル-2-プロパノールからは 2-メチルプロペンが，シクロヘキサノールからはシクロヘキセンが効率よく得られる．また，2-フェニル-2-プロパノールや 1,1-ジフェニルエタノールからはそれぞれ対応する芳香族アルケンが生成する．しかし，ビシナル位(隣接位)の炭

素上に非等価な水素をもつアルコールでは複数のアルケンを与え、反応の選択性はみられない。また、ワグナー–メーアワイン(Wagner–Meerwein)転位*が起こることもしばしばあり、さらに複雑なアルケンを生じるおそれもあることを忘れてはならない。

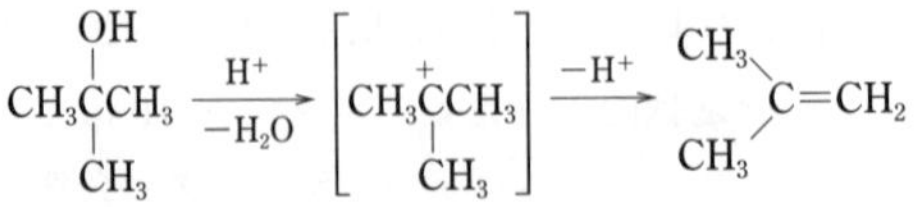

$$CH_3\underset{\underset{CH_3}{|}}{\overset{\overset{OH}{|}}{C}}CH_3 \xrightarrow[-H_2O]{H^+} [CH_3\underset{\underset{CH_3}{|}}{\overset{+}{C}}CH_3] \xrightarrow{-H^+} \underset{CH_3}{\overset{CH_3}{|}}C=CH_2 \quad (8\cdot2)$$

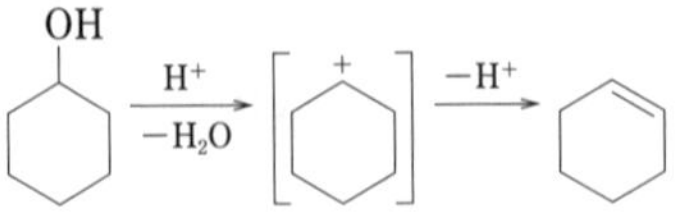

$$(8\cdot3)$$

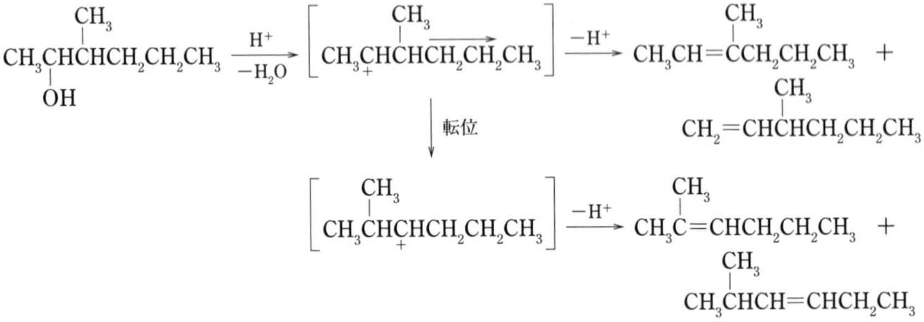

$$(8\cdot4)$$

例題 8・4

問題 次のアルコールを酸の触媒下に脱水したときに予想されるアルケンをすべて示せ。それらのアルケンのうち、主として生成するのはどれか。

(a), 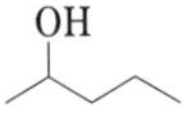 (b), 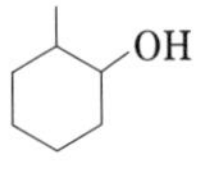 (c) 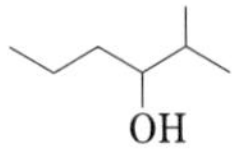 構造式

解答 (a), 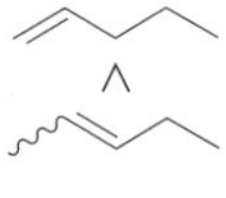 (b), 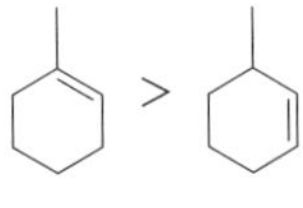 (c) 生成物

主として生成

ほかに転位生成物として〜〜が得られる

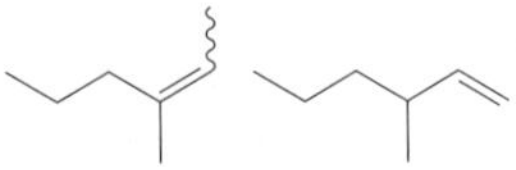

---

*ワグナー–メーアワイン転位：カルボカチオンへの水素原子やメチル基などの 1,2-転位反応をいう。カルボカチオンの安定性は第一級、第二級、第三級の順に高くなるため第一級→第二級→第三級の順に転位しやすい。

8・2・3 隣接二ハロゲン化物の脱ハロゲン化

隣接二ハロゲン化物(vicinal dihalide)を亜鉛粉末とともに加熱すると，2個のハロゲンが同時に脱離し，アルケンが生成する．

$$CH_3CHCHCH_2CH_2CH_3 \xrightarrow{Zn} CH_3CH=CHCH_2CH_2CH_3 + ZnX_2 \qquad (8・5)$$
$$\underset{X\ X}{} \quad X=Cl, Br$$

8・2・4 ウィッティヒ反応

アルデヒドやケトンのようなカルボニル化合物とホスフィンイリド(ylid またはylide)とのウィッティヒ(Wittig)反応によってアルケンが生成する．ホスフィンイリドは通常トリフェニルホスフィンとハロゲン化アルキルから生じるホスホニウム塩を強塩基で処理することによって反応系中で発生させる．

イリドはイレンと共鳴の関係にある．負電荷をもった炭素と正電荷をもったリンで表されているイリドがカルボニル基との反応でアルケンを生成するとき四員環中間体を経るが，部分的に正電荷をもったカルボニル基の炭素がイリドの炭素と，部分的に負電荷をもったカルボニル基の酸素がイリドのリンと結合をつくり，環を形成すると考えると理解しやすい．

$$\text{シクロヘキサノン} + Ph_3P=CH_2 \longrightarrow [\text{四員環中間体}] \longrightarrow \text{メチレンシクロヘキサン} + Ph_3P=O \qquad (8・6)$$

$$Ph_3P^+CH_3I^- \xrightarrow{\text{強塩基}} [\underset{\text{イレン}}{Ph_3P=CH_2} \longleftrightarrow \underset{\text{イリド}}{Ph_3P^+CH_2^-}] \qquad (8・7)$$

クロロメチルトリメチルシランからグリニャール反応剤を調製し，カルボニル化合物と反応させ，酸または塩基で処理するとアルケンが生じる．この反応をピーターソン(Peterson)反応という．通常，立体障害の大きなカルボニル化合物を用いるとウィッティヒ反応は起こりにくいが，この方法では，容易に反応が進行する．反応の後処理に酸または塩基のどちらをも使うことができることもこの反応の特長である．

$$\text{ケトン} + (CH_3)_3SiCH_2MgCl \longrightarrow \text{中間体} \xrightarrow[\text{または } OH^-]{H^+} \text{アルケン} \qquad (8・8)$$

例題 8・5

問題 2-ヘキサノンから 4-メチル-3-オクテンを選択的に合成する方法を考えよ．

解答 CH$_3$CH$_2$CH$_2$I ＋ (C$_6$H$_5$)$_3$P ⟶ $\xrightarrow{\text{NaH}}$ [2-ヘキサノン] ⟶ [4-メチル-3-オクテン]

8・2・5 アルキンへの付加反応

アルキンに1モルのハロゲン化水素またはハロゲン分子などの求電子反応剤を付加させるとアルケンが生成する．しかし，ハロゲン化水素，ハロゲン分子のいずれもが生成したアルケンにさらに付加し，ジェミナルジハロゲン化物およびテトラハロゲン化物を与える．

$$CH_3-C\equiv C-CH_3 + HBr \longrightarrow \underset{H}{\overset{CH_3}{C}}=\underset{CH_3}{\overset{Br}{C}} \xrightarrow{HBr} \underset{H}{\overset{CH_3}{\underset{H}{C}}}-\underset{Br}{\overset{Br}{\underset{CH_3}{C}}} \qquad (8\cdot9)$$

$$CH_3-C\equiv C-CH_3 + Br_2 \longrightarrow \underset{Br}{\overset{CH_3}{C}}=\underset{CH_3}{\overset{Br}{C}} \xrightarrow{Br_2} \underset{Br}{\overset{CH_3}{\underset{Br}{C}}}-\underset{Br}{\overset{Br}{\underset{CH_3}{C}}} \qquad (8\cdot10)$$

8・2・6 ディールス-アルダー反応

1,3-ジエンとアルケンを反応させると，(4π＋2π)の付加環化反応が起こってシクロヘキセン誘導体が生成する．この反応をディールス-アルダー(Diels-Alder)反応という．すなわち，この反応は効率のよい六員環状アルケンの合成法である．一般に電子供与性の1,3-ジエンと電子受容性のアルケンの組合せのとき，この反応が速やかに進行する．後者のアルケンをジエノフィル(dienophile)とよぶ．ジエノフィルとしてアルキンを用いると，1,4-シクロヘキサジエン誘導体が得られる．

$$\text{[1,3-ブタジエン]} + \text{[無水マレイン酸]} \longrightarrow \text{[シクロヘキセン縮合無水物]} \qquad (8\cdot11)$$

$$\text{（式 8·12）}$$

8・2・7 アリル化反応

ハロゲン化アリルとマグネシウムから調製したアリルグリニャール反応剤は末端アルケンの合成法として有用である．たとえば，アリルマグネシウムブロミドとカルボニル化合物との反応では，ホモアリルアルコール誘導体が生成する．ただし，置換ハロゲン化アリルのグリニャール反応剤を用いるとα体とγ体の混合物が生成する．

$$\text{（式 8·13）}$$

一方，アリルシラン誘導体をルイス酸共存下カルボニル化合物と反応させると，γ位選択的にアリル化が進行し，ホモアリルアルコール誘導体が得られる．この反応を桜井–細見反応という．

$$\text{（式 8·14）}$$

8・2・8 エステルの熱分解：シュガエフ脱離反応

アルコールの脱水反応では転位や異性化を伴うことがあるので，まず酢酸エステルに変換して熱分解させる方法がある．この反応では，六員環遷移状態を経由してシン脱離が起こり，アルケンが生成する．一般にエステルの熱分解には高温が必要であるが，キサントゲン酸メチルにすると比較的低温で脱離反応が進行する．この反応をシュガエフ（チュガエフ，Chugaev）脱離反応という．

$$\text{（式 8·15）}$$

8・2・9 ホフマン分解

　第一級アミンを過剰のヨードメタンによってメチル化して，第四級ヨウ化アンモニウム塩にした後，酸化銀と加熱するとE2型脱離反応が起こってアルケンが生成する．このとき，ほかのE2型脱離反応とは異なって，置換基の少ないアルケンが優先的に生成する．この反応をホフマン(Hofmann)分解あるいはホフマン脱離反応という．

$$CH_3CH_2CH_2CH_2-\underset{H}{\underset{|}{C}}\overset{NH_2}{\underset{|}{-}}CH_3 \xrightarrow[Na_2CO_3]{CH_3I} CH_3CH_2CH_2CH_2-\underset{H}{\underset{|}{C}}\overset{I^-\ \overset{+}{N}(CH_3)_3}{\underset{|}{-}}CH_3 \xrightarrow[加熱]{AgO_2,\ H_2O}$$

$$CH_3CH_2CH_2CH_2-\underset{H}{\underset{|}{C}}\overset{HO^-\ \overset{+}{N}(CH_3)_3}{\underset{|}{-}}CH_3 \xrightarrow[-H_2O]{-N(CH_3)_3} \underset{主生成物}{CH_3CH_2CH_2CH_2CH=CH_2} + \underset{副生成物}{CH_3CH_2CH_2CH=CHCH_3}$$

(8・16)

8・2・10 スルホキシドおよびセレノキシドの熱分解

　スルフィドは容易には脱離反応を起こさないが，過ヨウ素酸ナトリウムや*m*-クロロ過安息香酸(*m*-chloroperbenzoic acid: MCPBA)などで酸化して得られるスルホキシドは加熱により脱離反応を起こしてアルケンを生じる．とくに，アリールチオ基はカルボニル基のα位に簡単に導入できるので，スルホキシドの熱分解はα, β-不飽和カルボニル化合物の合成法として有用である．

(8・17)

　また，セレニドはスルフィドより酸化されやすく，さらにセレノキシドの脱離もスルホキシドより起こりやすく容易にアルケンを与える．すなわち，オキサシクロプロパン誘導体から合成したヒドロキシセレニドを過酸化水素で酸化すると，室温で容易に脱離反応が起こってアリルアルコール誘導体が得られる．

(8・18)

8・2・11 アルキンの還元

アルキンをパラジウムや白金などの触媒を用いて還元すると，通常の条件下ではアルカンまで還元されてしまう．しかし，部分的に被毒したパラジウム触媒を用いて還元すると，シス体のアルケンのみが選択的に得られる．この触媒をリンドラー(Lindlar)触媒という．一方，トランス体のアルケンを選択的に得るためには，液体アンモニア中金属ナトリウムまたはリチウムで段階的に還元すると望むトランスのアルケンが得られる．反応は一電子移動反応によって段階的に進行する．

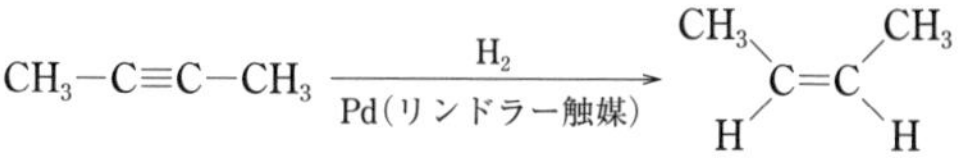

$$CH_3-C\equiv C-CH_3 \xrightarrow[\text{Pd(リンドラー触媒)}]{H_2} \underset{H}{\overset{CH_3}{>}}C=C\underset{H}{\overset{CH_3}{<}} \qquad (8・19)$$

8・2・12 転位反応を利用するアルケンの合成：コープ転位，クライゼン転位

1,5-ジエン誘導体を加熱すると，六員環遷移状態を経て転位反応が起こり，新たな1,5-ジエン誘導体が生成する．この反応はコープ(Cope)転位とよばれており，きわめて一般性の高い反応である．1,5-ジエン誘導体の代わりにアリルビニルエーテルやアリルビニルアミン誘導体を用いても類似の反応が進行し，それぞれクライゼン(Claisen)転位，アザクライゼン転位とよばれている．反応はいずれも高い位置および立体選択性を示す．

ビニル基がフェニル基に置き換わったフェニルアリルエーテルを加熱しても類似の転位反応が進行し，o-アリルフェノールのみが選択的に生成する．この反応では，アリル基のγ位からのみ置換反応が起こる．

コープ転位

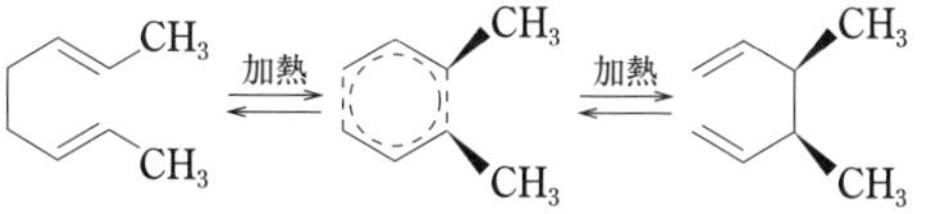

$$(8・20)$$

クライゼン転位とアザクライゼン転位

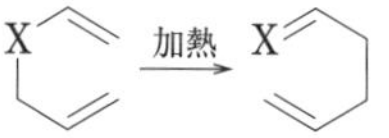

$$X=O, NR \qquad (8・21)$$

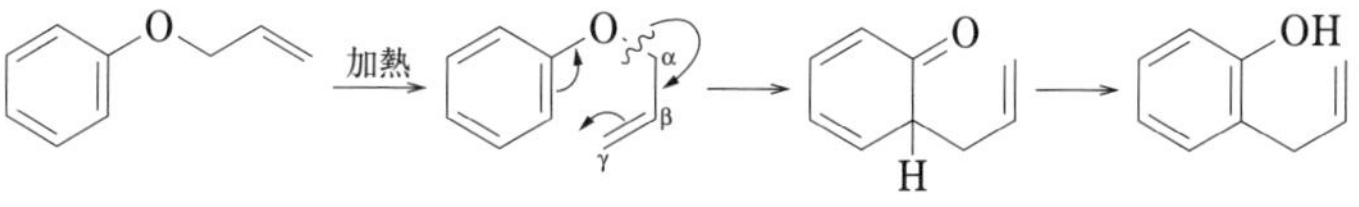

$$(8・22)$$

8・2・13 異性化

アルケンに光を照射すると，シス-トランス異性化が起こる．すなわち，条件を選ぶことによって，シス(cis)体のアルケンおよびトランス(trans)体のアルケンを合成することができる．たとえば，テレフタル酸ジメチルのような芳香族エステルの存在下 cis-シクロオクテンに光を照射すると，trans-シクロオクテンが生成する．芳香族エステルがなくても反応は進行するが，きわめて波長の短い光を使う必要がある．ここで用いる芳香族エステルのような光を吸収する化合物のことを光増感剤(photosensitizer)という．

$$\text{シクロオクテン} \xrightarrow[\text{光増感剤}]{h\nu} \text{trans-シクロオクテン} \tag{8・23}$$

一方，ケイ皮酸エステルやスチルベン(1,2-ジフェニルエテン)のような芳香族アルケンは通常の紫外光を十分に吸収するので光異性化が速やかに進行する．スチルベンの光異性化の場合，フルオレノンのような光増感剤を用いると，80%以上の高い収率で cis-スチルベンを選択的に合成することができる．光を十分に照射すると，トランス体とシス体の割合が一定になる．これを光定常状態という．

$$\text{trans-ケイ皮酸メチル} \underset{h\nu}{\overset{h\nu}{\rightleftarrows}} \text{cis-ケイ皮酸メチル} \tag{8・24}$$

$$\text{trans-スチルベン} \underset{h\nu}{\overset{h\nu}{\rightleftarrows}} \text{cis-スチルベン} \tag{8・25}$$

$$\text{trans-スチルベン} \xrightarrow[\text{フルオレノン}]{h\nu} \text{cis-スチルベン} \quad >80\% \tag{8・26}$$

8・3 アルキンの合成

もっとも簡単なアルキンはアセチレン(エチン)である．実験室では炭化カルシウム(CaC_2)に水を作用させることによって合成されるが，工業的にはメタンを高温で部分酸化して製造されている．

8・3・1 脱 離 反 応

ジェミナル(geminal, 同一炭素上)またはビシナル(vicinal, 隣接位)ジハロゲン化物を強塩基で処理すると，脱ハロゲン化水素が連続して起こり，アルキンが生成する．たとえば，1,2-ジブロモ-1,2-ジフェニルエタンをナトリウムアミド($NaNH_2$)とともに加熱すると，1,2-ジフェニルエチン(1,2-ジフェニルアセチレン)が得られる．2段階目の脱ハロゲン化水素は比較的起こりにくいのでナトリウムアミドのような強力な塩基を必要とする．

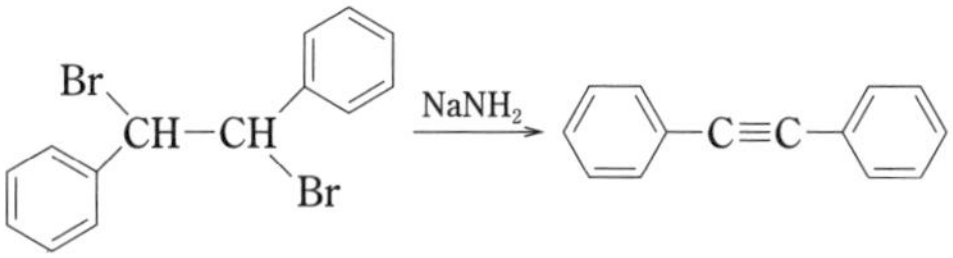

$$\text{Ph-CHBr-CHBr-Ph} \xrightarrow{NaNH_2} \text{Ph-C}\equiv\text{C-Ph} \quad (8\cdot 27)$$

$$\text{Ph-CBr}_2\text{-CH}_3 \xrightarrow{NaNH_2} \text{Ph-C}\equiv\text{C-H} \quad (8\cdot 28)$$

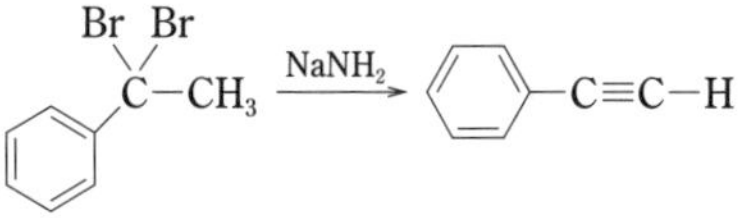

例題 8・6

問題　2-オクテンから2-オクチンを合成せよ．

解答

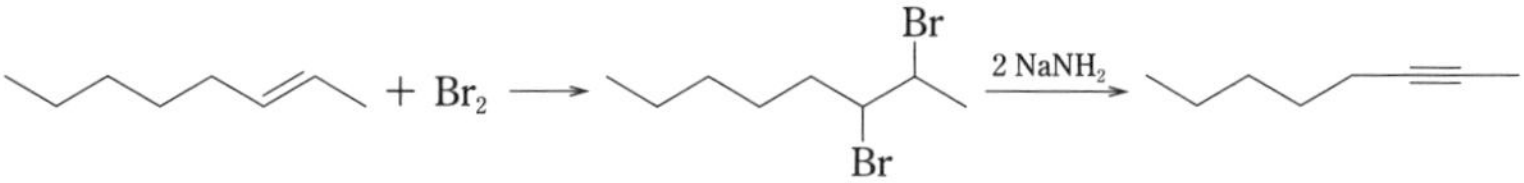

2-オクテン $+ Br_2 \longrightarrow$ 2,3-ジブロモオクタン $\xrightarrow{2\,NaNH_2}$ 2-オクチン

8・3・2 アルキニル基の置換反応

末端アルキンの水素は酸性度がアルカンやアルキンの水素に比べて大きいので，塩基によって容易に引き抜かれカルボアニオン(アセチリド)を与える．これらのアニオンはハロゲン化アルキルと置換反応を起こし，アルキル置換アルキンを生成する．

一方，このアニオンは芳香族ハロゲン化物とは反応しないが，パラジウム(Pd)錯体を触媒としてヨウ化銅とトリアルキルアミンを共存させると，アルキニル化が進行する．この反応を薗頭(Sonogashira)カップリング反応という．

$$CH_3CH_2CH_2C\equiv CH \xrightarrow{NaNH_2} CH_3CH_2CH_2C\equiv C^-Na^+ \xrightarrow{CH_3CH_2I} CH_3CH_2CH_2C\equiv CCH_2CH_3 \quad (8\cdot 29)$$

$$Ph-C\equiv C-H + Ph-I \xrightarrow[(CH_3CH_2)_3N]{Pd(0)/CuI} Ph-C\equiv C-Ph \quad (8\cdot 30)$$

8・3・3 酸化的カップリング反応

末端アルキンに銅(I)塩を共存させ，酸素，空気，過酸化水素などの酸化剤によって酸化的二量化を起こさせると，1,3-ジインが生成する．

$$R-C\equiv C-H \xrightarrow{Cu(I),\,O_2} R-C\equiv C-C\equiv C-R \quad (8\cdot 31)$$

8・3・4 アルキニル基の付加反応

1族および2族金属アセチリドはアルデヒドやケトンに付加し，プロパルギルアルコール誘導体を与える．また，リチウムアセチリドと二酸化炭素の反応では，カルボキシル化反応が起こる．

$$R-C\equiv C-Li \xrightarrow{\underset{R^2}{\overset{R^1}{C=O}}} \xrightarrow{H^+} R-C\equiv C-\underset{R^2}{\overset{R^1}{\underset{|}{\overset{|}{C}}}}-OH \quad (8\cdot 32)$$

例題 8・7

問題 ヨードベンゼンを出発原料に用いて次の化合物の合成法を記せ（ヒント：まずトリメチルシリルアセチレンを用いてフェニルアセチレンを合成せよ）．
(a) 1,4-ジフェニル-1,3-ブタジイン　　(b) 1-フェニル-1-ブチン
(c) 4-フェニル-3-ブチン-2-オール

解答

$$Ph-I + \equiv\!\!-Si(CH_3)_3 \xrightarrow[(CH_3CH_2)_3N]{Pd(0)/CuI} Ph-\!\!\equiv\!\!-Si(CH_3)_3 \xrightarrow{F^-} Ph-\!\!\equiv\!\!-H$$

(a) $Ph-\!\!\equiv\!\!-H \xrightarrow{Cu(I)/O_2} Ph-\!\!\equiv\!\!-\!\!\equiv\!\!-Ph$

(b) PhC≡H $\xrightarrow{\text{Li}}$ PhC≡Li $\xrightarrow{\text{CH}_3\text{CH}_2\text{Br}}$ PhC≡C–CH$_2$CH$_3$

(c) PhC≡H $\xrightarrow{\text{Li}}$ PhC≡Li $\xrightarrow{\text{CH}_3\text{CHO}}$ PhC≡C–CH(OH)CH$_3$

まとめ

- C=C 二重結合をもつアルケンは語尾にエン(-ene)を，C≡C 三重結合をもつアルキンは語尾にイン(-yne)を付け，それぞれ二重結合，三重結合を形成する2個の炭素を含むように最長鎖を選んで命名する．
- アルケンはハロアルカンの脱ハロゲン化水素によって合成される．アルコールの酸触媒脱水反応によってもアルケンが得られるが，転位反応を併発することがある．
- カルボニル化合物とホスフィンイリドとのウィッティヒ反応によって，脱水反応などでは合成が難しいメチレンシクロヘキサンが合成できる．
- 1,3-ジエンと電子受容性アルケンとのディールス-アルダー反応によって，六員環の新たなアルケンが合成される．
- 第四級ヨウ化アンモニウム塩を酸化銀で熱分解すると末端アルケンが選択的に合成される(ホフマン分解)．
- 1,2-ジ置換アルキンをリンドラー触媒で還元すると，*cis*-アルケンが選択的に得られる．アルキンを液体アンモニア中金属ナトリウムで還元すると，反応が段階的に進行し，*trans*-アルケンが選択的に得られる．
- コープ転位やクライゼン転位などの転位反応は高立体選択的に進行し，新たなアルケンが生成する．
- アルケンに光を照射すると，シス-トランス異性化が進行する．光をあまり吸収しないアルケンを用いる場合には光増感剤を用いるとよい．
- ジェミナルまたはビシナル位ジハロゲン化物を強塩基存在下に加熱するとアルキンが生成する．
- 末端アルキンの水素はリチウムやナトリウムと容易に置き換わり，ハロゲン化物やカルボニル化合物と反応して，置換アルキンを与える．芳香族ハロゲン化物の場合，パラジウム触媒を用いることによってアルキニル化合物を得ることができる(薗頭カップリング反応)．

練 習 問 題

8・1 つぎの化合物の構造式を記せ.
  (a) 4-オクチン   (b) 1,5-シクロオクタジエン   (c) 5,5-ジクロロ-2-ヘキシン
  (d) 1-ブロモ-3-クロロ-1,3-ブタジエン   (e) 1,3-ジフェニル-1,4-ペンタジエン

8・2 ルイス酸(BF_3)を触媒としてカルボニル化合物とアリルシラン化合物を反応させると, γ位で選択的に反応する. その機構を曲がった矢印を用いて示せ.

8・3 次の化合物の合成法を述べよ.

(a) [構造式: ノルボルネン環にCNが2つ置換]   (b) [構造式: シクロヘキセンにビニル基]   (c) [構造式: デカリン系ジケトン]

8・4 次の化合物の合成法を述べよ.

(a) [直鎖内部アルキン]   (b) [シクロヘキシル-プロピン]   (c) [末端アルキンにOH]

8・5 次の反応式の [ ] 内に適当な構造式を記せ.

(a) [2-メチルシクロヘキサノン] + $(CH_3)_3SiCH_2MgCl$ ⟶ [ ] $\xrightarrow{H^+}$ [ ]

(b) [2-(フェニルセレノ)シクロヘキサノン] $\xrightarrow{H_2O_2}$ [ ] ⟶ [ ]

(c) [アミン化合物] $\xrightarrow[Na_2CO_3]{CH_3I(過剰)}$ [ ] $\xrightarrow{Ag_2O}$ [ ]

8・6 オクタン, 1-オクテン, 1-オクチンを化学的に区別する方法を述べよ.

8・7 次の反応の主生成物を示せ.
  (a) 2-ヘプチンと1モルの塩素   (b) 1-ヘプチンと1モルの臭化水素
  (c) 1-ヘプチンと2モルの臭化水素
  (d) 過酸化物の存在下 1-ヘプチンと1モルの臭化水素

8・8 次の熱による転位反応の生成物を予想せよ.

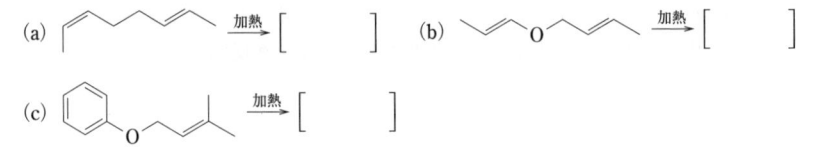

(a) [1,5-ヘプタジエン] $\xrightarrow{加熱}$ [ ]   (b) [ジアリルエーテル] $\xrightarrow{加熱}$ [ ]

(c) [フェニルプレニルエーテル] $\xrightarrow{加熱}$ [ ]

アルケンとアルキンの反応 9

> 本章では，不飽和結合をもつ化合物と求電子剤との反応を中心に，アルケンとアルキンの反応性の類似点や相違点について学ぶ．また，酸化反応や還元反応ならびに付加環化反応など不飽和結合をもつ化合物に特有の反応についても学ぶ．

　アルケンおよびアルキンはそれぞれ二重結合と三重結合の不飽和結合をもっており，いずれもπ結合が負に荷電しているので，カチオン的な性質をもつ求電子剤と反応しやすい．末端アルケンや末端アルキンと求電子剤との反応では，より安定なカチオン中間体を生じるように付加が起こる．これをマルコフニコフ(Markovnikov)付加という．対称なアルケンと臭素との反応では，対称アルケンがシス体とトランス体の場合で異なる付加体を与えることにも注意しなくてはならない．

9・1　ハロゲン化水素のアルケンへの求電子付加反応

　2-ブテンなどの単純なアルケンはアルケンのπ電子がハロゲン化水素の求電子的攻撃を受けてハロゲン化アルキルになる．この反応を求電子付加反応という．この反応はどのような反応機構で進行しているのであろうか．ここで，求電子剤をE^+で表すと，まずE^+がアルケンのπ結合を攻撃し，カルボカチオンが生成する．つづいて，この中間体が求核剤(Nu^-)と反応して付加体を与える．ハロゲン化水素の求電子付加反応では，プロトン(H^+)がまず求電子剤としてアルケンのπ電子に付加する．次にハロゲン化物イオンが求核剤としてカルボカチオンを攻撃し，付加反応が完結する．

$$\diagdown C=C \diagup + E-Nu \longrightarrow \left[-\underset{E}{\overset{|}{C}}-\overset{|}{\underset{|}{C}}- \right] \xrightarrow{Nu^-} -\underset{E}{\overset{|}{C}}-\underset{Nu}{\overset{|}{C}}- \qquad (9\cdot1)$$

$$\mathrm{\underset{}{\overset{}{C}}=\underset{}{\overset{}{C}}} + \mathrm{H-X} \longrightarrow \mathrm{-\underset{H}{\overset{|}{C}}-\underset{X}{\overset{|}{C}}-} \qquad (9\cdot2)$$

非対称なアルケンとハロゲン化水素との反応では2種類の異性体が生成する可能性がある．たとえば，2-メチルプロペンと臭化水素との反応では，2-ブロモ-2-メチルプロパンと1-ブロモ-2-メチルプロパンの二つの化合物の生成が考えられる．しかし，実際には2-ブロモ-2-メチルプロパンのみが生成する．なぜだろうか．この結果はH^+が二重結合のどちらの炭素に付加するかによって決定される．この選択性のことを位置選択性または配向性という．H^+の付加の位置選択性は生成するカルボカチオン中間体の安定性に依存する．カルボカチオンの安定性はアルキル置換基の数が多いほど増加する．すなわち，第三級カルボカチオンは第二級カルボカチオンより，第二級カルボカチオンは第一級カルボカチオンよりも安定である．メチルカチオンはもっとも不安定なカチオンである．

$$\mathrm{CH_2=\underset{CH_3}{\overset{CH_3}{C}}} + \mathrm{HBr} \longrightarrow \mathrm{H_2\underset{H}{\overset{CH_3}{C}}-\underset{Br}{\overset{CH_3}{C}}-CH_3} \qquad (9\cdot3)$$

$$\xrightarrow{H^+} \left[\mathrm{H_2\underset{H}{\overset{|}{C}}-\underset{CH_3}{\overset{CH_3}{C}}-CH_3} \right] \xrightarrow{Br^-}$$

このように，より安定なカルボカチオン中間体を形成するようにH^+が位置選択的に付加する．いいかえれば，アルケンとハロゲン化水素の反応では，ハロゲン化水素のH^+は，二重結合を形成する二つの炭素のうちより置換基の少ない炭素に付加する．これが本章の最初に述べたマルコフニコフ則である．

例題9・1

問題 臭化水素との付加反応ならびにKOH/C_2H_5OHによる脱離反応を用いて1-ペンテンを2-ペンテンに変換する方法を反応式で示せ．

解答
$$\mathrm{CH_3CH_2CH_2CH=CH_2} \xrightarrow{HBr} \mathrm{CH_3CH_2CH_2CHBrCH_3} \xrightarrow{KOH/C_2H_5OH} \mathrm{CH_3CH_2CH=CHCH_3}$$

9・2 水およびアルコールのアルケンへの付加

アルケンと水あるいはアルコール（ROH）をまぜても反応はまったく進行しない．

しかし，この中に少量の硫酸を加えると付加反応が進行する．このとき，求核性の小さな硫酸アニオンは付加せず，H_2O または ROH が求核剤として付加する．反応は硫酸の H^+ が酸触媒となって，求電子的にアルケンに付加し，生成したカルボカチオンに H_2O または ROH が求核的に付加する．最後に生成したオキソニウムカチオンからプロトンが脱離して付加体が得られる．これらの反応もハロゲン化水素の付加と同様にマルコフニコフ則に従って進行する．

$$CH_2=CHR + H_2O \xrightarrow{H^+} \left[\begin{array}{c}H_2C-CHR\\|\\H\end{array}\right]_+ \xrightarrow{H_2O} \left[\begin{array}{c}H_2C-CHR\\|\\O^+\\H\quad H\end{array}\right] \xrightarrow{-H^+} \begin{array}{c}H_2C-CHR\\|\quad\;|\\H\;\;OH\end{array} \quad (9\cdot4)$$

酸存在下でのアルケンと水あるいはアルコールとの反応は可逆であることに注意する必要がある．低温下で酸の濃度が低く大量の水またはアルコールが存在する場合には，平衡は右へ移動し，アルコールまたはエーテルが生成する．しかし，高温かつ高濃度の酸がある場合には，脱水または脱アルコールが起こって平衡が左へ移動する．

$$CH_2=CHR + R'OH \xrightleftharpoons{H^+} \left[\begin{array}{c}H_2C-CHR\\|\\H\end{array}\right]_+ \xrightleftharpoons{ROH} \left[\begin{array}{c}H_2C-CHR\\|\\O^+\\H\quad R'\end{array}\right] \xrightleftharpoons{-H^+} \begin{array}{c}H_2C-CHR\\|\quad\;|\\H\;\;OR'\end{array} \quad (9\cdot5)$$

9・3　ハロゲン分子のアルケンへの付加

アルケンに臭素を作用させると臭素の赤褐色が瞬時に消失する．これはアルケンの二重結合に速やかに臭素が付加して，隣接した二臭素化物が生成するからである．一見，臭素は求電子的性質をもたないようにみえるが，$Br-Br$ 結合が容易に分極し，一方が正電荷を，他方が負電荷を帯びたかのように反応が進行する．反応はアルケンの π 結合に一方の臭素原子が求電子的に Br^+ として攻撃し，まずブロモニウムイオン中間体が生成する．次に，反対側から Br^- の攻撃が起こって1,2-ジブロモ化合物が生成する．したがって，シクロヘキセンと臭素との反応では，*trans*-1,2-ジブロモシクロヘキサンのみが得られる．すなわち，二重結合への臭素の付加は立体選択的にトランス付加（アンチ付加ともいう）で進行する．

$$\bigcirc\!= + Br_2 \longrightarrow [\bigcirc\!\!-\!Br^+] \longrightarrow \bigcirc\!\!\begin{array}{c}\,Br\\\,Br\end{array} \quad (9\cdot6)$$

ブロモニウムイオン

例題 9・2

問題　cis-2-ブテンおよびtrans-2-ブテンと臭素との付加体を立体化学がわかるように示せ．また，これらの付加体をR,S-表示で示せ．

解答

[cis-2-ブテン + Br₂ → (S,S)体 + (R,R)体　ラセミ体]

[trans-2-ブテン + Br₂ → (S,R)体　メソ体]

9・4　オキシ水銀化

アルケンに水中で酢酸水銀(II)を反応させると，アルケンへのオキシ水銀化反応が起こる．アルキル水銀化合物の水銀は水素化ホウ素ナトリウム(テトラヒドロホウ酸ナトリウム)を作用させることによって水素に置き換えることができる．

オキシ水銀化反応は立体選択的にアンチ付加で進行する．まず，アルケンのπ結合に$Hg(OCOCH_3)^+$が作用し，マーキュリニウムイオンが生成する．このマーキュリニウムイオンの反対側から水分子が攻撃する．このとき，水分子は置換基のより多い炭素を攻撃する．生成した水銀化合物を水素化ホウ素ナトリウムで還元すると，アルコールが得られる．このアルコールは酸触媒の存在下で行った水和反応で生成するものと同じであり，この場合も反応はマルコフニコフ則に従う．

$$(9\cdot7)$$

9・5 ヒドロホウ素化

ボラン(BH_3)は触媒なしでアルケンの二重結合に付加する．ボランはルイス(Lewis)酸であり電子不足なB−H結合が電子豊富なアルケンのπ結合に付加し，アルキルボランが生成する．アルケンが過剰に存在すると最終的にトリアルキルボランが生成する．

$$CH_2=CHR + BH_3 \longrightarrow \begin{bmatrix} CH_2=CHR \\ H-B-H \\ H \end{bmatrix} \longrightarrow \begin{bmatrix} H_2C-CHR \\ H_2B--H \end{bmatrix} \longrightarrow \begin{matrix} H_2C-CHR \\ BH_2\ H \end{matrix}$$

$$\xrightarrow{CH_2=CHR} HB(CH_2CH_2R)_2 \xrightarrow{CH_2=CHR} B(CH_2CH_2R)_3 \tag{9・8}$$

トリアルキルボランに塩基性条件下で過酸化水素を作用させると，C−B結合が酸化的に切れてアルコールが生成する．ヒドロホウ素化はアルケンからアルコールをつくる優れた方法である．末端アルケンの反応ではホウ素が末端側に優先的に付加するので，最終的に得られるアルコールは逆マルコフニコフ型付加体になる．

$$B(CH_2CH_2R)_3 \xrightarrow{H_2O_2/NaOH} RCH_2\overset{-}{-}\overset{-}{B}(CH_2CH_2R)_2 \longrightarrow \underset{O-CH_2CH_2R}{B(CH_2CH_2R)_2}$$
$$\overset{O-OH}{}$$

$$\xrightarrow{H_2O_2/NaOH} \underset{(OCH_2CH_2R)_2}{BCH_2CH_2R} \xrightarrow{H_2O_2/NaOH} B(OCH_2CH_2R)_3 \xrightarrow{OH^-} 3\,RCH_2CH_2OH + B(OH)_3 \tag{9・9}$$

9・6 ラジカル開始剤を用いるアルケンへの臭化水素の付加反応

末端アルケンへの臭化水素の付加反応においてラジカル開始剤が反応系に共存すると，まず反応系中でラジカル種が発生する．つづいてそのラジカル種が臭化水素から水素をラジカル的に引き抜き，臭素ラジカルを発生する．ここで生成した臭素ラジカルは末端アルケンの末端炭素に付加し，生成した第二級炭素ラジカルが臭化水素から水素を引き抜いて反応が完結する．ここで，臭素ラジカルが再生されるので反応は連鎖的に進行する．9・1節で述べた臭化水素の付加がマルコフニコフ則に従って進行

するのに対し，ラジカル開始剤の共存下の反応は逆マルコフニコフ型で進行することに注意してほしい（11・9 節参照）．

$$R-CH=CH_2 + HBr \longrightarrow R-CHBrCH_3 \quad (9\cdot10)$$

逆マルコフニコフ付加

$$CH_3CH_2CH_2-CH=CH_2 + HBr \xrightarrow{\text{過酸化ベンゾイル}} CH_3CH_2CH_2-CH_2CH_2Br \quad (9\cdot11)$$

$$C_6H_5COOCC_6H_5 \longrightarrow 2\,C_6H_5CO\cdot \longrightarrow 2\,C_6H_5\cdot + 2\,CO_2 \xrightarrow{HBr} C_6H_6 + Br\cdot \quad (9\cdot12)$$
$$\underset{O\quad O}{}\underset{O}{}$$

$$CH_3CH_2CH_2-CH=CH_2 + Br\cdot \longrightarrow CH_3CH_2CH_2-\dot{C}HCH_2Br \xrightarrow{HBr}$$
$$CH_3CH_2CH_2-CH_2CH_2Br + Br\cdot \quad (9\cdot13)$$

例題 9・3

問題 1-ヘキセンに通常の条件で臭化水素を付加させた場合と過酸化ベンゾイル共存下で反応を行った場合には異なる生成物が得られる．その理由を反応式で示せ．

解答
$$CH_3CH_2CH_2CH_2-CH=CH_2 + HBr \longrightarrow CH_3CH_2CH_2CH_2-CHBrCH_3$$
$$CH_3CH_2CH_2CH_2-CH=CH_2 + HBr \xrightarrow{\text{過酸化ベンゾイル}} CH_3CH_2CH_2CH_2-CH_2CH_2Br$$
式 (9・12) と (9・13) を参照

9・7 アリル位の臭素化

α 位に水素をもつアルケンを過酸化ベンゾイルの存在下 *N*-ブロモスクシンイミド（*N*–bromosuccinimide：NBS）と反応させると，アルケンのアリル位が選択的に臭素化される．

$$RCH_2-CH=CH_2 + \underset{\text{NBS}}{\underset{O}{\overset{O}{\bigcirc}}N-Br} \xrightarrow{\text{過酸化ベンゾイル}} RCH-CH=CH_2 \quad (9\cdot14)$$
$$\phantom{RCH_2-CH=CH_2 + \text{NBS}\xrightarrow{\text{過酸化ベンゾイル}}}\underset{Br}{|}$$

9・8 エポキシ化

アルケンを過酸で酸化すると，エポキシドが生成する．過酸として，過酢酸，過安息香酸，m-クロロ過安息香酸(m-chloroperbenzoic acid：MCPBA)などが用いられるが，安全性や取扱いやすさなどからMCPBAが用いられることが多い．反応は立体特異的に進行し，trans-2-ブテンとの反応ではトランス体のエポキシドが，cis-2-ブテンとの反応ではシス体のエポキシドのみが生成する．

$$\text{CH}_3\text{-CH=CH-CH}_3 + \text{Cl-C}_6\text{H}_4\text{-C(O)-OOH} \longrightarrow \text{trans-epoxide} \tag{9・15}$$

$$\text{CH}_3\text{-CH=CH-CH}_3 (cis) + \text{Cl-C}_6\text{H}_4\text{-C(O)-OOH} \longrightarrow \text{cis-epoxide} \tag{9・16}$$

得られた環状のエポキシドを酸または塩基で加水分解すると，トランス体の1,2-ジオールが選択的に生成する．たとえば，シクロヘキセンをMCPBAで酸化し，つづいて酸性水溶液で処理すると，trans-1,2-シクロヘキサンジオールが得られる．

$$\text{cyclohexene} + \text{Cl-C}_6\text{H}_4\text{-C(O)-OOH} \longrightarrow \text{epoxide} \xrightarrow{\text{H}_3\text{O}^+} \text{trans-1,2-diol} \tag{9・17}$$

9・9 オスミウム酸化

アルケンを希薄な過マンガン酸カリウムの塩基性溶液または過酸化水素の酸性溶液と反応させると，cis-1,2-ジオールが生成する．過マンガン酸カリウムの代わりに四酸化オスミウムを用いると，収率よく反応が進行する．反応は1段階で環状エステルを与え，硫化水素や亜硫酸ナトリウム水溶液によって還元的に加水分解するとジオール体を生じる．この環状エステルの2個の酸素は立体的要因によりアルケンにシス付加(シン付加)して生成している．

$$\text{cyclohexene} + \text{OsO}_4 \longrightarrow \text{cyclic osmate ester} \xrightarrow{\text{Na}_2\text{SO}_3 / \text{H}_2\text{O}} \text{cis-1,2-diol} \tag{9・18}$$

例題 9・4

問題 cis-2-ブテンを四酸化オスミウムで酸化したとき，生成する化合物を立体化学がわかるように示せ．

解答

$$\underset{H}{\overset{CH_3}{>}}C=C\underset{H}{\overset{CH_3}{<}} + OsO_4 \xrightarrow[H_2O]{Na_2SO_3} \underset{(S, R)}{\text{HO、 ,OH}\atop CH_3-\overset{|}{C}-\overset{|}{C}-CH_3\atop H \quad H}$$

9・10 オゾン分解

アルケンに不活性な溶媒中でオゾンを作用させるとモロゾニドが生成する．モロゾニド中間体はきわめて不安定で，速やかに環の組換えが起こりオゾニドを生じる．オゾニドも不安定で，ジメチルスルフィドあるいは亜鉛と酸性水溶液で処理するとアルデヒドまたはケトンを与える．この反応はオゾン分解とよばれ，アルケンの存在と二重結合の位置の決定に用いられている．

$$\underset{}{>}\!\!=\!\!\underset{}{<} + O_3 \longrightarrow \underset{\text{モロゾニド}}{\text{(構造式)}} \longrightarrow \underset{}{\text{(構造式)}} \longrightarrow \underset{\text{オゾニド}}{\text{(構造式)}} \xrightarrow{(CH_3)_2S} \underset{}{\overset{O}{\|}} + \underset{}{\overset{O}{\|}} \qquad (9\cdot 19)$$

例題 9・5

問題 (a) アルケンをオゾン分解し，ジメチルスルフィドで還元したとき，2モルの2-ブタノンが生成した．元のアルケンの構造式を示せ．
(b) 1-メチルシクロオクテンをオゾン分解し，その後酸性水溶液中，亜鉛で処理したときの生成物を構造式で示せ．

解答

(a) $\underset{CH_3CH_2}{\overset{CH_3}{>}}C=C\underset{CH_3}{\overset{CH_2CH_3}{<}}$ または $\underset{CH_3}{\overset{CH_3CH_2}{>}}C=C\underset{CH_3}{\overset{CH_2CH_3}{<}}$

(b) $CH_3\underset{\overset{\|}{O}}{C}(CH_2)_6CHO$

9・11 水素化

酸化白金(PtO_2)または炭素に担持したパラジウム(Pd–C)などを触媒にして水素雰囲気下アルケンを反応させると水素化(水素添加)が起こってアルカンが生成する．水素は金属表面に吸着しており，アルケンに対して立体選択的にシス付加する．

$$\text{シクロヘキセン-CH}_3 + H_2 \xrightarrow[\text{または PtO}_2]{\text{Pd–C}} \text{シス-1,2-ジヒドロ体} \quad (9・20)$$

例題 9・6

問題 Pd–C を触媒としてシクロオクテンに重水素を用いて水素化したときの生成物を示せ．

解答 シクロオクタン(シス-1,2-D$_2$体)

9・12 シクロプロパン化

アルケンにジヨードメタンと亜鉛–銅合金から調製したヨウ化(ヨードメチル)亜鉛(ICH_2ZnI)を反応させると，シクロプロパン環が生成する．この反応をシモンズ–スミス(Simmons–Smith)反応という．

$$\text{シクロヘキセン} + CH_2I_2 \xrightarrow{Zn(Cu)} \text{ビシクロ[4.1.0]ヘプタン} \quad (9・21)$$

$$CH_2I_2 + Zn(Cu) \longrightarrow ICH_2ZnI \quad (9・22)$$

クロロホルムを水酸化カリウムのような強塩基で処理すると，不安定中間体としてジクロロカルベンが反応系中に発生する．反応系にアルケンが存在すると，付加が立体特異的に起こりジクロロシクロプロパンが生成する．

$$\begin{array}{c}CH_3\\H\end{array}\!\!C\!=\!C\!\!\begin{array}{c}H\\CH_3\end{array} + CHCl_3 \xrightarrow{KOH} \text{シス-ジクロロシクロプロパン} \quad (9・23)$$

$$CHCl_3 + KOH \longrightarrow [Cl_3C^-] \xrightarrow{-Cl^-} [Cl_2C:] \quad (9・24)$$

9・13 共役ジエンの反応

9・13・1 臭化水素の付加

1,3-ブタジエンへの臭化水素の付加反応では，1,2-付加体と1,4-付加体の両方が得られる．この反応では，まずジエンの末端にプロトンが付加し，生成したアリルカチオンに対し，C2位およびC4位のいずれかに臭素アニオンが付加する．C2位へのプロトン化は末端に不安定な第一級カチオンが生じるため起こらない．

$$\text{（9・25）}$$

9・13・2 ディールス-アルダー反応

1,3-ブタジエンと無水マレイン酸を加熱すると，$(4\pi + 2\pi)$付加環化反応が起こって六員環化合物が生成する．この反応はディールス-アルダー(Diels-Alder)反応とよばれる(8・2・6項参照)．共役ジエンとジエノフィル(親ジエン体，dienophile)とよばれる電子不足アルケンが協奏的かつ立体特異的に付加環化する．シクロペンタジエンのような環状のジエンと無水マレイン酸との反応ではエンド選択的に付加環化が起こる．一般にジエンの電子供与性が大きいほど，またジエノフィルの電子受容性が大きいほど反応は速やかに進行する．

$$\text{（9・26）}$$

$$\text{（9・27）}$$

$$\text{（9・28）}$$

アルケンの代わりに電子不足アルキンを用いても共役ジエンとディールス-アルダー反応を起こし，$(4\pi + 2\pi)$付加環化体が生成する．

$$\text{(structure)} + \text{NC-C≡C-CN} \longrightarrow \text{(structure)} \qquad (9 \cdot 29)$$

9・14　アルキンの水素化

　8・2・11項で簡単に述べたように，アセチレンの三重結合には白金やパラジウムなど金属触媒を用いると通常2モルの水素が付加する．しかし，適当な触媒を選択すると1モルの水素のみを付加させ，アルケンを選択的に取り出すことができる．内部アルキンにリンドラー(Lindlar)触媒(炭酸カルシウム，酢酸鉛，キノリンによって活性を低下させたパラジウム触媒)で水素化すると，cis-アルケン(シン付加)が選択的に生成する．一方，液体アンモニア中金属リチウムあるいはナトリウムで還元すると，反応は段階的に進行し，trans-アルケンが生成する．したがって，これらの方法をそれぞれ用いれば2種の立体異性体をつくり分けることができる．

$$R-C\equiv C-R' + H_2 \xrightarrow{\text{リンドラー触媒}} \begin{array}{c} R \\ H \end{array}C=C\begin{array}{c} R' \\ H \end{array} \qquad (9 \cdot 30)$$

$$R-C\equiv C-R' \xrightarrow{\text{Na/液体 NH}_3} [R-C\equiv C-R']^{-\cdot}\,Na^+ \xrightarrow{NH_3} \left[\begin{array}{c} R \\ H \end{array}C=\overset{\cdot}{C}\begin{array}{c} \\ R' \end{array}\right]$$

$$\xrightarrow{Na} \left[\begin{array}{c} R \\ H \end{array}C=C\begin{array}{c} \\ R' \end{array}\right]^- Na^+ \xrightarrow{NH_3} \begin{array}{c} R \\ H \end{array}C=C\begin{array}{c} H \\ R' \end{array} \qquad (9 \cdot 31)$$

9・15　アルキンへのハロゲンの付加

　アセチレンに臭素または塩素を作用させると，2モルのハロゲンが速やかに反応し，四ハロゲン化物が生成する．しかし，アルケンに比べるとアルキンの反応性は低い．

$$R-C\equiv C-R' + 2\,Cl_2 \longrightarrow \begin{array}{c} R \\ Cl \\ Cl \end{array}C-C\begin{array}{c} Cl \\ Cl \\ R' \end{array} \qquad (9 \cdot 32)$$

9・16　アルキンへのハロゲン化水素の付加

アセチレンはマルコフニコフ則に従って2モルのハロゲン化水素と反応する．たとえば，末端アルキンと臭化水素との反応では，同じ炭素原子に二つの臭素が付加した *gem*-二臭化物が生成する．

$$\text{R-C} \equiv \text{C-H} + 2\text{HBr} \longrightarrow \underset{\text{Br}}{\overset{\text{R}}{\text{C}}} = \underset{\text{H}}{\overset{\text{H}}{\text{C}}} \longrightarrow \underset{\text{Br}}{\overset{\text{R}}{\text{C}}} - \underset{\text{H}}{\overset{\text{H}}{\text{C}}} - \underset{\text{H}}{\overset{\text{H}}{\text{}}} \quad (9 \cdot 33)$$

例題 9・7

問題　1-ヘキシンに塩化水素を反応させたときの生成物を示せ．

解答　$\text{CH}_3\text{CH}_2\text{CH}_2\text{CH}_2-\underset{\underset{\text{Cl}}{|}}{\overset{\overset{\text{Cl}}{|}}{\text{C}}}-\text{CH}_3$

9・17　アセチレンへの水の付加

通常の条件では酸が存在してもアセチレンに水は付加しない．しかし，硫酸水銀(II) (HgSO_4)が存在すると，水銀イオンが三重結合と錯体を形成し，活性化した後，水がマルコフニコフ則に従って付加する．ここで得られたビニルアルコールは直ちに互変異性を起こし，ケトンを与える．

$$\text{R-C} \equiv \text{C-H} + \text{H}_2\text{O} \xrightarrow[\text{H}_2\text{SO}_4]{\text{HgSO}_4} \text{R-C} \overset{\text{HgSO}_4}{\equiv} \text{C-H} \longrightarrow \underset{\text{HO}}{\overset{\text{R}}{\text{C}}} = \underset{\text{H}}{\overset{\text{H}}{\text{C}}} \longrightarrow \underset{\text{O}}{\overset{\text{R}}{\text{C}}} - \text{CH}_3$$

$$(9 \cdot 34)$$

9・18　アセチリドの生成

アセチレンや末端アルキンのC-H結合の水素はほかのC-H結合に比べて酸性度が高い．したがって，いろいろな金属と反応して容易に金属アセチリドを生成する．ナトリウムアセチリドは第一級ハロゲン化アルキルと反応させるとアルキンのアルキル化が起こる．ナトリウムアセチリドに爆発性はないが水によって分解し，アルキンを再生する．一方，銀や銅などの重金属アセチリドは水に対しては安定であるが，乾

燥状態では刺激によって爆発することがあるので注意を要する．薗頭カップリング反応（8・3・2項参照）の例を下に示す．

$$R-C\equiv C-H + Na \longrightarrow R-C\equiv C-Na^+ \xrightarrow{R'-X} R-C\equiv C-R' \quad (9\cdot35)$$

$$\text{C}_6\text{H}_5-I + H-C\equiv C-R \xrightarrow[\text{CuI/(CH}_3\text{CH}_2)_3\text{N}]{\text{PdCl}_2(\text{PPh}_3)_2} \text{C}_6\text{H}_5-C\equiv C-R \quad (9\cdot36)$$

ま と め

- アルケンへの付加反応は求電子剤の付加から始まり，つづいて求核剤の付加によって反応が完結する．付加の位置選択性は生成するカルボカチオン中間体の安定性に依存し，より安定なカルボカチオンを与えるように求電子剤が付加する．これをマルコフニコフ則に従った付加という．
- 環状アルケンに臭素はトランス付加（アンチ付加）する．
- アルケンにボランを反応させるとヒドロホウ素化反応が起こり，つづいてアルカリ性過酸化水素で酸化すると，逆マルコフニコフ付加型のアルコールが生成する．
- ラジカル開始剤共存下でアルケンに臭化水素を付加させると，逆マルコフニコフ付加が起こる．
- 環状アルケンとm-クロロ過安息香酸を反応させるとエポキシドが生成する．これを加水分解すると$trans$-1,2-ジオールが得られる．四酸化オスミウムで酸化するとcis-1,2-ジオールが生成する．
- Pd-CやPtO$_2$を触媒としたアルケンの水素化は，シス付加で進行する．
- 電子不足アルケン（ジエノフィル）と共役1,3-ジエンを反応させると，($4\pi+2\pi$) 付加環化反応が起こって，六員環化合物が生成する．この反応をディールス-アルダー反応という．
- アルキンは触媒を用いて水素化すると，通常はアルケンで止まらず，飽和炭化水素まで還元されるが，リンドラー触媒を用いるとcis-アルケンを得ることができる．液体アンモニア中金属ナトリウムを作用させると段階的に還元が起こり，$trans$-アルケンが選択的に生成する．
- アルキンに臭化水素を反応させると臭化水素が2分子付加し，ジェミナル二臭化物が生成する．
- 末端アルキンの水素は酸性度が高く，容易に金属アセチリドに変換される．ナトリウムアセチリドはハロゲン化アルキルと反応し，アルキルアセチレンを与える．

練習問題

9・1 次のディールス-アルダー反応の生成物を予想せよ．

(a) [1,4-ベンゾキノン] + [1,3-ブタジエン (CH₂=CH–CH=CH₂)] ⟶

(b) [フラン] + [無水マレイン酸] ⟶

(c) [1,2-ジメチレンシクロヘキサン] + CH₃O₂C–C≡C–CO₂CH₃ ⟶

9・2 シクロヘプテンを出発物質として *cis*- および *trans*-1,2-シクロヘプタンジオールの合成法を示せ．

9・3 1-ヘキセンを *m*-クロロ過安息香酸で酸化した後，リチウムアルミニウムヒドリドで還元すると主として何が生成するか．また，グリニャール反応剤として CH₃CH₂MgBr と反応させると何が得られるか．

9・4 どのようなアルキンとハロゲンまたはハロゲン化水素を反応させると次の化合物が得られるか説明せよ．
(a) 2,2,3,3-テトラクロロヘキサン　(b) 2,2-ジブロモペンタン
(c) 1,1,2,2-テトラブロモ-1,2-ジフェニルエタン

9・5 メチレンシクロヘキサンから次の化合物の合成経路を示せ．

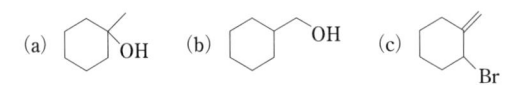

(a) 1-メチルシクロヘキサノール　(b) シクロヘキシルメタノール　(c) 1-ブロモメチル-2-メチレンシクロヘキサン (図参照)

9・6 末端アセチレン誘導体を出発物質として次の化合物を合成する方法を示せ．

(a) 1-(1-ブチニル)シクロヘキサノール　(b) CH₃C≡C–CH₂CH₂OH　(c) C₆H₅–C≡C–CH₂CH₃

9・7 次の反応で予想される生成物を示せ．

(a) シクロヘキセン + Br₂ $\xrightarrow{H_2O}$
(b) シクロヘキセン + Cl₂ $\xrightarrow{CH_3OH}$
(c) 1-メチルシクロヘキセン + CHCl₃ $\xrightarrow{OH^-}$
(d) 1-メチルシクロヘキセン + CH₂I₂ $\xrightarrow{Zn(Cu)}$

9・8 シクロヘキサノンとアセチレンから次の化合物を合成するルートを開発せよ．

[1-ビニルシクロヘキセン (CH=CH₂置換シクロヘキセン)]

芳香族化合物の反応 10

本章では，芳香族化合物がもつ特徴的な性質と反応性を，アルケンならびにアルキンの性質や反応性と比較しながら学ぶ．また，置換ベンゼンの求電子置換反応におけるオルト，メタ，パラ配向性や求核置換反応，芳香族化合物の酸化・還元反応について取りあげる．

　ベンゼンおよびその誘導体は独特の香りをもつことから芳香族化合物(aromatic compound)またはアレーン(arene)とよばれる．石炭を熱分解して得られるタールの中にはさまざまな芳香族化合物が含まれており，なかでもベンゼン，トルエン，キシレン(これらの頭文字をとってBTXとよぶ)は化学工業における重要な合成原料として用いられてきた．しかし現在では，石油の分別蒸留で得られるナフサの熱分解(クラッキング)や改質(リフォーミング)によってBTXをはじめとする芳香族化合物の多くが製造されている．芳香族化合物は不飽和結合をもっているにもかかわらず，アルケンやアルキンに比べて安定で，臭素化のような付加反応を起こすことはまれであり，反応としては求電子置換反応を起こすことが多い．

10・1　ベンゼンの構造と芳香族性

　ベンゼン C_6H_6 は高い不飽和度をもつにもかかわらず，通常の不飽和化合物がもつような反応性を示さない．たとえば，アルケンとは異なり臭素とは容易に反応せず，過マンガン酸カリウムによっても酸化されにくい．それではどのような構造をもっているのであろうか．19世紀の初頭から多くの構造がベンゼンに対して提案されてきた．後に実際に合成されたが不安定なデュワー(Dewar)ベンゼン，プリズマン，ベンズバレンなどである(図10・1)．これに対してKekuléは1865年にベンゼンについて最初の妥当な構造を提唱した．すなわち，正六角形の構造をもつシクロヘキサトリエ

図 10・1　ベンゼンの構造についてのいくつかの提案

ンの二つの異性体であり，単結合と二重結合がきわめてすばやく入れかわるために臭素化のようなアルケン特有の反応が起こらないと説明した．

ケクレ(Kekulé)の構造式は二つの構造の原子の位置がまったく変わっていないと仮定すればほぼ正しい．すなわち，二つの共鳴構造式であり，すべてのC−C結合距離は等価である．その距離は 139 pm であり，典型的な C−C 単結合距離(154 pm)と二重結合距離(134 pm)の中間である．共鳴構造式の代わりに正六角形の内側に丸を書いて表してもよい．

図 10・2　ベンゼンの構造式

ベンゼンの構造を分子軌道の立場からみると，すべての炭素が sp^2 混成の正六角形からなっている．C−C 間が等距離をもつ平面構造で，6 個の水素は炭素と同一平面の外側に張り出している．その平面に対して垂直に並んだ p 軌道がドーナツ状に π 電子雲を形成している．このようにしてできたπ電子系が $4n+2$ (n は整数)のとき，π電子は非局在化し，単純なアルケンやアルカジエンとは異なる特異な性質をもつ．このような特異な性質を芳香族性とよび，芳香族性をもつ化合物群を芳香族化合物という．五員環，七員環の化合物であっても π 電子の数が $4n+2$ の場合には芳香族性を示す．すなわち，シクロペンタジエニルアニオンやシクロヘプタトリエニルカチオンは 6π 電子系で芳香族である．このように平面で環状に共役し，非局在化した$(4n+2)$π 電子系が特殊な安定性(芳香族性)をもつことをヒュッケル(Hückel)則とよぶ．

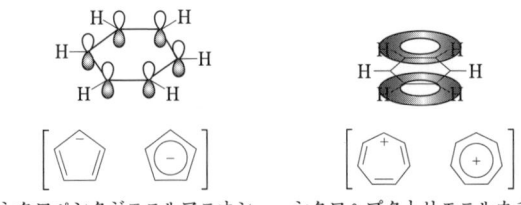

シクロペンタジエニルアニオン　　シクロヘプタトリエニルカチオン
　　　　　　　　　　　　　　　　（またはトロピリウムカチオンともいう）

図 10・3　芳香族化合物の例

　ベンゼンの水素化熱を仮想的な 1, 3, 5-シクロヘキサトリエンと比較すると，ベンゼンのほうがはるかに安定である．その安定化エネルギー（または共鳴エネルギー）は次のように見積もることができる．シクロヘキセンの水素化熱が 120 kJ mol^{-1}，1, 3-シクロヘキサジエンの水素化熱が 230 kJ mol^{-1} でほぼ 2 倍となるので，二重結合が 3 個の 1, 3, 5-シクロヘキサトリエンの場合には 330 kJ mol^{-1} 程度と計算できる．しかし，実際のベンゼンの水素化はシクロヘキセンやシクロヘキサジエンに比べてはるかに起こりにくく，その水素化熱は 208 kJ mol^{-1} であった．したがって，ベンゼンは，仮想的な 1, 3, 5-シクロヘキサトリエンよりも 122 kJ mol^{-1} 安定な共鳴エネルギーをもつことになる．

　　　　＋ H$_2$ ⟶　　　　＋ 120 kJ mol^{-1}　　　（10・1）

　　　　＋ 2 H$_2$ ⟶　　　　＋ 230 kJ mol^{-1}　　　（10・2）

　　　　＋ 3 H$_2$ ⟶　　　　＋ 208 kJ mol^{-1}　　　（10・3）

ベンゼンの安定化エネルギー＝330－208＝122 [kJ mol^{-1}]

10・2　芳香族化合物の命名法

　単環の芳香族炭化水素はアルキルベンゼン，アルケニルベンゼン，ハロベンゼン，あるいはニトロベンゼンのように置換ベンゼンとして命名されるが，特定の置換ベンゼンに対してはトルエン，キシレン，クメン，スチレンなどのように慣用名が用いられる．また，酸素や窒素などを含む置換ベンゼンもフェノール，アニソール，アニリンなどの慣用名でよぶことが多い．

	CH₃	CH₃ CH₃	CH₃	CH₃
	(ベンゼン環)	(ベンゼン環)	(ベンゼン環-CH₃)	(ベンゼン環-CH₃)
IUPAC 命名法	メチルベンゼン	1,2-ジメチルベンゼン	1,3-ジメチルベンゼン	1,4-ジメチルベンゼン
慣用名	トルエン	o-キシレン	m-キシレン	p-キシレン

	CH(CH₃)₂	CH=CH₂	OH	OCH₃
IUPAC 命名法	1-メチルエチルベンゼン	エテニルベンゼン	ヒドロキシベンゼン	メトキシベンゼン
慣用名	クメン	スチレン	フェノール	アニソール

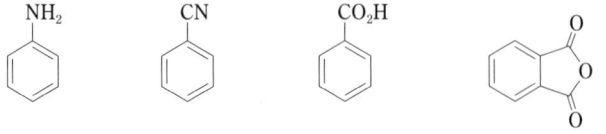

	NH₂	CN	CO₂H	(無水フタル酸構造)
IUPAC 命名法	アミノベンゼン	シアノベンゼン（ベンゼンカルボニトリル）	ベンゼンカルボン酸	1,2-ベンゼンジカルボン酸無水物
慣用名	アニリン	ベンゾニトリル	安息香酸	無水フタル酸

図 10・4　芳香族化合物の命名法

例題 10・1

問題　次の化合物を命名せよ．

(a) 3,5-ジメチルトルエン構造　(b) 1,3-ジクロロベンゼン構造　(c) 4-ブロモニトロベンゼン構造　(d) 2-メトキシ安息香酸構造

解答　(a) 1,3,5-トリメチルベンゼン（またはメシチレン），(b) 1,3-ジクロロベンゼン（または m-ジクロロベンゼン），(c) 1-ブロモ-4-ニトロベンゼン（p-ブロモニトロベンゼン），(d) 2-メトキシベンゼンカルボン酸（o-メトキシ安息香酸）

例題 10・2

問題　次の化合物の構造式を書け．
(a) p-ニトロアニリン　(b) 3-エチルフェノール
(c) 2,4-ジニトロベンズアルデヒド　(d) m-クロロトルエン
(e) 1-クロロ-3-ヨードベンゼン

解答　(a) 4-ニトロアニリン構造 NH₂ / NO₂ (para)　(b) 3-メチルフェノール CH₂CH₃ / OH (meta — 実際は 3-エチルフェノール: CH₂CH₃ と OH が meta)　(c) 3,5-ジニトロベンズアルデヒド CHO, O₂N, NO₂　(d) 3-クロロトルエン Cl / CH₃ (meta)　(e) 1-クロロ-3-ヨードベンゼン Cl / I (meta)

10・3　芳香族化合物の反応

　ベンゼンは大きな共鳴エネルギーをもつため，アルケンやアルキンに比べて反応性が乏しい．たとえば，シクロヘキセンは臭素と即座に反応して 1,2-ジブロモシクロヘキサンを与えるが，ベンゼンは反応しない．しかし臭化鉄のようなルイス酸を共存させると，速やかに置換反応が起こってブロモベンゼンが生成する．また，NO_2^+ のような求電子剤があると求電子置換反応を起こす．一方，求核置換反応は一般に起こりにくく，10・3・2 項に示すベンザインやベンゼンジアゾニウム塩を経る反応など限られた場合にのみ進行する．

10・3・1　芳香族求電子置換反応

　求電子置換反応は段階的に進行し，まず求電子剤の攻撃が起こってカチオン中間体が生成する．アルケンの場合は，生成するカチオン種への求核剤の付加が起こるがベンゼンの場合には，このカチオン中間体からプロトンの脱離が起こって芳香環が再生される．

$$\text{C}_6\text{H}_6 + \text{E}^+ \longrightarrow [\text{カチオン中間体の共鳴構造}] \xrightarrow{-\text{H}^+} \text{C}_6\text{H}_5\text{E} \tag{10・4}$$

E^+：求電子剤

a.　ハロゲン化

　ベンゼンの塩素化や臭素化は，ハロゲンとハロゲン化鉄(FeX_3)などのルイス酸触媒を用いて行う．

$$\text{C}_6\text{H}_6 + \text{Cl}_2 \xrightarrow{\text{FeCl}_3} [\text{C}_6\text{H}_6\text{Cl}]^+ \text{FeCl}_4^- \xrightarrow{-\text{H}^+} \text{C}_6\text{H}_5\text{Cl} \qquad (10\cdot 5)$$

$$\text{C}_6\text{H}_6 + \text{Br}_2 \xrightarrow{\text{FeBr}_3} [\text{C}_6\text{H}_6\text{Br}]^+ \text{FeBr}_4^- \xrightarrow{-\text{H}^+} \text{C}_6\text{H}_5\text{Br} \qquad (10\cdot 6)$$

また,ヨウ素化は塩化銅のような酸化剤をヨウ素とともに用いることで進行し,ヨードベンゼンが得られる.

$$\text{C}_6\text{H}_6 + \text{I}_2 \xrightarrow{\text{CuCl}_2} \text{C}_6\text{H}_5\text{I} \qquad (10\cdot 7)$$

b. ニトロ化

濃硝酸に濃硫酸を加えてベンゼンと反応させると,ニトロベンゼンが生成する.この反応では,HNO_3 に H_2SO_4 が作用することによってニトロニウムイオン NO_2^+ が生じ,これが求電子剤となってニトロ化反応を引き起こす.濃硝酸と濃硫酸の混合物は混酸とよばれる.

$$\text{C}_6\text{H}_6 + \text{HNO}_3 + \text{H}_2\text{SO}_4 \longrightarrow \text{C}_6\text{H}_5\text{NO}_2 \qquad (10\cdot 8)$$

$$\underset{-\text{O}}{\overset{\text{O}}{\text{N}}}^+\text{-OH} + \text{HO-S(=O)}_2\text{-OH} \underset{-\text{HSO}_4^-}{\rightleftharpoons} \underset{-\text{O}}{\overset{\text{O}}{\text{N}}}^+\text{-}\overset{+}{\text{O}}\text{H}_2 \underset{-\text{H}_2\text{O}}{\rightleftharpoons} \text{O=}\overset{+}{\text{N}}\text{=O} \qquad (10\cdot 9)$$

c. スルホン化

ベンゼンのスルホン化には,過剰の三酸化硫黄(SO_3)を含む濃硫酸(発煙硫酸)が用いられる.濃硫酸とはゆっくり反応してベンゼンスルホン酸を与える.

$$\text{C}_6\text{H}_6 + \text{H}_2\text{SO}_4 \longrightarrow \text{C}_6\text{H}_5\text{SO}_3\text{H} \qquad (10\cdot 10)$$

$$2\,\text{HO-S(=O)}_2\text{-OH} \rightleftharpoons \text{HSO}_3^+ + \text{HSO}_4^- + \text{H}_2\text{O} \rightleftharpoons \text{SO}_3 + \text{H}_2\text{SO}_4 + \text{H}_2\text{O} \qquad (10\cdot 11)$$

d. フリーデル-クラフツ反応

アルキル化　ベンゼンと塩化アルキルを塩化アルミニウムの存在下反応させると，アルキルベンゼンが生成する．この反応をフリーデル-クラフツ（Friedel-Crafts）反応という．この反応では，まず塩化アルキルと塩化アルミニウムが $R^+AlCl_4^-$ という錯体を形成し，ついで R^+ がベンゼンに求電子置換反応を行う．しかし，この反応では生成したアルキルベンゼンのほうがベンゼンよりも求電子剤に対する反応性が高いため，2個目あるいは3個目のアルキル基の導入が起こってしまうので注意を要する．また，ハロゲン化アルキルとして塩化プロピルや塩化ブチルを用いると，活性種として生成するプロピルカチオンやブチルカチオンがいずれも第一級カチオンで不安定なため容易に第二級カチオンに転位を起こし，直鎖のアルキル基を選択的に導入することは難しい．

$$\text{C}_6\text{H}_6 + \text{R}-\text{Cl} \xrightarrow{AlCl_3} \text{C}_6\text{H}_5\text{R} \tag{10・12}$$

$$\text{R}-\text{Cl} \ \ AlCl_3 \rightleftharpoons \text{R}-\overset{+}{\text{Cl}}-\bar{\text{AlCl}_3} \rightleftharpoons R^+ \ AlCl_4^- \tag{10・13}$$

$$\text{C}_6\text{H}_6 + R^+ \longrightarrow [\text{arenium}]^+ \longrightarrow \text{C}_6\text{H}_5\text{R} \tag{10・14}$$

$$\text{C}_6\text{H}_6 + n\,\text{R}-\text{Cl} \xrightarrow{AlCl_3} \text{C}_6\text{H}_{6-m}\text{R}_m \tag{10・15}$$

$$\text{C}_6\text{H}_6 + \text{CH}_3\text{CH}_2\text{CH}_2-\text{Cl} \xrightarrow{AlCl_3} \underset{\text{主生成物}}{\text{C}_6\text{H}_5\text{CH(CH}_3)_2} + \text{C}_6\text{H}_5\text{CH}_2\text{CH}_2\text{CH}_3 \tag{10・16}$$

$$\text{CH}_3\text{CH}_2\text{CH}_2-\text{Cl} + AlCl_3 \rightleftharpoons \text{CH}_3\text{CH}_2\text{CH}_2^+\ AlCl_4^- \longrightarrow (\text{CH}_3)_2\text{CH}^+\ AlCl_4^- \tag{10・17}$$

塩化アルミニウムなどのルイス酸がなくても安定なカルボカチオンが生成する条件を選べば，アルケンやアルコールを用いてベンゼンのアルキル化を行うことができる．すなわち，硫酸やフッ化水素酸などの強酸存在下で生じた第二級または第三級アルキルカチオンはベンゼンと求電子置換反応を起こす．

$$\text{C}_6\text{H}_6 + \text{RCH}=\text{CH}_2 \xrightarrow{H^+} \text{C}_6\text{H}_5\text{CH(R)CH}_3 \tag{10・18}$$

例題 10・3

問題 酸触媒によってベンゼンと 2-メチルプロペンから *tert*-ブチルベンゼンが生成する反応機構を曲がった矢印を使って示せ.

解答

[反応機構図: ベンゼン + (CH₃)₂C=CH₂ → H⁺ により (CH₃)₃C⁺ カチオン生成 → ベンゼンへの求電子付加 → アレニウムイオン中間体 → −H⁺ で (CH₃)₃C-C₆H₅ 生成]

アシル化 フリーデル–クラフツアルキル化反応において塩化アルキルの代わりに塩化アシルを用いると, ベンゼンへのアシル化が進行する. ベンゼンと塩化アセチルを塩化アルミニウムの存在下反応させると, $CH_3CO^+AlCl_4^-$(アシルカチオンまたはアシリニウムイオン)が生成し, つづいて CH_3CO^+ が求電子置換反応を行って, アセトフェノンが生成する. この反応では, 長いアルキル基をもったハロゲン化アシルを用いても, 転位や複数回のアシル化が起こることはない.

$$\text{C}_6\text{H}_6 + CH_3\text{C(=O)}-Cl \xrightarrow{AlCl_3} \text{C}_6\text{H}_5-\text{C(=O)}CH_3 \quad (10 \cdot 19)$$

$$RC(=O)-Cl \cdot AlCl_3 \rightleftharpoons RC(=O)-\overset{+}{Cl}-\overset{-}{AlCl_3} \rightleftharpoons RC^+(=O) \; AlCl_4^- \quad (10 \cdot 20)$$

$$\text{C}_6\text{H}_6 + {}^+CR(=O) \longrightarrow [\text{アレニウム中間体}] \longrightarrow \text{C}_6\text{H}_5-C(=O)R \quad (10 \cdot 21)$$

ハロゲン化アシルの代わりに酸無水物を塩化アルミニウムに作用させても同様にアシルカチオンが発生するので, 酸無水物をフリーデル–クラフツアシル化反応に用いることができる.

$$RC(=O)-O-C(=O)R + AlCl_3 \longrightarrow RC(=O)-O-C(=O)R\cdot AlCl_3 \longrightarrow RC^+(=O) + {}^-O-C(=O)R \cdot AlCl_3 \quad (10 \cdot 22)$$

直鎖のアルキル基をベンゼン環に選択的に導入するには, まずアシル化を行った後, カルボニル基を塩酸と亜鉛アマルガムで還元すればよい. この還元法はクレメンゼン (Clemmensen) 還元とよばれている.

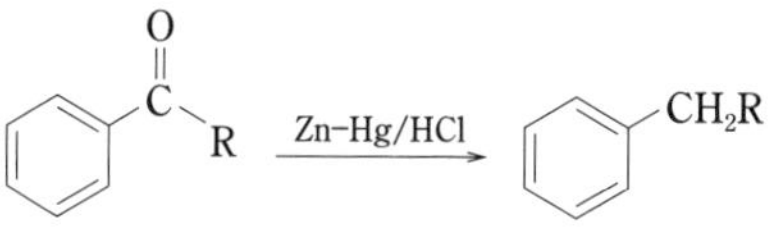

$$\text{C}_6\text{H}_5\text{-CO-R} \xrightarrow{\text{Zn-Hg/HCl}} \text{C}_6\text{H}_5\text{-CH}_2\text{R} \qquad (10\cdot 23)$$

例題 10・4

問題 次の反応生成物を示せ．

(a) 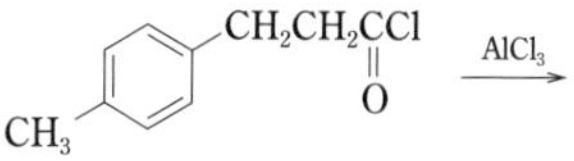 4-CH$_3$-C$_6$H$_4$-CH$_2$CH$_2$COCl $\xrightarrow{\text{AlCl}_3}$

(b) 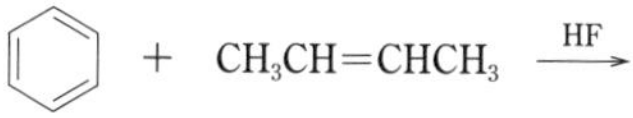 C$_6$H$_6$ + CH$_3$CH=CHCH$_3$ $\xrightarrow{\text{HF}}$

解答 (a) 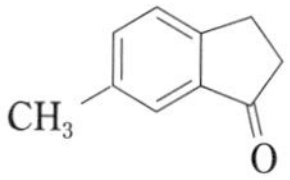 6-メチル-1-インダノン (5-メチルインダン-1-オン)

(b) 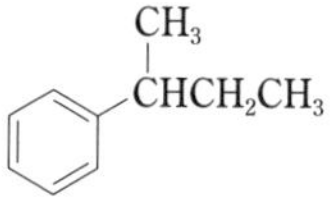 C$_6$H$_5$-CH(CH$_3$)CH$_2$CH$_3$

---

e. 置換ベンゼンの求電子置換反応

置換基をすでに1個もっているベンゼンに第二の置換基を求電子的に導入する場合の反応性と位置選択性(配向性)はどのようになるであろうか．ここでは，求電子置換反応の置換基効果について学ぶ．

(i) 誘起効果と共鳴効果

ベンゼン環に電子供与性置換基が付くと，ベンゼン環の電子密度が増大・活性化され，求電子置換反応がより起こりやすくなる．逆に，電子受容性置換基が付くとベンゼン環は不活性化され反応性が低下する．これらは，誘起効果(inductive effect)と共鳴効果(resonance effect)の2種類の電子的な効果で説明される．両効果は互いに影響し合って分子全体の置換基効果として現れる．

σ結合を通じて置換基が電子を求引したり，供与する効果のことを誘起効果という．電気陰性度の大きな酸素，窒素，フッ素などに結合している炭素は分極しやすく部分正電荷を帯びている．また，ニトロ基は窒素上に正電荷をもち，酸素やハロゲン原子が直接ベンゼン環についている場合も電子を引っ張っている．これらはいずれも電子求引性の誘起効果を示す．一方，メチル基やアルキル基はσ結合を通じて電子を供与する誘起効果となる(図10・5)．

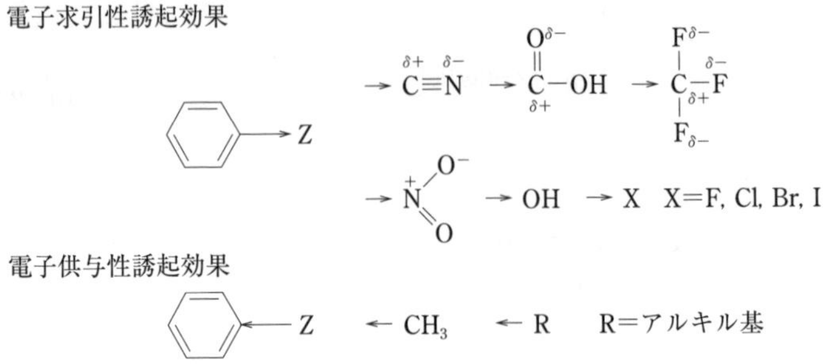

電子求引性誘起効果

→ C≡N   → C(=O)-OH   → C-F (×3, F δ-)

→ NO₂   → OH   → X   X=F, Cl, Br, I

電子供与性誘起効果

← Z   ← CH₃   ← R   R＝アルキル基

図 10・5 置換基の誘起効果

　置換基の非共有電子対がベンゼン環のπ結合と相互作用して，電子を供与したり，求引する効果を共鳴効果という．ベンゼン炭素に直接電気陰性度の大きな酸素や窒素が結合している場合，誘起効果としては電子求引性である．しかし，酸素や窒素のもつ非共有電子対とベンゼン環のπ電子との共鳴効果は誘起効果に打ち勝って，ベンゼン環の電子密度を高める．一方，ニトロ基，シアノ基，カルボキシ基の場合には，誘起効果と共鳴効果がともに電子求引基として作用し，ベンゼン環の電子密度は大きく減少する（図 10・6）．

例題 10・5

問題　次の化合物をニトロ化する場合，その反応性が高い順に並べよ．

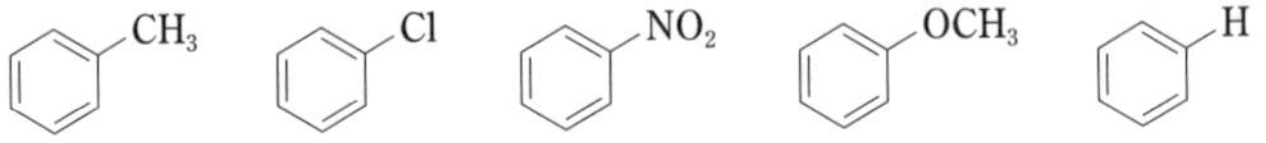

　PhCH₃　　PhCl　　PhNO₂　　PhOCH₃　　PhH

解答　PhOCH₃ ＞ PhCH₃ ＞ PhH ＞ PhCl ＞ PhNO₂

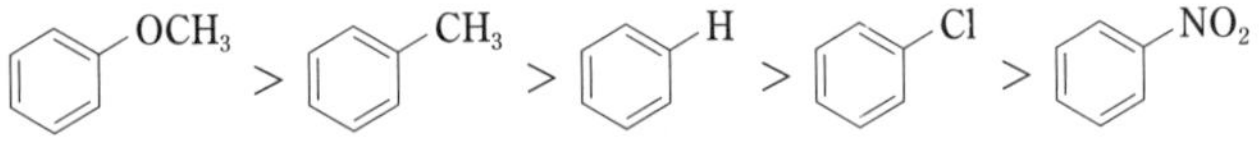

(ii) 配向性

オルト-パラ配向性を示し反応を活性化する置換基　アニソール（メトキシベンゼン）の求電子置換反応はおもにオルトおよびパラ位で進行する．この配向性はオルト，メタ，パラそれぞれのカチオン中間体（シグマ錯体）を極限構造式で表すことによって説明される．オルト体とパラ体の場合，メタ体の場合よりも一つ多い四つの極限構造式で表される．また，置換基の酸素上にも正電荷が非局在化して，とくに安定になる．したがって，オルト体とパラ体を生成する場合，シグマ錯体を経由する反応の活性化エネルギーはメタ体を与えるシグマ錯体を経由する反応に比べて小さく，優先的にオルトとパラ位の置換生成物を与える（図 10・7）．

10・3 芳香族化合物の反応

電子供与性共鳴効果

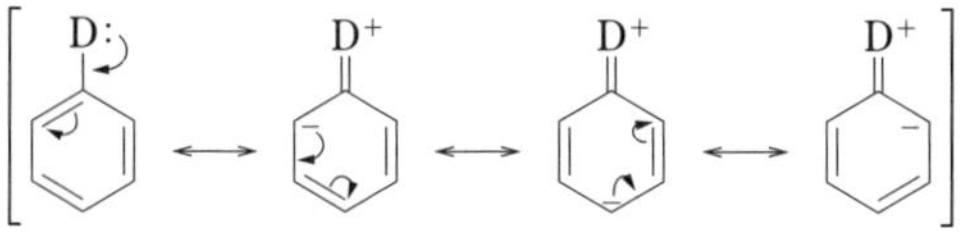

メトキシ基の場合

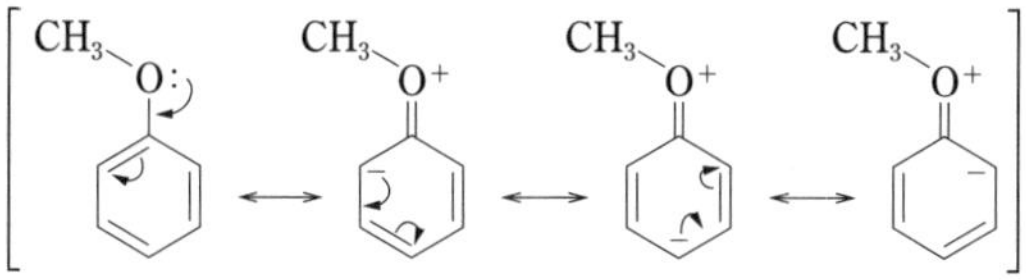

電子求引性共鳴効果

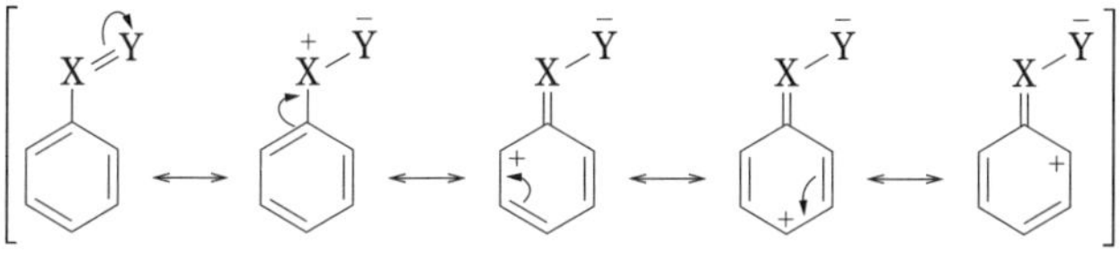

ニトロ基の場合

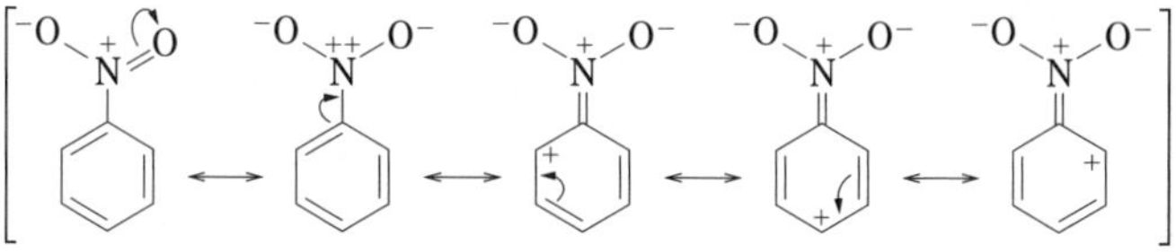

図 10・6 置換基の共鳴効果：メトキシ基とニトロ基の場合

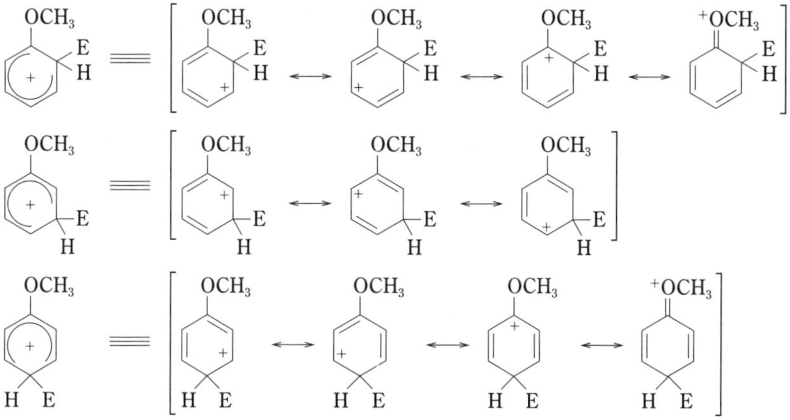

シグマ錯体

図 10・7 アニソールの配向性

トルエン(メチルベンゼン)に対する求電子置換反応の場合もオルト-パラ配向性を示す。この反応では，メチル基の電子供与性誘起効果によって求電子反応剤が攻撃しやすくなる。また，オルト体とパラ体が生成する場合，下図のようにメチル基の超共役による極限構造式で表すことができるが，メタ体の場合にはこのような極限構造式を書き表すことができない。結果としてトルエンの求電子置換反応では，オルト体とパラ体が生成する。

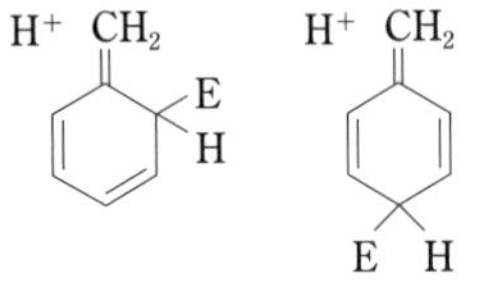

E：求電子反応剤　　図 10・8　オルトおよびパラ配向性の例

メタ配向性置換基　ニトロベンゼンやベンゾニトリルのような強い電子求引基をもつ化合物の求電子置換反応はメタ配向性を示す。オルト体ならびにパラ体の極限構造式には，正電荷が隣接した構造をとるものがあり，静電反発のため不安定で共鳴構造の寄与が小さい。結果として，オルト体およびパラ体より安定なメタ体が得られる。しかし，これらの化合物では誘起効果と共鳴効果のいずれもが電子求引基となるため反応性はベンゼンと比べると著しく低い。たとえば，ニトロベンゼンのニトロ化は高温を必要とし，アシル化などのフリーデル-クラフツ反応は起こらない。

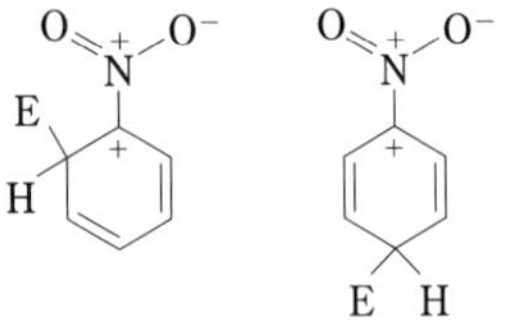

図 10・9　静電反発によるメタ配向性の例

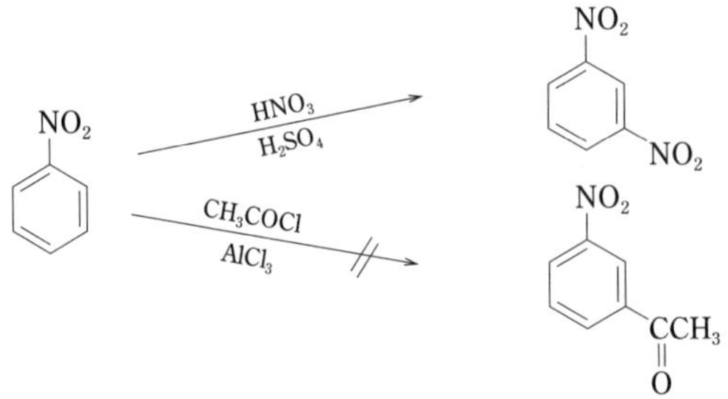

$$(10 \cdot 24)$$

10・3 芳香族化合物の反応

オルト-パラ配向性を示し反応を不活性化するハロゲン置換基　ハロベンゼンはオルト-パラ配向性を示す．しかし，反応性はベンゼンより乏しい．非共有電子対をもつハロゲンは極限構造式でハロゲン上に正電荷をもつ比較的安定な構造をとることが可能であり，オルト-パラ配向性を示す．ただし，共鳴効果よりも電子求引性誘起効果が強くはたらくため求電子置換反応は起こりにくい．

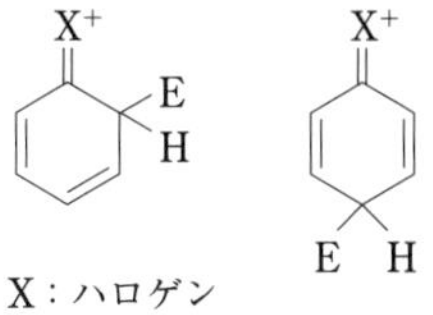

X：ハロゲン　　図 10・10　ハロゲンの共鳴効果による安定化

表 10・1　芳香族求電子置換反応における置換基効果

置換基	活性化の割合	配向性
$-O^-$, $-NR_2$, $-OH$	著しく活性化	オルト，パラ
$-NRCOR'$, $-OR$	積極的活性化	オルト，パラ
アルキル，フェニル	活性化	オルト，パラ
$-F$, $-Cl$, $-Br$, $-I$, $-CH_2X$	不活性化	オルト，パラ
$-CN$, $-NO_2$, $-SO_3H$, $-NR_3^+$	不活性化	メタ

例題 10・6

問題　次の化合物の合成法を考えよ．
(a) *p*-クロロニトロベンゼン　　(b) *m*-ブロモアセトフェノン
(c) *p*-クロロイソプロピルベンゼン

解答

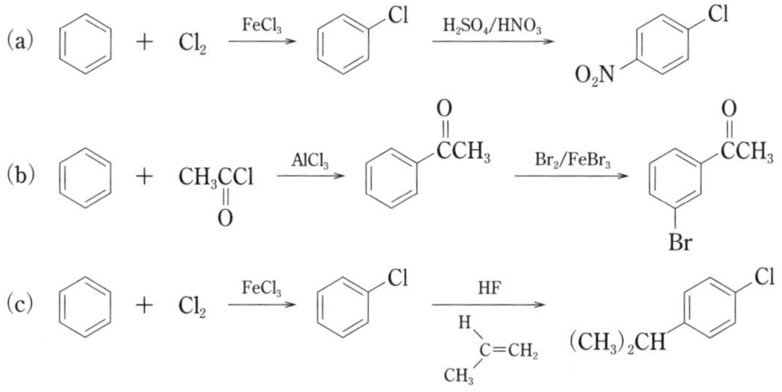

(a) ベンゼン + Cl_2 →(FeCl₃) クロロベンゼン →(H_2SO_4/HNO_3) *p*-クロロニトロベンゼン

(b) ベンゼン + $CH_3CCl=O$ →(AlCl₃) アセトフェノン →($Br_2/FeBr_3$) *m*-ブロモアセトフェノン

(c) ベンゼン + Cl_2 →(FeCl₃) クロロベンゼン + $CH_3-CH=CH_2$ →(HF) $(CH_3)_2CH$-C₆H₄-Cl

f. 多環式芳香族化合物の求電子置換反応

複数のベンゼン環が縮合したナフタレン，アントラセン，フェナントレン，ピレンなどは多環式芳香族化合物とよばれ，ベンゼンと同じように求電子置換反応を起こす．しかし，ベンゼンとは異なり，導入される位置が等価でないため反応に配向性がみられる．

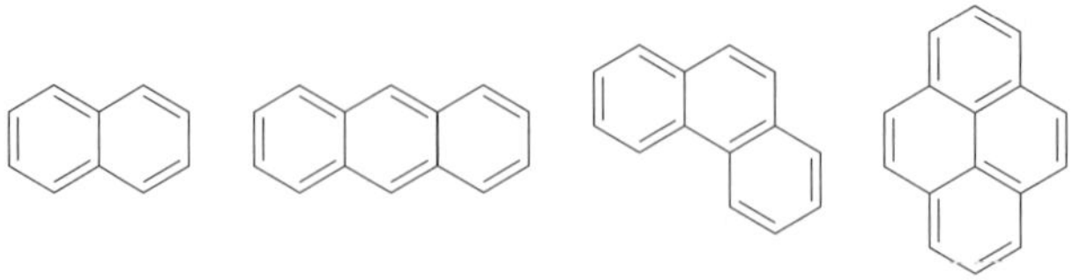

ナフタレン　　アントラセン　　フェナントレン　　ピレン
図 10・11　多環式芳香族化合物

たとえば，ナフタレンへのニトロ化は一般的に1-置換体が高選択的に生成する．ところが，スルホン化の場合には，反応温度によって置換位置が異なる．80 ℃ 程度の低い温度で反応させると 1-置換体が選択的に得られるが，反応温度を 160 ℃ にすると 2-置換体がより多く生成する．この反応で得られる 1-置換体は 8 位(ペリ位)の水素との立体障害により高温では可逆的にナフタレンに戻る．これに比べて 2-置換体は安定であり，最終的に高温では 2-置換体のみが生成する．低温で 1-置換体が選択的に得られるこの現象を速度論的支配(kinetic control)，高温で 2-置換体が選択的に得られることを熱力学的支配(thermodynamic control)という．

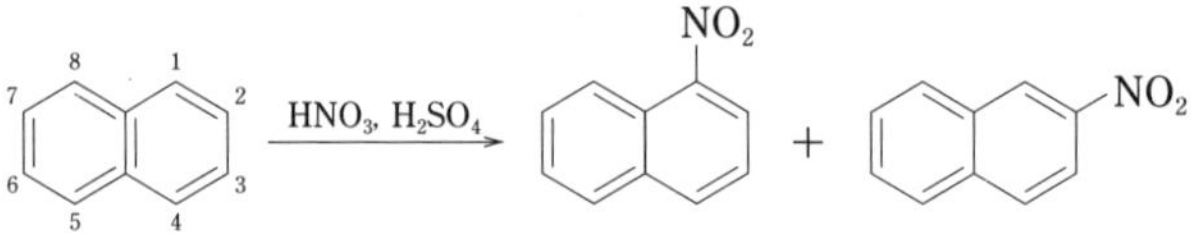

$$(10 \cdot 25)$$

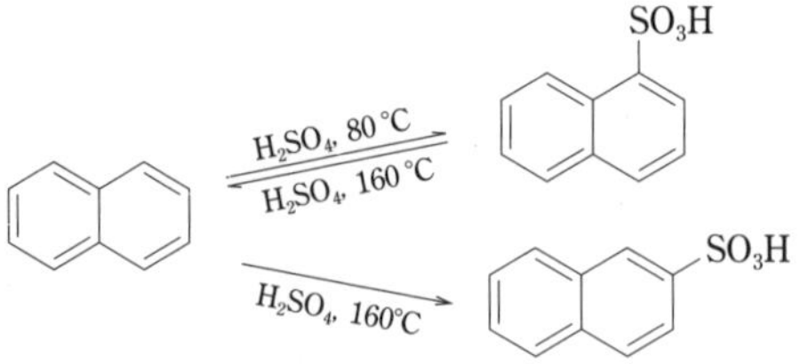

$$(10 \cdot 26)$$

例題 10・7

問題　$FeBr_3$ を触媒にしてナフタレンの臭素化を行ったときの生成物を示せ．

解答

$$\text{ナフタレン} + Br_2 \xrightarrow{FeBr_3} \begin{array}{c} 80\,°C \rightarrow \text{1-ブロモナフタレン} \\ 160\,°C \rightarrow \text{2-ブロモナフタレン} \end{array}$$

10・3・2 芳香族化合物の求核置換反応

a. 付加-脱離機構

p-クロロニトロベンゼンは水酸化ナトリウムと反応してp-ニトロフェノールを与える.この反応ではまず,強い電子求引基であるニトロ基のパラ位にあるクロロ基のイプソ位[置換基(クロロ基)の根元の位置]にOH^-が求核的に付加してシクロヘキサジエニルアニオン中間体を与える.次に,Cl^-が脱離して芳香環が再生し,置換生成物が得られる.このような付加-脱離機構で進行する反応はニトロ基やカルボニル基などの強い電子求引基がオルト位やパラ位に置換している場合に起こることが多い.

$$\underset{NO_2}{\underset{|}{C_6H_4}}\text{-}Cl \xrightarrow{NaOH} \text{シクロヘキサジエニルアニオン中間体} \xrightarrow{-Cl^-} \underset{NO_2}{\underset{|}{C_6H_4}}\text{-}OH \qquad (10\cdot27)$$

b. ベンザイン:脱離-付加機構

p-クロロトルエンを液体アンモニア中でナトリウムアミドと反応させると,m-およびp-メチルアニリンがほぼ等量生成する.さらに,クロロ基のイプソ位を同位体元素^{14}Cで標識したクロロベンゼンを用いると,^{14}Cの位置で置換されたアニリンとそのオルト位が置換されたアニリンが等量生成する.

$$\underset{CH_3}{\underset{|}{C_6H_4}}\text{-}Cl \xrightarrow[\text{液体 }NH_3]{NaNH_2} \underset{CH_3}{\underset{|}{C_6H_4}}\text{-}NH_2 + \underset{CH_3}{\underset{|}{C_6H_4}}\text{-}NH_2 \qquad (10\cdot28)$$

$$C_6H_5\text{-}Cl^* \xrightarrow[\text{液体 }NH_3]{NaNH_2} C_6H_5\text{-}NH_2^* + C_6H_5^*\text{-}NH_2 \qquad (10\cdot29)$$

これらの結果は,NH_2^-による単純な求核置換反応が起こるのではなく,塩素の結合していた炭素と隣接炭素が等価になるような中間体を経て反応が進行していることを意味している.すなわち,強塩基性条件下でまずHClの脱離反応が起こり,三重結合をもつベンザインが中間体として生じる.次にNH_2^-がベンザインの三重結合を

形成している二つの炭素にほぼ同じ割合で攻撃し，m-メチルアニリンまたは p-メチルアニリンが生成する．ベンザインの三重結合は大きくひずんでいるので反応性がきわめて高い．

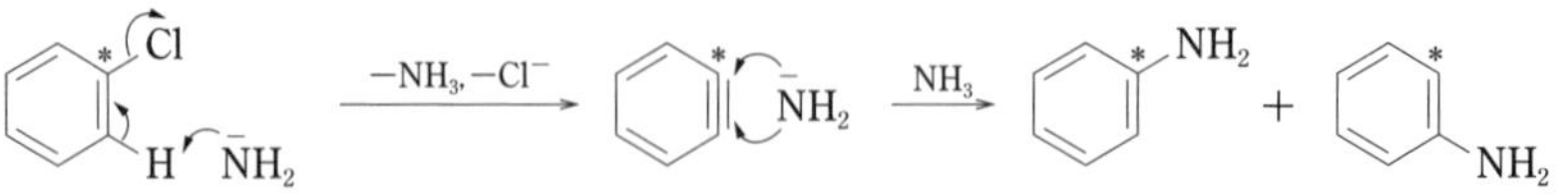

$$\text{(10・30)}$$

c. ジアゾニウム塩の反応

アニリンを亜硝酸と氷冷下反応させると比較的安定な芳香族ジアゾニウム塩が生成する．このジアゾニウム塩は種々の求核種と容易に反応する．

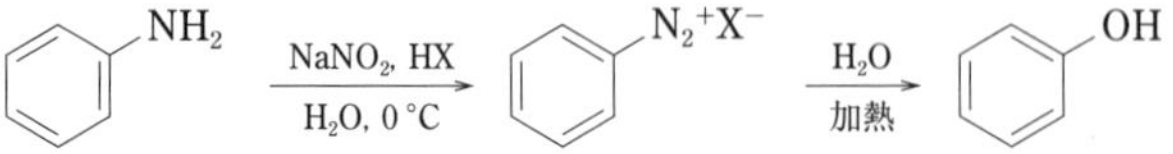

$$\text{(10・31)}$$

ジアゾニウム塩と Cu(I)塩を水中で反応させると，温和な条件下でフェノールが得られる．また，ハロゲン化やシアノ化も容易に進行する．これらの反応をザンドマイヤー(Sandmeyer)反応という．

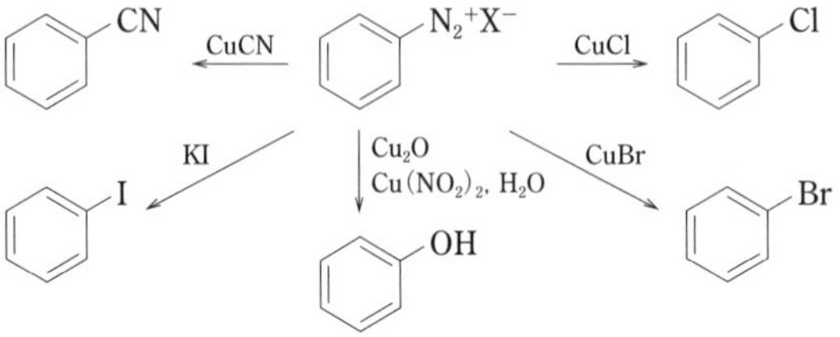

図 10・12　ザンドマイヤー反応

10・3・3　芳香族化合物の酸化と還元

a. アルキルベンゼンの酸化

トルエンを過マンガン酸カリウム($KMnO_4$)やクロム酸カリウム(K_2CrO_4)のような無機の酸化剤で酸化すると，側鎖のメチル基が酸化され，安息香酸が生成する．同様に，キシレンを酸化すると，それぞれ相当するジカルボン酸が得られる．メチル基以外のアルキル基をもつベンゼン誘導体からも直接芳香環にカルボキシル基が結合した化合物のみが生じる．たとえば，エチルベンゼンからはトルエンと同様に安息香酸が得られる．一方，クメン(イソプロピルベンゼン)を空気で酸化すると，クメンヒドロ

ペルオキシドが生成する．クメンヒドロペルオキシドは，アセトンとフェノールに分解する．これがクメン法であり，工業的に重要なプロセスである．

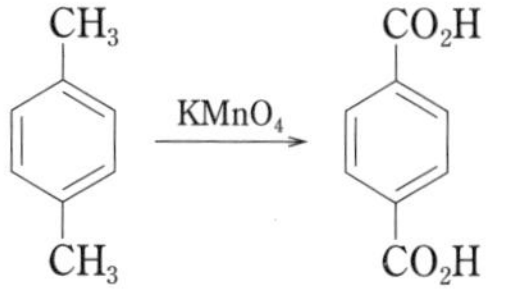

$$\text{p-キシレン} \xrightarrow{\text{KMnO}_4} \text{テレフタル酸} \quad (10 \cdot 32)$$

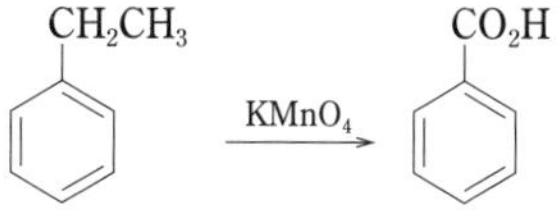

$$\text{エチルベンゼン} \xrightarrow{\text{KMnO}_4} \text{安息香酸} \quad (10 \cdot 33)$$

$$\text{クメン} \xrightarrow{\text{O}_2} \text{クメンヒドロペルオキシド} \longrightarrow \text{フェノール} + \text{アセトン} \quad (10 \cdot 34)$$

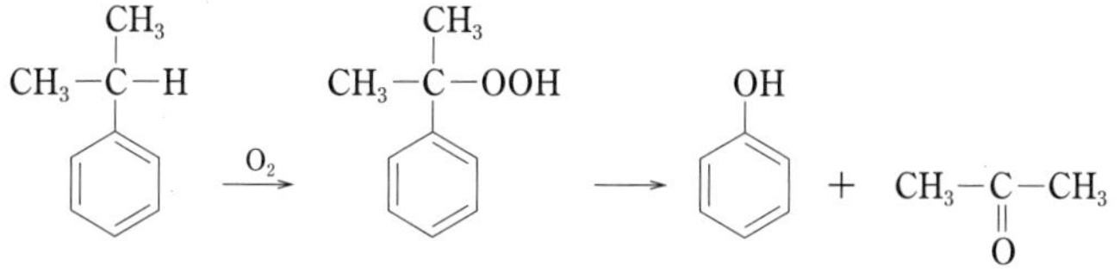

b. バーチ還元

リチウムやナトリウム金属を用いて，液体アンモニア中アルコールを水素源としてベンゼンを還元すると，1,4-シクロヘキサジエンが生成する．この反応はバーチ (Birch) 還元とよばれ，不飽和結合を残した状態でベンゼンを還元できる有用な方法である．ナフタレンなどの多環式芳香族化合物も同様に還元される．ニッケルなどを触媒として高温・高圧下でベンゼンの接触水素化を行うと，シクロヘキサジエンやシクロヘキセンで止めることはできず，シクロヘキサンまで還元される．

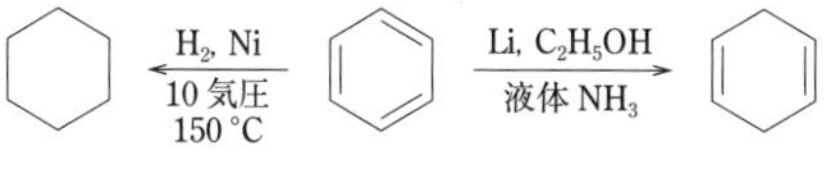

図 10・13　バーチ還元

バーチ還元はリチウムなどの金属から芳香族化合物への電子移動によって反応が始まる．まず，金属から放出された電子をベンゼンが受け取り，ベンゼンのラジカルアニオンが生成する．このラジカルアニオンが溶媒によってプロトン化され，ラジカルが生成する．このラジカルへの電子移動がもう一度起こり，アニオンとなってからプロトン化され，非共役の1,4-シクロヘキサジエンが生成する．

$$\text{Li} \xrightarrow{\text{NH}_3} \text{Li}^+ + e^- \quad (10 \cdot 35)$$

$$\text{C}_6\text{H}_6 + e^- \longrightarrow \text{[ラジカルアニオン]} \xrightarrow{\text{CH}_3\text{CH}_2\text{OH}} \text{[中間体]}$$

$$\xrightarrow{e^-} \longrightarrow \text{[1,4-シクロヘキサジエン]} \qquad (10\cdot 36)$$

10・3・4　芳香環同士の炭素−炭素結合形成

a.　ウルマン反応

ハロゲン化ベンゼン誘導体を銅粉とともに高温で加熱すると，ビフェニル誘導体が得られる．この反応はウルマン(Ullmann)反応とよばれ，対称ビフェニルの簡便な合成法として知られている．ハロゲン化ベンゼンの反応性はI>Br>Clの順に低下する．ベンゼン環に電子求引基(ニトロ，クロロ，フルオロ基など)をもつ化合物では反応性が加速され，特にオルト位に置換基がある場合により効率よく反応が進行する．

$$\text{Ph-I} \xrightarrow{\text{Cu}} \text{Ph-Ph} \qquad (10\cdot 37)$$

b.　鈴木–宮浦カップリング反応

パラジウムを触媒として，ハロゲン化ベンゼンとフェニルボロン酸を加熱すると，非対称なビフェニルが生成する．この反応は鈴木–宮浦(Suzuki–Miyaura)カップリング反応とよばれ，応用例が多い．2010年度ノーベル化学賞受賞の対象となった反応である．

$$\text{Ph-B(OH)}_2 + \text{Br-C}_6\text{H}_4\text{-NO}_2 \xrightarrow{\text{Pd}^{2+}} \text{Ph-C}_6\text{H}_4\text{-NO}_2 \qquad (10\cdot 38)$$

まとめ

- 平面で環状に共役し，非局在化した$(4n+2)\pi$電子系をもつ化合物は芳香族性を示す．
- 芳香族化合物は求電子置換反応を起こし，アルケンやアルキンのような求電子付加反応は起こらない．

- ベンゼンに対する求電子剤として，ルイス酸によって活性化されたハロゲン，ニトロニウムイオン，三酸化硫黄などがあり，それぞれハロゲン，ニトロ，スルホン酸置換ベンゼンが得られる．
- フリーデル–クラフツ反応では，塩化アルミニウムなどのルイス酸存在下でアルキルカチオンやアシルカチオンが求電子剤となって，アルキルベンゼンやアシルベンゼンが生成する．
- 置換ベンゼンの電子的効果には，誘起効果と共鳴効果があり，互いに影響し合って全体の置換基効果となる．
- 置換ベンゼンの求電子置換反応において，電子供与基は芳香環を活性化し，オルトおよびパラ配向性を示す．一方，電子求引基は芳香環を不活性化し，メタ配向性を示す．
- ベンゼン環に対する求核置換反応には，シクロヘキサジエニルアニオンを経由する付加–脱離機構による反応，ベンザインを経由する脱離–付加機構による反応とフェニルジアゾニウム塩を経由する反応の3種類の反応がある．
- ベンゼン環の酸化は起こりにくいが，側鎖のアルキル基は容易に酸化されて安息香酸誘導体を与える．一方，金属リチウムなど還元力の強い金属があると，金属からベンゼンへの電子移動によってベンゼンは1,4-ジヒドロベンゼンに還元される（バーチ還元）．
- パラジウムを触媒に用いてハロゲン化ベンゼンとフェニルボロン酸を反応させると，芳香環同士のカップリング反応が起こる（鈴木–宮浦カップリング反応）．

練 習 問 題

10・1 次の反応で予想される生成物を示せ．

(a) 4-メチルトルエン（p-キシレン） $\xrightarrow[\text{CH}_3\text{CH}_2\text{OH}]{\text{Na, 液体 NH}_3}$

(b) 1-メチル-3-エチルベンゼン $\xrightarrow{\text{KMnO}_4}$

(c) 2-クロロニトロベンゼン $\xrightarrow{\text{OH}^-} \xrightarrow{\text{H}_3\text{O}^+}$

10・2 ベンゼンまたはトルエンを出発物質として，次の化合物の合成法を考えよ．

(a) 4-メチルアニリン (b) 3-ブロモニトロベンゼン (c) 4′-ブロモアセトフェノン (d) フェノール

10・3 アニソール（メトキシベンゼン）から 4-ヨードアニソールの合成法を考案せよ（ヒント：ジアゾ化を用いよ）．

10・4 ベンゼンから安息香酸を合成する 2 通りの方法を考えよ．
(a) グリニャール反応を用いる．
(b) アニリンを経て合成する．

10・5 次の化合物を，酸性度の高い順に並べよ．

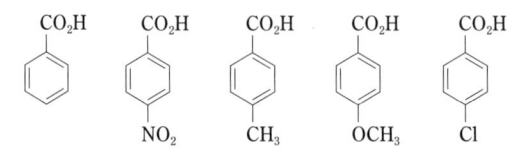

安息香酸, 4-ニトロ安息香酸, 4-メチル安息香酸, 4-メトキシ安息香酸, 4-クロロ安息香酸

10・6 次の化合物を芳香族求電子置換反応に対する反応性が低い順に並べよ．
(a) ニトロベンゼン，クロロベンゼン，トルエン，ベンゼン
(b) 安息香酸，エチルベンゼン，2,4-ジニトロトルエン，ベンゼン

10・7 次の反応生成物を示せ．
(a) エチルベンゼン ＋ $Br_2/FeBr_3$
(b) 安息香酸メチル ＋ HNO_3/H_2SO_4
(c) ベンゼン ＋ 1-ブテン ＋ HF

10・8 ベンゼンと無水コハク酸から α-テトラロンを合成する方法を設計せよ．

ラジカル反応 11

　本章では，ホモリティック開裂によるラジカル発生法から話を始める．そして結合の強さを表す結合解離エネルギーとラジカルの相対安定性について述べる．次にラジカル連鎖機構で進行するメタンと塩素の反応によるクロロメタンの生成について学び，プロパンと塩素の反応ならびに2-メチルプロパンと塩素の反応についても解説する．さらに実験室的手法であるハロアルカンのスズヒドリドによるラジカル還元反応と，工業的に大規模に行われている光ニトロソ化反応，ナフサのクラッキング，エチレンの重合などのラジカル連鎖反応の実例を取りあげ順に学ぶ．

　奇数個の価電子をもつ化学種でその軌道の一つに対をつくっていない電子（不対電子）を1個もっているものをラジカルとよぶ．メタン分子から水素原子を1個取り除くと，メチルラジカル（・CH_3）となる．塩素原子（:$\ddot{Cl}$・）の価電子は7であり，そのうち六つは対をなしているが一つは対をなしていないのでこれもラジカル種である．また酸素原子は不対電子が2個あるような形（・$\ddot{O}$-$\ddot{O}$・）のビラジカル（二つのラジカル）として安定に存在している．われわれの身のまわりにある一番身近なラジカルである．

　われわれの身のまわりで起こっているラジカル反応について紹介すると，まず微生物による有機物の分解反応をあげることができる．タンパク質などの分解によって人間にとって役立つものができると"発酵"，人間にとって有害なものができると"腐敗"とよばれる．発酵も腐敗も化学的には同じ過程である．すなわち有機化合物に対する酸素の反応である．先に述べたように酸素はラジカルの性質をもっており，これが有機化合物中のオレフィン部位や活性なプロトンが引き抜かれて生じる炭素ラジカルなどと反応することで分解が起こる．食品添加物は食品よりも先に酸素と反応することによって腐敗を防ぐもので酸化防止剤ともよばれている．

$$\underset{H}{\overset{R}{C}}=\underset{H}{\overset{H}{C}} + \cdot O-O\cdot \longrightarrow \underset{H}{\overset{R}{C}}-CH_2-O-O\cdot \quad (11\cdot 1)$$

$$R-\underset{NH_2}{\overset{H}{C}}-COOH \longrightarrow R-\underset{NH_2}{\overset{\cdot}{C}}-COOH \xrightarrow{\cdot O-O\cdot} R-\underset{NH_2}{\overset{O-O\cdot}{C}}-COOH \quad (11\cdot 2)$$

(構造式: 2,6-ジ-tert-ブチル-4-メチルフェノール) 酸化防止剤

11・1 ラジカルの発生法——結合のホモリティック開裂

有機反応はイオン反応とラジカル反応に大別される．イオン反応においては，共有結合はヘテロリティックに開裂(ヘテロリシス，不均一開裂)し，アニオンとカチオンに分離する．これに対しラジカル反応では共有結合がホモリティックな開裂(ホモリシス，均一開裂)を起こし，ラジカル(遊離基)とよばれる不対電子をもった二つの反応活性種を生成する．ヘテロリシスでは，分子A–Bの一方の原子Bが共有電子を二つ取り込みながらアニオンとして原子Aから分離する．他方，原子Aはもともと自分に属していた電子を一つBにとられたことになるのでカチオンとなる．これに対しホモリシスでは，分子A–Bの結合を形成している二つの共有電子を原子Aと原子Bがそれぞれ一つずつもった形で分離する．矢印の先端に注意してほしい．2電子移動を示す矢印の先端が両羽矢印であるのに対して1電子移動を示すホモリシスでは片羽矢印を用いる[式(11・4)]．

$$A-B \xrightarrow{\text{ヘテロリシス}} \underset{\text{カチオン}}{A^+} + \underset{\text{アニオン}}{B^-} \quad (11\cdot 3)$$

$$A-B \xrightarrow{\text{ホモリシス}} \underset{\text{ラジカル}}{A\cdot} + \underset{\text{ラジカル}}{\cdot B} \quad (11\cdot 4)$$

代表的なラジカルの発生法は過酸化物のO–O単結合の熱分解による方法である．共有結合をホモリティック開裂させるにはエネルギーを供給しなければならない．熱を加えるかあるいは光を照射するのが一般的である．

$$(CH_3)_3C-O-O-C(CH_3)_3 \xrightarrow{\text{加熱}} 2(CH_3)_3CO\cdot \quad (11\cdot 5)$$

ジ-tert-ブチルペルオキシド

11・1 ラジカルの発生法——結合のホモリティック開裂

11・3節のメタンの塩素化のところで述べるように塩素のようなハロゲン分子も熱あるいは光照射によって容易に均一開裂を起こし，2個のハロゲン原子を生成する．

$$\text{Cl}\frown\!\frown\!\text{Cl} \xrightarrow{光} 2\,\text{Cl}\cdot \qquad (11\cdot6)$$

結合の強さは結合解離エネルギー（$DH°$）で表される．°は標準状態（25℃，1気圧）であることを示す．1章で述べたように結合生成時にはエネルギーが放出される．たとえば二つの水素原子が結合して水素分子が生成する際には 436 kJ mol^{-1} の熱が発生する．したがってこの結合を切断して水素分子を二つの水素原子にするためには結合生成時に放出されたのと同じ量の熱が必要である．このエネルギーを結合解離エネルギーという．

$$\text{H}\cdot + \cdot\text{H} \longrightarrow \text{H–H} \quad \Delta H°=-436\,\text{kJ mol}^{-1} \qquad (11\cdot7)$$

$$\text{H–H} \longrightarrow \text{H}\cdot + \cdot\text{H} \quad \Delta H°=DH°=436\,\text{kJ mol}^{-1} \qquad (11\cdot8)$$

さまざまな単結合の均一開裂の解離エネルギーを表11・1に示す．この表からわかることは，① もっとも解離エネルギーが小さな化合物は過酸化物 [(PhCOO)$_2$] であり，これが過酸化物がラジカル開始剤として用いられる理由である．② ハロゲン分子 X$_2$ では，ヨウ素分子の結合解離エネルギーが 151 kJ mol^{-1} ともっとも小さく，臭素，塩

表 11・1 25℃における種々の単結合の結合解離エネルギー（$DH°$）

$$\text{A–B} \longrightarrow \text{A}\cdot + \cdot\text{B}$$

結合	$DH°$/kJ mol^{-1}	結合	$DH°$/kJ mol^{-1}
H–H	436	C$_6$H$_5$CH$_2$–H	375
D–D	443	CH$_2$=CHCH$_2$–H	369
F–F	159	CH$_2$=CH–H	465
Cl–Cl	243	C$_6$H$_5$–H	474
Br–Br	193	HC≡C–H	547
I–I	151	HO–H	499
H–F	570	HOO–H	356
H–Cl	432	HO–OH	214
H–Br	366	(CH$_3$)$_3$CO–OC(CH$_3$)$_3$	157
H–I	298	C$_6$H$_5$C(=O)O–OC(=O)C$_6$H$_5$	139
CH$_3$–H	440		
CH$_3$–F	461	CH$_3$CH$_2$O–OCH$_3$	184
CH$_3$–Cl	352	CH$_3$CH$_2$O–H	431
CH$_3$–Br	293		
CH$_3$–I	240	CH$_3$C(=O)–H	364
CH$_3$–OH	387		
CH$_3$–OCH$_3$	348		

素と順に大きくなる．これに対しフッ素分子は，ヨウ素分子と同程度の解離エネルギーの値 159 kJ mol^{-1} を示しその結合は弱い．③ 炭素－ハロゲン原子の C－X 結合については，C－I 結合がもっとも弱く，C－F 結合がもっとも強い．したがってヨウ化アルキルがもっともラジカル反応を起こしやすい．④ 水やエタノールの O－H 結合の解離エネルギーは 499 kJ mol^{-1} ならびに 431 kJ mol^{-1} と C－C 結合や C－H 結合の解離エネルギーの値より大きい．このことから水やエタノールは $H_2O \rightarrow H^+ + OH^-$ や $EtOH \rightarrow H^+ + {}^-OEt$ というイオン開裂は容易に起こすが，$H_2O \rightarrow H \cdot + \cdot OH$ や $EtOH \rightarrow H \cdot + \cdot OEt$ というホモリティック開裂は非常に起こしにくい．⑤ エタン，エチレン，アセチレンの C－H 結合の解離エネルギーを比べると，それぞれ 421 kJ mol^{-1}，465 kJ mol^{-1}，547 kJ mol^{-1}（表 11・2 参照）と，アルケン炭素やアセチレン炭素と水素の結合はアルカンの C－H 結合よりずっと強い．

炭素ラジカルの発生には，弱い結合をもつ炭素－ヘテロ元素の結合をホモリティック開裂する方法が用いられる．もっともよく利用されるのが炭素と 4 種のハロゲン元素との結合の開裂である．それらの結合解離エネルギーは上の③で述べたように C－I 結合がもっとも弱く，ついで C－Br 結合，C－Cl 結合の順で，C－F 結合はもっとも強い．実際，実験室で行われるのは C－I ならびに C－Br 結合の切断によるラジカルの発生である．C－F 結合は安定で，この結合のホモリシスは一般的に難しい．弱い炭素－ヘテロ元素結合は C－X 結合だけではない．16 族元素であるセレンやテルルと炭素の間の結合も弱く，容易にホモリシスを起こす．一方 C－O 結合は強固であり，これをホモリティック開裂させることは難しい．

こうして生成したラジカルは不安定でほかの分子と衝突すると不対電子を解消しようとして直ちに反応を起こす．代表的な反応はプロトンの引き抜きと多重結合への付加反応である．前者の例としてハロゲン原子によるアルカンからの水素の引き抜き反応をあげることができる．ハロゲン原子から不対電子である 1 電子を出し，水素原子からの 1 電子とで共有結合をつくると同時に，アルキルラジカルが生成する．

$$X \cdot \ + \ H:R \longrightarrow X:H \ + \ \cdot R \qquad (11 \cdot 9)$$

一方後者の例として，アルキルラジカルの C＝C 二重結合への付加反応をあげる．R・ の付加によって新しいラジカルが生成する．

$$R \cdot \ + \ \diagup\!\!\!C=C\!\!\!\diagdown \ \longrightarrow \ -\overset{R}{\underset{|}{C}}-\overset{}{\underset{|}{C}}\cdot \qquad (11 \cdot 10)$$

11・2 結合解離エネルギーとラジカルの相対安定性

アルカンのC-H結合やC-C結合の強さは，その結合解離エネルギーの値で示される．結合解離エネルギーとはホモリシスを起こすのに必要な熱量である．たとえば，メタンのC-H結合解離エネルギーとは $CH_4 \rightarrow CH_3\cdot + \cdot H$ の反応を起こすのに必要なエネルギーをいう．種々のアルカン中のC-H，C-C結合の解離エネルギーを表11・2にあげる．この表からメタンのC-H結合の解離エネルギーの値が一番大きく，第一級C-H，第二級C-H，第三級C-H結合の順に結合解離エネルギーが小さくなることがわかる．

表 11・2 種々のアルカンの結合解離エネルギー($DH°$)

結合	$DH°$/kJ mol^{-1}	結合	$DH°$/kJ mol^{-1}
CH_3-H	440	CH_3-CH_3	378
C_2H_5-H	421	$C_2H_5-CH_3$	371
C_3H_7-H	423	$C_2H_5-C_2H_5$	343
$(CH_3)_2CH-H$	413	$(CH_3)_2CH-CH_3$	371
$(CH_3)_3C-H$	400	$(CH_3)_3C-C(CH_3)_3$	301

結合の強さは生成するラジカルの安定性と関係している．すなわちラジカルの安定性は第一級炭素，第二級炭素，第三級炭素の順に増大する(この順序はカルボカチオンの安定性と同じである．9・1節参照)．

$$\begin{array}{ccccccc} & C & & C & & H & & H \\ & | & & | & & | & & | \\ C-&C\cdot & > & C-C\cdot & > & C-C\cdot & > & H-C\cdot \\ & | & & | & & | & & | \\ & C & & H & & H & & H \end{array}$$

ラジカルの安定性の順序は，カルボカチオンの場合と同様に超共役という現象で説明される．メチルラジカルならびにアルキルラジカルは平面的な配置をとっている．たとえばメチルラジカルの構造は三つのC sp^2-H結合をもつsp^{2}混成した炭素原子と，炭素と三つの水素がなす平面に対して垂直なp軌道を占有している1電子からなっている．エチルラジカルはメチルラジカルの水素を一つメチル基で置き換えたものである．このエチルラジカルでは，メチル基の一つのC-H結合が1電子収容した炭素ラジカルのp軌道のローブと平行に並んで重なり合うことができる．この配列においては，C-H結合のσ結合の電子対が部分的に空いているp軌道に流れ込み非局在化する．これを超共役とよぶ．エチルラジカルの炭素上の水素をさらにメチル基で置き換

えたイソプロピルラジカルでは超共役による相互作用が増す．メチルラジカルの水素三つをすべてメチル基で置き換えた第三級ブチルラジカルではさらに超共役による相互作用が増す．メチル，エチル，第二級アルキル，第三級アルキルの順にラジカルの安定性が増すのは超共役の数が増加するためである．

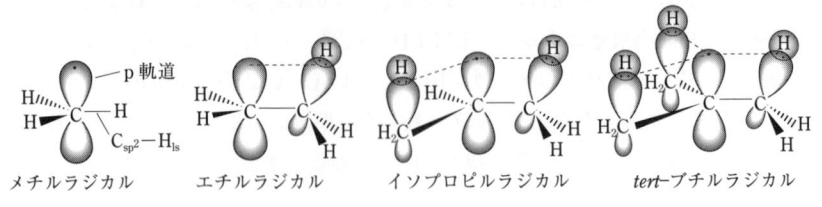

図 11・1 アルキルラジカルの構造(超共役)

このように生成するラジカルの安定性が異なるために，これらのラジカルをつくり出すのに必要なエネルギーは，第一級アルキル，第二級アルキル，第三級アルキルの順に減少する．すなわちホモリティック開裂のしやすさは第一級 C-H，第二級 C-H，第三級 C-H の順に容易となり，メチルラジカルを得るのにもっとも大きなエネルギーが必要となる．

例題 11・1

問題 次にあげるラジカルを安定性が小さくなる順にならべよ．

$$CH_3\cdot \quad CH_3CH_2\underset{H}{\overset{CH_3}{C}}\cdot \quad CH_3\underset{CH_3}{\overset{CH_3}{C}}\cdot \quad \underset{CH_3}{\overset{CH_3}{CH}}CH_2\cdot$$

解答

$$CH_3\underset{CH_3}{\overset{CH_3}{C}}\cdot \;>\; CH_3CH_2\underset{H}{\overset{CH_3}{C}}\cdot \;>\; \underset{CH_3}{\overset{CH_3}{CH}}CH_2\cdot \;>\; CH_3\cdot$$

例題 11・2

問題 エタンの C-H 結合と 2,2-ジメチルプロパンの C-C 結合ではどちらの結合が先に切れるか．

解答 2,2-ジメチルプロパン(生成するラジカルの安定性を考えよ)．

11・3 アルカンとハロゲン分子の反応——ハロアルカンの生成

メタンに塩素を作用させるとメタンの水素原子が塩素原子によって順次置換されたクロロメタン，ジクロロメタン，トリクロロメタン，テトラクロロメタンの混合物が生成する．

$$CH_4 + n\,Cl_2 \longrightarrow CH_3Cl + CH_2Cl_2 + CHCl_3 + CCl_4 \quad (11・11)$$

モノクロロ化の反応は次のように進行する．塩素分子の Cl−Cl 結合は弱く ($243\,kJ\,mol^{-1}$)，加熱や光の照射によって容易にホモリティックに開裂し，塩素原子を放出する(ラジカル開始反応)．こうして生成した反応性の高い塩素ラジカルはメタンから水素原子を引き抜き H−Cl となる．一方メタンはメチルラジカルに変換される(成長反応1)．次にメチルラジカルは塩素分子から塩素原子を引き抜きクロロメタンとなり，塩素ラジカルを放出する(成長反応2)．成長反応1で消費された塩素ラジカルが成長反応2で再生される．つまりこの二つの成長反応は連鎖を形成し，すべてのメタン分子はクロロメタンに変換される(ラジカル成長反応あるいはラジカル連鎖反応)．反応の停止はラジカル種同士の結合によって起こる．この反応では塩素ラジカルとメチルラジカルの2種類のラジカルが関与するので三つの停止反応が考えられる．このうち塩素ラジカル同士の結合によって塩素分子が生成する反応は，停止反応とはならない．逆反応すなわち開始反応である解離反応のほうが有利なためである．したがって実際の停止反応は残りの二つの反応ということになる．

ラジカル開始反応　　　　$Cl-Cl \xrightarrow[\text{または光照射}]{\text{加熱}} 2\,Cl\cdot$ 　　　　　　(11・12)

ラジカル成長反応 $\begin{cases} CH_4 + \cdot Cl \longrightarrow H-Cl + CH_3\cdot \text{(成長反応1)} & (11・13) \\ CH_3\cdot + Cl_2 \longrightarrow CH_3-Cl + Cl\cdot \text{(成長反応2)} & (11・14) \end{cases}$

ラジカル停止反応 $\begin{cases} CH_3\cdot + \cdot Cl \longrightarrow CH_3-Cl & (11・15) \\ CH_3\cdot + \cdot CH_3 \longrightarrow CH_3-CH_3 & (11・16) \\ Cl\cdot + \cdot Cl \longrightarrow Cl_2 & (11・17) \end{cases}$

ここでメタンと塩素ガスが反応してクロロメタンと塩化水素が生成する全体の反応のエンタルピー変化 $\Delta H°$ を考えてみる．この反応ではメタンの C−H 結合 ($DH°=440\,kJ\,mol^{-1}$) と Cl−Cl 結合 ($DH°=243\,kJ\,mol^{-1}$) が切断され，クロロメタンの C−Cl 結合 ($DH°=352\,kJ\,mol^{-1}$) と H−Cl 結合 ($DH°=432\,kJ\,mol^{-1}$) が生成する．したがっ

て反応におけるエンタルピー変化は-101 kJ mol^{-1}となり，より強い結合が生成し
101 kJ mol^{-1}のエネルギーが放出される．つまり発熱を伴う反応である．

$$\begin{array}{ccccccc}
\text{CH}_3\text{-H} & + & \text{Cl-Cl} & \longrightarrow & \text{CH}_3\text{-Cl} & + & \text{H-Cl} \\
440 \text{ kJ mol}^{-1} & & 243 \text{ kJ mol}^{-1} & & 352 \text{ kJ mol}^{-1} & & 432 \text{ kJ mol}^{-1}
\end{array} \quad (11\cdot 18)$$

$$\Delta H° = (440+243)-(352+432) = -101 \text{ kJ mol}^{-1}$$

例題 11・3

問題 フッ素，塩素，臭素はメタンと反応して対応するハロメタンを与える．これに対してメタンのヨウ素化は起こらない．このことを説明するために CH$_4$ + I$_2$ → CH$_3$-I + HI のエンタルピー変化を計算せよ．

解答 $\Delta H° = (440+151)-(240+298) = 53$ kJ mol^{-1}
吸熱反応のため反応が起こらない．

なお，メタンに対して過剰量の塩素が存在する場合には，塩素化反応がさらに進行してジクロロメタンが生成する．CH$_3$Cl は塩素ラジカルの攻撃に対してメタンよりも反応しやすい．CH$_2$Cl・のほうが CH$_3$・よりも安定なためである．ジクロロメタンの生成は，塩素ラジカルのクロロメタンの水素引き抜き反応とこれに続くクロロメチルラジカルの塩素分子との反応によって生成する．塩素が十分に存在する場合，最終的にはトリクロロメタンを経てテトラクロロメタンが生成する．

$$\begin{array}{ccccccc}
\text{Cl·} & + & \text{H-CH}_2\text{Cl} & \longrightarrow & \text{Cl-H} & + & \text{·CH}_2\text{Cl} \\
\end{array} \quad (11\cdot 19)$$

$$\begin{array}{ccccccc}
\text{ClCH}_2\text{·} & + & \text{Cl-Cl} & \longrightarrow & \text{ClCH}_2\text{-Cl} & + & \text{·Cl} \\
\end{array} \quad (11\cdot 20)$$

次に塩素によるプロパンのモノクロロ化反応について考えてみよう．プロパンでは塩素によって置換され得る水素が八つある．これら8個の水素は6個の第一級水素と2個の第二級水素の2種類に分けることができる．したがって塩素化によって1-クロロプロパンと2-クロロプロパンの二つの異性体が生成する可能性がある．ここで，この2種類の水素が塩素ラジカルに対して同じ反応性を示すとすると，1-クロロプロパンが2-クロロプロパンの3倍生成することが予想される．なぜなら第一級水素が第二級水素の3倍存在するためである．ところが第二級 C-H 結合は第一級 C-H 結合よりも弱く（表11・2より結合解離エネルギーの値は第二級 C-H では 413 kJ mol^{-1}で第一級 C-H では 423 kJ mol^{-1}），そのために第二級 C-H 結合のほうが塩素ラジカルによる引き抜き反応を受けやすい．すなわち結合解離エネルギーの値からは2-クロロプロパンのほうが1-クロロプロパンよりも生成しやすいことになる．実際，25℃における実験では，1-クロロプロパンと2-クロロプロパンの生成比は 43：57

という結果が得られる．統計的な要因を除外するために，この生成比をそれぞれの水素の数6個と2個で割った比[43/6 : 57/2≒1 : 4]が第一級水素と第二級水素の相対的反応性の比ということになる．すなわち第一級水素に比べて第二級水素は4倍速く反応する．

$$CH_3CH_2CH_3 + Cl_2 \longrightarrow \underset{\text{1-クロロプロパン}}{CH_3CH_2CH_2Cl} + \underset{\text{2-クロロプロパン}}{CH_3\overset{Cl}{\underset{|}{C}}HCH_3} + HCl \quad (11\cdot21)$$

さらに第一級水素を9個，第二級水素を1個もつ2-メチルプロパンと塩素の反応について考えてみよう．この反応では1-クロロ-2-メチルプロパンと2-クロロ-2-メチルプロパンが63 : 37の比で生成する．統計的な要因を考慮すると，第三級水素は第一級水素に比べておよそ5倍(63/9 : 37/1≒1 : 5)速く反応するということになる．第三級C−Hの結合解離エネルギーは400 kJ mol^{-1} であり，第二級C−H結合よりも弱い．プロパンならびに2-メチルプロパンの塩素化の結果を合わせると塩素化に対するC−H結合の相対的反応性の比は

第三級 : 第二級 : 第一級 = 5 : 4 : 1

となり結合の強さを反映していることがよくわかる．

$$\underset{}{CH_3\overset{CH_3}{\underset{|}{C}}HCH_3} + Cl_2 \longrightarrow \underset{\substack{\text{1-クロロ-2-メチル}\\\text{プロパン}}}{CH_3\overset{CH_3}{\underset{|}{C}}HCH_2Cl} + \underset{\substack{\text{2-クロロ-2-}\\\text{メチルプロパン}}}{CH_3\overset{CH_3}{\underset{|}{\underset{\underset{Cl}{|}}{C}}}CH_3} + HCl \quad (11\cdot22)$$

例題 11・4

問題 メチルラジカル (·CH$_3$) よりもクロロメチルラジカル (·CH$_2$Cl) のほうが安定である理由を述べよ．

解答 塩素原子上には3対の非共有電子対があり，この電子がラジカル炭素のp軌道に流れ込み非局在化するためである．

例題 11・5

問題 ブタンのモノクロロ化反応の生成物をすべて示せ．またそれらの生成物の生成比も合わせて示せ．

解答 生成物は **A** と **B** の2種類．

$$\underset{\mathbf{A}}{CH_3CH_2CH_2CH_2Cl} \quad \text{と} \quad \underset{\mathbf{B}}{CH_3\overset{Cl}{\underset{|}{C}}HCH_2CH_3}$$

Aを与えるメチル水素は6個. 一方, Bを与えるメチレン水素は4個存在する. これに第一級水素と第二級水素の反応速度の比1：4を考慮に入れるとAとBの生成比は6×1：4×4＝6：16＝3：8となる.

例題 11・6

問題 2-メチルブタンの塩素化の生成物とその生成比を示せ.

解答

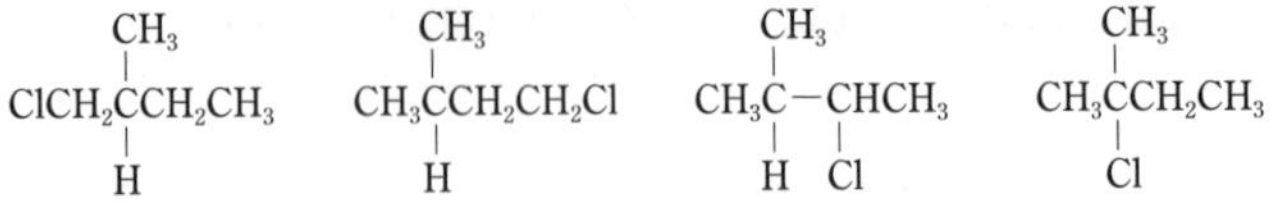

$$\underset{27}{\underset{H}{\overset{CH_3}{ClCH_2\overset{|}{\underset{|}{C}}CH_2CH_3}}} \quad \underset{14}{\underset{H}{\overset{CH_3}{CH_3\overset{|}{\underset{|}{C}}CH_2CH_2Cl}}} \quad \underset{36}{\underset{Cl}{\overset{CH_3}{CH_3\overset{|}{\underset{|}{C}}-CHCH_3}}} \quad \underset{23}{\underset{Cl}{\overset{CH_3}{CH_3\overset{|}{\underset{|}{C}}CH_2CH_3}}}$$

例題 11・7

問題 アルカンの塩素化においてモノクロロ化だけでなく，ジクロロ化やトリクロロ化のようなポリハロゲン化が起こる．高い選択性で1種類のモノクロロ化体だけを得るにはどのようなアルカンを選び，そのような反応条件を用いればよいか．

解答 水素が1種類しかないシクロアルカンを用い，しかもシクロアルカンを塩素に対して大過剰用いればよい.

2-メチルプロパンのモノブロモ化反応はモノクロロ化よりもずっと高選択的に進行し，第三級臭素化物だけをほぼ選択的に与える．臭素による水素引き抜き反応は大きなエネルギー障壁があり，塩素との反応に比べるとずっと反応性が低い．水素引き抜きの反応はC−H結合の切断とH−Br結合の生成がかなり進んだ遅い段階での遷移状態を経て進行する．したがって遷移状態における構造とエネルギーは対応するラジカル生成物の構造とエネルギーに似ている．そのため臭素ラジカルと第一級水素ならびに第三級水素との反応の活性化障壁は，生成する第一級ラジカルと第三級ラジカルの間の安定性の差とほぼ同じくらい大きく異なる(図11・2)．そしてその差は大きな選択性の差となって現れる(1700：1)．

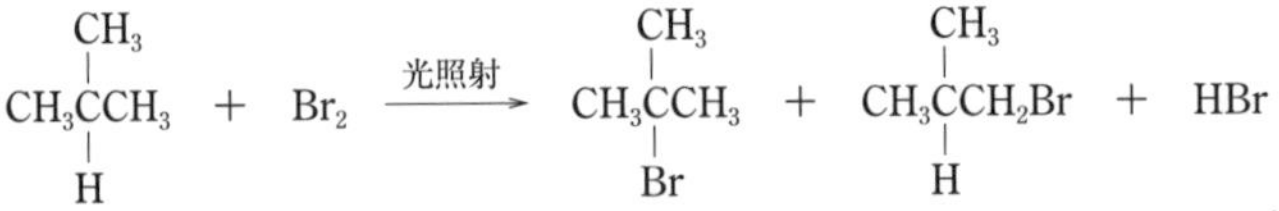

$$\underset{H}{\overset{CH_3}{CH_3\overset{|}{\underset{|}{C}}CH_3}} + Br_2 \xrightarrow{光照射} \underset{Br}{\overset{CH_3}{CH_3\overset{|}{\underset{|}{C}}CH_3}} + \underset{H}{\overset{CH_3}{CH_3\overset{|}{\underset{|}{C}}CH_2Br}} + HBr$$

$$>99\% \qquad <1\% \qquad (11 \cdot 23)$$

ラジカル反応によるモノハロゲン化反応では水素引き抜き反応の反応性が大きくなるにつれ，選択性は減少する．反応性の高いフッ素や塩素ラジカルは反応性の低い臭素ラジカルに比べると第一級，第二級あるいは第三級C−H結合を区別せず反応するので選択性が低い．塩素と第三級，第二級，第一級C−H結合の反応性の比は先に述

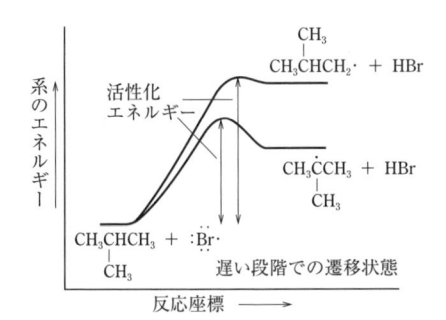

(a) 臭素ラジカルによる 2-メチルプロパンからの，第一級水素あるいは第三級水素の引き抜きのポテンシャルエネルギー図．二つの遅い段階での遷移状態に対する活性化エネルギーの値の差は，生成する第一級ラジカルあるいは第三級ラジカルのエネルギー差を反映して大きい．そのため生成物の選択性が増大する．

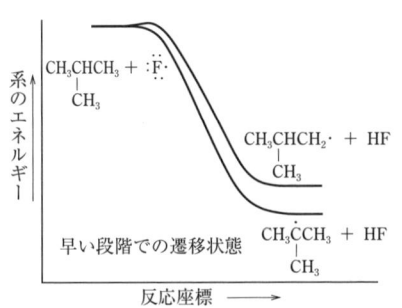

(b) フッ素ラジカルによる 2-メチルプロパンからの，第一級水素あるいは第三級水素の引き抜きのポテンシャルエネルギー図．それぞれの反応はいずれも早い段階に遷移状態をもち，それら二つの遷移状態のエネルギーは，ほとんど同じで出発物質のエネルギーよりもほんの少し高いだけである（両方の活性化エネルギーの値はゼロに近い）．そのため反応の選択性はほとんどない．

図 11・2　水素引き抜きのポテンシャルエネルギー図

べたように 5：4：1 であるのに対し，フッ素は塩素より反応性が高く，相対的反応性の比は 1.4：1.2：1.0 とほとんど選択性を示さない．これに対して水素引き抜き反応の反応性の低い臭素では 1700：80：1 である．

11・4　ハロアルカンのスズヒドリドによる還元

実験室でよく用いられるラジカル反応にハロアルカンのスズヒドリドによるアルカンへの還元反応がある．ラジカル開始剤アゾビスイソブチロニトリル $[(CH_3)_2C(CN)N=NC(CN)(CH_3)_2$, azobisisobutyronitrile：AIBN$]$ の存在下にトリブチルスズヒドリド(n-Bu$_3$SnH)をハロアルカン(R–X)に作用させるとハロアルカンはアルカン(R–H)に変換される．反応は次のように進行する．n-Bu$_3$SnH を高温に加熱(200 ℃)すると Sn–H 結合がホモリティック開裂してトリブチルスズラジカルが発生する．ここで AIBN を共存させておくと，この化合物は 100 ℃ 程度の低温で熱分解し窒素を放出しながら炭素ラジカル $[(CH_3)_2\dot{C}CN]$ を与える．そしてこのラジカルが n-Bu$_3$SnH から水素を引き抜いてスズラジカルを発生させる．そこで AIBN をラジカル開始剤とよぶ．ラジカル開始剤を用いるとより穏和な条件下でラジカル反応を開始させることができる．

ラジカル開始反応
$$\begin{cases} (CH_3)_2C(CN)N=NC(CN)(CH_3)_2 \xrightarrow{加熱} 2(CH_3)_2\dot{C}(CN) + N_2 & (11\cdot24) \\ (CH_3)_2\dot{C}(CN) + n\text{-Bu}_3\text{SnH} \longrightarrow n\text{-Bu}_3\text{Sn}\cdot + (CH_3)_2CH(CN) & (11\cdot25) \end{cases}$$

ラジカル成長反応
$$\begin{cases} R\text{−}X + n\text{-Bu}_3\text{Sn}\cdot \longrightarrow R\cdot + n\text{-Bu}_3\text{SnX} \quad (成長反応1) & (11\cdot26) \\ R\cdot + n\text{-Bu}_3\text{SnH} \longrightarrow R\text{−}H + n\text{-Bu}_3\text{Sn}\cdot \quad (成長反応2) & (11\cdot27) \end{cases}$$

ラジカル停止反応
$$\begin{cases} n\text{-Bu}_3\text{Sn}\cdot + n\text{-Bu}_3\text{Sn}\cdot \longrightarrow n\text{-Bu}_3\text{Sn−Sn-}n\text{-Bu}_3 & (11\cdot28) \\ R\cdot + \cdot R \longrightarrow R\text{−}R & (11\cdot29) \\ n\text{-Bu}_3\text{Sn}\cdot + \cdot R \longrightarrow n\text{-Bu}_3\text{Sn−R} & (11\cdot30) \end{cases}$$

こうしてスズラジカルが発生すると，このものはハロゲン化アルキルのハロゲン原子を攻撃し，アルキルラジカルを与える(成長反応1)．アルキルラジカルはスズヒドリドの水素を引き抜き，アルカンとなると同時にスズラジカルを再生する(成長反応2)．この二つの成長反応が連続して起こることでハロアルカンのアルカンへの還元反応が完結する．なお停止反応については $R\cdot$ や $n\text{-Bu}_3\text{SnH}\cdot$ の濃度が高くなく，これら同士が反応することはあまり起こらないので考慮しなくてよい．

$n\text{-Bu}_3\text{Sn−H}$ の解離エネルギーは $310\,\text{kJ mol}^{-1}$ と小さく，この結合は弱い．対応するシリルヒドリドやゲルミルヒドリドでは Si−H や Ge−H の結合が強く，ここで述べたハロアルカンの還元には用いることができない．ところが最近トリメチルシリル基が三つ置換したシリルヒドリド $(Me_3Si)_3Si\text{−}H$ が開発され，ハロアルカンの還元に有効であることが報告され実際に利用されている．この化合物の Si−H 結合の解離エネルギーは $310\,\text{kJ mol}^{-1}$ でスズヒドリドのそれと等しい．

炭素ラジカルは容易にアルケンと反応する．後述するエチレンの重合反応がその代表例である．有機合成上重要な反応は分子内アルケンに対するラジカル環化反応である．6-ブロモ-1-ヘキセンと $n\text{-Bu}_3\text{SnH}$ の反応を例にとって説明する．この反応の機構は式 $(11\cdot31)\sim(11\cdot33)$ のとおりである．

$$\diagup\!\!\!\diagdown\!\!\!\diagup\!\!\!\diagdown\text{Br} + n\text{-Bu}_3\text{Sn}\cdot \longrightarrow \diagup\!\!\!\diagdown\!\!\!\diagup\!\!\!\diagdown\cdot + n\text{-Bu}_3\text{Sn−Br} \quad (11\cdot31)$$
5-ヘキセニルラジカル

$$\diagup\!\!\!\diagdown\!\!\!\diagup\!\!\!\diagdown\cdot \xrightarrow{分子内環化} \bigcirc\!\!-\!\!\cdot \quad シクロペンチルメチルラジカル \quad (11\cdot32)$$

$$\bigcirc\!\!-\!\!\cdot + n\text{-Bu}_3\text{SnH} \longrightarrow \bigcirc\!\!-\!\!H + n\text{-Bu}_3\text{Sn}\cdot \quad (11\cdot33)$$

まずトリブチルスズラジカルが臭素を引き抜いて 5-ヘキセニルラジカルが生成すると同時に強い Sn−Br 結合($\Delta DH° = 352$ kJ mol^{-1})が生成する．このラジカルは分子内の二重結合を攻撃し，シクロペンチルメチルラジカルを与える．最後にこの五員環炭素ラジカルがスズヒドリドから水素を引き抜き，メチルシクロペンタンを生成するとともにスズラジカルを再生する．こうしてラジカル連鎖反応が継続する．アルケンの弱い π 結合が消失し，より強い σ 結合が生成するため，反応は発熱的に進行する．

ところで上で述べた 6-ブロモ-1-ヘキセンのラジカル環化反応では五員環生成以外に六員環の生成も可能である．すなわち 5-ヘキセニルラジカルにおいてこの炭素ラジカルがアルケンの末端炭素を攻撃するとシクロヘキシルラジカルを与える．それではなぜこの反応が起こらないのだろうか．図 11・3 に反応のギブズエネルギー図を示す．シクロペンチルメチルラジカルは第一級炭素ラジカルで，これに対しシクロヘキシルラジカルは第二級炭素ラジカルである．したがって熱力学的にはシクロヘキシルラジカルのほうが安定である．ところが六員環はほとんど生成しない．これは，反応が速度論支配で進行するためである．すなわち五員環を与える遷移状態に至る活性化エネルギー $\Delta G_{五員環}$ が六員環を与える遷移状態に至る活性化エネルギー $\Delta G_{六員環}$ よりも小さいため五員環を生成する環化がより速く進行する(図 11・3)．

$$ \longrightarrow \text{シクロヘキシルラジカル} \qquad (11 \cdot 34)$$

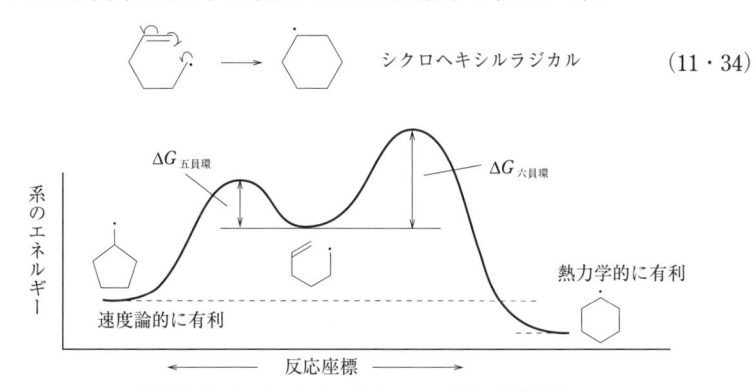

図 11・3　6-ブロモ-1-ヘキセンのラジカル環化反応

例題 11・8

問題　ラジカル開始剤 AIBN 共存下に末端アセチレン(RC≡CH)と Ph$_3$SnH を反応させるとアルケニルスタンナンが生成する．この反応機構を示せ．

解答

ラジカル開始反応
$$(CH_3)_2C(CN)N=NC(CN)(CH_3)_2 \longrightarrow 2(CH_3)_2\dot{C}CN + N_2$$
$$Ph_3SnH + (CH_3)_2\dot{C}CN \longrightarrow Ph_3Sn\cdot + (CH_3)_2CHCN$$

ラジカル成長反応

$$Ph_3Sn\cdot + RC\equiv CH$$

$$\longrightarrow R{\sim}\underset{}{\overset{}{C}}=C{\overset{H}{\underset{SnPh_3}{\diagdown}}} \rightleftharpoons R{\overset{\cdot}{\diagdown}}C=C{\overset{H}{\underset{SnPh_3}{\diagdown}}}$$

$$R{\sim}\underset{}{\overset{}{\dot{C}}}=C{\overset{H}{\underset{SnPh_3}{\diagdown}}} + Ph_3SnH$$

$$\longrightarrow R{\overset{H}{\diagdown}}\underset{H}{C}=C{\overset{H}{\underset{SnPh_3}{\diagdown}}} + Ph_3Sn\cdot$$

11・5 シクロヘキサンの光ニトロソ化反応——東レ法

次に工業的に行われているラジカル反応をいくつか取りあげる．まず最初に合成繊維のナイロンの合成について述べる．ナイロン66は米国デュポン社によって1938年に発明された．アジピン酸とヘキサメチレンジアミンの縮重合で得られるポリアミドである．これに対し日本でε-カプロラクタムを開環重合させてポリアミドをつくる方法が開発された．前者はアジピン酸とヘキサメチレンジアミンという炭素数6をもつ二つの化合物から合成されているためナイロン66とよばれる．一方後者のポリアミドは炭素数6のε-カプロラクタム1種類の化合物から合成されているため6という数字を一つだけ用いてナイロン6とよぶ．

$$HOC(CH_2)_4COH + H_2N(CH_2)_6NH_2 \xrightarrow{縮重合} -\overset{O}{\overset{\|}{C}}(CH_2)_4\overset{O}{\overset{\|}{C}}-\overset{H}{\overset{|}{N}}(CH_2)_6\overset{H}{\overset{|}{N}}-\overset{O}{\overset{\|}{C}}- \quad (11 \cdot 35)$$

アジピン酸　　ヘキサメチレンジアミン　　　　　　　　　　ナイロン66

$$\underset{\text{ε-カプロラクタム}}{\overset{O}{\underset{NH}{\diagdown}}} \xrightarrow{開環重合} -(CH_2)_5\overset{O}{\overset{\|}{C}}-\overset{H}{\overset{|}{N}}(CH_2)_5\overset{O}{\overset{\|}{C}}- \quad (11 \cdot 36)$$

ナイロン6

ε-カプロラクタムはシクロヘキサノンオキシムのベックマン(Beckmann)転位によって得られる(15・1・4項参照)．このシクロヘキサノンオキシムがシクロヘキサンの光ニトロソ化反応によって製造されている．塩化ニトロシル(O=N-Cl)に光照射するとニトロシルラジカル(O=N·)と塩素ラジカル(Cl·)にホモリティック開裂する(ラジカル開始反応)．次に塩素ラジカルはシクロヘキサンの水素を引き抜きHClとなると同時にシクロヘキシルラジカルを与える(成長反応1)．シクロヘキシルラジ

カルは塩化ニトロシルと反応してニトロソシクロヘキサンとなる一方，塩素ラジカルを再生する（成長反応2）．こうして生成したニトロソシクロヘキサンは互変異性化を起こしてシクロヘキサノンオキシムとなる．

ラジカル開始反応　　$O=N-Cl \xrightarrow{光照射} O=N\cdot + \cdot Cl$ (11・37)

ラジカル成長反応
- $Cl\cdot + \bigcirc \longrightarrow H-Cl + \bigcirc\cdot$ （成長反応1） (11・38)
- $\bigcirc\cdot + O=N-Cl \longrightarrow \bigcirc^{N=O} + \cdot Cl$ （成長反応2） (11・39)

$\bigcirc^{H,N=O} \xrightarrow{互変異性化} \bigcirc^{N-OH}$ (11・40)

11・6　アルカンの熱分解（ナフサのクラッキング）

アルカンを500～1000℃の高温に加熱すると熱分解とよばれる反応が起こる．C—C結合ならびにC—H結合が切れる．こうした高温ではこれらの結合を切るのに十分なエネルギーが供給されるためである．エタンの場合には

$$CH_3\frown CH_3 \longrightarrow CH_3\cdot + \cdot CH_3 \qquad (11・41)$$

$$CH_3CH_2\frown H \longrightarrow CH_3CH_2\cdot + \cdot H \qquad (11・42)$$

といった反応が起こる．こうして生成したメチルラジカルやエチルラジカルは普通の分子に比べて異常に高い反応性をもっており，さまざまな反応を起こす．酸素がない条件では生じたラジカルは互いに結合し，元のアルカンよりも分子量の大きいアルカンあるいは分子量のより小さいアルカンとなる．例としてペンタンの熱分解を示す．

$$CH_3CH_2CH_2CH_2CH_3 \begin{cases} CH_3\cdot + \cdot CH_2CH_2CH_3 \\ CH_3CH_2\cdot + \cdot CH_2CH_3 \end{cases} \qquad (11・43)$$

$$CH_3\cdot + \cdot CH_2CH_3 \longrightarrow CH_3-CH_2CH_3 \quad \text{元のアルカンより小さい} \qquad (11・44)$$

$$CH_3CH_2CH_2\cdot + \cdot CH_2CH_2CH_3 \longrightarrow CH_3CH_2CH_2-CH_2CH_2CH_3 \qquad (11・45)$$
$$\text{元のアルカンより大きい}$$

コラム

オゾン層の破壊とクロロフルオロカーボン

成層圏(地上 15～50 km)では，太陽からの強烈な紫外線によって酸素はオゾンに変換される．まず酸素がホモリティックに開裂して二つの酸素原子となる．このものが酸素と結合することによって特徴的な臭いをもつ青味を帯びた気体であるオゾンが生成する．このオゾンは紫外線を吸収し，地上に達する紫外線のうち 200～300 nm の人体に悪影響を及ぼす部分をカットしてくれている．すなわち成層圏では O_3 と O_2 の間に平衡が成り立っている．

$$O_2 + h\nu(紫外線) \longrightarrow O + O$$
$$O + O_2 \longrightarrow O_3(オゾン)$$
$$O_3 + h\nu(紫外線) \longrightarrow O_2 + O$$

トリクロロフルオロメタン($CFCl_3$, フロン 11)やジクロロジフルオロメタン(CF_2Cl_2, フロン 12)のようなクロロフルオロカーボン(CFC)は，気化する際に多量の熱を吸収するので冷媒として冷蔵庫や自動車のエアコンに広く使われていた．これらの化合物は非常に安定で大気中に放出されると，対流圏(地上から 15 km まで)を超え成層圏にまで達する．成層圏では強烈な紫外線の照射を受け一番解離エネルギーの小さな C－Cl 結合がホモリティックに切断される．こうして発生した塩素ラジカルは次に成層圏に存在するオゾンと反応する．二つの成長反応において，一つめの成長反応で消費された塩素ラジカルが二つめの反応で再生される．二つの反応を足し合わせるとオゾン分子とオゾンの生産に必要な酸素原子が普通の酸素 2 分子に変換されたことになる．この連鎖反応によって実際に大量のオゾンが分解され，成層圏でのオゾンの減少が衛星観測によって明らかにされている．とくに南極大陸上空ではオゾン層の破壊が激しく，オゾンホールが観測されている．

$$\text{ラジカル開始反応} \quad CF_3-Cl \xrightarrow{紫外線} CF_3\cdot + \cdot Cl$$
$$\text{ラジカル成長反応} \begin{cases} Cl\cdot + O_3 \longrightarrow ClO\cdot + \cdot O_2 & (成長反応1) \\ ClO\cdot + O \longrightarrow O_2 + \cdot Cl & (成長反応2) \end{cases}$$
$$\overline{O_3 + O \longrightarrow 2\,O_2}$$

オゾン層が減少すると，人体の組織を破壊する高いエネルギーをもった紫外線が大量に地上に降り注ぐことになる．皮膚がんにかかる人の数が著しく増加することが危惧されている．このような背景から 1995 年 12 月 31 日を最終期限として CFC 類の生産が禁止された．現在 CFC 類に代わる安全な化合物の開発が進められている．

炭素ラジカルは，隣接する炭素上の水素をラジカルとして放出することによってアルケンを生成することもできる．

$$HC\overset{H}{\underset{H}{\diagdown}}CH \longrightarrow CH_2=CH_2 + \cdot H \quad (11\cdot46)$$

$$CH_3CH_2-H + \cdot H \longrightarrow CH_3CH_2\cdot + H-H \quad (11\cdot47)$$

この2式を足し合わせると

$$CH_3CH_3 \longrightarrow CH_2=CH_2 + H_2 \quad (11\cdot48)$$

となるが，これはエタンの脱水素反応である．エチレンを還元してエタンにする水素化反応の逆反応である．500℃を超す高温においては炭化水素の安定性はアセチレン，エチレン，エタンの順でアルキンがもっとも安定である．常温(25℃)ではアセチレンやエチレンのほうが反応性が高く，エタンは不活性であることを考えると意外な順序である．

　実際，アルカンを熱分解すると種々のアルカンとアルケン，アルキンの非常に複雑な混合物が生成する．しかし条件をうまく選ぶと，ある決まった長さの炭素鎖をもつ炭化水素だけを選択的に得ることができる．ゼオライトとよばれる結晶性のアルミノケイ酸のナトリウム塩のような特殊な触媒を用いて原油から得たナフサの熱分解を行うと，炭素数が3～6の炭化水素が主成分である混合物が生成する．

11・7　エチレンのラジカル重合

　ラジカル開始剤である過酸化物の熱分解で生成するアルコキシラジカルをエチレンに作用させると，重合反応が起こる．ラジカルによって起こる重合反応なのでラジカル重合とよばれる．アルコキシラジカルがエチレンに付加することで新たな炭素ラジカルが生成する．このものが順次，次のエチレン分子に連続的に付加する．先に述べたメタンの塩素化におけるラジカル成長反応1と成長反応2というサイクルではなく，炭素数が二つずつ増えた同族体の新しいラジカルが生成するところが両者の反応の相違点である．炭素鎖がどんどんつながっていくため長分子ができる．買物袋としておなじみのポリエチレンの袋はこのラジカル重合法によってつくられている．その生成過程は下に示すとおりである．

$$\text{ラジカル開始反応} \quad ROOR \xrightarrow{\text{加熱}} RO\cdot + \cdot OR \quad (11\cdot49)$$

ラジカル
成長反応 $\begin{cases} RO\cdot \ + \ CH_2=CH_2 \ \longrightarrow \ ROCH_2CH_2\cdot & (11\cdot 50) \\ ROCH_2CH_2\cdot \ + \ n\ CH_2=CH_2 \ \longrightarrow \ RO(CH_2CH_2)_nCH_2CH_2\cdot & (11\cdot 51) \end{cases}$

ラジカル
停止反応　　$2\,RO(CH_2CH_2)_nCH_2CH_2\cdot \ \longrightarrow \ RO(CH_2CH_2)_{2n+2}OR$　　$(11\cdot 52)$

このように説明するとポリエチレンは枝分かれのないきれいな直鎖状のポリマー(重合体)のように思われるだろう．ところが実際はたくさんの分岐をもったものができあがる．その過程は次のようなものである．炭素ラジカルはアルケンの炭素を攻撃するだけでなく，アルカン炭素から水素を引き抜くこともできる．たとえば炭素ラジカル **A** がすでにできあがったポリマー **B** のメチレン鎖の一つの水素を攻撃してこれを引き抜くとポリマー **B** の炭素鎖の途中に炭素ラジカルが新たに生成する．するとこの炭素ラジカルはエチレン分子に付加することができ，ここに枝ができることになる．このようにラジカル重合によるポリマーには，多くの分岐が含まれるのが一般的である．

$$\begin{array}{c}
RO(CH_2CH_2)_nCH_2\overset{H}{CH}(CH_2CH_2)_mOR \ + \ \cdot CH_2CH_2(CH_2CH_2)_lOR \\
\mathbf{B} \hspace{4cm} \mathbf{A} \\
\longrightarrow \ RO(CH_2CH_2)_nCH_2\dot{C}H(CH_2CH_2)_mOR \ + \ CH_3CH_2(CH_2CH_2)_lOR \\
\xrightarrow{CH_2=CH_2} \xrightarrow{p\,CH_2=CH_2} RO(CH_2CH_2)_nCH_2\underset{\underset{(CH_2CH_2)_pCH_2CH_2\cdot}{|}}{CH}(CH_2CH_2)_mOR
\end{array}$$
$(11\cdot 53)$

枝分かれをもったポリエチレン

例題 11・9

問題　塩化ビニルのラジカル重合によるポリ塩化ビニルの生成機構を示せ．

解答

$RO-OR \xrightarrow{加熱} 2RO\cdot$

$RO\cdot \ + \ CH_2=CHCl \ \longrightarrow \ ROCH_2\dot{C}HCl \ \xrightarrow{CH_2=CHCl} \ RO\underset{Cl}{\overset{Cl}{CH_2CH CH_2\dot{C}H}}$

11・8 クメンヒドロペルオキシドの合成——フェノール合成

クメン法とよばれているフェノールの工業的製造法は次の3段階からなっている.

1段階目　プロペンによるベンゼンのフリーデル-クラフツ(Friedel-Crafts)アルキル化

$$\text{ベンゼン} + \text{プロペン} \xrightarrow[\text{AlCl}_3]{\text{H}^+} \text{イソプロピルベンゼン(クメン)} \tag{11・54}$$

2段階目　酸素-酸化によるクメンのクメンヒドロペルオキシドへの変換

$$\text{クメン} + \text{O}_2 \longrightarrow \text{クメンヒドロペルオキシド} \tag{11・55}$$

3段階目　クメンヒドロペルオキシドの酸による転位反応

$$\text{クメンヒドロペルオキシド} \xrightarrow{\text{H}^+} \text{C}_6\text{H}_5\text{OH} + \text{CH}_3\text{CCH}_3\text{(=O)} \tag{11・56}$$

この2段階目がラジカル反応である．ラジカル開始剤から生成したラジカル R· がクメンの活性な水素を引き抜き，第三級のベンジルラジカルを与える．このラジカルが酸素と反応してペルオキシラジカルとなる．なお酸素は本章のはじめで述べたようにビラジカルとしての性質をもっており，有機ラジカル種と容易に反応する．ペルオキシラジカルはクメンから水素を引き抜き，クメンヒドロペルオキシドを生成しながら第三級ベンジルラジカルを再生する．これら二つの反応がラジカル連鎖となって繰り返し起こり，クメンはすべてクメンヒドロペルオキシドへと変換される．

$$\text{ラジカル開始反応} \quad \text{C}_6\text{H}_5\text{CH(CH}_3\text{)}_2 + \cdot\text{R} \longrightarrow \text{C}_6\text{H}_5\text{C}\cdot(\text{CH}_3)_2 + \text{R-H} \tag{11・57}$$

ベンジルラジカル

ラジカル成長反応
$$C_6H_5\overset{CH_3}{\underset{CH_3}{C}}\cdot + \cdot\ddot{O}-\ddot{O}\cdot \longrightarrow C_6H_5\overset{CH_3}{\underset{CH_3}{C}}-O-O\cdot \quad (11\cdot58)$$
ペルオキシラジカル

$$C_6H_5\overset{CH_3}{\underset{CH_3}{C}}-O-O\cdot + H-\overset{CH_3}{\underset{CH_3}{C}}-C_6H_5 \longrightarrow C_6H_5\overset{CH_3}{\underset{CH_3}{C}}-OOH + C_6H_5\overset{CH_3}{\underset{CH_3}{C}}\cdot$$
クメンヒドロペルオキシド
$$(11\cdot59)$$

　このフェノール合成法を全体としてみると，ベンゼンとプロペンを空気酸化してベンゼンはフェノールに，一方，プロペンはアセトンへと変換されている．安価な空気を用い，ベンゼンとプロペンの両者を一挙に酸化している．経済的に優れた合成法である．世界で生産されているフェノールの90％以上がこのクメン法でつくられている．クメン法ではフェノールと等モルのアセトンが生成する．現在アセトンも工業的用途が十分にあるため，このプロセスが成立するが，アセトンの需要がなくなれば経済的な損失が大きくなる．フェノールだけをつくりたいのであれば，ベンゼンだけを空気酸化してフェノールに変換すればよいのだが，残念なことにこの変換反応を効率よく行う方法が現在もなお確立されていない．今後に残された大きな課題である．

$$\text{C}_6\text{H}_6 + CH_3CH=CH_2 \xrightarrow{O_2} \text{C}_6\text{H}_5\text{OH} + O=C\overset{CH_3}{\underset{CH_3}{}} \quad (11\cdot60)$$

11・9　アルケンに対する HBr のラジカル付加 ——逆マルコフニコフ付加反応

　9章でアルケンに対するHClやHBrなどのハロゲン化水素の付加について述べた．たとえばプロペンに対してHBrを反応させるとマルコフニコフ付加だけが選択的に進行して2-ブロモプロパンが生成する．付加はイオン反応機構で進む．まずプロトンが末端炭素に付加してより安定な第二級の炭素カチオンを生成する．続いてここに臭化物イオンが付加することで第二級ハロアルカンの2-ブロモプロパンが得られる．

$$CH_3CH=CH_2 \xrightarrow{H^+} CH_3\overset{+}{C}HCH_2-H \xrightarrow{Br^-} CH_3\underset{\underset{Br}{|}}{C}HCH_2-H \quad (11\cdot61)$$

　ところが不思議なことに空気中に長時間放置しておいたプロペンを用いてHBrと

の反応を行うと反応はずっと速く進行し，しかも全く異なる生成物である 1-ブロモプロパンが得られる．この二つの実験結果が，1900 年代のはじめ大きな混乱をまきおこしたことは容易に想像がつく．ある化学者は HBr との反応で 2-ブロモプロパンを得たのに対し，別の化学者は全く同じ反応を行ったにもかかわらず全く異なる 1-ブロモプロパンを得るということが起こったためである．この謎は 1930 年代に Kharasch によって解決された．すなわち逆マルコフニコフ則にのっとった 1-ブロモプロパンの生成が，過酸化物によるラジカル反応機構によるものであるということが明らかにされた．空気中でアルケンを貯蔵しておくと過酸化物が生成する．この過酸化物のホモリティック開裂によってアルコキシラジカルが生成する．つづいてアルコキシラジカルが HBr から水素を引き抜いて臭素ラジカルが生成する(ラジカル開始反応)．こうして生成した臭素ラジカルはアルケンの炭素を攻撃する．この際アルケンの二つの炭素のうちどちらの炭素を攻撃するだろうか．末端炭素を攻撃すると第二級の炭素ラジカルが生成するのに対し，内部オレフィン炭素を攻撃すると第一級の炭素ラジカルが生成する．第一級炭素ラジカルよりも第二級炭素ラジカルのほうが安定なため臭素ラジカルは選択的に末端炭素を攻撃する．最後に生成した第二級炭素ラジカルは HBr から水素を引き抜き，臭素ラジカルを再生する(9・6節参照)．

ラジカル開始反応
$$\begin{cases} \text{ROOR} \xrightarrow{\text{加熱}} 2\,\text{RO·} & (11\cdot62) \\ \text{RO·} + \text{HBr} \longrightarrow \text{ROH} + \text{Br·} & (11\cdot63) \end{cases}$$

ラジカル成長反応
$$\begin{cases} \text{Br·} + \text{CH}_3\text{CH}=\text{CH}_2 \longrightarrow \text{CH}_3\dot{\text{C}}\text{HCH}_2-\text{Br} & (11\cdot64) \\ \text{CH}_3\dot{\text{C}}\text{HCH}_2-\text{Br} + \text{HBr} \longrightarrow \underset{\text{H}}{\text{CH}_3\text{CHCH}_2-\text{Br}} + \text{Br·} & (11\cdot65) \end{cases}$$

イオン反応とラジカル反応で位置選択性が逆転するのはプロトンと臭素の役割が逆になるためである．すなわちイオン反応ではプロトンがまず最初に付加し安定なカチオンをつくり，次にここに臭化物イオンが付加する．一方ラジカル反応では，まず臭素ラジカルがアルケンを攻撃し，つづいて生じたラジカルが HBr から水素を引き抜き臭素ラジカルを再生する．

まとめ

- ホモリティック開裂によってラジカルが発生する．
- ラジカルの安定性が結合の強さを支配する．
- 炭素ラジカルの安定性は第一級，第二級，第三級の順に増大する．

- アルカンの C−H 結合の反応性は CH_4,第一級 C−H,第二級 C−H,第三級 C−H の順に増大する.
- 塩素はラジカル連鎖機構でメタンと反応してクロロメタンを生成する.
- ラジカル連鎖反応は,開始反応,成長反応,停止反応から成り立っている.
- ハロアルカンはスズヒドリドを用いるラジカル還元反応によってアルカンに変換される.
- 工業的に行われているラジカル反応にナフサの熱分解(クラッキング)反応やエチレンのポリエチレンへの重合反応がある.
- ナイロン6ならびにクメン法によるフェノール合成においてラジカル反応が重要な役割を演じている.
- フロンガスによるオゾン層の破壊はラジカル連鎖反応によるものである.

練 習 問 題

11・1 次の反応に対する $\Delta H°$ の値を求めよ.次のデータを用いよ.

$(CH_3)_3CF$,$(CH_3)_3CCl$,$(CH_3)_3CBr$,$(CH_3)_3CI$ それぞれの $DH°$ 値は $434\ kJ\ mol^{-1}$,$349\ kJ\ mol^{-1}$,$292\ kJ\ mol^{-1}$,$227\ kJ\ mol^{-1}$.

(a) $(CH_3)_3CH\ +\ F_2\ \longrightarrow\ (CH_3)_3CF\ +\ HF$
(b) $(CH_3)_3CH\ +\ Cl_2\ \longrightarrow\ (CH_3)_3CCl\ +\ HCl$
(c) $(CH_3)_3CH\ +\ Br_2\ \longrightarrow\ (CH_3)_3CBr\ +\ HBr$
(d) $(CH_3)_3CH\ +\ I_2\ \longrightarrow\ (CH_3)_3CI\ +\ HI$

11・2 次の化合物に対してモノクロロ化を行った場合,それぞれ構造異性体がいくつ生成するか.

(a) $CH_3CH_2CH_2CH_3$ (b) $CH_3CH_2CH_2CH_2CH_3$ (c) (d)

11・3 プロパンに Br_2 と Cl_2 の等量混合物を作用させると臭素化生成物の選択性が Br_2 単独で反応させたときに比べて低下する.この理由を述べよ.

11・4 $Cl\cdot/O_3$ 系における二つの成長反応はそれぞれオゾンと(オゾンの生産に必要な)酸素原子を消費する(コラム参照).それぞれの反応の $\Delta H°$ を計算せよ.次のデータを用いよ.ClO の $DH°=235\ kJ\ mol^{-1}$,O_2 に対する $DH°=504\ kJ\ mol^{-1}$,O_3 の O−O 結合の $DH°=109\ kJ\ mol^{-1}$.また,これら二つの成長反応を組み合わせた全体の反応式を書き,その反応についての $\Delta H°$ を求めよ.さらにこのプロセスの熱力学的有利さについて述べよ.

アルコールとエーテル 12

本章では，アルコールとエーテルがもつそれぞれの特徴的な性質と反応性について学ぶ．まずアルコールの合成法や反応性を知ることによって付加反応，脱離反応，酸化・還元反応などの基本的な反応を理解する．また，反応性の乏しいエーテルの，溶媒としての重要性や例外的なオキサシクロプロパン（エチレンオキシド）の反応性について学ぶ．なお，フェノールについては後章で学ぶ．

　水分子の水素の一つをアルキル基で置き換えたものをアルコール（alcohol），ベンゼン環で直接置換したものをフェノール（phenol）という．アルコールはヒドロキシ（hydroxy）官能基をもつ炭素鎖からなっており，糖など自然界にも数多く存在する．一方，水分子の両方の水素をアルキル基または芳香族置換基に置き換えたものをエーテル（ether）という．エタノールとジメチルエーテル（メトキシメタン）は C_2H_6O の分子式で表される構造異性体であるが，その物理的および化学的性質はまったく異なっている．たとえば，エタノールの沸点が 78 ℃ であるのに対し，ジメチルエーテルの沸点ははるかに低く −25 ℃ である．また，エタノールに金属ナトリウムを作用させると水素を発生して溶解するが，ジメチルエーテルとはまったく反応しない．

12・1　アルコールの命名法

　アルコールには，体系化された IUPAC 命名法と慣用名がある．IUPAC 命名法では，アルカン（alkane）の語尾の（-e）を（-ol）に置き換え，アルカンの誘導体として扱う．すなわち，もっとも簡単なメタン誘導体はメタノール（methanol），エタン，プロパンの誘導体はそれぞれエタノール（ethanol），プロパノール（propanol）になる．枝分かれした複雑なアルコールの場合，ハロアルカンと同様にその構造によって第一級，第

二級, 第三級アルコールに分類される. ただし, ヒドロキシ基(−OH)を含む最長の主鎖に基づいてアルコールの名称を付けるので, 必ずしもその分子の最長の鎖であるとは限らないことに注意する必要がある.

主鎖に沿ってヒドロキシ基にもっとも近い末端炭素から順に番号を付ける. 主鎖上のほかの置換基の名称はアルコール主鎖の名称の接頭語として付ける(図12・1).

アルコールには, ヒドロキシ基を2個以上もつ1,2-エタンジオール(エチレングリコール)や1,2,3-プロパントリオール(グリセリン)などもある(図12・2).

$CH_3CH_2CH_2CH_2OH$　　$CH_3-CH-CH_2CH_3$　　$CH_3-C(CH_3)(OH)-CH_3$　　シクロヘキサノール構造

1-ブタノール　　　2-ブタノール　　　　　2-メチル-2-プロパノール　　シクロヘキサノール
(ブチルアルコール) 　(sec-ブチルアルコール)　(tert-ブチルアルコール)
第一級アルコール　　第二級アルコール　　　第三級アルコール　　　　第二級アルコール

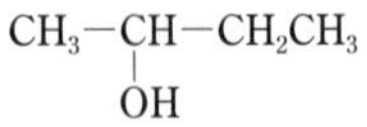

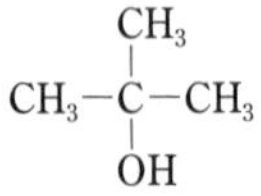

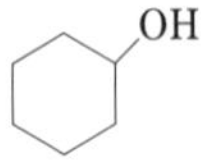

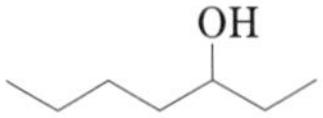

3-ヘプタノール　　　　　　　4-ブチル-3-ノナノール
(5-ヘプタノールではない)　[5-(1-ヒドロキシプロピル)デカンではない]

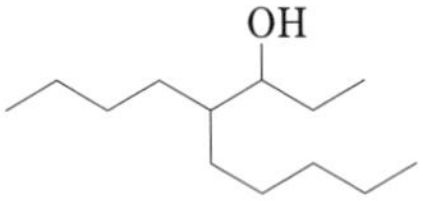

図 12・1　アルコールの命名法

$HOCH_2CH_2OH$　　$HOCH_2CH(OH)CH_2OH$

1,2-エタンジオール　　　1,2,3-プロパントリオール
(エチレングリコール)　　　(グリセリン)

図 12・2　ヒドロキシ基を2個以上もつアルコール

例題 12・1

問題　次のアルコールをIUPAC命名法に従って命名せよ.

(a) 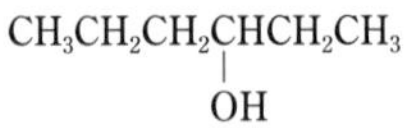 $CH_3CH_2CH_2CHCH_2CH_3$
　　　　　　　　$|$
　　　　　　　OH
(b) 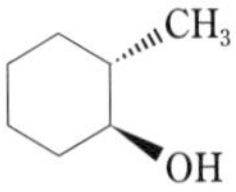 シクロヘキサン構造 (CH₃, OH)
(c) 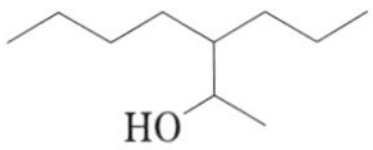 構造式 (HO)

(d) $ClCH_2CH_2CH_2OH$
(e) $CH_2=CHCH_2CH_2CH_2OH$

解答　(a) 3-ヘキサノール　(b) trans-2-メチルシクロヘキサノール
(c) 3-プロピル-2-ヘプタノール　(d) 3-クロロ-1-プロパノール
(e) 4-ペンテン-1-オール

例題 12・2

問題　次の各アルコールの構造式を記せ．
(a) 2,2-ジメチル-1-プロパノール　　(b) cis-3-メチルシクロペンタノール
(c) 4-エチル-5-ノナノール　　(d) 1-フェニル-1-プロパノール
(e) 3-ヘキシン-1-オール

解答　(a) $CH_3-\underset{\underset{CH_3}{|}}{\overset{\overset{CH_3}{|}}{C}}-CH_2OH$　(b) シクロペンタン環にOHとCH₃(cis)　(c) ノナン鎖に5位OH, 4位エチル

(d) $\underset{HO-CHCH_2CH_3}{\underset{|}{C_6H_5}}$　(e) $CH_3CH_2-C\equiv C-CH_2CH_2OH$

12・2　アルコールの構造と物理的性質

　メタノールの構造は水やジメチルエーテルの構造ときわめて類似している．いずれの場合も酸素原子は正四面体に近い sp^3 混成をとっている．アルコールの O—H 結合は酸素原子の電気陰性度と水素原子の電気陰性度の差が大きいため大きく分極し，大きな双極子モーメントをもつ．また，アルコールは水素結合をつくるため，構造異性体のエーテルや同程度の分子量をもつアルカンやハロゲン化物に比べて沸点がかなり高い．また，水との水素結合もつくるので低級アルコールは水によく溶ける．

　アルコールは希薄水溶液中でプロトン解離し，H_3O^+ とアルコキシドイオンを生じる．表 12・1 に各種アルコールの pK_a を示す．メタノール，第一級，第二級，第三級アルコールの順に酸性度が低下（pK_a が増大）し，逆にハロゲンのような電子求引性置換基がつくと酸性度が増加（pK_a が減少）する．アルコールは両性的性質をもち，強い塩基が存在するとアルコキシドイオンが生成する [式(12・1)]．一方，強い酸を作用させるとヒドロキシ基にプロトン化が起こり，アルキルオキソニウムイオンになる．このアルキルオキソニウムイオンから水が脱離すると，カルボカチオンが生成する．

$$R^+ \underset{+H_2O}{\overset{-H_2O}{\rightleftharpoons}} R-\overset{+}{O}\underset{H}{\overset{H}{\diagup}} \underset{-H^+}{\overset{H^+}{\rightleftharpoons}} ROH \underset{-H^+}{\overset{H^+}{\rightleftharpoons}} RO^- \qquad (12 \cdot 1)$$

カルボ　　　アルキル　　　　　　　アルコキシド
カチオン　オキソニウムイオン　　　　イオン

表 12・1　アルコールの pK_a

化合物の名称	化学式	種　類	pK_a
メタノール	CH_3OH	第一級アルコール	15.5
水	H_2O		15.7
エタノール	CH_3CH_2OH	第一級アルコール	16.0
2-プロパノール	$(CH_3)_2CHOH$	第二級アルコール	17.1
2-メチル-2-プロパノール	$(CH_3)_3COH$	第三級アルコール	18.0
2-クロロエタノール	$ClCH_2CH_2OH$	第一級アルコール	14.3
2,2,2-トリフルオロエタノール	CF_3CH_2OH	第一級アルコール	12.4

例題 12・3

問題　次のアルコールを酸性度の小さいものから順に並べよ.
(a)　$CHCl_2CH_2CH_2OH$,　$CH_3CCl_2CH_2OH$,　$CH_3CH_2CCl_2OH$
(b)　$BrCH_2CH_2OH$,　FCH_2CH_2OH,　$ClCH_2CH_2OH$
(c)　（構造式3つ：2-クロロシクロヘキサノール，4-クロロシクロヘキサノール，3-クロロシクロヘキサノール）

解答　(a)　$CHCl_2CH_2CH_2OH$　<　$CH_3CCl_2CH_2OH$　<　$CH_3CH_2CCl_2OH$
(b)　$BrCH_2CH_2OH$　<　$ClCH_2CH_2OH$　<　FCH_2CH_2OH
(c)　4-クロロシクロヘキサノール　<　3-クロロシクロヘキサノール　<　2-クロロシクロヘキサノール

例題 12・4

問題　ジメチルエーテルの沸点がその構造異性体であるエタノールよりもはるかに低い理由を説明せよ.

解答　エタノールは水素結合しているので沸点が高い.

12・3　アルコールの合成と反応

　工業的にメタノールは触媒を用いて一酸化炭素と水素から合成されている[式(12・2)]. また, 工業用エタノールは固体リン酸触媒を用いてエチレンへの水の付加で合成される[式(12・3)]. 一方, 飲料用のエタノールはデンプンから酵母による発酵法によって製造されている.

$$CO\ +\ 2H_2 \xrightarrow{\text{Cu-ZnO-Cr}_2\text{O}_3,\ 250\,°C,\ 50\sim100\ 気圧} CH_3OH \qquad (12・2)$$

$$CH_2=CH_2 + H_2O \xrightarrow{H_3PO_4, 300\,°C} CH_3CH_2OH \qquad (12\cdot3)$$

12・3・1　アルケンへの付加反応

アルケンに酸触媒を用いて水を付加するとアルコールが得られる[式(12・4)]．この反応では，第二級または第三級アルコールがマルコフニコフ(Markovnikov)則に従って生成するが，カルボカチオン中間体を経て反応が進行するため転位が起こることもあり，アルコールの合成法としては必ずしも望ましいとはいえない．一方，ジボラン(B_2H_6)を用いてアルケンにヒドロホウ素化を行い，アルカリ性過酸化水素で酸化すると，逆マルコフニコフ付加が起こって，より置換基の少ないアルコールが生成する[式(12・5)]．

$$R-CH=CH_2 + H_2O \xrightarrow{H^+} R-\overset{+}{C}H-CH_3$$

$$\longrightarrow R-CH(\overset{+}{O}H_2)-CH_3 \xrightarrow{-H^+} R-CH(OH)-CH_3 \qquad (12\cdot4)$$

$$6\,(R-CH=CH_2) + B_2H_6 \longrightarrow 2\,(R-CH_2CH_2)_3B$$

$$\xrightarrow{H_2O_2,\,NaOH} 2\,(R-CH_2CH_2OH)_3 \qquad (12\cdot5)$$

アルケンに酢酸水銀(II)を水中で反応させると，アルケンにヒドロキシ基と$HgOCOCH_3$が付加したアルキル水銀化合物が得られる[式(12・6)]．この化合物を水酸化ナトリウムの存在下，水素化ホウ素ナトリウム($NaBH_4$)で還元すると水銀が水素に置き換わり，形式的にマルコフニコフ付加したアルコールが選択的に生成する[式(12・7)]．酸触媒による水和反応の場合に問題となる転位反応が起こらないのが利点である．しかし，水銀化合物を用いるので取扱いには十分注意する必要がある．

$$R-CH=CH_2 + Hg(OCCH_3)_2 + H_2O \longrightarrow R-CH-CH_2 + CH_3COH$$
$$\qquad\qquad\qquad\qquad\qquad\qquad\qquad\quad OH\ \ HgOCCH_3$$
$$\qquad(12\cdot6)$$

$$R-CH-CH_2\ \ \xrightarrow{NaBH_4,\,NaOH,\,H_2O}\ \ R-CH-CH_2 + Hg + CH_3COH$$
$$OH\ \ HgOCCH_3 \qquad\qquad\qquad\qquad OH\ \ H$$
$$\qquad(12\cdot7)$$

アルケンとしてシクロヘキセンを用い，四酸化オスミウム(OsO_4)で酸化するとオスミウムを含む環状エステル中間体が生成する．この環状エステルを硫化水素または亜硫酸ナトリウム水溶液によって還元すると *cis*-1,2-ジオールのみが選択的に得られる[式(12・8)]．一方，シクロヘキセンを *m*-クロロ過安息香酸(*m*-chloroperbenzoic acid: MCPBA)によって酸化すると，オキサシクロプロパン(エポキシド)が生成する[式(12・9)]．これを酸で加水分解するとエポキシドが開環し，*trans*-1,2-ジオールが選択的に得られる．したがって，両者の反応によってシス体とトランス体を相補的につくり分けることができる．

$$\text{シクロヘキセン} + OsO_4 \longrightarrow \text{環状エステル} \xrightarrow[\text{または}\,Na_2SO_3]{H_2S} \text{cis-1,2-ジオール} \quad (12\cdot 8)$$

$$\text{シクロヘキセン} + \text{m-ClC}_6H_4CO_3H \longrightarrow \text{エポキシド} \xrightarrow{H_3O^+} \text{trans-1,2-ジオール} \quad (12\cdot 9)$$

12・3・2 カルボニル基へのヒドリドの付加反応

ケトンやアルデヒドなどのカルボニル化合物を水素化アルミニウムリチウム(テトラヒドリドアルミン酸リチウム，$LiAlH_4$)や $NaBH_4$ のような金属水素化物で還元すると，アルコールが生成する．ケトンからは第二級アルコールが，アルデヒドからは第一級アルコールが得られる．エステルやカルボン酸も $LiAlH_4$ を用いた場合には還元されて第一級アルコールを与えるが，$NaBH_4$ を用いた場合には還元されない．

これらの還元反応では，$LiAlH_4$ や $NaBH_4$ の H がヒドリド(H^-)として作用し，カルボニル基の炭素を求核的に攻撃する[式(12・10)]．一般に，$NaBH_4$ を用いる反応ではメタノールのようなプロトン性溶媒が用いられるので，改めて加水分解する必要はないが，$LiAlH_4$ の反応ではエーテルやテトラヒドロフラン(tetrahydrofuran: THF)のような溶媒が用いられ，最後に酸で加水分解する必要がある[式(12・11)]．

$$\underset{R'}{\overset{R}{>}}\!\!C\!=\!O + NaBH_4 \longrightarrow \underset{R'}{\overset{R}{>}}\!\!C\!\overset{H^-}{=}\!O \longrightarrow \underset{R'}{\overset{R}{>}}\!\!\underset{|}{C}\!\!-\!O^- \xrightarrow{CH_3OH} \underset{R'}{\overset{R}{>}}\!\!\underset{|}{C}\!\!-\!OH \quad (12\cdot 10)$$

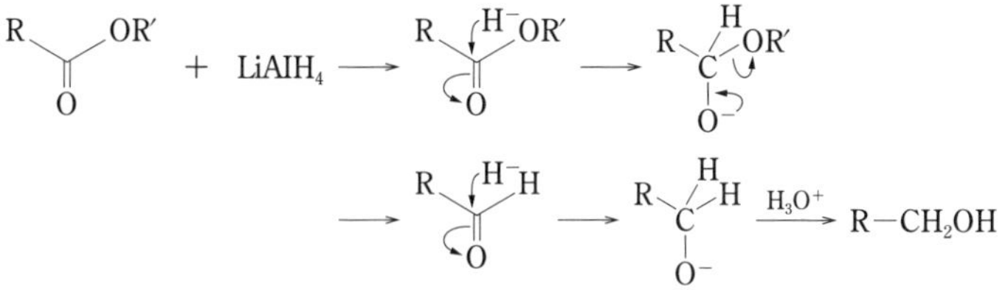

12・3 アルコールの合成と反応

$$R-\underset{\underset{O}{\|}}{C}-OR' + LiAlH_4 \longrightarrow \cdots \longrightarrow R-CH_2OH \quad (12・11)$$

カルボニル化合物にグリニャール(Grignard)反応剤を作用させると，各種アルコールが生成する[式(12・12)]．アルデヒドまたはケトンとの反応では，それぞれ第二級および第三級アルコールが生成し，エステルとの反応では，第三級アルコールのみが得られる．エステルとの反応では，速やかに2分子目のグリニャール反応剤が攻撃するため中間体をつかまえることはできず，一挙に第三級アルコールが生成する[式(12・13)]．

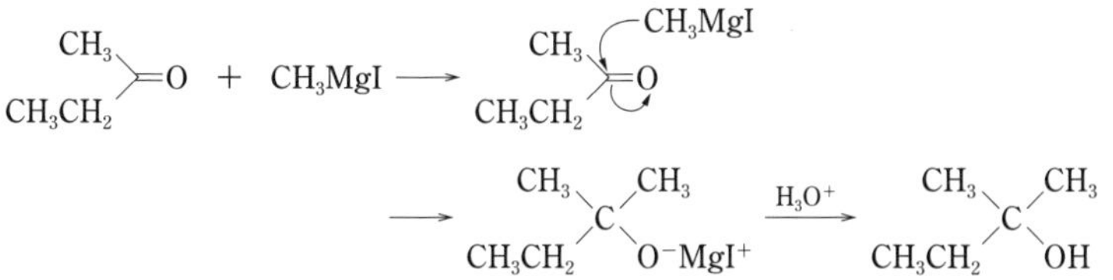

$$\underset{CH_3CH_2}{\overset{CH_3}{>}}C=O + CH_3MgI \longrightarrow \underset{CH_3CH_2}{\overset{CH_3}{>}}\underset{O^-MgI^+}{\overset{CH_3}{\underset{|}{C}}} \xrightarrow{H_3O^+} \underset{CH_3CH_2}{\overset{CH_3}{>}}\underset{OH}{\overset{CH_3}{\underset{|}{C}}} \quad (12・12)$$

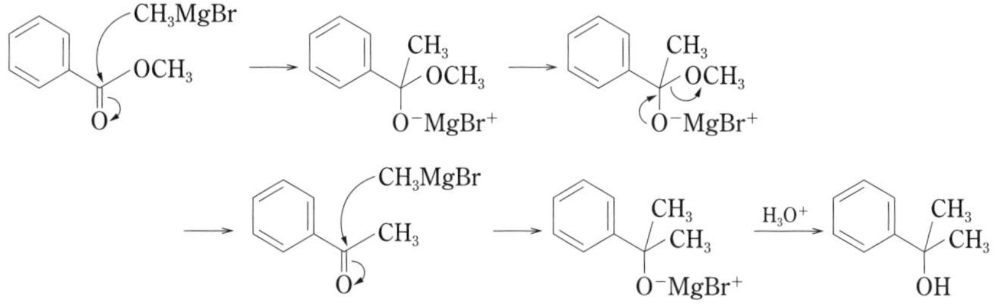

(12・13)

例題 12・5

問題 次のアルコールの合成法を示せ．

(a) 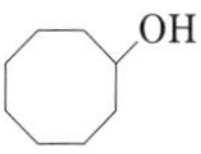 シクロオクタノール-OH (b) $CH_3CH_2CHCH_2CH_3$ の OH 置換体 (c) 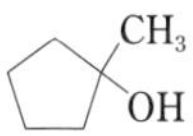 1-メチルシクロペンタノール

解答 (a) 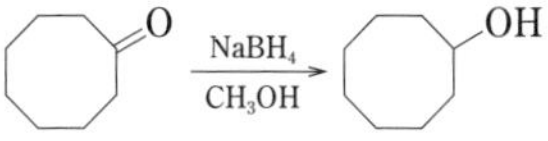 シクロオクタノン $\xrightarrow{NaBH_4 / CH_3OH}$ シクロオクタノール

(b)
$$CH_3CH_2\underset{O}{\overset{\parallel}{C}}CH_2CH_3 \xrightarrow[CH_3OH]{NaBH_4} CH_3CH_2\underset{OH}{CH}CH_2CH_3$$

または $CH_3CH_2\underset{O}{\overset{\parallel}{C}}H \xrightarrow[2)\ H_3O^+]{1)\ CH_3CH_2CH_2MgBr} CH_3CH_2\underset{OH}{CH}CH_2CH_2CH_3$

(c) シクロペンタノン $\xrightarrow[2)\ H_3O^+]{1)\ CH_3MgI}$ 1-メチルシクロペンタノール

12・3・3 アルコールの酸化

a. 第二級アルコールのケトンへの酸化:ジョーンズ酸化

　第二級アルコールのアセトン溶液をクロム酸の希薄硫酸水溶液[ジョーンズ(Jones)反応剤]で酸化するとケトンが生成する[式(12・14)]. オレンジ色のジョーンズ反応剤を滴下すると, オレンジ色がただちに消失し, 緑色に変化する. オレンジ色が残ったところが反応の終点である. 第二級アルコールの代わりに第一級アルコールを用いると, カルボン酸が得られる[式(12・15)]. このとき, 中間に生成するアルデヒドは速やかにカルボン酸まで酸化され, アルデヒドを取り出すことはできない. 第三級アルコールは反応しない.

$$\underset{R'}{\overset{R}{}}CH-OH \xrightarrow[(CH_3)_2CO]{CrO_3,\ H_2SO_4} \underset{R'}{\overset{R}{}}{>}=O \qquad (12\cdot14)$$

$$RCH_2OH \xrightarrow[(CH_3)_2CO]{CrO_3,\ H_2SO_4} [RCHO] \longrightarrow RCO_2H \qquad (12\cdot15)$$

b. 第一級アルコールのアルデヒドへの選択的酸化:PCCによる酸化

　第一級アルコールをクロロクロム酸ピリジニウム(pyridinium chlorochromate:PCC)で酸化すると, アルデヒドが選択的に得られ, カルボン酸への酸化を抑制することができる.

$$CH_3CH_2CH_2CH_2CH_2OH \xrightarrow{PCC,\ CH_2Cl_2} CH_3CH_2CH_2CH_2CHO \qquad PCC: C_5H_5NH^+\ CrO_3Cl^- \qquad (12\cdot16)$$

$$RCH_2OH + HO-\underset{\underset{O}{\parallel}}{\overset{\overset{O}{\parallel}}{Cr(VI)}}-OH \rightleftharpoons RCH_2O-\underset{\underset{O}{\parallel}}{\overset{\overset{O}{\parallel}}{Cr(VI)}}-OH + H_2O \qquad (12\cdot17)$$

12・3 アルコールの合成と反応

$$R-\underset{\underset{H_2\ddot{O}}{H}}{\overset{H}{C}}-O-\underset{\underset{O^-}{\overset{\parallel}{O}}}{\overset{OH}{Cr(VI)}} \longrightarrow RC\overset{H}{=}O + H_3O^+ + \underset{O^-}{\overset{O}{\overset{\parallel}{Cr(IV)}}}OH \qquad (12\cdot18)$$

c. ジメチルスルホキシドによる酸化：スワーン酸化

第一級アルコールは塩化オキサリル[$(COCl)_2$]を用いてジメチルスルホキシド(dimethyl sulfoxide: DMSO)を活性化することによっても選択的にアルデヒドに変換することができる．ジクロロメタン中，$-78\,°C$ で$(COCl)_2$ と DMSO を混合すると，CO と CO_2 を同時に放出し，スルホニウム塩が生成する．ここに第一級アルコールを加えるとアルコキシスルホニウム塩を与える．塩基としてトリエチルアミンを加えると，イリドを経由してアルデヒドが生成する[式(12・19)]．

(12・19)

12・3・4 アルコールの置換反応

一般にアルコールはほかの官能基によって直接置換されることはない．たとえば，アルコールは塩化チオニルによって塩素化されるが，反応は段階的に進み，スルホニル化されたアルコールが Cl^- によって置換される[式(12・20), (12・21)]．したがって，トルエンスルホニルクロリドやメタンスルホニルクロリドによってスルホニル化されたアルコールは適当な求核剤によって S_N2 反応を受ける．また，アルコールを無水トリフルオロ酢酸によってトリフルオロアセチル化した場合にも容易に置換反応が進行する[式(12・22)]．

$$RCH_2OH + Cl-\overset{\overset{O}{\parallel}}{S}-Cl \longrightarrow RCH_2O-\overset{\overset{O}{\parallel}}{S}-Cl + HCl \qquad (12\cdot20)$$

$$Cl^- + RCH_2-O-\overset{\overset{O}{\parallel}}{S}-Cl \longrightarrow RCH_2Cl + SO_2 + Cl^- \qquad (12\cdot21)$$

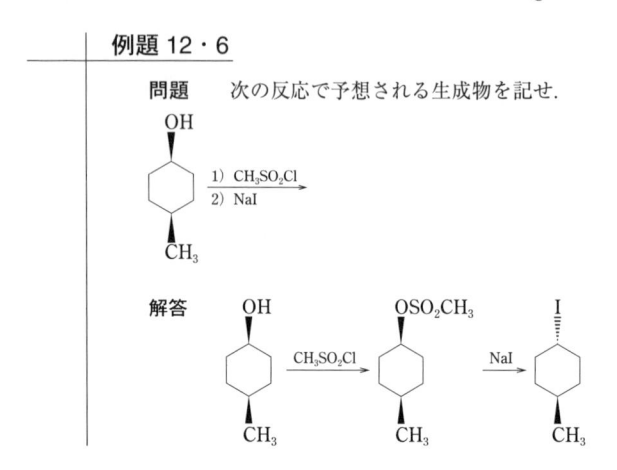

$$RCH_2OH + (CF_3CO)_2O \longrightarrow RCH_2OCCF_3 \xrightarrow{Cl^-} RCH_2Cl \qquad (12 \cdot 22)$$
$$\underset{O}{\|}$$

例題 12・6

問題 次の反応で予想される生成物を記せ.

(trans-4-メチルシクロヘキサノール) $\xrightarrow[\text{2) NaI}]{\text{1) CH}_3\text{SO}_2\text{Cl}}$

解答 OH体 $\xrightarrow{\text{CH}_3\text{SO}_2\text{Cl}}$ OSO$_2$CH$_3$体 $\xrightarrow{\text{NaI}}$ I体(立体反転)

12・3・5 アルコールの脱水反応

　すでに詳しいことは8章で述べたが，第三級アルコールを酸触媒存在下に加熱すると脱水反応が起こってアルケンが生成する[式(12・23)]．第二級アルコールの場合も同様に脱水反応が起こってアルケンを生じる[式(12・24)]．たとえば，2-メチル-2-プロパノールから2-メチルプロペンが生成する．ヒドロキシ基の置換した炭素に隣接した複数の炭素上に水素をもつ非対称なアルコールを用いた場合には，複数のアルケンが生じる．たとえば，2-ペンタノールの脱水反応では，cis-およびtrans-2-ペンテンと1-ペンテンの混合物が生じる．反応はザイツェフ(Saytzeff)則に従って進行し，内部アルケンの2-ペンテンが優先的に生成する．第一級アルコールでは，末端のカルボカチオンが不安定なため，2分子間で脱水が起こり，エーテルが生成する[式(12・25)].

$$CH_3-\underset{\underset{CH_3}{|}}{\overset{\overset{CH_3}{|}}{C}}-OH \xrightarrow[-H_2O]{H^+} \underset{CH_3}{\overset{CH_3}{>}}C=CH_2 \qquad (12 \cdot 23)$$

$$CH_3CH_2CH_2\underset{\underset{OH}{|}}{CH}CH_3 \xrightarrow[-H_2O]{H^+} CH_3CH_2CH=CHCH_3 + CH_3CH_2CH_2CH=CH_2 \qquad (12 \cdot 24)$$

$$CH_3CH_2OH \xrightarrow{H^+} \left[CH_3CH_2\overset{+}{O}\underset{H}{\overset{H}{\diagup}} \right] \xrightarrow[-H_2O]{CH_3CH_2OH} CH_3CH_2OCH_2CH_3 \quad (12 \cdot 25)$$

12・3・6 アルコールの保護

　アルコールの酸性度は水とほぼ同程度であるため，グリニャール反応剤や $LiAlH_4$ を用いる反応などにそのまま用いることができない．このような場合には，保護基を使ってアルコールをいったん保護し，反応が終わってから保護基をはずす(脱保護する)ことがある．たとえば，p-トルエンスルホン酸のような酸触媒を用いてアルコールを 3,4-ジヒドロ-$2H$-ピランと反応させると，テトラヒドロピラニル基によってアルコールのヒドロキシ基が保護される[式(12・26)]．

$$ROH + \underset{O}{\bigcirc} \xrightarrow{H^+} \underset{O}{\bigcirc}\text{-}OR \quad (12 \cdot 26)$$

　酸性条件下で比較的安定なアルコールの保護基にエステルがある．トリエチルアミンなどの塩基存在下，塩化アセチルや塩化ベンゾイルによって容易にヒドロキシ基を保護することができる[式(12・27)]．また，塩基性 OH^- によって簡単に脱保護することができる[式(12・28)]．

$$RCH_2OH + R'\text{-}\overset{O}{\overset{\|}{C}}\text{-}Cl \xrightarrow{(C_2H_5)_3N} RCH_2O\text{-}\overset{O}{\overset{\|}{C}}\text{-}R' + (C_2H_5)_3\overset{+}{N}HCl^- \quad (12 \cdot 27)$$

$$RCH_2O\text{-}\overset{O}{\overset{\|}{C}}\text{-}R' \longrightarrow RCH_2O\text{-}\overset{O^-}{\overset{|}{C}}\text{-}R' \longrightarrow RCH_2O^- + R'\text{-}\overset{O}{\overset{\|}{C}}\text{-}OH$$
$$\phantom{RCH_2O\text{-}}\overset{\curvearrowleft}{OH} OH$$

$$\longrightarrow RCH_2OH + R'\text{-}\overset{O}{\overset{\|}{C}}\text{-}O^- \quad (12 \cdot 28)$$

　フッ化物イオンで容易に脱保護できるヒドロキシ基の保護基にトリメチルシリル基 $[(CH_3)_3Si]$ または $tert$-ブチルジメチルシリル基 $[t\text{-}Bu(CH_3)_2Si]$ がある[式(12・29)]．フッ素はケイ素に対して強い親和性をもっているのでフッ化物イオンによって容易に Si-O 結合の切断が起こって脱保護される．

$$RCH_2OH + R'_3SiCl \xrightarrow{\text{ピリジン}} RCH_2O\text{-}SiR'_3 \xrightarrow{(C_4H_9)_4N^+F^-} RCH_2OH + R'_3Si\text{-}F$$
$$(12 \cdot 29)$$

　1,2-エタンジオールはケトンやアルデヒドの保護基としてしばしば用いられる[式

(12・30)]．p-トルエンスルホン酸などを触媒として脱水反応によってカルボニル基を保護することができ，また，酸触媒によって脱保護することも可能である．

$$\underset{H}{\overset{R}{>}}C=O \ + \ HO\!-\!\!-\!\!OH \ \xrightarrow{H^+} \ \underset{H}{\overset{R}{>}}C\underset{O}{\overset{O}{<}}\rangle \ + \ H_2O \qquad (12\cdot30)$$

12・4　エーテルの構造と物理的性質ならびに命名法

　エーテルは構造上，水の水素が二つともアルキル基またはアリール基で置き換えられているため，アルコールとは物性および化学反応性が著しく異なる．沸点はジアルキルエーテルの場合，分子量が同程度のアルカンとほぼ同じであるが，水に対する溶解度はきわめて高い．これは水とエーテル酸素の非共有電子対が水素結合を形成するためと考えられる．

　エーテルは一般に強い酸を除けば反応に不活性であるが，2個のアルキル基による電子供与性によってエーテル酸素の電子密度が増大している．したがって，ジエチルエーテルやテトラヒドロフランなどのエーテル系溶媒はグリニャール反応剤や有機リチウム反応剤などに対して強く溶媒和して溶かすことができる．

　エーテルの命名は簡単な対称エーテルの場合，ジアルキルエーテルとし，非対称なエーテルでは，二つのアルキル基の後にエーテルを付ける．より複雑な構造の化合物の場合には，アルコキシ置換基として命名する．環状エーテルでは，接頭語としてオキサを付け，三員環化合物の場合にはオキサシクロプロパン，五員環化合物の場合にはオキサシクロペンタンのように命名する．なお，三員環のエーテルはエポキシドあるいはアルケンオキシドともいう．オキサシクロプロパンはエチレンオキシドとよばれることが多い．なお，五員環エーテルは慣用名としてテトラヒドロフラン，六員環エーテルはテトラヒドロピラン，1,4-ジオキサシクロヘキサンの場合は1,4-ジオキサンともいう．

12・5　エーテルの合成と反応

12・5・1　ウィリアムソンエーテル合成

　エーテルはナトリウムメトキシドなどのアルコキシドによるハロゲン化アルキルに対するS_N2反応によって合成する．この合成法をウィリアムソン(Williamson)エーテ

ル合成といい，多くのエーテルがこの方法で合成される[式(12・31)，(12・32)]．

$$CH_3CH_2CH_2OH \xrightarrow[-H_2]{NaH} CH_3CH_2CH_2O^-Na^+ \qquad (12・31)$$

$$CH_3CH_2CH_2CH_2Br + CH_3CH_2CH_2O^-Na^+ \xrightarrow{-NaBr} CH_3CH_2CH_2CH_2OCH_2CH_2CH_3 \qquad (12・32)$$

12・5・2 環状エーテルの合成

末端にハロゲンをもつアルコールに水素化ナトリウム(NaH)を作用させると，速やかに分子内で S_N2 求核置換反応が起こって，環状エーテルが生成する[式(12・33)]．七員環よりも小さな環では容易に反応するが[式(12・34)]，環の大きさが大きくなると分子間反応が併発する．

$$\underset{OH}{\underset{|}{CH_2}}\overset{Br}{\underset{|}{CHCH_3}} \xrightarrow{NaH} \underset{O^-Na^+}{\underset{|}{CH_2}}\overset{Br}{\underset{|}{CHCH_3}} \xrightarrow{-NaBr} \underset{O}{H_2C-CH}\overset{CH_3}{} \qquad (12・33)$$

$$\underset{OH}{\underset{|}{CH_2}}(CH_2)_n\underset{}{CH_2} \xrightarrow{NaH} \underset{O^-Na^+}{\underset{|}{CH_2}}(CH_2)_n\overset{X}{\underset{|}{CH_2}} \xrightarrow{-NaX} \underset{O}{CH_2(CH_2)_nCH_2} \qquad (12・34)$$

12・5・3 クラウンエーテル

Pedersen はポリエチレングリコールの合成を目指しているときに，偶然，結晶性の環状ポリエーテルが生成していることに気が付いた．これら一連の環状ポリエーテルはクラウンエーテルと命名され，n-クラウン-m で表される．接頭語の数字が環の大きさ，最後の数字が酸素の数であり，たとえば 18-クラウン-6 は 6 個の酸素を含む 18 員環のクラウンエーテルを，12-クラウン-4 は 4 個の酸素を含む 12 員環のクラウンエーテルを表す．名前の由来は酸素が突き出た王冠の形に似ていることによる．

クラウンエーテルはエーテルのサイズに応じて種々の金属カチオンを取り込むユニークな性質をもつ．たとえば，12-クラウン-4(12-C-4 と表記)は Li^+ を選択的に取り込む．また，18-クラウン-6(18-C-6 と表記)は K^+ を取り込み，過マンガン酸カリウムを有機溶媒に溶解することができる．すなわち，水には溶けるが，有機溶媒(たとえばベンゼン)に溶けないはずの過マンガン酸カリウムが 18-C-6 が存在すると，ベンゼンに溶解して紫色を呈する．この溶液はその色からパープルベンゼンとよばれている．

ハロゲン化アルキルのシアノ化反応はシアン化カリウムやシアン化ナトリウムが有機溶媒にほとんど溶けないため，反応効率がきわめて低かった．しかし，18-C-6 の共存下で KCN と反応させるとシアン化カリウムが有機溶媒に溶解するため速やかに S_N2 反応が起こってアルカンニトリルが生成する［式(12・35)］．

$$R-X + KCN \xrightarrow{18\text{-}C\text{-}6} R-CN + KX \qquad (12 \cdot 35)$$

18-C-6

例題 12・7

問題 次のエーテルの合成法を示せ．

(a) テトラヒドロフラン-2-イル CH$_3$ (b) CH$_3$CH$_2$OCH(CH$_3$)$_2$ (c) オキセタン

解答 (a) Cl–CH$_2$CH$_2$CH$_2$CH(OH)CH$_3$ $\xrightarrow{\text{NaH}}$ 2-メチルテトラヒドロフラン

(b) (CH$_3$)$_2$CHOH + CH$_3$CH$_2$Cl $\xrightarrow{\text{NaH}}$ CH$_3$CH$_2$OCH(CH$_3$)$_2$

(c) Cl–CH$_2$CH$_2$CH$_2$–OH $\xrightarrow{\text{NaH}}$ オキセタン

12・5・4 エーテルの反応

a. ハロゲン化水素との反応

一般にエーテル結合は反応性に乏しい．言い換えれば，きわめて安定な結合であり，通常のジアルキルエーテルは塩酸と反応しない［式(12・36)］．しかし，臭化水素やヨウ化水素を加え加熱すると，C–O 結合のいずれか一方の切断が起こって，アルコールとハロゲン化アルキルが生成する［式(12・37)］．

$$R-O-R' + HCl \not\longrightarrow R-OH + R'-Cl \qquad (12 \cdot 36)$$

$$R-O-R' + HBr \longrightarrow R-OH + R'-Br \qquad (12 \cdot 37)$$

b. オキサシクロプロパンの反応

オキサシクロプロパンの C–O–C ならびに C–C–O の結合角は四面体構造の 109°から大きくずれており，その環ひずみが大きい．したがって直鎖のエーテルに比べてはるかに反応性が高く，求核剤や酸の作用によって容易に開環反応が起こる．

(i) 求核剤との反応　オキサシクロプロパンはアニオン性の求核剤によって S_N2

型の開環反応を起こす[式(12・38)]．たとえばメトキシドが求核剤の場合，オキサシクロプロパンの炭素にメトキシドが求核的に攻撃し，同時にC−O結合が切断して2−メトキシエタノールが生成する[式(12・39)]．

$$\text{オキシラン} \xrightarrow{\text{Nu}^-} \text{開環中間体} \longrightarrow \text{アルコキシド} \longrightarrow \text{アルコール} \quad (12\cdot38)$$

$$\text{オキシラン} \xrightarrow[\text{CH}_3\text{OH}]{\text{CH}_3\text{O}^-\text{Na}^+} \text{中間体} \xrightarrow{\text{CH}_3\text{OH}} \text{2-メトキシエタノール} \quad (12\cdot39)$$

非対称なオキサシクロプロパンの場合，立体障害のより少ない炭素中心への求核攻撃によって反応が進行する．したがって，2,2−ジメチルオキサシクロプロパンとメトキシドとの反応では，1−メトキシ−2−メチル−2−プロパノールのみが選択的に生成する[式(12・40)]．

$$\text{2,2-ジメチルオキシラン} \xrightarrow[\text{CH}_3\text{OH}]{\text{CH}_3\text{O}^-\text{Na}^+} \text{中間体} \xrightarrow{\text{CH}_3\text{OH}} \text{1-メトキシ-2-メチル-2-プロパノール} \quad (12\cdot40)$$

(ii) **有機金属反応剤による開環反応** $LiAlH_4$ やグリニャール反応剤は通常のエーテルとはまったく反応しないが，オキサシクロプロパンとの反応ではいずれも求核剤として働き，開環反応によってアルコールを与える．これらの求核剤もメトキシドと同様に置換基のより少ない側から位置選択的に攻撃する．たとえば，2,2−ジメチルオキサシクロプロパンとエチルマグネシウムブロミドとの反応では2−メチル−2−ペンタノールが得られ，2,2−ジメチル−1−ブタノールはほとんど得られない[式(12・41)]．また，反応はS_N2機構によって進行し，立体中心の反転が起こる．たとえば，(2S, 3S)−2−エチル−2,3−ジメチルオキサシクロプロパンと$LiAlD_4$を反応させると，2位が重水素化され，立体中心が反転した(2R, 3S)−2−ジューテリオ−3−メチル−3−ペンタノールが生成する[式(12・42)]．

$$\text{(12·41)}$$

$$\text{(12·42)}$$

(iii) 酸による開環反応 少量の硫酸が存在すると，メタノール中オキサシクロプロパンは開環し，2-メトキシエタノールを与える．この反応はまず環状のアルキルオキソニウムイオンが生成し，次にメタノールが求核的に攻撃して反応が進行する[式(12·43)]．2,2-ジメチルオキサシクロプロパンの場合，より安定な第三級カルボカチオンを与える方向に開環反応が起こる[式(12·44)]．結果的に立体的に混み合った炭素にメトキシ基が導入された2-メトキシ-2-メチル-1-プロパノールが生成する．

シクロヘキセンオキシドのような環状のオキサシクロプロパンの場合には，式(12·9)のように立体中心の反転が起きるためトランス体が選択的に得られる[式(12·45)]．

$$\text{(12·43)}$$

$$\text{(12·44)}$$

$$(12 \cdot 45)$$

ま と め

- アルコールはヒドロキシ基を含む最長の主鎖に基づいて命名する.
- アルコールは酸素原子と水素原子の電気陰性度の差が大きいため大きく分極し,大きな双極子モーメントをもつ.
- アルコールは水素結合をつくるので構造異性体のエーテルに比べてはるかに沸点が高い.
- アルコールは酸触媒による水和反応やヒドロホウ素化した後,アルカリ性過酸化水素による酸化によって得られる.また,カルボニル化合物の還元やカルボニル化合物とグリニャール反応剤との反応によっても合成することができる.
- 第一級アルコールを酸化するとアルデヒド,さらに酸化が進むとカルボン酸が得られる.クロロクロム酸ピリジニウム(PCC)を酸化剤に用いたり,スワーン酸化を行うとアルデヒドを選択的につくることができる.第二級アルコールをジョーンズ酸化するとケトンが得られる.第三級アルコールは酸化されない.
- 環状アルケンを四酸化オスミウムで酸化して,硫化水素で還元すると,シスの1,2-ジオールが選択的に得られる.一方,同じアルケンをm-クロロ過安息香酸(MCPBA)で酸化し,酸で加水分解するとエポキシドが開環し,トランスの1,2-ジオールが選択的に得られる.
- アルコールは3,4-ジヒドロ-2H-ピラン,酸塩化物,トリアルキルシリルクロリドなどによって保護することができる.
- エーテルは第一級ハロゲン化アルキルとアルコキシドとの反応によって簡便に合成することができる(ウィリアムソンエーテル合成).
- 一般にエーテルは反応性に乏しく,有機化合物の溶解度が大きいので溶媒として用いられることが多い.ただし,オキサシクロプロパンは酸,塩基,グリニャール反応剤によって開環した生成物を与える.
- 大環状ポリエーテルはクラウンエーテルとよばれ,その大きさによって種々の金属カチオンを取り込む性質をもつ.

練 習 問 題

12・1 シクロペンタノールを金属ナトリウムで処理した後，ヨードエタンと反応させるとシクロペンチルエチルエーテルが生成する．反応式で示せ．

12・2 tert-ブチルアルコールは HCl，HBr，HI とほぼ同程度の反応速度で反応する．理由を説明せよ．

12・3 分子式 $C_4H_{10}O$ をもつアルコールの構造異性体をすべて示せ．これらの化合物のうち，キラルな化合物があれば示せ．

12・4 次の反応生成物を示せ．

(a) シクロヘキサン環(O, CH₃置換) + CH₃CH₂MgBr ⟶

(b) エポキシド-CH₂CH₂CH₃ + LiAlH₄ ⟶

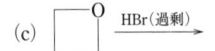

(c) オキセタン $\xrightarrow{\text{HBr(過剰)}}$

(d) オキセタン(CH₃, CH₃置換) $\xrightarrow[\text{CH}_3\text{OH}]{\text{希 HCl}}$

12・5 1-メチルシクロヘキサノールと濃硫酸との反応から予想される生成物を示せ．また，その生成機構を示せ．

12・6 5-メチル-1-ヘキサノールとヨウ化水素との反応から予想される生成物の構造を示せ．また，その生成機構を示せ．

12・7 シクロヘキサノンを出発原料として，1-エトキシ-1-メチルシクロヘキサンを合成するにはどのような方法がもっともよいか．

12・8 (R)-2-オクタノールをピリジン存在下に塩化 p-トルエンスルホニルによって変換する反応では立体化学が保持される．得られるスルホン酸エステルの立体構造を示せ．また，ここで得られたスルホン酸エステルを KCN と反応させたときの生成物の立体構造を示せ．

13 アルデヒドとケトン
（求核付加反応）

> カルボニル基は有機化学におけるもっとも重要な官能基の一つである．C=O 二重結合をもち炭素原子が正に酸素原子が負に分極している．したがって，有機金属反応剤などの求核反応剤は一般に炭素原子を求核的に攻撃し，ルイス酸のような求電子反応剤は酸素原子を求電子的に攻撃する．本章では，アルデヒドおよびケトンの命名法，合成法ならびに求核付加反応の具体例について述べる．

13・1 アルデヒドとケトンの命名法

　アルデヒドは相当するアルカン(-e)の語尾をアール(-al)に置き換えることによって命名する．基本骨格にホルミル基(−CHO)を含み，−CHO の炭素はつねに C1 として命名する．必ずしも最長の炭素鎖でないことに注意を要する（図 13・1）．
　−CHO が環に結合している複雑なアルデヒドの場合，接尾語としてカルバルデヒドが用いられる．また，IUPAC で認められている慣用名が用いられることも多い．α, β-不飽和アルデヒドには，アクロレインのような旧来から用いられている慣用名も使われる（図 13・2）．
　ケトンは相当するアルカンの語尾をオン(-one)で置き換えて命名する．母体はケ

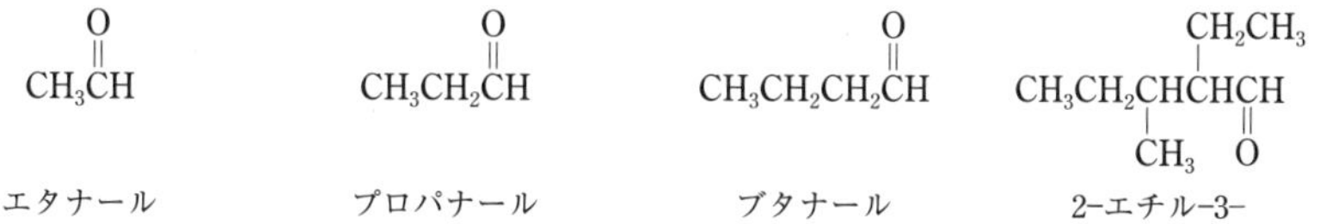

$$\underset{\substack{\text{エタナール}\\(\text{アセトアルデヒド})}}{\text{CH}_3\overset{\text{O}}{\text{CH}}} \qquad \underset{\substack{\text{プロパナール}\\(\text{プロピオンアルデヒド})}}{\text{CH}_3\text{CH}_2\overset{\text{O}}{\text{CH}}} \qquad \underset{\substack{\text{ブタナール}\\(\text{ブチルアルデヒド})}}{\text{CH}_3\text{CH}_2\text{CH}_2\overset{\text{O}}{\text{CH}}} \qquad \underset{\substack{2\text{-エチル-3-}\\\text{メチルペンタナール}}}{\text{CH}_3\text{CH}_2\overset{\overset{\text{CH}_2\text{CH}_3}{|}}{\text{CH}}\underset{\underset{\text{O}}{|}}{\overset{}{\text{CH}}}\text{CH}}$$

図 13・1　アルデヒドの IUPAC 名および慣用名

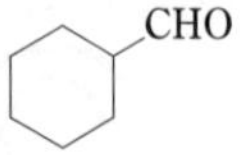

シクロヘキサン
カルバルデヒド

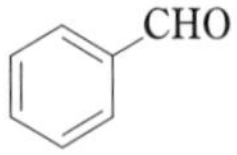

ベンゼンカルバルデヒド
(ベンズアルデヒド)

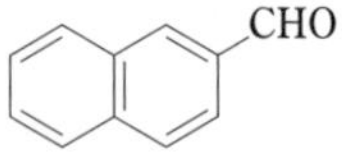

2–ナフタレンカルバルデヒド
(2–ナフトアルデヒド)

$CH_2{=}CHCHO$

2–プロペナール
(アクロレイン)

図 13・2　複復なアルデヒドの IUPAC 名および慣用名

$CH_3\overset{O}{\overset{\|}{C}}CH_3$

プロパノン
(アセトン)

$CH_3CH_2\overset{O}{\overset{\|}{C}}CH_2CH_2CH_2CH_3$

3–ヘプタノン

$CH_3CH_2\overset{O}{\overset{\|}{C}}CH_2CH{=}CHCH_3$

5–ヘプテン–3–オン

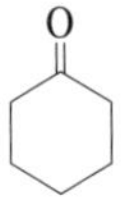

シクロヘキサノン

図 13・3　ケトンの IUPAC 名および慣用名

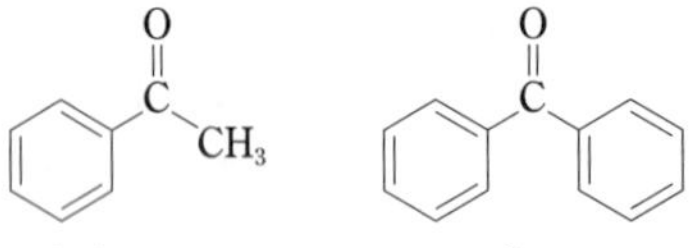

アセトフェノン　　ベンゾフェノン

図 13・4　慣用名が通常使われるケトン

トンを含む最長のもので，カルボニル炭素により近い末端炭素から番号を付ける(図 13・3).

アセトンならびにアセトフェノンやベンゾフェノンは IUPAC により慣用名として認められており，通常使われている(図 13・4).

例題 13・1

問題　IUPAC 命名法によって次のアルデヒドならびにケトンを命名せよ.

(a)　$CH_3CH_2CH_2CH_2\overset{O}{\overset{\|}{C}}H$　　(b)　$H\overset{O}{\overset{\|}{C}}CH_2\underset{\substack{|\\CH_2\\|\\CH_2CH_3}}{CH}CH_2CH_2CH_3$

(c)

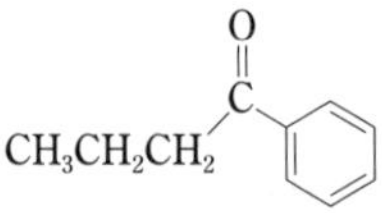

(d)

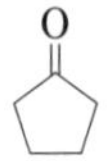

解答　(a)　ペンタナール　　(b)　3–プロピルヘキサナール

(c)　ブチロフェノン(フェニルプロピルケトン；1–フェニルブタノン)

(d)　シクロペンタノン

13・2 アルデヒドおよびケトンの合成法

13・2・1 アルデヒドの合成

a. 酸化による合成

　トルエンを硝酸セリウム(IV)アンモニウム[$(NH_4)_2Ce(NO_3)_6$, cerium (IV) ammonium nitrate：CAN]で酸化すると，収率よくベンズアルデヒドが得られる．また，メチル置換ベンゼン類は陽極酸化によってメチル基がホルミル基に酸化される．この方法は金属などを使わない環境にやさしい合成法である．

$$\text{（トルエン）} \xrightarrow[\text{HClO}_4]{\text{CAN}} \text{（ベンズアルデヒド）} \tag{13・1}$$

$$\text{（p-キシレン）} \xrightarrow[\text{CH}_3\text{OH-CH}_3\text{CO}_2\text{H}]{-4\,e,\,\text{NaBr}} \text{（p-メチルベンズアルデヒド）} \tag{13・2}$$

　1,2-ジ置換アルケンをオゾン酸化するとモロゾニドを経由してオゾニドが生成する．これを還元すると，アルデヒドが生成する．非対称なジ置換アルケンを用いると2種類のアルデヒドが，環状アルケンを用いると末端ジアルデヒドが得られる．中間に生成する環状過酸化物が爆発する危険性があるので，通常は取り出さず，そのまま還元してアルデヒドに導く．還元剤として，ジメチルスルフィドやホスホン酸トリメチルが用いられる．また，パラジウム触媒による水素化も有効である．

　1,1-ジ置換アルケンまたは3置換および4置換アルケンを用いてオゾン酸化するとケトンが得られる．

$$\text{（シクロヘキセン）} \xrightarrow{\text{O}_3} [\text{モロゾニド}] \rightarrow [\text{オゾニド}] \xrightarrow{(\text{CH}_3\text{O})_3\text{P}} \text{（ジアルデヒド）} \tag{13・3}$$

　第一級アルコールを無水クロム酸で酸化すると，アルデヒドが生成する．しかし，通常はさらに酸化が進んでカルボン酸まで酸化されるので，アルデヒドを選択的に得ることは困難である．したがって，アルデヒドの合成法としては好ましい方法とはいえない．そこで，クロム酸と塩酸ならびにピリジンから調製される錯体[クロロクロ

ム酸ピリジニウム（pyridium chromate：PCC）]を用いる合成法が開発された．

$$CH_3(CH_2)_6CH_2OH \xrightarrow[CH_2Cl_2]{PCC} CH_3(CH_2)_6CHO \qquad PCC: \underset{+}{\overset{}{\underset{NH}{\bigcirc}}} CrO_3Cl^- \qquad (13\cdot4)$$

末端アルケンをアルデヒドに変換するもっとも一般的な方法は，アルケンをヒドロホウ素化したのち PCC で酸化する方法である．また，末端アルキンをヒドロホウ素化した後アルカリ性過酸化水素によって酸化してもアルデヒドが得られる．

$$CH_3(CH_2)_5CH=CH_2 \xrightarrow{B_2H_6} [CH_3(CH_2)_5CH_2CH_2]_3B \xrightarrow{PCC} CH_3(CH_2)_6CHO \qquad (13\cdot5)$$

$$RCH_2C\equiv CH \xrightarrow{B_2H_6} (RCH_2CH=CH)_3B \xrightarrow{H_2O_2,\ NaOH} RCH_2CH_2CHO \qquad (13\cdot6)$$

$$\text{Ph}-C\equiv CH \xrightarrow{B_2H_6} \xrightarrow[H_2O_2]{NaOH} \text{Ph}-CH_2CHO \qquad (13\cdot7)$$

温和な条件下での酸化反応としてスワーン（Swern）酸化がある．スワーン酸化は塩化オキサリルで活性化されたジメチルスルホキシド（dimethyl sulfoxide：DMSO）を酸化剤として第一級アルコールをアルデヒドに変換する優れた方法である（12・3・3項 c. 参照）．

また，スワーン酸化の条件で第二級アルコールを用いると，ケトンが得られる．

$$RCH_2OH \xrightarrow[(COCl)_2]{DMSO} \underset{Cl^-}{\overset{CH_3}{\underset{CH_3}{\overset{+}{S}}-O-CH_2R}}$$

$$\xrightarrow{(CH_3CH_2)_3N} RCHO + \underset{CH_3}{\overset{CH_3}{S}} + \overset{+}{H}N(CH_2CH_3)_3Cl^- \qquad (13\cdot8)$$

第一級アルコールをアルデヒドに選択的に酸化する方法としてオキソアンモニウム塩による酸化がある．オキソアンモニウム塩は安定ラジカルとして知られている 2,2,6,6-テトラメチル-1-ピペリジニルオキシラジカル（2,2,6,6-tetramethylpiperidin-1-oxyl：TEMPO）を酸化して合成する．第一級アルコールの代わりに第二級アルコールを用いるとケトンが生成する．

$$RCH_2OH + \underset{O}{\overset{}{\underset{X^-}{N^+}}}\!\!\bigcirc \longrightarrow RCHO + \underset{OH}{\overset{}{N}}\!\!\bigcirc \qquad (13\cdot9)$$

例題 13・2

問題 化合物Aをオゾン酸化し，ジメチルスルフィドで還元したところ，ジエチルケトンとブタナールが生成した．化合物Aを構造式で示せ．

解答

$$\begin{array}{c} C_2H_5 \\ \diagdown \\ C_2H_5 C_3H_7 \end{array}$$

b. 還元による合成

(i) エステルの DIBAH による還元 エステルを水素化ジイソブチルアルミニウム(diisobutylaluminium hydride：DIBAH)によって−78℃で還元すると，アルデヒドが生成する．室温で反応を行うか，過剰の DIBAH を用いると第一級アルコールまで還元される．

$$CH_3(CH_2)_5CO_2C_2H_5 \xrightarrow[-78\,°C]{DIBAH} CH_3(CH_2)_5CHO \qquad (13・10)$$

(ii) 酸ハロゲン化物の還元 カルボン酸と塩化チオニルから容易に得られる酸塩化物を水素化トリ($tert$-ブトキシ)アルミニウムリチウム[lithium tri($tert$-butoxy)aluminium hydride，LiAlH(t-BuO)$_3$]で還元するとアルデヒドが得られる．

$$Ph\text{-}CH=CH\text{-}CO_2H + SOCl_2 \longrightarrow Ph\text{-}CH=CH\text{-}COCl \xrightarrow{LiAlH(t\text{-}BuO)_3} Ph\text{-}CH=CH\text{-}CHO \qquad (13・11)$$

(iii) ニトリルの DIBAH による還元 ニトリルを DIBAH で還元すると，イミンで反応を止めることができる．このイミン中間体を加水分解するとアルデヒドが生成する．

$$Ph\text{-}C\equiv N \xrightarrow{DIBAH} Ph\text{-}\underset{H}{C}=NAl(i\text{-}Bu)_2 \xrightarrow{H_3O^+} Ph\text{-}CHO \qquad (13・12)$$

c. ハロゲン化物の加水分解による合成

(i) ハロゲン化ベンザルの加水分解 ジェミナル位にハロゲンを2個もつハロゲン化ベンザルを加水分解するとベンズアルデヒドが生成する．

$$Ph\text{-}CHCl_2 + H_2O \longrightarrow Ph\text{-}CHO \qquad (13・13)$$

(ii) ジクロロメチルエーテルを用いるアルデヒドの合成 ギ酸エステルを五塩化リンと反応させるとジクロロメチルエーテルが生成する．これを塩化アルミニウム

の存在下で芳香族化合物と反応させ，加水分解すると芳香族アルデヒドが得られる．

$$HCO_2R + PCl_5 \longrightarrow Cl_2CHOR + POCl_3 \quad (13・14)$$

$$Cl_2CHOR + AlCl_3 \longrightarrow Cl\overset{+}{C}HOR + AlCl_4^- \quad (13・15)$$

$$ArH + Cl\overset{+}{C}HOR \longrightarrow ArCHCl(OR) + H^+ \xrightarrow{H_2O} ArCHO + ROH + HCl \quad (13・16)$$

ArH：芳香族化合物

d. **オキシムまたはイミンの加水分解による合成**

オキシムを加水分解すると，ケトンまたはアルデヒドが生成する．また，イミンの加水分解によっても，同様にケトンまたはアルデヒドを与える．

$$\underset{RR'}{N-OH} + H_2O \xrightarrow{OH^-} \underset{RR'}{O} \quad (13・17)$$

$$\underset{RR}{N-C_6H_5} + H_2O \xrightarrow{OH^-} \underset{RR'}{O} + C_6H_5NH_2 \quad (13・18)$$

e. **芳香族アルデヒドの合成**

(i) **芳香族炭化水素のホルミル化：ヴィルスマイヤー(Vilsmeier)反応** ジメチルホルムアミド(N,N-dimethylformamide：DMF)とオキシ塩化リン共存下，芳香族炭化水素を反応させると芳香族アルデヒドが生成する．たとえば，アントラセンから9-ホルミルアントラセン(アントラアルデヒド)が得られる．

$$\text{アントラセン} + (CH_3)_2N-CHO \xrightarrow{POCl_3} \text{9-CHO-アントラセン} \quad (13・19)$$

(ii) **ガッターマン–コッホ反応** きわめて古い反応ではあるが，一酸化炭素と塩化水素を用いて塩化銅(I)を触媒とする芳香族アルデヒドの有用な合成法にガッターマン–コッホ(Gattermann–Koch)反応がある．

$$CO + HCl \xrightarrow{CuCl} HCOCl \xrightarrow{ArH, AlCl_3} ArCHO + HCl \quad (13・20)$$

13・2・2 ケトンの合成

a. **第二級アルコールの酸化(ジョーンズ酸化)**

ケトンの合成法としてもっとも簡便な方法は第二級アルコールをアセトン中，無水

クロム酸で酸化する方法である．これをジョーンズ(Jones)酸化という．第二級アルコールを含むアセトン溶液に，かくはんしながら無水クロム酸の希硫酸水溶液を滴下するとケトンが得られる．アルコールが存在するあいだは無水クロム酸のオレンジ色が緑色に変化するが，オレンジ色が残るようになったところが反応の終点となる(12・3・3項a.参照)．

$$\text{シクロペンタノール} \xrightarrow[\text{CH}_3\text{COCH}_3]{\text{CrO}_3,\ \text{H}_2\text{SO}_4} \text{シクロペンタノン} \qquad (13 \cdot 21)$$

b. ニトリルとグリニャール反応剤との反応

ニトリルにRMgX[グリニャール(Grignard)反応剤]を反応させ，生成したイミンを加水分解するとケトンが生成する．過剰のグリニャール反応剤を用いてもイミンへのR基のさらなる付加は起こらない．

$$\text{PhCN} + \text{CH}_3\text{MgBr} \longrightarrow \text{Ph-C(CH}_3\text{)=NMgBr} \xrightarrow{\text{H}_3\text{O}^+} \text{Ph-CO-CH}_3 \qquad (13 \cdot 22)$$

c. 芳香族炭化水素のアシル化(フリーデル–クラフツアシル化反応)

ルイス酸共存下，芳香族炭化水素とカルボン酸塩化物または酸無水物を反応させると芳香族ケトンが得られる[フリーデル–クラフツ(Friedel–Crafts)アシル化反応]．たとえば，塩化アルミニウムの存在下，ベンゼンとプロピオン酸塩化物からプロピオフェノン(1-フェニル-1-プロパノン)が得られる．ここで，ベンゼン環にプロピオニル基が2個以上入ることはない(10・3・1項d.参照)．

$$\text{C}_6\text{H}_6 + \text{CH}_3\text{CH}_2\text{COCl} \xrightarrow{\text{AlCl}_3} \text{C}_6\text{H}_5\text{-CO-CH}_2\text{CH}_3 \qquad (13 \cdot 23)$$

d. 1,2-ジ置換アセチレンへの水の付加

水銀触媒を用いて1,2-ジ置換アセチレンに水を付加させてもケトンを合成することができる．

$$\text{Ph-C≡C-Ph} + \text{H}_2\text{O} \xrightarrow{\text{Hg}^{2+}} \text{Ph-CH}_2\text{-CO-Ph} \qquad (13 \cdot 24)$$

例題 13・3

問題 アルコールの酸化反応を用いて,次の化合物を合成する方法を示せ.
(a) 1-ヘプタナール　(b) 4-ヘプタノン　(c) 3-メチルペンタナール
(d) 2-メチルシクロペンタノン　(e) 1-フェニル-3-ペンタノン

解答
(a) HO—(ヘプチル) →[PCC] H(C=O)—(ヘキシル)
(b) (ヘプタン-4-オール) →[CrO_3/H_2SO_4] 4-ヘプタノン
(c) HO—CH$_2$CH(CH$_3$)CH$_2$CH$_3$ →[$(COCl)_2$/DMSO] OHC—CH(CH$_3$)CH$_2$CH$_3$
(d) 2-メチルシクロペンタノール →[CrO_3/H_2SO_4] 2-メチルシクロペンタノン
(e) 1-フェニル-3-ペンタノール →[CrO_3/H_2SO_4] 1-フェニル-3-ペンタノン

13・3 カルボニル化合物の反応性

アルデヒドあるいはケトンなどのカルボニル基の反応性は置換基の種類に依存する. ケトンのカルボニル炭素上の部分正電荷はアルデヒドのそれよりも小さい. したがって,アルデヒドはケトンよりも求核攻撃に対する反応性が高い. なかでもホルムアルデヒドがもっとも反応性が大きい.

(反応性大)　HCHO ＞ RCHO ＞ RCOR′　(反応性小)

アルデヒドの高い反応性は立体的因子によっても説明される. アルデヒドのカルボニル炭素に直接結合している水素がケトンのα位にあるなどの置換基よりも立体的に小さいからである.

13・3・1 アルコールの付加――ヘミアセタールおよびアセタールの生成

アルコールは酸素求核剤として,C=O 二重結合の炭素に RO 基が結合し,酸素にプロトンが付加する. アルコールは弱い求核剤であるので,酸触媒を必要とする. この付加反応では,3 段階を経て可逆的に反応が進行し,ヘミアセタールが生成する.

13・3 カルボニル化合物の反応性

反応機構は，まず第1段階でカルボニル基の酸素にプロトンが付加し，つづいてアルコールの酸素がカルボニル基の炭素を攻撃する．アルコール酸素からプロトンが脱離してヘミアセタールが生成する．

$$\underset{H}{\overset{R}{>}}C=O \underset{-H^+}{\overset{H^+}{\rightleftharpoons}} \underset{H}{\overset{R}{>}}C\overset{+}{-}OH \underset{-R'OH}{\overset{R'OH}{\rightleftharpoons}} \underset{H}{\overset{R'O\overset{+}{-}H}{>}}C-OH \underset{H^+}{\overset{-H^+}{\rightleftharpoons}} \underset{H}{\overset{R'O}{>}}C-OH$$

ヘミアセタール

(13・25)

過剰のアルコールが存在すると，ヘミアセタールはさらに反応してアセタールを与える．すなわち，ヘミアセタールのヒドロキシ基の酸素がプロトン化され，水が脱離すると，共鳴安定化されたカルボカチオンを与える．このカチオンに過剰のアルコールが求核的に攻撃してアセタールを与える．

$$\underset{H}{\overset{R'O}{>}}C-OH \underset{-H^+}{\overset{H^+}{\rightleftharpoons}} \underset{H}{\overset{R'O}{>}}C-\overset{+}{O}\overset{H}{\underset{H}{<}} \underset{-H_2O}{\overset{H_2O}{\rightleftharpoons}} \left[\underset{H}{\overset{R}{>}}\overset{+}{C}-OR' \longleftrightarrow \underset{H}{\overset{R}{>}}C\overset{+}{=}OR' \right]$$

$$\underset{R'OH}{\overset{-R'OH}{\parallel}}$$

$$\underset{H}{\overset{R'O}{>}}\overset{+}{C}\underset{H}{\overset{OR'}{<}} \underset{H^+}{\overset{-H^+}{\rightleftharpoons}} \underset{H}{\overset{R'O}{>}}C-OR'$$

アセタール

(13・26)

ケトンもアルデヒドと同様にアセタールを与える．たとえば，シクロヘキサノンは酸触媒存在下，過剰のエタノールと反応させるとジエチルアセタールを生成する．また，エチレングリコールとの反応では，環状のアセタールが生成する．これらのアセタール生成反応はいずれも可逆的である．

(13・27)

(13・28)

生成したアセタールはエーテルの性質はもっているがカルボニル基の性質をもたない．言い換えれば，カルボニル基はアセタールによって保護されていることになるので，アセタールはカルボニル基の保護基とよばれる．このように保護されたカルボニル基は酸によって，いつでも元のカルボニル基に戻すことができる．

13・3・2　水の付加──アルデヒドとケトンの水和反応

ホルムアルデヒドは水溶液中で水和物として存在する．しかし，ほかのアルデヒドやケトンは圧倒的に平衡がカルボニル化合物のほうにずれているため，水和物として取り出すことはできない．例外として，トリクロロアセトアルデヒド（クロラール）は抱水クロラールとよばれる安定な結晶性の水和物を形成する．

$$\underset{R\quad R'}{\overset{O}{\underset{\|}{C}}} + H_2O \rightleftarrows \underset{R\quad R'}{\overset{HO\quad OH}{\underset{|\quad|}{C}}} \qquad (13 \cdot 29)$$

$$\underset{\underset{\text{クロラール}}{H\quad CCl_3}}{\overset{O}{\underset{\|}{C}}} + H_2O \longrightarrow \underset{\text{抱水クロラール}}{CCl_3CH(OH)_2} \qquad (13 \cdot 30)$$

13・3・3　シアン化水素の付加──シアノヒドリンの生成

カルボニル化合物は多くの求核剤と反応して，付加体を与える．たとえば，シアン化水素（青酸ガス）と反応させるとシアノヒドリンが得られる．この反応には水酸化カリウムのような塩基を必要とする．

$$\underset{R\quad R'}{\overset{O}{\underset{\|}{C}}} + HCN \xrightarrow{KOH} \underset{R\quad R'}{\overset{HO\quad CN}{\underset{|\quad|}{C}}} \qquad (13 \cdot 31)$$

13・3・4　金属水素化物による還元

水素化リチウムアルミニウム（$LiAlH_4$）や水素化ホウ素ナトリウム（$NaBH_4$）との反応では，カルボニル化合物が還元されてアルコールが生成する．アルデヒドとの反応では第一級アルコールが，ケトンとの反応では第二級アルコールが得られる．なお，$LiAlH_4$ を用いる場合には，反応後加水分解することが必要である．一方，$NaBH_4$ はアルコールや水を溶媒に用いることができるので加水分解の必要がない．

$$\underset{R\quad H}{\overset{O}{\underset{\|}{C}}} \xrightarrow[CH_3OH]{NaBH_4} R-CH_2OH \qquad (13 \cdot 32)$$

$$\underset{R}{\overset{O}{\underset{\|}{C}}}\!-\!H \xrightarrow{\text{LiAlH}_4} \xrightarrow{\text{H}_3\text{O}^+} R-CH_2OH \quad (13 \cdot 33)$$

$$\underset{R}{\overset{O}{\underset{\|}{C}}}\!-\!R' \xrightarrow{\text{LiAlH}_4} \xrightarrow{\text{H}_3\text{O}^+} R-\underset{\underset{H}{|}}{\overset{OH}{|}}\!-\!R' \quad (13 \cdot 34)$$

13・3・5　カルボニル基のメチレン基への還元——クレメンゼン還元とウォルフ-キシュナー還元

　カルボニル基を直接メチレン基に変換する方法として，強酸性条件下で亜鉛アマルガム（Zn/Hg）を用いるクレメンゼン（Clemmensen）還元が知られている．一方，カルボニル基をヒドラゾンに変換したのち強塩基で処理すると効率よくカルボニル基がメチレン基に還元される．この反応をウォルフ-キシュナー（Wolff-Kishner）還元という．

$$\text{(tetralone)} \xrightarrow{\text{Zn/Hg, HCl}} \text{(tetralin)} \quad (13 \cdot 35)$$

$$\text{PhCH}_2\text{COCH}_2\text{CH}_2\text{CH}_3 \xrightarrow[-\text{H}_2\text{O}]{\text{NH}_2\text{NH}_2} \text{PhCH}_2\text{C(=NNH}_2)\text{CH}_2\text{CH}_2\text{CH}_3 \xrightarrow[200\,°\text{C}]{\text{KOH}} \text{PhCH}_2\text{CH}_2\text{CH}_2\text{CH}_2\text{CH}_3$$

$$(13 \cdot 36)$$

13・4　グリニャール反応剤のカルボニル化合物への付加反応

　C–C結合を新たに形成する有機化学反応は有機化学においてきわめて重要である．もし，炭素求核剤によるカルボニル化合物への付加反応が起これば出発物質よりも炭素数の多い化合物を合成できることになる．

　グリニャール反応剤はもっともよく使われる炭素求核剤である．ジエチルエーテルやテトラヒドロフランのようなエーテル系溶媒中，有機ハロゲン化物と金属マグネシウムからグリニャール反応剤のエーテル系溶液をつくることができる．この溶液にカルボニル化合物を加え，つづいて加水分解するとアルコールが得られる．もっとも簡単なカルボニル化合物であるホルムアルデヒドにグリニャール反応剤を付加させると第一級アルコールが生成する．その他のアルデヒドを用いると第二級アルコールが，ケトンとの反応では第三級アルコールが得られる．

$$\underset{H}{\overset{O}{\underset{\|}{C}}}\!\!-\!H + RMgX \longrightarrow \xrightarrow{H_3O^+} RCH_2OH \qquad (13\cdot 37)$$

$$\underset{R'}{\overset{O}{\underset{\|}{C}}}\!\!-\!H + RMgX \longrightarrow \xrightarrow{H_3O^+} \underset{R'}{RCHOH} \qquad (13\cdot 38)$$

$$\underset{R'}{\overset{O}{\underset{\|}{C}}}\!\!-\!R'' + RMgX \longrightarrow \xrightarrow{H_3O^+} \underset{R'}{\overset{R''}{RCOH}} \qquad (13\cdot 39)$$

例題 13・4

問題 次の各反応の生成物を構造式で示せ.

(a) $CH_3CH_2CH_2CH_2CHO$ + CH_3OH(過剰) $\xrightarrow{H^+}$

(b) $CH_3CH_2\underset{\underset{O}{\|}}{C}CH_2CH_3$ + $HOCH_2CH_2OH$ $\xrightarrow{H^+}$

(c) ⬠=O + CH_3CH_2OH(過剰) $\xrightarrow{H^+}$

解答 (a) $CH_3CH_2CH_2CH_2CH(OCH_3)_2$

(b) $CH_3CH_2\underset{\underset{O\ \ \ O}{\diagdown\diagup}}{C}CH_2CH_3$ (c) ⬠$\underset{OC_2H_5}{\overset{OC_2H_5}{\diagup}}$

例題 13・5

問題 グリニャール反応剤とアルデヒドまたはケトンを用いて, 次の化合物を合成する方法を示せ.

(a) 2-ヘキサノール (b) 1-フェニル-1-ブタノール
(c) 1-ペンタノール (d) 3-エチル-3-ペンタノール
(e) 5,5-ジメチル-1-ヘキサノール

解答 (a) $\underset{O}{\overset{H}{\underset{\|}{CH_3CH_2CH_2CH_2C}}}$ + $CH_3MgI \longrightarrow \xrightarrow{H_3O^+}$ $CH_3CH_2CH_2CH_2\underset{OH}{\overset{}{C}H}CH_3$

(b) Ph-CHO + $CH_3CH_2CH_2MgBr \longrightarrow \xrightarrow{H_3O^+}$ Ph-$\underset{OH}{CH}$-$CH_2CH_2CH_3$

(c) $H\underset{O}{\overset{\|}{C}}H$ + $CH_3CH_2CH_2CH_2MgBr \longrightarrow \xrightarrow{H_3O^+}$ $CH_3CH_2CH_2CH_2CH_2OH$

(d) $CH_3COCH_2CH_3$ + $CH_3CH_2MgBr \longrightarrow[H_3O^+]$ 3-メチル-3-ペンタノール型 (OH付き第三級アルコール)

(e) $HCHO$ + $(CH_3)_3CCH_2CH_2CH_2MgBr \longrightarrow[H_3O^+]$ 5,5-ジメチル-1-ヘキサノール

13・5 ウィッティヒ反応によるアルケンの合成

　カルボニル化合物から一挙に C=C 二重結合を形成する反応にウィッティヒ (Wittig) 反応がある．トリフェニルホスフィンとハロゲン化アルキルからつくったアルキルトリフェニルホスホニウム塩にブチルリチウムのような強塩基を作用させると，リンと炭素の二重結合を含む化合物イレンが生成する．イレンはホスホニウムイリドとの共鳴混成体であり，カルボニル化合物と反応させると，四員環中間体を経てアルケンとトリフェニルホスフィンオキシドを与える．

$$Ph_3P + CH_3I \longrightarrow Ph_3P^+CH_3I^- \xrightarrow{BuLi} [\underbrace{Ph_3P^+CH_2^-}_{\text{イリド}} \longleftrightarrow \underbrace{Ph_3P=CH_2}_{\text{イレン}}] \quad (13\cdot40)$$

$$\text{シクロヘキサノン} + Ph_3P^+CH_2^- \longrightarrow [\text{四員環中間体}] \longrightarrow \text{メチレンシクロヘキサン} + Ph_3P=O \quad (13\cdot41)$$

例題 13・7

問題　次の化合物の具体例をそれぞれ一つ示せ．
(a) ヘミアセタール　　(b) オキシム　　(c) シアノヒドリン
(d) ケトンのエノール形　(e) ヒドラゾン　(f) イミン
(g) アセタール

解答

(a) CH_3CH_2-C(OH)(OCH_3)-CH_3 の構造（2-メトキシ-2-ブタノール型ヘミアセタール）

(b) CH_3CH_2-C(=NOH)-CH_3 （2-ブタノンオキシム）

(c) CH_3CH_2-C(OH)(CN)-CH_3 （2-ヒドロキシ-2-メチルブタンニトリル）

(d) 1-ヒドロキシシクロヘキセン

(e) シクロヘキサノンヒドラゾン ($=N-NH_2$)

(f) $C_6H_5-N=CH-C_6H_5$ （N-ベンジリデンアニリン）

(g) CH_3CH_2-C(OCH_3)_2-CH_3 （2,2-ジメトキシブタン型アセタール）

13・6 バイヤー-ビリガー酸化によるエステルの生成

ケトンを m-クロロ過安息香酸 (m-chloroperbenzoic acid：MCPBA) のような過酸で酸化すると，カルボニル炭素と α 炭素との間に酸素が挿入され，エステルが生成する．反応は，まず過酸がケトンへ付加し，次に環状の遷移状態を経て進行する．そのとき，カルボニル炭素に結合している置換基の一方が，酸素上へ転位してエステルが生成する．この反応を環状ケトンに適用すると，ラクトンが得られる．この反応をバイヤー-ビリガー (Baeyer–Villiger) 酸化という．

転位の速度は，第三級アルキル基＞第二級アルキル基，フェニル基＞第一級アルキル基の順に遅くなる．

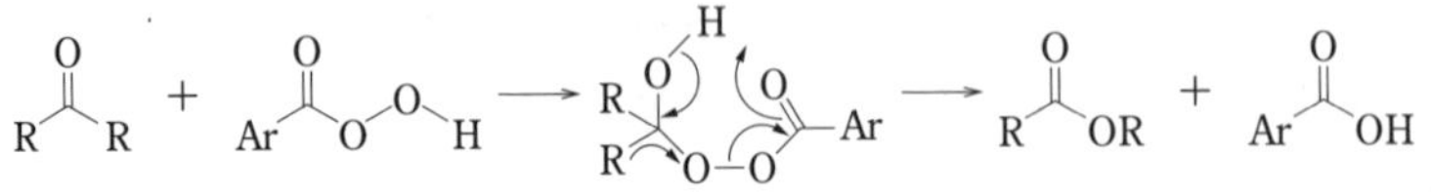

(13・42)

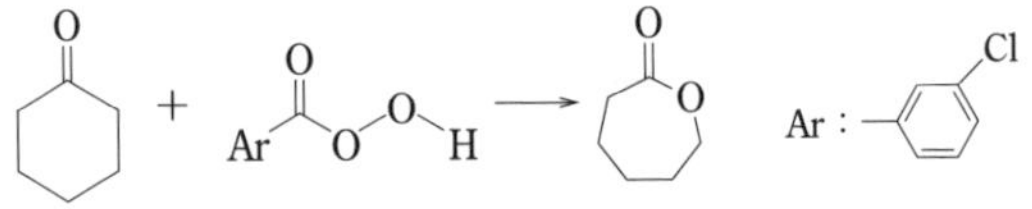

(13・43)

ま と め

- アルデヒドはアルカンの語尾 (-e) をアール (-al) に，ケトンは語尾をオン (-one) に置き換えて命名する．なお，−CHO の炭素はつねに C1 として命名する．
- アルケンをオゾン酸化したのち，ジメチルスルフィドやホスホン酸トリメチルなどで還元すると，アルデヒドまたはケトンが生成する．
- 第一級アルコールをクロム酸や過マンガン酸カリウムで酸化すると，カルボン酸まで酸化されるが，クロロクロム酸ピリジニウム (PCC) を用いるとアルデヒドを選択的に合成することができる．また，塩化オキサリルで活性化したジメチルスルホキシド (DMSO) を酸化剤としても第一級アルコールをアルデヒドに酸化することができる (スワーン酸化).
- エステルを水素化ジイソブチルアルミニウム (DIBAH) によって $-78\,^\circ\mathrm{C}$ で還元すると，アルデヒドが得られる．

- 第二級アルコールを希硫酸中，無水クロム酸で酸化すると，ケトンが得られる(ジョーンズ酸化)．
- ニトリルにグリニャール反応剤を反応させたのち，加水分解するとケトンが生成する．
- ベンゼンのような芳香族炭化水素に，ルイス酸存在下でカルボン酸塩化物または酸無水物を反応させると芳香族ケトンが生成する(フリーデル−クラフツアシル化反応)．
- アルデヒドまたはケトンに酸触媒を用いてアルコールを反応させると，ヘミアセタールおよびアセタールが生成する．
- アルデヒドまたはケトンにグリニャール反応剤を付加させ加水分解すると，ホルムアルデヒドからは第一級アルコールが，そのほかのアルデヒドからは第二級アルコールが，ケトンからは第三級アルコールが生成する．
- アルデヒドまたはケトンを水素化リチウムアルミニウム($LiAlH_4$)または水素化ホウ素ナトリウム($NaBH_4$)で還元すると，第一級アルコールまたは第二級アルコールが得られる．
- アルデヒドまたはケトンにウィッティヒ反応剤を反応させると，四員環中間体を経てアルケンが生成する．

練習問題

13・1 次の名称に相当する化合物を構造式で示せ．
(a) 3-オクタノン (b) 4-メチルシクロヘキサノン (c) プロピオフェノン
(d) 2-メチルブタナール (e) 2,2-ジエチルシクロブタノン
(f) シクロヘプタノンエチレンアセタール

13・2 ベンゼンを出発物質として次の化合物の合成法を考案せよ．1段階の反応とは限らないので注意すること．
(a) フェニルペンチルケトン (b) 1-フェニルプロパン
(c) 3-フェニル-3-ペンタノール

13・3 シクロペンタノンと次の反応剤との反応の生成物を示せ．
(a) メタノール中，$NaBH_4$ (b) NH_2NH_2, KOH, 加熱 (c) NH_2OH, H^+
(d) $HOCH_2CH_2OH$, H^+ (e) HCN (f) $(C_6H_5)_3P=CH_2$

13・4 次の化学変換を行うのに最適な反応剤を示せ．
(a)

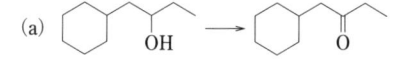

(b) 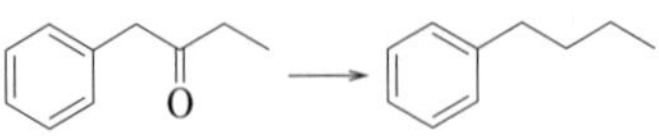 [PhCH₂C(=O)CH₂CH₃ → PhCH₂CH₂CH₂CH₃]

(c) 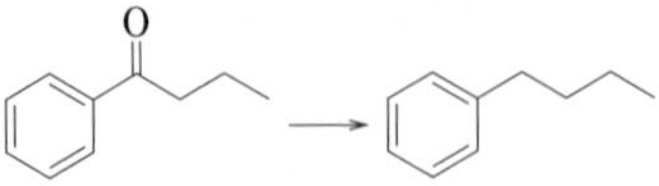 [PhC(=O)CH₂CH₂CH₃ → PhCH₂CH₂CH₂CH₃]

(d) 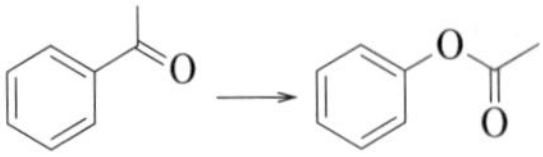 [PhC(=O)CH₃ → PhO-C(=O)CH₃]

(e) 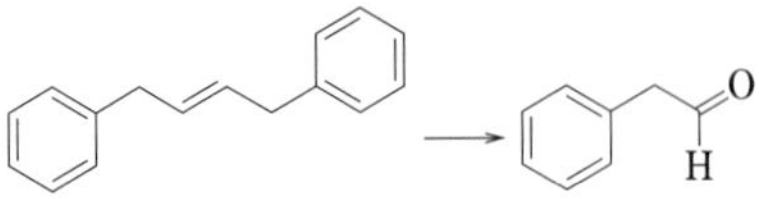 [PhCH₂CH=CHCH₂Ph → PhCH₂CHO]

(f) 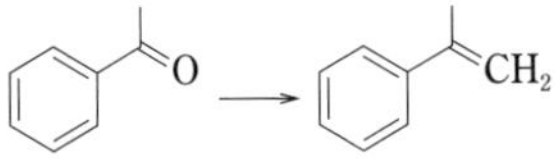 [PhC(=O)CH₃ → PhC(CH₃)=CH₂]

(g) 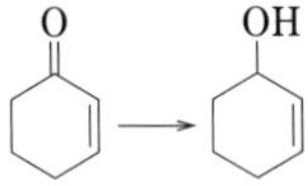 [シクロヘキセノン → シクロヘキセノール]

(h) 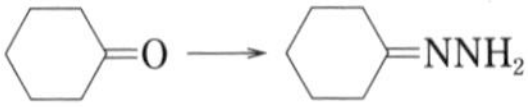 [シクロヘキサノン → シクロヘキサノン=NNH₂]

(g) 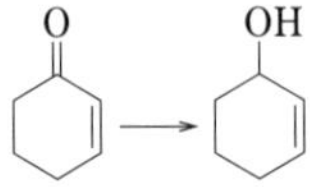 [シクロヘキセノン → シクロヘキセノール]

(h) 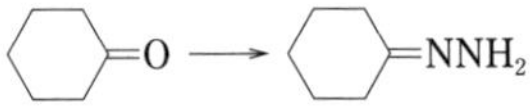 [シクロヘキサノン → シクロヘキサノン=NNH₂]

13・5　シクロオクテンを出発物質として，1,9-デカジエンを合成せよ．

13・6　ウィッティヒ反応を利用して，次の化合物を合成せよ．
　　(a) メチレンシクロヘプタン　　(b) 3-メチル-3-オクテン
　　(c) 1,4-ジフェニル-2-ブテン　　(d) 1-デセン

13・7　ウォルフ-キシュナー還元によってアセトフェノンをエチルベンゼンに変換するときの反応機構を反応式で示せ．

13・8　フリーデル-クラフツ反応を用いて次の化合物を合成せよ．
　　(a) エチル 1-ナフチルケトン　　(b) *p-tert*-ブチルアセトフェノン
　　(c) *p*-クロロフェニルエチルケトン

アルデヒドとケトン 14
（エノラート）

本章ではエノラートの反応について述べる．まずケト–エノールの互変異性について述べたあと，エノールあるいはエノラートを鍵とする反応の代表例として，アルデヒド，ケトンのハロホルム反応とケトンのアルキル化反応をとりあげ説明する．次にアルドール反応を三つの素反応に分解して，なぜ反応がうまく進行するのかについて詳しく学ぶ．つづいてアルドール反応の拡張として交差アルドール反応と分子内アルドール反応について述べる．さらにエノラートの共役付加反応ならびにエステルのクライゼン縮合ついて学ぶ．

カルボニル化合物，アルデヒドやケトンには二つの反応部位がある．一つはカルボニル基そのもので，前章で述べたようにカルボニル炭素は求核剤によって容易に攻撃を受ける．一方，カルボニル酸素はプロトンのような求電子剤と容易に反応する．

$$\text{(cyclohexanone)} + :\text{Nu}^- \longrightarrow \text{(cyclohexanolate-Nu)} \qquad (14\cdot1)$$

$$\text{(cyclohexanone)} + \text{H}^+ \longrightarrow \text{(cyclohexanone-OH}^+\text{)} \qquad (14\cdot2)$$

シクロヘキサノンに対する CH_3MgBr の反応においてはまず一つめのグリニャール（Grignard）反応剤がルイス（Lewis）酸として働き，カルボニル酸素の非共有電子対をマグネシウムが取り込む．こうして活性化されたカルボニル基のカルボニル炭素を二つめの臭化メチルマグネシウムのメチルアニオンが攻撃する．2分子の協同作用で反応は円滑に進行する．

$$\text{シクロヘキサノン} \xrightarrow{\text{CH}_3\text{MgBr}} [\text{中間体}] \xrightarrow{-\text{CH}_3^+} \text{生成物} \quad (14\cdot3)$$

もう一つの反応部位はカルボニル基に隣接する炭素(α炭素とよばれる)上の水素である．カルボニル基によってその酸性度が増している．言い換えるとカルボニル基は電子求引基であり，α炭素上のアニオンを安定化する．したがってカルボニル化合物に適当な塩基を作用させると，α位の水素を引き抜いて炭素アニオンが生成する．このα位炭素アニオンの電子を矢印に沿って移動させるとエノラートとなる．両者は共鳴構造であり，この共鳴のためにエノラートが安定化される．本章ではエノラートの反応について述べる．

$$\text{シクロヘキサノン} \xrightarrow{:\text{Base}} [\text{エノラート共鳴構造}] \quad (14\cdot4)$$

14・1 ケト-エノール互変異性

アセトアルデヒドに適当な塩基を作用させるとメチル基のプロトンが引き抜かれてアニオンが生成する．このアニオンはアルデヒドのエノール形のヒドロキシ基の水素を取り去ることによって生じるアニオンなのでエノラートとよぶ．

$$B:^- \text{H-CH}_2\text{-CHO} \longrightarrow \underset{\text{エノラート}}{\text{H}_2\text{C=CH-O}^-} \longleftrightarrow \underset{\substack{\text{アセトアルデヒドの}\\\text{エノール形}}}{\text{H}_2\text{C=CH-OH}} \quad (14\cdot5)$$

アセチレンに水が付加するとヒドロキシ基が二重結合の炭素に結合したエノールが生成する．エノールは異性体であるカルボニル化合物に自然に異性化する．この過程は互変異性とよばれる．プロトンと二重結合の移動が同時に起こることにより，二つの異性体が相互に変換する．二つの異性体はそれぞれエノール互変異性体，ケト互変異性体とよばれる．

$$\text{CH}\equiv\text{CH} \xrightarrow{\text{H}_2\text{O 付加}} \underset{\text{エノール互変異性体}}{\text{H}_2\text{C=CH-OH}} \xrightarrow{\text{互変異性}} \underset{\text{ケト互変異性体}}{\text{CH}_3\text{CHO}} \quad (14\cdot6)$$

14・1 ケト-エノール互変異性

ケト-エノール互変異性は酸あるいは塩基触媒によって促進される．塩基は容易にエノールのヒドロキシ基から水素を引き抜く．つづいて C-プロトン化が起こり熱力学的により安定なケト形となる．

$$\underset{\text{エノール形}}{\mathrm{C=C}\diagdown_{\mathrm{H}}^{\mathrm{O-H}}} + \mathrm{B}^- \rightleftharpoons \left[\underset{\text{エノラートイオンの共鳴構造式}}{\mathrm{C=C}\diagdown_{\mathrm{H}}^{\mathrm{O}^-} \leftrightarrow \mathrm{C-C}\diagdown_{\mathrm{H}}^{\mathrm{O}}} \right] + \mathrm{H-B}$$

$$\rightleftharpoons \underset{\text{ケト形}}{-\mathrm{C}-\mathrm{C}\diagdown_{\mathrm{H}}^{\mathrm{O}}} + \mathrm{B}^- \qquad (14\cdot 7)$$

なお上式のエノラートイオンに対する二つの構造式は互いに共鳴構造式であるが，左右両端にあるエノール形，ケト形は互変異性体であり共鳴ではないことに注意してほしい．エノール形とケト形では水素原子の相対的位置が変化しているので互いに共鳴構造ではない．

一方，酸触媒下の反応では，エノール形の二重結合がプロトン化され，酸素の結合した炭素上に正電荷が生じる．この化学種はカルボニル基がプロトン化されたものの共鳴構造である．これがプロトンを失うとケト形になる．

$$\mathrm{C=C}\diagdown_{\mathrm{H}}^{\mathrm{OH}} + \mathrm{H}^+ \rightleftharpoons \left[-\mathrm{C}-\mathrm{C}\diagdown_{\mathrm{H}}^{\mathrm{OH}} \leftrightarrow -\mathrm{C}-\mathrm{C}\diagdown_{\mathrm{H}}^{+\mathrm{OH}} \right] \rightleftharpoons -\mathrm{C}-\mathrm{C}\diagdown_{\mathrm{H}}^{\mathrm{O}} + \mathrm{H}^+ \qquad (14\cdot 8)$$

ケト形からエノール形への変換の平衡定数はふつうのアルデヒドやケトンでは非常に小さく，一般にエノール形は痕跡程度しか存在しない．たとえばアセトンやアセトアルデヒドではエノール形はそれぞれ 0.000 001 %，0.0001 % である [式 (14・9)，(14・10)]．これに対してアセト酢酸メチルような二つのカルボニル基に挟まれた CH_2 をもつ化合物では，エノール形が共役系となり，さらに六員環構造の分子内水素結合によって安定化するためエノール形のほうが多くなる [式 (14・11)]．

$$\underset{99.999\,999\%}{\mathrm{H-CH_2\overset{O}{\overset{\|}{C}}CH_3}} \rightleftharpoons \underset{0.000\,001\%}{\mathrm{H_2C=C}\diagdown_{\mathrm{CH_3}}^{\mathrm{OH}}} \qquad (14\cdot 9)$$

$$\underset{99.9999\%}{\mathrm{H-CH_2\overset{O}{\overset{\|}{C}}H}} \rightleftharpoons \underset{0.0001\%}{\mathrm{H_2C=C}\diagdown_{\mathrm{H}}^{\mathrm{OH}}} \qquad (14\cdot 10)$$

$$\text{CH}_3\text{CCH}_2\text{COCH}_3 \rightleftharpoons \text{(エノール形)} \quad (14 \cdot 11)$$

アセト酢酸メチル
25%　　　　　　　75%

例題 14・1

問題 次の各カルボニル化合物から脱プロトン化によって生成するエノラートイオンの構造を書け．
(a) アセトアルデヒド　　(b) プロパノン
(c) 4-ヘプタノン　　　　(d) シクロペンタノン

解答

(a) $\text{CH}_2=\text{C}(\text{O}^-)\text{H}$　(b) $\text{CH}_2=\text{C}(\text{O}^-)\text{CH}_3$　(c) エノラート構造　(d) シクロペンテノラート

例題 14・2

問題 次の化合物は，重水とナトリウムメトキシドを用いると容易に水素を重水素に交換できる．重水素化された化合物を構造式で示せ．
(a) 2,2-ジメチルシクロヘキサノン　　(b) アセトフェノン
(c) tert-ブチルエチルケトン　　　　(d) 2-プロピルシクロペンタノン

解答 カルボニル基のα位のプロトンは塩基によって容易に引き抜かれエノラートを与える．ここに重水素を加えると，カルボニル基のα位の水素が重水素で置き換わった化合物が生成する．

(a) 2,2-ジメチル-6,6-ジジュウテロシクロヘキサノン　(b) $\text{C}_6\text{H}_5\text{COCD}_3$　(c) $(\text{CH}_3)_3\text{CCOCHD}\text{CH}_3$相当　(d) 2-プロピル-2,5,5-トリジュウテロシクロペンタノン

例題 14・3

問題 cis-2,3-ジメチルシクロペンタノンをエタノール中10% KOHで処理したときどんな反応が起こるか．

解答

cis体 $\xrightleftharpoons[\text{H}^+]{\text{KOH}}$ エノラート $\xrightleftharpoons[\text{KOH}]{\text{H}^+}$ trans体

トランス体に異性化する．トランス体のほうが安定なため平衡が右へずれる．

14・2　アルデヒド，ケトンのハロゲン化とハロホルム反応

　酸触媒を用いるか，塩基触媒を用いるかによって反応の進行状況が異なる．酸条件下のハロゲン化ではハロゲンが一つ導入されたところで反応は停止する．たとえば，アセトンを酢酸触媒存在下で臭素と反応させるとブロモアセトンが生成する．

$$\text{H-CH}_2\text{CCH}_3 + \text{Br}_2 \xrightarrow[\text{H}_2\text{O}]{\text{CH}_3\text{COOH 触媒}} \text{BrCH}_2\text{CCH}_3 + \text{HBr} \quad (14・12)$$

　反応は次の3段階で進行する．まず酸触媒によるエノール化が起こり，つづいてエノールが臭素分子を攻撃する．そして最後に脱プロトン化によってブロモアセトンが得られる．

$$\text{CH}_3\text{CCH}_3 \xrightleftharpoons{\text{H}^+} \text{CH}_2=\overset{\text{OH}}{\text{C}}-\text{CH}_3 \quad (14・13)$$

$$\text{Br-Br} + \text{CH}_2=\overset{:\ddot{\text{O}}\text{H}}{\text{C}}-\text{CH}_3 \longrightarrow \text{BrCH}_2\overset{^+\text{O}-\text{H}}{\text{C}}-\text{CH}_3 + \text{Br}^- \quad (14・14)$$

$$\text{BrCH}_2\overset{^+\text{O}-\text{H}}{\text{C}}-\text{CH}_3 \longrightarrow \text{BrCH}_2\text{CCH}_3 + \text{H}^+ \quad (14・15)$$

　ブロモアセトンに対してさらに臭素化が進行してジブロモ体やトリブロモ体が生成しない理由は，1段階目のエノール化が阻害されるためである．アセトンに比べてブロモアセトンはハロゲンが電子求引性の基であるためにプロトン化を受けにくい．そのためブロモアセトンはもとのアセトンよりもエノール化しにくい．

$$\text{BrCH}_2\text{CCH}_3 \xrightleftharpoons{\text{H}^+} \text{BrCH}_2\overset{^+\text{O}-\text{H}}{\text{C}}-\text{CH}_3 \quad (14・16)$$

　塩基触媒を用いるハロゲン化反応では状況は一変する．α位の水素が引抜かれることで生成したエノラートがハロゲンを攻撃することによってα位の臭素化が進行する．α炭素上の水素の一つがハロゲン原子で置き換わると，ハロゲンの電子求引性のためにα炭素上に残っている二つの水素の酸性度が高くなり，反応性が大きくなる．すると，エノラートは元のアセトンよりも生成しやすく，α炭素上の水素がすべて完全にハロゲン化されるまで反応は進む．

$$\text{CH}_3\text{-}\underset{\text{O}^-}{\text{C}}\text{=CH}_2 + \text{Br-Br} \longrightarrow \text{CH}_3\overset{\text{O}}{\underset{\|}{\text{C}}}\text{CH}_2\text{Br} + \text{Br}^- \qquad (14\cdot17)$$

$$\text{CH}_3\overset{\text{O}}{\underset{\|}{\text{C}}}\text{CH}_2\text{Br} \xrightarrow{\text{-Base}} \text{CH}_3\underset{\text{O}^-}{\text{C}}\text{=CHBr} \xrightarrow{\text{Br}_2} \text{CH}_3\overset{\text{O}}{\underset{\|}{\text{C}}}\text{CHBr}_2 \Longrightarrow \text{CH}_3\overset{\text{O}}{\underset{\|}{\text{C}}}\text{CBr}_3 \quad (14\cdot18)$$

トリハロメチル基は良好な脱離基である．そのため塩基性条件下のメチルケトンの臭素化反応は最終的にはカルボン酸とブロモホルムを与える．生成物の慣用名からハロホルム反応とよばれている．ハロゲンがヨウ素の場合，トリヨードメタン（ヨードホルム）が黄色の固体として析出する．これがヨードホルム反応とよばれるメチルケトン類の定性的検出法である．

$$\text{PhCCH}_3 \xrightarrow[\text{NaOH}]{\text{I}_2} \text{PhCCI}_3 \qquad (14\cdot19)$$

$$\text{PhCCI}_3 + {}^-\text{OH} \longrightarrow \text{PhC}\underset{\text{OH}}{\overset{\text{O}^-}{\underset{|}{|}}}\text{CI}_3 \longrightarrow \text{PhC}\underset{\text{OH}}{\overset{\text{O}}{\|}} + {}^-\text{CI}_3 \longrightarrow \text{PhC}\underset{\text{O}^-}{\overset{\text{O}}{\|}} + \text{HCI}_3 \quad (14\cdot20)$$

14・3　アルデヒドおよびケトンのアルキル化

ケトンのエノラートをハロゲン化アルキルと反応させるとα炭素がアルキル化される．α水素が一つしかないケトンの場合にはアルキル化体を収率よく得ることができるが，α水素が二つ以上あるとジアルキル化の制御が問題となる．モノアルキル化ケトンが元のケトンのエノラートによって脱プロトン化され，再びエノラートとなって二つめのアルキル化が起こる．なおアルデヒドの場合はこのような方法でアルキル化することはできない．次節で述べるアルドール反応が起こるためである．

$$\text{PhCCH}\underset{\text{CH}_3}{\overset{\text{CH}_3}{\diagdown}} \xrightarrow{\text{NaH}} \text{PhC=C}\underset{\text{CH}_3}{\overset{\text{CH}_3}{\diagdown}} \xrightarrow{\text{CH}_2\text{=CHCH}_2\text{Br}} \text{PhC}\text{-}\underset{\text{CH}_3}{\overset{\text{CH}_3}{\underset{|}{\overset{|}{\text{C}}}}}\text{-CH}_2\text{CH=CH}_2 \quad (14\cdot21)$$

$$\text{(cyclohexanone)} \xrightarrow[\text{CH}_3\text{I}]{\text{NaH}} \text{(2-methylcyclohexanone)} + \text{(2,2-dimethylcyclohexanone)} + \text{(2,6-dimethylcyclohexanone)} \qquad (14\cdot22)$$

この問題の解決法がエナミンを利用するものである．アザシクロペンタン（ピロリジン）のような第二級アミンとアルデヒドやケトンとの反応でエナミンを合成する．

14・3 アルデヒドおよびケトンのアルキル化　263

エナミンはその共鳴構造式からわかるように窒素からβ位の炭素が求核性をもっている．そのためハロゲン化アルキルと反応させると，この炭素がアルキル化されてイミニウム塩が生成する．加水分解するとアルキル化されたアルデヒドあるいはケトンと，元の第二級アミンが得られる．

$$\text{CH}_3\text{CH}_2\overset{\text{O}}{\text{C}}\text{CH}_2\text{CH}_3 + \underset{\text{H}}{\underset{|}{\text{N}}}\text{（ピロリジン）} \xrightarrow{\text{H}^+} \left[\underset{\text{CH}_3\text{CH}_2}{\overset{\text{N}}{\text{C}}}=\text{CHCH}_3 \longleftrightarrow \underset{\text{CH}_3\text{CH}_2}{\overset{\overset{+}{\text{N}}}{\text{C}}}-\overset{-}{\text{CHCH}_3} \right]$$
　　　　　　　　　　　　　　　　　　　　エナミン
(14・23)

$$\underset{\text{CH}_3\text{CH}_2}{\overset{\text{N}:}{\underset{\alpha}{\text{C}}}}=\underset{\beta}{\text{CHCH}_3} + \text{CH}_3-\text{I} \longrightarrow \underset{\text{CH}_3\text{CH}_2}{\overset{\overset{+}{\text{N}}}{\text{C}}}-\text{CH}\underset{\text{CH}_3}{\overset{\text{CH}_3}{<}}$$

$$\xrightarrow[-\text{H}^+]{\text{H}_2\text{O}} \text{CH}_3\text{CH}_2\overset{\text{O}}{\text{C}}\text{CH}\underset{\text{CH}_3}{\overset{\text{CH}_3}{<}} + \underset{\text{H}}{\underset{|}{\text{N}}} \quad (14\cdot24)$$

エノラートのアルキル化法に比べると，エナミン法は第二，第三のアルキル化が抑えられるという点で優れている．さらにアルキル化されたアルデヒドの合成にも利用できるという利点もある．

例題 14・4

問題　シクロヘキサノンのピロリジンエナミンの酸触媒による加水分解の反応機構を示せ．

$$\text{（シクロヘキセン-N-ピロリジン）} + \text{H}_2\text{O} \xrightarrow{\text{H}^+} \text{（シクロヘキサノン）}=\text{O} + \text{HN（ピロリジン）}$$

解答

（機構図：H⁺プロトン化 → イミニウムイオン → H₂O付加 → OH₂⁺中間体 → OH中間体（+NH） → シクロヘキサノン（=OH⁺）＋HN（ピロリジン） → −H⁺ → シクロヘキサノン＋HN（ピロリジン））

14・4　アルドール反応

　アセトアルデヒドに NaOH を作用させるとアルデヒドアルコールである 3-ヒドロキシブタナールが生成する．この反応を生成物の名称(aldehyde alcohol)の頭と尾の部分をとってアルドール(aldol)反応とよぶ．反応は 3 段階で進行する．まず最初にアルデヒドに $^-$OH が作用して，エノラートが生成する．このエノラートの C^- 部位がもう 1 分子のアセトアルデヒドのカルボニル炭素を攻撃するところが第 2 段階である．第 3 段階はプロトン化である．

　このアルドール反応をもう少し詳しくみてみよう．第 1 段階ならびに第 2 段階の平衡反応は，いずれも左側の原系のほうに傾いている．これに対して第 3 段階の反応の平衡は右側に傾いている．H_2O のプロトンの酸性度($pK_a=15.7$)とアルドール体のヒドロキシ基(第二級アルコール)の pK_a が 17.1 であることから左辺のアルコキシイオンは容易に水からプロトンを引き抜くことができる(3・2・5 項参照)．こうして最終段階が右へ進むことによって第 2 段階につづいて第 1 段階の平衡反応が右へ進み全体としてアルドール付加体が得られることになる．

第 1 段階　　$CH_3CHO + {}^-OH \rightleftharpoons {}^-CH_2CHO + H_2O$ 　　　　(14・25)

第 2 段階　　${}^-CH_2CHO + CH_3CHO \rightleftharpoons CH_3\underset{H}{\overset{O^-}{C}}-CH_2CHO$ 　　(14・26)

第 3 段階　　$CH_3\underset{H}{\overset{O^-}{C}}-CH_2CHO + H_2O \rightleftharpoons CH_3\underset{H}{\overset{OH}{C}}-CH_2CHO + {}^-OH$ 　(14・27)

　なお，生成したアルドール生成物を塩基性あるいは酸性条件下で加熱すると，脱水を起こし，α,β-不飽和アルデヒドに変わる．二重結合がカルボニル基と共役した安定な化合物となるため脱水反応は速やかに進行する．脱水反応を伴って α,β-不飽和アルデヒドになる反応をアルドール縮合とよぶ．

$$CH_3\underset{H}{\overset{OH}{C}}-CH_2CHO \xrightarrow[加熱]{{}^-OH または H^+} CH_3CH=CHCHO + H_2O \quad (14・28)$$

　ケトンのアルドール型の反応はアルデヒドのアルドール反応ほどはうまく進行しない．実際アセトンを塩基で処理すると，4-ヒドロキシ-4-メチル-2-ペンタノンは生成

するものの出発物であるアセトンとの平衡が不利でその収率は低い．ケトンのカルボニル結合は，アルデヒドのカルボニル結合よりいくらか（約 13 kJ mol^{-1}）強いためケトンのアルドール型反応は吸熱的である．したがって反応を前進させるには生成物を反応系外に出すとか，反応をより激しい条件で行い，脱水反応させて水を除去して平衡を α, β-不飽和ケトンのほうに偏らせるなどの工夫が必要である．

$$2\,CH_3\overset{O}{\underset{}{C}}CH_3 + {}^-OH \rightleftharpoons CH_3\underset{\underset{CH_3}{|}}{\overset{\overset{OH}{|}}{C}}-CH_2\overset{O}{\underset{}{C}}CH_3 \qquad (14\cdot29)$$
$$\quad\;\;94\% \qquad\qquad\qquad\qquad\qquad 6\%$$

14・5 交差アルドール反応
——2種類のアルデヒド間のアルドール反応

2種類のアルデヒドを$^-$OHで処理するとどうなるだろうか．アセトアルデヒド（CH_3CHO）とプロピオンアルデヒド（CH_3CH_2CHO）の混合物を NaOH で処理すると四つのアルドール付加体の混合物が得られる．アセトアルデヒドのエノラートとプロピオンアルデヒドのエノラートの2種類のエノラートが生成する．生成したアセトアルデヒドのエノラートは，もう1分子のアセトアルデヒドにもプロピオンアルデヒドにも付加することができる．一方，プロピオンアルデヒドから生成したエノラートも二つのアルデヒドに付加することができるので，合計四つのアルドール付加体が生成することになる．

$$CH_3CHO + CH_3CH_2CHO \xrightarrow{NaOH}$$

$$CH_3\underset{\underset{OH}{|}}{\overset{\overset{H}{|}}{C}}-CH_2CHO + CH_3CH_2\underset{\underset{OH}{|}}{\overset{\overset{H}{|}}{C}}-CH_2CHO + CH_3\underset{\underset{OH}{|}}{\overset{\overset{H}{|}}{C}}-CHCHO_{CH_3} + CH_3CH_2\underset{\underset{OH}{|}}{\overset{\overset{H}{|}}{C}}-CHCHO_{CH_3}$$

$$\qquad\qquad\qquad\qquad\qquad\qquad\qquad\qquad\qquad\qquad (14\cdot30)$$

四つの生成物のうち1種類の生成物だけを選択的に得るには，少し条件を加える必要がある．まず2種類のアルデヒドのうち一つはベンズアルデヒドのような α 位に水素をもたないアルデヒドを用いる．このようなアルデヒドからはエノラートが生成しない．たとえばアセトアルデヒドとベンズアルデヒドの間のアルドール反応を考えてみよう．この場合にはエノラートが生成するのはアセトアルデヒドだけである．このエノラートがもう1分子のアセトアルデヒドあるいはベンズアルデヒドと反応する．そこで2種類のアルデヒド間の交差アルドール付加体だけを得るには，ベンズア

ルデヒドのほうを大過剰に用い，アセトアルデヒドのエノラートがベンズアルデヒドとだけ反応するようにすればよい．

$$\text{CH}_3\text{CHO} + \text{PhCHO（大過剰）} \xrightarrow{\text{NaOH}} \text{PhC(H)(OH)}-\text{CH}_2\text{CHO} \qquad (14\cdot31)$$

2種類のカルボニル化合物の間の交差アルドール反応をより一般的にうまく進行させるには，まず一方のカルボニル化合物を100％エノラートに変換しておいて，そのあとで第二成分のカルボニル化合物を加えればよい．例としてシクロヘキサノンのエノラートとアセトアルデヒドの反応について述べる．まずシクロヘキサノンを100％エノラートに変換する．それにはジイソプロピルアミンとブチルリチウムから得られるリチウムジイソプロピルアミド(lithium diisopropylamide: LDA)をシクロヘキサノンに作用させればよい．ジイソプロピルアミンのアミンのpK_aは35であり，その共役塩基であるジイソプロピルアミドはpK_aが25であるシクロヘキサノンのα位の水素を引き抜くことができる．こうしてシクロヘキサノンのエノラートを定量的に得る．ここにアセトアルデヒドを加えれば，目的とするアルドール型付加体を収率よく得ることができる．なお，ここでアルドール型付加体と型をつけたのは，本来アルドール反応とは先に述べたように2分子のアルデヒドからアルデヒドアルコールが生成する反応を指すものである．ここで述べた反応はケトンのエノラートとアルデヒドの反応でケトアルコールが生成するので厳密な意味ではアルドール反応ではない．しかし，一般にはこれらをも含めて広くアルドール反応という言葉が用いられているので，本書ではこれ以降アルドール反応とアルドール型反応を区別せず，アルドール反応といういい方を使用する．

$$\text{シクロヘキサノン} + i\text{-Pr}_2\text{NLi} \longrightarrow \text{シクロヘキセノラート(OLi)} + i\text{-Pr}_2\text{NH} \qquad (14\cdot32)$$

$$\text{シクロヘキセノラート(OLi)} + \text{CH}_3\text{CHO} \longrightarrow \text{付加体-OLi} \xrightarrow{\text{H}^+} \text{付加体-OH} \qquad (14\cdot33)$$

14・6 分子内アルドール反応

分子内の適当な位置に二つのホルミル基(−CHO)をもつ化合物は，一方がエノラー

14・6 分子内アルドール反応

トとなり他方のカルボニル炭素を攻撃する．このような反応を分子内アルドール反応という．

　ヘキサンジアールを塩基で処理すると環状の生成物が得られる．分子内反応による五員環の生成がずっと有利であるため，エノラートによるもう一つのほかの分子のアルデヒド炭素への攻撃（分子間アルドール反応）は，ほとんど起こらない．ヘキサンジアールの濃度を低くすれば二つの分子が衝突する確率が小さくなり，分子間反応はより抑えられて，分子内反応による五員環生成物の収率はより高くなる．

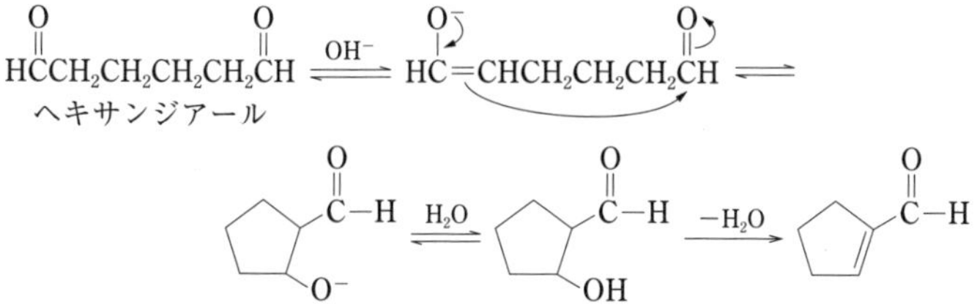

$$\text{HCCH}_2\text{CH}_2\text{CH}_2\text{CH}_2\text{CH} \xrightleftharpoons{\text{OH}^-} \text{HC}=\text{CHCH}_2\text{CH}_2\text{CH} \rightleftharpoons$$
ヘキサンジアール

$$\rightleftharpoons \xrightarrow{\text{H}_2\text{O}} \xrightarrow{-\text{H}_2\text{O}} \qquad (14\cdot34)$$

　分子内に二つのケト基をもつ 2,5-ヘキサンジオンは五員環を，2,6-ヘプタンジオンは六員環生成物を与える．2,5-ヘキサンジオンでは C1 のエノラートと C5 のカルボニル基の間で結合が生成する．C3 の位置にもエノラートの生成が可能であるが，C3 が C5 のカルボニル炭素を攻撃した場合は三員環のシクロプロパン環が生成する．この化合物はひずみが大きく不安定なため，五員環化合物だけが選択的に得られる．2,6-ヘプタンジオンの場合も同様の理由で四員環は生成せず，六員環だけが生成する．

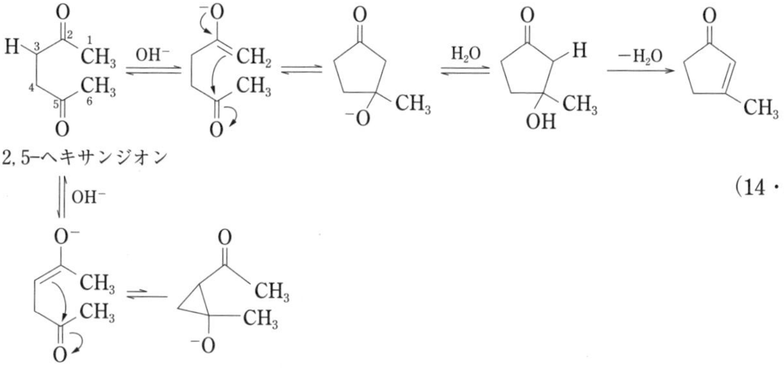

$$(14\cdot35)$$

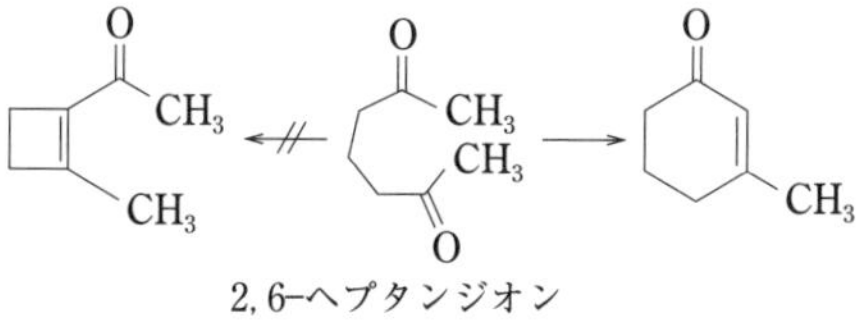

2,5-ヘキサンジオン

$$(14\cdot36)$$

2,6-ヘプタンジオン

14・7 エノラートイオンの共役付加反応
——マイケル付加およびロビンソン環化

エノラートイオンは α, β-不飽和アルデヒドやケトンに対して共役付加する．この反応はマイケル(Michael)付加とよばれている．メチルシクロヘキサノンとフェニルビニルケトンとの反応例を下に示す．

$$\text{（14・37）}$$

まずエノラートが α, β-不飽和カルボニル化合物の β 炭素を求核攻撃し，生じたエノラートがプロトン化されることによって1,5-ジケトンが生成する．

$$\text{（14・38）}$$

ロビンソン(Robinson)環化反応は，ビニルケトンと環状ケトンの間でまずマイケル付加反応が起こり，つづいて分子内アルドール縮合反応が起こって六員環化合物を与える反応である．

$$\text{（14・39）}$$

メチルシクロヘキサノンにはカルボニル基の α 位は2か所あるが，マイケル付加反応は活性なメチン側で選択的に起こる．ロビンソン環化反応は天然物合成によく用いられている．この環化反応を2回利用して男性ステロイドホルモンであるテストステロン前駆体を合成した例を下に示す．なお2回目の環化反応において混合物を前もって分離する必要はない．いずれの化合物からも脱プロトン化すると同じエノラー

14・7 エノラートイオンの共役付加反応——マイケル付加およびロビンソン環化

トが生成するためである.

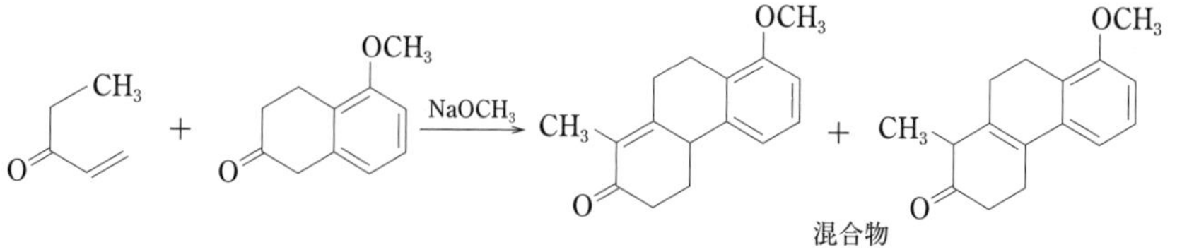

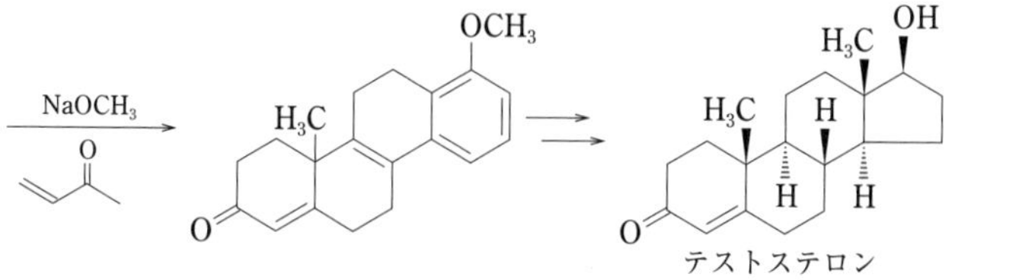

$$(14・40)$$

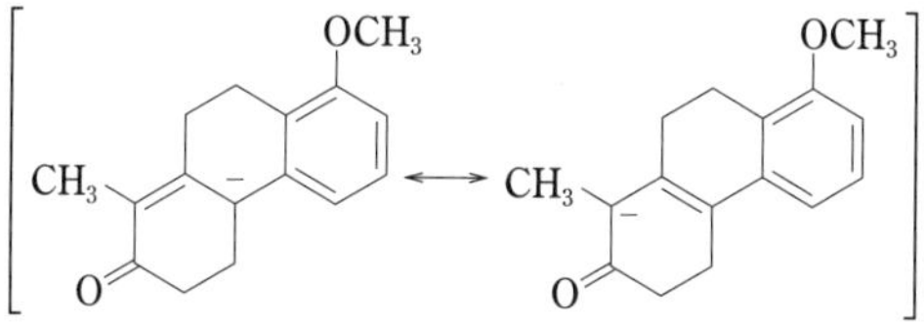

混合物

テストステロン

共鳴安定化したアリル型エノラートイオン

例題 14・5

問題 マイケル付加反応あるいはロビンソン環化反応を用いて次の化合物を合成する方法を示せ.

(a) 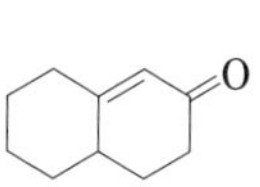   (b)

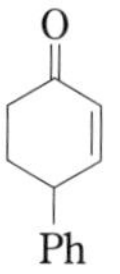

解答

(a)

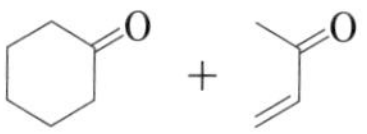

(b)

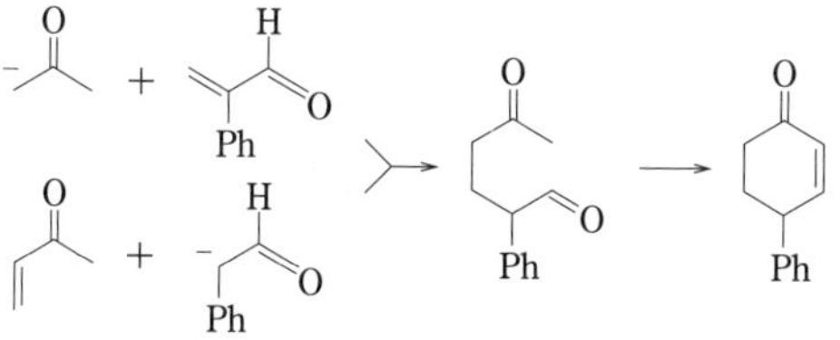

14・8 エステル2分子の反応——クライゼン縮合

　酢酸エチルに塩基であるナトリウムエトキシド($NaOC_2H_5$)を作用させると，アセト酢酸エチルが生成する．クライゼン(Claisen)縮合とよばれるこの反応もアセトアルデヒドのアルドール反応と同様に3段階で進行する．

$$2\,CH_3C(=O)OC_2H_5 \xrightarrow{NaOC_2H_5} CH_3CCH_2C(=O)OC_2H_5 \quad (14\cdot41)$$

　まず最初に $C_2H_5O^-$ が酢酸エチルのメチル基のプロトンを引き抜く．生成したエノラートはもう1分子の酢酸エチルのカルボニル炭素を攻撃して，$C_2H_5O^-$ を脱離させアセト酢酸エチルが得られる．反応生成物はこれで一応できあがるわけだが，実はもう1段階反応が存在する．それは，アセト酢酸エチルの二つのカルボニル基にはさまれたメチレン水素の $C_2H_5O^-$ による引き抜きである．このメチレン水素は C_2H_5OH の水素よりも酸性度が高い．したがってアセト酢酸エチルは $C_2H_5O^-$ によってメチレン水素から水素を一つ引き抜かれ，エノラートの形で系中に存在することになる．最後に，酸を加えて反応を停止させることでアセト酢酸エチルを単離することができる．なぜアルドール反応と同じように塩基として NaOH を用いないのだろうか．それは，NaOH を用いた場合にはエステルが加水分解を受けて酢酸になってしまう反応が競争して起こり，反応が複雑になるためである．用いるエステルのアルコール部分とナトリウムアルコキシドのアルコールは同じものを使わなければいけない．

　なおこの反応においても反応が進むのは第3段階の反応が右へ傾くためである．すなわちエタノールの水素よりもアセト酢酸エチルのメチレン水素のほうが酸性度が大きいことがこの反応を進行させる駆動力となっている．

第1段階　$HC(H)(H)-C(=O)OC_2H_5 + {}^-OC_2H_5 \rightleftharpoons {}^-CH_2C(=O)OC_2H_5 + HOC_2H_5 \quad (14\cdot42)$

第2段階　$CH_3C(=O)OC_2H_5 + {}^-CH_2C(=O)OC_2H_5 \rightleftharpoons CH_3C(O^-)(OC_2H_5)-CH_2C(=O)OC_2H_5$

$\rightleftharpoons CH_3CCH_2C(=O)OC_2H_5 + {}^-OC_2H_5 \quad (14\cdot43)$

14・8 エステル2分子の反応──クライゼン縮合

第3段階 $CH_3\overset{O}{\overset{\|}{C}}CH_2\overset{O}{\overset{\|}{C}}OC_2H_5$ + $^-OC_2H_5$

$\longrightarrow$ $CH_3\overset{O}{\overset{\|}{C}}\overset{-}{C}H\overset{O}{\overset{\|}{C}}OC_2H_5$ + C_2H_5OH (14・44)

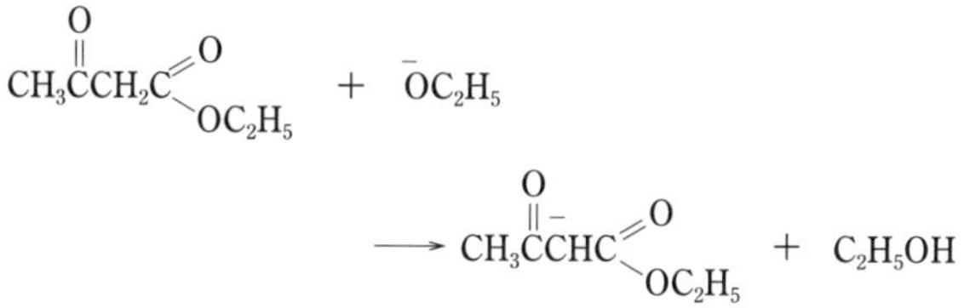

反応の後処理 $CH_3\overset{O}{\overset{\|}{C}}\overset{-}{C}H\overset{O}{\overset{\|}{C}}OC_2H_5$ + H^+ $\longrightarrow$ $CH_3\overset{O}{\overset{\|}{C}}CH_2\overset{O}{\overset{\|}{C}}OC_2H_5$ (14・45)

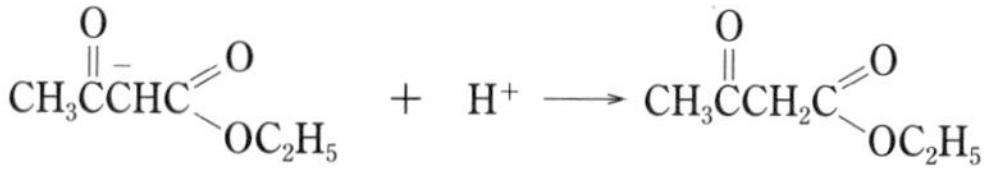

ジエステルを原料として用いた場合を考えてみよう．五員環，六員環が生成するときには反応がうまく進行する．たとえばヘキサン二酸ジエチル（アジピン酸ジエチル）をエタノール中ナトリウムエトキシドで処理すると，五員環生成物が得られる．反応は平衡であるが最後の段階すなわちナトリウムエトキシドによる生成物からのメチンプロトンの引き抜きが右向きに一方的に起こるため反応が完結する．反応液に酸を加えることでβ-ケトエステル生成物が得られる．

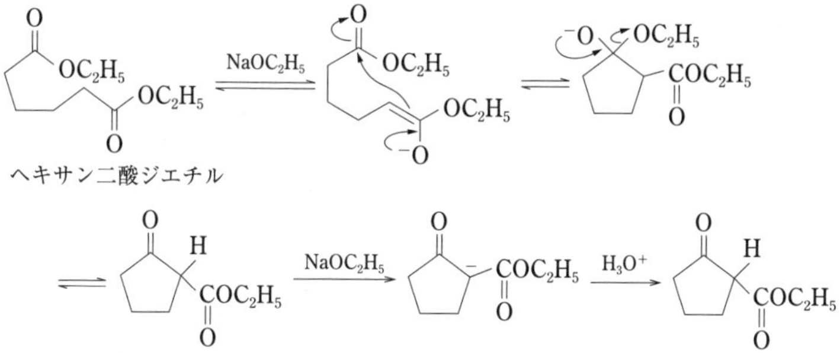

（反応機構図 14・46）

例題 14・6

問題 酢酸エチルのクライゼン縮合を行う場合，エタノール中で $NaOCH_2CH_3$ を用いる．ここで溶媒としてメタノールを用い $NaOCH_3$ を作用させるとどんな生成物が得られるか．

解答 酢酸エチルと $NaOCH_3$ の間で反応が起こり，酢酸メチルが生成するので生成物は $CH_3CCH_2COCH_3$ （両方ともC=O）と $CH_3CCH_2COCH_2CH_3$ （両方ともC=O）の混合物となる．反応を複雑にしないようにエステルのアルコール部位と用いるアルコキシドのアルコールは同じものを使用しなければならない．

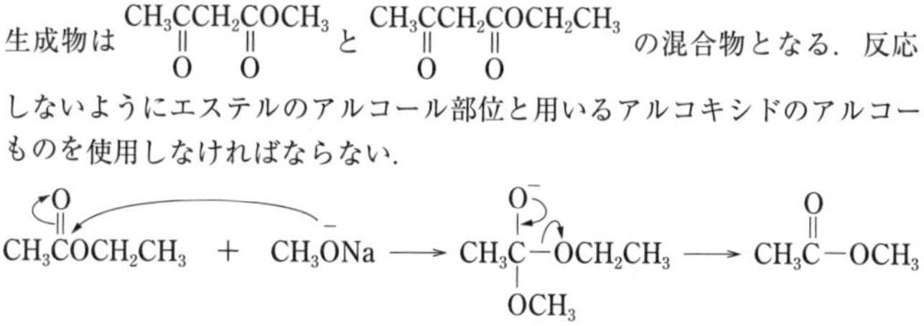

$CH_3\overset{O}{\overset{\|}{C}}OCH_2CH_3$ + CH_3O^-Na $\longrightarrow$ $CH_3\overset{O^-}{\overset{|}{C}}-OCH_2CH_3$ $\longrightarrow$ $CH_3\overset{O}{\overset{\|}{C}}-OCH_3$
                                                              $|$
                                                              OCH_3

例題 14・7

問題 下記のケトエステルの分子内アルドール反応生成物を示せ.

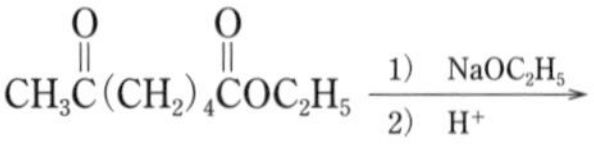

$$CH_3C(O)(CH_2)_4COC_2H_5 \xrightarrow{\text{1) NaOC}_2H_5}{\text{2) H}^+}$$

解答 2-アセチルシクロペンタノン（シクロペンタノンの2位に $COCH_3$ 基）

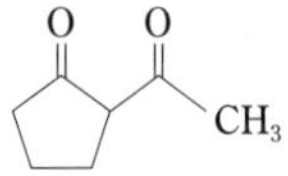

コラム

レホルマトスキー反応

ハロゲン化アルキル（RX）にマグネシウム金属を作用させるとグリニャール反応剤（RMgX）が得られる. それではブロモ酢酸エチル（$BrCH_2COOEt$）に対してマグネシウムを作用させるとどうなるだろうか. マグネシウムエノラートが生成するだろうか. 残念ながらマグネシウムエノラートを得ることはできない. 正確にいうと, 系中でマグネシウムエノラートは生成するが, このエノラートの反応性が高いため原料であるブロモ酢酸エチルと反応しクライゼン縮合型の生成物を含む複雑な化合物を与えてしまう. そのためエノラートが蓄積しないというわけである. これに対してマグネシウムの代わりに亜鉛を用いると対応する亜鉛のエノラートが生成する. このものはマグネシウムエノラートに比べて反応性が低いため, 原料を攻撃しない. そこで, ここに第2成分のカルボニル化合物, たとえばベンズアルデヒドを加えるとアルドール付加体を得ることができる. この反応はレホルマトスキー（Reformatsky）反応とよばれている.

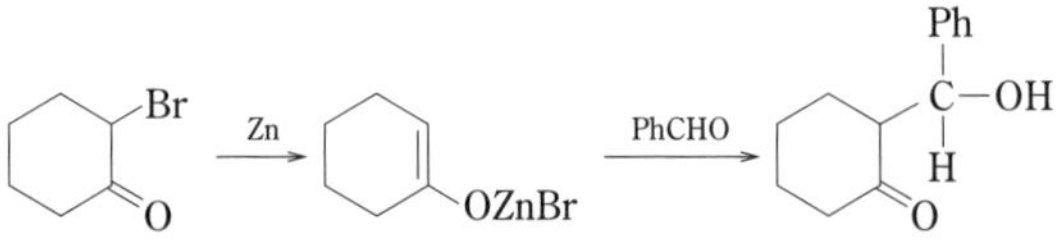

2-ブロモシクロヘキサノン $\xrightarrow{Zn}$ シクロヘキセニル-OZnBr $\xrightarrow{\text{PhCHO}}$ 2-（ヒドロキシ（フェニル）メチル）シクロヘキサノン

まとめ

- カルボニル化合物には二つの反応部位がある.
- ケト-エノール互変異性は酸あるいは塩基によって促進される.

- 塩基性条件下でメチルケトンをヨウ素化するとヨードホルムが生成する．
- エノラートのアルキル化は制御が難しい．
- アルドール反応は3段階で進行する．
- 酢酸エチル2分子からクライゼン縮合によってアセト酢酸エチルが生成する．
- 2,5-ヘキサンジオンならびに2,6-ヘプタンジオンは，それぞれ分子内アルドール反応によって五員環ならびに六員環生成物を与える．
- エノラートイオンは α, β-不飽和カルボニル化合物に1,4-付加する．この反応をマイケル付加とよぶ．
- ビニルケトンと環状ケトンの間でまずマイケル付加が起こりつづいて分子内アルドール縮合によって六員環生成物となる．この反応をロビンソン環化反応とよぶ．

練 習 問 題

14·1 次の化合物を用いたアルドール反応の主生成物を示せ．
  (a) 3-メチルブタナール   (b) ブタン酸エチル
  (c) ベンズアルデヒド ＋ シクロヘキサノン

14·2 ジエステルの分子内クライゼン縮合はディークマン(Dieckmann)縮合とよばれる．次の反応の生成物を示せ．

(a) $CH_3OC(CH_2)_4COCH_3 \xrightarrow{\text{1) } NaOCH_3/CH_3OH}_{\text{2) } H_3O^+}$

(b) $CH_3CH_2OC(CH_2)_5COCH_2CH_3 \xrightarrow{\text{1) } NaOEt/EtOH}_{\text{2) } H_3O^+}$

14·3 4-ヘキセン-2-オンは塩酸あるいは水酸化ナトリウム水溶液で処理すると3-ヘキセン-2-オンに異性化する．この機構を説明せよ．

14·4 2-メチルシクロヘキサノンにLDAを作用させて発生させたエノラートにベンズアルデヒドを反応させたときの生成物を示せ．

14·5 2-メチルシクロヘキサノンにLDAを作用させ生成したエノラートを Me_3SiCl で捕捉するとシリルエノールエーテルが得られる．それではLDAの代わりに Et_3N を用い Me_3SiCl で捕捉した場合にはどうなるだろうか．

14・6 次の反応の生成物を示せ.

(a) 2-ブロモ-6-メチルシクロヘキサノン $\xrightarrow{\text{1) Zn} \quad \text{2) PhCHO}}$

(b) 2-ブロモ-2-メチルシクロヘキサノン $\xrightarrow{\text{1) Zn} \quad \text{2) PhCHO}}$

カルボン酸とその誘導体 15

本章では，カルボン酸と酸ハロゲン化物，酸無水物，エステル，アミド，ニトリルなどカルボン酸誘導体の化学について学ぶ．

　カルボン酸(carboxylic acid)はカルボニル基にヒドロキシ基が直接結合したカルボキシ基(−COOH, carboxyl group)をもつ化合物である．カルボン酸およびその誘導体は自然界に数多くみられ，脂肪酸やアミノ酸など私たちの生活になくてはならないものである．カルボン酸およびその誘導体はアルデヒドやケトンに類似したカルボニル基としての反応性を示すだけでなく，カルボン酸のプロトン解離やヒドロキシ基が置換された各種カルボン酸誘導体特有の反応もみられる．

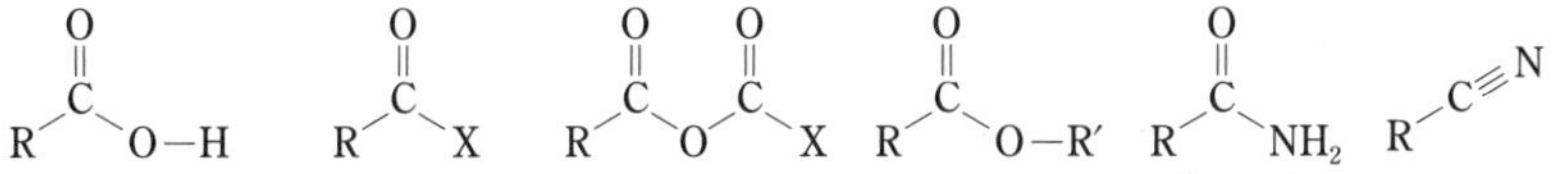

| $\underset{\text{カルボン酸}}{R-\overset{\overset{\displaystyle O}{\|}}{C}-O-H}$ | $\underset{\text{酸ハロゲン化物}}{R-\overset{\overset{\displaystyle O}{\|}}{C}-X}$ | $\underset{\text{酸無水物}}{R-\overset{\overset{\displaystyle O}{\|}}{C}-O-\overset{\overset{\displaystyle O}{\|}}{C}-X}$ | $\underset{\text{エステル}}{R-\overset{\overset{\displaystyle O}{\|}}{C}-O-R'}$ | $\underset{\text{酸アミド}}{R-\overset{\overset{\displaystyle O}{\|}}{C}-NH_2}$ | $\underset{\text{ニトリル}}{R-C≡N}$ |

15・1　カルボン酸

15・1・1　カルボン酸の命名法

　IUPAC 命名法では，カルボン酸は相当するアルカン(alkane)の語尾(-e)を(-oic acid)に置き換えて命名する．位置番号はカルボキシ基の炭素を1位とする．1炭素のカルボン酸はメタン酸(methanoic acid)であり，4炭素のカルボン酸はブタン酸(butanoic acid)になる．しかし，カルボン酸の多くはその特徴や由来を表す慣用名でよばれることが多い．メタン酸はギ酸(蟻酸, formic acid)，エタン酸は酢酸(acetic acid)，ブタン酸は酪酸(butyric acid)などである．代表的なカルボン酸を図 15・1 に示す．

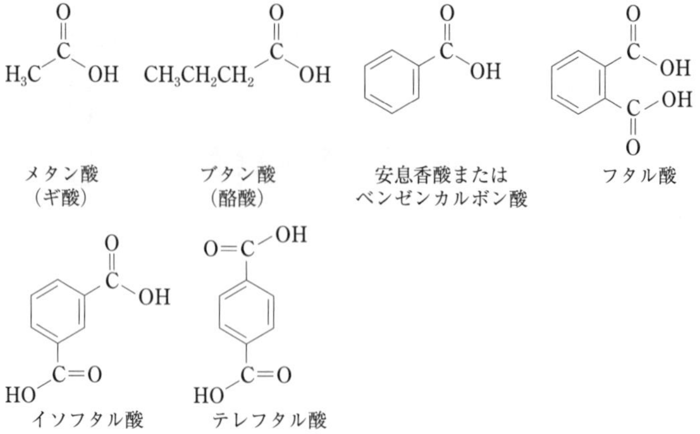

図 15・1　カルボン酸の IUPAC 名または慣用名

　芳香族カルボン酸は母核の安息香酸(benzoic acid)という慣用名をもとに命名するのが便利であるが，置換式命名法ではベンゼンカルボン酸(benzenecarboxylic acid)と命名する．また，オルト，メタ，パラ置換ジカルボン酸はそれぞれ慣用名でフタル酸，イソフタル酸，テレフタル酸とよばれる．

15・1・2　カルボン酸の酸性度と物理的性質

　カルボン酸はその名が示すとおり酸性を示すが，その性質は構造に由来する．すなわち，カルボン酸はプロトンを解離し，カルボン酸イオンとなる．この過程は平衡であり，酸としての強さはこの酸性度定数 K_a により支配される．アルコールもカルボン酸と同様にヒドロキシ基(−OH)をもつが，その酸性度定数はカルボン酸に比べて著しく小さい．酢酸の pK_a は 4.76 であり，各種アルコール(表 12・1)に比べてはるかに小さい値を示す．トリフルオロ酢酸のように水素をハロゲンに置き換えると pK_a はさらに小さくなる(pK_a=0.23)．一般に，カルボン酸の高い酸性度はプロトンが解離した後のカルボン酸イオンの共鳴安定性によるものと考えられている[*]．

　カルボン酸は炭素数が 4 の酪酸程度まで比較的水によく溶解するが，C5 以上のカルボン酸ではアルキル基による疎水性が増大し，水に溶けにくくなる．また，一般にカルボン酸の沸点は，ほぼ同じ分子量をもつアルカンなどと比較すると著しく高い．これはカルボン酸が図 15・2 に示すように，分子間で水素結合を形成し，見かけ上の分子量が増大するためである．

　＊カルボニル基の電子求引的な性質によるものとする考え方もある．

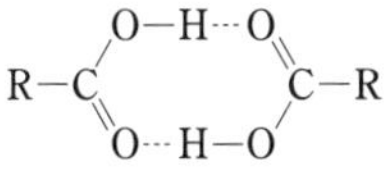

図 15・2　カルボン酸2分子の水素結合

例題 15・1

問題　次のカルボン酸の酸性度を予想し，酸性の強い順に並べよ．
(a) クロロ酢酸，トリクロロ酢酸，酢酸，ジクロロ酢酸
(b) p-クロロ安息香酸，安息香酸，m-クロロ安息香酸，o-クロロ安息香酸

解答　(a) トリクロロ酢酸 > ジクロロ酢酸 > モノクロロ酢酸 > 酢酸
(b) o-クロロ安息香酸 > m-クロロ安息香酸 > p-クロロ安息香酸 > 安息香酸

15・1・3　カルボン酸の合成

カルボン酸は第一級アルコールをクロム酸カリウムや過マンガン酸カリウムで酸化すると容易に得られる．また，アルデヒドを酸化銀などで酸化しても生成する．アルキルベンゼンを過マンガン酸カリウムで酸化すると，トルエンばかりでなく，エチルベンゼンやプロピルベンゼンも安息香酸まで酸化されてしまう．

$$R-CH_2OH \xrightarrow[\text{または } KMnO_4]{K_2CrO_4} R-CO_2H \qquad (15・1)$$

$$R-CHO \xrightarrow{Ag_2O} R-CO_2H \qquad (15・2)$$

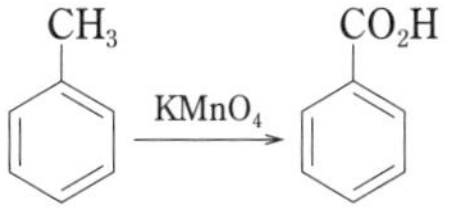

$$\text{PhCH}_3 \xrightarrow{KMnO_4} \text{PhCO}_2H \qquad (15・3)$$

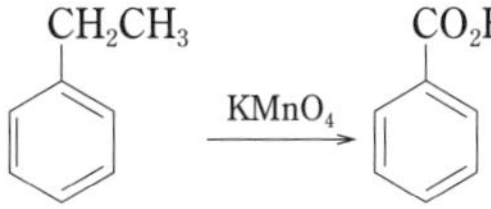

$$\text{PhCH}_2CH_3 \xrightarrow{KMnO_4} \text{PhCO}_2H \qquad (15・4)$$

また，有機ハロゲン化物をグリニャール(Grignard)反応剤に変換後，二酸化炭素と反応させ，加水分解することによってカルボン酸を得ることができる．さらに，エステルの加水分解やハロゲン化物を求核置換反応によってニトリルにした後，加水分解することによっても得られる．

$$R-X \xrightarrow{Mg} R-MgX \xrightarrow{CO_2} R-CO_2MgX \xrightarrow{H_3O^+} R-CO_2H \qquad (15・5)$$

$$R-CO_2R' \xrightarrow{H_3O^+} R-CO_2H \qquad (15・6)$$

$$\text{R}-\text{X} \xrightarrow{\text{NaCN}} \text{R}-\text{CN} \xrightarrow{\text{H}_3\text{O}^+} \text{R}-\text{CO}_2\text{H} \qquad (15\cdot 7)$$

例題 15・2

問題 [A]群のいずれかの化合物を用いて，次のカルボン酸を合成せよ．
(a) ペンタン酸　(b) p-メチル安息香酸　(c) フェニル酢酸
[A]群
2-フェニルエチルブロミド，臭化ブチル，フェニルアセトニトリル，キシレン，1-シアノペンタン，p-ブロモトルエン

解答 (a) $\text{CH}_3\text{CH}_2\text{CH}_2\text{CH}_2\text{Br} + \text{Mg} \longrightarrow \text{CH}_3\text{CH}_2\text{CH}_2\text{CH}_2\text{MgBr}$
$\xrightarrow[\text{2) H}_3\text{O}^+]{\text{1) CO}_2} \text{CH}_3\text{CH}_2\text{CH}_2\text{CH}_2\text{CO}_2\text{H}$

または

$\text{CH}_3\text{CH}_2\text{CH}_2\text{CH}_2\text{Br} + \text{KCN} \longrightarrow \text{CH}_3\text{CH}_2\text{CH}_2\text{CH}_2\text{CN}$
$\xrightarrow{\text{H}_3\text{O}^+} \text{CH}_3\text{CH}_2\text{CH}_2\text{CH}_2\text{CO}_2\text{H}$

(b) p-BrC$_6$H$_4$CH$_3$ + Mg $\longrightarrow$ p-(MgBr)C$_6$H$_4$CH$_3$ $\xrightarrow[\text{2) H}_3\text{O}^+]{\text{1) CO}_2}$ p-(CO$_2$H)C$_6$H$_4$CH$_3$

(c) $\text{C}_6\text{H}_5\text{CH}_2\text{CN} \xrightarrow{\text{H}_3\text{O}^+} \text{C}_6\text{H}_5\text{CH}_2\text{CO}_2\text{H}$

15・1・4　カルボン酸の反応

a. カルボキシ基の反応（ハロゲン化アシルの合成）

カルボン酸に塩化チオニル（SOCl$_2$），五塩化リン（PCl$_5$），ホスゲン（COCl$_2$）や三塩化リン（PCl$_3$）を反応させると，収率よく塩化アシル（酸塩化物，酸クロリド）が生成する．たとえば塩化チオニルとの反応では，カルボニル基の酸素が塩化チオニルの硫黄を求核的に攻撃する．次に塩酸が脱離してS=O結合が生成する．この中間体のカルボニル基に脱離した塩酸の塩化物イオンが付加し，クロロスルフィン酸が脱離することによって塩化アシルが生成する．同様の方法で臭化チオニルや三臭化リンによって臭化アシル（酸臭化物）も合成される．

$$\text{(反応式)} \quad (15\cdot 8)$$

b. フリーデル–クラフツアシル化反応

酸ハロゲン化物に塩化アルミニウム(AlCl$_3$)などのルイス(Lewis)酸を反応させると，アシリニウムカチオンを生じる．この系中にベンゼンなどの芳香族化合物が存在すると，求電子置換反応が起こってアシルベンゼン誘導体が生成する．この反応がフリーデル–クラフツ(Friedel–Crafts)アシル化反応であり，すでに10章で学んだ．また，塩化アシルは後で述べるようにエステル，酸アミド，酸無水物など種々のカルボン酸誘導体の合成に利用される．

$$\text{(反応式)} \quad (15\cdot 9)$$

アシリニウムカチオン

c. カルボン酸無水物の合成

カルボン酸のナトリウム塩とハロゲン化アシルを反応させると，カルボン酸無水物が生成する．ここで，それぞれの置換基が異なれば非対称のカルボン酸無水物を得ることができる．

$$\text{(反応式)} \quad (15\cdot 10)$$

$$\text{(反応式)} \quad (15\cdot 11)$$

形式的にはカルボン酸2分子から分子間脱水反応によって対称的な酸無水物が得られることになるが，実際にはそれほど容易ではない．しかし，ジカルボン酸の分子内脱水反応は比較的容易に起こり，五員環および六員環酸無水物を与える．たとえば，コハク酸やフタル酸は加熱すると容易に脱水反応を起こして，それぞれ相当する無水

コハク酸および無水フタル酸を生成する.

$$\begin{array}{c} \text{H}_2\text{C}-\text{COOH} \\ | \\ \text{H}_2\text{C}-\text{COOH} \end{array} \xrightarrow[-\text{H}_2\text{O}]{\text{加熱}} \begin{array}{c} \text{H}_2\text{C}-\text{C} \\ | \quad \quad \backslash \\ \text{H}_2\text{C}-\text{C} \end{array} \text{O} \qquad (15 \cdot 12)$$

$$\text{(o-C}_6\text{H}_4\text{(COOH)}_2\text{)} \xrightarrow[-\text{H}_2\text{O}]{\text{加熱}} \text{(無水フタル酸)} \qquad (15 \cdot 13)$$

カルボン酸無水物もハロゲン化アシルと同様、ルイス酸が共存するとフリーデル-クラフツ反応が起こって芳香環をアシル化することができる.

例題 15・3

問題 ベンゼンを出発原料として、エチルフェニルケトン（プロピオフェノン）を合成せよ.

解答

$$\text{C}_6\text{H}_6 + \text{CH}_3\text{CH}_2\text{CCl} \xrightarrow{\text{AlCl}_3} \text{C}_6\text{H}_5\text{COCH}_2\text{CH}_3$$
$$\qquad \qquad \quad \|$$
$$\qquad \qquad \quad \text{O}$$

d. エステルの合成

カルボン酸とアルコールに酸触媒を作用させると脱水反応が起こってエステルが生成する. また、ハロゲン化アシルとアルコールとの反応によっても容易に合成することができる.

例題 15・4

問題 安息香酸とエタノールから酸触媒によって安息香酸エチルエステルが生成する過程を、曲がった矢印を用いて示せ.

解答 [反応機構の図: ベンゾイック酸がH⁺でプロトン化され、エタノールと反応して四面体中間体を経由し、水が脱離して安息香酸エチルを生成する機構]

e. ラクトンの合成

ヒドロキシカルボン酸はエステルの形成に必要な二つの官能基を分子内にもっている．もし，これら二つの官能基を近づけることができれば環状のエステルが生成する．この環状エステルのことをラクトンという．一般的には五または六員環ラクトンが多いが，それより環の小さな小員環ラクトンや環の大きな中，大員環ラクトンも知られている．天然には，数多くのラクトン環を含む化合物があり，なかには12員環以上の大環状ラクトンで抗生物質など生理活性を示すものもある．

例題 15・5

問題 三員環ラクトンは中間体として存在が予想されているが取り出すことはできない．その理由を述べよ．

解答 ひずみがきわめて大きい．

f. エステルの反応

エステルを水素化アルミニウムリチウム($LiAlH_4$)で還元すると，第一級アルコールが生成する．また，エステルはグリニャール反応剤2当量と反応して第三級アルコールを与える．1段階目で生成したケトンがエステルよりも速やかに反応するため，もう1モルのグリニャール反応剤と反応し，第三級アルコールが生成する．

例題 15・6

問題 酢酸エチルから1,1-ジフェニルエチレン(1,1-ジフェニルエテン)を合成するルートを考案せよ．

解答

2 C₆H₅Br + 2 Mg ⟶ 2 C₆H₅MgBr →(CH₃COCH₂CH₃)→

→(H₃O⁺)→ (C₆H₅)₂C(OH)(CH₃) →(H⁺)→ (C₆H₅)₂C=CH₂ 相当の脱水生成物

g. アミドの反応

ハロゲン化アシルとアンモニアまたは第一級，第二級アミンを反応させると，酸アミドが生成する．また，エステルはアンモニアと反応してアミドに変換される．たとえば安息香酸メチルからベンズアミドが生成する．

アミドに次亜臭素酸ナトリウムを作用させるとカルボニル基が脱離してアミンが生成する[式(15・14)]．この反応はホフマン(Hofmann)転位とよばれている．この転位反応は，アミドを $LiAlH_4$ で還元した場合[式(15・15)]と異なり，炭素数が一つ少ないアミンが得られるのが特徴である．この反応ではアミドの窒素が臭素化された後，イソシアナートが生成し，カルバミン酸が脱炭酸してアミンを与える．

$$R-CONH_2 \xrightarrow[-NaOH]{NaOBr} R-CONHBr \xrightarrow[-NaBr,-H_2O]{NaOH} R-N=C=O \text{ (イソシアナート)}$$

$$\xrightarrow{H_2O} R-NH-C(=O)-OH \text{ (カルバミン酸)} \xrightarrow{-CO_2} R-NH_2 \quad (15・14)$$

$$R-CONH_2 \xrightarrow{LiAlH_4} R-C(O^-)(H)(NH_2) \xrightarrow{-OH^-} R-CH=NH \xrightarrow{LiAlH_4} \xrightarrow{H_3O^+} R-CH_2NH_2 \quad (15・15)$$

h. ラクタムの合成

カルボン酸とアミンを分子内にもつアミノカルボン酸が分子内で連結すれば環状アミドが生成する．これをラクタムという．四員環のラクタムをもつ典型的なものにペニシリンがある．ラクタムもラクトンと同様に小，中，大員環ラクタムがあり，天然にも数多く存在する．また，工業的には七員環の ε-カプロラクタムがナイロン6の原料として重要である(11・5節参照)．ε-カプロラクタムはシクロヘキサノンとヒドロキシルアミン塩酸塩との反応で生成するオキシムの硫酸触媒によるベックマン(Beckmann)転位によって合成される．

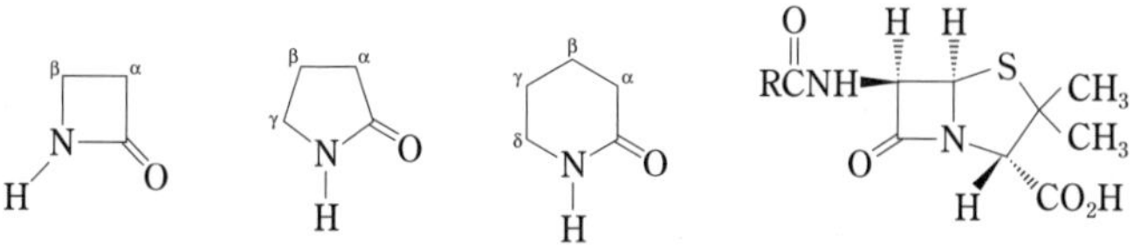

図 15・3 ラクタム

ベックマン転位

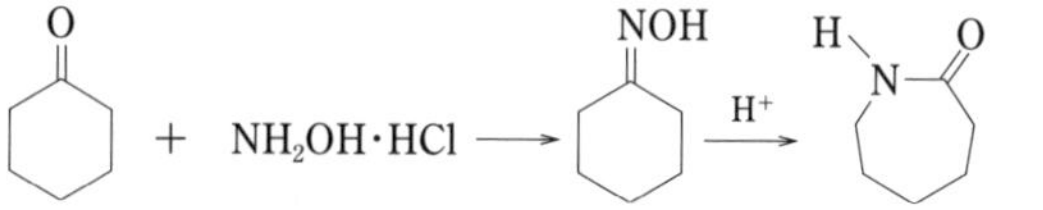

$$\text{シクロヘキサノン} + NH_2OH \cdot HCl \longrightarrow \text{オキシム} \xrightarrow{H^+} \text{ε-カプロラクタム} \quad (15 \cdot 16)$$

i. ニトリルの合成

ニトリルは C≡N 三重結合(シアノ基)をもつ化合物で，酸またはアルカリで加水分解するとカルボン酸になるのでカルボン酸誘導体とみなすことができる．

脂肪族ニトリルはハロゲン化アルキルのシアン化ナトリウムまたはシアン化カリウムによる S_N2 型求核置換反応によって容易に合成できる．一方，芳香族ニトリルは芳香族ハロゲン化物のシアン化銅による置換反応あるいは芳香族カルボン酸アミドの脱水によって合成される[式(15・17)，(15・18)]．また，合成のステップは長いが，ベンゼン環をまずニトロ化し，続いて還元によってニトロ基をアミノ基に変換した後，酸性亜硝酸ナトリウムと反応させてつくったジアゾニウムカチオンとシアン化銅との反応によっても合成できる[式(15・19)]．

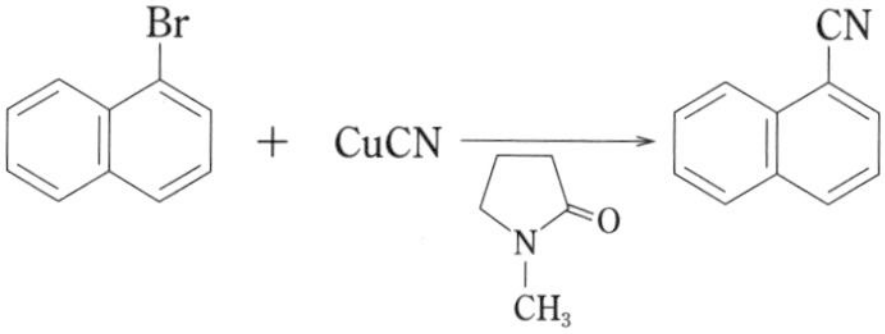

$$\text{1-ブロモナフタレン} + CuCN \xrightarrow{\text{N-メチル-2-ピロリドン}} \text{1-シアノナフタレン} \quad (15 \cdot 17)$$

$$\text{1-ナフトアミド} \xrightarrow{-H_2O} \text{1-シアノナフタレン} \quad (15 \cdot 18)$$

$$\text{アニリン} \xrightarrow[HCl]{NaNO_2} \text{ベンゼンジアゾニウム塩} \xrightarrow{CuCN} \text{ベンゾニトリル} \quad (15 \cdot 19)$$

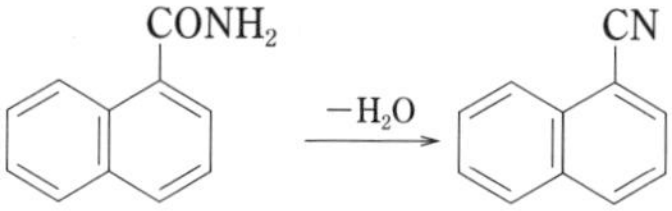

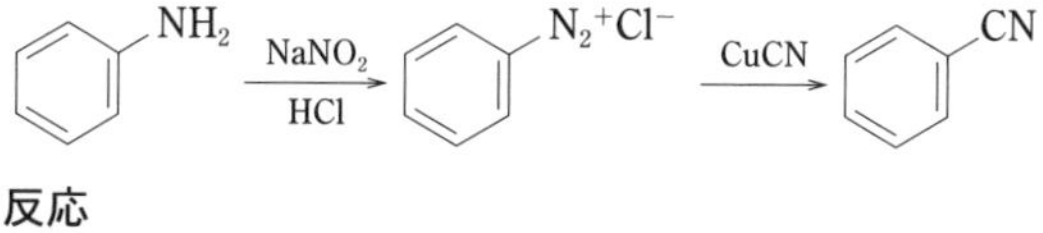

j. ニトリルの反応

ニトリルはカルボニル基と同じような分極をしているので，炭素原子への求核的な

付加を受ける．たとえば，グリニャール反応剤との反応によってイミンを与える．イミンを加水分解すればケトンが得られる．本項 f. で述べたようにエステルの場合はケトンで止めることは困難であるが，ニトリルからはケトンを選択的に得ることができる．

$$R-C\equiv N + R'MgX \longrightarrow R-\underset{R'}{C}=NMgX \xrightarrow{H_3O^+} R-\underset{R'}{C}=O \quad (15\cdot 20)$$

ニトリルを水素化アルミニウムリチウムで還元すると，ヒドリド（H⁻）がニトリルの炭素を連続して求核攻撃し，第一級アミンが選択的に生成する．しかし，水素化ホウ素ナトリウムではヒドリドの求核性が十分でないので反応しない．

$$R-C\equiv N \xrightarrow{\text{LiAlH}_4} R-CH_2NH_2 \quad (15\cdot 21)$$

例題 15・7

問題 ニトリルを原料にして，次の化合物を合成せよ．
(a) シクロヘキシルメチルケトン　(b) オクチルアミン
(c) ベンゾフェノン　(d) 1,1-ジフェニルエタン酸

解答 (a) $CH_3I + Mg \longrightarrow CH_3MgI \longrightarrow$ [シクロヘキシル-C(=NMgI)CH₃] $\xrightarrow{H_3O^+}$ [シクロヘキシル-C(=O)CH₃]

(b) $CH_3(CH_2)_6CN \xrightarrow{\text{LiAlH}_4} \xrightarrow{H_3O^+} CH_3(CH_2)_6CH_2NH_2$

(c) [PhBr] $+ Mg \longrightarrow$ [PhMgBr]

[PhCN] $\longrightarrow$ [Ph₂C=NMgBr] $\xrightarrow{H_3O^+}$ [Ph₂C=O]

(d) [Ph₂CHCN] $\xrightarrow{H_3O^+}$ [Ph₂CHCO₂H]

まとめ

- カルボン酸はアルカン語尾(–e)を(–oic acid)に置き換えて命名する．なお，—CO_2H の炭素はつねに C1 となる．
- カルボン酸の多くはギ酸，酢酸，安息香酸などその特徴や由来を表す慣用名でよばれることが多い．
- 炭素数が4までのカルボン酸は比較的水によく溶ける．カルボン酸は分子間で水素結合を形成し，ほぼ同程度の分子量のアルカンに比べると沸点が著しく高い．
- カルボン酸は第一級アルコールまたはアルデヒドをクロム酸カリウムなどで酸化すると容易に生成する．またトルエンをはじめ，アルキルベンゼンを過マンガン酸カリウムで酸化すると安息香酸を与える．
- カルボン酸を塩化チオニルや五塩化リンと反応させると，塩化アシルが生成する．このような酸ハロゲン化物はルイス酸の存在下，ベンゼンなどと反応してアシルベンゼンを与える．
- カルボン酸無水物はカルボン酸のナトリウム塩とハロゲン化アシルとの反応または2分子のカルボン酸の脱水反応で生成する．
- エステルはカルボン酸とアルコールの酸触媒による脱水反応で生成する．ヒドロキシカルボン酸が分子内で脱水すると，ラクトンが生成する．
- ハロゲン化アシルとアンモニアまたは第一級および第二級アミンを反応させるとアミドが生成する．分子内にカルボン酸とアミンをもつ分子が脱水するとラクタムが生成する．
- 脂肪族ニトリルはハロゲン化アルキルとシアン化カリウムによる S_N2 反応によって生成する．一方，芳香族ニトリルは芳香族ハロゲン化物のシアン化銅による置換反応または芳香族カルボン酸アミドの脱水反応によって得られる．

練習問題

15・1 次の化合物の酸性度を比較し，酸として強い順に並べよ．
  (a) フェノール，酢酸，ギ酸，エタノール，安息香酸
  (b) ブタン酸，2-クロロブタン酸，4-クロロブタン酸，3-クロロブタン酸

15・2 次の反応の生成物を示せ．

(a) $CH_3CH_2CH_2CH_2CN$ + $LiAlH_4$ ⟶

(b) 3-クロロベンズアミド (p-Cl-C$_6$H$_4$-CONH$_2$) + $LiAlH_4$ ⟶

(c) $C_6H_5CH_2CO_2^-NH_4^+$ $\xrightarrow{加熱}$

(d) 2,6-ジメチル(?) — m-キシレン + $KMnO_4$ ⟶

(e) $CH_3CH_2CH_2CH_2CO_2H$ + $SOCl_2$ ⟶

15・3 次の反応を生成物とともに示せ.また,生成物の化合物名を記せ.
(a) マレイン酸を加熱　(b) 塩化ベンゾイルとエタノールとの反応
(c) トルエン + 塩化プロピオニル + 塩化アルミニウム
(d) 無水酢酸による 1-ブタノールのエステル化

15・4 次の化合物のうち,沸点の高いのはどちらかを示せ.また,その理由を述べよ.
(a) $(CH_3)_3CCO_2H$ と $CH_3CH_2CH_2CH_2CO_2H$
(b) CH_3CO_2H と $CH_3CH_2CH_2OH$

15・5 塩化アセチルを次の反応条件または反応剤と反応させたとき,予想される主たる生成物を示せ.反応が起こらないと考えられる場合は"反応しない"と書け.
(a) CH_3CO_2Na　(b) H_2O, H^+　(c) CH_3OH, H^+
(d) $(CH_3)_2NH$（過剰）　(e) H_2O, OH^-

15・6 次の反応はエステル交換反応である.新たに生成するエステルの構造を示せ.また,この交換反応の平衡を右へ偏らせるにはどうすればよいか説明せよ.

(a) $C_6H_5CO_2C_2H_5$ + $C_6H_5CH_2OH$ $\underset{加熱}{\overset{NaOH}{\rightleftharpoons}}$

(b) $C_2H_5CO_2CH_3$ + $CH_3(CH_2)_4OH$ $\underset{加熱}{\overset{H_2SO_4}{\rightleftharpoons}}$

15・7 エステルの加水分解は1段階で進むのではなく,四面体中間体を経て進行する.もし,酸素同位体 ^{18}O を含む水と水酸化ナトリウムを用いて安息香酸エチルを加水分解すると,生成物中に同位体 ^{18}O はどのように分布すると予想されるか.曲がった矢印を用いて反応機構で示せ.

15・8 有機ハロゲン化物を原料にして,次の化合物を合成せよ.
(a) 1,5-ジシアノペンタン　(b) 安息香酸エチル　(c) 塩化ブチリル

16 β-ジカルボニル化合物の合成と反応

> 本章では，メチレン炭素一つをはさんで二つのカルボニル基をもつ化合物の合成法と反応性について述べる．

官能基を複数もつ化合物は単独の官能基をもつものとは異なった独特な反応性を示すことがある．C=O 二重結合をもつカルボニル基は 13 章で述べたように，炭素原子が正に酸素原子が負に大きく分極しており，求核剤は炭素原子を，求電子剤は酸素原子を選択的に攻撃する．もし，ある化合物が 2 個のカルボニル基をもつとその反応性はどのようになるであろうか．たとえば，β-ジカルボニル化合物の二つのカルボニル基に挟まれた α 炭素上の水素は塩基によって容易に引き抜かれてカルボアニオンを生じる．このような β-ジカルボニル化合物として，アセト酢酸エステル，マロン酸エステル，1,3-ジケトンなどが知られている．

16・1 β-ジカルボニル化合物の合成

16・1・1 クライゼン縮合反応── β-ケトエステルの合成

エステルのカルボニル基の α 位炭素上の水素は，ナトリウムアルコキシドや水素化ナトリウムのような強塩基を作用させると，引き抜かれてエステルエノラートを与える．生成したエステルエノラートは炭素求核剤としてはたらき，もう 1 分子のエステルのカルボニル基を求核的に攻撃する．この反応はクライゼン(Claisen)縮合反応とよばれ，β-ケトエステルの合成法として有用である．たとえば，酢酸エチルをエタノール中でナトリウムエトキシドと反応させると，アセト酢酸エチル(3-オキソブタン酸エチル)が生成する．

16 β-ジカルボニル化合物の合成と反応

$$2\ CH_3COCH_2CH_3 \xrightarrow[\text{2)}\ H_3O^+]{\text{1)}\ NaOC_2H_5} CH_3CCH_2COCH_2CH_3 \quad (16\cdot1)$$
$$\underset{O}{\|} \qquad\qquad\qquad \underset{O}{\|}\ \underset{O}{\|}$$
アセト酢酸エチル

$$CH_3COCH_2CH_3 \xrightarrow{NaOC_2H_5} \left[CH_2=COCH_2CH_3 \longleftrightarrow \bar{C}H_2COCH_2CH_3 \right] \quad (16\cdot2)$$

$$(16\cdot3)$$

アセト酢酸エチルの二つのカルボニル基にはさまれたメチレン水素の pK_a (~11) は酢酸エチルの α 炭素上の水素の pK_a (~25) に比べてはるかに小さいため,この反応ではプロトンが引き抜かれて新たなカルボアニオンが生成する.したがってこのカルボアニオンを酸によってプロトン化して最終的にアセト酢酸エチルが得られる.

$$CH_3\overset{O}{\overset{\|}{C}}-CH_2COCH_2CH_3 + \ ^-OCH_2CH_3 \xrightarrow{-HOC_2H_5}$$
アセト酢酸エチル

$$\left[CH_3\overset{O}{\overset{\|}{C}}-\bar{C}HCOCH_2CH_3 \longleftrightarrow CH_3\overset{O^-}{\overset{|}{C}}=CHCOCH_2CH_3 \longleftrightarrow CH_3\overset{O}{\overset{\|}{C}}-CH=COCH_2CH_3 \right]$$

$$\xrightarrow{H_3O^+} CH_3\overset{O}{\overset{\|}{C}}-CH_2COCH_2CH_3 \quad (16\cdot4)$$

2-メチルプロパン酸エチルをエタノール中ナトリウムエトキシドと反応させてもクライゼン縮合生成物は得られない.この反応では,生成した β-ケトエステルにメチレン水素が存在しないため,逆反応が速やかに起こり β-ケトエステルは得られない.

$$2\ (CH_3)_2CHCOCH_2CH_3 \xrightleftharpoons{NaOC_2H_5,\ C_2H_5OH}$$
2-メチルプロパン酸エチル

$$(CH_3)_2CHC-\underset{CH_3}{\overset{CH_3}{\underset{|}{C}}}-COCH_2CH_3 + CH_3CH_2OH \quad (16\cdot5)$$

16・1・2 混合クライゼン縮合反応

2種類のエステルを用いると混合クライゼン縮合が起こる．ただし，選択性はなく，4種類の混合物が生成する．しかし，一方のエステルがα位炭素上に水素をもたない安息香酸エチルや2,2-ジメチルプロピオン酸エチルのような場合には，選択的な混合クライゼン縮合が起こる．

$$\text{C}_6\text{H}_5\text{COCH}_2\text{CH}_3 + \text{CH}_3\text{CH}_2\text{COCH}_2\text{CH}_3 \xrightarrow[\text{2) } H_3O^+]{\text{1) NaOC}_2\text{H}_5,\ \text{C}_2\text{H}_5\text{OH}}$$

安息香酸エチル

$$\text{C}_6\text{H}_5-\underset{\underset{O}{\|}}{C}-\underset{\underset{H}{|}}{\overset{\overset{CH_3}{|}}{C}}-\text{COCH}_2\text{CH}_3 \quad (16・6)$$

16・1・3 ディークマン縮合──分子内クライゼン縮合

分子内に2個のエステル部位をもつ化合物をエタノール中ナトリウムエトキシドと反応させると環状のケトエステルが生成する．この反応は分子内クライゼン縮合であり，ディークマン (Dieckmann) 縮合とよばれている．一般に，五員環および六員環化合物が生成しやすい．

$$\text{CH}_3\text{CH}_2\text{OC(CH}_2)_5\text{COCH}_2\text{CH}_3 \xrightarrow[\text{2) } H_3O^+]{\text{1) NaOC}_2\text{H}_5,\ \text{C}_2\text{H}_5\text{OH}}$$

ヘプタン二酸ジエチル　　2-オキソシクロヘキサンカルボン酸エチル

$$(16・7)$$

$$\text{CH}_3\text{CH}_2\text{OC(CH}_2)_4\text{COCH}_2\text{CH}_3 \xrightarrow[\text{2) } H_3O^+]{\text{1) NaOC}_2\text{H}_5,\ \text{C}_2\text{H}_5\text{OH}}$$

ヘキサン二酸ジエチル（アジピン酸ジエチル）　　2-オキソシクロペンタンカルボン酸エチル

$$(16・8)$$

16・1・4 ケトンとエステル間の混合クライゼン縮合反応

ケトンのα位炭素上の水素はエステルのそれよりも酸性度が大きいので，ケトンのα位水素のほうがエステルの水素よりもより脱プロトン化されやすい．したがって，

ケトンとエステルの混合物を強塩基で処理し，酸で加水分解すると，1,3-ジケトンが得られる．たとえば，酢酸エチルとアセトンをジエチルエーテル中水素化ナトリウムと反応させ，加水分解するとペンタン-2,4-ジオンが生成する．

$$\underset{\underset{\text{酢酸エチル}}{}}{CH_3COC_2H_5} + \underset{\underset{\text{アセトン}}{}}{CH_3CCH_3} \xrightarrow[\text{2) } H_3O^+]{\text{1) NaH, } (C_2H_5)_2O} \underset{\underset{\text{ペンタン-2,4-ジオン}}{}}{CH_3CCH_2CCH_3} \quad (16\cdot 9)$$

分子内にケトンとエステルを併せもつ化合物を塩基で処理すると，環状の 1,3-ジケトンが生成する．

例題 16・1

問題 メタノール中ナトリウムメトキシドを用いて反応を行ったとき，次のエステルのクライゼン縮合生成物を示せ．
(a) ペンタン酸メチル　　(b) 4-フェニルブタン酸メチル
(c) 3-メチルブタン酸メチル

解答　(a) $CH_3(CH_2)_3\underset{O}{C}CH(CH_2CH_3)COCH_3$（構造式）　(b) $C_6H_5CH_2(CH_2)_2\underset{O}{C}CH(CH_2CH_2C_6H_5)COCH_3$

(c) $(CH_3)_2CHCH_2\underset{O}{C}\underset{H}{\overset{CH(CH_3)_2}{C}}COCH_3$

例題 16・2

問題 次の反応を説明せよ．

$$2\ C_6H_5CH_2\underset{O}{C}\underset{CH_3}{\overset{CH_3}{C}}\underset{O}{C}OCH_2CH_3 \xrightarrow[\text{2) } H_3O^+]{\text{1) NaOC}_2H_5, C_2H_5OH}$$

$$C_6H_5CH_2\underset{O}{C}\underset{H}{\overset{C_6H_5}{C}}\underset{O}{C}OCH_2CH_3 + 2\ (CH_3)_2CH\underset{O}{C}OCH_2CH_3$$

解答　逆クライゼン縮合が起こって2種類の置換酢酸エチルが生成する．フェニル酢酸エチルはクライゼン縮合を起こし，アセト酢酸エチル誘導体を与える．一方，1-メチルプロピオン酸エチルは縮合せず，反応しないのでそのまま得られる．

(解答つづき)

$$\text{PhCH}_2\overset{\text{CH}_3}{\underset{\underset{\text{O}}{\text{C}}}{\text{C}}}\text{COC}_2\text{H}_5 \xrightarrow{\text{C}_2\text{H}_5\text{O}^-} \text{PhCH}_2\overset{\text{OC}_2\text{H}_5}{\underset{\underset{\text{O}^-}{\text{C}}}{\text{C}}}\overset{\text{CH}_3}{\underset{\text{CH}_3}{\text{C}}}\text{COC}_2\text{H}_5 \xrightarrow{\text{C}_2\text{H}_5\text{OH}}$$

$$\text{PhCH}_2\text{C}(=\text{O})\text{OC}_2\text{H}_5 \;+\; (\text{CH}_3)_2\text{CHCOC}_2\text{H}_5$$

$$\text{PhCH}_2\text{C}(=\text{O})\text{OC}_2\text{H}_5 \xrightarrow[\text{C}_2\text{H}_5\text{OH}]{\text{C}_2\text{H}_5\text{O}^-\text{Na}^+} \text{PhCHC}(=\text{O})\text{OC}_2\text{H}_5 \longrightarrow$$

$$\text{PhCH}_2\text{C}(=\text{O})\overset{\text{Ph}}{\underset{\text{H}}{\text{C}}}\text{COC}_2\text{H}_5$$

例題 16・3

問題　ヘキサン二酸ジメチル (アジピン酸ジメチル) をメタノール中ナトリウムメトキシドと反応させると,2-オキソシクロペンタンカルボン酸メチルが生成する.反応機構を曲がった矢印を用いて示せ.

解答

$$\text{CH}_3\text{OC}(=\text{O})(\text{CH}_2)_4\text{COCH}_3(=\text{O}) \xrightarrow[\text{CH}_3\text{OH}]{\text{NaOCH}_3} \text{CH}_3\text{OC}(=\text{O})(\text{CH}_2)_3\overset{-}{\text{C}}\text{HCOCH}_3(=\text{O}) \longrightarrow$$

[シクロペンタン環 に CH$_3$O, O$^-$, COCH$_3$]

$$\longrightarrow \text{[2-オキソシクロペンチル-COCH}_3\text{]} \xrightarrow[\text{CH}_3\text{OH}]{\text{NaOCH}_3} \text{[2-オキソシクロペンチル陰イオン-COCH}_3\text{]} \xrightarrow{\text{H}_3\text{O}^+} \text{[2-オキソシクロペンチル-COCH}_3\text{]}$$

例題 16・4

問題　分子内にケトンとエステルを併せもつ化合物を用いて,シクロヘキサン-1,3-ジオンを合成したい.どのような化合物を出発物質として用いればよいか.また,その反応機構を示せ.

解答

$$\text{CH}_3\text{C}(=\text{O})(\text{CH}_2)_3\text{COC}_2\text{H}_5(=\text{O}) \xrightarrow{\text{NaH, (C}_2\text{H}_5)_2\text{O}} \overset{-}{\text{C}}\text{H}_2\text{C}(=\text{O})(\text{CH}_2)_3\text{COC}_2\text{H}_5(=\text{O}) \longrightarrow$$

[シクロヘキサン環 に =O, O$^-$, OC$_2$H$_5$]

$$\longrightarrow \text{[シクロヘキサン-1,3-ジオン]} \xrightarrow{\text{NaH, (C}_2\text{H}_5)_2\text{O}} [\text{エノラート共鳴}] \xrightarrow{\text{H}_3\text{O}^+} \text{[シクロヘキサン-1,3-ジオン]}$$

16・2　β-ジカルボニル化合物の反応

16・2・1　アセト酢酸エステル合成——メチルケトン誘導体の合成

　アセト酢酸エステル合成とは，アセト酢酸エステルを出発原料としてメチルケトンを合成する反応をいう．まず，アセト酢酸エステルにナトリウムアルコキシドを作用させると2個のカルボニル基の間のメチレンプロトンが脱離してエステルエノラートが生成する．このエノラートにハロゲン化アルキルを反応させるとモノアルキル化体が得られる．なお二つのカルボニル基に挟まれた酸性度の高いこのメチレンを活性メチレンとよぶ．

$$CH_3CCH_2COR + NaOR \longrightarrow [CH_3C\bar{C}HCOR \longleftrightarrow CH_3C=CHCOR \longleftrightarrow CH_3CCH=COR]$$
アセト酢酸エステル　　　　　　　　　　　　　　　　エステルエノラート

$$\xrightarrow{R'-X} CH_3C\underset{R'}{C}HCOR \quad (16\cdot10)$$

　このモノアルキル置換アセト酢酸エチル誘導体を希薄水酸化ナトリウム水溶液で加水分解すると，カルボン酸のナトリウム塩が生成する．これを酸で処理した後，100℃に加熱すると容易に脱炭酸を起こしてモノアルキル置換されたアセトンが生成する．

$$CH_3C\underset{R'}{C}HCOR \xrightarrow{NaOH} CH_3C\underset{R'}{C}HCONa \xrightarrow{H_3O^+} CH_3C\underset{R'}{C}HCOH \xrightarrow{100℃} CH_3CCH_2R'$$

$$(16\cdot11)$$

　一方，モノアルキル置換アセト酢酸エステル誘導体には，もう一つメチン水素が残っているが，この水素の酸性度はアルキル基の電子供与性のためアセト酢酸エステルの活性メチレン水素の酸性度より低い．したがって，このメチン水素を引き抜いてもう一つのアルキル基を導入するためにはナトリウムアルコキシドよりも強いカリウム *tert*-ブトキシドのような塩基を用いる必要がある．こうして得られたエノラートに第二のハロゲン化アルキルを作用させると，2種類のアルキル基が導入されたアセト酢酸エステルが生成する．

16・2 β-ジカルボニル化合物の反応

$$\underset{\underset{O}{\|}\underset{O}{\|}}{CH_3CCHCOR} + KOC(CH_3)_3 \longrightarrow \underset{\underset{O}{\|}\underset{O}{\|}}{CH_3\overset{R'}{\underset{|}{C}}COR} \xrightarrow{R''-X'} \underset{\underset{O}{\|}\underset{O}{\|}}{CH_3\overset{R'\ R''}{\underset{|}{C}}COR} \quad (16・12)$$

ジアルキル置換アセト酢酸エステルを同様にアルカリ水溶液で加水分解し，酸で処理した後，加熱するとジアルキル置換されたメチルケトン誘導体が得られる．この方法をアセト酢酸エステル合成という．

どのようなカルボン酸でも100℃に加熱すると脱炭酸が起こるというわけではない．これには，β位のカルボニル基が大きな役割を果たしている．すなわち次式のように脱炭酸したときに，生成するアニオンをβ位のカルボニル基が安定化するために，容易に脱炭酸が起こるのである．生成したエノール体はケト形であるモノアルキル化アセトンの互変異性体ですぐにケト体(CH_3COCH_2R)に変わる．

$$\underset{\underset{O}{\|}\underset{|}{R}\underset{O}{\|}}{CH_3C-CH-COC_2H_5} \xrightarrow{NaOH} \underset{\underset{O}{\|}\underset{|}{R}\underset{O}{\|}}{CH_3C-CH-CONa} \xrightarrow{H^+} \underset{\underset{O}{\|}\underset{|}{R}\underset{O}{\|}}{CH_3C-CH-COH}$$

$$\xrightarrow{加熱} \underset{\underset{O}{\|}}{CH_3CCH_2R} \quad (16・13)$$

$$\underset{\underset{R}{|}}{CH_3\overset{O\ H\ O}{\underset{\|\|}{C\cdots C}}}\underset{|}{CH-C=O} \xrightarrow{-CO_2} CH_3\overset{OH}{\underset{|}{C}}=CHR + H^+ \quad (16・14)$$

アセト酢酸エステル合成法を全体としてみると，アセト酢酸エステルのエノラートはアセトンのエノラートの等価体としてはたらいていることになる．

$$\underset{\underset{O}{\|}\underset{O}{\|}}{CH_3CCHCOC_2H_5} \xrightarrow[\substack{1)\ R-X\\2)\ NaOH\\3)\ H_3O^+\\4)\ 加熱}]{} \underset{\underset{O}{\|}}{CH_3CCH_2R} \quad (16・15)$$

$$\underset{\underset{O}{\|}}{CH_3C\overset{-}{C}H_2}\ 等価体$$

例題 16・5

問題 アセト酢酸エステル合成において生成するモノアルキル化体の脱炭酸の機構を曲がった矢印を用いて示せ．

解答 $\underset{\underset{O}{\|}\underset{|}{H}}{CH_3\overset{H\ R}{\underset{|\ |}{C-C}}}\underset{\underset{\underset{H}{|}}{O}}{C=O} \longrightarrow \underset{\underset{OH}{|}}{CH_3\overset{H}{\underset{|}{C}}=\overset{}{C}R} + \underset{\underset{O}{\|}}{\overset{O}{C}} \longrightarrow CH_3C-CH_2R + CO_2$

例題 16・6

問題 アセト酢酸エステル合成法を用いて次の化合物を合成する方法を述べよ．

(a) $\underset{\underset{O}{\|}}{CH_3C}CH(CH_2CH_3)CH_2CH_2CH_2CH_2CH_3$

(b) $\underset{\underset{O}{\|}}{CH_3C}CH_2CH_2Ph$

(c) $\underset{\underset{O}{\|}}{CH_3C}CH(CH_2Ph)CH_2CH=CH_2$

解答

(a) $CH_3\underset{\underset{O}{\|}}{C}CH_2\underset{\underset{O}{\|}}{C}OC_2H_5$ $\xrightarrow[\text{2) } C_2H_5Br]{\text{1) } NaOC_2H_5}$ $\xrightarrow[\text{2) } CH_3(CH_2)_5Br]{\text{1) } KOC(CH_3)_3}$ $\xrightarrow[\text{2) } H_3O^+]{\text{1) } NaOH}$

$\xrightarrow{\text{加熱}}$ $CH_3\underset{\underset{O}{\|}}{C}CH(C_2H_5)(CH_2)_5CH_3$

(b) $CH_3\underset{\underset{O}{\|}}{C}CH_2\underset{\underset{O}{\|}}{C}OC_2H_5$ $\xrightarrow[\text{2) } PhCH_2CH_2Br]{\text{1) } NaOC_2H_5}$ $\xrightarrow[\text{2) } H_3O^+]{\text{1) } NaOH}$ $\xrightarrow{\text{加熱}}$ $CH_3\underset{\underset{O}{\|}}{C}CH_2CH_2CH_2Ph$

(c) $CH_3\underset{\underset{O}{\|}}{C}CH_2\underset{\underset{O}{\|}}{C}OC_2H_5$ $\xrightarrow[\text{2) } CH_2=CHCH_2Br]{\text{1) } NaOC_2H_5}$ $\xrightarrow[\text{2) } PhCH_2Br]{\text{1) } KOC(CH_3)_3}$ $\xrightarrow[\text{2) } H_3O^+]{\text{1) } NaOH}$

$\xrightarrow{\text{加熱}}$ $CH_3\underset{\underset{O}{\|}}{C}CH(CH_2Ph)CH_2CH=CH_2$

16・2・2 マロン酸エステル合成——カルボン酸誘導体の合成

プロパン二酸ジエチル（マロン酸ジエチル）をエタノール中ナトリウムエトキシドで処理すると，2個のエステルに挟まれた活性メチレンから水素が引き抜かれ，エステルエノラートが生成する．ここにハロゲン化アルキルを加えると，モノアルキル化が進行する．さらに残されたメチン水素はアルキル基の影響でメチレン水素よりも反応は遅いが，塩基によって脱水素されるので，異なったハロゲン化アルキルによってアルキル化することができる．

このようにして得られたモノアルキル化ならびにジアルキル化生成物を水酸化ナトリウム水溶液で加水分解し，酸で処理するとジカルボン酸が得られる．このジカルボン酸を加熱するとアセト酢酸エステル合成と同様に六員環遷移状態を経て脱炭酸を起こし，モノカルボン酸を与える．これをマロン酸エステル合成という．

$$C_2H_5OCCH_2COC_2H_5 \xrightarrow{NaOC_2H_5,\ C_2H_5OH} C_2H_5OC\bar{C}HCOC_2H_5 \xrightarrow{R-X} C_2H_5OC\underset{|}{\overset{R}{C}}HCOC_2H_5$$
プロパン二酸ジエチル
（マロン酸ジエチル）

(16・16)

$$C_2H_5OC\underset{|}{\overset{R}{C}}HCOC_2H_5 \xrightarrow{NaOC_2H_5,\ C_2H_5OH} C_2H_5OC\underset{|}{\overset{R}{\bar{C}}}COC_2H_5 \xrightarrow{R'-X} C_2H_5OC\underset{|}{\overset{R}{\underset{|}{C}}}\overset{R'}{COC_2H_5}$$

(16・17)

$$C_2H_5OC\underset{|}{\overset{R}{\underset{|}{C}}}\overset{R'}{COC_2H_5} \xrightarrow[\text{2) } H_2SO_4,\ H_2O]{\text{1) KOH, } C_2H_5OH,\ H_2O} \cdots \longrightarrow RR'C=C\underset{OH}{\overset{OH}{\diagdown}} \longrightarrow RR'CHCOH$$

(16・18)

全体としてみるとマロン酸ジエチルのエノラートは，酢酸のジアニオン等価体ということになる．

$$C_2H_5OC\bar{C}HCOC_2H_5 \xrightarrow[\text{3) } H_3O^+]{\substack{\text{1) R-X} \\ \text{2) NaOH} \\ \text{4) 加熱}}} RCH_2COOH$$

(16・19)

$$^-CH_2CO^- \xrightarrow[\text{2) } H_3O^+]{\text{1) R-X}} RCH_2COOH$$

(16・20)

例題 16・7

問題　マロン酸ジエチルをナトリウムエトキシド存在下に1,3-ジブロモプロパンと反応させたときの生成物を示せ．

解答　$CH_2(COOC_2H_5)_2 \xrightarrow[BrCH_2CH_2CH_2Br]{NaOC_2H_5}$ 環状化合物（シクロブタン-1,1-ジカルボン酸ジエチル）

16・2・3　マイケル付加反応

アセト酢酸エステル，マロン酸エステルならびに1,3-ジケトンのようなβ-ジカルボニル化合物から生じる安定なアニオンも，14・7節で述べたエノラートイオンと同様に，α,β-不飽和カルボニル化合物に対して1,4-付加反応を起こす．この反応はマ

イケル (Michael) 付加反応とよばれ，塩基触媒によって進行し，α, β-不飽和のケトン，アルデヒド，ニトリル，各種カルボン酸誘導体などのマイケル受容体 (Michael acceptor) が用いられる．

$$C_2H_5OCCH_2COC_2H_5 + CH_2=CHCCH_3 \xrightarrow[C_2H_5OH]{NaOC_2H_5 (触媒量)} C_2H_5OCCHCOC_2H_5$$
$$\text{(側鎖: } CH_2CH_2CCH_3\text{)}$$

(16・21)

例題 16・8

問題 次の化合物を β-ジカルボニル化合物へのマイケル付加を利用して合成せよ．

(a) 2-(2-シアノエチル)-2-(エトキシカルボニル)シクロヘキサノン
(b) 2-(3-オキソプロピル)シクロペンタノン
(c) $CH_3CHCH_2CH_2CO_2H$ に CO_2H 基のついた化合物

解答

(a) 2-(エトキシカルボニル)シクロヘキサノン $\xrightarrow[\text{2) } CH_2=CHCN]{\text{1) } NaOC_2H_5}$ 生成物

(b) 2-(エトキシカルボニル)シクロペンタノン $\xrightarrow[\text{2) } CH_2=CHCHO]{\text{1) } NaOC_2H_5}$ 中間体 $\xrightarrow[\text{2) } H_3O^+]{\text{1) } NaOH}$ $\xrightarrow{\text{加熱}}$ 最終生成物

(c) $CH_3CH_2CH(CO_2C_2H_5)_2$ $\xrightarrow[\text{2) } CH_2=CHCO_2C_2H_5]{\text{1) } NaOC_2H_5}$ $CH_3CH_2C(CO_2C_2H_5)_2$（側鎖 $CH_2CH_2CO_2C_2H_5$）$\xrightarrow[\text{2) } H_3O^+]{\text{1) } NaOH} \xrightarrow{\text{加熱}}$ $CH_3CH_2CHCO_2H$（側鎖 $CH_2CH_2CO_2H$）

16・2・4 ロビンソン環化

β-ケトエステルのアニオンに α, β-不飽和ケトンをマイケル付加させるとジケトンが生成する．つぎに，一方のケトンから生成したエノラートがもう一方のケトンとアルドール縮合を起こし脱水すると，α, β-不飽和ケトンを含む六員環化合物を与える．

この反応をロビンソン(Robinson)環化という(14・7節参照).

$$\text{(反応式)} \quad (16 \cdot 22)$$

まとめ

- 酢酸エステルを強塩基で処理すると,エステルエノラートを経てクライゼン縮合反応が起こり,β-ケトエステルが生成する.この縮合反応は吸熱的であり,最終的に過剰の塩基によって平衡を移動させ,酸によって加水分解することが必要である.
- 2種類のエステル間の混合クライゼン縮合は通常,非選択的であるが,一方がエノール化できないエステル,分子内に2個のエステルをもつ化合物,あるいはケトンとエステルの混合物を用いた場合には選択的に縮合反応が進行する.
- 分子内に2個のエステル部位をもつ化合物を強塩基で処理すると,分子内クライゼン縮合(ディークマン縮合)が起こり,環状のβ-ケトエステルが生成する.
- ケトンとエステルの混合物を強塩基で処理すると,混合クライゼン縮合が起こり,1,3-ジケトンが得られる.分子内にケトンとエステルをもつ化合物を用いると環状の1,3-ジケトンが生成する.
- クライゼン縮合で得られたアセト酢酸エステルを塩基でカルボアニオンとした後,ハロゲン化アルキルと反応させると,モノアルキル化およびジアルキル化が進行する(アセト酢酸エステル合成).
- マロン酸エステルを塩基でカルボアニオンとした後,ハロゲン化アルキルと反応させると,モノアルキル化およびジアルキル化が起こる(マロン

酸エステル合成).

■ アセト酢酸エステル合成またはマロン酸エステル合成でアルキル化された化合物をアルカリで加水分解し，酸で処理して得られるβ-ケトカルボン酸またはβ-ジカルボン酸は熱に不安定であり，六員環遷移状態を経て，容易に脱炭酸を起こす．結果として，置換メチルケトンならびに置換カルボン酸の合成法となる．

■ アセト酢酸エステルならびにマロン酸エステルは触媒量の塩基存在下，α,β-不飽和カルボニル化合物やその関連化合物に対して1,4-付加(マイケル付加)を起こす．

■ β-ケトエステルとメチルビニルケトンとのマイケル付加体は過剰の塩基によってアルドール縮合を起こし，六員環の α,β-不飽和ケトンを与える (ロビンソン環化)．

練 習 問 題

16・1 次のエステルのうちで，クライゼン縮合が進行しない化合物はいずれか．

(a) CH$_3$-C$_6$H$_4$-COCH$_3$ (b) HCOCH$_3$ (c) CH$_3$COCH$_3$

(d) CH$_3$CH$_2$CH(CH$_3$)-COCH$_3$

16・2 ペンタン二酸ジエチルとエタン二酸ジエチル(シュウ酸ジエチル)をエタノール中ナトリウムエトキシドと反応させ，加水分解すると環状の2,3-ジオキソ-1,4-シクロペンタンジカルボン酸ジエチルが生成する．この反応の機構を曲がった矢印で示せ．

C$_2$H$_5$OC(CH$_2$)$_3$COC$_2$H$_5$ + C$_2$H$_5$OCCOC$_2$H$_5$ → [環状生成物]
    ‖   ‖   ‖ ‖   1) NaOC$_2$H$_5$, C$_2$H$_5$OH
    O   O   O O   2) H$_3$O$^+$

16・3 次の化合物をクライゼン縮合またはディークマン縮合によって合成せよ．

(a) シクロヘプタノン-CO$_2$C$_2$H$_5$ (b) CH$_3$(CH$_2$)$_4$C(O)CH(CH$_2$)$_3$CH$_3$-COC$_2$H$_5$ (c) シクロヘキサン-1,3-ジオン

16・4 アセト酢酸エステル合成によって，次のメチルケトン誘導体を合成せよ．

(a) 2-ヘプタノン   (b) 5-フェニル-2-ペンタノン   (c) ヘキサ-2,4-ジオン

16・5 マロン酸エステル合成によって，次のカルボン酸誘導体を合成せよ．
    (a)　シクロブタンカルボン酸　　(b)　4-フェニルブタン酸
    (c)　2-エチルヘキサン酸

16・6 次の化合物のうちで加熱によって脱炭酸すると考えられるものはどれか．また，その理由を述べよ．
    (a)　ペンタン-2,4-ジオン　　(b)　3-オキソペンタン酸
    (c)　2-オキソシクロペンタンカルボン酸
    (d)　ヘキサン二酸(アジピン酸)　　(e)　エチルプロパン二酸

16・7 酢酸エチルとペンタン酸エチルをエタノール中でナトリウムエトキシドと処理したときに生成するクライゼン縮合生成物をすべて示せ．

16・8 ギ酸エチルと酢酸エチルまたはアセトンの混合クライゼン縮合を行うと，アルデヒドが得られる．それぞれについて機構がわかるように反応式で示せ．

17 フェノールと
ハロゲン化アリール

> 本章では，フェノールの合成法，その物理的性質ならびにおもな化学反応性について学ぶ．また，芳香環にハロゲンが直接置換したハロゲン化アリールの合成法ならびに反応性についても本章で学ぶ．

　フェノールはベンゼン環にヒドロキシ基($-OH$)が直接結合した化合物で，生体分子や天然物化合物にはこの基本骨格をもつものが多い．一般にフェノールおよびその誘導体はベンゼン環上での求電子置換反応を受けやすい．12章で学んだアルコールと同じくヒドロキシ基をもつがその酸性度はアルコールに比べてはるかに高い．

17・1　フェノール類およびハロゲン化アリールの命名法

　フェノール類は通常フェノールを母体とした誘導体として命名されるが，カルボキシ基などの置換基をもつ場合にはヒドロキシ置換体として扱う．また，慣用名を使うことも多い．最近では，母体のフェノールをベンゼノールとし，その誘導体として命名する場合もある．ナフタレンなどの多環式芳香族化合物も同様に命名する(図17・1)．
　ハロゲン化ベンゼン(ハロベンゼン)のようなハロゲン化アリール(アリールハライド)は一般にフルオロベンゼン，クロロベンゼン，ブロモナフタレン，ヨードナフタレンのようにハロゲン化芳香族化合物として命名する(図17・2)．また，トルエン，フェノール，ベンズアルデヒド，安息香酸などを基本骨格とした置換体としても命名される．なお，ハロゲン化アリール(aryl halide)はハロゲン化アリル(allyl halide)とは異なることに注意する必要がある．

17 フェノールとハロゲン化アリール

フェノール / o-メチルフェノール (o-クレゾール) / m-メチルフェノール (m-クレゾール) / p-メチルフェノール (p-クレゾール)

カテコール / レゾルシン / ヒドロキノン / サリチルアルデヒド

o-ヒドロキシ安息香酸 (サリチル酸) / サリチル酸メチル / 1-ナフトール (α-ナフトール) / 2-ナフトール (β-ナフトール)

図 17・1　フェノール類の IUPAC 名または慣用名

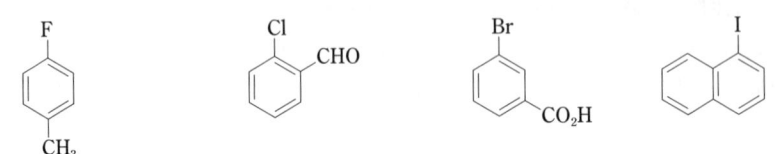

p-フルオロトルエン / o-クロロベンズアルデヒド / m-ブロモ安息香酸 / 1-ヨードナフタレン

図 17・2　ハロゲン化アリールの IUPAC 名または慣用名

例題 17・1

問題　次の化合物を命名せよ．

(a), (b), (c), (d), (e)

解答　(a) m-ニトロフェノール　(b) p-フルオロフェノール
(c) 2,4,6-トリクロロフェノール　(d) 3,5-ジブロモ安息香酸
(e) o-ヨードベンズアルデヒド

例題 17・2

問題　次の化合物の構造式を示せ.
(a) 2-ブロモ-4-クロロフェノール　(b) 3,5-ジフルオロ安息香酸エチル
(c) o-ヨードフェノール　(d) 3,4-ジメチルフェノール
(e) 2-フルオロ-5-メチルベンズアルデヒド

解答　(a), (b), 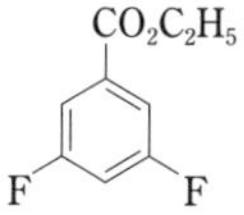 (c), 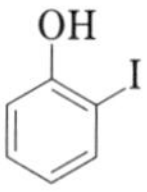 (d), 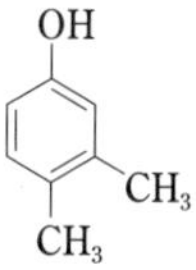 (e) の構造式

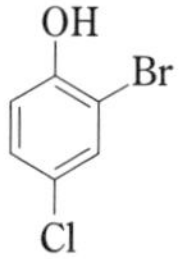

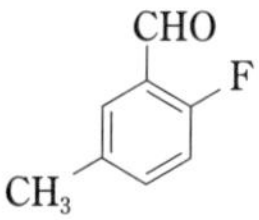

17・2　フェノールの構造と物理的性質

　フェノールはアルコールと同様にヒドロキシ基を官能基としてもつ．しかし，フェノールのヒドロキシ基はベンゼン環に直結しているため，ヒドロキシ基として反応するだけでなくベンゼン環の反応性にも大きな影響を与える．フェノールもアルコールと同様にその O−H 結合は酸素原子の電気陰性度のため大きく分極し，大きな双極子モーメントをもつ．また，水素結合をつくるため，同程度の分子量をもつトルエンやクロロベンゼンに比べて沸点がかなり高い．また，水と水素結合を形成するので水にも比較的よく溶ける．

　フェノールは希薄水溶液中でプロトン解離し，H_3O^+ とフェノキシドイオンを生じる．その pK_a は 9.9 であり，各種アルコールの pK_a（表 12・1）に比べると小さな値を示す．言い換えれば，フェノールの酸性度はアルコールに比べてはるかに高い．

　フェノールに強い塩基を作用させるとフェノキシドイオンが生成する．フェノールならびにフェノキシドイオンの酸素上の非共有電子対はベンゼン環の二重結合と共役している（図 17・3）．したがって，フェノールのオルト位ならびにパラ位への求電子

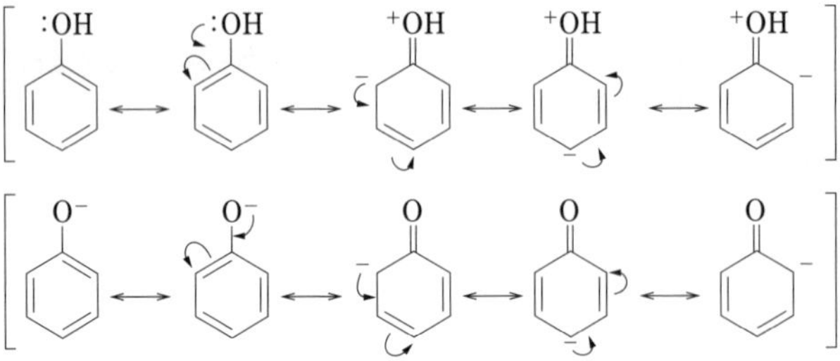

図 17・3 フェノールおよびフェノキシドイオンの共鳴構造

置換反応が起こりやすい．

17・3 フェノールの互変異性体

フェノールはケト-エノール互変異性体のエノール形とみなすことができる（図17・4）．一般に，ケト-エノール互変異性体はケト形のほうが圧倒的に安定であるが，フェノールの場合，芳香族性をもつエノール形のほうがより安定である．

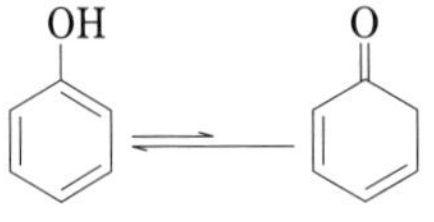

エノール形　　ケト形　　図 17・4 フェノールの互変異性体

例題 17・3

問題　次のフェノール類を酸性度の高い順に並べよ．また，その理由を述べよ．

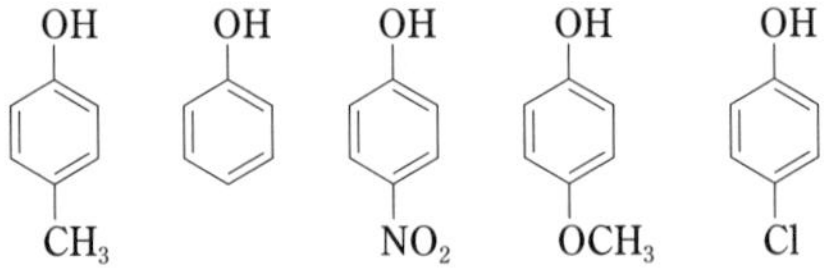

解答　パラ位に電子求引性の大きな置換基が付くほど，フェノールはプロトンを放出しやすくなり，そのため酸性度は高くなる．したがって，以下のとおりとなる．

$$\underset{NO_2}{\underset{|}{\bigcirc}}\text{OH} > \underset{Cl}{\underset{|}{\bigcirc}}\text{OH} > \bigcirc\text{OH} > \underset{CH_3}{\underset{|}{\bigcirc}}\text{OH} > \underset{OCH_3}{\underset{|}{\bigcirc}}\text{OH}$$

17・4 フェノールの合成

17・4・1 クメン法

　フェノールの合成法としてもっとも一般的な方法はクメン法である.クメン法とは,クメン(イソプロピルベンゼン)を空気酸化してペルオキシドに変換し,次にこのものを酸触媒で分解して,フェノールとアセトンを得る反応をいう.反応はラジカル機構で進行する.まずラジカル開始剤によってクメンのベンジル位の水素が引き抜かれ,クミルラジカルが生成する.次に,このクミルラジカルと酸素が反応してペルオキシラジカルを生じる.つづいて,このペルオキシラジカルがクメンからベンジル位の水素を引き抜くことによって,クメンヒドロペルオキシドが生成するとともにクミルラジカルが再生する.これら二つの反応がラジカル連鎖によって連続して起こり,クメンヒドロペルオキシドを蓄積する.

ラジカル開始反応

$$\text{Ph-CH(CH}_3)_2 + R\cdot \longrightarrow \underset{\text{クミルラジカル}}{\text{Ph-}\overset{\cdot}{\text{C}}(CH_3)_2} + R-H \quad (17\cdot1)$$

ラジカル成長反応(連鎖反応)

$$\underset{\text{クミルラジカル}}{\text{Ph-}\overset{\cdot}{\text{C}}(CH_3)_2} + O_2 \longrightarrow \underset{\text{ペルオキシラジカル}}{\text{Ph-}\underset{\underset{O-O\cdot}{|}}{\text{C}}(CH_3)_2} \quad (17\cdot2)$$

$$\underset{\text{ペルオキシラジカル}}{\text{Ph-}\underset{\underset{O-O\cdot}{|}}{\text{C}}(CH_3)_2} + \text{Ph-CH(CH}_3)_2 \longrightarrow \underset{\text{クメンヒドロペルオキシド}}{\text{Ph-}\underset{\underset{O-O-H}{|}}{\text{C}}(CH_3)_2} + \underset{\text{クミルラジカル}}{\text{Ph-}\overset{\cdot}{\text{C}}\text{H}(CH_3)_2}$$

$$(17\cdot3)$$

　クメンヒドロペルオキシドを酸触媒で処理するとオキソニウム塩が生成し,このものから水の脱離とフェニル基の酸素への移動が速やかに起こり,転位反応が進行する.生じたカルボカチオンに水が攻撃すると,容易にフェノールとアセトンに分解する.

この方法はフェノールと同時に溶媒などとして有用なアセトンを等量生じるため，工業的にもきわめて重要なプロセスとなっている．

$$
\begin{aligned}
&\text{Ph-C(CH}_3)_2\text{-O-O-H} + \text{H}^+ \longrightarrow \text{Ph-C(CH}_3)_2\text{-O}^+\text{H-O-H} \xrightarrow{-\text{H}_2\text{O}} \text{Ph-C(CH}_3)_2\text{-O}^+ \\
&\text{クメンヒドロペルオキシド} \\
&\longrightarrow \text{Ph-O-C(CH}_3)_2^+ \xrightarrow{\text{H}_2\text{O}} \text{Ph-O-C(CH}_3)_2\text{-}^+\text{OH}_2 \xrightarrow{-\text{H}^+} \text{Ph-O-C(CH}_3)_2\text{-OH} \\
&\longrightarrow \text{Ph-O}^- + \text{HO}^+=\text{C(CH}_3)_2 \longrightarrow \text{Ph-OH} + \text{O=C(CH}_3)_2 \quad (17\cdot 4)\\
&\qquad\qquad\qquad\qquad\qquad\qquad\qquad\qquad\quad \text{フェノール}\qquad \text{アセトン}
\end{aligned}
$$

17・4・2 ダウ法

クロロベンゼンと水酸化ナトリウムを高温，高圧で反応させると，ナトリウムフェノキシドを経てフェノールが合成される．この方法をダウ(Dow)法という．実験室では実施が困難であるが，工業的には重要な方法である．しかし，高温，高圧のためジフェニルエーテルなどいくつかの副生成物を生じることは避けられない．

$$
\text{Ph-Cl} + \text{NaOH} \xrightarrow[\text{150 気圧}]{350\,^\circ\text{C}} \text{Ph-O}^-\text{Na}^+ + \text{Ph-O-Ph}
$$
$$
\downarrow \text{H}_3\text{O}^+
$$
$$
\text{Ph-OH} \qquad\qquad\qquad (17\cdot 5)
$$

17・4・3 ジアゾニウム塩の分解

ハロベンゼンの合成法として用いられるフェニルジアゾニウム塩を水で加水分解すると，フェノールが生成する．

$$
\text{Ph-N=N}^+\text{X}^- + \text{H}_2\text{O} \longrightarrow \text{Ph-OH} \qquad (17\cdot 6)
$$

17・4・4 ベンゼンスルホン酸塩の分解

ベンゼンスルホン酸ナトリウムを溶融 NaOH 中で加熱すると，フェノールが生成する．以前は，この方法で工業的にフェノールが合成されていた．

$$\text{C}_6\text{H}_5\text{-SO}_3^-\text{Na}^+ + \text{NaOH} \xrightarrow{350\ ^\circ\text{C}} \text{C}_6\text{H}_5\text{-O}^-\text{Na}^+ \xrightarrow{\text{H}_3\text{O}^+} \text{C}_6\text{H}_5\text{-OH} \tag{17・7}$$

例題 17・4

問題 フェノールの合成におけるクメン法の長所と短所を述べよ．

解答 長所：合成が容易で，副反応が少ない．生成したフェノールとアセトンがともに工業的に有用な物質である．
短所：過酸化物が中間体なので，爆発の危険性がある．

17・5 フェノール類の反応

17・5・1 酸化によるキノンの生成

フェノールおよびフェノール性ヒドロキシ基をもつ芳香族化合物は一般に容易に酸化され，p-ベンゾキノン誘導体を与える．このような作用によって，生体内ではフェノール構造をもつ化合物が抗酸化剤として働いていると考えられている．ヒドロキノンを酸化すると，p-ベンゾキノンが得られる．

$$\text{ヒドロキノン} \xrightarrow[\text{H}_2\text{SO}_4]{\text{Na}_2\text{Cr}_2\text{O}_7} p\text{-ベンゾキノン} \tag{17・8}$$

17・5・2 芳香族エーテル

フェノールのナトリウム塩はハロゲン化アルキルや硫酸アルキルとの S_N2 反応によってフェニルエーテルを与える．ウィリアムソン(Williamson)エーテル合成法として 12・5・1 項ですでに述べた反応である．一方，ハロベンゼンとアルコキシドからエーテルを合成しようとする反応はまったく進行しない．

ウィリアムソンエーテル合成法

$$\text{C}_6\text{H}_5\text{-ONa} + \text{CH}_3\text{CH}_2\text{Br} \longrightarrow \text{C}_6\text{H}_5\text{-OCH}_2\text{CH}_3 + \text{NaBr} \tag{17・9}$$

$$\text{C}_6\text{H}_5\text{-ONa} + (\text{CH}_3\text{O})_2\text{SO}_2 \longrightarrow \text{C}_6\text{H}_5\text{-OCH}_3 + {}^-\text{OSO}_2\text{OCH}_3 \tag{17・10}$$

$$\text{C}_6\text{H}_5\text{-Br} + \text{CH}_3\text{CH}_2\text{ONa} \xrightarrow{\;/\!/\;} \text{C}_6\text{H}_5\text{-OCH}_2\text{CH}_3 + \text{NaBr} \qquad (17\cdot 11)$$

生成したエトキシベンゼンのC-O結合は塩酸では切断できないが，臭化水素を用いるとウィリアムソン合成法の原料であるフェノールと臭化エチルに戻すことができる．

$$\text{C}_6\text{H}_5\text{-OCH}_2\text{CH}_3 \xrightarrow{\text{HBr}} \text{C}_6\text{H}_5\text{-OH} + \text{CH}_3\text{CH}_2\text{Br} \qquad (17\cdot 12)$$

一方，フェニルアリルエーテルを加熱すると，転位反応が起こって o-アリルフェノールが生成する．この転位反応は六員環遷移状態を経由して協奏的に進行する．したがって，C-O結合の切断を伴って，アリル基の末端炭素が選択的にベンゼン環のオルト位に付加し，つづいてケト-エノール互変異性によって o-アリルフェノールを与える．この転位反応をクライゼン(Claisen)転位という．

クライゼン転位

$$\qquad\qquad\qquad\qquad\qquad\qquad\qquad\qquad\qquad\qquad\qquad\qquad (17\cdot 13)$$

例題 17・5

問題 クライゼン転位が協奏的に起こっていることを証明する方法を示せ．

解答 アリル基の末端炭素上の水素を重水素化するか，末端炭素を ^{13}C または ^{14}C でラベル化すればよい．

$$*\text{C} = {}^{13}\text{C} \text{ または } {}^{14}\text{C}$$

17・5・3 求電子置換反応

フェノール類のベンゼン環は求電子置換反応を受けやすい．たとえば，フェノールは臭素と反応し，2,4,6-トリブロモフェノールを与える．また，混酸（硝酸と硫酸）との反応によって2,4,6-トリニトロフェノールを与える．

$$\text{PhOH} + 3\,\text{Br}_2 \longrightarrow \text{2,4,6-tribromophenol} + 3\,\text{HBr} \qquad (17\cdot14)$$

$$\text{PhOH} \xrightarrow[\text{H}_2\text{SO}_4]{\text{HNO}_3} \text{2,4,6-trinitrophenol} + 3\,\text{H}_2\text{O} \qquad (17\cdot15)$$

例題 17・6

問題　フェノールを臭素で臭素化するとき,オルト,パラ配向性を示し,メタ置換体が得られないのはなぜか.

解答　ヒドロキシ基のような電子供与性置換基をもつベンゼン環に対するメタ位への求電子剤の付加は非共有電子対の関与を受けておらず,共鳴による安定化の寄与が小さい.一方,オルトおよびパラ位への求電子剤の付加はヒドロキシ基上の非共有電子対が共鳴に含まれている.したがって,求電子剤の付加はオルトおよびパラ配向性を示し,メタ置換体は得られない.

17・6　ハロゲン化アリールの合成

17・6・1　芳香族炭化水素のハロゲン化

　ベンゼンを AlX_3 や FeX_3 ($X=Cl$ または Br) などのルイス酸あるいは鉄粉末の共存下,塩素や臭素と反応させると直接塩素化または臭素化されたハロベンゼンが生成する.ナフタレンなどの芳香族炭化水素への臭素化は触媒がなくても進行することもある.

ナフタレン環への位置選択性は温度に依存する．臭素と低温で反応させると1位が，高温で反応させると2位が位置選択的に臭素化される．

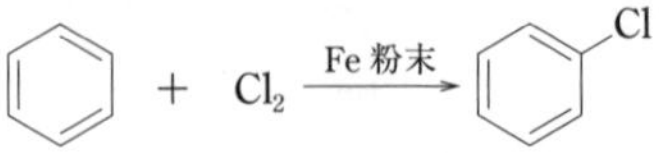

$$C_6H_6 + Cl_2 \xrightarrow{Fe 粉末} C_6H_5Cl \quad (17 \cdot 16)$$

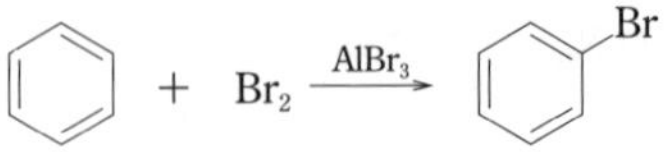

$$C_6H_6 + Br_2 \xrightarrow{AlBr_3} C_6H_5Br \quad (17 \cdot 17)$$

ナフタレン + Br_2 → (0 ℃) 1-ブロモナフタレン / (150 ℃) 2-ブロモナフタレン　　(17・18)

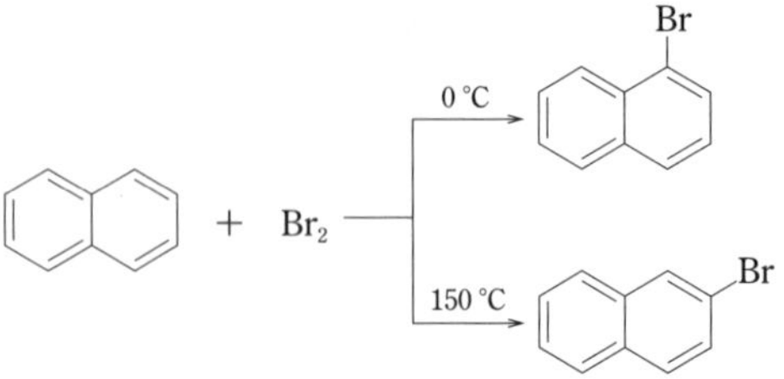

例題 17・7

問題　ナフタレンの臭素化において，反応温度によって置換位置が異なる理由を説明せよ．

解答　1-ブロモナフタレンは速度論支配によって反応性の高いナフタレンの1位で，速やかに低温で生成する．一方，ペリ位の水素をもたず立体障害が小さく，熱力学的に安定な2-ブロモナフタレンは高温で効率よく生成する．

17・6・2　ガッターマン−コッホ反応

クロロベンゼンおよびブロモベンゼンはフェニルジアゾニウム塩を塩化銅または臭化銅で分解する方法によっても生成する．この反応をガッターマン−コッホ(Gattermann–Koch)反応という(図17・5)．フルオロベンゼンとヨードベンゼンは銅(I)塩の代わりにテトラフルオロホウ酸ナトリウム($NaBF_4$)およびヨウ化水素と反応させることによって得られる．

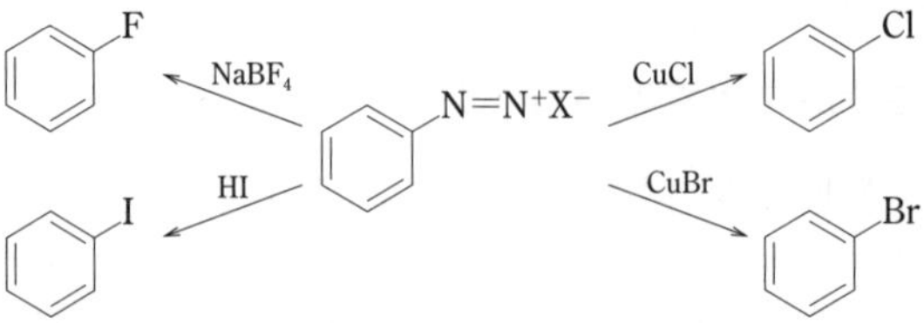

図 17・5　ガッターマン−コッホ反応

例題 17・8

問題 次の化合物の合成経路を示せ．ただし，出発物質として下欄の化合物のいずれかを用いること．
(a) *p*-ブロモトルエン　(b) 1-フルオロ-3,5-ジメチルベンゼン
(c) *m*-クロロアニソール

解答
(a) トルエン + Br_2 $\xrightarrow{FeBr_3}$ *p*-ブロモトルエン

(b) 3,5-ジメチルニトロベンゼン $\xrightarrow[\text{2) NaOH 水溶液}]{\text{1) }SnCl_2,\ HCl}$ 3,5-ジメチルアニリン $\xrightarrow[HCl]{NaNO_2}$ ArN=N$^+$Cl$^-$ $\xrightarrow{NaBF_4}$ 1-フルオロ-3,5-ジメチルベンゼン

(c) 3-メトキシアニリン $\xrightarrow[HCl]{NaNO_2}$ ArN=N$^+$Cl$^-$ $\xrightarrow{CuCl}$ *m*-クロロアニソール

17・7　ハロゲン化アリールの反応性

17・7・1　ベンザインの生成

p-クロロトルエンを液体アンモニア中ナトリウムアミドと反応させると，*p*-メチルアニリンと *m*-メチルアニリンをほぼ 1:1 の割合で与える．反応は脱塩化水素によるベンザイン (benzyne) を中間体として進行する．

p-クロロトルエン $\xrightarrow{NaNH_2/\text{液体 }NH_3}$ [ベンザイン] $\xrightarrow{NH_3}$ *p*-メチルアニリン + *m*-メチルアニリン　　(17・19)

17・7・2 有機金属化合物との反応

a. グリニャール反応剤

芳香族臭化物やヨウ化物の反応性はハロゲン化アルキルほど高くないが,金属マグネシウムと反応して,容易にグリニャール(Grignard)反応剤を調製することができる.このグリニャール反応剤はアルデヒド,ケトン,エステルなどのカルボニル化合物と反応し,加水分解によってアルコールを与える.また,ニトリルと反応させた後に,加水分解することによってケトンを合成することもできる.

$$\text{C}_6\text{H}_5\text{-Br} + \text{Mg} \longrightarrow \underset{\text{グリニャール反応剤}}{\text{C}_6\text{H}_5\text{-MgBr}} \xrightarrow[\text{2) H}_3\text{O}^+]{\text{1) (C}_6\text{H}_5)_2\text{C=O}} (\text{C}_6\text{H}_5)_3\text{C-OH} \quad (17・20)$$

$$\text{C}_6\text{H}_5\text{-CN} + \text{CH}_3\text{CH}_2\text{MgBr} \longrightarrow \underset{\text{グリニャール反応剤}}{\text{C}_6\text{H}_5\text{-C(=NMgBr)-CH}_2\text{CH}_3}$$

$$\xrightarrow{\text{H}_3\text{O}^+} \text{C}_6\text{H}_5\text{-C(=O)-CH}_2\text{CH}_3 \quad (17・21)$$

b. 有機リチウム化合物

ハロゲン化アリールにブチルリチウムを作用させると,アリールリチウムが生成する.ハロゲン化物としては一般に,臭化物かヨウ化物が用いられ,塩化物は反応性が乏しいためほとんど用いられない.生じたアリールリチウムは求電子剤と速やかに反応する.たとえば,二酸化炭素と反応して安息香酸を与える.

$$\text{C}_6\text{H}_5\text{-Br} + n\text{-C}_4\text{H}_9\text{Li} \longrightarrow \underset{\text{有機リチウム化合物}}{\text{C}_6\text{H}_5\text{-Li}} \xrightarrow[\text{2) H}_3\text{O}^+]{\text{1) CO}_2} \underset{\text{安息香酸}}{\text{C}_6\text{H}_5\text{-CO}_2\text{H}} \quad (17・22)$$

c. 薗頭カップリング反応

パラジウム錯体を触媒にして,ヨードベンゼンとトリメチルシリルアセチレンを反応させると,トリメチルシリルエチニルベンゼンが得られる.8・3・2項でも述べたように,この反応を薗頭(Sonogashira)カップリング反応という.この反応には,パラジウム以外にヨウ化銅とトリエチルアミンのような塩基が必要である.パラジウムおよび銅はいずれも触媒量でよいのが特徴である.この反応はベンゼン環だけでなく,ナフタレン環をはじめとして多くのハロゲン化アリールの末端アセチレンによる置換

反応として，きわめて汎用性の高い反応である．

$$\text{C}_6\text{H}_5-\text{I} + \text{H}-\text{C}\equiv\text{C}-\text{Si}(\text{CH}_3)_3 \xrightarrow[\text{CuI}/(\text{C}_2\text{H}_5)_3\text{N}]{\text{PdCl}_2(\text{PPh}_3)_2} \text{C}_6\text{H}_5-\text{C}\equiv\text{C}-\text{Si}(\text{CH}_3)_3 \quad (17\cdot23)$$

d. 鈴木-宮浦カップリング反応

芳香族ボロン酸とハロゲン化アリールをパラジウム触媒の存在下に反応させると，アリール基同士のカップリング反応が起こり，ビアリールが生成する．10・3・4項でも述べたように，この反応を鈴木-宮浦(Suzuki-Miyaura)カップリング反応という．非等価なアリール基のカップリング反応としてきわめて有用であり，医薬品業界やエレクトロニクス業界でさかんに利用され，社会に大きく貢献している．その功績により，鈴木北海道大学名誉教授は2010年にノーベル化学賞を受賞した．

$$\text{C}_6\text{H}_5-\text{Br} + (\text{HO})_2\text{B}-\text{C}_6\text{H}_4-\text{CH}_3 \xrightarrow[\text{Na}_2\text{CO}_3\text{ 水溶液}]{\text{Pd}(\text{PPh}_3)_4} \text{C}_6\text{H}_5-\text{C}_6\text{H}_4-\text{CH}_3 \quad (17\cdot24)$$

例題 17・9

問題 ベンゼンを出発原料として次の化合物を合成せよ．

(a) C₆H₅−D

(b) C₆H₅−C(CH₂CH₃)(CH₃)−OH

(c) C₆H₅−C≡C−C₆H₅

(d) m-ターフェニル

解答

(a) ベンゼン + Br₂ →(Fe) C₆H₅Br →(n-C₄H₉Li) C₆H₅Li →(D₂O) C₆H₅D

(b) ベンゼン + Br₂ →(FeBr₃) C₆H₅Br →(Mg) C₆H₅MgBr →(1) CH₃COCH₂CH₃; 2) H₃O⁺) C₆H₅−C(CH₂CH₃)(CH₃)−OH

(c) [ベンゼン] + Br$_2$ $\xrightarrow{\text{FeBr}_3}$ [ブロモベンゼン] $\xrightarrow[\text{H-C}\equiv\text{C-[phenyl]}]{\text{PdCl}_2(\text{PPh}_3)_2,\ \text{CuI},\ (\text{CH}_3\text{CH}_2)_3\text{N}}$ [phenyl]-C≡C-[phenyl]

(d) [ベンゼン] + Br$_2$ $\xrightarrow{\text{FeBr}_3}$ [ブロモベンゼン] $\xrightarrow[\text{(HO)}_2\text{B-[phenyl]}]{\text{Pd(PPh}_3)_4}$ [m-terphenyl]

まとめ

- フェノール類はフェノールを母体とした誘導体として命名する．カルボキシ基やホルミル基などの置換基をもつ場合には，ヒドロキシ置換体として扱う．また，慣用名を使う場合も多い．
- ハロゲン化アリールはクロロベンゼン，ブロモナフタレンのようにハロゲン化芳香族化合物として命名する．また，フルオロトルエン，ヨード安息香酸などのようにトルエンや安息香酸を基本骨格としたハロゲン置換体として命名する．
- フェノールは希薄水溶液中でプロトン解離する．その pK_a は 9.9 であり，各種アルコールの pK_a に比べると小さな値を示す．
- クメンをラジカル的に酸素酸化して生成するクメンヒドロペルオキシドを分解すると，フェノールとアセトンが得られる．
- フェノールは容易に酸化される化合物であり，生体内では抗酸化剤として機能する．
- フェノキシドイオンはハロゲン化アルキルと S$_N$2 反応によってアルキルフェニルエーテルを与えるが，ハロベンゼンとアルコキシドイオンは反応しない．
- フェノール類は臭素などの求電子剤と効率よく反応し，オルト，パラ配向性を示す．
- フェニルアリルエーテルを加熱すると，アリル基の末端炭素がオルト位に選択的に転位した o-アリルフェノールが生成する（クライゼン転位）．
- ベンゼンをハロゲン化鉄または鉄粉を触媒として塩素または臭素と反応させると，相当するハロベンゼンが生成する．また，ベンゼンジアゾニウム塩を NaBF$_4$, CuCl, CuBr, HI で分解すると，対応するハロベンゼ

ンが得られる.
- 液体アンモニア中でクロロベンゼンにナトリウムアミドを作用させると，ベンザインが生じる.
- ブロモベンゼンやヨードベンゼンはマグネシウムやブチルリチウムと反応して，グリニャール反応剤や有機リチウム化合物を与える.
- パラジウム錯体のような触媒を用いると，ハロベンゼンと末端アセチレンを直接つなぐことができ，アルキニルベンゼンが生成する(薗頭カップリング反応). また，ボロン酸とハロベンゼンとの反応では，ビアリールが生成する(鈴木-宮浦カップリング反応).

練習問題

17・1 p-ニトロフェノールならびに 2,4,6-トリニトロフェノール(ピクリン酸)のフェノキシドイオンの共鳴構造式を示し，酸性度がフェノールに比べて増大する理由を述べよ.

17・2 次の化合物を酸化して生成するキノンの構造を示せ.

(a) カテコール (1,2-ジヒドロキシベンゼン) (b) 2,3,5,6-テトラメチル-1,4-ジヒドロキシベンゼン (c) 1,4-ジヒドロキシナフタレン

17・3 次の化合物名を記せ.

(a) 4-ヒドロキシ安息香酸 (b) 4-ブロモ-1-ナフトール (c) 5-クロロ-2-フルオロフェノール (d) 3-ブロモ-5-ヨードベンズアルデヒド

(e) 2,6-ジクロロナフタレン

17・4 次の反応式を完成せよ.

(a) 3-ヨードベンゼン + H−C≡C−Si(CH$_3$)$_3$ $\xrightarrow{\text{PdCl}_2(\text{PPh}_3)_2}_{\text{CuI, (CH}_3\text{CH}_2)_3\text{N}}$

(b) CH$_3$−C$_6$H$_4$−OH + CH$_3$−C(=O)−Cl ⟶

(c) [3,5-ジメチルブロモベンゼン] $\xrightarrow{\text{Mg}}$ $\xrightarrow{\text{CH}_3-\text{C}-\text{CH}_3 \atop \text{O}}$ $\xrightarrow{\text{H}_3\text{O}^+}$

(d) [3,5-ジメチルクロロベンゼン] $\xrightarrow[\text{液体 NH}_3]{\text{NaNH}_2}$

(e) CH$_3$-[ベンゼン環]-ONa + [シクロヘキシル]-Br ⟶

17・5 次の化合物をフェノールまたは一置換フェノール誘導体から合成せよ．
(a) p-メトキシアセトフェノン (b) 2-アリル-6-メチルフェノール
(c) 2-ブロモ-4,6-ジニトロフェノール

17・6 1-クロロ-2,4-ジニトロベンゼンをアンモニアと加熱したときに生成すると予想される化合物を示せ．また，この反応の機構を曲がった矢印を用いて示せ．

17・7 次の化合物を水酸化物イオンと反応させたとき，どの化合物がもっとも高い反応性を示すか．反応性の高い順に並べよ．

[5つの化合物の構造式: 3,5-ジニトロクロロベンゼン, 2,4-ジニトロクロロベンゼン, 4-ニトロクロロベンゼン, 3-ニトロクロロベンゼン, 2,4-ジニトロクロロベンゼン（異性体）]

17・8 o-ヒドロキシ安息香酸(サリチル酸)および p-アミノフェノールを無水酢酸でアセチル化したときの生成物を予想し，それぞれ構造式で示せ．

アミン 18

　窒素を含む化合物はとくに含窒素化合物ともよばれる．その特徴の第一は塩基性である．本章では，含窒素化合物であるアミン類の化学を学ぶ．アミンの命名法から始めて，脂肪族アミン，芳香族アミン，含窒素複素環の3分類を学ぶ．ついで，アミンの物理的性質としての塩基性を考察し，アミドとの違いを学ぶ．還元とアルキル化によるアミンの合成法，ついでアミドの合成法について学ぶ．アミンの反応の代表例として，亜硝酸との反応によるジアゾニウム塩の生成とそのカップリングについて学ぶ．

18・1　アミンの分類

　アミンは重要な一群の塩基性化合物であり，無機化合物であるアンモニア NH_3 の水素原子の置換に応じて，NH_2R，NHR^1R^2，$NR^1R^2R^3$ の第一級，第二級，および第三級アミンの3種類に分類される．

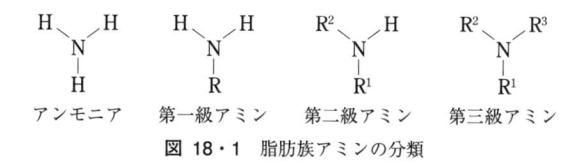

アンモニア　　第一級アミン　　第二級アミン　　第三級アミン

図 18・1　脂肪族アミンの分類

置換基が芳香族であれば，芳香族アミンとなる．

ベンゼンアミン　　ナフタレン-2-アミン
（アニリン）

図 18・2　芳香族アミン

こうしたアミン類を特徴付けているのは窒素原子に求核性と塩基性を与える窒素原子上の非共有電子対(孤立電子対)の存在である．したがって，アミンの窒素は四面体となる sp^3 混成である．

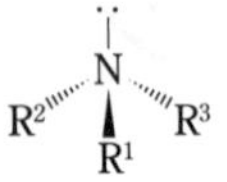

図 18・3 アミンの立体構造

18・2 アミンの命名法

アルキル基を置換基とする脂肪族アミンの命名は，炭素鎖のアルカンに接尾語アミンを付けて命名する．芳香族でも同様でベンゼンの水素がアミンに置換されていればベンゼンアミン(アニリンは慣用名)である．

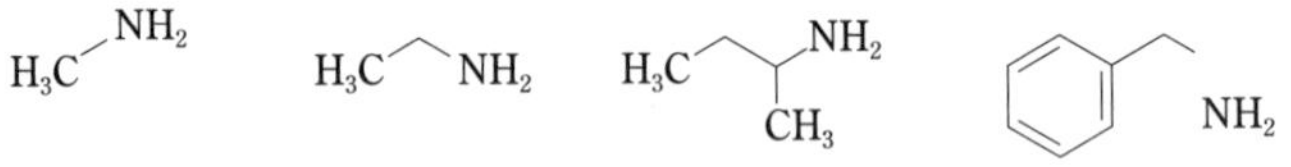

メタンアミン　　　エタンアミン　　　ブタン-2-アミン　　　フェニルメタンアミン
(メチルアミン)　(エチルアミン)

図 18・4　アミンの IUPAC 名および慣用名

置換基の名称と位置を確認して置換アミンを命名する．窒素上の置換基はイタリック標記の N で示す．N-メチルシクロペンタンアミンは好例である．

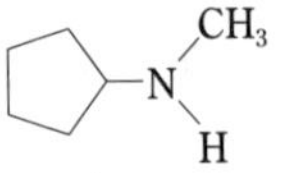

N-メチルシクロペンタンアミン　　図 18・5　置換アミンの IUPAC 名

多官能性アミンでは，優先順位の高い官能基が接尾語となるために，接頭語として表す．たとえば，2-アミノ-3-ヒドロキシプロパン酸や 3-(メチルアミノ)ペンタン-2-オンは好例である．

2-アミノ-3-ヒドロキシプロパン酸　　　3-(メチルアミノ)ペンタン-2-オン

図 18・6　多官能性アミンの IUPAC 名

慣用名　単純なアミンでは，メチルアミン，ジイソプロピルアミン，アニリンなど慣用的に命名されているものも多い．

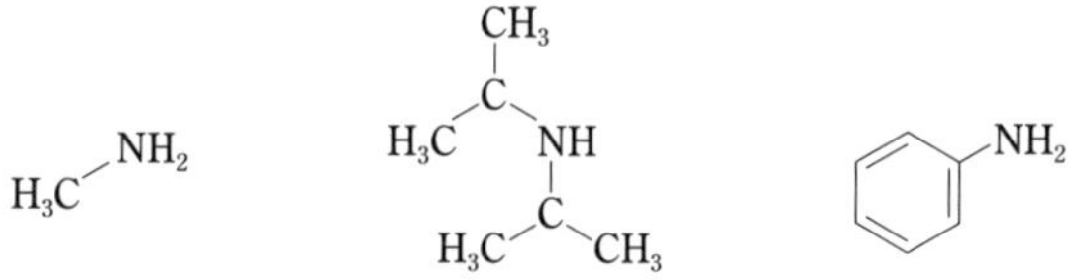

メチルアミン　　ジイソプロピルアミン　　アニリン

図 18・7　慣用名をもつアミン

例題 18・1

問題　以下のアミンを命名せよ．

(a) 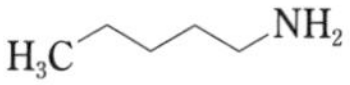

(b) 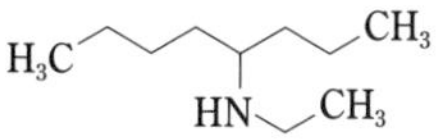

(c) 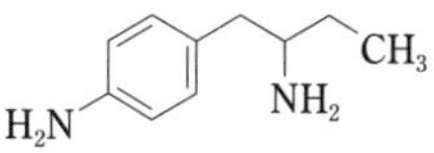

(d) 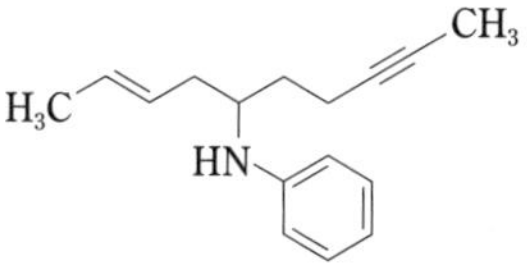

解答　(a)　ペンタン-1-アミン　(b)　*N*-エチルオクタン-4-アミン

(c)　4-(2-アミノブチル)アニリン

(d)　(*E*)-*N*-(デカ-2-エン-8-イン-5-イル)アニリン

18・3　アミンの物理化学的性質

沸点は対応するアルカンより高く，また低分子量であれば水溶性である．これらの性質はアミンの水素結合形成能力による．N−H，O−H，F−H 結合は水素結合を形成する．

同程度の分子量をもつエタン，メタンアミン，およびメタノールを比較すると，メタンアミンの沸点はエタンよりはるかに高いが，メタノールの沸点より低い．

表 18・1　アミンの分子量と沸点

	CH_3CH_3	CH_3NH_2	CH_3OH
分子量	30	31	32
沸点(℃)	−89	−6	65

例題 18・2

問題 以下の化合物を沸点の低い順に並べ，その理由も説明せよ．

(a) 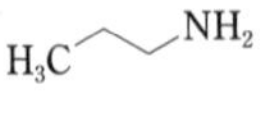 H₃C～NH₂   (b) 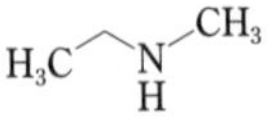 H₃C～N(H)CH₃

(c) 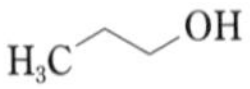 H₃C～OH   (d) 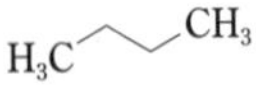 H₃C～CH₃

解答 (d), (b), (a), (c). 理由：沸点の高低は水素結合の有無とその強さに依存するため．

18・4 アミンの塩基性

塩の生成 アミンの際立った特徴は塩基性であり，窒素原子上の孤立電子対がアミンをルイス塩基とする要因である．

メタンアミンは塩酸のプロトンと非共有電子対を共有して塩を形成する．

$$CH_3NH_2 + HCl \longrightarrow CH_3N^+H_3 \ Cl^- \qquad (18・1)$$

例題 18・3

問題 下記のアミンと酸の反応式を記せ．

(a) 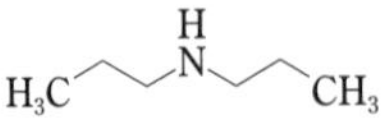 H₃C～N(H)～CH₃ , H₂SO₄   (b) 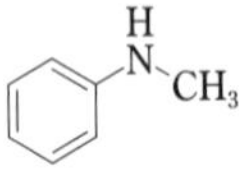 C₆H₅-N(H)-CH₃ , HNO₃

解答

(a) 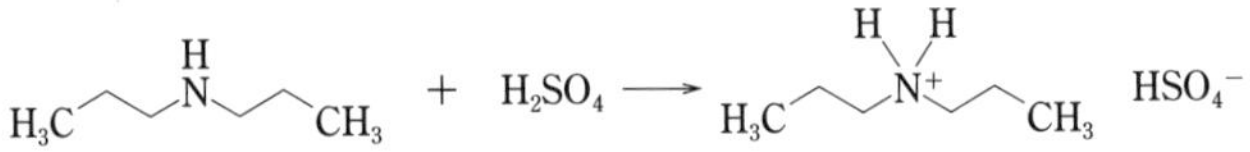 H₃C～N(H)～CH₃ + H₂SO₄ ⟶ H₃C～N⁺(H)(H)～CH₃ HSO₄⁻

(b) 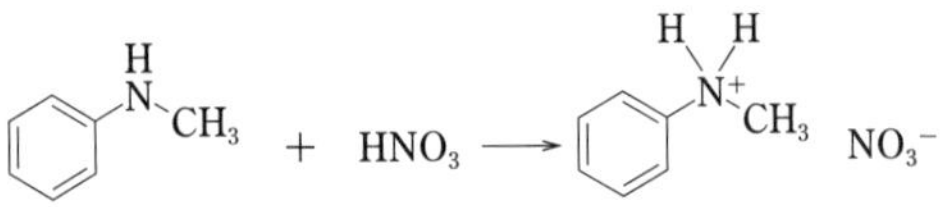 C₆H₅-N(H)-CH₃ + HNO₃ ⟶ C₆H₅-N⁺(H)(H)-CH₃ NO₃⁻

18・5 塩 基 性 度

18・5・1 脂肪族アミン

脂肪族アミンの塩基性の強さは，窒素上の非共有電子対の利用の多寡による．たとえば，メタンアミンはメチル基からの電子供与によって塩基性がアンモニアより強い．

プロトン化による正の電荷がメチル基からの電子供与によって分散されると考えることもできる．メチル基がさらに増えたジメチルアミンの塩基性は，さらに強くなっている．しかし，アンモニアの三つのすべての水素がメチル基で置換されたトリメチルアミンの塩基性は，アンモニアより強いがメチルアミンより弱い．立体障害のために窒素上の非共有電子対に酸が接近しにくくなったためである．

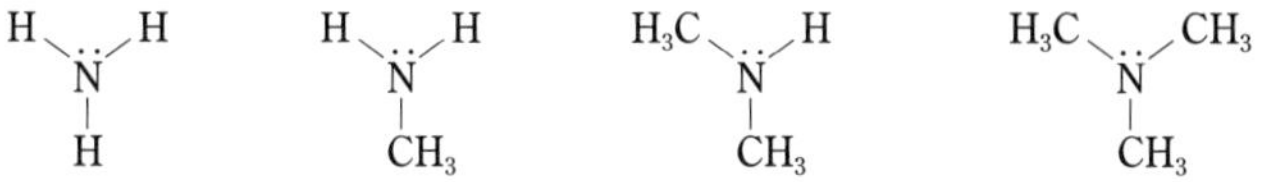

アンモニア	メタンアミン	ジメチルアミン	トリメチルアミン
K_b $1.8×10^{-5}$	$37×10^{-5}$	$54×10^{-5}$	$6.5×10^{-5}$

図 18・8　脂肪族アミンの塩基性度

例題 18・4

問題　ジメチルアミン水溶液のイオン化式を記せ．塩基性度定数 K_b を求めよ．

解答

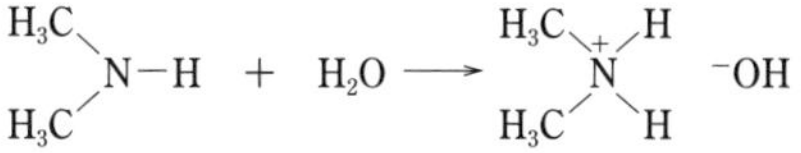

$$\text{H}_3\text{C}-\text{N}-\text{H} + \text{H}_2\text{O} \longrightarrow \text{Me}_2\text{NH}_2^+ -\text{OH}$$

$K_b = [\text{Me}_2\text{NH}_2^+][\text{OH}^-]/[\text{Me}_2\text{NH}][\text{H}_2\text{O}]$

18・5・2　芳香族アミン

　芳香族アミンの塩基性は脂肪族アミンの塩基性ほど強くない．窒素上の非共有電子対が共鳴により芳香環に分散されているからである．

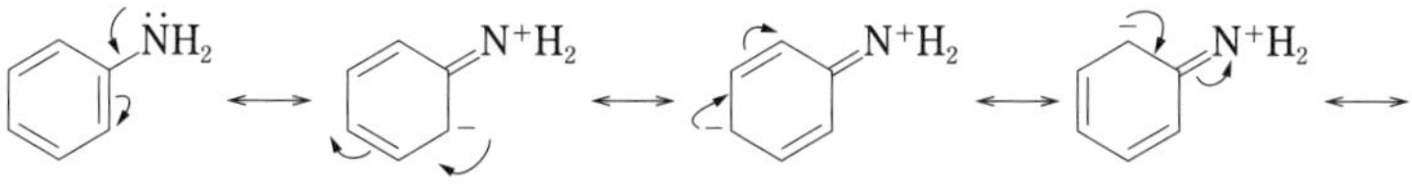

図 18・9　アニリンの共鳴構造

　窒素上の非共有電子対による塩基性は弱まるが，逆に芳香環の負の電荷が大きくなるために芳香環の求電子芳香族置換反応に対しては活性化することになる．アミノ基は活性化基であることを思い出そう．

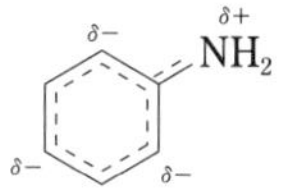

図 18・10　アミノ基の電荷

18・5・3 複素環アミン

環を構成する原子の一つが窒素原子の場合，その複素環アミンの塩基性は環構造に大きく依存する．ピロリジン，ピロール，ピリジンを例にみてみよう．ピロリジンの塩基性はすでに述べた脂肪族アミンと同程度である．一方ピロールの塩基性ははるかに弱い．ピロールの窒素上の非共有電子対がピロールの芳香環の一部として組み込まれているために，塩基として機能する能力が弱まっているからである．また，酸と反応して塩を形成すれば，芳香族性が失われてしまうのも，塩基性が弱い大きな理由である．ピリジンは芳香族アミンではあるが，窒素の非共有電子対は，ピロールとは異なって芳香族性の成り立ちには不必要である．したがってピリジンはピロールよりもはるかに塩基性が強い．

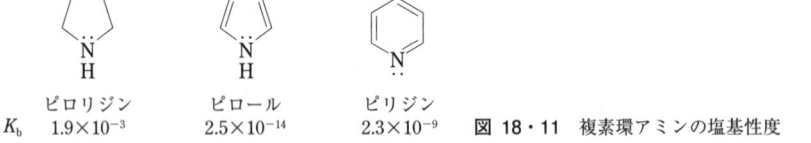

	ピロリジン	ピロール	ピリジン
K_b	1.9×10^{-3}	2.5×10^{-14}	2.3×10^{-9}

図 18・11　複素環アミンの塩基性度

18・5・4 アミド

アミンと異なってカルボニル基に窒素が直結したアミドは塩基性を示さない．窒素上の非共有電子対がカルボニル基と共鳴関係にあるためである．

図 18・12　アミドの共鳴構造

18・6 アミンの合成

18・6・1 還元

a. ニトロ化合物の還元

脂肪族および芳香族ニトロ化合物を接触水素化するとアミンに還元できる．芳香族ニトロ化合物なら塩酸中スズを還元剤とすると芳香族アミンに還元できる．

$$R-NO_2 \xrightarrow{接触水素化} R-NH_2 \qquad (18・2)$$

b. アミドの還元

水素化アルミニウムリチウム(LiAlH$_4$)を還元剤とするとアミンに還元できる.

$$R-\underset{NH_2}{\underset{\|}{C}}=O \xrightarrow{\text{LiAlH}_4} R-CH_2-NH_2 \quad (18 \cdot 3)$$

c. ニトリルの還元

接触水素化, あるいは水素化アルミニウムリチウムを還元剤とするとアミンに還元できる.

$$R-C\equiv N \xrightarrow{\text{LiAlH}_4} R-CH_2-NH_2 \quad (18 \cdot 4)$$

例題 18・5

問題 ニトリルをアミンにまで還元するのに必要な LiAlH$_4$ の当量数を求めよ.

解答 1/2 当量

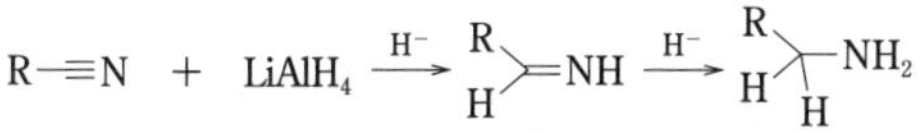

$$R-C\equiv N + \text{LiAlH}_4 \xrightarrow{H^-} \underset{H}{\overset{R}{C}}=NH \xrightarrow{H^-} \underset{H}{\overset{R}{\underset{|}{C}}}-NH_2$$

18・6・2 アミンのアルキル化

アミンの結合に関与していない非共有電子対はアミンの塩基性の要因であって酸と反応する. アミンは同じようにしてハロゲン化アルキルと反応する優秀な求核剤である. メタンアミンを塩化メチルと反応させると, 窒素が求核点となって S$_N$2 反応を起こしてジメチルアミンの塩酸塩が得られる. 塩酸がメタンアミンに移ってジメチルアミンが生成すると, さらに塩化メチルと反応してトリメチルアミンの塩酸塩が生成する. 塩酸が移るとトリメチルアミンが得られ, これがさらに塩化メチルと反応して塩化テトラメチルアンモニウムが生成し, アルキル化反応はここで停止する.

$$\text{H}_3\text{C}-\overset{..}{\text{N}}\text{H}_2 \;+\; \underset{\text{塩化メチル}}{\overset{\text{H}\;\;\text{H}}{\underset{\text{H}}{\text{C}}}-\text{Cl}} \xrightarrow{S_N2} \underset{\text{Cl}^-}{\overset{\text{H}}{\underset{\text{H}_3\text{C}}{\text{N}^+}}-\text{CH}_3} \xrightarrow{\overset{\text{メタンアミン}}{\text{メタンアミン塩酸塩}}} \underset{\text{ジメチルアミン}}{\text{H}_3\text{C}-\overset{..}{\text{N}}-\text{CH}_3}$$

メタンアミン　　塩化メチル

$$\xrightarrow[\text{塩化メチル}]{S_N2} \underset{\substack{\text{Cl}^- \\ \text{トリメチルアミン} \\ \text{塩酸塩}}}{\overset{\text{H}_3\text{C}\;\;\text{H}}{\underset{\text{H}_3\text{C}}{\text{N}^+}}-\text{CH}_3} \xrightarrow{\text{繰返し}} \underset{\substack{\text{Cl}^- \\ \text{塩化テトラメチル} \\ \text{アンモニウム}}}{\overset{\text{H}_3\text{C}\;\;\text{CH}_3}{\underset{\text{H}_3\text{C}}{\text{N}^+}}-\text{CH}_3} \quad (18 \cdot 5)$$

例題 18・6

問題　ベンゼンアミンを炭酸ナトリウム存在下で3当量のヨードメタンと反応させた. この反応式を記せ.

解答

$$\text{C}_6\text{H}_5-\text{NH}_2 \;+\; \text{CH}_3\text{I} \longrightarrow \text{C}_6\text{H}_5-\overset{\text{H}}{\text{N}}-\text{CH}_3 \xrightarrow{\text{HI} \xrightarrow{\text{Na}_2\text{CO}_3} \text{NaI} + \text{NaHCO}_3}$$

$$\longrightarrow \text{C}_6\text{H}_5-\overset{\text{CH}_3}{\text{N}}-\text{CH}_3 \longrightarrow \text{C}_6\text{H}_5-\overset{\text{CH}_3}{\underset{\text{CH}_3}{\text{N}^+}}-\text{CH}_3 \;\; \text{I}^-$$

　フタルイミドの窒素を求核点とすると望みのアミンを選択的につくれるアミン合成法となる. フタルイミドと塩基から調製した窒素アニオンとハロゲン化アルキルのS_N2反応はアルキル化フタルイミドを与える. ヒドラジン(NH_2NH_2)と反応させてフタロイル基から切り離すと第一級アミンが得られる.

$$\underset{\text{フタルイミド}}{\text{Phth}-\text{N}-\text{H}} \;+\; \text{R}-\text{X} \xrightarrow{\text{NaH}} \text{Phth}-\text{N}-\text{R} \xrightarrow{\text{NH}_2\text{NH}_2}$$

$$\underset{\text{第一級アミン}}{\text{H}_2\text{N}-\text{R}} \;+\; \text{Phth}-\text{N}-\text{NH}_2 \quad (18 \cdot 6)$$

tert-ブトキシカルボニル基(Boc基)で保護活性化した第一級アミンを，塩基と処理してアニオンに変換して，次いでハロゲン化アルキルと S_N2 反応させてアルキル化体を得る．それを酸で処理して脱Boc化すれば第二級アミンが得られる．

$$\text{Boc-アミン} + R'-X \xrightarrow{\text{NaH}} \xrightarrow{H^+} \text{第二級アミン} \quad (18\cdot7)$$

例題 18・7

問題 Boc基が酸処理で容易にはずれる理由を反応式を示して説明せよ．

解答

カルボニル酸素がプロトン化されると矢印で示した電子移動が起こり，安定な第三級カルボニウムイオンを生成するように O—C 結合が切断される．二酸化炭素が脱離してアミンが得られる．

18・7 アミドの生成

カルボン酸とアミンから脱水反応によりアミドが得られる．カルボン酸を活性化した脱離基Lをもつカルボン酸誘導体とアミンを反応させると，アミンの求核攻撃を開始反応とする付加脱離反応によってアミドが生成する．

$$\underset{\text{脱離基Lをもつカルボン酸誘導体}}{R-\overset{O}{\underset{\|}{C}}-L} + \underset{}{H-NR_2} \longrightarrow \underset{\text{アミド}}{R-\overset{O}{\underset{\|}{C}}-NR_2} \quad (18\cdot8)$$

例題 18・8

問題 式(18・8)の反応について中間体の構造を示してその進行を説明せよ．

解答

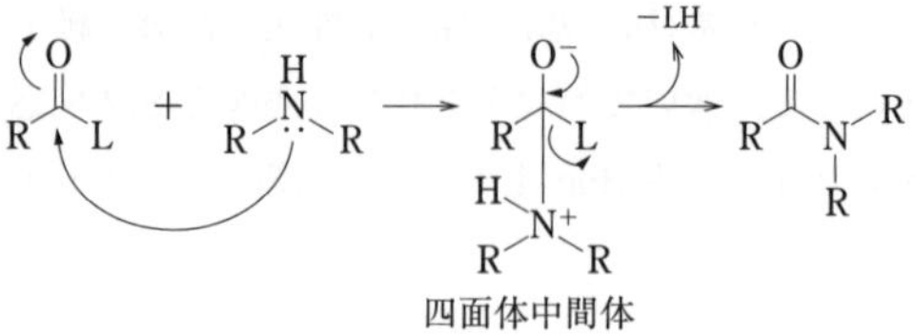

$$\underset{\text{四面体中間体}}{}$$

18・8　芳香族アミンと亜硝酸の反応

　芳香族アミンと亜硝酸との反応で得られる芳香族ジアゾニウム塩は，低温では取扱いが比較的容易な活性種であり，窒素を脱離基とする置換反応や窒素を保持したカップリング反応が可能である．

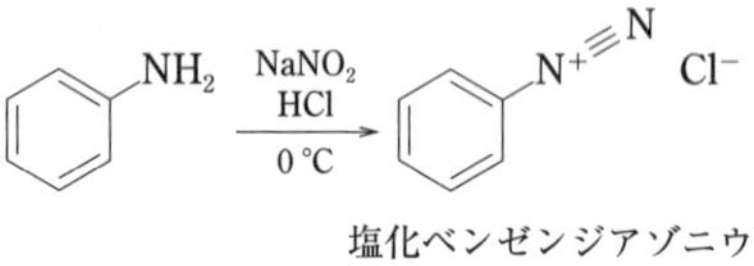

$$\text{PhNH}_2 \xrightarrow[0\,°\text{C}]{\text{NaNO}_2 / \text{HCl}} \text{PhN}_2^+ \text{Cl}^- \quad (18・9)$$

塩化ベンゼンジアゾニウム

例題 18・9

　問題　式(18・9)のジアゾニウム塩が生成する機構を式で示せ．

　解答

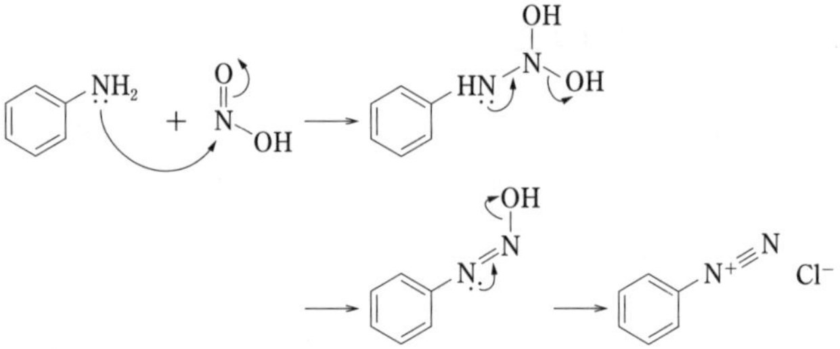

18・9　置　換　反　応

　塩化ベンゼンジアゾニウムの水溶液を室温にまで昇温すると，安定な窒素ガスが脱離して塩化物イオンあるいは水が攻撃したクロロベンゼンとフェノールが生成する［式(18・10)］．そのほかの可能な置換反応を図 18・13 に示す．

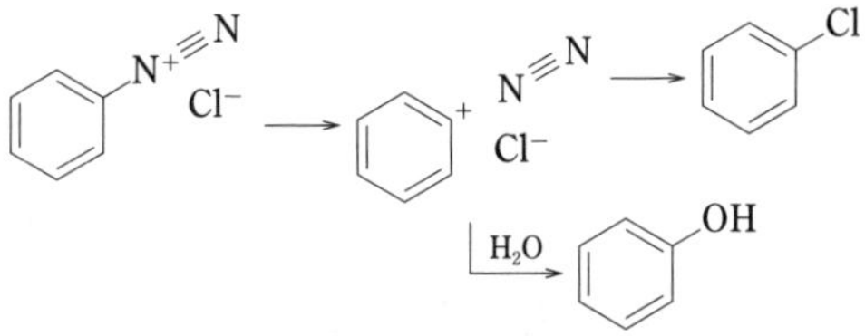

(反応式 18·10)

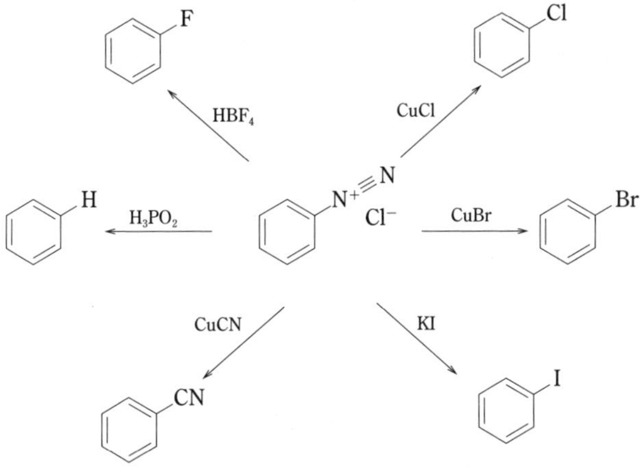

図 18·13 塩化ベンゼンジアゾニウムの置換反応

18·10 カップリング反応

芳香族ジアゾニウム塩は求核性の高い芳香族化合物とカップリング反応を起こしてジアゾ化合物を与える.

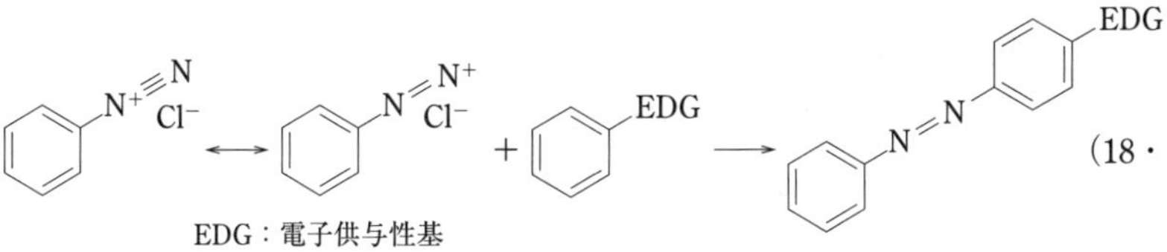

(反応式 18·11)

EDG：電子供与性基

例題 18·10

問題 ニトロベンゼンからシアノベンゼンを合成する方法を記せ.

解答

$\underset{}{\text{C}_6\text{H}_5\text{NO}_2} \xrightarrow[\text{HCl}]{\text{Fe}} \underset{}{\text{C}_6\text{H}_5\text{NH}_2} \xrightarrow[\text{HCl}]{\text{NaNO}_2} \underset{}{\text{C}_6\text{H}_5\text{N}_2^+\text{Cl}^-} \xrightarrow{\text{CuCN}} \underset{}{\text{C}_6\text{H}_5\text{CN}}$

まとめ

- 窒素を含む化合物は含窒素化合物あるいはアミンとよばれる.
- アミン類は脂肪族アミンと芳香族アミンに大別できる.
- アミン類は塩基性を示す.
- アミドは塩基性を示さない.
- シアノ基やニトロ基を還元するとアミンが得られる.
- アルキル化はアミン類の有効な合成法である.
- アミンとカルボン酸を脱水縮合するとアミドが合成できる.
- 亜硝酸と芳香族アミンを反応させるとジアゾニウム塩が生成する.
- ジアゾニウム塩はカップリング反応を起こす.

練習問題

18・1 下記の化合物を命名せよ.

(a), (b), (c), (d), (e), (f), (g), (h)

18・2　下記の化合物の構造を書け．
　　　(a)　2-メチルブチルアミン　　(b)　トリエチルアミン
　　　(c)　N,N-ブチルエチルベンゼンアミン　　(d)　2-アミノプロパン酸
　　　(e)　N,N-ジイソプロピルアミン　　(f)　2-(N,N-ジメチルアミノ)ペンタナール
　　　(g)　2-アミノ-3-フェニルプロパン酸　　(h)　1-フェニルブタ-3-インアミン

18・3　下記の化合物を沸点の高い順に構造式を書いて並べよ．
　　　(a)　エタンアミン，プロパンアミン，ペンタンアミン，ブタンアミン
　　　(b)　シクロペンタン，シクロヘキサン，シクロヘキサノール，シクロヘキサンアミン
　　　(c)　エチルメチルアミン，トリメチルアミン，プロピルアミン

18・4　2-アミノエタノールの分子間水素結合を図示せよ．

18・5　下記の化合物を塩基性が強い順に並べよ．

(a)　$H_3C-C(=O)-NH_2$　　$H_3C-CH_2-NH_2$　　$H_3C-C(=O)-CH_2-NH_2$　　$H_3C-CH_2-N(H)-CH_3$

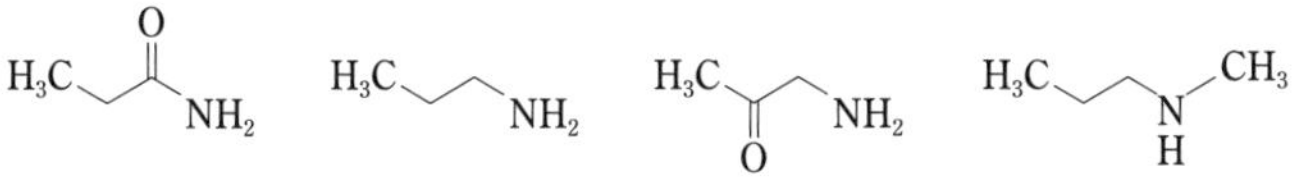

(b)　$C_6H_5-NH_2$　　シクロヘキシル-NH_2　　$H_3CO-C_6H_4-NH_2$　　$O_2N-C_6H_4-NH_2$

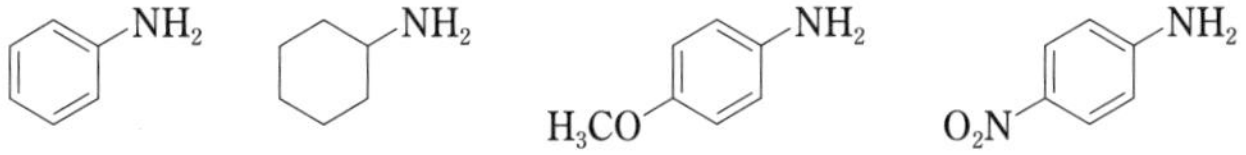

18・6　ピロールとイミダゾールの構造式を書き，どちらが塩基性が強いかを予測せよ．

18・7　プロピルアミンと以下の試薬との反応式を示せ．
　　　(a)　H_2SO_4　　(b)　CH_3I　　(c)　ベンズアルデヒド　　(d)　安息香酸と加熱
　　　(e)　無水酢酸　　(f)　酢酸メチル　　(g)　HCl　　(h)　酢酸塩化物

18・8　ベンゼンアミンからベンゼンジアゾニウム塩を生成する反応式を示せ．

18・9　ベンゼンジアゾニウム塩から得られる化合物を反応式で示せ．

脂質 19

脂質はタンパク質,核酸,炭水化物(糖質)と並んで生体で機能している有機化合物である.それらの代表例を学ぶことは大切である.さらに,その物性と機能の相関を構造から理解できるようになるのが本章の狙いである.ろうに始まり,脂肪酸,油脂,脂肪,セッケン,ミセル構造,リン脂質,ビタミンA, D, E, K,ステロイドなど身近な脂質の化学をみていこう.

19・1 脂質の分類

脂質は生体で重要な役割を果たしている有機化合物であり,水よりも非極性溶媒に溶ける.脂質は構造に基づいた分類ではなく,非極性溶媒によく溶けるという物性に基づいた分類であるので,さまざまな構造が知られている.ビタミンA,ステアリン酸,ステロイド,アラキドン酸などは好例である(図19・1).しかしながら,タンパク質,核酸,炭水化物(糖質)と並んで生体にとってはきわめて重要な化合物である.

19・2 ろ う

長鎖カルボン酸と長鎖アルコールのエステルがろうである.炭素数26のカルボン酸と炭素数30のアルコールのエステルはみつろうとよばれ,ミツバチの巣の構成成分である.はっ水性や防水性の物性を示すので,鳥の羽のコーティングや昆虫の表皮のコーティングなどにその活用例がみられる(図19・2).

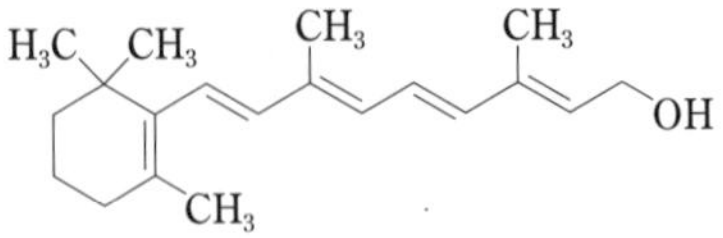

ビタミンA(レチノール)

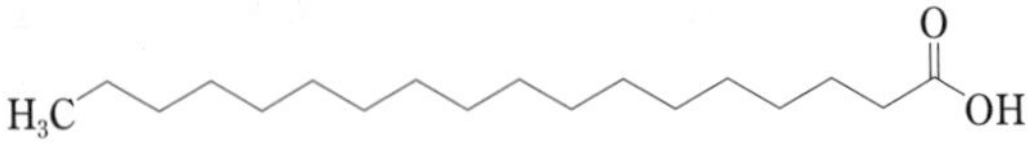

ステアリン酸

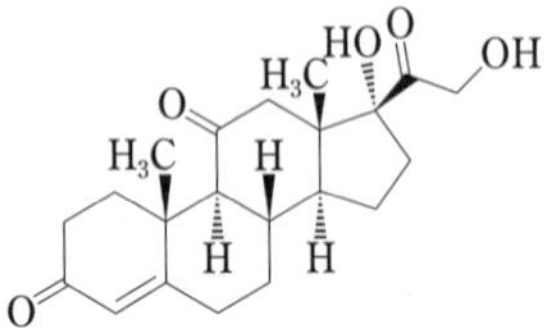

コルチゾン(ステロイド)

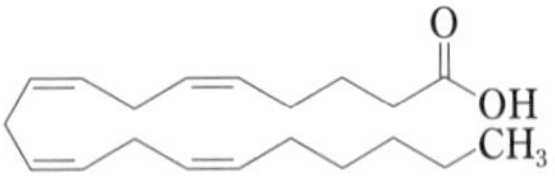

アラキドン酸

図 19・1 生体内に存在する脂質の例

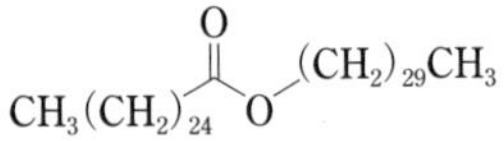

図 19・2 みつろうの主成分

19・3 脂 肪 酸

脂肪酸は長鎖カルボン酸である．炭素数2の酢酸を構成単位として生合成される天然型脂肪酸は，偶数個の炭素数をもつ直鎖構造が特徴である．天然の脂肪酸には，不飽和結合をもたない飽和脂肪酸と二重結合をもつ不飽和脂肪酸がある．二重結合を二つ以上もつものでは，メチレンを一つ間に置いた構造をもつ．二重結合のほとんどはシス配置である(表19・1)．

19・4 飽和脂肪酸と不飽和脂肪酸

飽和脂肪酸は分子量に応じて融点が高くなる．それは，分子間のファンデルワールス相互作用が大きくなるからである．不飽和脂肪酸でも分子量が大きくなれば融点が高くなるが，分子量の近い飽和脂肪酸と比べると融点は低い．シス配置の二重結合があるために分子が折れ曲がった構造となって，飽和脂肪酸のように密に詰まった構造がとり得ないためだと理解できる．二重結合の数が増えると融点はより低くなる．

19・4 飽和脂肪酸と不飽和脂肪酸

表 19・1 天然型脂肪酸

炭素数	慣用名	体系的名称	構造	融点/°C
飽和脂肪酸				
12	ラウリン酸 (lauric acid)	ドデカン酸 (dodecanoic acid)	~~~~~CO$_2$H	44
14	ミリスチン酸 (myristic acid)	テトラデカン酸 (tetradecanoic acid)	~~~~~CO$_2$H	58
16	パルミチン酸 (palmitic acid)	ヘキサデカン酸 (hexadecanoic acid)	~~~~~CO$_2$H	63
18	ステアリン酸 (stearic acid)	オクタデカン酸 (octadecanoic acid)	~~~~~CO$_2$H	69
20	アラキジン酸 (arachidic acid)	エイコサン酸 (eicosanoic acid)	~~~~~CO$_2$H	77
不飽和脂肪酸				
16	パルミトレイン酸 (palmitoleic acid)	(9Z)-ヘキサデセン酸 [(9Z)-hexadecenoic acid]	~~~~~CO$_2$H	0
18	オレイン酸 (oleic acid)	(9Z)-オクタデセン酸 [(9Z)-octadecenoic acid]	~~~~~CO$_2$H	13
18	リノール酸 (linoleic acid)	(9Z,12Z)-オクタデカジエン酸 [(9Z,12Z)-octadecadienoic acid]	~~~~~CO$_2$H	−5
18	リノレン酸 (linolenic acid)	(9Z,12Z,15Z)-オクタデカトリエン酸 [(9Z,12Z,15Z)-octadecatrienoic acid]	~~~~~CO$_2$H	−11
20	アラキドン酸 (arachidonic acid)	(5Z,8Z,11Z,14Z)-エイコサテトラエン酸 [(5Z,8Z,11Z,14Z)-eicosatetraenoic acid]	~~~~~CO$_2$H	−50
20	EPA	(5Z,8Z,11Z,14Z,17Z)-エイコサペンタエン酸 [(5Z,8Z,11Z,14Z,17Z)-eicosapentaenoic acid]	~~~~~CO$_2$H	−50

19・5　油　　脂

グリセリン(グリセロール)の3個のヒドロキシ基が脂肪酸でエステル化されている化合物は，トリグリセリドあるいはトリアシルグリセロールとよばれる．

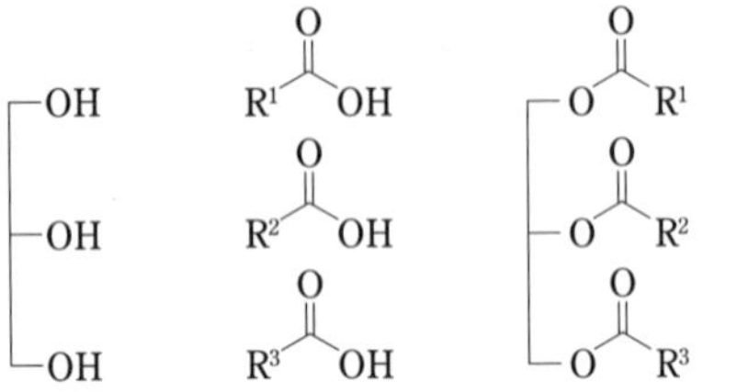

グリセリン　　脂肪酸　　トリグリセリド 油脂

図 19・3　グリセリン，脂肪酸，トリグリセリド

例題 19・1

問題　パルミチン酸，ミリスチン酸，およびラウリン酸からなるトリグリセリドの構造を記せ．

解答

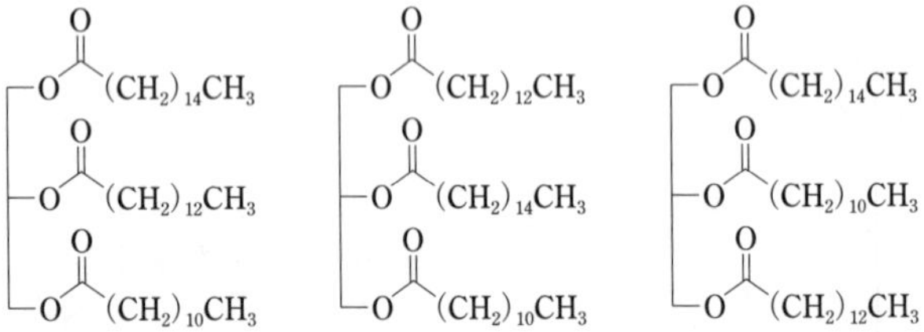

および鏡像異性体　　および鏡像異性体　　および鏡像異性体

動物からとれる固体状態のトリグリセリドが脂肪である．飽和脂肪酸と二重結合を一つもつ不飽和脂肪酸がおもなカルボン酸成分なので，比較的に密に詰まった構造をとる．そのためこれらトリグリセリドの融点は室温で固体となるほどに高い．

おもに植物から得られる液体状のトリグリセリドは油とよばれる．不飽和脂肪酸が主たる構成成分なので密に詰まった構造をとれないので室温では液体である(表19・2)．

複数の二重結合をもつポリ不飽和脂肪酸は，酸素分子によるラジカル反応によって酸化される．二つの二重結合に挟まれたメチレン基から水素ラジカルが引き抜かれて

表 19・2　一般的な油脂中の脂肪酸成分比

	融点 °C	飽和脂肪酸				不飽和脂肪酸		
		ラウリン酸 C_{12}	ミリスチン酸 C_{14}	パルミチン酸 C_{16}	ステアリン酸 C_{18}	オレイン酸 C_{18}	リノール酸 C_{18}	リノレン酸 C_{18}
動物脂肪								
バター	32	2	11	29	9	27	4	—
ラード	30	—	1	28	12	48	6	—
ヒトの脂肪	15	1	3	25	8	46	10	—
クジラの脂肪	24	—	8	12	3	35	10	—
植物油								
トウモロコシ	20	—	1	10	3	50	34	—
綿実	−1	—	1	23	1	23	48	—
亜麻仁	−24	—	—	6	3	19	24	47
オリーブ	−6	—	—	7	2	84	5	—
ピーナツ	3	—	—	8	3	56	26	—
ベニバナ	−15	—	—	3	3	19	70	3
ゴマ	−6	—	—	10	4	45	40	—
大豆	−16	—	—	10	2	29	51	7

生成する炭素ラジカルが，二つの二重結合によって安定化されるためにラジカル反応が容易に起きる．生成したラジカルは酸素と反応して酸敗が生じる．酸敗したバターや牛乳の味とにおいはこうした酸化物に由来する．

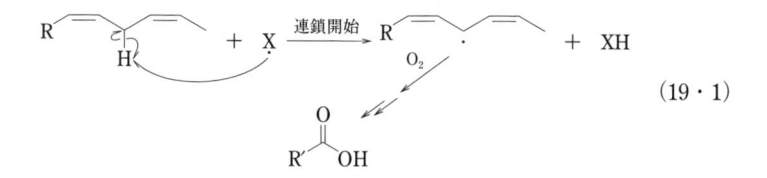

$$\text{R}\overset{}{\underset{\text{H}}{\diagup\hspace{-4pt}\diagdown}}\text{R} + \text{X} \xrightarrow{\text{連鎖開始}} \text{R}\diagup\hspace{-4pt}\diagdown\text{R}\cdot \xrightarrow{\text{O}_2} \text{R}'\text{COOH} + \text{XH} \tag{19・1}$$

19・6　セッケン

　油脂や油をアルカリ加水分解すると，脂肪酸のナトリウム塩やカリウム塩であるセッケンが得られる．アルカリ加水分解をけん化 (saponification) とよぶのは，セッケンを意味するラテン語の *sapo* に由来するからである．

　長鎖カルボン酸の塩は，長鎖部分の疎水性部分とカルボン酸の塩による親水性部分という異なった物理的性質を併せもつのが特徴である．セッケンは水中では，疎水性部分が寄り集まり，水との接触を最低限にするため内側を向き，水溶性のカルボン酸

塩部分を外側に向けたミセル構造をもつ(図19・4). 100分子ほどの分子がミセルを生成する. 洗い落としたい油部分を疎水性部分に取り込んでしまうのがセッケンとしての機能である.

$$\begin{array}{c}\text{O}\\\|\\ \text{—O—C—R}^1\\ \text{O}\\ \|\\ \text{—O—C—R}^2\\ \text{O}\\ \|\\ \text{—O—C—R}^3\end{array} \xrightarrow[\text{H}_2\text{O}]{\text{NaOH}} \begin{array}{c}\text{—OH}\\ \text{—OH}\\ \text{—OH}\end{array} + \text{R}\sim\!\!\!\!\!\!\!\!\!\!\text{C(O)O}^-\text{Na}^+ \qquad (19\cdot2)$$

$\text{R}\sim = \text{R}^1, \text{R}^2, \text{R}^3$
脂肪酸ナトリウム塩
セッケン

かなり以前は動物性脂肪と木灰を加熱してつくっていたセッケンは, 現代では長鎖アルキル置換基をもつベンゼンスルホン酸の塩を成分とする洗剤に進化している(図19・5).

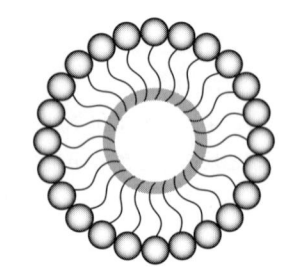

図19・4 ミセル

R—(benzene)—$\text{S}(=\text{O})(=\text{O})$—$\text{O}^-$ Na^+

図19・5 長鎖アルキル置換ベンゼンスルホン酸ナトリウム塩

例題 19・2

問題 エステルのアルカリ加水分解の反応機構を記せ.

解答

$$\underset{\text{R}^1}{\text{C(=O)}}\text{OR}^2 \xrightarrow{^-\text{OH}} \text{R}^1\underset{\text{OH}}{\overset{\text{O}^-}{\text{C}}}\text{OR}^2 \longrightarrow \text{R}^1\text{C(=O)OH} + {}^-\text{OR}^2$$

$$\longrightarrow \text{R}^1\text{C(=O)O}^- + \text{HOR}^2$$

19・7 リン脂質

　細胞膜などの生体膜を構成する主要な材料がリン酸基を含む脂質であるリン脂質である．ホスホグリセリドとスフィンゴ脂質の2種がある．

　ホスホグリセリドはグリセリンの末端ヒドロキシ基に，ホスホエタノールアミンやホスホコリンがリン酸エステル結合している点がトリグリセリドとの違いである（図19・6）．

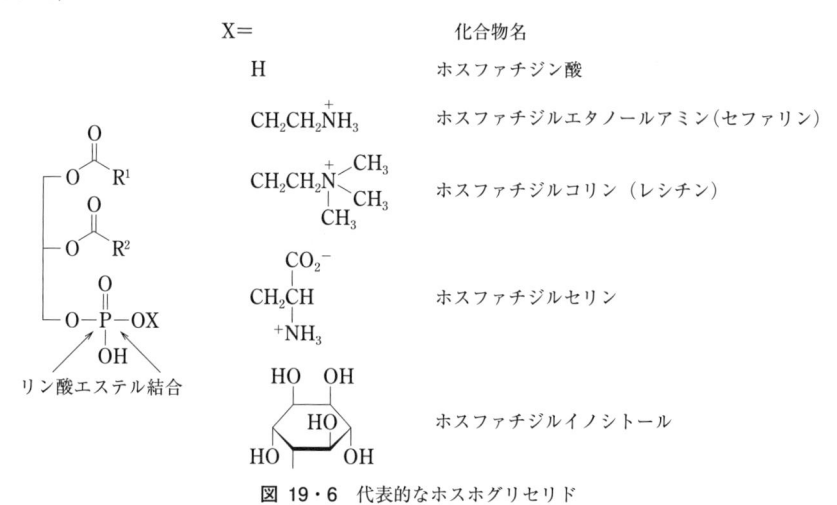

X=	化合物名
H	ホスファチジン酸
$CH_2CH_2\overset{+}{N}H_3$	ホスファチジルエタノールアミン（セファリン）
$CH_2CH_2\overset{+}{N}(CH_3)_3$	ホスファチジルコリン（レシチン）
$CH_2CH(CO_2^-)\overset{+}{N}H_3$	ホスファチジルセリン
イノシトール環	ホスファチジルイノシトール

図 19・6　代表的なホスホグリセリド

例題 19・3

問題　ホスファチジン酸の不斉炭素を記せ．

解答

ホスホグリセリドは，脂肪酸鎖を内側に向け，極性部を外側に向けて脂質二重層を形成し，膜として機能させる（図19・7）．コレステロールなどの脂質が入り込むと固

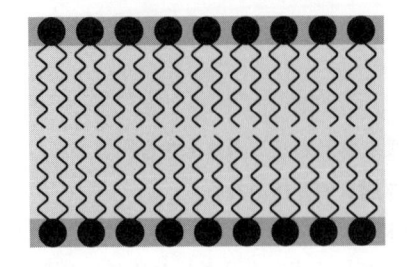

図 19・7 脂質二重層

コレステロール　　　　　　ビタミン E

図 19・8 生体膜中に存在する脂質分子

い膜となる．不飽和脂肪酸部位は酸素により酸化されて膜を弱くするが，脂質であるビタミン E は抗酸化剤として機能する(図 19・8)．

例題 19・4

問題　ビタミン E が抗酸化剤として機能する理由を推定せよ．

解答　活性なラジカル種を捕捉して反応性の低いフェノキシラジカルとして安定化するため．

スフィンゴ脂質は，グリセリンではなくスフィンゴシンからできている．ホスホコリンがリン酸エステル結合したスフィンゴミエリンは神経線維のミエリン鞘に含まれる主要な脂質である(図 19・9)．

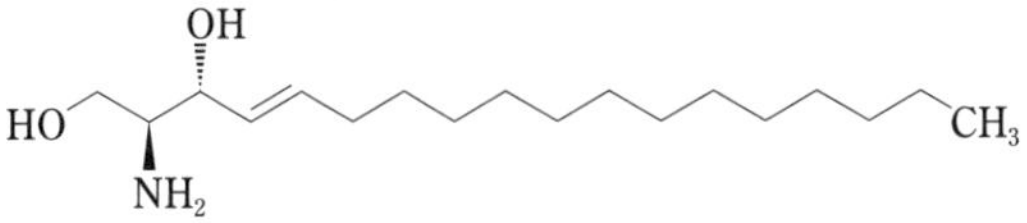

スフィンゴシン

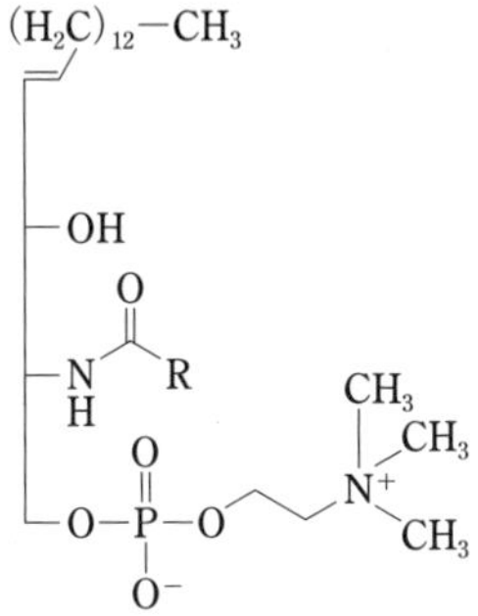

スフィンゴミエリン

図 19・9 スフィンゴシンとスフィンゴミエリン

19・8 ビタミン A, D, E, K

視覚に関与するレチノールともよばれるビタミン A(図 19・1 参照), 欠乏するとくる病をひき起こすビタミン D, 抗酸化剤であるビタミン E(図 19・8 参照), 補酵素であるビタミン K は, 非極性溶媒に可溶な炭素化合物であることがそれらの構造から推測される通りに, いずれも脂質である.

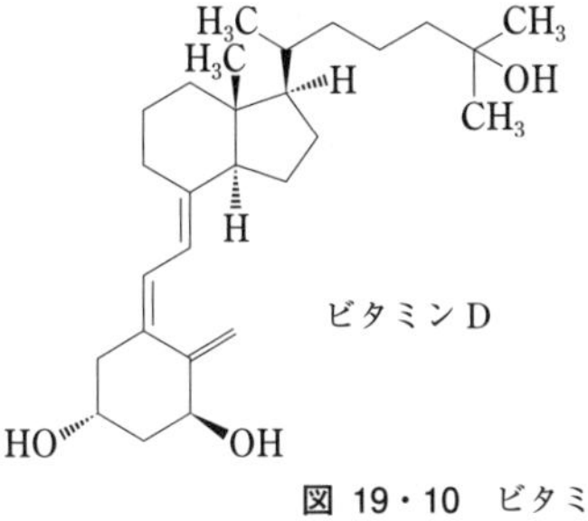

ビタミン D

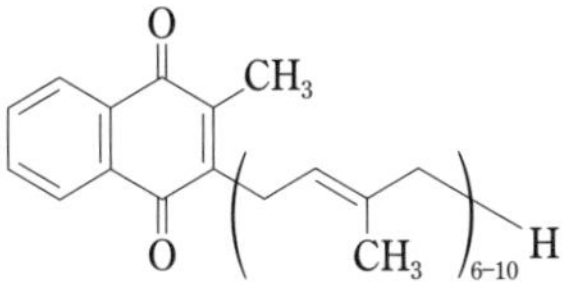

ビタミン K

図 19・10 ビタミン D とビタミン K

19・9 ステロイド

コレステロール(図 19・8 参照)やコルチゾン(図 19・1 参照)などのステロイド類はホルモンとして機能する脂質である.

まとめ

- 脂質の分類は，水よりも非極性溶媒によく溶けるという物性に基づく．
- 長鎖カルボン酸と長鎖アルコールのエステルがろうである．
- 脂肪酸は長鎖カルボン酸である．
- 天然型脂肪酸は，偶数個の炭素数をもつ直鎖構造が特徴である．
- 天然の脂肪酸には，飽和脂肪酸と不飽和脂肪酸の2種類がある．
- 不飽和脂肪酸の二重結合のほとんどはシス配置である．
- グリセリンの3個のヒドロキシ基が脂肪酸でエステル化された化合物は，トリグリセリド（トリアシルグリセロール）とよばれる油脂である．
- 動物からとられる固体状態のトリグリセリドは脂肪とよばれる．
- 植物からとられる液体状のトリグリセリドは油とよばれる．
- ポリ不飽和脂肪酸は，酸素分子によるラジカル反応によって酸化される．
- 油脂や油をけん化するとセッケンが得られる．
- セッケンは水中ではミセル構造をもつ．
- リン脂質にはホスホグリセリドとスフィンゴ脂質の2種がある．
- ホスホグリセリドはグリセリンの末端ヒドロキシ基が，ホスホエタノールアミンやホスホコリンとリン酸エステル結合している．
- スフィンゴ脂質は，グリセリンではなくスフィンゴシンからできている．

練習問題

19・1 ミリスチン酸二つとオレイン酸からなるトリグリセリドの構造を記せ．

19・2 次に示したグリセリドの反応式を記せ．

$$\begin{array}{l} -\mathrm{O}-\mathrm{CO}-(\mathrm{CH}_2)_6\mathrm{CH}=\mathrm{CH}(\mathrm{CH}_2)_7\mathrm{CH}_3 \\ -\mathrm{O}-\mathrm{CO}-(\mathrm{CH}_2)_6\mathrm{CH}=\mathrm{CHCH}_2\mathrm{CH}=\mathrm{CHCH}_2\mathrm{CH}=\mathrm{CHCH}_3 \\ -\mathrm{O}-\mathrm{CO}-(\mathrm{CH}_2)_{14}\mathrm{CH}_3 \end{array}$$

(a) 水素化　(b) 四塩化炭素溶媒中で Br_2　(c) KOHでけん化

19・3 コレステロールの立体配座式を記せ．

19・4 スフィンゴシンの不斉炭素を RS 表記せよ．

19・5 ジエチルスチルベストロールは女性ホルモンであるエストラジオールと同等の生理活性を発現する．構造の類似性がわかるようにそれぞれの構造式を記せ．

炭水化物 20

二酸化炭素と水から光合成によって産生される炭水化物について学ぶ．単糖類の表記の仕方を学ぶのは今後の議論のための基本である．フィッシャー(Fischer)投影式では直交する線で立体化学を表す．自然は光学活性な D-グルコースを産生する．末端のホルミル基の酸化やカルボニル基の還元によって別の糖に変換できることも学ぶ．さらに，糖は環状ヘミアセタールとして存在することを学ぶ．

20・1 炭水化物の表記法

グルコースなどのポリヒドロキシアルデヒド，フルクトースなどのポリヒドロキシケトン，およびこれらがグリコシド結合している化合物は総称して炭水化物とよばれる．自然界にもっとも多量に存在する炭水化物は，空気中の二酸化炭素と土中の水から光合成によって産生されるグルコースである．この光合成プロセスではグルコースばかりでなく，同時に酸素が産生される．自然界のグルコースは光学活性な D-グルコースであり，フィッシャー投影式では直交する線で立体化学を表す．破線-くさび形表記法では，上下の線は下向き，左右の横線は上向きのくさび構造を表す(図 20・1)．

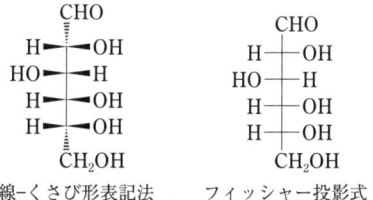

図 20・1　D-グルコースの破線-くさび形表記法とフィッシャー投影式

20・1・1 単糖類の D, L 表記法

ポリヒドロキシアルデヒドはアルドースとよばれ，最小のアルドースがグリセルアルデヒドである．一つの不斉炭素をもち，$(R)-(+)$-グリセルアルデヒドが D-グリセルアルデヒドである．フィッシャー投影式では，カルボニル基が上にくるように書くのでヒドロキシ基が右に書かれる．

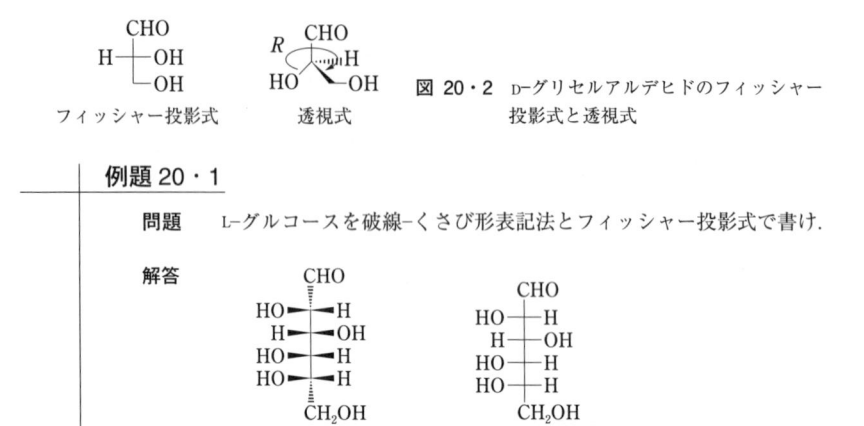

```
      CHO              CHO
   H──OH           R       H
      OH          HO       OH
フィッシャー投影式      透視式
```

図 20・2　D-グリセルアルデヒドのフィッシャー投影式と透視式

例題 20・1

問題　L-グルコースを破線-くさび形表記法とフィッシャー投影式で書け．

解答

```
      CHO                    CHO
   HO──H                  HO──H
   H──OH                   H──OH
   HO──H                  HO──H
   HO──H                  HO──H
      CH₂OH                 CH₂OH
破線-くさび形表記法        フィッシャー投影式
```

20・2　炭水化物の分類

単純な炭水化物は単糖であり，二つ以上の単糖が結合したものを多糖と分類する．単糖のなかで，ホルミル基を末端にもつポリヒドロキシアルデヒドをアルドース，カルボニル基をもつポリヒドロキシケトンをケトースとよぶ．炭水化物は，炭素数 3 のグリセルアルデヒドとジヒドロキシアセトン以外は，炭素数に応じてオースを接尾語として命名する．炭素数 4 ならアルドテトロース，ケトテトロースと分類する．

20・2・1　アルドースの構造

カルボニル基をなるべく上側に書くフィッシャー投影式では，D-グリセルアルデヒドのヒドロキシ基は右側に書く．炭素数が増えてももっとも下にある不斉炭素のヒドロキシ基が右にあるものが D 糖であり，左にあれば L 糖である．自然界で大量に存在する D-アルドヘキソースである D-グルコースでは，C3 位のヒドロキシ基だけが

20・2 炭水化物の分類

左側にあり，ほかの三つのヒドロキシ基が右側にあることを覚えよう．そうすれば，C2 位のエピマーが D-マンノース，C4 位のエピマーが D-ガラクトースと覚えやすい．D-アルドース類を図 20・3 に示す．

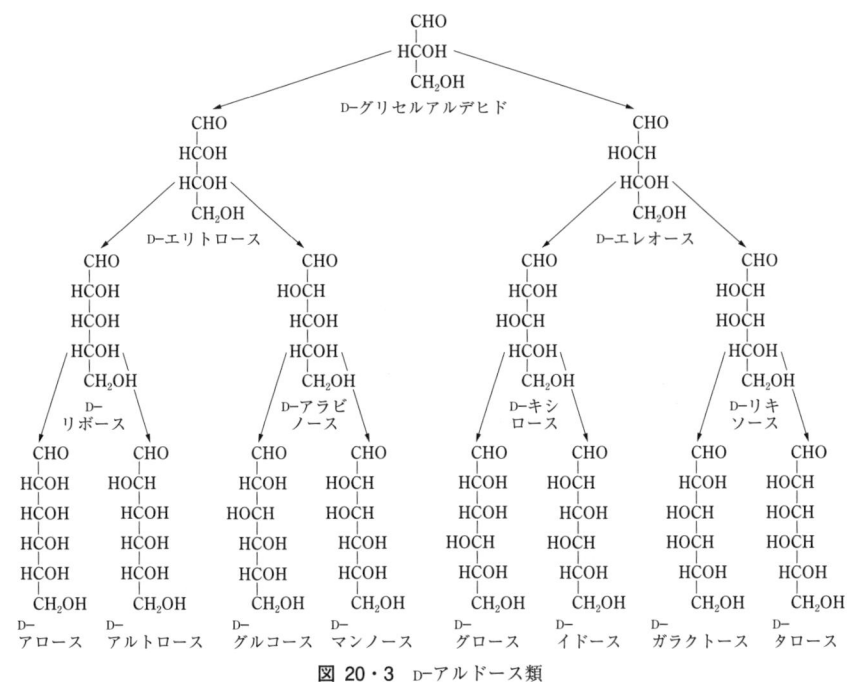

```
                            CHO
                            HCOH
                            CH₂OH
                       D-グリセルアルデヒド
              ↙                              ↘
           CHO                                 CHO
           HCOH                                HOCH
           HCOH                                HCOH
           CH₂OH                               CH₂OH
         D-エリトロース                         D-エレオース
        ↙        ↘                          ↙         ↘
     CHO          CHO                   CHO             CHO
     HCOH         HOCH                  HCOH            HOCH
     HCOH         HCOH                  HOCH            HOCH
     HCOH         HCOH                  HCOH            HCOH
     CH₂OH        CH₂OH                 CH₂OH           CH₂OH
    D-リボース   D-アラビ                D-キシ          D-リキ
                 ノース                  ロース           ソース
    ↙    ↘     ↙    ↘               ↙    ↘          ↙    ↘
  CHO   CHO   CHO   CHO             CHO   CHO        CHO   CHO
  HCOH  HOCH  HCOH  HOCH            HCOH  HOCH       HCOH  HOCH
  HCOH  HCOH  HOCH  HOCH            HCOH  HCOH       HOCH  HOCH
  HCOH  HCOH  HCOH  HCOH            HOCH  HOCH       HCOH  HCOH
  HCOH  HCOH  HCOH  HCOH            HCOH  HCOH       HCOH  HCOH
  CH₂OH CH₂OH CH₂OH CH₂OH           CH₂OH CH₂OH      CH₂OH CH₂OH
  D-    D-    D-    D-              D-    D-         D-    D-
  アロース アルトロース グルコース マンノース  グロース イドース  ガラクトース タロース
```

図 20・3　D-アルドース類

例題 20・2

問題　図 20・3 の D-アルドース類から，ジアステレオマー，エナンチオマー，メソ体を拾い出せ．

解答　ジアステレオマー：エリトロースとエレオース，リボースなどのペントース類，アロースなどのヘキソース類
エナンチオマー：D 体なのでなし．メソ体：なし

例題 20・3

問題　単糖類の極性と水溶性に関してシクロヘキサンなどの有機化合物と比較せよ．

解答　単糖類にはヒドロキシ基やホルミル基があり，そのため分極している．これらの基がないシクロヘキサンと比べて単糖類は極性が高く，水溶性に富む．

20・2・2　ケトースの構造

　自然界に存在するケトースの多くはC2位がカルボニル基である．カルボニル基をなるべく上に書いて，もっとも下にある不斉炭素のヒドロキシ基が右にあるものがD糖であり，左にあればL糖であるのはアルドースと同じである．炭素数が同じならアルドースよりも不斉炭素が一つ少ない．D-ケトース類を図20・4に示す．

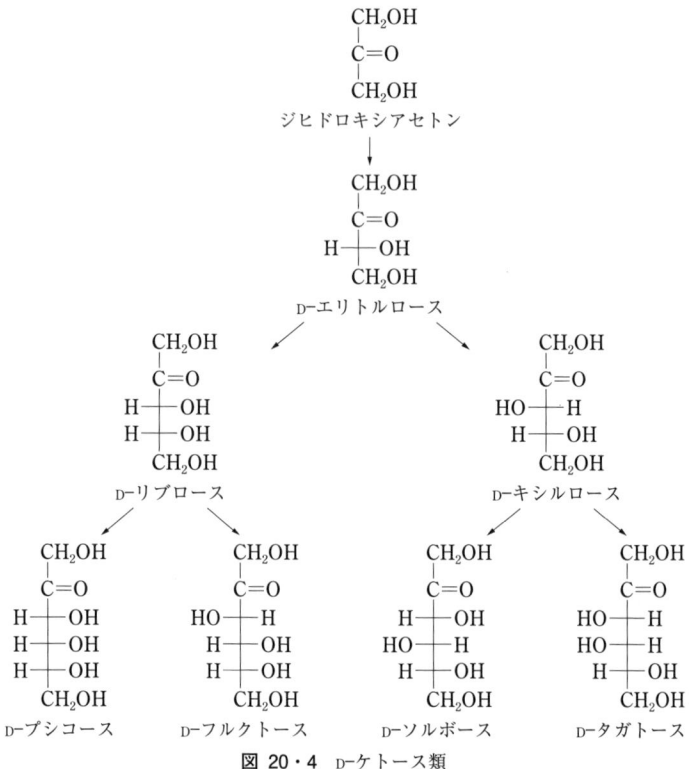

```
                    CH₂OH
                    │
                    C=O
                    │
                    CH₂OH
                ジヒドロキシアセトン

                    CH₂OH
                    │
                    C=O
                 H──┼──OH
                    │
                    CH₂OH
                  D-エリトルロース

          ↙                      ↘
      CH₂OH                      CH₂OH
      │                          │
      C=O                        C=O
   H──┼──OH                  HO──┼──H
   H──┼──OH                   H──┼──OH
      │                          │
      CH₂OH                      CH₂OH
     D-リブロース                  D-キシルロース

    ↙        ↘              ↙         ↘
 CH₂OH     CH₂OH         CH₂OH       CH₂OH
 │         │             │           │
 C=O       C=O           C=O         C=O
H─┼─OH  HO─┼─H        H─┼─OH     HO─┼─H
H─┼─OH   H─┼─OH      HO─┼─H      HO─┼─H
H─┼─OH   H─┼─OH       H─┼─OH      H─┼─OH
 │         │             │           │
 CH₂OH    CH₂OH         CH₂OH       CH₂OH
D-プシコース D-フルクトース  D-ソルボース  D-タガトース
```

図 20・4　D-ケトース類

例題 20・4

問題　図20・4のD-ケトース類から，ジアステレオマー，エナンチオマー，メソ体を拾い出せ．

解答　ジアステレオマー：D-リブロースとD-キシルロース，D-プシコースとD-フルクトース，D-ソルボースとD-タガトース　　エナンチオマー，メソ体：なし

例題 20・5

問題 アルドヘプトースの立体異性体をフィッシャー投影式で一つ書け．異性体はいくつあるか．

解答 5個の不斉炭素があるので32個の異性体がある．

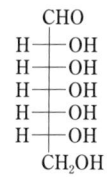

```
      CHO
  H ──── OH
  H ──── OH
  H ──── OH
  H ──── OH
  H ──── OH
      CH₂OH
```

20・3 単糖の還元と酸化

アルデヒドやケトンなどカルボニル基をもつ単糖は還元をうけてアルジトールとよばれるポリアルコールになる．キシロースのカルボニル基を水素化ホウ素ナトリウムで還元するとキシリトールが得られる（図20・5）．ケトースを還元すると新たに不斉炭素が一つ増えるので2種類の還元体アルコールが生成する．フルクトースを還元するとマンニトールとグルシトールが得られる（図20・6）．

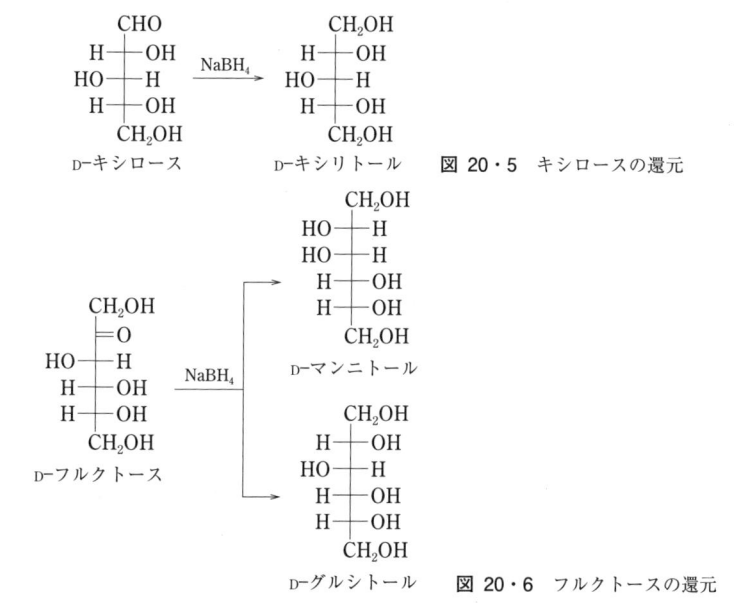

図 20・5 キシロースの還元

図 20・6 フルクトースの還元

例題 20・6

問題 ある単糖を還元すると D-タロースの還元体（図 20・3 参照）ともう一つの異性体が得られた．その単糖をフィッシャー投影式で書け．

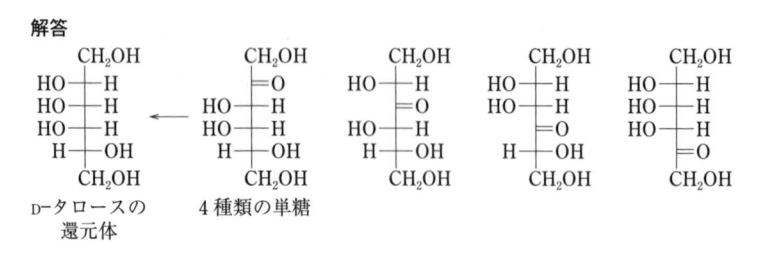

解答

```
    CH₂OH         CH₂OH         CH₂OH         CH₂OH         CH₂OH
  HO─┼─H         ─┼─=O        HO─┼─H        HO─┼─H        HO─┼─H
  HO─┼─H      ← HO─┼─H        HO─┼─H        HO─┼─H        HO─┼─H
  HO─┼─H        HO─┼─H         ─┼─=O        HO─┼─H        HO─┼─H
   H─┼─OH        H─┼─OH         H─┼─OH        ─┼─=O        ─┼─=O
    CH₂OH         CH₂OH         CH₂OH         CH₂OH         CH₂OH
 D-タロースの     4 種類の単糖
   還元体
```

アルドースを臭素と反応させるとホルミル基がカルボン酸に酸化されてアルドン酸が得られる．アルコールとケトンは酸化されない．より活性の高い酸化剤として硝酸を用いると第一級アルコールとアルデヒドがともに酸化されてアルダル酸が得られる（図 20・7）．逆にいえば臭素や硝酸を還元するので，こうしたアルドースを還元糖とよぶ．その一方で，後述のグリコシドは還元することがないので非還元糖とよぶ．

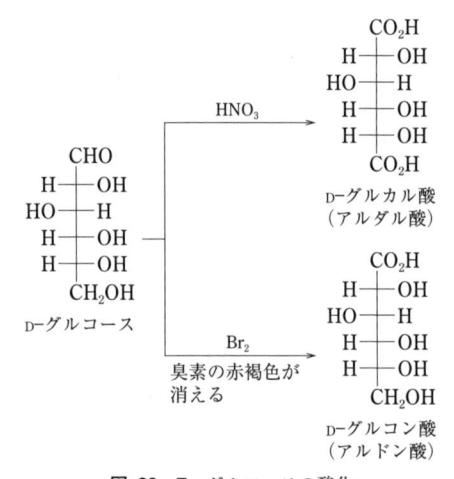

```
           CHO                              CO₂H
          H─┼─OH                           H─┼─OH
         HO─┼─H        HNO₃              HO─┼─H
          H─┼─OH      ─────→              H─┼─OH
          H─┼─OH                           H─┼─OH
           CH₂OH                           CO₂H
         D-グルコース                      D-グルカル酸
                                          （アルダル酸）

                                            CO₂H
                                           H─┼─OH
                         Br₂             HO─┼─H
                        ─────→            H─┼─OH
                      臭素の赤褐色が        H─┼─OH
                        消える              CH₂OH
                                          D-グルコン酸
                                          （アルドン酸）
```

図 20・7 グルコースの酸化

20・4 キリアニ–フィッシャー合成による炭素鎖の伸長

アルドースの一方の末端はホルミル基だから，シアノヒドロキシ化反応によって 1

炭素増炭できる．シアノ基はアルデヒドに変換される．これはキリアニ–フィッシャー (Kiliani-Fischer)合成とよばれる．テトロースから1炭素増えたペントースが合成できることになる．ただし，新たに1個の不斉炭素が生成するので2種類の生成物が得られる(図20・8)．

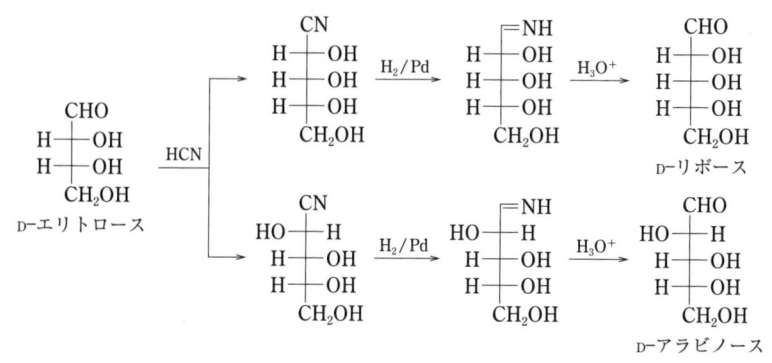

図 20・8 キリアニ–フィッシャー合成

例題 20・7

問題 D-キシロースを出発物質としてキリアニ–フィッシャー合成を行って得られる単糖を記せ．

解答 D-キシロース → D-グロース ＋ D-イドース

20・5 環状ヘミアセタール

カルボニル基はアルコールと反応する．直鎖状のグルコースのホルミル基は分子内のヒドロキシ基と反応して環状のヘミアセタールを生成する．不斉炭素が生成するので，アノマーと称される2種類の異性体であることにも注意しよう．生成する不斉炭素はアノマー炭素とよばれる(図20・9)．

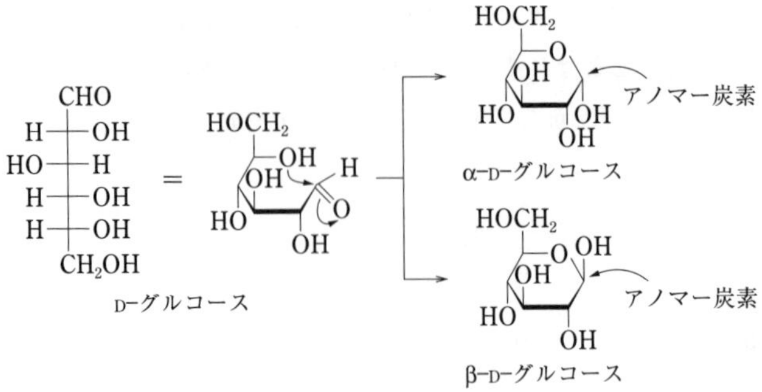

図 20・9　環状ヘミアセタール

　水溶液中では，グルコースは，きわめて少量の直鎖状アルデヒドと大部分を占める二つの環状ヘミアセタールの平衡で存在する．水に溶かしたばかりの純粋な β-D-グルコースの溶液の比旋光度の値は +112 から +52.7 にゆっくりと変化するが，この現象は平衡の結果である．これは変旋光とよばれている．

　五員環や六員環ヘミアセタール構造をとれるアルドースは，水溶液中では五員環のフラノースあるいは六員環のピラノースとして，ヘミアセタール形で存在する．

例題 20・8

問題　5-ヒドロキシペンタナールから生成する環状ヘミアセタールの構造を示せ．

解答

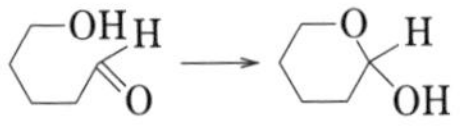

20・6　ハワース投影式

　単糖の環状構造は五員環や六員環が紙面から突き出るように投影してみるハワース (Haworth) 投影式で表示することが多い．ヘミアセタールのアノマー炭素を環の右に置き，D 系であれば CH_2OH 基を上に表示する．安定配座の一つを三次元的に表した構造式もあわせて示す（図 20・10）．

フィッシャー投影式　　ハワース投影式　　安定配座の一つ

図 20・10 α-D-グルコースのハワース投影式

例題 20・9

問題　β-D-ガラクトースの安定と思われる立体配座を示せ．また，フィッシャーおよびハワース投影式も書け．

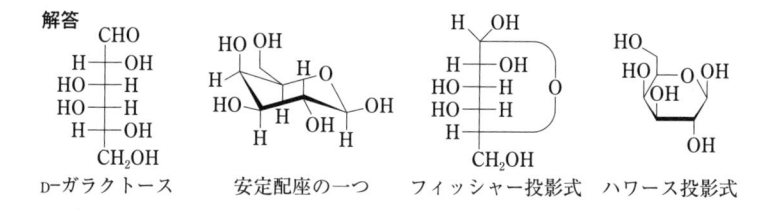

解答

D-ガラクトース　　安定配座の一つ　　フィッシャー投影式　　ハワース投影式

例題 20・10

問題　D-キシロースのフラノース形およびピラノース形をハワース投影式で書け．

解答

D-キシロース　　フラノース形　　ピラノース形

20・7　グリコシドの生成

環状のヘミアセタールはアルコールと反応してアセタールを生成する．糖のアセタールはグリコシドとよばれ，新しく生成した結合はグリコシド結合とよばれる．グルコースのグリコシドはグルコシド（glucose の -e を -ide に置き換える），ガラクトースならガラクトシドである（図 20・11）．ピラノースやフラノースならグリコシドはピラノシドとフラノシドである．グリコシドは臭素などの酸化剤を還元することがな

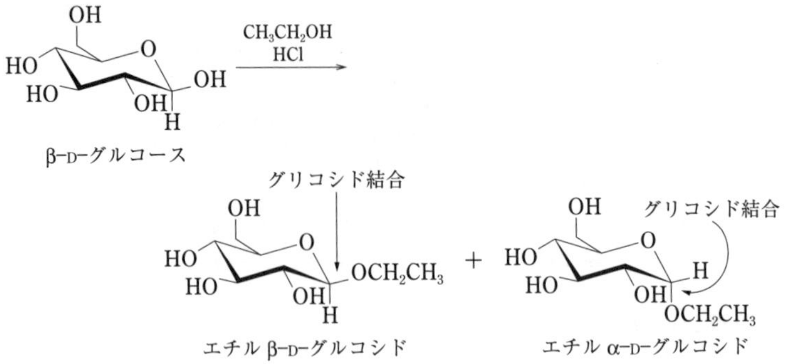

図 20・11 グリコシドの生成

いので非還元糖とよぶ．

　ヘミアセタールが単一のアノマーであってもアルコールと反応するとα-グリコシドとβ-グリコシドがともに生成する．ヘミアセタールのヒドロキシ基が酸によってプロトン化され，アノマー炭素に直結する環内酸素の非共有電子対が水分子の脱離を促す．脱離の結果，アノマー炭素は平面状の sp^2 混成となる．平面の上下からアルコール分子の接近が可能なので，上からならβ-グリコシド，下からならα-グリコシドが生成する（図 20・12）．

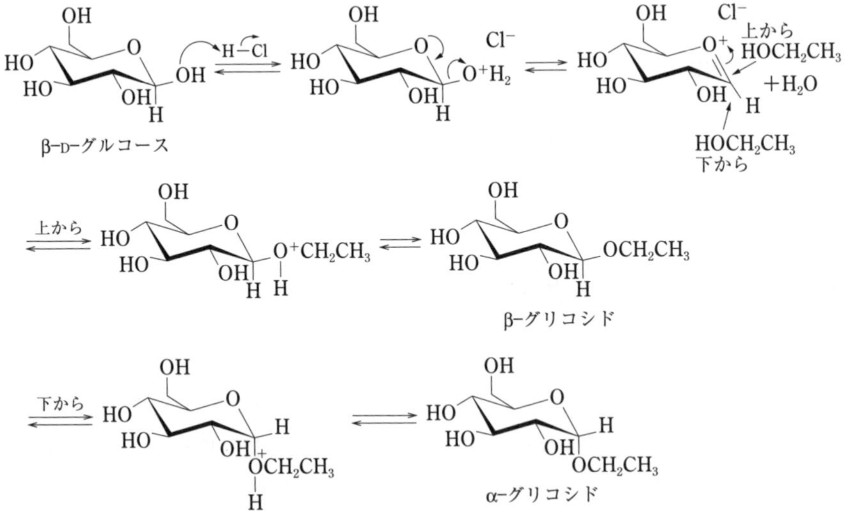

図 20・12 グリコシドの生成機構

| 例題 20・11

問題 次の化合物の名称を記せ.

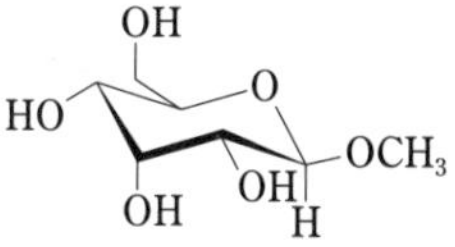

(構造式: メチル β-D-アロピラノシド)

解答 メチル β-D-アロピラノシド

20・8 二 糖

テンサイやサトウキビから得られるスクロース(砂糖)は，D-グルコースとD-フルクトースの二つの単糖からなるグリコシドである．D-フルクトースがアルコール部分としてβ-グリコシド結合している(図20・13)．

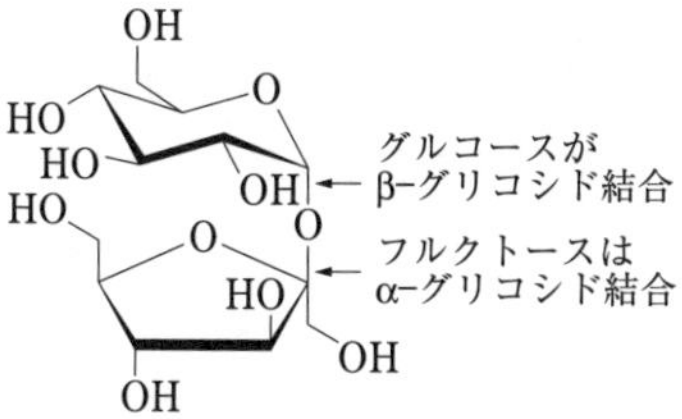

図 20・13 スクロース
グルコースが β-グリコシド結合
フルクトースは α-グリコシド結合

ヒトの母乳中に6.5%も含まれている二糖がラクトースであり，D-ガラクトースとD-グルコースがβ-1,4-グリコシド結合している．β-1,4は一方の糖の1位のアノマー炭素にもう一方の糖のC4位のアルコールがβ-グリコシド結合していることを表す(図20・14)．

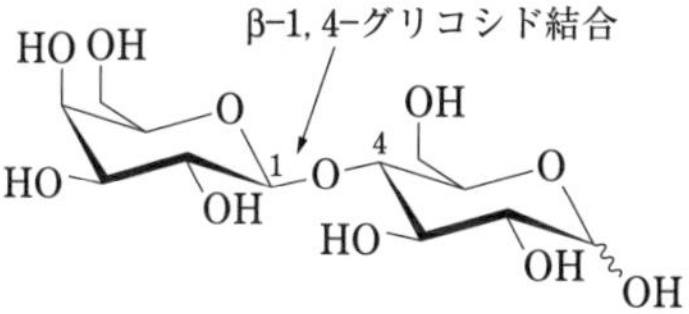

図 20・14 ラクトース
β-1,4-グリコシド結合

多糖であるデンプンやセルロースの分解産物として得られる二糖はマルトースとセロビオースである(図20・15)．どちらもD-グルコースが2個グリコシド結合したものであるが，マルトースはα-1,4-グリコシド結合，セロビオースはβ-1,4-グリコシ

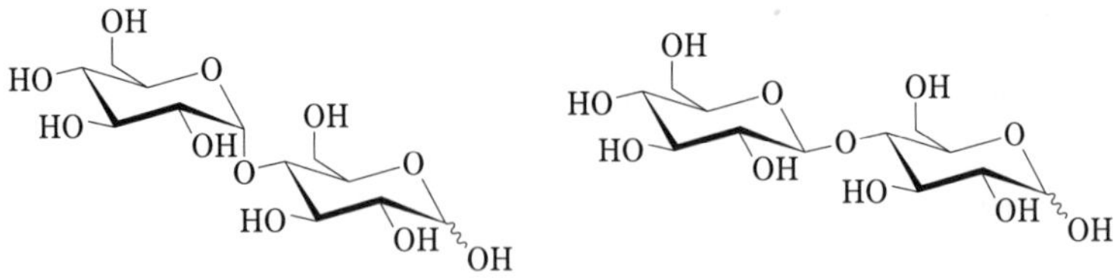

マルトース　　　　　　　　セロビオース

図 20・15　マルトースとセロビオース

ド結合している．ヒトの体内ではアミラーゼやマルターゼなどの分解酵素で α–グリコシド結合は開裂されるが，β–グリコシド結合は開裂されない．

20・9　多　　糖

　デンプンとセルロースが身近な多糖である．デンプンはアミロース（約20％）とアミロペクチン（約80％）の2種の多糖を含み，D–グルコースがグリコシド結合している．アミロースは α–1,4–グリコシド結合でつながった分岐のない糖鎖である．アミロペクチンも同様であるが α–1,6–グリコシド結合による分岐がある点が異なっている．
　グリコーゲンは動物の貯蔵炭水化物であり，α–1,6–グリコシド結合がより多くあることがアミロペクチンとの差である．その結果，分岐が多いために酵素分解によってより多くのグルコースが産生されエネルギー源としての役割を果たすことができる．
　セルロースは木の50％もの主要構成成分であり植物の構造物質である．グルコースが分岐のない β–1,4–グリコシド結合でつながっている糖鎖である（図20・16）．
　セルロースの分岐のない β–1,4–グリコシド結合糖鎖は，分子内水素結合形成を容易にさせる．その結果，直線状の分子となり，並びあったセルロース分子同士で分子間水素結合も形成される（図20・17）．大きな束状の集合体が形成されるのでセルロースは構造体となる．

20・10　細胞表層の炭水化物

　細胞表面の糖鎖は細胞同士の認識に役立っている．感染，炎症，凝血，受精など多様な活性発現になくてはならないものである．血液型は赤血球表面の糖の種類が決定する．

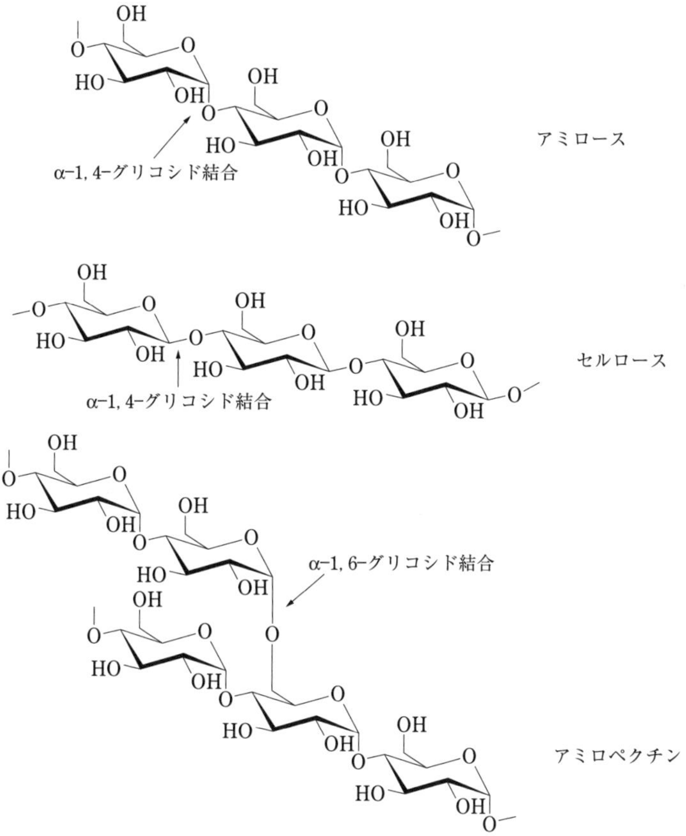

20・10 細胞表層の炭水化物

図 20・16 アミロース, アミロペクチン, セルロース

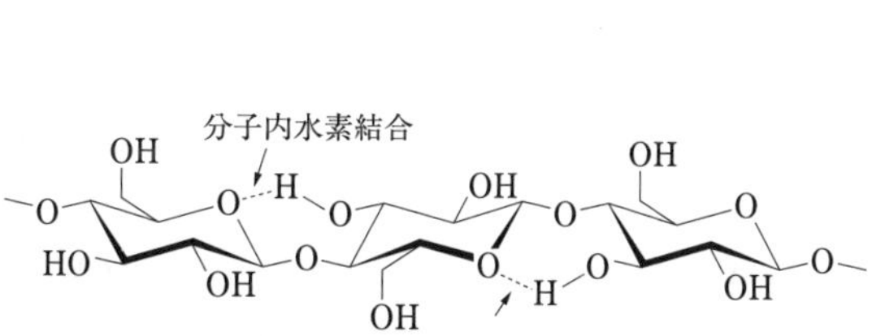

図 20・17 セルロースの分子内水素結合

まとめ

- 光学活性な D–グルコースは二酸化炭素と水から光合成によって産生される．
- フィッシャー投影式では直交する線で立体化学を表す．
- 破線–くさび形表記法では，上下の線は下向き，左右の横線は上向きのくさび構造を表す．
- (R)–$(+)$–グリセルアルデヒドは一つの不斉炭素をもち，D–グリセルアルデヒドである．
- 単純な炭水化物は単糖であり，二つ以上の単糖が結合したものを多糖とよぶ．
- ホルミル基を末端にもつポリヒドロキシアルデヒドをアルドース，カルボニル基を末端にもつポリヒドロキシケトンをケトースとよぶ．
- フィッシャー投影式では，D–グリセルアルデヒドのヒドロキシ基は右側に書く．炭素数が増えてももっとも下にある不斉炭素のヒドロキシ基が右にあるものが D 糖であり，左にあれば L 糖である．
- アルドースを臭素と反応させるとアルデヒド基がカルボン酸に酸化されてアルドン酸が得られる．
- アルドースは，臭素や硝酸を還元するので還元糖とよぶ．
- キリアニ–フィッシャー合成では，アルドースの末端ホルミル基のシアノヒドロキシ化反応，次いでシアノ基のアルデヒドへの変換によって 1 炭素増炭される．
- 環状ヘミアセタールはアノマー炭素をもつので 2 種類のアノマーが存在する．
- ハワース投影式では，アノマー炭素を環の右に置き，D 系であれば CH_2OH 基を上に表示する．
- 糖のアセタールはグリコシドとよばれ，新しく生成した結合はグリコシド結合とよばれる．
- グリコシドは臭素などの酸化剤を還元することがないので非還元糖である．
- デンプンはアミロース(約 20%)とアミロペクチン(約 80%)の 2 種の多糖を含み，D–グルコースがグリコシド結合している．
- スクロース(砂糖)は，D–フルクトースがアルコール部分として D–グルコースに β–グリコシド結合している．

- デンプンとセルロースが身近な多糖である．
- 細胞表面の糖鎖は細胞同士の認識に役立っている．
- 血液型は赤血球表面の糖の種類が決定する

練 習 問 題

20・1　L-(−)-グルコースをフィッシャー投影式で書き，これに対応する六員環ヘミアセタールをハワース投影式で表せ．

20・2　D-フルクトースを破線-くさび形表記法とフィッシャー投影式でそれぞれ示せ．

20・3　α-グルコピラノースおよびβ-グルコピラノースの平衡状態を示す式を書け．

20・4　D-リボースを以下の(a)～(b)の反応剤で反応させたときの生成物を示せ．
　　(a)　硝酸　　(b)　$NaBH_4$ ついで酸処理　　(c)　臭素と水
　　(d)　メタノールと塩酸触媒

20・5　分子量150で光学活性でない単糖を示せ．

20・6　D-グルコースがα-1,4-グリコシド結合でつながったマルトースの立体配座を示せ．

アミノ酸とタンパク質　21

　アミノ酸同士がアミノ基とカルボキシ基で脱水縮合するとペプチドやタンパク質になる．タンパク質とペプチドが生命の基本物質であるにはきちんとした構造的な要因があることを，アミノ酸構造とペプチド構造の特性から学ぶ．まずはアミノ酸の構造から学んでいく．

21・1　アミノ酸

　タンパク質とペプチドは生命の基本物質の一つである．いずれもアミノ酸がアミド結合(ペプチド結合ともよばれる)で連結した化合物である．2個のアミノ酸残基からできているのをジペプチド，3個のアミノ酸残基からできているのをトリペプチド，もっと多くのアミノ酸残基からできているのをポリペプチドとよぶ．天然のポリペプチドはタンパク質である．

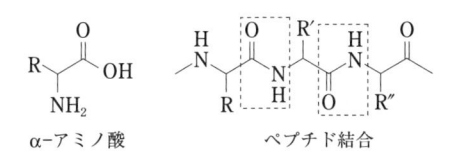

図 21・1　アミノ酸とアミド結合 (ペプチド結合)

21・1・1　アミノ酸の構造

　α-アミノ酸はα位にアミノ基をもつカルボン酸である．よくみられる天然型アミノ酸は20種類あり，α位側鎖の構造上の特徴に従って塩基性アミノ酸，酸性アミノ酸，脂肪族アミノ酸，芳香族アミノ酸に分類される．こうした側鎖基の種類の多さがタンパク質構造の多様性と，したがって機能の多彩さを与える．

　アミノ酸は慣用名でよばれる．慣用名はアミノ酸の何らかの性質に由来することが多い．もっとも簡単な構造をもつグリシンはそれが甘いことに由来する．アスパラガ

表 21・1 アミノ酸の構造と pK_a [a]

塩基性側鎖

10.3　　　O　2.2
H$_2$N(CH$_2$)$_4$CHCO$^-$
　　　　　|
　　　　　$\overset{+}{\text{N}}$H$_3$　8.9
　　リシン (Lys) [b]

13.2　　　　　　　　O　2.2
H$_2$N=C−NH−(CH$_2$)$_3$CHCO$^-$
　　|　　　　　　　|
　　NH$_2$　　　　$\overset{+}{\text{N}}$H$_3$　9.1
　　　アルギニン (Arg) [b]

　　　　　　O　1.8
6.0　　CH$_2$CHCO$^-$
　　　　　　|
N⌐⌐NH　$\overset{+}{\text{N}}$H$_3$　9.0
　　ヒスチジン (His) [b]

硫黄含有側鎖

8.3　　　O　1.71
HSCH$_2$CHCO$^-$
　　　　|
　　　$\overset{+}{\text{N}}$H$_3$　10.8
　　システイン (Cys) [c]

　　　　　　O　2.3
H$_3$CS(CH$_2$)$_2$CHCO$^-$
　　　　　　|
　　　　　$^+$NH$_3$　9.2
　　メチオニン (Met) [b]

酸性側鎖

4.3　O　　　　O　2.2
HOC(CH$_2$)$_2$CHCO$^-$
　　　　　　　|
　　　　　$\overset{+}{\text{N}}$H$_3$　9.7
　グルタミン酸 (Glu)

3.7　O　　　O　2.2
HOCCH$_2$CHCO$^-$
　　　　　　|
　　　　　$\overset{+}{\text{N}}$H$_3$　9.6
　アスパラギン酸 (Asp)

アルコール（極性）側鎖

　　　　O　2.2
HOCH$_2$CHCO$^-$
　　　　|
　　　$\overset{+}{\text{N}}$H$_3$　9.2
　　セリン (Ser)

　　　　O　2.2
HOCH−CHCO$^-$
　|　　　|
　CH$_3$　$\overset{+}{\text{N}}$H$_3$　9.2
　トレオニン (Thr) [b]

アルキル側鎖

　　O　2.3
HCHCO$^-$
　|
$\overset{+}{\text{N}}$H$_3$　9.6
グリシン (Gly)

　　　O　2.3
CH$_3$CHCO$^-$
　　　|
　　$\overset{+}{\text{N}}$H$_3$　9.9
アラニン (Ala)

　　　　　　O　2.3
CH$_3$CH−CHCO$^-$
　|　　　　|
　CH$_3$　$\overset{+}{\text{N}}$H$_3$　9.7
　バリン (Val) [b]

　　　　　　　O　2.4
CH$_3$CHCH$_2$CHCO$^-$
　|　　　　　|
　CH$_3$　　$\overset{+}{\text{N}}$H$_3$　9.6
　ロイシン (Leu) [b]

　　　　　　　O　2.4
CH$_3$CH$_2$CH−CHCO$^-$
　　　|　　　|
　　　CH$_3$　$\overset{+}{\text{N}}$H$_3$　9.6
　イソロイシン (Ile) [b]

　　O　　　O　2.02
H$_2$NCCH$_2$CHCO$^-$
　　　　　|
　　　　$\overset{+}{\text{N}}$H$_3$　8.84
　アスパラギン (Asn)

　　O　　　　O　2.17
H$_2$NC(CH$_2$)$_2$CHCO$^-$
　　　　　　|
　　　　　$\overset{+}{\text{N}}$H$_3$　9.13
　グルタミン (Gln)

芳香族側鎖

　　　　　　O　2.6
⌬−CH$_2$CHCO$^-$
　　　　　　|
　　　　　$\overset{+}{\text{N}}$H$_3$　9.2
　フェニルアラニン (Phe) [b]

　　　　　　　　　O　2.2
HO−⌬−CH$_2$CHCO$^-$
10.1　　　　　　　|
　　　　　　　　$\overset{+}{\text{N}}$H$_3$　9.1
　　チロシン (Thr)

　　　　　　　　O　2.4
　　⌬⌐CH$_2$CHCO$^-$
　　　　　　　　|
　　N　　　　　$\overset{+}{\text{N}}$H$_3$　9.4
　　H
　トリプトファン (Trp) [b]

環状（イミノ）側鎖

　　　O
　　　‖
　　　C
　　　　　2.0
　　　　O$^-$
　　$\overset{+}{\text{N}}$H$_2$　10.6
　プロリン (Pro)

---

a　イオン化できる基の pK_a を示す.
b　食物で供給されなければならない必須アミノ酸.
c　S−S で結合した二量体であるシスチンとしてしばしば見出される.

　　O　　　　　　　O
　　‖　　　　　　　‖
$^-$OCCHCH$_2$S−SCH$_2$CHCO$^-$
　|　　　　　　　　　　|
$^+$NH$_3$　　　　　　　NH$_3^+$
　　　　シスチン

スから見つけられたアスパラギン，チーズから見つけられたチロシンなどである．アミノ酸は慣用名を短縮した三文字表記，また最近では一文字表記で表現される．

α炭素に置換基をもたないグリシン以外は置換基をもつのでα炭素は不斉炭素である．つまり，グリシン以外のアミノ酸は光学活性である．天然のアミノ酸はL系であり，炭水化物のほとんどがD系であるのと好対照である．D-アミノ酸は細菌の細胞壁などに含まれる．

L-グリセルアルデヒド　　　L-アミノ酸　　　図 21・2　アミノ酸の絶対配置

例題 21・1

問題　(S)-Phe の構造式を立体配置がわかるように書け．

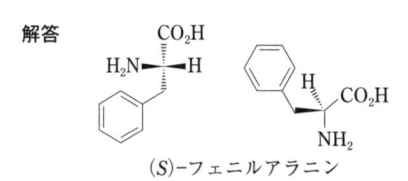

解答

(S)-フェニルアラニン

例題 21・2

問題　(2S,3R)-トレオニンの構造式を立体配置がわかるように書け．

解答

(2S,3R)-トレオニン

21・1・2　双性イオン

すべてのアミノ酸の構造上の特徴はカルボン酸部位とアミン部位を併せもつことである．したがって水溶液の pH によって異なるイオン形で存在し得る．中性に近い pH では双性イオンとして存在する．分子内に異なった電荷をもつ原子がそれぞれ存在する化合物を双性イオンとよぶ．

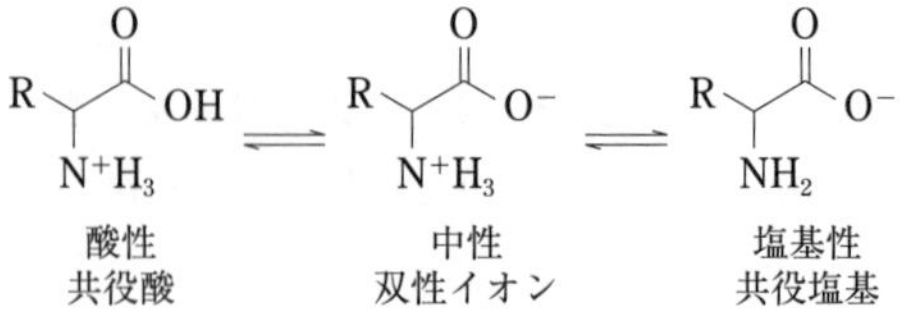

$$\underset{\substack{\text{酸性}\\\text{共役酸}}}{R-\underset{N^+H_3}{\underset{|}{C}}H-COOH} \rightleftharpoons \underset{\substack{\text{中性}\\\text{双性イオン}}}{R-\underset{N^+H_3}{\underset{|}{C}}H-COO^-} \rightleftharpoons \underset{\substack{\text{塩基性}\\\text{共役塩基}}}{R-\underset{NH_2}{\underset{|}{C}}H-COO^-} \quad (21\cdot 1)$$

例題 21・3

問題 プロピオン酸（プロパン酸, $pK_a=4$）とアラニンのカルボン酸基（$pK_a=2$）の pK_a を比較せよ. その差を構造式を書いて説明せよ.

解答 α位にアミノ基をもつアラニンのほうがより酸性である. α位にある電気陰性度のより大きなアミノ基の窒素原子により電子がアミノ基側に引き寄せられているのでカルボキシラートイオンがより安定化されるのでアラニンの酸性度が大きくなる.

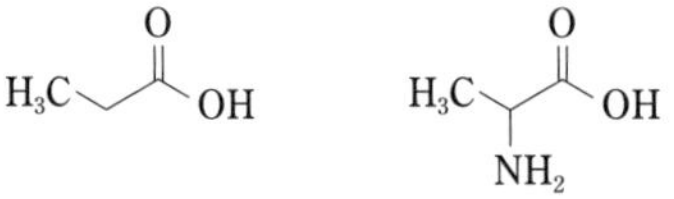

プロピオン酸：$pK_a=4$　　アラニン：$pK_a=2$

21・1・3　等 電 点

アミノ酸が双性イオンで存在する, すなわち電荷が0となるpHを等電点 pI という. pI は, 双性イオンの両側にあるイオン化する基の pK_a の平均である. 図21・3のアラニンならば, 二つの pK_a 2.3 と 9.9 の平均 6.1 である.

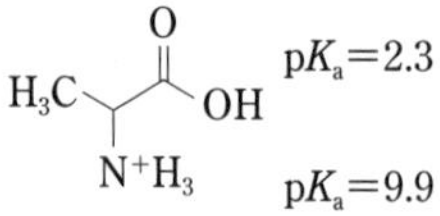

図 21・3　アラニンのカルボン酸およびアミノ基の pK_a

水溶液中ではタンパク質やアミノ酸は電荷をもつ. これを利用して一定のpHで電場をかけると, 負電荷をもつタンパク質やアミノ酸は陽極に向かって移動し, 正電荷をもつものは陰極側に移動する. この原理を利用した分離方法は電気泳動とよばれる.

電荷を利用したアミノ酸の分離方法としてイオン交換クロマトグラフィーも使われる. スルホン酸のナトリウム塩を含む樹脂を充塡した円柱形状のカラムに, 仮にグルタミン酸（Glu）とリシン（Lys）の混合物を pH=6 で流すと, アニオンとして存在する Glu は SO_3^- と反発するので早く流れ, 一方正電荷をもつ Lys は引き付けられるのでゆっくり流れる. 結果として, Glu と Lys の分離ができる. 検出には, 次に述べるニ

ンヒドリンによる呈色法やダンシル化による蛍光分析法を用いる．

例題 21・4

問題 グルタミン酸，リシン，チロシンの可能なすべてのイオン化形を書き，それぞれのアミノ酸の pI を計算せよ．

解答 表 21・1 に記載のグルタミン酸，リシン，チロシンの酸性度を参照せよ．側鎖の酸性度が影響する．

グルタミン酸

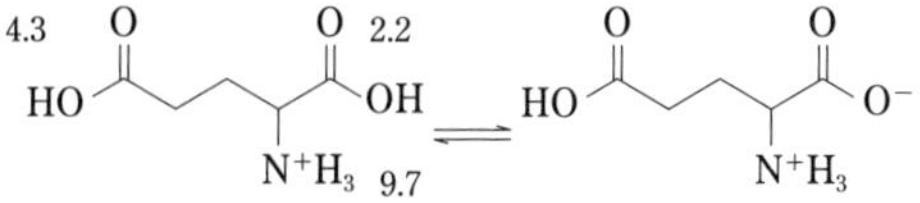

pI = (2.2 + 4.3)/2 = 3.2

酸性 共役酸 ⇌ 中性 双性イオン ⇌ 塩基性 共役塩基 ⇌ 塩基性 共役塩基

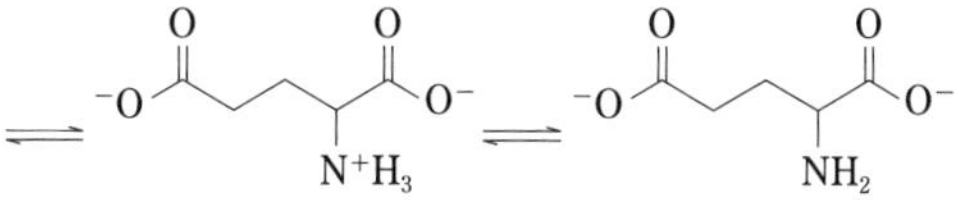

リシン

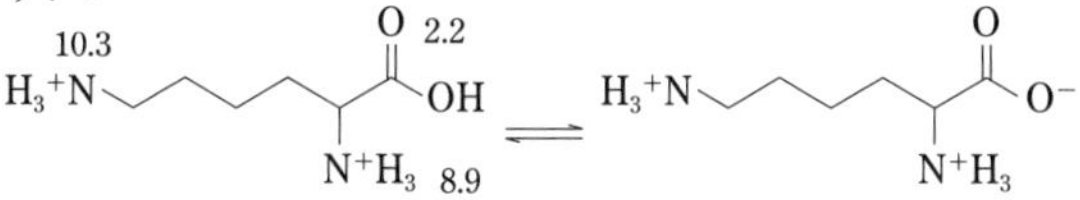

pI = (8.9 + 10.3)/2 = 9.6

酸性 共役酸 ⇌ 酸性 共役酸 ⇌ 中性 双性イオン ⇌ 塩基性 共役塩基

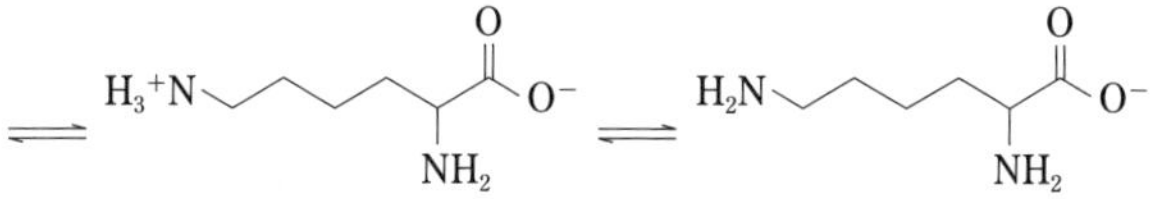

チロシン

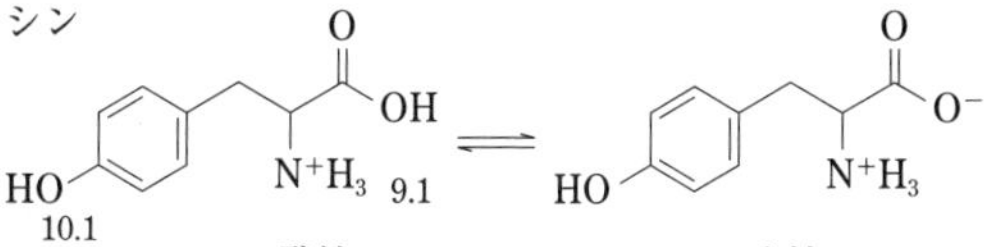

酸性 共役酸 ⇌ 中性 双性イオン ⇌ 塩基性 共役塩基 ⇌ 塩基性 共役塩基

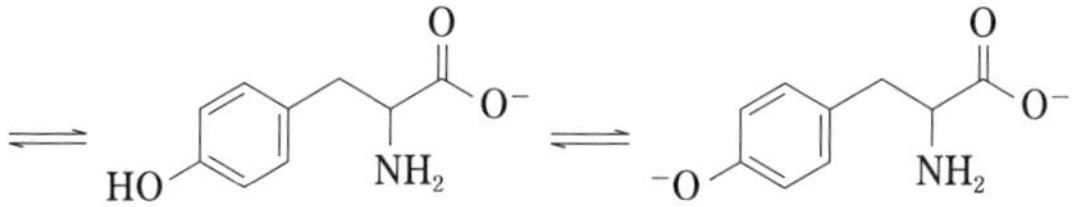

pI = (9.1 + 10.1)/2 = 9.6

例題 21・5

問題 グルタミン酸,リシン,チロシンを pH=7 で電気泳動させる.陽極側あるいは陰極側に移動するのはどのアミノ酸か.

解答 pH よりも大きな pI をもつアミノ酸は分子全体で正電荷をもつので陰極側に移動する.リシン,チロシンは陰極側に移動し,グルタミン酸は陽極側へ移動する.

21・2 アミノ酸の反応

21・2・1 アミノ酸とニンヒドリンの反応

アミノ酸をニンヒドリンと反応させると紫色に呈色し可視分光光度計で分析できるので,アミノ酸の定量的な検出試薬としてニンヒドリンを用いることができる.

ニンヒドリン + R-CH(NH₂)-COOH → Ruhemann の紫色 + R-CHO + CO_2 (21・2)

例題 21・6

問題 アラニンをニンヒドリンと反応させた.生成するアルデヒドの構造式を書け.

解答 CH_3CHO

21・2・2 アミノ酸と塩化ダンシルの反応

塩化ダンシルと反応させてアミン窒素をスルホニル化して得られるダンシル化アミノ酸は蛍光を発するので,蛍光検出器を用いて微量分析ができる.

塩化ダンシル + R-CH(NH₂)-COOH → ダンシル化アミノ酸 (21・3)

21・2・3 アミノ酸のカップリング——ペプチド結合の生成

二つのアミノ酸が脱水縮合するとアミド結合，つまりペプチド結合が生成する．しかし特定のペプチドを合成しようとすると問題が起こる．グリシン(Gly)とアラニン(Ala)がペプチド結合した Gly–Ala を合成するために Gly と Ala を混ぜて脱水縮合すると，それぞれのアミノ酸にアミノ基とカルボキシ基があるため，目的とする Gly–Ala 以外に Gly–Gly，Ala-Ala，Ala–Gly の3種の生成物が得られる可能性がある．目的とする Gly–Ala だけを合成するには，反応してほしくない官能基の反応性をなくすために保護基を使う．たとえば，Gly のアミノ基を *tert*-ブトキシカルボニル基(Boc基)で保護し，また Ala のカルボキシ基をエチルエステルにして保護して脱水縮合させてやればよい．

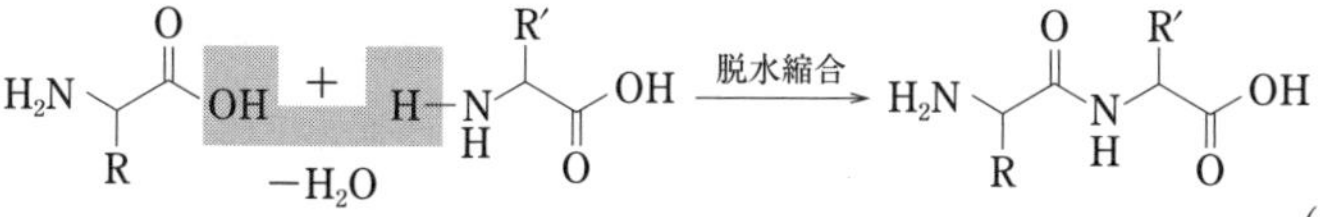

(21・4)

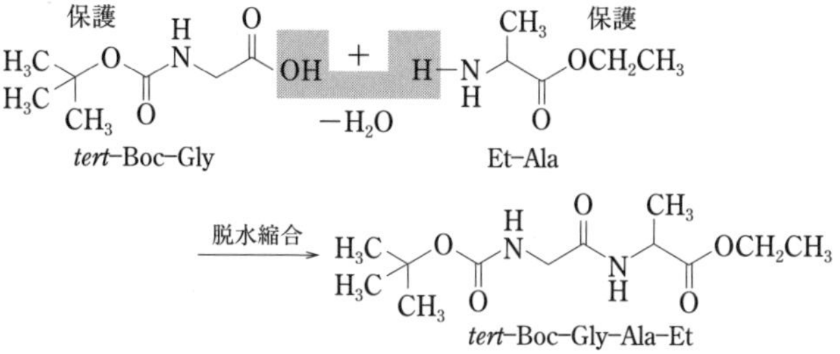

(21・5)

例題 21・7

問題 Boc 基がアミン窒素の保護基として使われるのは弱い酸で外せるからである．その理由を反応式で表せ．

解答

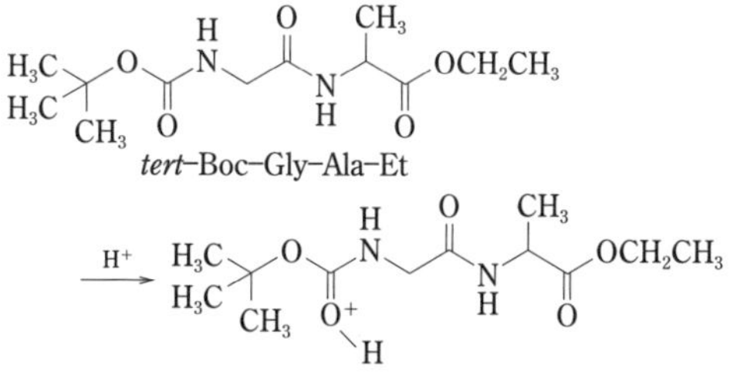

脱水縮合剤としてジシクロヘキシルカルボジイミド(DCC)などがよく使われる．DCCの窒素がカルボン酸でプロトン化されることが引き金になって，生じたカルボキシラートがジイミド炭素を攻撃して結合を形成し活性エステルが生じる．活性化されたエステルカルボニル炭素にアミンが求核付加して四面体中間体を生成する．活性化基が脱離するとペプチド結合が生成する．

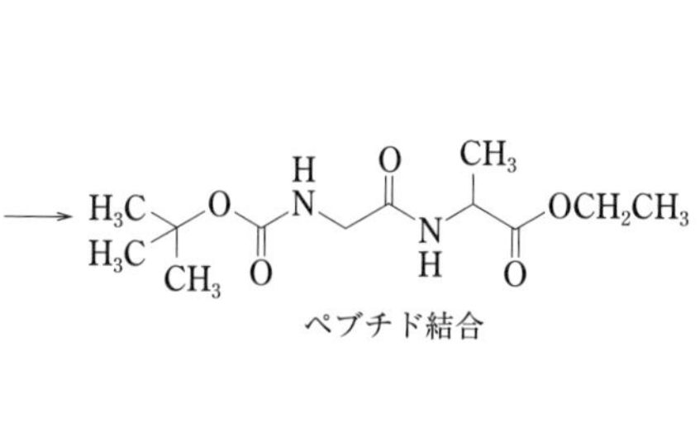

$$\longrightarrow \underset{\text{ペプチド結合}}{\text{(Boc-Gly-Ala-OEt)}} + \underset{}{\text{DCU}} \qquad (21\cdot 6)$$

21・3 ペプチドの表現

　アミノ酸が脱水縮合して形成されるアミド結合をとくにペプチド結合とよぶ．ペプチドは遊離アミノ基をもつアミノ酸残基(N 末端アミノ酸)を左端にして，遊離カルボキシ基をもつアミノ酸(C 末端アミノ酸)が右端にくるように書く．また，三文字表記でペプチド結合を表すには N 末端アミノ酸から始めてハイフンでつないで C 末端アミノ酸で終える．図 21・4 の例では Ala–Gly–Ala となる．

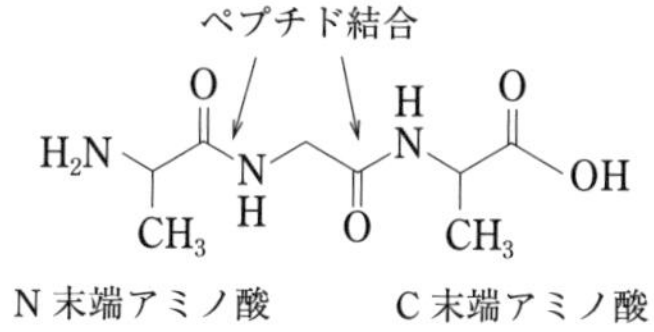

Ala–Gly–Ala

図 21・4　ペプチドの例

例題 21・8

問題　Pro–Tyr–Phe–Lys–Ala の構造式を書け．

解答　Pro–Tyr–Phe–Lys–Ala

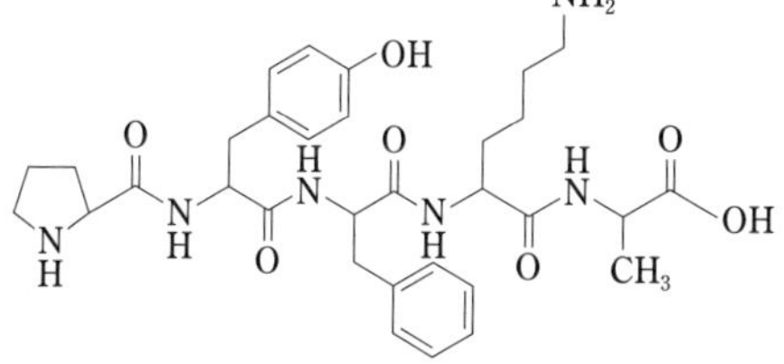

21・4　ペプチド結合の構造

ペプチド結合はほかのアミド結合と同様に窒素上の非共有電子対がカルボニル基に流れ込み，その結果，部分的な二重結合性をもつことになるので自由回転しにくい．また別の表現をすると，カルボニル基α位の炭素，カルボニル基の炭素と酸素，窒素，窒素に直結する水素と炭素の6原子からなる平面があることになる．

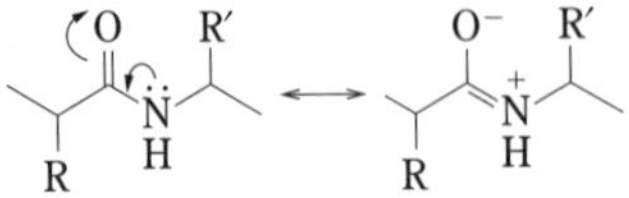

図 21・5　ペプチド結合の共鳴寄与体平面

21・5　タンパク質やペプチド中のアミノ酸残基間の相互作用

酸素側に分極したカルボニル基と直結する部分的な正電荷をもつ窒素，その窒素に結合する水素もまた部分的に正に荷電している．こうした状態は分子間で水素結合を形成させる．分子内でも水素結合形成が可能である．この水素結合は，タンパク質中に反復して現れるコンホメーションを指す二次構造を安定化する原動力である．α-ヘリックスとβ-プリーツシートがその代表である．

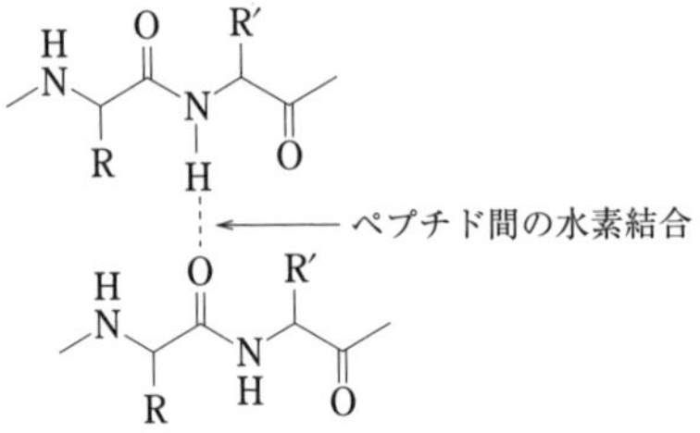

図 21・6　ペプチド間の水素結合

21・5・1　α-ヘリックス

アミド窒素上の水素が4残基先のアミノ酸残基のカルボニル酸素と水素結合してらせんを安定化させているのがα-ヘリックスである．α炭素上のアミノ酸置換基はらせんの外側に突き出て立体障害を最小化している．

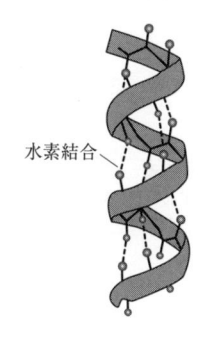

図 21・7　α-ヘリックス

21・5・2　β-プリーツシート

平行逆向きに隣り合って並んだペプチド鎖の間の水素結合でジグザクに連続した"ひだ"を安定化している．α炭素上のアミノ酸置換基間の距離が近いのでグリシンやアラニンなどの小さな置換基をもつアミノ酸残基であることが多い．

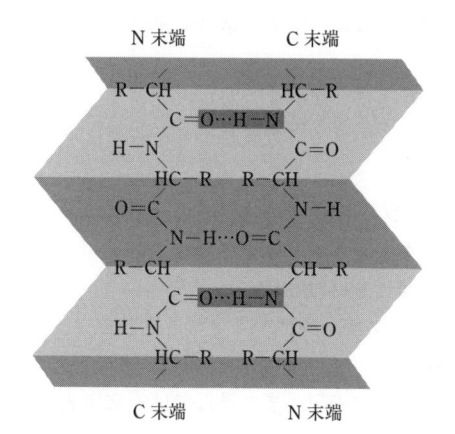

図 21・8　β-プリーツシート

21・5・3　タンパク質の三次構造

タンパク質中のすべての原子の空間配置を示すものがタンパク質の三次構造である．100個以上のアミノ酸からできているタンパク質は，部分的にはα-ヘリックスやβ-プリーツシート構造を維持して，しかも全体で安定な形になろうとする．安定化する相互作用が多くなるように折り畳まれた構造をとる．そうした相互作用には，チオール間で容易に酸化されて生成するジスルフィド(S−S)結合，水素結合，静電引力，および非極性基同士の疎水性相互作用などがある．

例題 21・9

問題 Ser と His を含むペプチドがある．それぞれのアミノ酸側鎖が三次構造を支える相互作用について記せ．

解答 セリンは側鎖にヒドロキシ基をもち，ヒドロキシ基の酸素は，たとえばペプチド結合の NH 基と水素結合を形成する．ヒスチジンは側鎖のイミダゾール環の NH 基と窒素原子が水素結合の供与体と受容体として働く．

21・5・4 タンパク質の四次構造

タンパク質には 2 本以上の複数のペプチド鎖が寄り集まって非共有結合で安定化しているものもある．それぞれのペプチド鎖がサブユニットとなって，それらサブユニットが空間的にどのように配置されているかを示すのがタンパク質の四次構造である．

まとめ

- タンパク質とペプチドは，アミノ酸がペプチド結合で連結した化合物である．
- 2 個のアミノ酸残基からなるのはジペプチド，トリペプチドは 3 個のアミノ酸残基からなり，もっと多くのアミノ酸残基からなるのはポリペプチドである．
- 天然のポリペプチドはタンパク質である．
- α-アミノ酸は α 位にアミノ基をもつカルボン酸である．
- よくみられる天然型 α-アミノ酸は 20 種類ある．
- 天然型 α-アミノ酸は塩基性アミノ酸，酸性アミノ酸，脂肪族アミノ酸，芳香族アミノ酸などに分類される．
- アミノ酸は慣用名を短縮した三文字表記，また最近では一文字表記で表現される．
- 天然のアミノ酸は L 系であり，炭水化物のほとんどが D 系であるのと好対照である．
- α-アミノ酸は中性に近い pH では双性イオンとして存在する．
- アミノ酸が双性イオンで存在する，すなわち電荷が 0 となる pH を等電点 pI という．
- pI は，双性イオンの両側にあるイオン化する基の pK_a の平均である．
- 電気泳動やイオン交換クロマトグラフィーはアミノ酸の分離に使われる．
- ニンヒドリンによる呈色法やダンシル化による蛍光分析法はアミノ酸の

検出に使われる．
- 二つのアミノ酸を縮合剤を用いて脱水縮合させてカップリングするとペプチド結合が生成する．
- ペプチドはN末端アミノ酸を左端にして，C末端アミノ酸が右端にくるように記述する．
- ペプチド結合は二重結合性をもつので自由回転しにくい．
- 水素結合は，α-ヘリックスとβ-プリーツシート構造を安定化する．
- タンパク質中のすべての原子の空間配置を示すものがタンパク質の三次構造である．
- ジスルフィド(S–S)結合，水素結合，静電引力，および疎水性相互作用などが構造を安定化する．

練 習 問 題

21・1 アミノ酸が有機溶媒に溶けにくい理由を説明せよ．

21・2 タンパク質の機能を列挙せよ．

21・3 次の語句を説明せよ．
(a) 酸性アミノ酸 (b) 塩基性アミノ酸 (c) 芳香族アミノ酸
(d) L-アミノ酸 (e) 双性イオン (f) 一次構造 (g) 二次構造
(h) 三次構造 (i) 四次構造 (j) S–S結合 (k) 等電点
(l) 光学活性 (m) 水素結合

21・4 AspのpIを計算せよ．

21・5 アミノ酸が水に難溶である理由を列挙せよ．

21・6 Proがほかのアミノ酸と比較してニンヒドリンと反応しにくい理由を記せ．

核酸とタンパク質合成 22

遺伝情報を担うばかりでなくタンパク質の合成に深く関与する核酸の有機化学を学ぶ．まずは DNA と RNA を，塩基，ヌクレオシド，そしてヌクレオチドの構造から見ていく．DNAの二重らせんがそれぞれ相補的な一本鎖から組み上げられているのがみえてくる．DNA が安定で，RNA が切れやすいことがわかると，DNA が遺伝情報の担い手であることも理解できるようになる．

22・1 核　　酸

生物にとって炭水化物はエネルギー源，アミノ酸・タンパク質は機械と歯車，脂質は油と燃料，であるとしたら第四の核酸は何をしているのだろう．核という中心的な語をもつ語句だから重要な役割を果たしていることは想像できるだろう．しかしながら，核酸が生命の基本物質であることがわかったのは 1953 年に James Watson と Francis Crick が DNA の二重らせんを解明してからである．その名称の由来は，1869 年 Miescher が白血球の核に入っているのを見つけたことによる．

22・1・1　核酸の構造

核酸には DNA(デオキシリボ核酸) と RNA(リボ核酸) の 2 種類がある．いずれにも共通することは，アノマー炭素にヘテロ環塩基が β-グリコシド結合した五員環の糖がリン酸とホスホジエステルを形成して結合した鎖状高分子化合物である，と表現できる点である．ヘテロ環はアミンなので塩基とよばれる．五員環の糖は，DNA では 2′-デオキシ-D-リボース，RNA では D-リボースである．

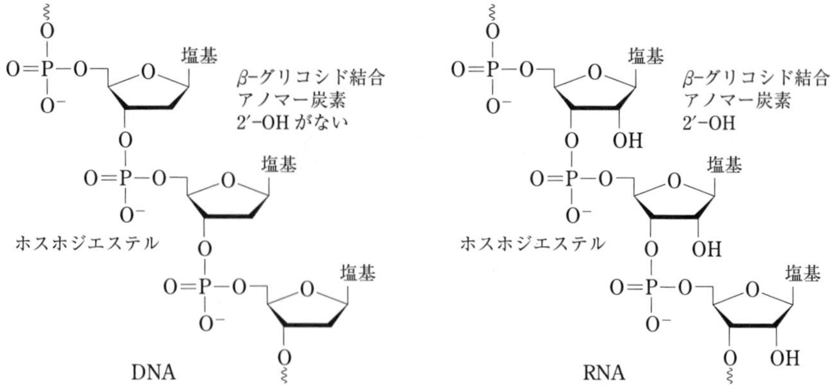

22 核酸とタンパク質合成

図 22・1 DNA と RNA

（左：DNA、右：RNA。β-グリコシド結合、アノマー炭素、2′-OH がない／2′-OH、ホスホジエステル、塩基）

DNA の塩基は 4 種類で，2 種はアデニンとグアニンの置換プリン，もう 2 種はシトシンとチミンの置換ピリミジンである．RNA もアデニンとグアニンの置換プリン，置換ピリミジンの一種のシトシンまでは DNA と同じだが，チミンの代わりにウラシルをもつ．

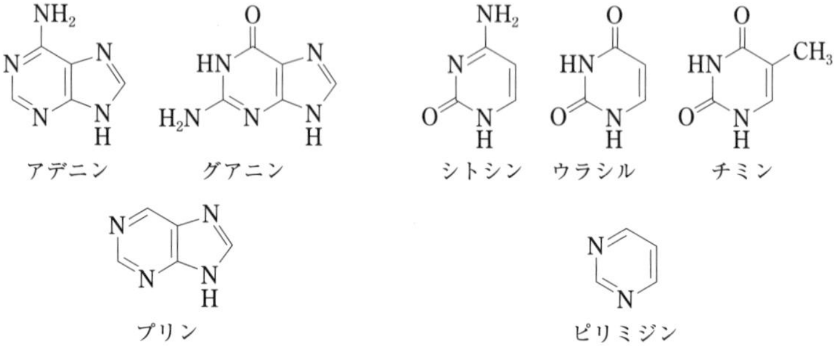

アデニン　　グアニン　　シトシン　　ウラシル　　チミン

プリン　　　　　　　　　　　　　ピリミジン

図 22・2 DNA と RNA のプリン塩基とピリミジン塩基

例題 22・1

問題 プリンとピリミジンを塩基性にする主たる窒素原子はどれかを答えよ．

解答 共鳴系に用いない非共有電子対をもつ窒素原子が塩基性を発現する．

22・1・2 ヌクレオシド

塩基が 2′-デオキシ-D-リボースや D-リボースにグリコシド結合している化合物をヌクレオシドとよぶ．名称はそれぞれ，DNA のヌクレオシド（デオキシリボヌクレオシド）は 2′-デオキシアデノシン，2′-デオキシグアノシン，2′-デオキシシチジン，チミジン，RNA のヌクレオシド（リボヌクレオシド）はアデノシン，グアノシン，シチジン，そしてウリジンである．

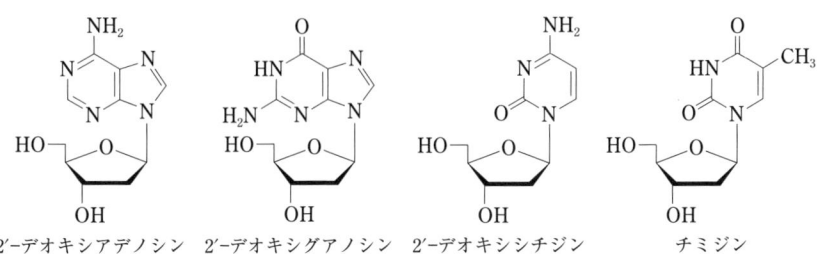

デオキシリボヌクレオシド

2′-デオキシアデノシン　　2′-デオキシグアノシン　　2′-デオキシシチジン　　チミジン

リボヌクレオシド

アデノシン　　　　グアノシン　　　　シチジン　　　　ウリジン

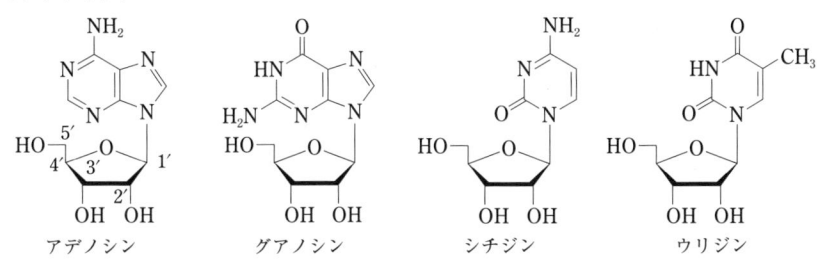

図 22・3　ヌクレオシド

22・1・3 ヌクレオチド

ヌクレオシドの糖の 5′ 位あるいは 3′ 位のヒドロキシ基にリン酸がエステル結合しているのがヌクレオチドである．DNA のヌクレオチドはデオキシリボヌクレオチド，RNA のヌクレオチドはリボヌクレオチドである．リン酸エステルには一リン酸，二リン酸，そして三リン酸がある．

デオキシリボヌクレオチド

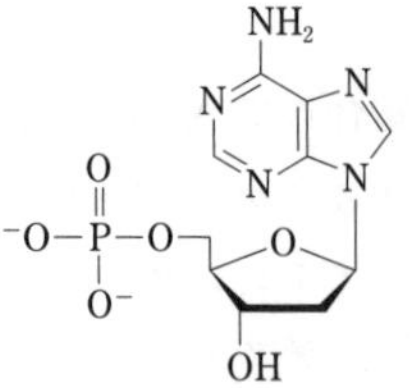

2′-デオキシアデノシン
5′-一リン酸
dAMP

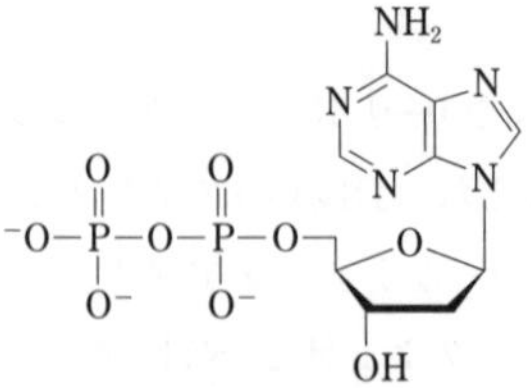

2′-デオキシアデノシン
5′-二リン酸
dADP

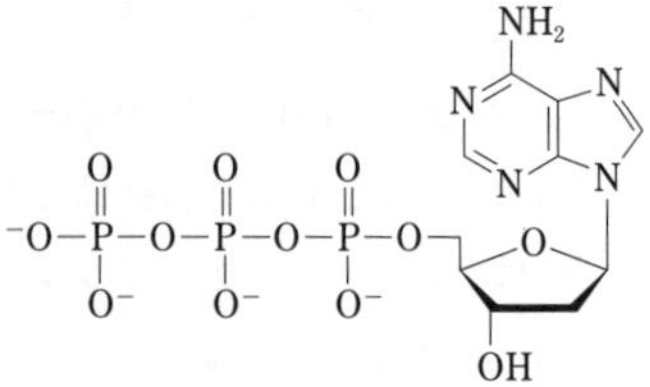

2′-デオキシアデノシン
5′-三リン酸
dATP

リボヌクレオチド

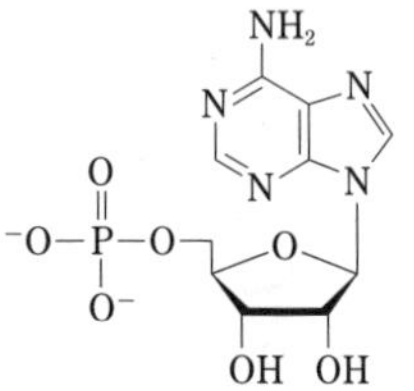

アデノシン 5′-一リン酸
AMP

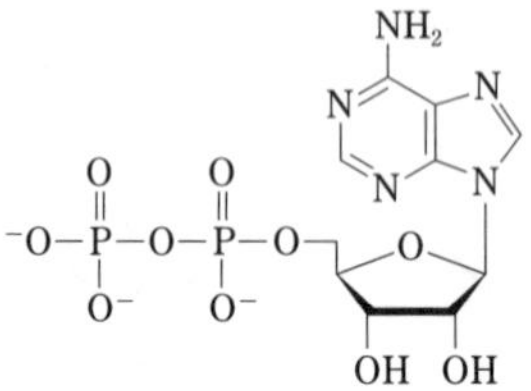

アデノシン 5′-二リン酸
ADP

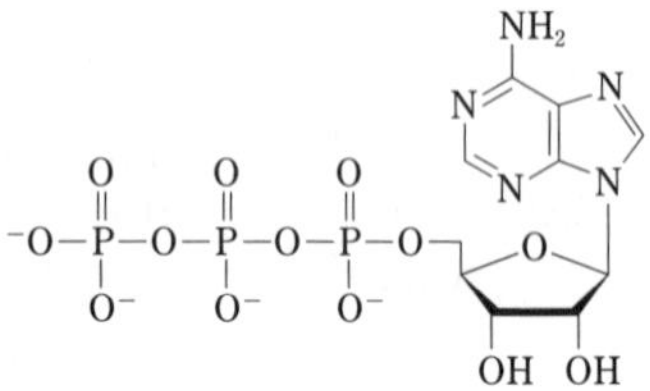

アデノシン 5′-三リン酸
ATP

図 22・4　ヌクレオチド

例題 22・2

問題　2′-デオキシシチジン 5′-三リン酸の構造を書け．

解答

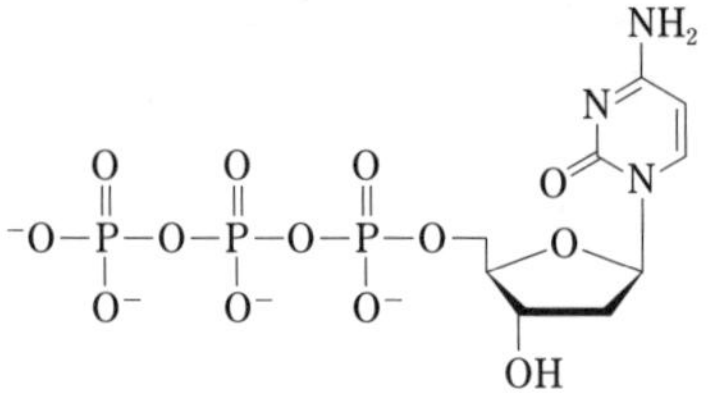

例題 22・3

問題　アデノシン 3′-一リン酸の構造を書け．

解答

[アデノシン5′-一リン酸の構造式]

22・2 一 次 構 造

DNAとRNAの一次構造を表すには5′末端を左側に書き,3′末端を右側に書く.すなわち5′→3′方向に書く.

5′末端　ATGAGGGTTACGA　3′末端　　図 22・5　核　酸

22・3　DNAの二重らせん

DNAはリン酸-糖からなる骨格を外側にして,塩基を内側にもつ2本の核酸の鎖をそれぞれ逆向きにらせん形に撚り合わせた構造である(図22・6).ほぼ同一平面で向かい合った塩基が互いに水素結合を形成して二重らせんを安定化している.その水素結合の組合せが巧妙であり,グアニン-シトシン(G—C)とアデニン-チミン(A—T)の二つの組合せが,水素結合の数の多さからもっとも安定である(図22・7).これによって2本の鎖が相補的であることになる.すなわち,1本の鎖の塩基配列を知ればもう1本の鎖の塩基配列もわかるのである.

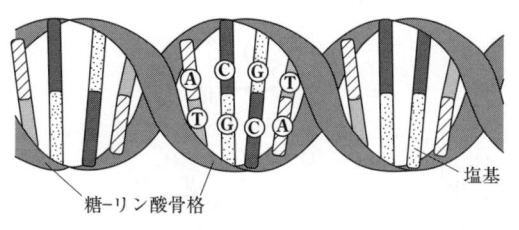

図 22・6　二重らせん

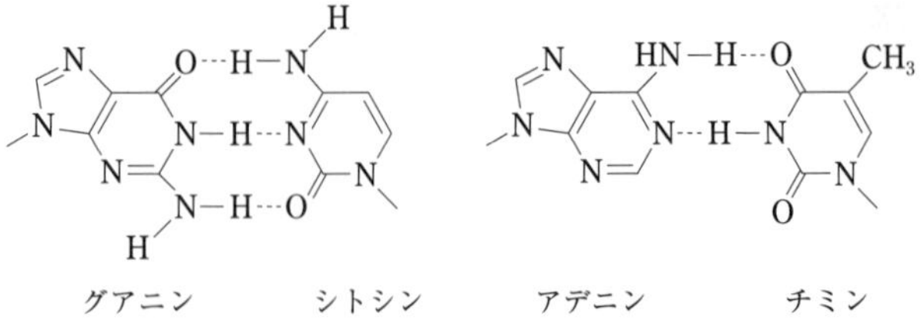

図 22・7　水素結合した塩基対

例題 22・4

問題　アデニンとシトシン，およびグアニンとチミンの分子間水素結合図を書け．

解答

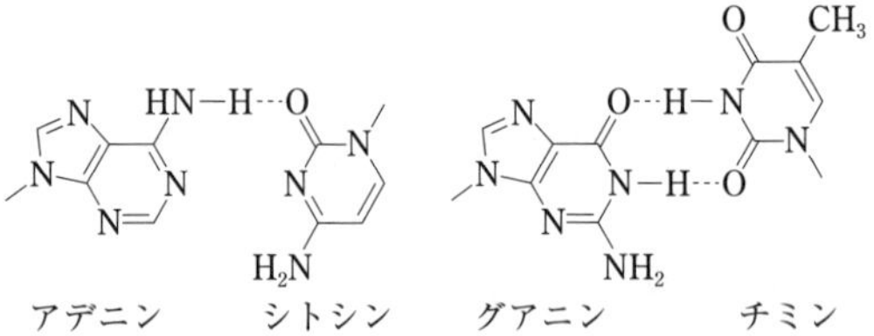

22・4　安定な DNA，切れやすい RNA

　分子内に求核性の官能基がないデオキシリボ核酸である DNA は，$2'$ 位に求核性ヒドロキシ基をもつ RNA に比べてきわめて安定である．すなわち RNA では $2'$ 位 OH 基が $3'$ 位に結合するリン酸エステルを求核攻撃して $2',3'$-環状リン酸ジエステルを生成し，その結果 RNA 鎖の切断が起こる［(式(22・1)］．DNA が遺伝情報の担い手であって RNA がそうではない理由が理解できる．

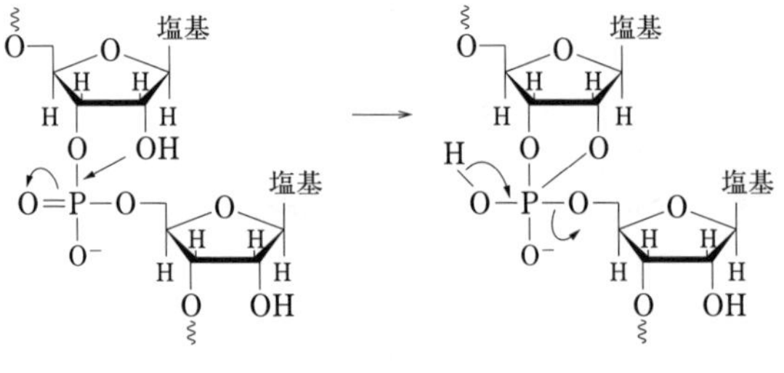

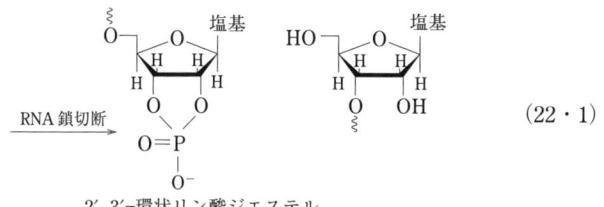

$$\xrightarrow{\text{RNA鎖切断}} \quad (22\cdot1)$$

2′,3′-環状リン酸ジエステル

22・5　DNA の複製

　DNA の二重らせんが端から解けていき，端の 3′ 末端の塩基が鋳型になってそれと相補的な塩基をもつヌクレオチドが 5′ 末端となって 5′→3′ 方向に新しい鎖が DNA ポリメラーゼ酵素によって伸長されていく．解けたもう一方の鎖を鋳型とすると不利な 3′→5′ 方向への伸長が必要とされるため，短い鎖が不連続に生合成される．これらは DNA リガーゼ酵素で 1 本につながれる．こうして元の鎖と新たに生合成された娘鎖による二つの二重らせんが得られる．

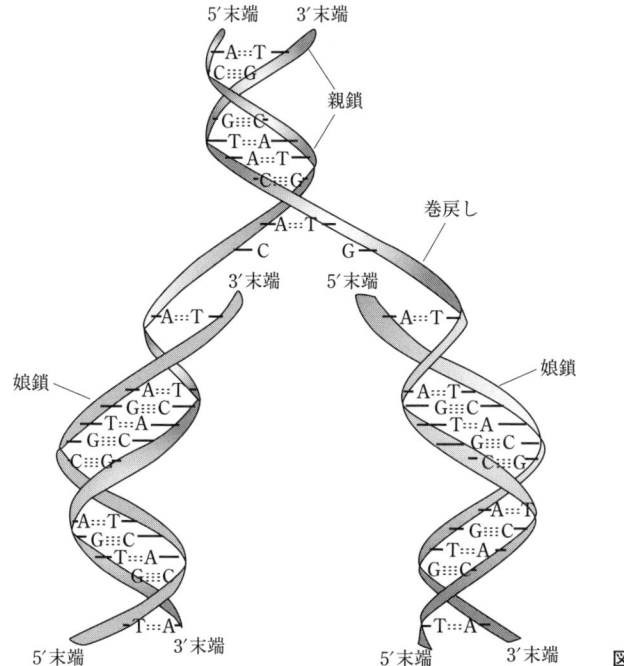

図 22・8　DNA の複製

例題 22・5

問題 元の DNA を実線,その DNA から生合成される娘 DNA を破線で表して,3 世代目の DNA を分布がわかるように書け.

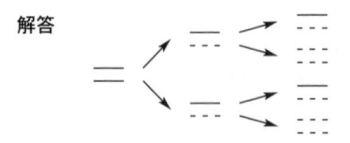

解答

```
          ___  →  ---
     ___ ↗    ↘  ---
═══ ↗
     ___ ↘    ↗  ---
          ---  →  ---
```

例題 22・6

問題 5′-C-C-T-G-T-T-A-G-A-C-G-3′ に相補的な塩基配列を示せ.

解答 3′-G-G-A-C-A-A-T-C-T-G-C-5′

例題 22・7

問題 アデニンの取込みにチミンとウラシルがともに働く理由を記せ.

解答 RNA ではチミンの代わりにウラシルが使われるから.

22・6 RNA およびタンパク質の生合成

　DNA は複製という機能のほかに,タンパク質合成の指令という機能も有する. DNA の二重らせんが巻き戻ると 5′ 末端から始まるセンス鎖と 3′ 末端から始まる鋳型鎖になる. その鋳型鎖は 3′→5′ 方向に読まれて RNA が 5′→3′ 方向に合成される. これを転写とよぶ. DNA の塩基配列が,チミンがウラシルに変わる点を除いて,RNA に写される. この RNA をとくにメッセンジャー RNA(mRNA)とよぶ.

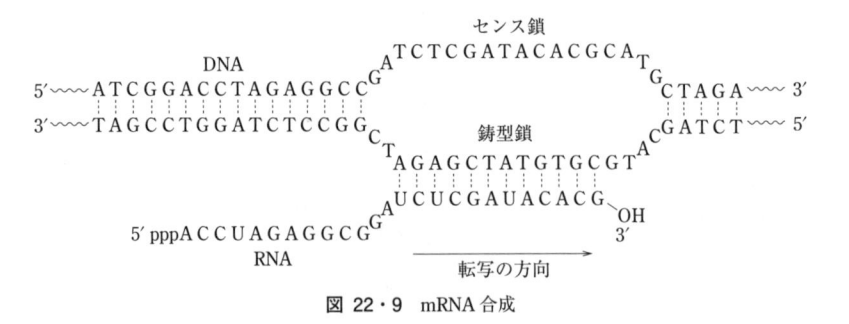

```
                           センス鎖
                         ATCTCGATACACGCA
                        G               T
DNA  5′~~~ATCGGACCTAGAGGCC              GCTAGA~~~3′
     3′~~~TAGCCTGGATCTCCGG              CGATCT~~~5′
                        C    鋳型鎖      T
                         TAGAGCTATGTGCGT
                         A               
                          UCUCGAUACACG
     5′ pppACCUAGAGGCG                  OH
                                         3′
      RNA             ――――転写の方向――――→
```

図 22・9 mRNA 合成

22・6　RNAおよびタンパク質の生合成

　mRNA鎖を5′→3′方向に読んでいきN末端からC末端に向けてタンパク質が合成される．セリンを3′位にエステル結合させたアンチコドンU-C-Gをもつトランスファー RNA(tRNA)がmRNAのA-G-Cに水素結合し，その結果セリンのアミノ基がアラニンのエステルカルボニル基に求核アシル置換反応を起こし，四面体中間体を経てペプチド結合を形成する．こうした反応の繰返しでタンパク質が生合成される．

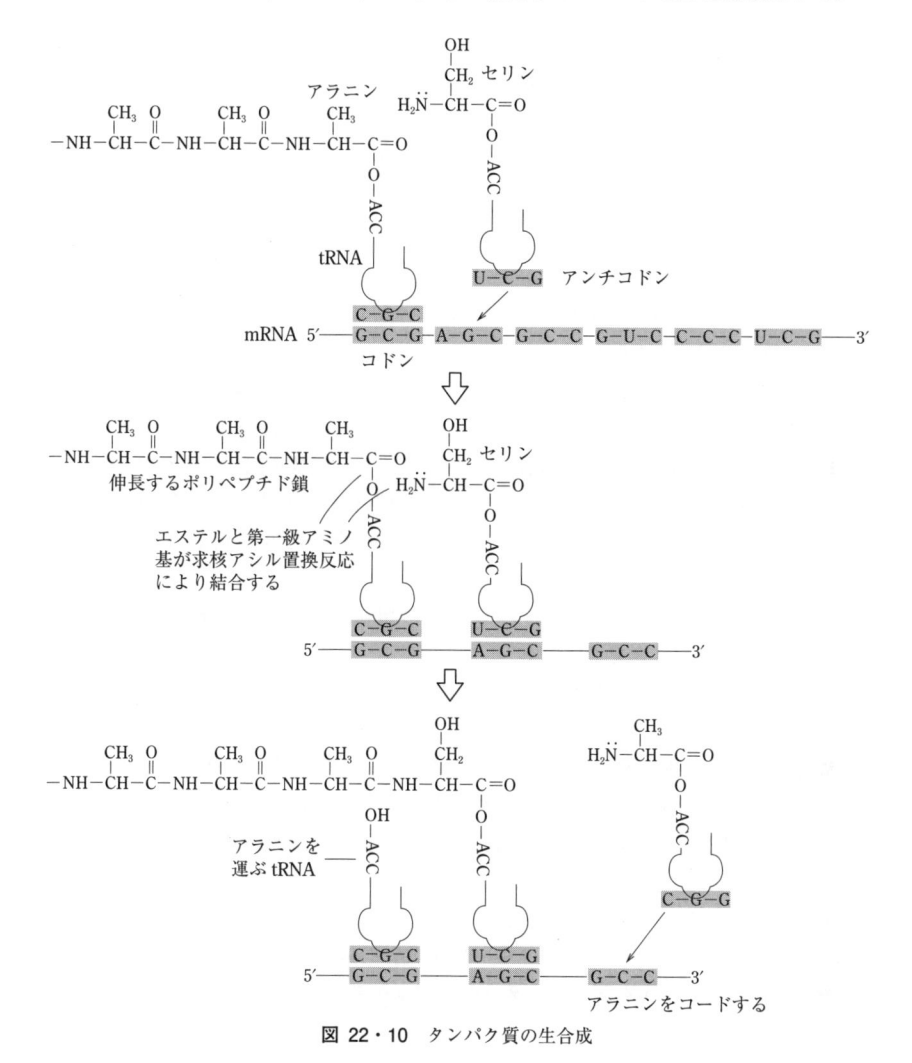

図 22・10　タンパク質の生合成

ま と め

- 核酸には DNA(デオキシリボ核酸)と RNA(リボ核酸)の2種類がある.
- 核酸はヘテロ環塩基が β-グリコシド結合した五員環の糖がリン酸とホスホジエステル結合した鎖状高分子化合物である.
- 五員環の糖は,DNA では 2′-デオキシ-D-リボース,RNA では D-リボースである.
- DNA の塩基は 4 種類で,2 個はアデニンとグアニンの置換プリン,もう2個はシトシンとチミンの置換ピリミジンである.
- RNA はアデニンとグアニンの二つの置換プリン,もう一つのシトシンまでは DNA と同じだが,チミンの代わりにウラシルをもつ.
- 塩基が 2′-デオキシ-D-リボースや D-リボースにグリコシド結合している化合物をヌクレオシドとよぶ.
- ヌクレオシドの糖の 5′ 位あるいは 3′ 位のヒドロキシ基にリン酸がエステル結合しているのがヌクレオチドである.
- リン酸エステルには一リン酸,二リン酸,そして三リン酸がある.
- DNA と RNA の一次構造を表すには 5′ 末端を左に書き,3′ 末端を右に書く.
- DNA はリン酸-糖からなる骨格を外側にして,塩基を内側にもつ2本の核酸の鎖をそれぞれ逆向きにらせん形に撚り合わせた構造である.
- DNA の二重らせんは,ほぼ同一平面で向かい合った塩基が互いに水素結合を形成して安定化している.
- グアニン-シトシンとアデニン-チミンの相補的な二つの組合せがもっとも安定な水素結合を形成する.
- DNA は 2′ 位に求核性ヒドロキシ基をもたないので,切れやすい RNA より安定である.
- DNA は,二重らせんが端から解けていき,端の 3′ 末端の塩基が鋳型になり,それと相補的な塩基をもつヌクレオチドが 5′ 末端となって 5′→3′ 方向に DNA ポリメラーゼ酵素によって新しい鎖が伸長されていき複製される.
- DNA の二重らせんが巻き戻されてできる 3′ 末端から始まる鋳型鎖が 3′→5′ 方向に読まれて RNA が 5′→3′ 方向に合成されるのが転写である.
- 転写された RNA をとくに,メッセンジャー RNA(mRNA)とよぶ.

練 習 問 題

22・1 下記の語の具体例を構造式で示せ.
(a) リボース (b) デオキシリボース (c) プリン塩基 (d) ピリミジン塩基 (e) デオキシリボヌクレオシド (f) リボヌクレオシド (g) ヌクレオチド (h) 5′–GAC–3′

22・2 DNA と RNA の構造上の特徴の違いを列挙せよ.

22・3 核酸の構造が ATGCTACG であるとき，その相補的な核酸の構造を答えよ.

22・4 相補的な塩基対を可能とする水素結合を構造式で示せ.

22・5 RNA にはウラシルが使われるのに対して DNA には使われない．その理由を考察せよ.

22・6 GAA に対するアンチコドン CUU の水素結合図を示せ.

合成高分子 23

本章では，合成高分子の種類，重合法，重合の立体化学，生分解性ポリマーについて学ぶ．

23・1　高分子化合物

われわれの生活が豊かになったのには高分子化合物の寄与が大きい．DNA，RNA，デンプン，タンパク質などの生体高分子は言うに及ばず，自動車のタイヤは天然ゴムが主成分であるし，肌触りのよい衣類は絹製である．天然高分子の価値を知った人類は人の意のままに造り出せる合成高分子に挑戦した．いまや，プラスチック，合成繊維，合成ゴムなどをはじめとした機能性高分子などは私たちの生活を豊かにする中核材料である．モノマーがつながり合ってできる鎖がポリマーであると Hermann Staudinger が気付いて以来，合成高分子は設計できる材料科学へと進化を遂げている．

23・2　高分子の合成法

高分子の合成法は二つに大別できる．一つは反応活性種をもつ成長末端へのモノマーの付加による連鎖反応を使う方法である．この方法でできる高分子を連鎖重合体とよぶ．スチレンの重合によるポリスチレンの合成が一例である．

$$(スチレン)_n \xrightarrow{\text{連鎖反応}\atop\text{重合}} (ポリスチレン)_n \tag{23・1}$$

もう一つの方法はテレフタル酸ジメチルとエタン-1,2-ジオールの逐次重合(縮合重合ともよばれる)による合成法であり脱離によって結合が形成され，生成するポリマー

は逐次重合体(あるいは縮合重合体)とよばれる.

$$CH_3O-CO-C_6H_4-CO-OCH_3 + HO-CH_2CH_2-OH \xrightarrow{逐次重合 (縮合重合)} [-O-CH_2CH_2-O-CO-C_6H_4-CO-]_n$$

テレフタル酸ジメチル　　エタン-1,2-ジオール　　　　　　　　　ポリ(エチレンテレフタラート)
　　　　　　　　　　　　　　　　　　　　　　　　　　　　　　　　　+
　　　　　　　　　　　　　　　　　　　　　　　　　　　　　　　　2n CH$_3$OH

(23・2)

23・3 連鎖重合の活性種

　連鎖重合はエテンや置換エテンをモノマーとして使用することが多い．連鎖重合によって得られる合成ポリマーを表23・1に示す．これらは成長末端に生成する活性種の形からラジカル重合，カチオン重合，アニオン重合のいずれかの機構で進行する連鎖重合反応で得られる．これらの反応は，開始段階，成長段階，および停止段階の3段階で進行する．

表 23・1　連鎖重合体

モノマー	繰返し単位	ポリマーの名称	用途
$CH_2=CH_2$	$-CH_2-CH_2-$	ポリエチレン	おもちゃ，レジ袋
$CH_2=CHCl$	$-CH_2-CHCl-$	ポリ(塩化ビニル)	パイプ，壁板，床材
$CH_2=CH-CH_3$	$-CH_2-CH(CH_3)-$	ポリプロピレン	カーペット，室内装飾品
$CH_2=CH-C_6H_5$	$-CH_2-CH(C_6H_5)-$	ポリスチレン	発泡スチロール，卵のパッケージ
$CF_2=CF_2$	$-CF_2-CF_2-$	ポリ(テトラフルオロエチレン)	表面剤，チューブ
$CH_2=CH-C\equiv N$	$-CH_2-CH(C\equiv N)-$	ポリ(アクリロニトリル)	じゅうたん，毛布
$CH_2=C(CH_3)(COOCH_3)$	$-CH_2-C(CH_3)(COOCH_3)-$	ポリ(メタクリル酸メチル)	看板，ソーラーパネル
$CH_2=CH(OCOCH_3)$	$-CH_2-CH(OCOCH_3)-$	ポリ(酢酸ビニル)	接着剤

23・3・1 ラジカル重合

　連鎖開始段階として，ラジカル開始剤から生じたラジカル種を C=C 二重結合に付加させて成長末端にラジカル炭素を発生させる．発生したラジカル炭素が C=C 二重結合に付加して再度成長末端にラジカル種が発生する．この過程を繰り返すのが連鎖成長段階である．

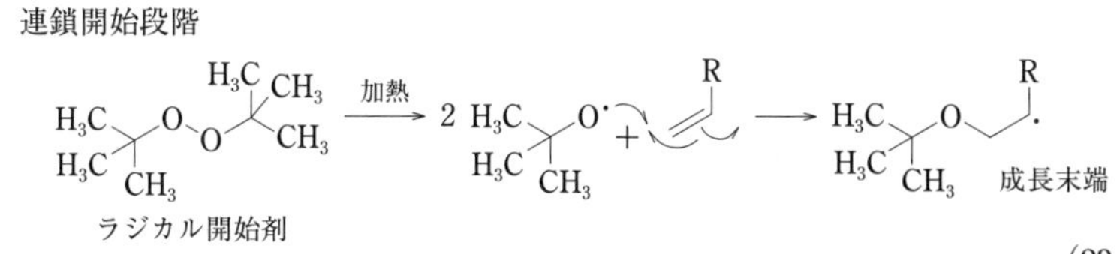

連鎖開始段階

$$\text{(ラジカル開始剤)} \xrightarrow{\text{加熱}} 2\,\text{H}_3\text{C–O}\cdot + \text{CH}_2=\text{CHR} \longrightarrow \text{成長末端} \tag{23・3}$$

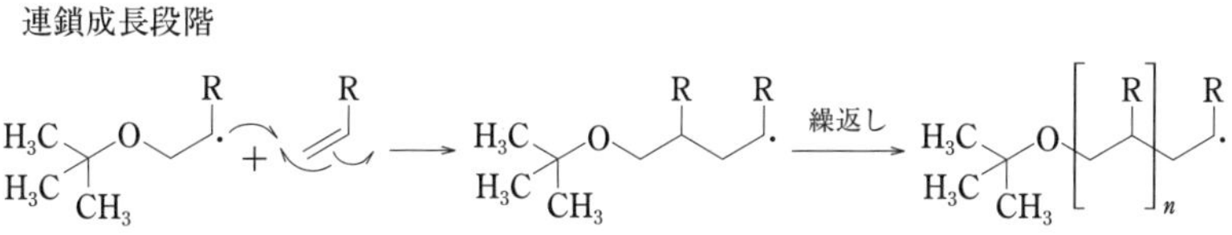

連鎖成長段階

$$\xrightarrow{\text{繰返し}} \tag{23・4}$$

　連鎖停止段階では，成長末端のラジカル種同士の結合生成や，末端ラジカルから水素ラジカルが抜けて二重結合を形成させると同時に抜けた水素ラジカルと末端炭素ラジカルの結合による不均化が起こる．あるいは，末端ラジカル種が溶媒などほかの化合物と結合してラジカルを消費する．高分子化合物は分子量がきわめて大きいので，その物性は両末端以外の残りの部分で決まる．

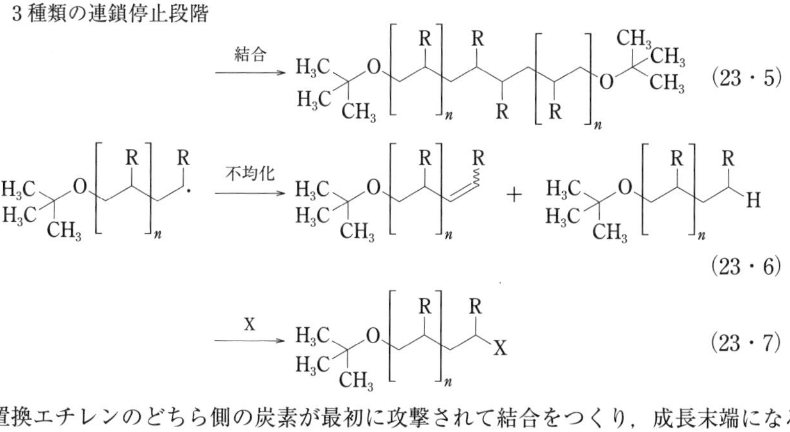

3 種類の連鎖停止段階

$$\xrightarrow{\text{結合}} \tag{23・5}$$

$$\xrightarrow{\text{不均化}} \tag{23・6}$$

$$\xrightarrow{\text{X}} \tag{23・7}$$

　置換エチレンのどちら側の炭素が最初に攻撃されて結合をつくり，成長末端になる

のはどちら側の炭素だろうか．最初に攻撃を受けて結合を形成する炭素を"頭"，成長末端になる炭素を"尾"とよぶ．生成するラジカルを安定化する置換基が付いているほうの炭素が成長末端になるので，この炭素が尾であり，したがって置換基をもたない炭素が頭であることが多い．

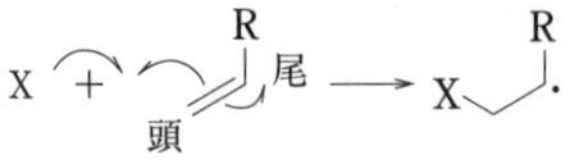

図 23・1 頭-尾付加

ラジカル開始剤は，容易に均一開裂する結合をもち，発生したラジカルが二重結合に付加して新たな炭素ラジカルを生成できる化合物である．式(23・3)に示した *tert*-ブトキシラジカルを与える化合物などは開始剤の好例である．

例題 23・1

問題 ポリ(塩化ビニル)を生成するラジカル重合の反応式を書け．

解答

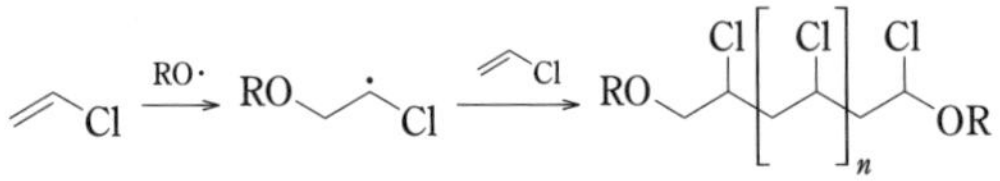

例題 23・2

問題 プロペンのラジカル重合反応式を書け．

解答

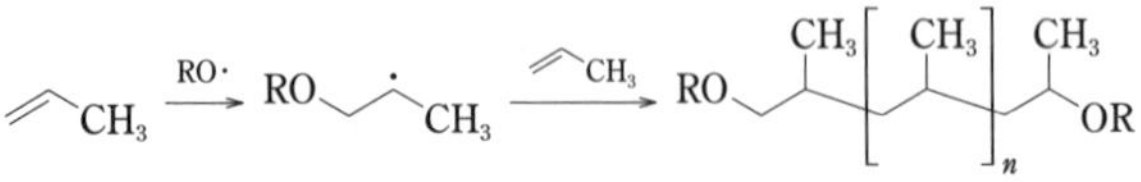

例題 23・3

問題 プロペンのラジカル重合が枝分かれしたポリマー鎖を与えた．反応式を書いて説明せよ．

解答 成長末端がポリマー鎖から水素原子を引き抜き，枝分かれがそこから起こる．

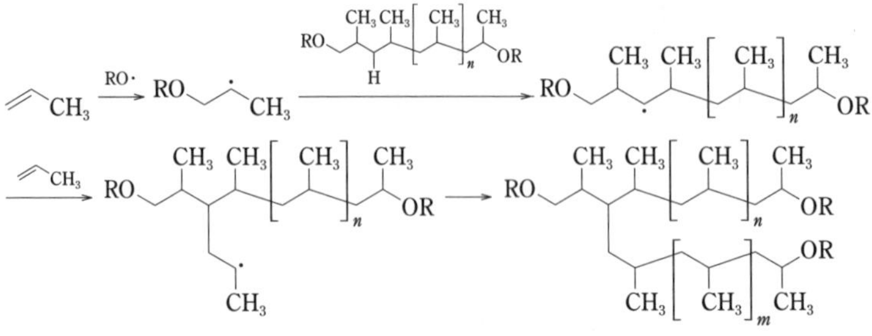

23・3・2 カチオン重合

　成長末端がカチオンである重合反応をカチオン重合とよぶ．求電子剤が重合開始剤としてC＝C二重結合と反応するとカチオンが生成するのが連鎖開始の原理である．たとえば，BF_3とイソブチレンを反応させると成長末端となるカチオンが生成する．ついでC＝C二重結合と成長末端のカチオンが反応してカチオン種を再生する．繰返しによって連鎖が成長する．停止する段階もラジカル重合と同じように3通りある．プロトンが脱離してアルケンになる．あるいは求核剤とカチオンが反応する．また，溶媒などと反応してカチオンが移動する場合もある．

カチオン重合の連鎖開始段階

$$BF_3 + CH_2=C(CH_3)_2 \longrightarrow F_3B^- - CH_2 - C^+(CH_3)_2 \quad (23 \cdot 8)$$

連鎖成長段階

$$F_3B^- - CH_2 - C^+(CH_3)_2 + CH_2=C(CH_3)_2 \longrightarrow F_3B^- - CH_2 - C(CH_3)_2 - CH_2 - C^+(CH_3)_2 \quad 成長末端$$

$$\xrightarrow{繰返し} F_3B^- -[CH_2 - C(CH_3)_2]_n - CH_2 - C^+(CH_3)_2 \quad (23 \cdot 9)$$
成長末端

3種類の連鎖停止段階

$$\xrightarrow{H^+の脱離} F_3B^- -[CH_2 - C(CH_3)_2]_n - CH=C(CH_3)_2 + H^+ \quad (23 \cdot 10)$$

$$F_3B^- -[CH_2 - C(CH_3)_2]_n - CH_2 - C^+(CH_3)_2 \xrightarrow{求核剤の反応} F_3B^- -[CH_2 - C(CH_3)_2]_n - CH_2 - C(CH_3)_2 - Nu \quad (23 \cdot 11)$$

$$\xrightarrow[XY]{溶媒へ連鎖移動} F_3B^- -[CH_2 - C(CH_3)_2]_n - CH_2 - C(CH_3)_2 - X + Y^+ \quad (23 \cdot 12)$$

例題 23・4

問題　カチオン重合を起こしやすい順に次のモノマーを並べよ．

(a) $CH_2=CH-CH_3$　　$CH_2=CH-C(=O)-O-CH_3$　　$CH_2=CH-O-C(=O)-CH_3$

(b) $CH_2=CH-C_6H_5$　　$CH_2=CH-C_6H_4-NO_2$　　$CH_2=CH-C_6H_4-OCH_3$

解答 生成するカチオンが安定な順である．

(a) CH₂=CH–CH₃ > CH₂=CH–O–C(=O)–CH₃ > CH₂=CH–O–C(=O)–CH₃

(b) CH₂=CH–C₆H₄–OCH₃ > CH₂=CH–C₆H₅ > CH₂=CH–C₆H₄–NO₂

23・3・3 アニオン重合

成長末端の活性種がアニオンである重合反応をアニオン重合とよぶ．求核剤が開始剤となる．電子求引性の置換基をもつアルケンに強力な求核剤が 1,4-付加してアニオン種が生成するのが連鎖開始である．生成したアニオン性成長末端に次々とアルケンが付加を繰返して成長する．成長末端がアニオン種なのでヒドリド H⁻ が脱離してアルケンになることはない．アニオン種と反応するものがなければアニオン種はそのままで存在し，モノマーがなくなるまで重合し続ける．すなわち，リビング重合である．

求電子性の高いモノマーを用いるとアニオン重合は加速迅速化できる．

アニオン重合の連鎖開始段階

$$\text{Li–Bu} + \text{CH}_2=\text{C(CH}_3\text{)CN} \longrightarrow \text{Bu–CH}_2\text{–CH(CH}_3\text{)CN} \quad (23・13)$$

連鎖成長段階

$$\text{Bu–CH}_2\text{–C}^-(\text{CH}_3)\text{CN} + \text{CH}_2=\text{C(CH}_3)\text{CN} \longrightarrow \text{Bu–CH}_2\text{–C(CH}_3)(\text{CN})\text{–CH}_2\text{–C}^-(\text{CH}_3)\text{CN}$$

成長末端

$$\xrightarrow{\text{繰返し}} \text{Bu–}[\text{CH}_2\text{–C(CH}_3)(\text{CN})]_n\text{–C}^-(\text{CH}_3)\text{CN} \quad (23・14)$$

成長末端

例題 23・5

問題 アニオン重合を起こしやすい順に次のモノマーを並べよ．

(a) CH₂=CH–CH₃, CH₂=CH–C(=O)–OCH₃, CH₂=C(CN)–C(=O)–OCH₃

(b) CH₂=CH–C₆H₅, CH₂=CH–C₆H₄–NO₂, CH₂=CH–C₆H₄–OCH₃

解答 生成するアニオンが安定な順である．

(a) CH₂=C(CN)COOCH₃ > CH₂=CHCOOCH₃ > CH₂=CHCH₃

(b) CH₂=CH-C₆H₄-NO₂ > CH₂=CH-C₆H₅ > CH₂=CH-C₆H₄-OCH₃

23・3・4 開環重合

　攻撃を受けて活性種を成長末端として再生できれば重合のモノマーになる．プロピレンオキシドはアルコキシドの攻撃でエポキシドが開環するとアルコキシドが再生する．アニオン重合が容易に始まる．

アニオン開環重合

$$RO^- + \underset{CH_3}{\triangle O} \longrightarrow RO-CH_2-CH(O^-)-CH_3 \xrightarrow{\triangle O CH_3} \xrightarrow{繰返し} RO\left[CH_2-CH(CH_3)-O\right]_n-CH_2-CH(O^-)-CH_3 \quad (23\cdot15)$$

　エポキシドがプロトン化されるとエポキシドのO－C結合が分極して他のエポキシド酸素の攻撃を受けて開環する．攻撃したエポキシド酸素は電子不足になるので他のエポキシド酸素によって攻撃されて開環する．カチオン開環重合である．ただし，より少なく置換された炭素で攻撃を受けるアニオン開環重合とは開裂するエポキシド結合が異なり，より多く置換された炭素に攻撃を受けることに注意しよう．

カチオン開環重合

$$H^+ + \underset{CH_3}{\triangle O} \longrightarrow \underset{CH_3}{\triangle \overset{+}{O}H} \xrightarrow{\triangle O CH_3} \longrightarrow HO-CH(CH_3)-CH_2-O^+\underset{CH_3}{\triangle} \xrightarrow{繰返し} HO\left[CH(CH_3)-CH_2-O\right]_n-CH(CH_3)-CH_2-O^+\underset{CH_3}{\triangle} \quad (23\cdot16)$$

例題 23・6

問題　開環重合においてアニオン重合とカチオン重合では攻撃を受ける炭素が異なる．理由を説明せよ．

解答　アニオン重合では立体障害の少ない炭素が攻撃を受けて開環する．カチオン重合ではより安定なカチオンを生成するように開環するので攻撃を受ける炭素がアニオン重合とは異なる．

23・4 立体化学

　アルケンの重合反応で得られるポリマーの立体化学は興味深い．ジグザグに伸ばして書いたポリマー鎖の同じ面側に置換基が規則正しく配置されると，イソタクチック（同じという意）とよび，表裏と交互に並べばシンジオタクチック（交互を意味する）とよぶ．ランダムに並ぶとアタクチック（ばらばらの意）であるという．ラジカル重合では分枝も含めてアタクチックなポリマーが得られることが多く，カチオン重合ではシンジオタクチックかイソタクチックになる部分が増える．もっとも規則正しいポリマーを与えるのはアニオン重合である．

　これらの立体化学はポリマーの物性に影響する．規則正しい配置であれば一本一本のポリマー鎖が密に詰まるのでイソタクチックやシンジオタクチックなポリマーは結晶化しやすく，それに対して秩序の乏しいアタクチックポリマーは硬さに欠ける．

図 23・2　ポリマーの立体化学

23・5　チーグラー–ナッタ触媒

　チーグラー–ナッタ（Ziegler–Natta）触媒はアルミニウム–チタンを特徴とする重合開始触媒であり，規則正しく置換基が並び枝分かれのない高密度なポリマーを生成する．チタンの空いた配座に C＝C 二重結合が π 配位することがおもな要因である．配位したアルケンがチタン上の成長末端とチタンの間に挿入されてポリマー鎖が繰返して伸長する．チーグラー–ナッタ触媒による重合反応の機構を式(23・17)に示す．

$$\begin{array}{c}\text{—Ti—R} \xrightarrow{} \text{—Ti—R} \xrightarrow{} \text{—Ti} \Leftarrow \xrightarrow{\text{繰返し}} \text{—Ti}\!\!-\!\!\begin{array}[t]{c}Y\\|\end{array}\!\!\left[\begin{array}{c}Y\\|\end{array}\right]\!\!\begin{array}{c}Y\\|\end{array}\!\!-\!\!R\\ \uparrow \qquad\quad\;\; \uparrow \qquad\qquad\quad Y\!\!-\!\!R \qquad\qquad\qquad\qquad \uparrow \\ \text{空いた}\quad \text{配位}\qquad\qquad\qquad\qquad\qquad\qquad\qquad \text{空いた}\\ \text{配位座}\qquad\qquad\qquad\qquad\qquad\qquad\qquad\qquad \text{配位座}\end{array}$$

(23・17)

ブタジエンをチーグラー–ナッタ触媒を用いて重合すると合成ゴムとして重要な cis-ポリ(1,3-ブタジエン)が立体配置を制御して得られる.

$$n \diagup\!\!\!\diagup \xrightarrow{\text{チーグラー–ナッタ触媒}} \underset{cis\text{-ポリ}(1,3\text{-ブタジエン})}{\left[\diagup\!\!\!=\!\!\!\diagdown\right]_n}$$

(23・18)

Charles Goodyear はゴムをわずかの硫黄と一緒に加熱すると(この操作は加硫とよばれる), より硬いがしなやかなゴムが得られることを見つけた. 数%の硫黄で加硫されたゴムはタイヤに使われる.

加硫によって個々のポリマー鎖がジスルフィド結合(−S−S−)によって架橋される. 架橋されると個々のポリマー鎖が共有結合で結ばれ, それこそ巨大な一分子になるので, 強くなる. ゴムを一方向に引っ張ればその方向に伸びる. ジスルフィド結合で結ばれているので切れにくく, 引っ張るのを緩めれば元に戻る.

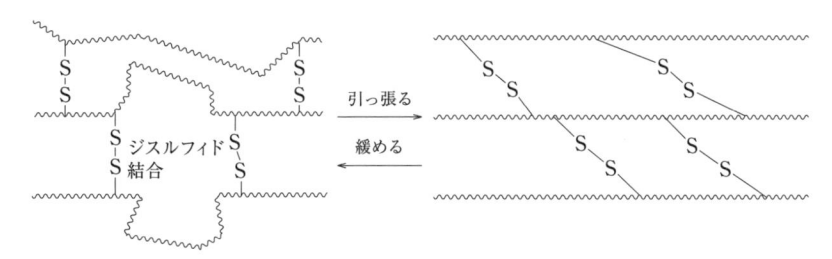

図 23・3 ジスルフィド結合で架橋されたポリマー鎖

例題 23・7

問題 ブタジエンのアニオン重合ではビニル基が枝分かれしている. その生成理由を説明せよ.

解答 ビニル基で安定化されたアニオンが図のように反応してビニル基の分枝ができる.

(次ページへつづく)

23・6 共重合

　単一のモノマーからだけではなく二つ以上の複数の種類のモノマーを混ぜて重合させるのを共重合とよび，物性の異なるポリマーの合成に用いられる．身近に共重合体が用いられていることは表23・2の例から実感できるだろう．

　2種類のモノマーからできる共重合体には大きく分けて4種類ある．それぞれのモノマーが交互に重合する交互共重合体，それぞれのブロックが構成するブロック共重合体，ランダムに混じり合うランダム共重合体，そしてモノマー主鎖にほかのモノマー主鎖が枝分かれして付いているグラフト共重合体である．

表 23・2　共重合体

モノマー			名　称	用　途
塩化ビニル	塩化ビニリデン		サラン®	食品包装用フィルム
アクリロニトリル	ブタジエン	スチレン	ABS樹脂	旅行カバン
イソブチレン	イソプレン		ブチルゴム	タイヤ，ボール

23・7 逐次重合

　逐次重合では両端を反応点とする分子が小さな分子を脱離させながら重合するので，縮合重合ともよばれる．

　ポリアミドは末端のアミノ基がほかの分子の末端のカルボキシ基と脱水縮合して生成するポリマーである．6-アミノヘキサン酸を加熱脱水すると炭素数が6なのでナイロン6とよばれるポリアミドが生成する．なお，ナイロン6は環状アシドであるε-カプロラクタムの開環重合によっても合成される（11・5節参照）．

23・7 逐次重合

$$\text{H}_2\text{N}\sim\sim\sim\text{CO}_2\text{H} \xrightarrow[-\text{H}_2\text{O}]{\text{加熱}} \left[\begin{array}{c} \text{H} \\ \text{N}\sim\sim\sim \end{array} \begin{array}{c} \text{O} \\ \parallel \end{array} \right]_n \quad (23\cdot19)$$

6-アミノヘキサン酸 　　　　　　　ナイロン6

アジピン酸と1,6-ヘキサンジアミンを加熱すると脱水縮合による逐次重合が進行してナイロン66が得られる．炭素数が6の二つの成分から構成されるので66と名付けられた．耐久性に富んでいるのでロープやギアなどとして幅広く利用されている．

$$\text{HO}_2\text{C}\sim\sim\text{CO}_2\text{H} + \text{H}_2\text{N}\sim\sim\sim\text{NH}_2$$

アジピン酸　　　　　1,6-ヘキサンジアミン
　　　　　　　　　　（ヘキサメチレンジアミン）

$$\xrightarrow[-\text{H}_2\text{O}]{\text{加熱}} \left[\text{N}\sim\sim\sim\text{N}\sim\sim\sim \right]_n$$

ナイロン66

$$(23\cdot20)$$

例題 23・8

問題　ナイロン55の構造を示せ．

解答　（ナイロン55の構造式）

例題 23・9

問題　ナイロン55を合成するのに必要なそれぞれのモノマーを示せ．

解答　$\text{HO}_2\text{C}\sim\sim\text{CO}_2\text{H}$　および　$\text{H}_2\text{N}\sim\sim\sim\text{NH}_2$

ポリエステルはアミドの代わりにエステルを重合官能基としている逐次重合体である．23・2節に示したようにジエステルとジオールのエステル交換反応で逐次重合される．繊維やプラスチックとして幅広く利用されている．

例題 23・10

問題　ポリエステル製のハンカチを水酸化ナトリウム水溶液に浸けた．何が起こるか．

解答 エステル基がアルカリ加水分解されてポリマー鎖が切断されるので，ハンカチはボロボロになる．

ポリマーは通常は壊れにくく焼却以外の廃棄法がない．それに対して生分解性ポリマーは微生物などの酵素によって小断片に分解されるので地球環境にやさしいポリマーである．土中の微生物の産生する酵素はエステル基を容易に加水分解するのでエステル基を含むポリマーが用いられる．

まとめ

- 高分子は連鎖重合体と逐次重合体(あるいは縮合重合体)に大別される．
- 連鎖重合にはラジカル重合，カチオン重合，アニオン重合の3通りある．
- 連鎖重合反応は，開始段階，成長段階，および停止段階の3段階で進行する．
- 開環重合ではアルケン以外の環開裂するモノマーが使われる．
- ポリマー鎖の立体化学はイソタクチック，シンジオタクチック，アタクチックに3分類される．
- チーグラー–ナッタ触媒はアルミニウム–チタンを特徴とする重合開始触媒であり，規則正しく置換基が並び枝分かれのない高密度なポリマーを生成する．
- ポリマー鎖はジスルフィド結合で架橋できる．
- 二つ以上の複数の種類のモノマーを混ぜて重合させることを共重合とよぶ．
- 共重合体は交互共重合体，ブロック共重合体，ランダム共重合体，グラフト共重合体に大別される．
- ナイロン66やナイロン6はポリアミドの代表例である．
- ポリエステルはアミドの代わりにエステルを重合官能基としている逐次重合体である．
- 生分解性ポリマーは微生物などの酵素によって小断片に分解される．

練習問題

23・1 次の化合物をモノマーとするポリマーの構造を示せ．

(a) 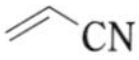 CH₂=CH−CN   (b) HO(CH₂)₇CO₂H

(c) 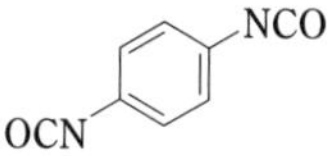 OCN−C₆H₄−NCO   HO(CH₂)₃OH

23・2 イソブチレンのポリマーの繰返し部分の構造を書け．

23・3 次の反応で生成するポリマー構造を示せ．

(a) 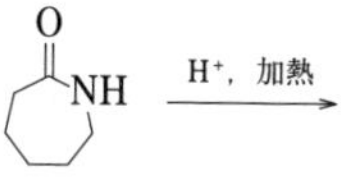 カプロラクタム (7員環ラクタム) $\xrightarrow{H^+, 加熱}$

(b) 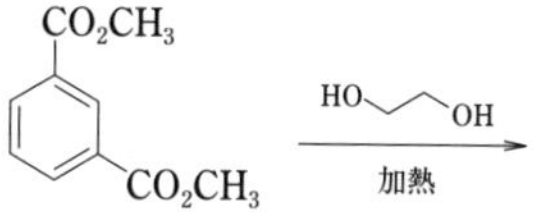 ベンゼン-1,3-ジカルボン酸ジメチル (CO₂CH₃ が1,3位) + HOCH₂CH₂OH $\xrightarrow{加熱}$

(c) 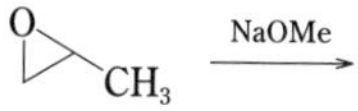 プロピレンオキシド (メチルオキシラン) $\xrightarrow{NaOMe}$

(d) 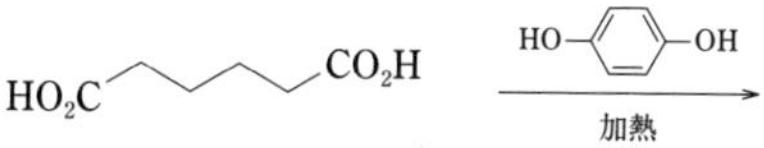 HO₂C−(CH₂)₄−CO₂H + HO−C₆H₄−OH (1,4-) $\xrightarrow{加熱}$

23・4 過酸化ベンゾイルを開始剤としてスチレンを重合させた．ポリスチレンの構造式を示せ．

練習問題解答

1章

1・1
(a) H–C̈(H)(H)–B̈r:
(b) H–C(H)(H)–C(H)(H)–C(H)(H)–H
(c) H–C(H)(H)–C(H)(H)–Ï:
(d) H–C(H)(H)–C(H)(H)–Ö–H
(e) H–C(H)(H)–N(H)–C(H)(H)–H
(f) H–C(H)(H)–C(H)=Ö:

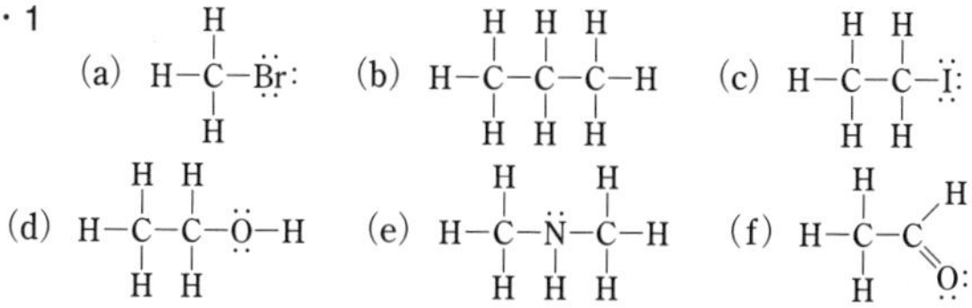

1・2
(a) $CH_2=CH-CH(CH_3)_2$
(b) シクロペンテン (CH$_2$環に CH=CH)
(c) $CH_3-CH(CH_3)-CH_2CH_3$
(d) ベンゼン環
(e) ピロリジン ($CH_2CH_2NHCH_2CH_2$ 環)
(f) $CH_3CH_2OCH_2CH_2Cl$
(g) $CH_3-C(CH_3)_2-C(CH_3)_2-CH_3$

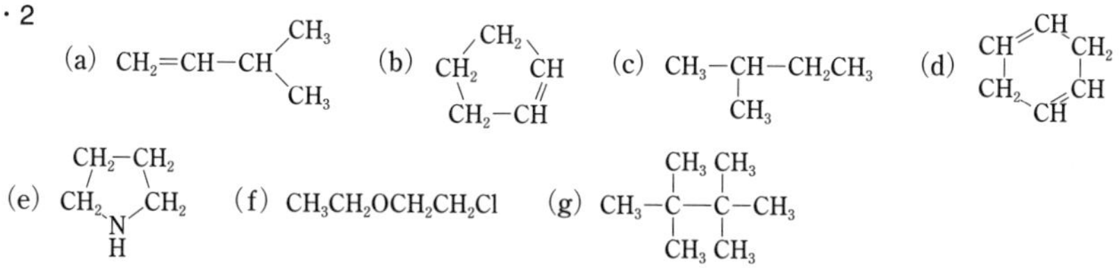

1・3
(a) H:Ö:N::Ö
(b) H:Ö:N⊕(::Ö)(:Ö:⊖)
(c) H:Ö:Ö:H
(d) :C⊖:::N:
(e) H:N⊕(H)(H):H
(f) H:C̈(H)(H):Ö:H

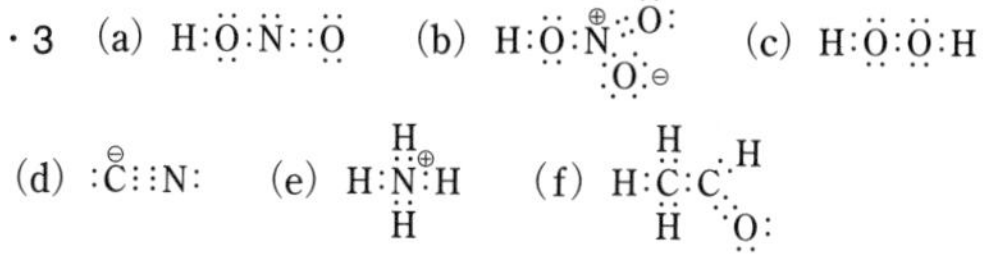

1・4 (a), (c)
(a) 炭素カチオン (b) 炭素ラジカル
(c) 炭素アニオン (d) 二価炭素 (カルベン)

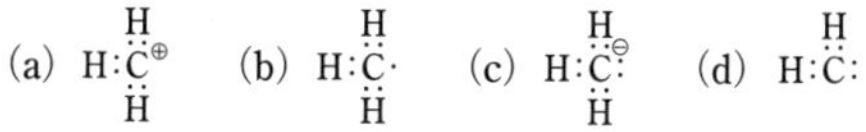

(a) H:C⊕(H):H
(b) H:Ċ(H):H 形式電荷なし
(c) H:C⊖(H):H
(d) H:C̈:H 形式電荷なし

1・5 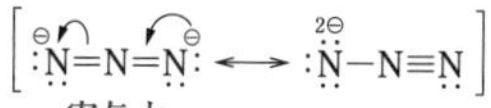
[:N̈=N=N:⊖ ⟷ :N̈⊖–N≡N:]
寄与大（左）

1・6 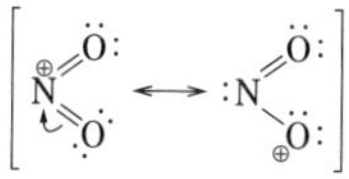
[Ö=N–Ö:⊖ ⟷ :Ö⊖–N=Ö]
寄与大

1・7 ルイス構造式を書き，電子反発を考える．

(a) 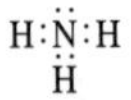 H:N̈:H
      H
曲がっている
（四面体構造に近い）

(b) 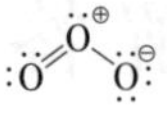 :Ö=O⁺̈-Ö:⁻
曲がっている

(c) 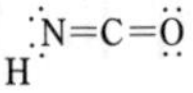 H-N̈=C=Ö
曲がっている

(d) 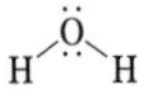 H-Ö-H
曲がっている
（四面体構造に近い）

2章

2・1

(a) 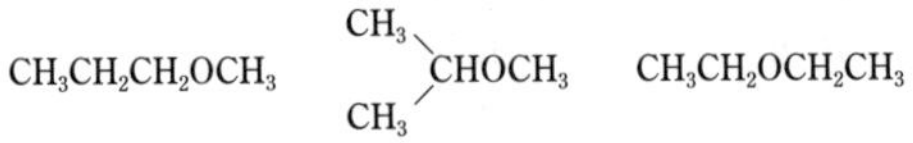 $CH_3CH_2CH_2OCH_3$ $(CH_3)_2CHOCH_3$ $CH_3CH_2OCH_2CH_3$

(b) 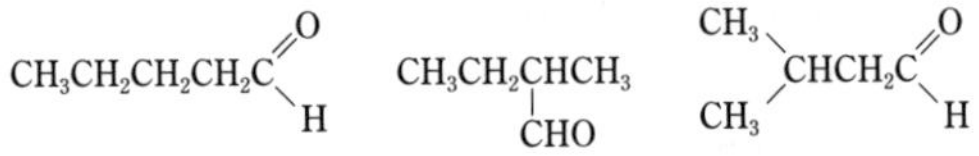 $CH_3CH_2CH_2CHO$ $CH_3CH_2CH(CH_3)CHO$ $(CH_3)_2CHCH_2CHO$

(c) 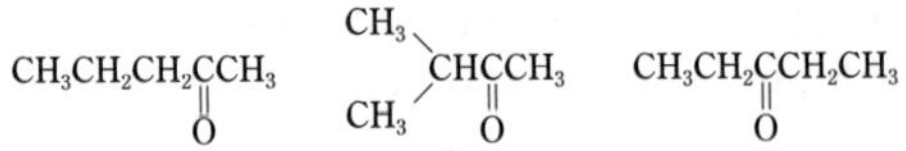 $CH_3CH_2CH_2COCH_3$ $(CH_3)_2CHCOCH_3$ $CH_3CH_2COCH_2CH_3$

(d)  $CH_3CH_2CH_2CH_2CH_2X$ $(CH_3)_2CHCH_2CH_2X$ $CH_3-C(CH_3)_2-CH_2X$ $CH_3CH_2CH(CH_3)CH_2X$

(e) 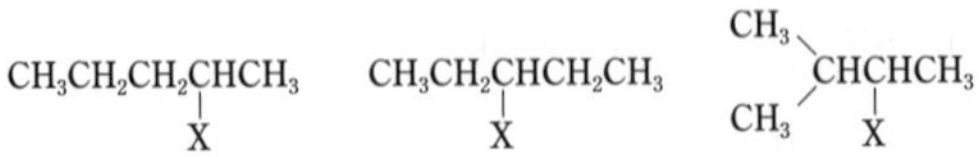 $CH_3CH_2CH_2CHXCH_3$ $CH_3CH_2CHXCH_2CH_3$ $(CH_3)_2CHCHXCH_3$

(f) 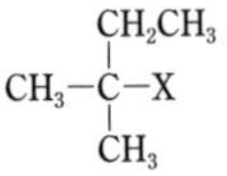 $CH_3-C(CH_2CH_3)(CH_3)-X$ (X：ハロゲン元素)

2・2 (b)

2・3

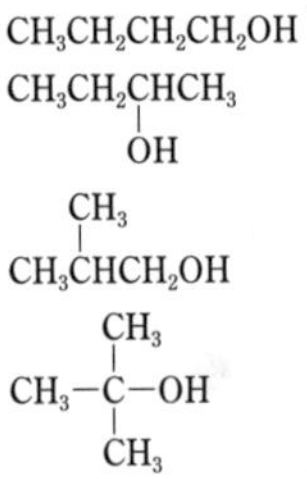

$CH_3CH_2CH_2CH_2OH$
$CH_3CH_2CH(OH)CH_3$
$(CH_3)_2CHCH_2OH$
$(CH_3)_3C-OH$
⎫ いずれも アルコール

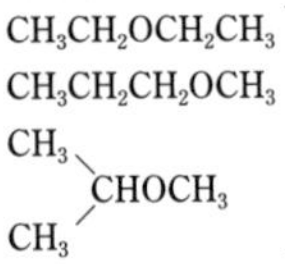

$CH_3CH_2OCH_2CH_3$
$CH_3CH_2CH_2OCH_3$
$(CH_3)_2CHOCH_3$
⎫ いずれも エーテル

練習問題解答　399

2・4

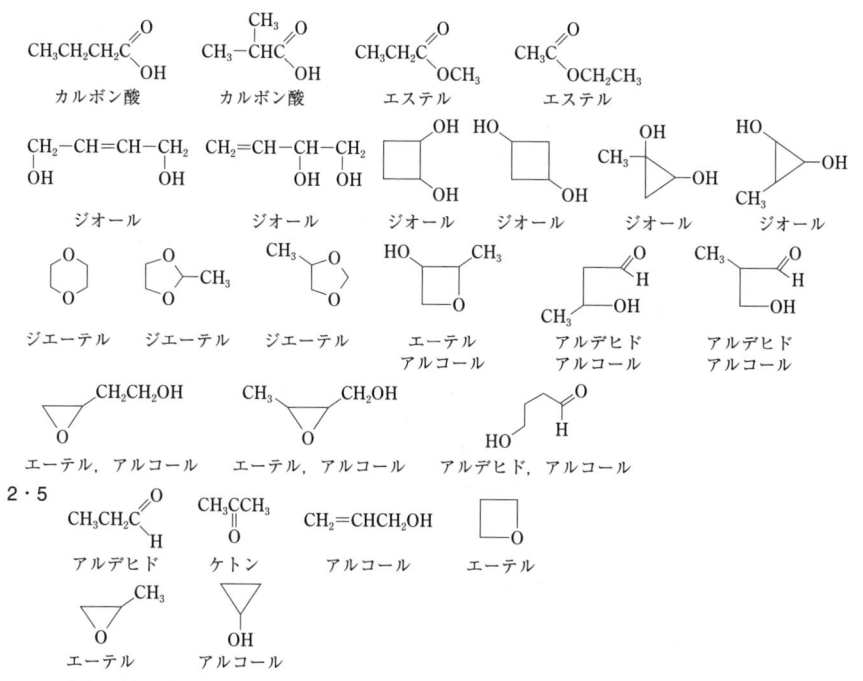

CH₃CH₂CH₂—C(=O)OH　カルボン酸
CH₃—CH(CH₃)—C(=O)OH　カルボン酸
CH₃CH₂—C(=O)OCH₃　エステル
CH₃—C(=O)OCH₂CH₃　エステル

CH₂—CH=CH—CH₂ (OH, OH)　ジオール
CH₂=C(OH)—CH(OH)—CH₂　ジオール（※CH₂=CH—CH(OH)—CH₂OH相当）
シクロブタン-1,2-ジオール　ジオール
シクロブタン-1,3-ジオール　ジオール
CH₃置換シクロプロパンジオール　ジオール
CH₃置換シクロプロパンジオール　ジオール

1,4-ジオキサン　ジエーテル
2-メチル-1,3-ジオキソラン　ジエーテル
2-メチル-1,3-ジオキソラン（異性体）　ジエーテル
HO—CH(CH₃)置換オキセタン　エーテル・アルコール
CH₃CH(OH)CH₂CHO　アルデヒド・アルコール
CH₃CH(OH)CH₂CHO　アルデヒド・アルコール

エポキシ-CH₂CH₂OH　エーテル, アルコール
CH₃-エポキシ-CH₂OH　エーテル, アルコール
HO—CH₂CH₂—CHO　アルデヒド, アルコール

2・5

CH₃CH₂CHO　アルデヒド
CH₃C(=O)CH₃　ケトン
CH₂=CHCH₂OH　アルコール
オキセタン　エーテル
メチルオキシラン　エーテル
シクロプロパノール　アルコール

2・6　(d), (c), (a), (b)

2・7　いずれも非共有電子対をもっており，これらと結合電子対との反発によって四面体構造に近い構造をとる．

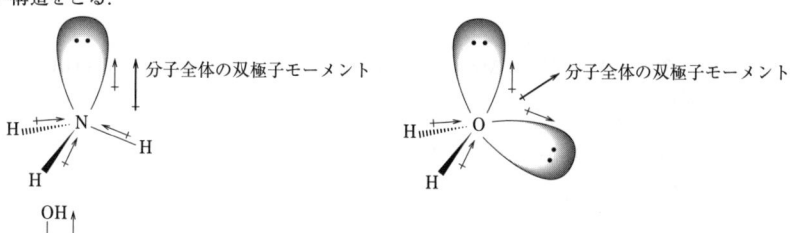

（NとOの電子対と双極子モーメントを示す図）

2・8　H—C(OH)(H)—H （双極子モーメント↑）

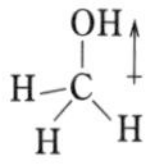

2・9　(a) CH₃CH₂CH₂OH　(b) CH₃CH₂CH₂NH₂　(c) HOCH₂CH₂OH
いずれも水素結合が存在するため．

3章

3・1　(a) CH₃C(=O)O—H ＋ ⁻OEt　(b) CH₃O⁻ ＋ CH₃—I

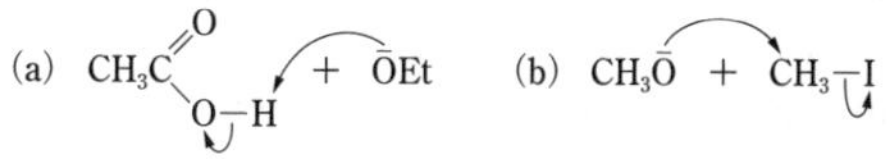

(c) 　H₂C=CH₂ + H—F　　(d) CH₃OH + H—I

3・2　(a)　HC≡CD　　(b)　CH₃CH₂D　　(c)　CH₃C≡CD
3・3　(a)　pK_a=3.75　　(b)　K_a=10⁻¹³
3・4　第一級アルコールの pK_a は 16，第三級アルコールの pK_a は 18，第一級アルコールのほうが強い酸．平衡は弱い酸と弱い塩基が生成する右側へ傾く．反応の平衡定数 K は K_a の比すなわち $10^{-16}/10^{-18}=10^2$ となる．
3・5　どの化学種がプロトンを失っているかを見きわめるまで，どれが酸であるかを決めてはいけない．ここに記載されている化学種の多くが酸としても塩基としても作用し得る．下に示した正反応と逆反応を示す矢印の長さが等しくないことからもわかるように，平衡は弱い酸/弱い塩基の対の側に偏っている．表3・1のデータから，より強い酸はより大きな K_a あるいはより小さな（正の数であればより小さく，負の数であればその絶対値がより大きい）pK_a をもった化学種であることがわかる．個々の反応の平衡定数は，左辺の酸の K_a を右辺の酸の K_a で割ることによって求められる．なぜそうなるのかを次の一般式を用いて示す．

$$HA_1 + A_2^- \rightleftharpoons HA_2 + A_1^-$$

左辺の酸の K_a を K_{a1}，右辺の酸の K_a を K_{a2} とすると，

$$K_{a1} = \frac{[H^+][A_1^-]}{[HA_1]} \quad K_{a2} = \frac{[H^+][A_2^-]}{[HA_2]}$$

となる．したがって，

$$K_{a1}/K_{a2} = \frac{[H^+][A_1^-][HA_2]}{[HA_1][H^+][A_2^-]} = \frac{[HA_2][A_1^-]}{[HA_1][A_2^-]} = K_{eq}$$

(a)　H₂O + HCN ⇌ H₃O⁺ + CN⁻
　　　より弱い塩基　より弱い酸　より強い酸　より強い塩基

(b)　HF + CH₃COO⁻ ⇌ F⁻ + CH₃COOH
　　　より強い酸　より強い塩基　より弱い塩基　より弱い酸

(c)　CH₃⁻ + NH₃ ⇌ CH₄ + NH₂⁻
　　　より強い塩基　より強い酸　より弱い酸　より弱い塩基

(d)　H₃O⁺ + Cl⁻ ⇌ H₂O + HCl
　　　より弱い酸　より弱い塩基　より強い塩基　より強い酸

3・6　ルイス酸：(CH₃)₂CH⁺　　MgBr₂　　CH₃BH₂　　ルイス塩基：CN⁻　　CH₃OH　　CH₃S⁻
たとえば次の3組

N≡C:⁻ + ⁺CH(CH₃)—CH₃ ⟶ N≡C—CH(CH₃)—CH₃

Br—Mg(Br) + :Ö(H)—CH₃ ⟶ Br—Mg⁻—Ö⁺(H)—CH₃
　　　　　　　　　　　　　　　　Br

CH₃—B(H)(H) + :S̈(H)—CH₃ ⟶ CH₃—B(H)(H)—S̈—CH₃

4章

4・1　(a)　ヨードシクロプロパン　　(b)　*trans*-1-メチル-3-(1-メチルエチル)シクロペンタン
　　(c)　*cis*-1,2-ジクロロシクロブタン　　(d)　*trans*-1,3-ジブロモシクロヘキサン
4・2　(a)　2-プロペン-1-オール　　(b)　(*Z*)-5-クロロ-3-エチル-4-ヘキセン-2-オール
　　(c)　*trans*-2-(4-ペンテニル)シクロオクタノール

練習問題解答　401

4・3　(a)　3-フルオロ-1-メチルシクロペンテン　(b)　1-ブロモ-4-メチル-1-ペンテン
(c)　(E)-1-クロロ-3-エチル-4-メチル-3-ヘプテン　(d)　1,1-ジクロロ-1-ブテン
(e)　(Z)-2-エチル-5,5,5-トリフルオロ-4-メチル-2-ペンテン-1-オール
(f)　1-エチル-6-メチルシクロヘキセン

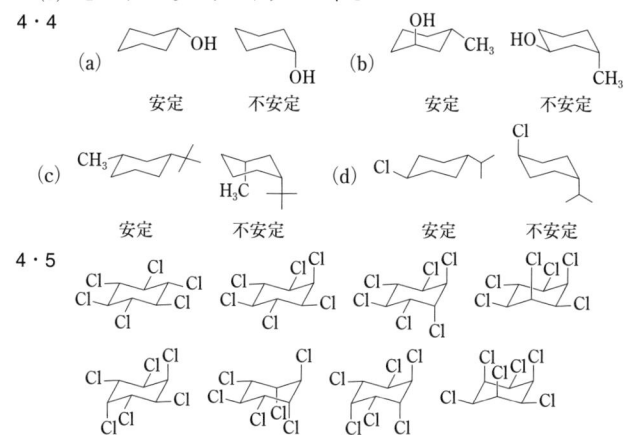

4・4　(a) 安定／不安定　(b) 安定／不安定
(c) 安定／不安定　(d) 安定／不安定

4・5　[構造式群]

5章

5・1　(a), (c), (e)
5・2　(a)　エナンチオマー，R と S　(b)　エナンチオマー，S と R
(c)　同一物，両方とも R
5・3　(a)–(d) [Fischer投影式群]
5・4　(a)–(d) [構造式群]
5・5　(b) と (c)．(a) と (d) は対称面をもっているのでキラルではない
5・6　(a) R　(b) R　(c) S　(d) R
5・7　不斉分子の数が増えることを不斉増殖という．たとえば不斉水素添加反応において，触媒量(少数個)の不斉分子を用いて数千，数万の不斉分子を得る反応をあげることができる．一方，不斉増幅とはエナンチオマー過剰率の低い不斉分子を用いた反応において，これよりも高いエナンチオマー過剰率をもつ生成物が得られることをいう．

6章

6·1 (a) 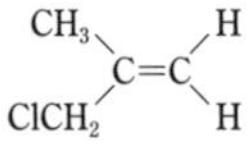 CH₃/ClCH₂ C=C H/H (b) 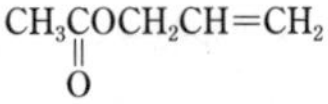 CH₃COCH₂CH=CH₂

6·2 (a) 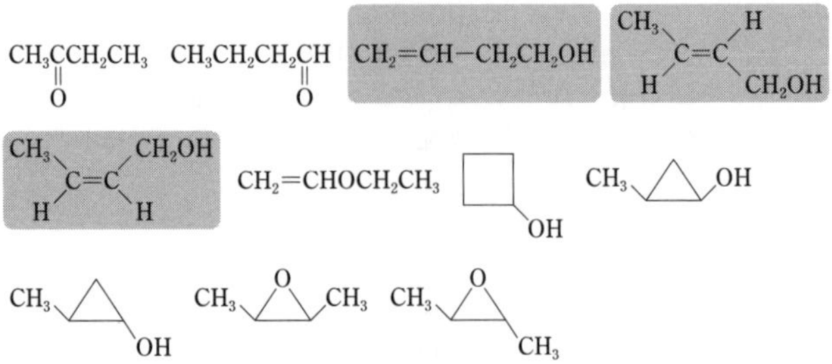 CH₃CCH₂CH₃ (O), CH₃CH₂CH₂CH₂ (O), [CH₂=CH−CH₂CH₂OH], [CH₃/H C=C H/CH₂OH], [CH₃/H C=C CH₂OH/H], CH₂=CHOCH₂CH₃, シクロブタノール(OH), メチルシクロプロピル-OH, メチルシクロプロピル-OH, メチルオキシラン, メチルオキシラン

(b) アルコールをもつものを選ぶ.上で □ で囲んだもの.
(c) 対称性のよいエーテル二つがこれにあたる. (二つのオキシラン構造)

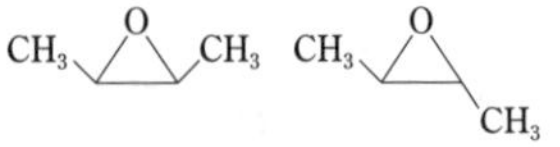

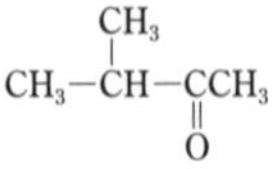

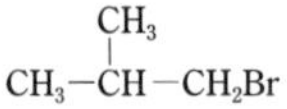

6·3 (a) 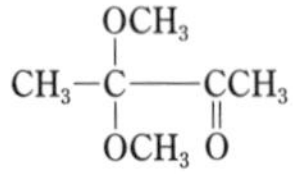 CH₃−C(OCH₃)(OCH₃)−CCH₃(O) (b) CH₃−CH(CH₃)−CCH₃(O) (c) HCOOCH₂CH₃

6·4 CH₃−CH(CH₃)−CH₂Br

6·5 (a) 強度比(積分比) 2:2:3 一重線,四重線,三重線
(b) 強度比(積分比) 2:3 四重線,三重線
(c) 強度比(積分比) 1:3 四重線,二重線

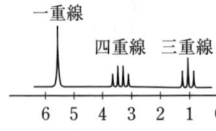

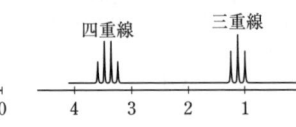

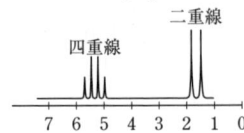

6·6 CH₃CH₂CH₂CH₂CH₂CH₂CH₂OH

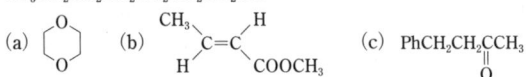

6·7 (a) 1,4-ジオキサン (b) CH₃/H C=C H/COOCH₃ (c) PhCH₂CH₂CCH₃(O)

7章

7·1 (a) CH₃CO₂CH₂CH₃ (b) 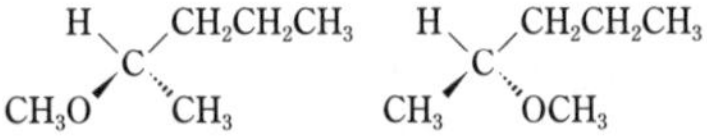 H/CH₃O C CH₂CH₃/CH₃ , H/CH₃ C CH₂CH₃/OCH₃

(c) H/H C=C H/CH₂CH₃

7·2 (a) 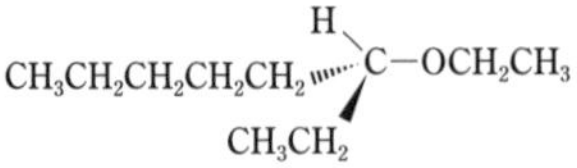 CH₃CH₂CH₂CH₂−C(H)(CH₃CH₂)−OCH₂CH₃ (b) シクロヘキシル-CN (c) CH₃CH₂CH₂CH₂−C(H)(CH₃)−I

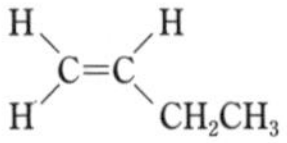

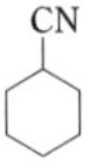

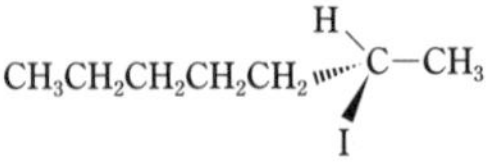

練習問題解答

7・3 1等量：$ClCH_2CH_2CH_2CH_2OCH_3$　　2等量：$CH_3OCH_2CH_2CH_2CH_2OCH_3$

7・4 $CH_3\overset{OH}{\underset{CH_3}{C}}CH_2CH_3$　　$CH_3\overset{}{C}=CHCH_3$　　$CH_2=\overset{}{C}CH_2CH_3$
　　　　　　　　　　　　　CH_3　　　　　　　　CH_3

まず，カルボカチオンが生成し，ヒドロキシ基が付加すれば(S_N1反応)アルコールが，水素原子が脱離すれば(E1反応)，2種類のアルケンが生成する．内部アルケンが優先して生成する．

7・5 $CH_3CH_2CH_2\overset{H}{\underset{CH_3O}{C}}-CH_3$　　$CH_3CH_2CH_2\overset{H}{\underset{CH_3}{C}}-OCH_3$

7・6 シクロヘキサノール，シクロヘキセン

7・7
(a) 1-メチルシクロヘキセン（主生成物），メチレンシクロヘキサン
(b) ビニルシクロヘキサン（主生成物），エチリデンシクロヘキサン
(c) $CH_3CH_2CH_2CH=\overset{CH_3}{\underset{}{C}}CH_3$（主生成物），$CH_3CH_2CH=CHCH\overset{CH_3}{\underset{}{}}CH_3$

7・8
(a) $CH_3CH_2\overset{H}{\underset{CH_3}{C}}-CN$
(b) $CH_3CH_2CH_2\overset{H}{\underset{Br}{C}}-CH_3$　　$CH_3CH_2\overset{H}{\underset{CH_3}{C}}-Br$
(c) $CH_3CH_2CH_2\overset{H}{\underset{CH_3}{C}}-N_3$

8章

8・1 (a) ヘキシン　(b) シクロオクタテトラエン　(c) ジクロロ化合物　(d) ブロモクロロブタジエン　(e) ジフェニルブタジエン

8・2 反応機構図（$F_3B\cdots O=CR$ と CH_3, $Si(CH_3)_3$, β, γ, α を含む → $HO\overset{H_3C\ CH_3}{\underset{R'}{\underset{|}{C}}}R$ 生成）

8・3
(a) シクロペンタジエン + $NC-C\equiv C-CN$ → ビシクロ付加体(CN, CN)
(b) 2 ブタジエン → ビニルシクロヘキセン
(c) ベンゾキノン + ヘキサジエン → 二環式ジケトン

8・4 (a) 1-ペンチン $\xrightarrow{\text{LDA}}$ アセチリドLi $\xrightarrow{CH_3CH_2Br}$ 3-ヘプチン

(b) [structure: 1,1-dibromomethylcyclohexane] → KOH → NaNH₂ → [ethynylcyclohexane] → Li → CH₃CH₂Br → [cyclohexyl-C≡C-CH₂CH₃]

(c) ≡ → Li → CH₃CH₂CH₂CHO → [HC≡C-CH(OH)-CH₂CH₂CH₃]

8・5 (a) [2,6-dimethylcyclohexanone] + (CH₃)₃SiCH₂MgCl → [(CH₃)₃Si-CH₂-C(OMgCl) intermediate] →H⁺→ [2,6-dimethyl-1-methylenecyclohexane]

(b) [2-(phenylselanyl)cyclohexanone] →H₂O₂→ [selenoxide intermediate] → [cyclohex-2-enone]

(c) [H₂N-CHR-] →過剰の CH₃I / Na₂CO₃→ [I⁻ ⁺N(CH₃)₃-] →Ag₂O→ [terminal alkene]

8・6 オクタンに過マンガン酸カリウムや臭素を加えても色の変化がないが，1-オクテンおよび1-オクチンにこれらを加えると，紫色や赤褐色が消色する．1-オクテンは1モルの臭素と反応し，1-オクチンは2モルの臭素と反応する．1-オクチンは硝酸銀のアンモニア水溶液と反応して銀アセチリドの沈殿を生じる．1-オクテンはオゾン酸化によってアルデヒドを生じるが，1-オクチンはカルボン酸まで酸化される．

8・7 (a) [CCl₂=C(CH₃)-CH₂CH₂CH₂CH₃] (b) [CH₂=C(Br)-CH₂CH₂CH₂CH₃] (c) [CBr₂(CH₃)-CH₂CH₂CH₂CH₃] (d) [CH₃CH₂CH₂CH₂CH=CHBr]

8・8 (a) [1,3,5-heptatriene] →加熱→ [cis-bicyclic product]

(b) [CH₃-CH=CH-O-CH=CH-CH₃] →加熱→ [cyclic product]

(c) [phenyl prenyl ether] →加熱→ [o-(1,1-dimethylallyl)phenol]

9章

9・1 (a) [benzoquinone] + [butadiene: H₂C=CH-CH=CH₂] → [Diels-Alder adduct]

(b) [furan] + [maleic anhydride] → [bicyclic adduct]

(c) [1,2-dimethylenecyclohexane] + CH₃O₂C-C≡C-CO₂CH₃ → [dihydronaphthalene dicarboxylate with CO₂CH₃ groups]

練習問題解答 405

9・2

cycloheptene + 3-chlorobenzoic acid (CO$_3$H) ⟶ cycloheptene oxide + 3-chlorobenzoic acid (CO$_2$H) $\xrightarrow{\text{OH}^-}$ trans-1,2-cycloheptanediol

cycloheptene + OsO$_4$ ⟶ osmate cyclic ester ⟶ cis-1,2-cycloheptanediol

9・3

$CH_3(CH_2)_3CH=CH_2$ + 3-chlorobenzoic acid (CO$_3$H) ⟶ $CH_3(CH_2)_3CH\text{—}CH_2$ (epoxide) $\xrightarrow[\text{2) H}_3\text{O}^+]{\text{1) LiAlH}_4}$ $CH_3(CH_2)_3\overset{\text{OH}}{\underset{|}{CH}}\text{—}CH_3$

$\xrightarrow[\text{2) H}_3\text{O}^+]{\text{1) CH}_3\text{CH}_2\text{MgBr}}$ $CH_3(CH_2)_3\overset{\text{OH}}{\underset{|}{CH}}\text{—}CH_2CH_2CH_3$

9・4

(a) $CH_3CH_2CH_2C\equiv C\text{—}CH_3 \xrightarrow{2\,Cl_2} CH_3CH_2CH_2CCl_2CCl_2CH_3$

(b) $CH_3CH_2CH_2C\equiv C\text{—}H \xrightarrow{2\,HBr} CH_3CH_2CH_2CBr_2CH_3$

(c) $C_6H_5\text{—}C\equiv C\text{—}C_6H_5 \xrightarrow{2\,Br_2} C_6H_5\text{—}CBr_2CBr_2\text{—}C_6H_5$

9・5

(a) methylenecyclohexane + H$_2$O $\xrightarrow{\text{H}_2\text{SO}_4(触媒量)}$ 1-methylcyclohexanol

(b) methylenecyclohexane + BH$_3$ ⟶ (cyclohexylmethyl)$_3$B $\xrightarrow{\text{H}_2\text{O}_2/\text{NaOH}}$ cyclohexylmethanol

(c) methylenecyclohexane + N-bromosuccinimide ⟶ 3-bromomethylenecyclohexane

9・6

(a) $CH_3CH_2\text{—}C\equiv C\text{—}H$ + Na ⟶ $CH_3CH_2\text{—}C\equiv C^-Na^+$ $\xrightarrow[\text{2) H}_3\text{O}^+]{\text{1) cyclohexanone}}$ 1-(1-butynyl)cyclohexanol (C≡C—CH$_2$CH$_3$, OH)

(b) $CH_3\text{—}C\equiv C\text{—}H$ + Na ⟶ $CH_3\text{—}C\equiv C^-Na^+$ $\xrightarrow[\text{2) H}_3\text{O}^+]{\text{1) H}_2\text{C—CH}_2\text{(epoxide)}}$ $CH_3\text{—}C\equiv C\text{—}CH_2CH_2OH$

(c) Ph-I + $H\text{—}C\equiv C\text{—}CH_2CH_2CH_3$ $\xrightarrow[\text{CuI}/(\text{CH}_3\text{CH}_2)_3\text{N}]{\text{PdCl}_2(\text{PPh}_3)_2}$ Ph-C≡C—CH$_2$CH$_2$CH$_3$

9・7

(a) cyclohexene + Br$_2$ $\xrightarrow{\text{H}_2\text{O}}$ trans-2-bromocyclohexanol

(b) cyclohexene + Cl$_2$ $\xrightarrow{\text{CH}_3\text{OH}}$ trans-1-chloro-2-methoxycyclohexane

(c) 1-methylcyclohexene + CHCl$_3$ $\xrightarrow{\text{OH}^-}$ 1-methyl-7,7-dichlorobicyclo[4.1.0]heptane

(d) 1-methylcyclohexene + CH$_2$I$_2$ $\xrightarrow{\text{Zn(Cu)}}$ 1-methylbicyclo[4.1.0]heptane

10章

10·1 (a), (b), (c) 構造式

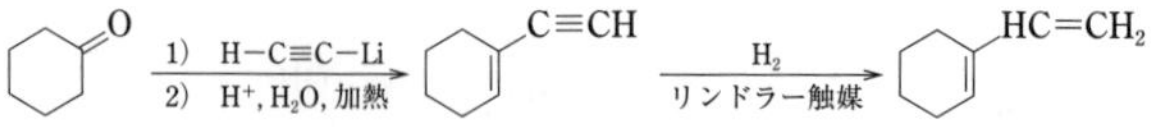

10·2 (a)〜(d) 反応経路
(d) またはクメン法

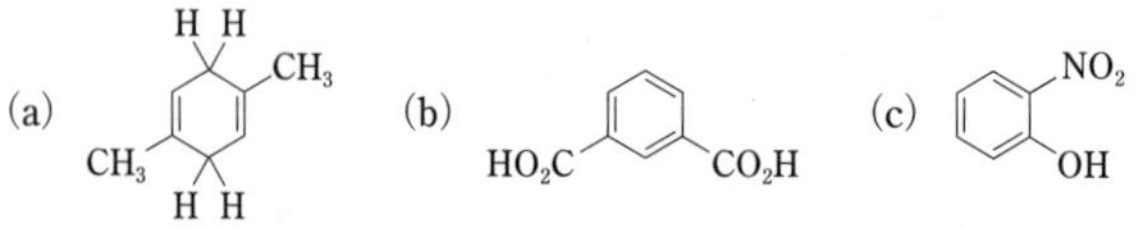

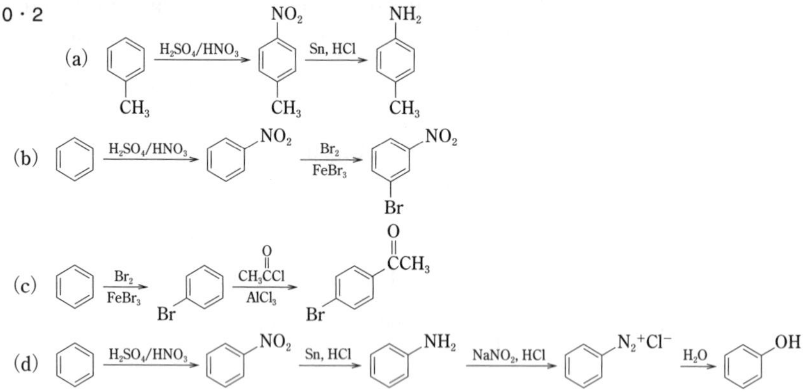

10·3 反応経路

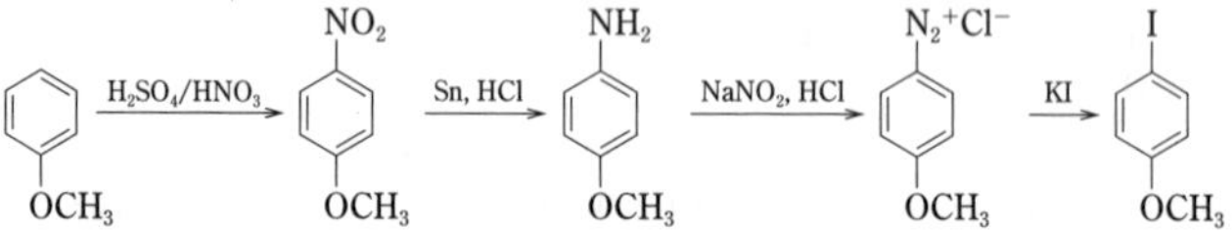

10·4 (a), (b) 反応経路

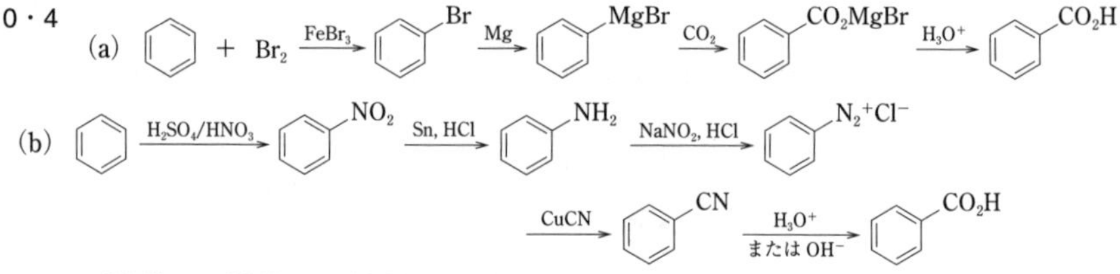

10·5

$$\underset{NO_2}{C_6H_4CO_2H} > \underset{Cl}{C_6H_4CO_2H} > C_6H_5CO_2H > \underset{CH_3}{C_6H_4CO_2H} > \underset{OCH_3}{C_6H_4CO_2H}$$

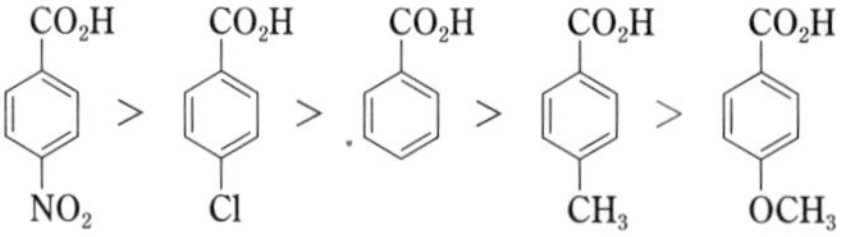

10·6 (a) ニトロベンゼン<クロロベンゼン<ベンゼン<トルエン
  (トルエンが一番反応性が高い)
 (b) 2,4-ジニトロトルエン<安息香酸<ベンゼン<エチルベンゼン
  (エチルベンゼンが一番反応性が高い)

10・7 (a) 4-ブロモエチルベンゼン構造（CH$_2$CH$_3$基、Br para位）
(b) 2-ブロモエチルベンゼン構造（CH$_2$CH$_3$基、Br ortho位）
(c) メチル 3-ニトロ安息香酸エステル構造（CO$_2$CH$_3$、NO$_2$ meta位）
(d) 2-フェニルブタン構造（CH$_3$CHCH$_2$CH$_3$ がフェニルに結合）

10・8 ベンゼン + 無水コハク酸 $\xrightarrow{\text{AlCl}_3}$ PhCO-CH$_2$CH$_2$-CO$_2$H $\xrightarrow{\text{Zn(Hg), HCl}}$ Ph-CH$_2$CH$_2$CH$_2$-CO$_2$H $\xrightarrow{\text{SOCl}_2}$ Ph-CH$_2$CH$_2$CH$_2$-COCl $\xrightarrow{\text{AlCl}_3}$ α-テトラロン

11章

11・1 (a) $-445\,\text{kJ mol}^{-1}$ (b) $-138\,\text{kJ mol}^{-1}$ (c) $-65\,\text{kJ mol}^{-1}$ (d) $+26\,\text{kJ mol}^{-1}$

11・2 (a) 2種類 (b) 3種類 (c) 4種類 (d) 4種類

11・3 問題となっているこの反応において速度論的に実際に起こる第一の成長反応は，プロパンと塩素原子 Cl・との反応だけである．臭素原子 Br・とプロパンの反応は非常に遅く，競合しない．生成する第一級アルキルラジカルと第二級アルキルラジカルの相対比を決定するのはこの第一段階である．したがって，この反応で観察される選択性は，塩素原子 Cl・の反応においてみられる選択性と等しい．生成した二つのラジカルはいずれもハロゲン分子，Cl$_2$ あるいは Br$_2$ と速やかに反応する．存在するラジカルの比は前の段階で決定されるので，生成するクロロプロパンの異性体の比とブロモプロパンの異性体の比は同じであり，塩素化の選択性と同じものとなる．

11・4 $\Delta H°$ は，切断される結合の $DH°$ 値から形成される結合の $DH°$ 値を引くことによって計算される．

 成長反応 1 : $\Delta H° = 109 - 235 = -126\,\text{kJ mol}^{-1}$
 成長反応 2 : $\Delta H° = 235 - 504 = -269\,\text{kJ mol}^{-1}$

全体の反応は $O_3 + O \rightarrow 2\,O_2$ で，その $\Delta H°$ は $-395\,\text{kJ mol}^{-1}$ である．反応はエネルギー的に非常に有利であり，反応式に示されているように塩素原子によって触媒される．このような連鎖反応によって1個の塩素原子が数千のオゾン分子を破壊する．

12章

12・1 シクロペンタノール $\xrightarrow{\text{Na}}$ シクロペンチル-ONa $\xrightarrow{\text{CH}_3\text{CH}_2\text{I}}$ シクロペンチル-OCH$_2$CH$_3$

12・2 反応は S_N1 反応で進行し，tert-ブチルアルコールの濃度のみに依存する．すなわち，律速段階は tert-ブチルカチオンの生成にあるため，酸の種類に依存しない．

 $(CH_3)_3COH + HX \longrightarrow (CH_3)_3C^+ \xrightarrow{X^-} (CH_3)_3CX$

12・3 CH$_3$CH$_2$CH$_2$CH$_2$OH (CH$_3$)$_2$CHCH$_2$OH CH$_3$CH$_2$$\overset{*}{\text{C}}$HOH (CH$_3$)$_3$COH
 　　　　　　　　　　　　　　　　　　　　　　　　CH$_3$
 　　　　　　　　　　　　　　　　　　　　　　　　キラル

12・4 (a) trans-2-エチル-1-メチルシクロヘキサノール構造 (CH$_2$CH$_3$, OH, CH$_3$)
(b) CH$_3$CHCH$_2$CH$_2$CH$_3$
　　　　OH
(c) BrCH$_2$CH$_2$CH$_2$OH

(d) HOCH$_2$CH$_2$C(CH$_3$)$_2$—OCH$_3$

12・5

HO–C$_6$H$_{10}$–CH$_3$ →(H$_2$SO$_4$) 1-メチルシクロヘキセン + メチレンシクロヘキサン

主生成物　副生成物

生成機構:

1-メチルシクロヘキサノール → プロトン化 → カルボカチオン → 1-メチルシクロヘキセン + メチレンシクロヘキサン

12・6

CH$_3$CHCH$_2$CH$_2$CH$_2$CH$_2$OH (with CH$_3$ branch) ⇌(H$^+$) CH$_3$CHCH$_2$CH$_2$CH$_2$CH$_2$–OH$_2^+$ ⇌(I$^-$) CH$_3$CHCH$_2$CH$_2$CH$_2$CH$_2$I

12・7

シクロヘキサノン →(1) CH$_3$MgBr; 2) H$_3$O$^+$) 1-メチルシクロヘキサノール →(1) NaH; 2) CH$_3$CH$_2$I) 1-メチル-1-エトキシシクロヘキサン

12・8

(S)-2-トシルオキシヘプタン → (R)-2-シアノヘプタン

13章

13・1

(a) 3-オクタノン (b) 4-メチルシクロヘキサノン (c) プロピオフェノン (d) 2-メチルブタナール

(e) 2,2-ジエチルシクロブタノン (f) 1,4-ジオキサスピロ[4.5]デカン型ケタール

13・2

(a) C$_6$H$_6$ + CH$_3$CH$_2$CH$_2$CH$_2$CH$_2$COCl →(AlCl$_3$) CH$_3$CH$_2$CH$_2$CH$_2$CH$_2$COC$_6$H$_5$

(b) C$_6$H$_6$ + CH$_3$CH$_2$COCl →(AlCl$_3$) CH$_3$CH$_2$COC$_6$H$_5$ →(HCl/Zn) CH$_3$CH$_2$CH$_2$C$_6$H$_5$

(c) C$_6$H$_6$ + Br$_2$ →(Fe) C$_6$H$_5$Br →(Mg) C$_6$H$_5$MgBr →(ケトン, H$^+$) 3-フェニル-3-ペンタノール (Ph, OH)

13・3

(a) シクロペンタノン →(NaBH$_4$/CH$_3$OH) シクロペンタノール

(b) シクロペンタノン →(NH$_2$NH$_2$, KOH, 加熱) [シクロペンタノンヒドラゾン (N–NH$_2$)] → シクロペンタン

練習問題解答 409

(c) cyclopentanone + NH$_2$OH/H$^+$ → cyclopentanone oxime (=N-OH)

(d) cyclopentanone + HOCH$_2$CH$_2$OH/H$^+$ → cyclic ketal

(e) cyclopentanone + HCN → cyanohydrin (HO, CN)

(f) cyclopentanone + (C$_6$H$_5$)$_3$P=CH$_2$ → methylenecyclopentane

13・4 (a) CrO$_3$/H$_2$SO$_4$ (b) NH$_2$NH$_2$, KOH, 加熱 (c) Zn(Hg), HCl (d) CH$_3$CO$_3$H
(e) 1) O$_3$, 2) (CH$_3$)$_2$S (f) (C$_6$H$_5$)$_3$P=CH$_2$ (g) NaBH$_4$, CH$_3$OH
(h) NH$_2$NH$_2$

13・5 cyclooctene $\xrightarrow{\text{1) O}_3 \text{ 2) (CH}_3)_2\text{S}}$ OHC(CH$_2$)$_6$CHO $\xrightarrow{\text{2(C}_6\text{H}_5)_3\text{P=CH}_2}$ CH$_2$=CH(CH$_2$)$_6$CH=CH$_2$

13・6 (a) cycloheptanone $\xrightarrow{(C_6H_5)_3P=CH_2}$ methylenecycloheptane

(b) CH$_3$COCH$_2$CH$_3$ + (C$_6$H$_5$)$_3$P=CHCH$_2$CH$_2$CH$_3$ → 2-methyl-2-heptene

(c) PhCH$_2$CHO + PhCH=P(C$_6$H$_5$)$_3$ → PhCH$_2$CH=CHPh

(d) CH$_3$(CH$_2$)$_6$CHO + (C$_6$H$_5$)$_3$P=CH$_2$ → CH$_3$(CH$_2$)$_6$CH=CH$_2$

13・7 PhCOCH$_3$ $\xrightarrow{\text{NH}_2\text{NH}_2}$ PhC(=N-NH$_2$)CH$_3$ $\xrightarrow{\text{OH}^-}$ [PhC(N=NH)CH$_3^-$ ↔ PhC(N-NH)CH$_3$]
$\xrightarrow{\text{H}^+}$ PhCH(N=NH)CH$_3$ $\xrightarrow{\text{OH}^-}$ PhCH(N=N$^-$)CH$_3$ $\xrightarrow{-\text{N}_2}$ PhCH$^-$CH$_3$ $\xrightarrow{\text{H}_2\text{O}}$ PhCH$_2$CH$_3$

13・8 (a) naphthalene + CH$_3$CH$_2$COCl $\xrightarrow{\text{AlCl}_3}$ 1-propanoylnaphthalene

(b) tert-butylbenzene + CH$_3$COCl $\xrightarrow{\text{AlCl}_3}$ 4-tert-butylacetophenone

(c) chlorobenzene + CH$_3$CH$_2$COCl $\xrightarrow{\text{AlCl}_3}$ 4'-chloropropiophenone

14 章

14・1 (a) CH$_3$CH$_2$CH(CH$_3$)−CH(OH)CH(CHO)(CH$_3$)$_2$ (b) CH$_3$CH$_2$CH(COOEt)−COCH$_2$CH$_3$ (c) 2-(hydroxy(phenyl)methyl)cyclohexan-1-one

14·2 (a) 2-オキソシクロペンチル-COCH₃ の構造 (b) 2-オキソシクロヘキシル-COOEt の構造

14·3 CH₃CCH₂CH=CHCH₃ ⇌ [CH₃C=CHCH=CHCH₃ (OH)] ⇌ CH₃CCH=CHCH₂CH₃

14·4 2-メチルシクロヘキサノン →(LDA) エノラート(OLi) →(PhCHO) 2-メチル-6-(ヒドロキシ(フェニル)メチル)シクロヘキサノン

14·5 2-メチルシクロヘキサノン →(1) LDA, 2) Me₃SiCl) シリルエノールエーテル(OSiMe₃); 2-メチルシクロヘキサノン →(Et₃N, Me₃SiCl) シリルエノールエーテル(OSiMe₃)

14·6 (a) 2-メチル-6-(ヒドロキシ(フェニル)メチル)シクロヘキサノン (b) 2-メチル-2-(ヒドロキシ(フェニル)メチル)シクロヘキサノン

15章

15·1 (a)（強）ギ酸＞酢酸＞安息香酸＞フェノール＞エタノール（弱）
 (b)（強）2-クロロブタン酸＞3-クロロブタン酸＞4-クロロブタン酸＞ブタン酸（弱）

15·2
 (a) $CH_3CH_2CH_2CH_2CH_2NH_2$
 (b) 4-クロロベンジルアミン (CH_2NH_2, Cl)
 (c) $C_6H_5CH_2CONH_2$
 (d) イソフタル酸 (CO_2H, CO_2H)
 (e) $CH_3CH_2CH_2CH_2COCl$

15·3
 (a) マレイン酸 →(加熱) 無水マレイン酸
 (b) PhCOCl + C_2H_5OH → PhCO₂C₂H₅　安息香酸エチル
 (c) トルエン + CH_3CH_2COCl →(AlCl₃) o-メチルプロピオフェノン + p-メチルプロピオフェノン
 (d) $(CH_3CO)_2O$ + C_4H_9OH → $CH_3COOC_4H_9$ + CH_3COH
   酢酸ブチル　　酢酸

15·4 (a) $CH_3CH_2CH_2CH_2CO_2H$　ファンデルワールス力が直鎖のアルカンのほうが大きい．
 (b) CH_3CO_2H　アルコールよりも水素結合がより強固である．

15・5 (a) $(CH_3CO)_2O$ (b) CH_3CO_2H (c) $CH_3CO_2CH_3$ (d) $CH_3CON(CH_3)_2$
(e) CH_3CO_2H

15・6 (a) 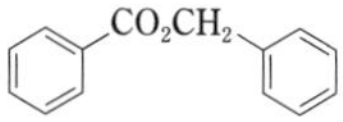 〔ベンジル安息香酸エステル構造〕 (b) $C_2H_5CO_2(CH_2)_4CH_3$

反応を右に進めるためには，交換反応で生じた低沸点アルコール，(a)ではエタノール，(b)ではメタノールを蒸留で除去すればよい．

15・7

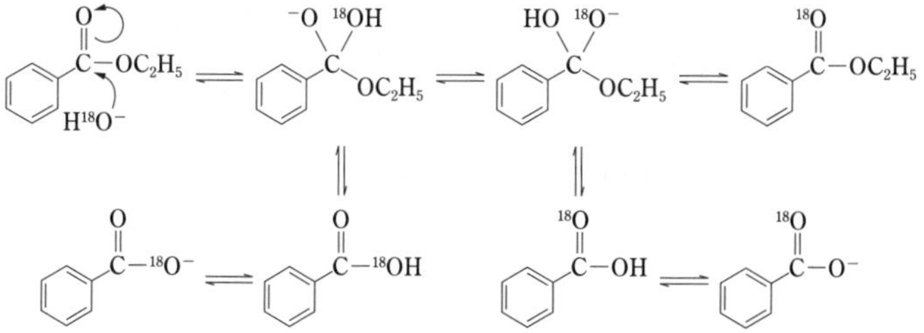

加水分解が完結する前に同位体交換が起こり，回収されたエステルに ^{18}O が含まれる．また，加水分解されたカルボン酸のカルボニル基とヒドロキシ基のいずれか一方または両方に ^{18}O を含むものが存在する．すなわち，反応は 1 段階で進むのではなく，四面体中間体を経て進行する．

15・8 (a) $BrCH_2CH_2CH_2CH_2CH_2Br + KCN \longrightarrow NCCH_2CH_2CH_2CH_2CH_2CN$

(b) 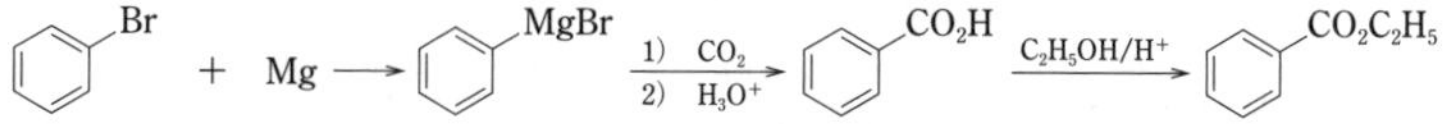 Ph-Br + Mg $\longrightarrow$ Ph-$MgBr$ $\xrightarrow{\text{1) } CO_2}{\text{2) } H_3O^+}$ Ph-CO_2H $\xrightarrow{C_2H_5OH/H^+}$ Ph-$CO_2C_2H_5$

(c) $CH_3CH_2CH_2I + KCN \longrightarrow CH_3CH_2CH_2CN \xrightarrow{H_3O^+} CH_3CH_2CH_2CO_2H \xrightarrow{SOCl_2} CH_3CH_2CH_2COCl$

16 章

16・1 (a), (b), (d) (エステルの α 位にメチレン水素を 1 個ももつが，逆クライゼン縮合が起こり，3-ケトエステルは得られない)

16・2

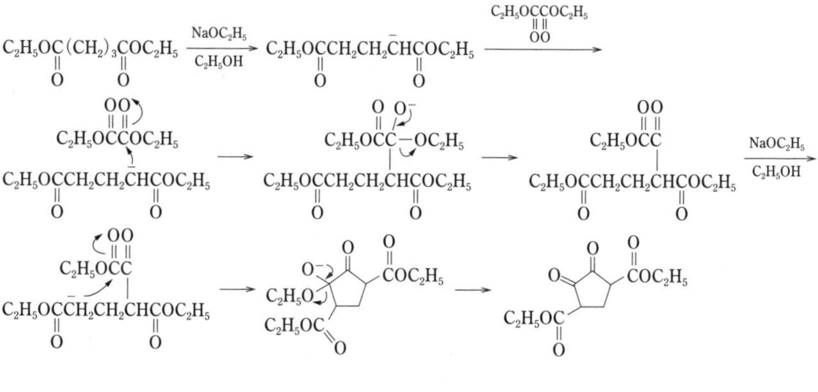

16・3

(a) $CH_3CH_2OC(O)(CH_2)_6COC_2H_5$ $\xrightarrow[C_2H_5OH]{NaOC_2H_5}$ $CH_3CH_2OC(O)(CH_2)_5CHCOC_2H_5$

→ [cycloheptane intermediate with O^-, OCH_2CH_3, $CO_2C_2H_5$] → [cycloheptanone with $CO_2C_2H_5$]

(b) $CH_3(CH_2)_4C(O)-OC_2H_5$ $\xrightarrow[C_2H_5OH]{NaOC_2H_5}$ $CH_3(CH_2)_3\bar{C}HC(O)-OC_2H_5$ $\xrightarrow{CH_3(CH_2)_4C(O)-OC_2H_5}$

$CH_3(CH_2)_4C(O)-CHC(O)OC_2H_5$ with $(CH_2)_3CH_3$ substituent → $CH_3(CH_2)_4C(O)-CHC(O)OC_2H_5$ with $(CH_2)_3CH_3$

(c) $CH_3C(O)-(CH_2)_3COC_2H_5$ $\xrightarrow[C_2H_5OH]{NaOC_2H_5}$ $\bar{C}H_2C(O)-(CH_2)_3COC_2H_5$

→ [cyclohexanone with OC_2H_5, O^-] → [cyclohexane-1,3-dione]

16・4

(a) $CH_3C(O)-CH_2COC_2H_5$ $\xrightarrow[\text{2) } CH_3(CH_2)_3Br]{\text{1) } NaOC_2H_5, C_2H_5OH}$ $\xrightarrow[\text{2) } H_3O^+]{\text{1) } NaOH}$ $\xrightarrow{加熱}$ $CH_3C(O)-(CH_2)_4CH_3$

(b) $CH_3C(O)-CH_2COC_2H_5$ $\xrightarrow[\text{2) } Ph(CH_2)_2Br]{\text{1) } NaOC_2H_5, C_2H_5OH}$ $\xrightarrow[\text{2) } H_3O^+]{\text{1) } NaOH}$ $\xrightarrow{加熱}$ $CH_3C(O)-(CH_2)_3Ph$

(c) CH_3CCH_3 $\xrightarrow[C_2H_5OH]{NaOC_2H_5}$ $CH_3C\bar{C}H_2$ $\xrightarrow{CH_3CH_2COC_2H_5}$ $CH_3CCH_2CCH_2CH_3$ with OC_2H_5, O^-

$\longrightarrow$ $CH_3CCH_2CCH_2CH_3$ (with two $C=O$)

16・5

(a) $CH_2(COC_2H_5)_2$ $\xrightarrow[\text{2) } Br(CH_2)_3Br]{\text{1) } NaOC_2H_5, C_2H_5OH}$ $\xrightarrow[\text{2) } H_3O^+]{\text{1) } NaOH}$ $\xrightarrow{加熱}$ [cyclobutane-CO_2H]

(b) $CH_2(COC_2H_5)_2$ $\xrightarrow[\text{2) } PhCH_2CH_2Br]{\text{1) } NaOC_2H_5, C_2H_5OH}$ $\xrightarrow[\text{2) } H_3O^+]{\text{1) } NaOH}$ $\xrightarrow{加熱}$ $PhCH_2CH_2CH_2COH$

(c) $CH_2(COC_2H_5)_2$ $\xrightarrow[\text{2) } CH_3CH_2Br]{\text{1) } NaOC_2H_5, C_2H_5OH}$ $\xrightarrow[\text{2) } CH_3(CH_2)_3Br]{\text{1) } NaOC_2H_5, C_2H_5OH}$

$\xrightarrow[\text{2) } H_3O^+]{\text{1) } NaOH}$ $\xrightarrow{加熱}$ [CH_3CH_2 and $(CH_2)_3CH_3$ substituted $CH-CO_2H$]

16・6 (b), (c), (e). 理由：カルボキシ基がもう一方のカルボニル基と六員環遷移状態を経て, 協奏的に脱炭酸し得る構造をもっている.

16・7 $CH_3C(O)-CH_2COC_2H_5$　$CH_3C(O)-CHCOC_2H_5$ with $CH_2CH_2CH_3$　$CH_3(CH_2)_3CCH_2COC_2H_5$　$CH_3(CH_2)_3CCHCOC_2H_5$ with $CH_2CH_2CH_3$

16・8

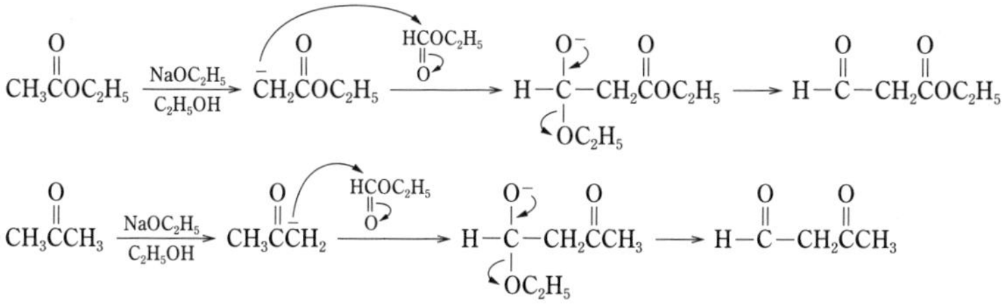

[反応機構図: CH₃COC₂H₅ → NaOC₂H₅/C₂H₅OH → ⁻CH₂COC₂H₅ → HCOC₂H₅ との反応を経て H-C(=O)-CH₂COC₂H₅ への変換]

[反応機構図: CH₃CCH₃(=O) → NaOC₂H₅/C₂H₅OH → CH₃CCH₂⁻ → HCOC₂H₅ との反応を経て H-C(=O)-CH₂CCH₃(=O) への変換]

17章

17・1

[p-ニトロフェノラートイオンの共鳴構造式とピクラート（2,4,6-トリニトロフェノラート）イオンの共鳴構造式]

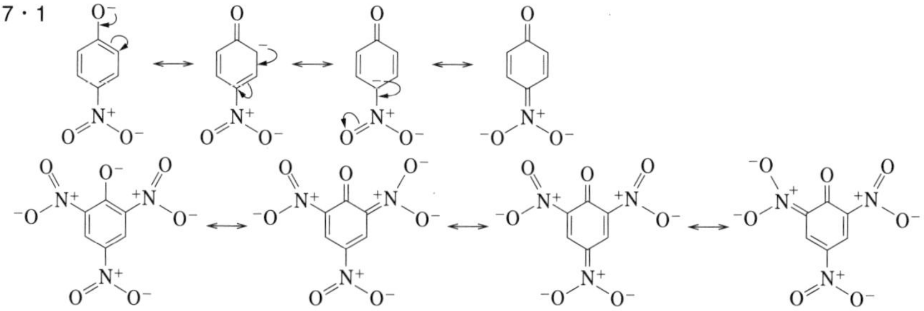

ニトロ基の窒素原子が正の形式電荷をもっている．そのためニトロ基は強力な電子求引基として作用し，誘起効果が大きい．また，ヒドロキシ基上の負電荷が共鳴によってオルトおよびパラ位のニトロ基の酸素原子上に非局在化するため．

17・2 (a) 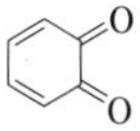 o-ベンゾキノン (b) 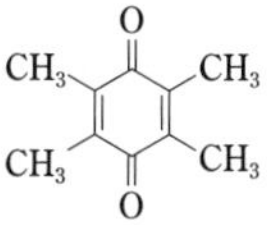 2,3,5,6-テトラメチル-p-ベンゾキノン (c) 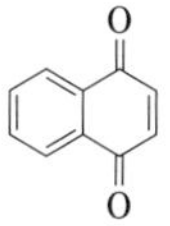 1,4-ナフトキノン

17・3 (a) p-ヒドロキシ安息香酸 (b) 4-ブロモ-1-ナフトール
(c) 5-クロロ-2-フルオロフェノール (d) 3-ブロモ-5-ヨードベンズアルデヒド
(e) 2,6-ジクロロナフタレン

17・4
(a) 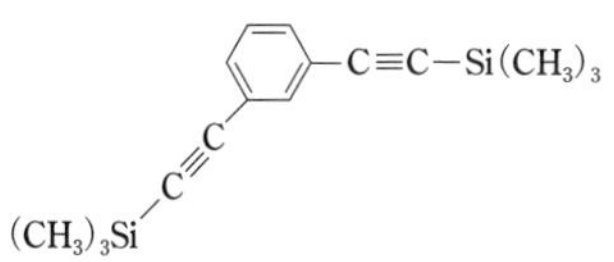 1-[(トリメチルシリル)エチニル]-3-[(トリメチルシリル)エチニル]ベンゼン構造 [m位に C≡C-Si(CH₃)₃ が二つ置換したベンゼン]
(b) CH₃-C₆H₄-OC(=O)CH₃ (p-クレシルアセタート)
(c) 3,5-ジメチル-α,α-ジメチルベンジルアルコール [3,5-(CH₃)₂C₆H₃-C(CH₃)₂OH]
(d) 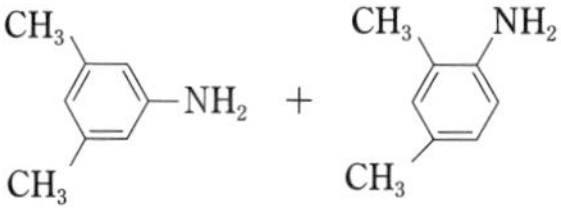 3,5-ジメチルアニリン + 2,4-ジメチルアニリン
(e) 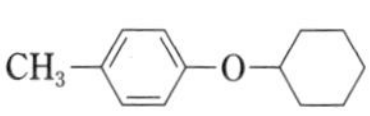 CH₃-C₆H₄-O-シクロヘキシル

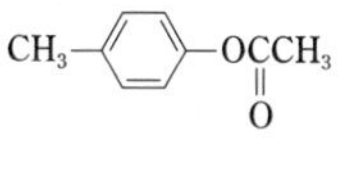

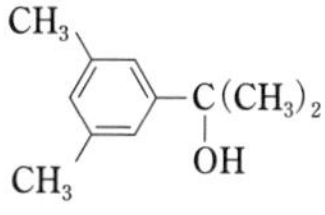

17・5

(a) PhOH → (1) NaOH, (2) CH₃I → PhOCH₃ → CH₃COCl / AlCl₃ → 4-メトキシアセトフェノン

(b) 2-メチルフェノール → (1) NaOH, (2) CH₂=CHCH₂Br → 2-メチルフェニル アリルエーテル → 加熱 → 2-メチル-6-アリルフェノール

(c) 2-ブロモフェノール → H₂SO₄, HNO₃ → 2-ブロモ-4,6-ジニトロフェノール

17・6

反応機構: O_2N–(アリール)–Cl + :NH₃ → Meisenheimer 中間体 → $-H^+$ → 2,4-ジニトロアニリン

17・7

2,4-ジニトロクロロベンゼン > 2,6-ジニトロクロロベンゼン > 4-ニトロクロロベンゼン > 3,5-ジニトロクロロベンゼン > 3-ニトロクロロベンゼン

17・8

2-(アセチルオキシ)安息香酸 (HO₂C–C₆H₄–OCOCH₃)

4-ヒドロキシアセトアニリド (HO–C₆H₄–NHCOCH₃)

18章

18・1
(a) *N*-メチルペンタン-1-アミン　(b) *N*-エチル-*N*,5-ジメチルオクタン-4-アミン
(c) 4-(ピペリジン-2-イルメチル)アニリン　(d) *N*-(デカ-8-イン-5-イル)アニリン
(e) 5-(*N*-メチルアミノ)ペンタン-2-オール
(f) 5-ブロモメチル-*N*,*N*-ジメチルオクタン-4-アミン
(g) 2-(ピペリジン-2-イルメチル)ピリジン
(h) 2-クロロ-*N*-(1-シクロペンチルペンチル)-*N*-メチルアニリン

18・2
(a) H₃C–CH(CH₃)–CH₂–NH₂
(b) (H₃C–CH₂)₂N–CH₂–CH₃ (トリエチルアミン)
(c) C₆H₅–N(C₂H₅)(CH₂CH₂CH₂CH₃)
(d) H₃C–CH(NH₂)–CO₂H (アラニン)
(e) (イソプロピル)₂NH
(f) H₃C–N(CH₃)–CH(CH₂CH₃)–CHO
(g) C₆H₅–CH₂–CH(NH₂)–CO₂H (フェニルアラニン)
(h) HC≡C–CH₂–CH(NH₂)–C₆H₅

18・3
(a) H₃C(CH₂)₄NH₂ > H₃C(CH₂)₃NH₂ > H₃C(CH₂)₂NH₂ > H₃CCH₂NH₂
(b) シクロヘキサノール > シクロヘキシルアミン > シクロヘキサン > シクロペンタン
(c) H₃CCH₂NH₂ > H₃CCH₂NHCH₃ > H₃CN(CH₃)CH₃

18・4 (構造式: エタノールアミン分子間の水素結合)

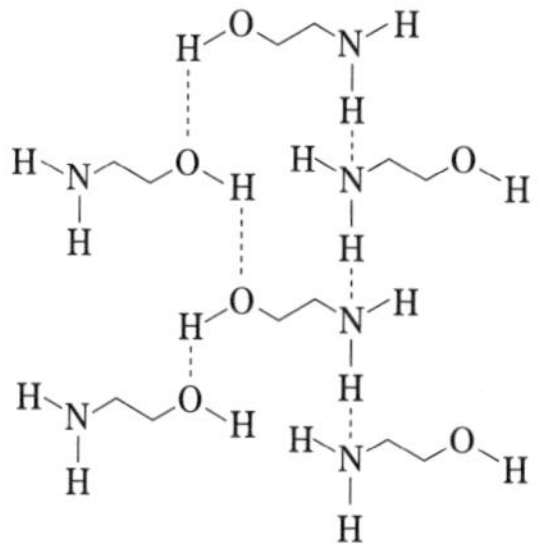

18・5
(a) 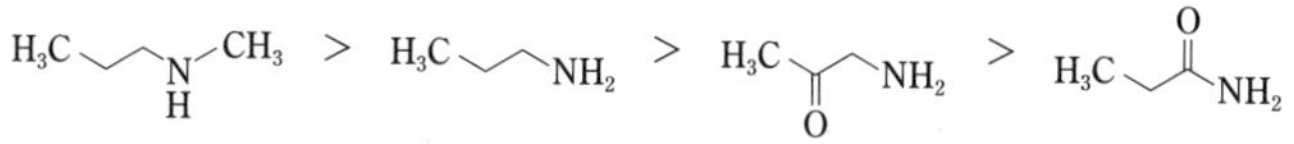 $H_3C\text{-}CH_2\text{-}N(H)\text{-}CH_3$ > $H_3C\text{-}CH_2\text{-}NH_2$ > $H_3C\text{-}C(=O)\text{-}CH_2\text{-}NH_2$ > $H_3C\text{-}CH_2\text{-}C(=O)\text{-}NH_2$

(b) 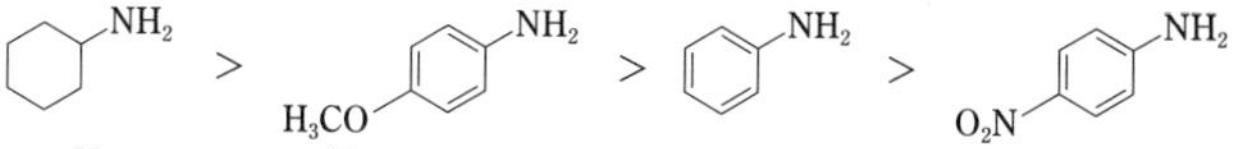 シクロヘキシルアミン > p-メトキシアニリン > アニリン > p-ニトロアニリン

18・6 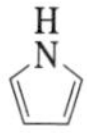 ピロール, 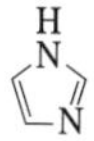 イミダゾール
共鳴形に関与しない窒素上の非共有電子対(孤立電子対)をもつのでイミダゾールの塩基性のほうが強い.

18・7
(a) 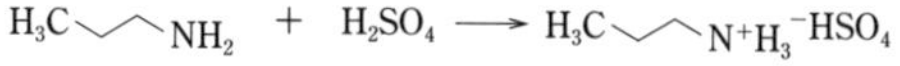 $H_3C\text{-}CH_2\text{-}NH_2 + H_2SO_4 \longrightarrow H_3C\text{-}CH_2\text{-}N^+H_3 \cdot {}^-HSO_4$

(b) 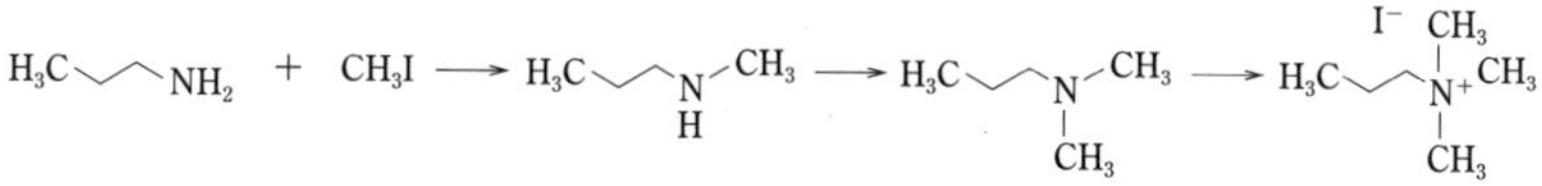 $H_3C\text{-}CH_2\text{-}NH_2 + CH_3I \longrightarrow H_3C\text{-}CH_2\text{-}N(H)\text{-}CH_3 \longrightarrow H_3C\text{-}CH_2\text{-}N(CH_3)_2 \longrightarrow H_3C\text{-}CH_2\text{-}N^+(CH_3)_3 \; I^-$

(c) 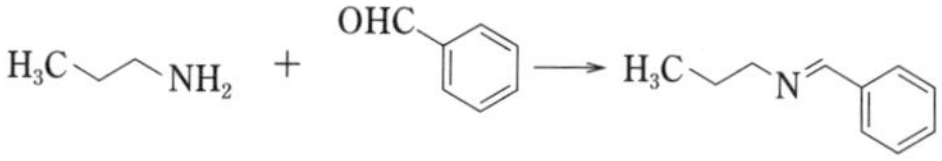 $H_3C\text{-}CH_2\text{-}NH_2$ + PhCHO $\longrightarrow H_3C\text{-}CH_2\text{-}N=CH\text{-}Ph$

(d) 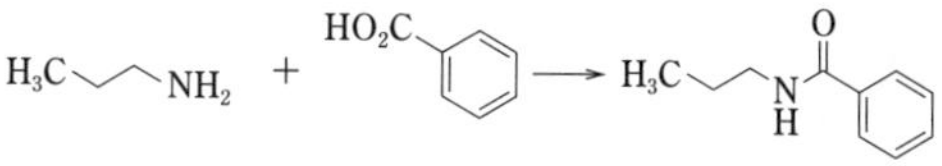 $H_3C\text{-}CH_2\text{-}NH_2$ + PhCO$_2$H $\longrightarrow H_3C\text{-}CH_2\text{-}NH\text{-}C(=O)\text{-}Ph$

(e) 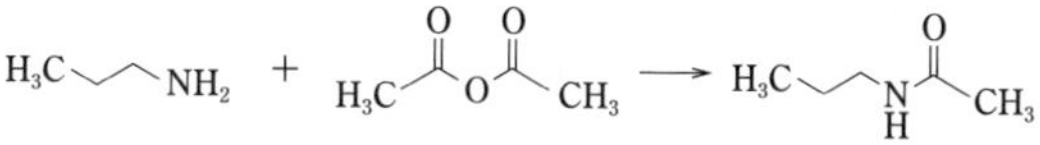 $H_3C\text{-}CH_2\text{-}NH_2$ + (CH$_3$CO)$_2$O $\longrightarrow H_3C\text{-}CH_2\text{-}NH\text{-}C(=O)CH_3$

(f) 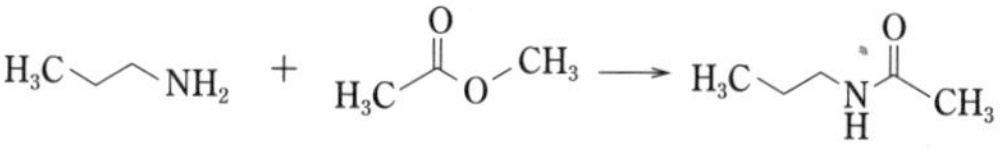 $H_3C\text{-}CH_2\text{-}NH_2$ + CH$_3$CO$_2$CH$_3$ $\longrightarrow H_3C\text{-}CH_2\text{-}NH\text{-}C(=O)CH_3$

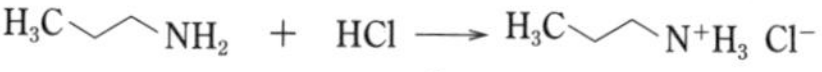

(g) $H_3C\text{-}CH_2\text{-}NH_2$ + HCl $\longrightarrow H_3C\text{-}CH_2\text{-}N^+H_3 \; Cl^-$

(h) $H_3C\text{-}CH_2\text{-}NH_2$ + CH$_3$COCl $\longrightarrow H_3C\text{-}CH_2\text{-}NH\text{-}C(=O)CH_3$

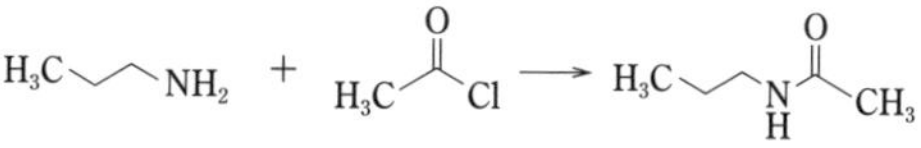

18・8 PhNH$_2$ + $\overset{+}{N}$(=O)OH $\longrightarrow$ PhNH-N(OH)$_2$ $\longrightarrow$ PhN=N-OH $\longrightarrow$ PhN$_2^+$

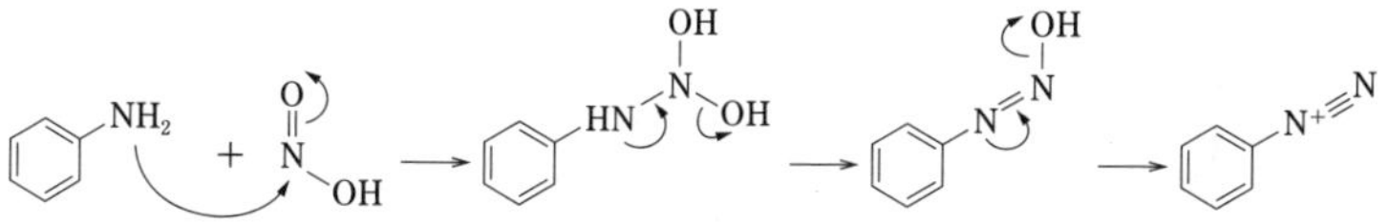

18・9 図18・13および式(18・11)参照.

19章

19・1

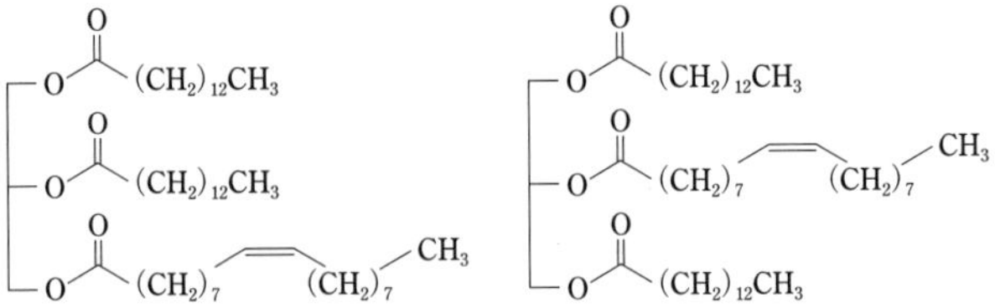

トリアシルグリセロール構造:

1位: −O−CO−(CH₂)₁₂CH₃
2位: −O−CO−(CH₂)₁₂CH₃
3位: −O−CO−(CH₂)₇CH=CH(CH₂)₇CH₃ (cis)

および

1位: −O−CO−(CH₂)₁₂CH₃
2位: −O−CO−(CH₂)₇CH=CH(CH₂)₇CH₃ (cis)
3位: −O−CO−(CH₂)₁₂CH₃

および鏡像異性体

19・2

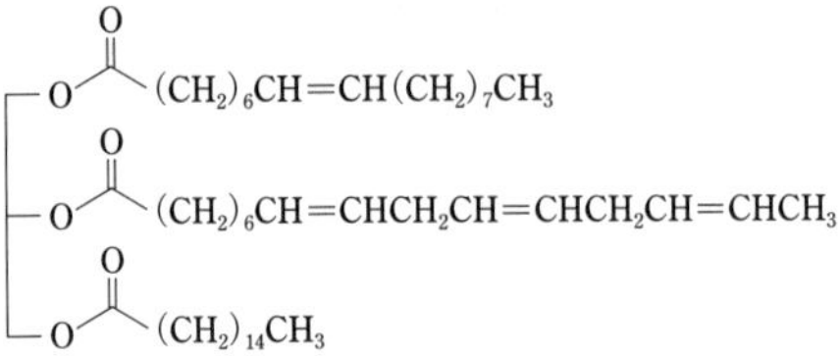

トリアシルグリセロール構造:

1位: −O−CO−(CH₂)₆CH=CH(CH₂)₇CH₃
2位: −O−CO−(CH₂)₆CH=CHCH₂CH=CHCH₂CH=CHCH₃
3位: −O−CO−(CH₂)₁₄CH₃

(a) H₂ 添加により:
- −O−CO−(CH₂)₁₅CH₃
- −O−CO−(CH₂)₁₄CH₃
- −O−CO−(CH₂)₁₄CH₃

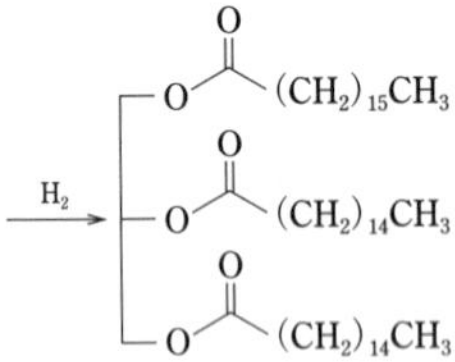

(b) Br₂ 付加により:
- −O−CO−(CH₂)₆CHBrCHBr(CH₂)₇CH₃
- −O−CO−(CH₂)₆CHBrCHBrCH₂CHBrCHBrCH₂CHBrCHBrCH₃
- −O−CO−(CH₂)₁₄CH₃

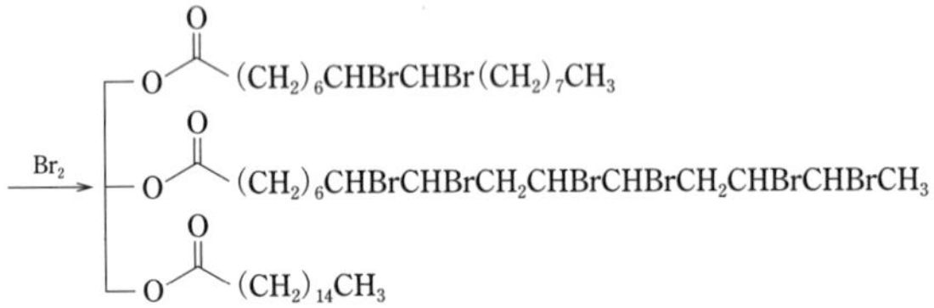

(c) KOH 加水分解により:

グリセロール:
- −OH
- −OH
- −OH

+ カリウム塩:
- KO−CO−(CH₂)₆CH=CH(CH₂)₇CH₃
- KO−CO−(CH₂)₆CH=CHCH₂CH=CHCH₂CH=CHCH₃
- KO−CO−(CH₂)₁₄CH₃

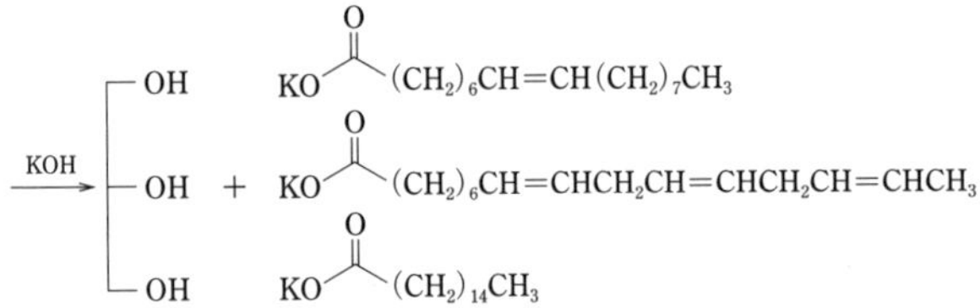

19・3

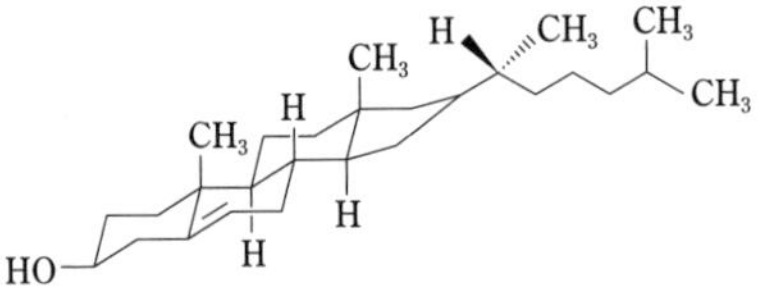

コレステロール構造式（ステロイド骨格、HO−基を持つ）

19・4

HO−CH₂−C*(S)(NH₂)H−C*(R)(OH)H−CH=CH−(CH₂)ₙ−CH₃ (スフィンゴシン構造)

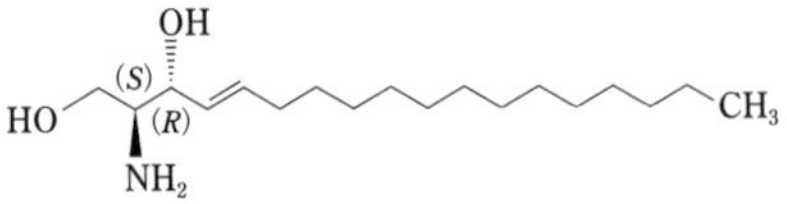

19・5

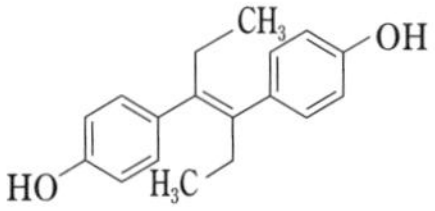

ジエチルスチルベストロール 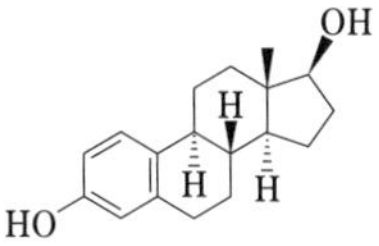　エストラジオール

20章

20・1

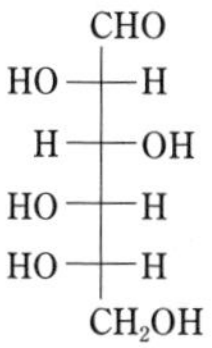

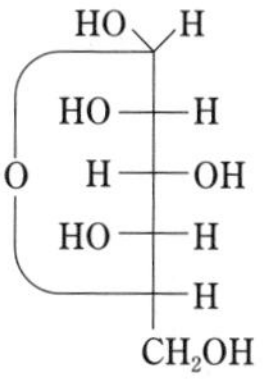

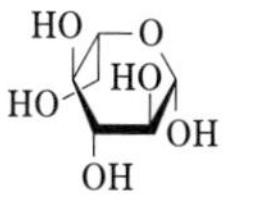

フィッシャー投影式　　フィッシャー投影式　　ハワース投影式
L-グルコース　　　　α-L-グルコース

20・2

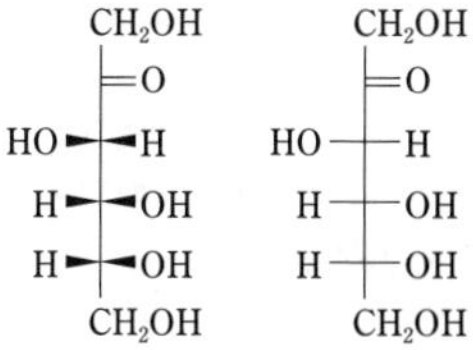

D-フルクトース

20・3

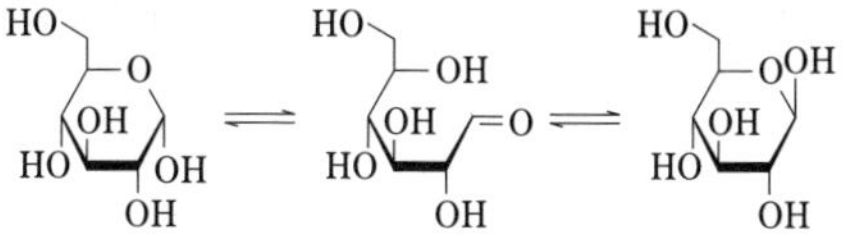

20・4 (a) CHO → HNO$_3$ → CO$_2$H

(b) 1) NaBH$_4$ 2) H$^+$ → CH$_2$OH

(c) Br$_2$ → CO$_2$H

(d) CH$_3$OH, H$^+$ →

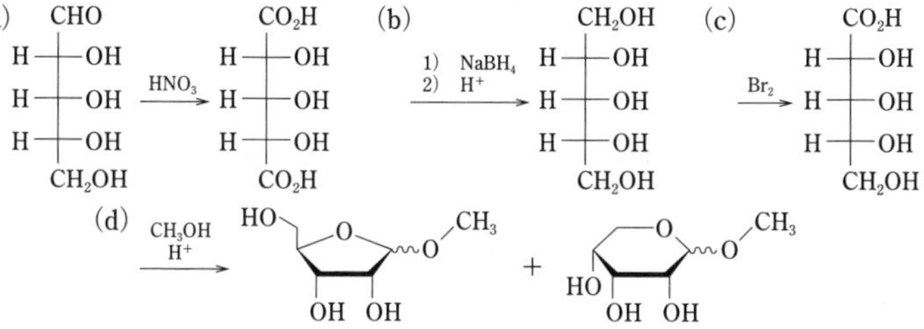

20・5

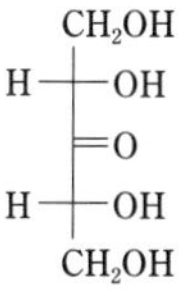

20・6 [構造式：二糖の図]

21章

21・1 アミノ基とカルボキシ基の両方をもつためにイオン化しているので，非極性の有機溶媒には溶けにくい．

21・2 構造タンパク質，防御タンパク質，酵素，ホルモン，生理機能発現タンパク質，生体内生合成に用いられるアミノ酸の供給．

21・3 (a) 酸性アミノ酸：側鎖にカルボン酸など酸性基をもつアミノ酸のこと，(b) 塩基性アミノ酸：側鎖にアミノ基など塩基性基をもつアミノ酸のこと，(c) 芳香族アミノ酸：側鎖にフェニル基など芳香族基をもつアミノ酸のこと，(d) L-アミノ酸：天然型の(S)-絶対配置をもつアミノ酸，(e) 双性イオン：隣り合っていない別の原子上にそれぞれ負電荷と正電荷を同時にもつ化合物のこと，(f) 一次構造：タンパク質を構成しているアミノ酸残基の種類と結合順，ジスルフィド結合の有無と位置を示す構造のこと，(g) 二次構造：タンパク質のアミノ酸配列から予測される立体配座のこと，(h) 三次構造：タンパク質の三次元構造のこと，(i) 四次構造：複数のタンパク質から構成されるタンパク質の，それぞれの構成タンパク質の配置を含めた構造のこと，(j) S—S 結合：チオールが酸化されてできるジスルフィド結合のこと．システインは酸化されてシスチンになる．タンパク質中では異なる位置にあるシステイン残基同士がジスルフィド結合を形成してタンパク質の立体構造を規制している，(k) 等電点：アミノ酸の実効電荷が0になるpHのこと，(l) 光学活性：偏光面を回転させる性質のこと，(m) 水素結合：電気陰性度が大きな原子に共有結合している水素原子が，近くのほかの原子の非共有電子対(孤立電子対)とつくる非共有結合性の引力的相互作用である．

21・4 アスパラギン酸 [構造式、3.7, 1.9, 9.6] pI = (1.9+3.7)/2 = 2.8

21・5 双性イオン，有機化合物

21・6 ほかのアミノ酸は第一級アミンであるのに対して，第二級アミンであるから．

22章

22・1 (a) [リボース構造式] (b) [デオキシリボース構造式] (c) アデニン　グアニン
(d) シトシン　ウラシル　チミン　(e), (f) 図22.3 参照　(g) 図22.4 参照

(h) [構造式: グアニン-アデニン-シトシンを含むDNA鎖]

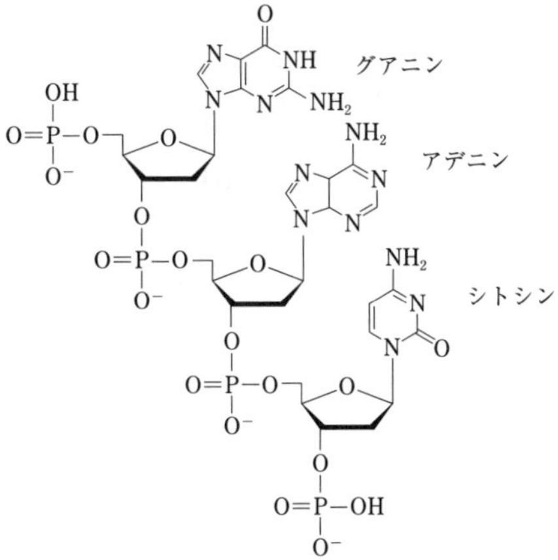

22・2 DNAではデオキシリボースが使われている。RNAではリボースが使われている。DNAではチミンが使われている。RNAではウラシルが使われている。

22・3 GCATCGTA

22・4 図22・7参照.

22・5 シトシンは互変異性化してイミンになると加水分解されて脱アミノ化体であるウラシルに変換される。DNAにウラシルが発生するとシトシンのGの代わりにAを娘鎖に挿入してしまう。これを避けるためにDNA中のウラシルは誤りであると認識されるようになっている。RNAは絶えず分解され，DNAから再合成されるのでRNA中の誤りは短時間で解消される。

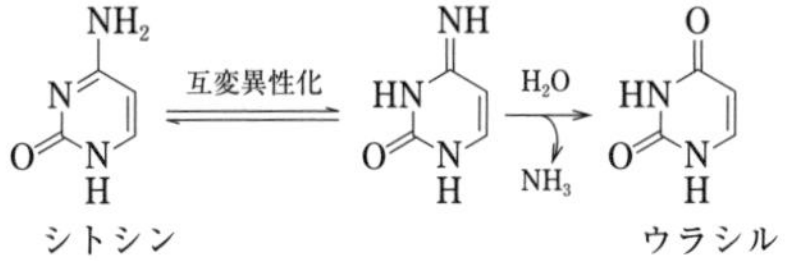

[反応式: シトシン ⇌(互変異性化) イミン形 →(H₂O, −NH₃) ウラシル]

22・6 図22・7参照．ただし，チミンの代わりにウラシルを用いて水素結合図を描け．

23章

23・1 (a) [−CH(CN)−CH₂−]ₙ構造　(b) ポリエステル構造　(c) ポリウレタン構造

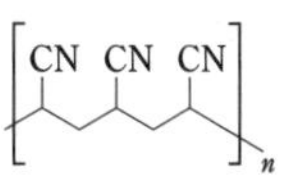

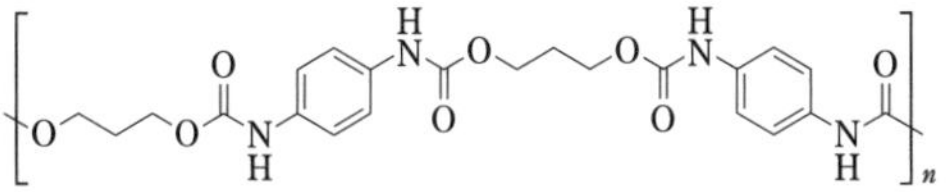

23・2 [構造式]

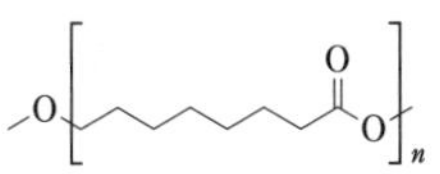

23・3

(a) 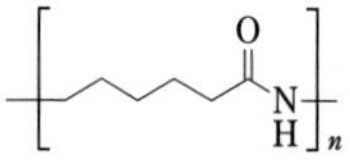 $\left[\!\!\begin{array}{c}\\ \text{—}(CH_2)_5\text{—C(=O)—NH—}\end{array}\!\!\right]_n$

(b) $\left[\!\!\begin{array}{c}\\ \text{—O—CH}_2\text{CH}_2\text{—O—C(=O)—}C_6H_4\text{—C(=O)—}\end{array}\!\!\right]_n$ (meta)

(c) $\left[\!\!\begin{array}{c}\\ \text{—CH(CH}_3)\text{—O—}\end{array}\!\!\right]_n$

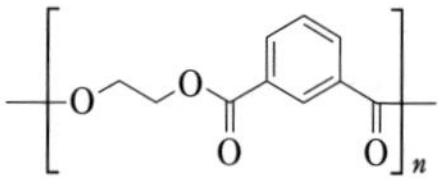

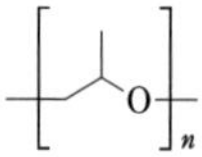

(d) 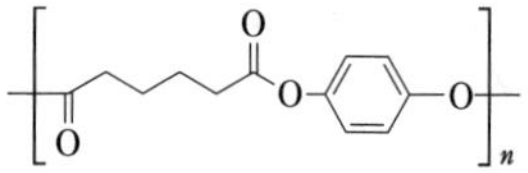 $\left[\!\!\begin{array}{c}\\ \text{—C(=O)—(CH}_2)_4\text{—C(=O)—O—}C_6H_4\text{—O—}\end{array}\!\!\right]_n$ (para)

23・4

$\left[\!\!\begin{array}{c}\\ \text{—CH}_2\text{—CH(C}_6H_5)\text{—}\end{array}\!\!\right]_n$

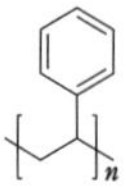

索引

A〜Z

acid　49
activation energy　55
AIBN　⇨　アゾビスイソブチロニトリル
alcohol　223
aldol 反応　264, 265
allyl halide　301
aprotic polar solvent　44
aromatic compound　181
aryl halide　301

Baeyer–Villiger 酸化　254
base　49
Beckmann 転位　282
BHC　29
bicyclo　72
Birch 還元　197
Boc 基　⇨　tert-ブトキシカルボニル基
Brønsted–Lowry の説　49
sec-butyl group　70
tert-butyl group　70

CAN　⇨　セリウムジアンモニウムヘキサナイトラート
carboxylic acid　275
CFC　⇨　クロロフルオロカーボン
chirality center　93
m-chloroperbenzoic acid　160, 173, 228, 254
Chugaev 脱離反応　159

cis　74, 91
Claisen 縮合　54, 270, 287
Claisen 転位　161, 308
Clemmensen 還元　188, 251
Cope 転位　161

DCC　364
DDT　29
Dewar ベンゼン　181
DIBAH　245
Dieckmann 縮合　289
Diels–Alder 反応　158, 176
dienophile　158, 176
DMF　⇨　ジメチルホルムアミド
DMSO　⇨　ジメチルスルホキシド
DNA　⇨　デオキシリボ核酸
　——の一次構造　375
　——の二重らせん　375
　——の複製　377
　安定な——　376
Dow 法　306

E1 脱離機構　155
E1 反応　148
E2 脱離機構　155
E2 反応　148
entgegen　92
E 体　74, 92
ether　223
E, Z 異性体　90

Fischer 投影式　99

Friedel–Crafts アシル化反応　188, 247, 279
Friedel–Crafts 反応　187

Gattermann–Koch 反応　246, 310
geminal　163
Grignard 反応剤　229, 247, 251, 277, 312

Haworth 投影式　348
Hofmann 分解　160
Hofmann 脱離　160
Hofmann 則　150, 155
Hofmann 転位　282
Hückel 則　182
hydration　43
hydrophilic　44
hydrophobic　44

inductive effect　189
IR 分光法　⇨　赤外分光法
isobutyl group　70
isopropyl group　70
IUPAC 命名法　67, 142

Jones 酸化　230, 246

Kekulé　181
Kekulé 構造式　8
Kiliani–Fischer 合成　346
kinetic control　57, 194

LDA　⇨　リチウムジイソプロピルアミド
Lewis 酸　49, 171
LiAlH　228
Lindlar 触媒　161, 177

Markovnikov 付加　167

MCPBA　⇨　m-クロロ過安息香酸
1-methylethyl group　70
Michael acceptor　296
Michael 付加　268
Michael 付加反応　295
MRI　⇨　磁気共鳴イメージング
mRNA　⇨　メッセンジャー RNA
MS　⇨　質量スペクトル

NBS　⇨　N-ブロモスクシンイミド
Newman 投影式　82, 98
^{13}C NMR　133
^{1}H NMR　125
NMR 分光法　⇨　核磁気共鳴分光法

optical active　94

2p 軌道　2, 19
PCC　⇨　クロロクロム酸ピリジニウム
Pedersen　235
Peterson 反応　157
phenol　223
photosensitizer　162
pI　360
pK_a　51
polar solvent　44
protic polar solvent　44

reaction intermediate　55
$rectus$　97
Reformatsky 反応　272
re 面　110
resonance effect　189
R 配置　100
RNA　⇨　リボ核酸
　——の一次構造　375
　——の生合成　378
　切れやすい——　376
Robinson 環化　268, 297

R, *S* 表示法　　96
R 体　　97
Ruhemann の紫色　　362

Sandmeyer 反応　　196
Saytzeff 則　　150, 155
S 配置　　100
si 面　　110
Simmons–Smith 反応　　175
singlet　　126
sinister　　97
1s 軌道　　2
2s 軌道　　2, 19
S_N1 反応　　143, 145
S_N2 反応　　143, 144
solvation　　43
solvent effect　　44
spin coupling constant　　131
sp 混成軌道　　21
sp^2 混成軌道　　20
sp^3 混成軌道　　19
S 体　　97
Swern 酸化　　231, 244

TEMPO ⇨ 2, 2, 6, 6-テトラメチル-
　　1-ピペリジニルオキシラジカル
tetrahedral structure　　38
thermodynamic control　　57, 194
TMS ⇨ テトラメチルシラン
trans　　74, 91
transition state　　55
tRNA ⇨ トランスファー RNA

Ullmann 反応　　198
UV ⇨ 紫外スペクトル

van der Waals 力　　42, 78
vicinal　　163
vicinal dihalide　　157

Vilsmeier 反応　　246
VSEPR 法　　38

Wagner–Meerwein 転位　　156
Wilkinson 触媒　　65
Williamson エーテル合成　　234, 307
Wittig 反応　　157, 253
Wolff–Kishner 還元　　251

X 線回折　　102

Ziegler–Natta 触媒　　390
Z 体　　74, 92
zusammen　　92

あ 行

アキシアル水素　　84
アキラル　　93
亜硝酸と芳香族アミンの反応　　326
アシラーゼ　　108
アシリニウムイオン　　188
アシリニウムカチオン　　279
アシル化
　芳香族化合物の——　　188
アシルカチオン　　188
アスパラギン　　359
アセタール
　——の生成　　248
アセト酢酸エステル合成　　292
アセト酢酸エチル　　270, 287
アセトン　　220
アゾビスイソブチロニトリル　　211
アタクチック　　390
アデニン　　372
アニオン　　61
アニオン重合　　388
アニソール　　183
アニリン　　183

アノマー　347
アノマー炭素　347
アミド　28, 33
　　——の還元　323
　　——の生成　325
　　——の反応　282
アミド結合　357
アミノカルボン酸　282
アミノ酸　357
　　——とニンヒドリンの反応　362
　　——の一文字表記　359
　　——のカップリング　363
　　——の三文字表記　359
　　——の反応　362
アミロース　352
アミロペクチン　352
アミン　28, 34, 317
　　——のアルキル化　323
　　——の塩基性　320
　　——の塩基性度　320
　　——の合成　322
　　——の水素結合形成　319
　　——の物理化学的性質　319
　　——の分類　317
　　——の命名法　318
　　第一級——　34, 317
　　第二級——　34, 317
　　第三級——　34, 317
　　芳香族——　317
アラキドン酸　331
アリル化　159
アリール基　32
アリルシラン　159
o-アリルフェノール　308
アルカン　67
　　——の命名法　67
　　——のモノクロロ化　207
アルキル
　　第一級——　206
　　第二級——　206
　　第三級——　206
アルキル化
　　芳香族化合物の——　187
アルキル基　31
　　第一級——　71
　　第二級——　71
　　第三級——　71
アルキルベンゼン　183
アルキン　28, 153
アルケニル基　31
アルケニルベンゼン　183
アルケン　28, 153
　　——のヒドロホウ素化　227
アルコキシラジカル　221
アルコール　27, 28, 30, 76, 223
　　——の合成　226
　　——の構造　225
　　——の酸化　230
　　——の脱水反応　232
　　——の置換反応　231
　　——の反応　226
　　——の pK_a　225
　　——の物理的性質　225
　　——の保護　233
　　——の命名法　223
　　第一級——　30
　　第二級——　30
　　第三級——　30
アルジトール　345
アルダル酸　346
アルデヒド　28, 32
　　——のアルキル化　262
　　——の合成法　243
　　——のハロゲン化　261
　　——の命名法　241
アルデヒドとケトンの水和反応　250
アルドース　342
アルドテトロース　342

索引 425

アルドール型反応　266
アルドール縮合　264
アルドール反応　264, 265
　　交差——　265
　　分子間——　267
　　分子内——　266
アルドン酸　346
αスピン状態　124
α炭素　258
α-ヘリックス　366
安息香酸　276
アンチ形配座　83
アンチコドン　379
アンチ脱離　149
アンチ付加　169
アンチペリプラナー　149
アントラアルデヒド　246

イオン開裂　204
イオン間力　40
イオン結合　5
イオン交換クロマトグラフィー　360
いす形配座　84
異性化　162
異性体　89
イソタクチック　390
イソブチル基　70
イソブチレン　387
イソプロピルアルコール　77
イソプロピル基　70
一重線　126, 129
位置選択性　60, 168
一分子求核置換反応　143, 145
一分子脱離反応　148
イプソ位　195
イミン　245, 246
イリド　157
イレン　157, 253

ウィッティヒ反応　157, 253
ウィリアムソンエーテル合成　234, 307
ウィルキンソン触媒　65
ヴィルスマイヤー反応　246
ウォルフ-キシュナー還元　251
右旋性　94
ウラシル　372
ウルマン反応　198
運動エネルギー
　　分子の——　59

エクアトリアル水素　84
エステル　28, 32, 33
　　——の加水分解　108
　　——の合成　280
　　——の反応　281
エステルエノラート　287, 292
エタンチオール　35
エチン　⇨　アセチレン
エーテル　28, 31, 223
　　——の合成　234
　　——の構造　234
　　——の反応　234, 236
　　——の物理的性質　234
　　——の命名法　234
エテン　⇨　エチレン
エナンチオ選択性　61
エナンチオマー　89, 90, 93
エナンチオマー過剰率　95, 113
エネルギー準位　3
エネルギー障壁　55
エノラート　258
エノラートイオン
　　——の共役付加反応　268
エノール形　259
エノール互変異性体　258, 304
エポキシ化　173
エポキシド　389

エミナン　262
塩化アセチル　188
塩化アルミニウム　187
塩化オキサリル　231, 244
塩化ダンシルとアミノ酸の反応　362
塩化チオニル　143, 231, 245, 278
塩化ニトロシル　214
塩化ベンゼンジアゾニウム
　　——の置換反応　327
塩基　49
塩素　141
エンタルピー　56
エンタルピー変化　207
エンド選択的　176
エントロピー　59
円偏光　112

オキサシクロブタン　31
オキサシクロプロパン　31
　　——の生成　228
　　——の反応　236
オキシ水銀化　170
オキシム　246
オキソニウムイオン　7
オキソニウムカチオン　146
3-オキソブタン酸エチル　287
オスミウム酸化　173
オゾニド　174, 243
オゾン　174, 216
オゾン層　216
オゾン分解　174
オゾンホール　216
オルト-パラ配向性　190, 193
　　——置換基　193

か行

開環重合　389
開環反応

有機金属反応剤による——　237
回転異性体　82
回転障壁　19
回転障壁エネルギー　81
外部磁場　124
化学シフト　126
化学選択性　60
核酸　371
核磁気共鳴分光法　124
核スピン　124
重なり形　82, 99
過酸化水素　171
過酸化物　203
加水分解
　　エステルの——　108
カチオン　62
カチオン重合　387
活性化エネルギー　55, 111, 213
活性化障壁　210
活性メチレン　292
ガッターマン-コッホ反応　246, 310
カップリング　131
カップリング定数　132
価電子　4
ε-カプロラクタム　214, 282
過マンガン酸カリウム　181
過ヨウ素酸ナトリウム　160
ガラクトース　343
加硫　391
カルベン　18, 62
　　一重項——　62
　　三重項——　62
カルボカチオン　145
カルボキシ基　33, 275
カルボニル化合物　32
　　——の反応性　248
カルボニル基
　　——の保護　250
カルボン酸　28, 32, 275

索引

――の合成　277
――の酸性度　276
――の反応　278
――の物理的性質　276
カルボン酸無水物
　――の合成　279
環状アルカン　68
環状エーテル
　――の合成　235
環状ヘミアセタール　347
含窒素化合物　317
官能基　27
官能基選択性　60
環反転　85
環ひずみ　79
慣用名　67

ギ酸　275
ギ酸エステル　245
キサントゲン酸メチル　159
基質　144
キシリトール　345
キシレン　183
軌道　1
機能性高分子　383
逆マルコフニコフ型　172
逆マルコフニコフ型付加体　171
逆マルコフニコフ則　221
求核剤　144
求核置換反応　143, 195
求核付加反応　241
求電子置換反応　193, 308
求電子付加反応　167
吸熱反応　56, 208
強塩基　51
強酸　51
共重合　392
鏡像異性体　61, 89, 93
協奏反応　144

共鳴　124
共鳴エネルギー　183
共鳴効果　189
　電子求引性――　191
　電子供与性――　191
共鳴構造式　12, 182
共鳴混成体　13
共役塩基　49
共役酸　49
共役ジエン　176
共有結合　5
極限構造式　190
局在　13
極性溶媒　44
キラリティー　61
キラル　93
キラル炭素　89
キラル中心　93
キリアニ-フィッシャー合成　346
均一開裂　62, 202
均一系触媒　64

グアニン　372
クミルラジカル　305
クメン　183, 196, 219
クメンヒドロペルオキシド　196, 219, 305
クメン法　197, 219, 305
クライゼン縮合　54, 270, 287
　分子内――　289
　混合――　289
クライゼン転位　161, 308
18-クラウン-6　235
クラウンエーテル　235
クラッキング　181
グラフト共重合体　392
グリコーゲン　352
β-グリコシド結合　351
グリコシドの生成　349

グリシン　357
グリセリン　334
グリセルアルデヒド　103, 342
グリセロール　334
グリニャール反応剤　229, 247, 251, 277, 312
グルコース　341
グルシトール　345
くる病　339
クレメンゼン還元　188, 251
クロラール　250
m-クロロ過安息香酸　160, 173, 228, 254
クロロクロム酸ピリジニウム　230, 243, 244
クロロフルオロカーボン　216
クロロメチルラジカル　208

形式電荷　8
ケクレ構造式　8
結合解離エネルギー　41, 56, 142, 203
結合性分子軌道　17
β-ケトエステル　271
　　——の合成　287
ケト-エノール互変異性　258
ケト形　259
ケト互変異性体　258
ケトース　342
ケトテトロース　342
ケトン　28, 32
　　——のアルキル化　262
　　——の合成法　243
　　——のハロゲン化　261
　　——の命名法　241
けん化　335
原子　1
原子価殻電子対反発法　38
原子核　1
原子軌道　2

原子量　1
光学活性　94
光学純度　95
光学不活性　95
光学分割　107
交互共重合体　392
交差アルドール反応　265
抗酸化剤　338
高磁場　126
合成高分子　383
合成ゴム　383
合成繊維　383
酵素　64
構造異性体　69, 89
高分子
　　——の合成法　383
高分子化合物　383
五塩化リン　278
ゴーシュ形配座　83
コハク酸　279
コープ転位　161
互変異性　258
互変異性化　215
互変異性体
　　フェノールの——　304
孤立電子対　⇨　非共有電子対
コルチゾン　339
コレステロール　339
混合クライゼン縮合反応　289
混酸　186
混成軌道のs性　53
コンホーマー　82

さ 行

再結晶法　107
ザイツェフ則　150, 155
酢酸　275

索　引　　429

酢酸水銀（Ⅱ）　227
鎖式炭化水素　25
左旋性　94
サトウキビ　351
酸　49
三塩化リン　278
酸・塩基反応　54
酸化銀　277
酸化的カップリング　164
酸化白金　175
三酸化硫黄　186
三臭化リン　143, 278
三重結合　7
三重線　129
酸性度　52
　　カルボン酸の——　276
　　フェノールの——　303
酸性度定数　51
　　カルボン酸の——　276
ザンドマイヤー反応　196
酸敗　335
酸ハロゲン化物　28, 33
三方形構造　38
酸無水物　28, 33

1,3-ジアキシアル相互作用　85
ジアステレオマー　89, 90, 104
ジアゾ化合物　327
ジアゾニウム塩　196, 326
シアノヒドリンの生成　250
シアノヒドロキシ化反応　346
ジエノフィル　158, 176
ジェミナル　163
紫外スペクトル　117
紫外線　216
β-ジカルボニル化合物
　　——の合成　287
　　——の反応　292
磁気共鳴イメージング　137

磁気モーメント　133
σ結合　17
シグマ錯体　190
シクロアルカン　68
シクロアルケン　73
シクロプロパン化　175
1,4-シクロヘキサジエン　197
1,3,5-シクロヘキサトリエン　183
シクロヘプタトリエニルカチオン
　　182
シクロペンタジエニルアニオン　182
ジクロロメチルエーテル　245
1,3-ジケトン　290
1,5-ジケトン　268
四酸化オスミウム　228
ジシクロヘキシルカルボジイミド
　　364
脂　質　331
　　——の分類　331
四重線　129
シス　74, 91
シス体　92
シス-トランス異性化　162
シス-トランス異性体　89
シス付加　173
ジスルフィド結合　391
質量スペクトル　117
シトシン　372
ジペプチド　357
脂　肪　334
脂肪酸　332
　　天然型——　332
脂肪族炭化水素　25
2,2-ジメチルオキサシクロプロパン
　　237
ジメチルスルホキシド　231, 244
ジメチルホルムアミド　246
四面体構造　38
シモンズ-スミス反応　175

指紋領域　121
弱　酸　51
臭化アシル　278
自由回転　81
臭化鉄　185
重合反応　217
重水素　63
臭　素　141
シュガエフ脱離反応　159
縮合重合　383, 392
縮　重　3
主　鎖　69, 98
酒石酸　105
昇　位　19
小員環　26, 80
触媒作用　64
ジョーンズ酸化　230, 246
神経線維　338
親ジエン体　176
シンジオタクチック　390
伸縮振動　119
親水性　44
親水性基　78
振動数　118
振動励起　118
シン付加　173
シンペリプラナー　149

水素
　　第一級——　71
　　第二級——　71
　　第三級——　71
水素化　175
水素化アルミニウムリチウム　228, 281
水素化ジイソブチルアルミニウム　245
水素化トリ(tert-ブトキシ)アルミニウムリチウム　245

水素化熱　183
水素化ホウ素ナトリウム　170, 228, 250
水素化リチウムアルミニウム　250
水素結合　41
　　ペプチド間の——　366
水素添加　⇨　水素化
水　和　43
水和反応
　　アルデヒドとケトンの——　250
スクロース　351
鈴木–宮浦カップリング反応　198, 313
スチレン　183, 383
ステアリン酸　331
ステロイド　339
スピン　3
スピン結合定数　131
スピン–スピン分裂　129
スピン反転　124
スフィンゴ脂質　337, 338
スフィンゴシン　338
スルフィド　35
スルホキシド　160
スルホン化
　　芳香族化合物の——　186
スワーン酸化　231, 244

正四面体構造　18
成層圏　216
生体膜　337
静電的な引力　5
静電反発　192
ゼオライト　217
赤外分光法　117
石炭酸　31
節　3
セッケン　335
絶対配置　96, 100, 103

索引　431

──の反転　101
接頭語　70
セリウムジアンモニウムヘキサナイトラート　243
セルロース　351, 352
セレノキシド　160
遷移状態　55, 111, 146
　遅い段階での──　211
　早い段階での──　211
洗剤　336
選択性　57, 60, 210

双極子-双極子間力　41
双極子モーメント　15, 37, 119, 142
双性イオン　359
相対的反応性　209
速度定数　63
速度論　57
速度論支配　57, 194, 213
速度論的不斉エポキシ化反応　109
速度論的分割　108
疎水性　44
疎水性基　78
薗頭カップリング反応　164, 179, 312

た　行

大員環　26, 80
対流圏　216
ダウ法　306
多環式芳香族化合物　194
多重線　129
脱保護　233
脱離基　144, 145
脱離反応　48, 141, 147
　一分子──　148
　二分子──　148
脱離-付加機構　195
多糖　351, 352

単結合　7, 203
炭水化物　341
　──の表記法　341
　──の分類　342
炭素
　第一級──　71
　第二級──　71
　第三級──　71
　第四級──　71
　──とヘテロ元素の結合　204
炭素環式化合物　26
炭素求核剤　251
炭素ラジカル　62
タンパク質　357
　──の三次構造　367
　──の生合成　378
　──の四次構造　368

チオエーテル　28, 35
チオフェノール　35
チオール　28, 35
力の定数　118
置換基の優先順位　91, 96
置換反応　47, 141
　アルコールの──　231
　一分子求核──　143, 145
　求核──　195
　求電子──　193
　二分子求核──　143, 144
置換ピリミジン　372
置換プリン　372
逐次重合　383, 392
チーグラー-ナッタ触媒　390
チミン　372
中員環　26, 80
中性子　1
チュガエフ脱離反応　⇨　シュガエフ脱離反応
超強酸　62

超共役　192, 205
直鎖アルカン　42, 68
直鎖アルキル基　68
チロシン　359

ディークマン縮合　289
低磁場　126
ディールス-アルダー反応　158, 176
デオキシリボ核酸　371
2′-デオキシ-D-リボース　371
デカップル　134
テトラヒドリドアルミン酸リチウム ⇨ 水素化アルミニウムリチウム
テトラヒドロピラニル基　233
テトラヒドロホウ酸ナトリウム ⇨ 水素化ホウ素ナトリウム
テトラフルオロホウ酸ナトリウム　310
テトラメチルシラン　126
2,2,6,6-テトラメチル-1-ピペリジニルオキシラジカル　244
デバイ　38
デュワーベンゼン　181
テレフタル酸ジメチル　383
転位反応　48
電荷の分離　14
電気陰性度　10, 36, 53, 141, 142
電気泳動　360
電気的双極子　36
テンサイ　351
電子　1
　　──の押し出し　12
電子移動　197
電子殻　2
電子求引性　141
電子配置　4
転写　378
天然型脂肪酸　332
天然ゴム　383

天然同位体　133
デンプン　351

同位体元素　195
同位体効果　63
透視式　342
糖質　⇨ 炭水化物
同族元素　11
同族体　217
等電点　360
頭-尾付加　386
特性吸収帯　121
トランス　74, 91
トランス体　92
トランスファー RNA　379
トランス付加　169
トリアシルグリセロール　334
トリアルキルボラン　171
トリグリセリド　334
トリクロロアセトアルデヒド　250
トリブチルスズラジカル　211
トリメチルシリルエチニルベンゼン　312
トリメチルシリル基　233
トルエン　183
トルエンスルホニルクロリド　231

な 行

ナイロン 6　214, 392
ナイロン 66　214, 393
ナトリウムエトキシド　270
ナフサ　181, 217

二次反応　145
二重結合　7
二 糖　351
ニトリル　28
　　──の還元　323

索引　433

──の合成　283
ニトロ化
　芳香族化合物の──　186
ニトロ化合物
　──の還元　322
　──の接触水素化　322
ニトロニウムイオン　186
ニトロベンゼン　183
二分子求核置換反応　143, 144
二分子脱離反応　148
二面角　82
乳酸　102
ニューマン投影式　82, 98
ニンヒドリンとアミノ酸の反応　362

ヌクレオシド　373
ヌクレオチド　373

ねじれ形　82, 99
熱分解　202, 215
熱力学　57
熱力学支配　57, 194
燃焼熱　56, 79
燃焼反応　55

は　行

配位結合　8
配位子　111
π結合　18
配向性　168, 190
配座異性体　82, 89
$(4n+2)\pi$電子系　182
バイヤー-ビリガー酸化　254
パーキンソン病　112
はさみ振動　119
波数　118
パスカルの三角形　132
破線-くさび形表記法　98

バーチ還元　197
波長　118
発酵　201
発熱反応　55, 208
バナナ結合　80
パープルベンゼン　235
ハロアルカン　29, 76, 141, 142
　第一級──　29, 141
　第二級──　29, 141
　第三級──　29, 141
ハロゲン化アシルの合成　278
ハロゲン化アリル　301
ハロゲン化アリール　301
　──の合成　309
　──の反応性　311
　──の命名法　301
ハロゲン化アルキル　28, 141
ハロゲン化ベンザル　245
ハロベンゼン　183
ハロホルム反応　261
ハロメタン　208
ハワース投影式　348
反結合性分子軌道　17
反応活性種　202
反応機構　47, 63
反応速度　144, 145
反応中間体　55

光照射　203
光増感剤　162
光ニトロソ化反応　214
非環式化合物　25
非共有電子対　6, 145
非局在化　13, 190, 205
ピーク強度比　132
ピーク面積　128
ビシクロ　72
ビシクロアルカン　73
ビシナル　163

索引

比旋光度　95
ピーターソン反応　157
ビタミンA　339
ビタミンD　339
ビタミンE　338, 339
ビタミンK　339
ヒドロキシ基　27, 76
ヒドロキノン　307
ヒドロホウ素化　171
　アルケンの――　227
ひねり振動　119
非プロトン性極性溶媒　44
比誘電率　44
ヒュッケル則　182
標準ギブズエネルギー　59
ビラジカル　201
ピリミジン塩基　372

ファンデルワールス力　42, 78
フィッシャー投影式　99
フェニルジアゾニウム塩　306
フェニルボロン酸　198
フェノキシドイオン　303
フェノール　31, 183, 219, 223, 301
　――の合成　305
　――の構造　303
　――の互変異性体　304
　――の酸性度　303
　――の反応　307
　――の物理的性質　303
フェノール類
　――の命名法　301
付加–脱離機構　195
付加反応　47
　求核――　241
　求電子――　167
不均一開裂　202
不均一系触媒　64
複素環アミン

――の塩基性度　322
複素環式化合物　26
不斉合成　109
不斉触媒　112
不斉水素化反応　61, 110
不斉増殖　112
不斉増幅　113
不斉炭素　89
不斉分解　113
フタルイミド　324
フタル酸　279
$tert$-ブチルカチオン　146
sec-ブチル基　70
$tert$-ブチル基　70
不対電子　201
普通環　26, 80
フッ化水素酸　187
フックの法則　118
フッ素　141
沸点　39, 78
$tert$-ブトキシカルボニル基　325
腐敗　201
α, β-不飽和アルデヒド　264
不飽和脂肪酸　332
不飽和炭化水素　25
プラスチック　383
プリズマン　181
フリーデル–クラフツアシル化反応
　　188, 247, 279
フリーデル–クラフツアルキル化反応
　　188
フリーデル–クラフツ反応　187
プリン塩基　372
フルクトース　341
ブレンステッドとローリーの説　49
ブロック共重合体　392
プロトン性極性溶媒　44
プロトンの引き抜き　204
プロパルギルアルコール　164

索引

プロパン二酸ジエチル　294
プロピル基　70
プロペン　220
ブロモアセトン　261
N-ブロモスクシンイミド　172
ブロモニウムイオン中間体　169
ブロモホルム　262
分岐アルカン　68
分　極　10, 36, 78
分枝アルカン　42
分子間アルドール反応　267
分子間力　78
分子軌道　16
　　反結合性――　17
分子内アルドール反応　266
分子内クライゼン縮合　289
分子の運動エネルギー　59

平衡定数　50, 58
平面偏光　94
5-ヘキセニルラジカル　213
βスピン状態　124
β-プリーツシート　367
ベックマン転位　282
ヘテロ環式化合物　26
ヘテロリシス　202
ヘテロリティック開裂　202
ペプチド間の水素結合　366
ペプチド結合　357
　　――の構造　366
ペプチドの表現　365
ヘミアセタール
　　――の生成　248
ペルオキシド　305
変角振動　119
偏光面　94
ベンザイン　185, 195, 311
ベンズアミド　282
ベンズバレン　181

ベンゼンカルボン酸　276
ベンゼンジアゾニウム塩　185
ベンゼンスルホン酸　186
ベンゼンスルホン酸ナトリウム　306
ベンゼンスルホン酸ナトリウム塩
　　336
p-ベンゾキノン　307
ペンタン-2, 4-ジオン　290

芳香族アミン
　　――と亜硝酸の反応　326
　　――の塩基性度　321
芳香族エーテル　307
芳香族化合物　28, 181
　　――のニトロ化　186
　　多環式――　194
芳香族ジアゾニウム塩
　　――のカップリング反応　327
芳香族性　181
芳香族炭化水素　25
芳香族ボロン酸　313
飽和脂肪酸　332
飽和炭化水素　25
保護基
　　アルコールの――　233
　　カルボニル基の――　250
ホスゲン　278
ホスフィンイリド　157
ホスホグリセリド　337
ホスホニウムイリド　253
ポテンシャルエネルギー　54, 82
ホフマン則　150, 155
ホフマン脱離　160
ホフマン転位　282
ホフマン分解　160
ホモアリルアルコール　159
ホモリシス　202
ホモリティック開裂　202
ポリアミド　214

索引

ポリエステル　393
ポリエチレン　217
ポリスチレン　383
ポリハロゲン化　210
ポリヒドロキシアルデヒド　341
ポリヒドロキシケトン　341
ポリ不飽和脂肪酸のラジカル反応　334
ポリペプチド　357
ポリマー　218
9-ホルミルアントラセン　246

ま　行

マイケル受容体　296
マイケル付加　268
マイケル付加反応　295
マーキュリニウムイオン　170
マルコフニコフ付加　167, 220
マロン酸エステル合成　294
マロン酸ジエチル　294
マンニトール　345
マンノース　343

ミエリン鞘　338
ミセル　336
みつろう　331

無水コハク酸　279
無水トリフルオロ酢酸　231
無水フタル酸　280

命名法
　　IUPACの——　67
　　アミドの——　34
　　アミンの——　34, 318
　　アルカンの——　68
　　アルキンの——　75, 153
　　アルケンの——　73, 153
　　アルコールの——　30, 76, 223
　　アルデヒドの——　32, 341
　　エステルの——　34
　　エーテルの——　31, 234
　　カルボン酸の——　33, 275
　　ケトンの——　33, 341
　　ハロアルカンの——　29, 76, 141
　　芳香族化合物の——　183, 301
メソ体　105
メタ配向性　192
　　——置換基　192
メタンスルホニルクロリド　231
1-メチルエチル基　70
2-メチルプロパン酸エチル　288
メチルラジカル　201
メッセンジャーRNA　378

モノクロロ化
　　アルカンの——　207
モロゾニド　174, 243

や　行

有機金属化合物　11
誘起効果　189
　　電子求引性——　190
　　電子供与性——　190
有機リチウム化合物　312
優先順位(置換基の)　74, 91, 96
融　点　39, 79
遊離基　202
油　脂　334
ゆれ振動　119

溶解度　39, 107
陽　子　1
溶　質　43
ヨウ素　141
溶　媒　43

索引 437

溶媒効果 44
溶媒和 43
ヨードホルム反応 262
弱い塩基 51

ら 行

酪酸 275
ラクタムの合成 282
ラクトース 351
ラクトンの合成 281
ラジオ波 125
ラジカル 202
 ——の安定性 205
 炭素—— 62
ラジカルアニオン 197
ラジカル開始剤 171, 211, 386
ラジカル開始反応 207
ラジカル環化反応 212
ラジカル種 171
ラジカル重合 217, 385
ラジカル成長反応 207
ラジカル停止反応 207
ラジカル反応
 ポリ不飽和脂肪酸の—— 334
ラジカル連鎖反応 207
ラセミ体 95, 106
ランダム共重合体 392

リチウムジイソプロピルアミド
 150, 155, 266
律速段階 63, 145

立体異性体 60, 89
立体障害 144, 149
立体選択性 60
立体選択的 169
立体特異的 175, 176
立体配置 144
立体反発 85
リフォーミング 181
リボ核酸 371
D-リボース 371
リン脂質 337
隣接二ハロゲン化物 157
リンドラー触媒 161, 177

ルイス構造式 6
ルイス酸 49, 171
ルイス酸触媒 185

レホルマトスキー反応 272
連鎖重合
 ——の活性種 384
連鎖重合体 383
連鎖反応 383
 ラジカル—— 207

ろう 331
ロビンソン環化 268, 297
ロープ 2

わ

ワグナー–メーアワイン転位 156

著者の略歴

大嶋　幸一郎（おおしま　こういちろう）
1975 年　京都大学大学院工学研究科博士課程修了
現職：京都大学名誉教授，副理事
専門分野：有機反応化学

富岡　清（とみおか　きよし）
1976 年　東京大学薬学系大学院博士課程修了
現職：同志社女子大学薬学部教授，京都大学名誉教授
専門分野：創薬有機化学

水野　一彦（みずの　かずひこ）
1976 年　大阪大学大学院工学研究科博士課程修了
現職：大阪府立大学大学院工学研究科教授
専門分野：有機化学，有機光化学，電子移動化学

化学マスター講座
有 機 化 学

平成 22 年 11 月 30 日　発　行

著作者　　大　嶋　幸一郎
　　　　　富　岡　　　清
　　　　　水　野　一　彦

発行者　　小　城　武　彦

発行所　　丸 善 株 式 会 社

出版事業部
〒140-0002　東京都品川区東品川四丁目13番14号
編集：電話（03）6367-6034／FAX（03）6367-6156
営業：電話（03）6367-6038／FAX（03）6367-6158
http://pub.maruzen.co.jp/

© Koichiro Oshima, Kiyoshi Tomioka, Kazuhiko Mizuno, 2010
組版印刷・中央印刷株式会社／製本・株式会社　星共社
ISBN 978-4-621-08295-9 C 3343　　　　　Printed in Japan

JCOPY〈(社)出版者著作権管理機構　委託出版物〉
本書の無断複写は著作権法上での例外を除き禁じられています．複写
される場合は，そのつど事前に，(社)出版者著作権管理機構（電話
03-3513-6969，FAX 03-3513-6979，e-mail: info@jcopy.or.jp）の許
諾を得てください．